Design for Reliability und Lebensdauerabsicherung

Stefan Kemmler · Armin Gottschalk

Design for Reliability und Lebensdauerabsicherung

Methoden zur Umsetzung für elektronische und mechanische Systeme

Dr. Stefan Kemmler
Robert Bosch GmbH
Reutlingen, Deutschland

Armin Gottschalk
IQZG Consulting
Nördlingen, Deutschland

ISBN 978-3-658-48948-9   ISBN 978-3-658-48949-6   (eBook)
https://doi.org/10.1007/978-3-658-48949-6

Die Deutsche Nationalbibliothek verzeichnet diese Publikation in der Deutschen Nationalbibliografie; detaillierte bibliografische Daten sind im Internet über https://portal.dnb.de abrufbar.

Planung/Lektorat: Alexander Grün
Springer Vieweg ist ein Imprint der eingetragenen Gesellschaft Springer Fachmedien Wiesbaden GmbH und ist ein Teil von Springer Nature.
Die Anschrift der Gesellschaft ist: Abraham-Lincoln-Str. 46, 65189 Wiesbaden, Germany

Wenn Sie dieses Produkt entsorgen, geben Sie das Papier bitte zum Recycling.

Vorwort

Dieses Buch richtet sich nicht nur an Studenten und Techniker in technischer Ausbildung, sondern auch an alle Berufstätige, die ihr Wissen zur Gestaltung zuverlässiger elektronischer und mechanischer Systeme vertiefen möchten. Es ist sowohl für Berufstätige im Rahmen einer Weiterbildung geeignet als auch für Quereinsteiger aus artverwandten Berufen.

Die Zuverlässigkeitsgestaltung und Zuverlässigkeitssicherung bzw. Zuverlässigkeitsabsicherung elektronischer und mechanischer Systeme stehen im Fokus. Mit methodischen Vorgehensweisen, Beispielen und Aufgabenstellungen mit Lösungen wird der Leser befähigt, praxisorientierte Fragestellungen zu beantworten und die Anforderungen an elektronische und mechanische Systeme systematisch zu berücksichtigen. Er lernt Mission Profile durch Lastableitung zu entwickeln, Test-Szenarien für Umweltsimulationsprüfungen zu gestalten, Kenngrößen zu ermitteln und für den Feldeinsatz der Systeme die grundsätzliche Eignung zu bewerten.

Ziel dieses Buches ist es, den Einstieg und die Wissensvertiefung in das Themenfeld der Zuverlässigkeitsgestaltung elektronischer und mechanischer Systeme handhabbar zu begleiten.

Neben zahlreichen Abbildungen, Tabellen, Grafiken und Zahlentafeln werden auch Hinweise zu Normen, Standards, Organisationen und Literaturstellen gegeben, die es dem Leser ermöglichen durch weitergehende Recherchen sein Wissen zu erweitern, zu festigen und im beruflichen Umfeld professionell und zielführend anzuwenden.

Das vorliegende Buch wurde mit Sorgfalt erstellt. Sollten jedoch Unstimmigkeiten entdeckt werden, so ist das versehentlich geschehen. In diesem Fall freuen sich die Autoren über eine direkte Rückmeldung. Haftung jeglicher Art ist ausgeschlossen.

Tübingen, Nördlingen
Im Sommer 2025

Dr. Stefan Kemmler
Armin Gottschalk

Danksagung

Wir möchten unseren aufrichtigen Dank an all diejenigen aussprechen, die uns bei der Entstehung dieses Lehrbuchs unterstützt haben. Ein besonderer Dank gilt unseren Familien für ihre Geduld und ihr Verständnis während der intensiven Arbeitsphasen. Ebenso danken wir unseren Kollegen und Freunden, die uns mit wertvollem Feedback und Anregungen zur Seite standen. Ohne die Unterstützung und das Engagement aus diesem Umfeld wäre dieses Projekt nicht möglich gewesen.

Ganz besonderen Dank:

- unseren Familien für die gewährten Freiräume und die Geduld das vorliegende Werk zu erstellen.
- der Robert Bosch GmbH für die Etablierung der Zuverlässigkeitstechnik und die Ermöglichung einer Lehrtätigkeit zur Ausbildung bzw. Weiterbildung von Studierenden in diesem Bereich.
- den Kolleg:innen Frau Dipl.-Ing. Heike Kind, Herrn Dr.-Ing. Mathias Büttner, Herrn Dipl.-Ing. Laurent Male und Dr. rer. nat. Markus Westerhausen.
- Herrn Prof. em. Dr.-Ing. Bertsche für die inhaltliche Unterstützung.
- Herrn Dipl.-Ing. (FH) Christian Albrecht für die Anmerkungen und Hinweise zu den Musterphasen.
- dem ESD FORUM e.V. und insbesondere den Herren Dr. Wolfgang Stadler und Dipl.-Phys. Reinhold Gärtner für die Nutzung von Bildern und Grafiken die dem Skript „Ausbildung zum ESD-Techniker, 2024" entstammen.
- Herrn Dr. Rainer Merz zu wertvollen Anregungen.
- darüber hinaus auch allen anderen zahlreichen Kolleginnen und Kollegen die in den vergangenen, sehr vielen Berufsjahren in fachlichen Diskussionen mit eingebunden waren.
- ferner gilt der Dank auch denjenigen die in zahllosen Seminaren und Vorträgen teilgenommen haben.

Competing Interests

Die Autor*innen haben keine für den Inhalt dieses Manuskripts relevanten Interessenkonflikte.

Inhaltsverzeichnis

Abkürzungsverzeichnis

2TP	Abnahme zwei Tagesproduktionen
8D	Eight Discipline Problem Solving Method
A	Availability (Verfügbarkeit)
AAR	Apperance Approval Report
ACC	Acceptance (Gute Teile, Annahme)
ACL	Acceptance Control Limit
AOQ	Average Outgoing Quality (Durchschlupf)
AOQL	Average Outgoing Quality Level
APC	Automatic Process Control
APQP	Advanced Product Quality Planning
APQP	Produktqualitätsvorausplanung und Kontrollpläne
AQL	Acceptance Quality Level - Annehmbare Qualitätslage
AQP	Advanced Quality Plan
AVL	Approved Vendor List
AVT	Aufbau- und Verbindungstechnik
BE	Bauelement
BF	Beschaffungsfreigabe (B-Freigabe, BF)
BMG	Baumusterfreigabe
CAR	Corrective Action Request
CAT	Corrective Action Team
CBM	Charged Board Model (elektrostatische Entladung)
CDM	Charged Device Model (elektrostatische Entladung)
CI	Continuous Improvement
CMK	Maschinenfähigkeitsindex
CPC	Continuous Process Control
CPCN	Critical Process Change Notification
CPK	Prozessfähigkeitsindex
CSC	Corporate Sourcing Comite
CSR	Customer specific Request
D	Destructive
D/TLD	Dokumentationspflichtig
DC	Diagnosis Coverage

DD	Dangerous Detected
DE	Design Entscheid
DF	Design Freeze
DFA	Design for Assembly
DFM	Design for Manufacturing
DFMA	Design for Manufacture and Assembly
DFT	Design for Test
DIN IEC/TR	DIN IEC Technical Report
DIN IEC/TS	DIN IEC Technical Specification
DPA	Destructive Physikal Analysis
DU	Dangerous Undetected
DUT	Device under Test
E/E	Elektrik / Elektronik
ECM	Engineering Change Management
ECO	Engineering Change Order
EFD	Environmental Function Deployment
EFR	Early Failure Rate
EGB	Elektrostatisch gefährdetes Bauelement
ELF	Early Life Failure
EMC	Electromagnetic Compatibility
EMI	Electromagnetic Interference
EMP	Erstmusterprüfung
EMPB	Erstmusterprüfbericht
EMV	Elektromagnetische Verträglichkeit
EN	Europanorm
ENV	Umweltprüfung
EOP	End oft Production
EOS	Electrical Over Stress
EP	Endprüfung
EPA ESD	Protected Area, ESD-Schutzzone
EPQ	Estimated Process Quality
ESD	Electro Static Discharge
ESDS	Electro Static Sensitive Devices
ETA	Event Tree Analysis, Ereignisbaumanalyse
ETA	Ausfallwahrscheinlichkeit
f(t)	Dichtefunktion einer Verteilung
F/W	Feuchte Wärme
FA	Failure Analysis, Fehleranaylse
FAI	First Article Inspection
FBA	Fehlerzustandsbaumanalyse
FE	Funktionseinheit
FEA	Finite Element Analysis
FEM	Finite Elemente Methode
FMEA	Failure Modes and Effects Analysis
	Fehler-Möglichkeits- und Einfluss-Analyse

FMECA	Failure Modes Effects and Criticality Analysis
FMEDA	Failure Modes Effects and Diagnostics Analysis
FPM	Failures per Million (10^{-5})
FPMh	Failures per Million Hours ($10^{-6}\ h^{-1}$)
FR	Failure Rate
FRACAS	Failure Reporting Analysis Corrective Action System
FT	Fault Tree
FTA	Fault Tree Analysis
h(t)	Hazard Rate
HACCP	Hazard Analysis and Critical Control Points
HALT	Highly Accelerated Life Test
HASS	Highly Accelerated Stress Screen
HAST	High Accelerated Stress Test
HBM	Human Body Model (elektrostatische Entladung)
HDBK	Handbook
HEMEA	Human Error Mode and Effect Analyse
HLS	High Level Structure
HT	High Temperature Test
HT	Hochtemperaturtest
HTOL	High Temperature Operating Life
HTRB	High Temperature Reverse Bias
I&T	Identification and Traceability
IMDS	Internationales Materialdatensystem
IMF	Infant Mortality Failure
IPC	In-Process Control
ISIR	Initial Sample Inspection Report
JIT	Just in time
K-FMEA	Konstruktions-FMEA
Kaizen	Ständige Qualitätsverbesserung
KPC	Key Process Characteristics
KPI	Key Process Indicator
KQI	Key Quality Indicator
LCC	Life Cycle Costs
LCL	Lower Confidence Limit, Lower Control Limit
LDM	Low Demand Mode
LDT	Lebensdauertest
LH	Lastenheft
LOC	Lines of Codes
LQ	Limiting Quality (Qualitätsgrenzlage)
LQM	Lean Quality Management
LSA	Lieferantenselbstauskunft
LSL	Lower Specification Limit
LT	Low Temperature Test
LTFR	Long Time Failure Rate
LTPD	Lot Tolerance Percent Defective

MCC	Machine Capability Control
MDT	Mean-Down-Time
MEOST	Multiple Environmental Over-Stress-Testing
MFU	Materialfähigkeitsuntersuchung
MIL-HDBK	Military Handbook
MIL-Std.	Military Standard
MLM	Mechatronische Funktionsmodule
MM	Machine Model (elektrostatische Entladung)
MooN	M out of N
MRB	Material Review Board
MRT	Mean Repair Time
MTBF	Mean Time Between Failure
MTTF	Mean Time To Failure
MTTFF	Mean Time To First Failure
MTTM	Mean Time To Maintenance
MTTR	Mean Time To Repair
MUT	Mean up Time
MZ	Markoffscher Zustand
NB	Nachauditierung/-beurteilung (Prozess- und Produktaudit)
ND	Non-Destructive
NDA	Non Disclosure Agreement
NDT	Non Destructive Test
NV(t)	Nichtverfügbarkeit
OC	Operations Characteristics
OEM	Original Equipment Manufacturer
P	Planungsfreigabe (P-Freigabe)
P	Probaliblity, Wahrscheinlichkeit
P-	Prozess-FMEA
PAEA	Aussagewahrscheinlichkeit
PA	Problemanalyse
PA	Prüfanweisung
PC	Pressure Cooker
PCB	Printed Circuit Board
PCM	Parts Count Method
PDA	Percent Defective Allowance
PDCA	Plan Do Check Act
PDF	Probability Density Function
PDPC	Progress Decision Program Chart
PEP	Produktentwicklungsprozess
PERT	Program Evaluation and Review Technique
PFDAVG	Average Probability of Failure on Demand
PFH	Probability of Dangerous Failure
PFU	Prozessfähigkeitsuntersuchung
PN	Potenzialanalyse
PP	Post-Prozess (Selbstprüfung)

PPAP	Production Part Approval Process
PPF	Produktionsprozess- und Produktfreigabe
PPL	Prüfplanung
PPM	Parts per Million (10^{-6})
PRA	Probabilistic Risk Assessment
PSSA	Preliminary System Safety Assessment
PSW	Part Submission Warranty
PV	Prüfvorschrift
PVS	Produktionsversuchsserie
Q&Z	Qualität und Zuverlässigkeit
Q&R	Quality and Reliability
QA	Quality Assurance
QC	Quality Circle
QC	Quality Control
QDE	Qualitätsdaten-Erfassung
QDV	Qualitätsdaten-Verarbeitung
QFD	Quality Function Deployment
QIP	Quality Improvement Program
QIS	Qualitätsinformationssystem
QIT	Quality Improvement Team
QK	Qualitätskosten
QKZ	Qualitätskennzahl
QM	Qualitätsmanagement
QMB	Qualitäts-Management-Beauftragter
QMH	Qualitäts-Management-Handbuch
QMS	Qualitäts-Management-Systeme
QOS	Quality Operating System
QPL	Qualified Products List
QPN	Qualifizierungsprogramm Neuteile
QRK	QRK Qualitätsregelkarte
QS	Qualitätssicherung
QSA	Qualitätssystemaudit
QSA	Quality System Assessment
QSH	Qualitätssicherungshandbuch
QSV	Qualitätssicherungsvereinbarung
QW	Qualitätswesen
QZ	Qualitätszirkel
RAMS	Reliability, Availability, Maintainability, Safety
REJ	Reject (Ausfall, Rückweisung)
RFQ	Request for Quote
RG	Reifegrad
RGA	Reifegradabsicherung
RPP	Robuster Produktionsprozess
RQL	Rejectable Quality Level
SA	Self Assessment

SDE	Supplier Development Engineer
SE	Simultaneous Engineering
SL	Selbstaudit
SOP	Start of Production
SP	Selbstprüfung
SPC	Statistical Process Control
SQC	Statistical Quality Control
SQE	Supplier Quality Engineering
SSC	Supplier Scorecard
STS	Ship to Stock
SVP	Statistische Versuchsplanung, auch Design of Experience (DoE)
T/W	Temperaturwechsel
TBT	Teilebereitstellungstermin
TC	Technical Committee
TCS	Total Customers Satisfaction
TDC	Total Delivery Control
THB	Temperature Humidity Bias
TK	Temperaturkoeffizient
TL	Technische Lieferbedingungen
TLD	Technische Leitlinie Dokumentation
TLD SL	TLD Selbstaudit Lieferanten
TPI	Total Process Improvement
TQA	Total Quality Awareness (Q-Bewusstsein)
TQE	Total Quality Excellence
TQM	Total Quality Management
TRL	Technische Revision Lieferanten
TS	Temperature Shock
TT	Tieftemperaturtest
TW	Temperaturwechsel
U	Unavailability, Non-Availability
UCL	Upper Confidence Limit / Upper Control Limit
ULP	Useful Life Period
UMS	Umweltmanagement-System
VA	Prozessaudit (beinhaltet Produktaudit)
VALD	Validierung
VB	Vertrauensbereich
VERF	Verifizierung
VFF	Vorserien-Freigabe-Fahrzeuge
WCQ	World Class Quality
ZB	Zwischenbewertung
ZBD	Zuverlässigkeits-Blockdiagramm
ZD	Zero Defect
ZM	Zwischenmessung
ZV	Zuverlässigkeit
ZVP	Zuverlässigkeitsprüfung

Kapitel 1
Einführung und Motivation

Relevanz der Zuverlässigkeit für Kunden- und Unternehmen

> *Zuverlässigkeitsgestaltung ist einer der größten Stellhebel für den Erfolg von Produkten am Markt, sowohl für den Kunden als auch für das Unternehmen.*

Zusammenfassung Elektronische Systeme sind allgegenwärtig und beeinflussen unseren täglichen Ablauf. Megatrends wie die Elektrifizierung verlangen nach sicheren Produkten. Die zuverlässige, robuste Gestaltung und Absicherung solcher Produkte erfolgt nach Stand der Technik und ist großteils Firmenwissen. Dennoch erfolgt diese meistens nach dem gleichen Schema. Das vorliegende Buch gibt dem Anwender eine Hilfestellung, wie dieser sich den genannten Herausforderungen stellen und sie erfolgreich meistern kann.

1.1 Kundenrelevanz

Der Kunde bestimmt mit seinen Anforderungen und der Produktnutzung maßgeblich den Erfolg eines Produkts. Die frühzeitige Berücksichtigung und Integration dieser Anforderungen ist entscheidend für den technischen und wirtschaftlichen Erfolg eines Unternehmens, da Änderungen in späteren Entwicklungsphasen exponentiell höhere Kosten verursachen (Zehnerregel), vergleiche Abb. 1.1.

> **Die Zehnerregel (Rule of Ten):** Die Kosten zur Behebung eines Fehlers verzehnfachen sich mit jeder Entwicklungs- und Produktionsstufe. Konstruktionsbedingte Fehler, die erst beim Endkunden auftreten, verursachen die höchsten Fehlerkosten.

Um Kundenanforderungen systematisch und vollständig zu erfassen und dadurch eine erfolgreiche Produktentwicklung zu gewährleisten, müssen drei eng miteinander verknüpfte Aspekte analysiert werden:

1. Nutzer-Analyse:
- Primärnutzer (direkte Anwender)
- Sekundärnutzer (Servicepersonal)
- Produktspezifische Anforderungen[1]

---

[1] Weiterführende Erläuterungen werden in Kapitel 5.4 gegeben.

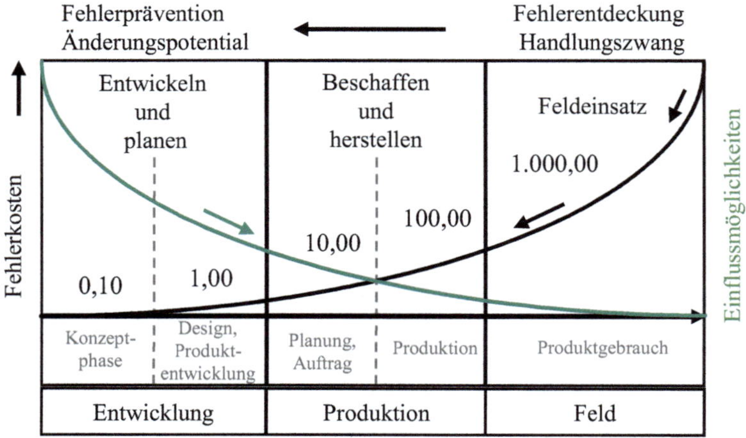

Abb. 1.1 Zehnerregel - Beziehung zwischen Fehlerkosten und Einflussmöglichkeiten in Bezug auf die Produktentstehungs- und Einsatzphasen

2. Verwendungszweck (Intended Use):
- Vorgesehene Beanspruchung des Produkts
- „Übliche"Verwendung über die Grundfunktion hinaus
- Vom Hersteller definierte Einsatzgrenzen

3. Mission Profile:
- Anwendungsspezifische Belastungen
- Potenzielle Ausfallmechanismen
- Erwartete Einsatzdauer

Diese Vorgehensweise von der Nutzeranalyse über den Verwendungszweck bis zum Mission Profile ermöglicht eine zielgerichtete und effiziente Produktentwicklung, die sowohl Kundenanforderungen als auch technische Machbarkeit berücksichtigt.

❗ Merke:

Das Anforderungsmanagement muss bereits in der frühen Akquise-Phase die Kundenanforderungen erfassen und in technische Spezifikationen übersetzen. Die Kenntnis des Mission Profile ist dabei entscheidend für die Zuverlässigkeitsgestaltung.

Die konsequente Erfassung und Analyse von Kundenanforderungen bildet das Fundament für erfolgreiche Produktentwicklung. Dabei müssen sowohl explizit geäußerte Wünsche als auch implizite Erwartungen berücksichtigt werden. Besonders bei sicherheitskritischen Komponenten ist das Verständnis der tatsächlichen Nutzungsbedingungen entscheidend für die Zuverlässigkeitsgestaltung.

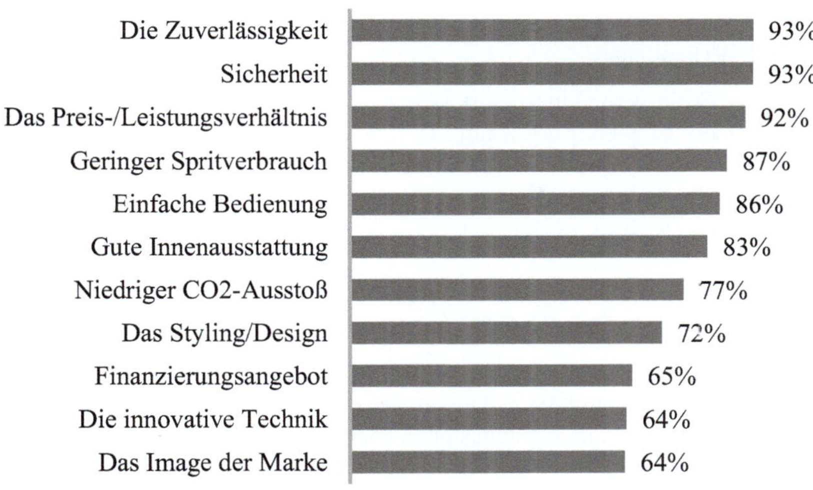

Abb. 1.2 Wichtigste Kriterien beim Autokauf in Deutschland (2017-2022, VuMA)

Aktuelle Marktanalysen bestätigen die zentrale Bedeutung der Zuverlässigkeit (siehe Abb. 1.2): Die VuMA-Analyse[2] zeigt: Zuverlässigkeit steht bei Kaufentscheidungen im Automobilbereich an erster Stelle, noch vor Preis und innovativer Technik. Auch bei Elektronikartikeln (Abb. 1.3) rangieren Funktionalität und Qualität deutlich vor dem Preis - ein klares Signal, dass Kunden für zuverlässige Produkte bereit sind, mehr zu investieren.

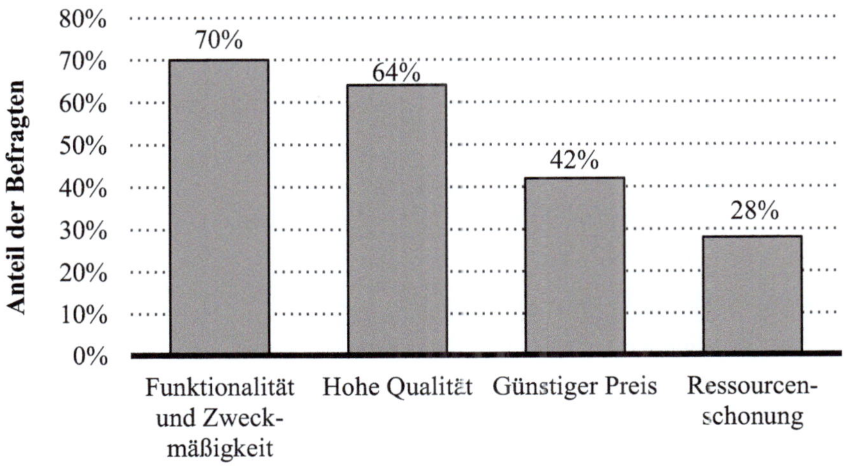

Abb. 1.3 Kaufentscheidungskriterien bei Technik- und Elektroartikeln (Österreich 2016)

---

[2] Die VuMA (Verbrauchs- und Medienanalyse) zählt seit 1995 zu den bedeutendsten Markt-Media-Studien in Deutschland.

> **Zentrale Erkenntnisse:**

- Frühzeitige Fehlervermeidung spart Kosten (Rule of Ten)
- Zuverlässigkeit ist wichtigstes Kaufkriterium
- Qualität wird höher bewertet als der Preis

1.1.1 Trends und Innovationen

Megatrends wie Elektromobilität und Digitalisierung prägen die moderne Produktentwicklung. Sie eröffnen neue Möglichkeiten, stellen aber auch besondere Herausforderungen an die Zuverlässigkeitsgestaltung, da oft noch keine ausreichenden Belastungsdaten vorliegen.

Die Geschwindigkeit technologischer Entwicklungen stellt Unternehmen vor die Herausforderung, Innovationen schnell und zuverlässig umzusetzen. Dabei müssen sie einen Balanceakt zwischen schneller Markteinführung und gewährleisteter Produktqualität vollziehen. Die folgenden Schlüsseltrends prägen dabei die aktuelle Entwicklung:

Schlüsseltrends der Gegenwart:

- **Vernetztes Auto:** Entwicklung zum wichtigsten Internet-of-Things Gerät
- **Industrie 4.0:** Integration cyberphysischer Systeme in Produktion und Wartung
- **Datenbasierte Entscheidungen:** Nutzung von Big Data und Analytics
- **On-Demand-Mobilität:** Neue service-orientierte Geschäftsmodelle

Diese Trends stellen besonders Zulieferer vor drei zentrale Herausforderungen:

1. Entwicklung innovativer Lösungen für neue und bestehende Funktionen
2. Optimierung der Kosten bei Standardfunktionen
3. Evolution vom Komponentenlieferanten zum Systemintegrator

> **Innovation als Schlüssel zum Erfolg**

1 90 % der Innovationen im Fahrzeug haben ihren Ursprung in der Elektronik - *Piech, Volkswagen AG*

2 Fahrzeugvernetzung in allen neuen Automobilen weltweit von derzeit 48 Prozent bis 2030 auf fast 96 Prozent steigen wird - *Harman-Studie*

3 Elektronik und Software ist längst ein entscheidender Schrittmotor für die gesamte Automobilelektronik. - *Prof. Gottschalk, VDA*

> **❗ Beachte:**
>
> Bei neuen Technologien fehlen oft historische Belastungsdaten. Dies erfordert:
> - Sorgfältige Analyse des Verwendungszwecks
> - Innovative Methoden der Zuverlässigkeitsvorhersage
> - Frühzeitige Integration von Qualitätssicherung

1.1.2 Anforderungen

Die Digitalisierung als Haupttreiber verändert die Anforderungen an Produktentwicklung fundamental. Dies zeigt sich besonders in der Beschleunigung von Entwicklungszyklen sowie der zunehmenden Produktkomplexität und folglich in einem fundamentalen Wandel in der Produktentwicklung. Während früher sequentielle Entwicklungsprozesse die Norm waren, erfordern heutige Marktanforderungen parallele und agile Entwicklungsmethoden.

Aktuelle Herausforderungen:
- Steigende Funktionsdichte in Systemen
- Verkürzte Entwicklungszeiten
- Höhere Qualitätsanforderungen wie z.B. Zuverlässigkeit unter allen Einsatzbedingungen, Robustheit, funktionale Sicherheit und Energieeffizienz
- Integration neuer Technologien

Die zunehmende Komplexität moderner Produkte zeigt sich besonders im Automobilbereich: Ein durchschnittlicher PKW enthält heute über 30 elektronische Steuergeräte, die verschiedenste Funktionen von der Motorsteuerung bis zur Fahrerassistenz übernehmen. Diese Komplexität erfordert neue Ansätze in der Qualitätssicherung und Zuverlässigkeitsgestaltung. Die Beschleunigung der Digitalisierung wird besonders deutlich im Vergleich verschiedener Technologien (Abb. 1.4):

Zeit bis 50 Millionen Nutzer:
- Traditionelle Technologien:
  - Luftverkehr: 68 Jahre
  - Automobile: 62 Jahre
- Digitale Technologien:
  - World Wide Web: 7 Jahre
  - Facebook: 3 Jahre
  - Pokémon Go: 19 Tage

Diese Beschleunigung spiegelt sich in den Produktentwicklungszyklen wider:
- **Früher:** 5-8 Jahre bis zur Serienreife
- **Heute:** ca. 3 Jahre
- **Trend:** Tendenz zu einjährigen Zyklen

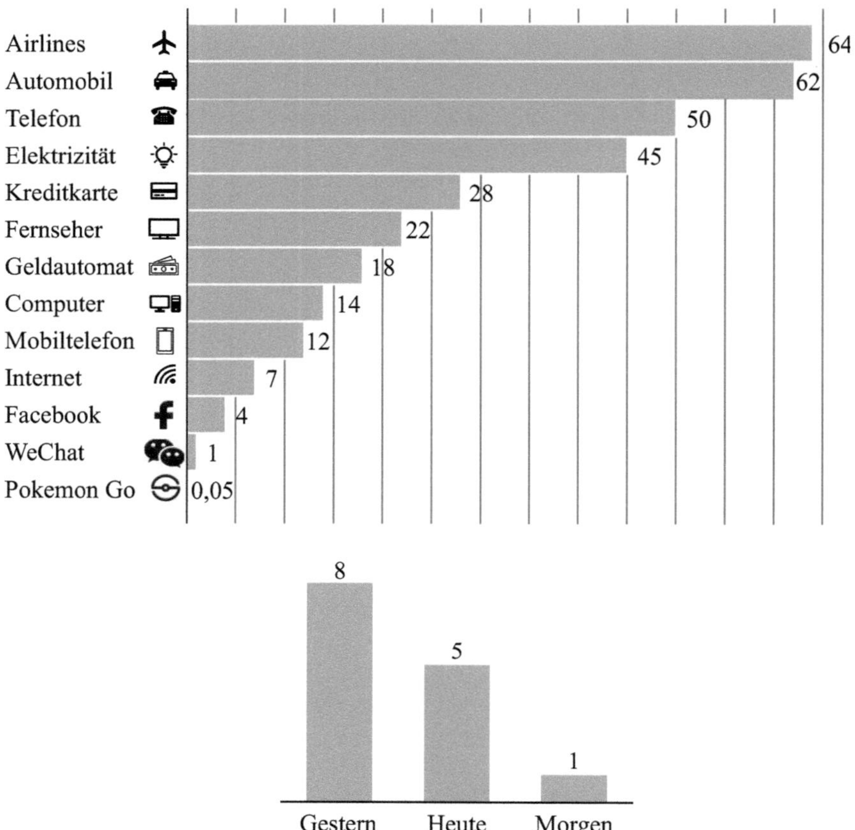

Abb. 1.4 Beschleunigung der Digitalisierung: Zeit bis 50 Millionen Nutzer (oben) und
Entwicklungszyklen in der Automobilindustrie (unten)

Die hier beschriebenen Entwicklungszyklen sind nicht ausschließlich auf den genannten
Bereich zu beschränken. Die Dynamik in der Elektronik ist rasant. Sensoren und Aktoren
werden überall eingesetzt. Die gesamte Steuerungs- und Regelungstechnik unterliegt ebenfalls dieser dynamischen Entwicklung (Digitalisierung) und deren Anforderungen.

Beispiele sind:

- Robotik
- Automatisierungstechnik
- Windkrafträder
- Medizintechnik
- Industrieelektronik
- Bahntechnik

> **Neue Technologien als Lösungsansatz**

Moderne Entwicklungsmethoden unterstützen die verkürzte Entwicklung:
- Künstliche Intelligenz für Entwicklungsoptimierung
- Machine Learning für Datenanalyse
- Digitale Zwillinge für virtuelle Tests
- Agile Entwicklungsmethoden

! Beachte:

Die Digitalisierung beschleunigt Entwicklungszyklen drastisch. Der Erfolg liegt in der Balance zwischen:
- Schneller Entwicklung
- Hoher Produktqualität
- Innovativen Technologien

1.1.3 Neue Mobilität als neue Herausforderung

Die „Neue Mobilität" transformiert nicht nur Fortbewegungsmittel, sondern das gesamte Mobilitätsverständnis. Der Wandel in der Mobilität wird durch technologische Innovationen und veränderte Nutzeranforderungen gleichermaßen getrieben. Dabei verschmelzen bisher getrennte Bereiche wie Verkehrssteuerung, Fahrzeugtechnik und Energieversorgung zu einem integrierten System. Diese Entwicklung lässt sich in drei zentrale Bereiche gliedern:

Bereich 1: Vernetzung und Automatisierung
- Intelligente Verkehrsleitsysteme
- Digitale Buchungssysteme
- Autonomes Fahren

Bereich 2: Neue Nutzungskonzepte
- Intermodaler Verkehr
- Sharing-Konzepte
- On-Demand-Services

Bereich 3: Alternative Technologien
- Elektromobilität
- Wasserstoffantriebe
- Intelligente Ladeinfrastruktur

Die Integration dieser drei Bereiche erfordert ein grundlegend neues Verständnis von Mobilität. Traditionelle Grenzen zwischen öffentlichem und privatem Verkehr verschwimmen, während datengetriebene Services und alternative Antriebskonzepte neue Nutzungsmuster ermöglichen. Diese Entwicklung stellt besondere Anforderungen an die Zuverlässigkeit der einzelnen Komponenten sowie deren Zusammenspiel im Gesamtsystem.

Praxisbeispiele innovativer Mobilität:
- Ampelphasenassistenten für "Grüne Welle"
- Echtzeit-Verkehrsinformationen
- Fahrzeug-zu-Fahrzeug-Kommunikation

❗ Beachte:

Die Neue Mobilität erfordert:
- Integration verschiedener Technologien
- Berücksichtigung veränderter Nutzungsgewohnheiten
- Anpassung der Zuverlässigkeitskonzepte

1.2 Unternehmensrelevanz

Die digitale Transformation verändert die Unternehmenslandschaft grundlegend. Traditionelle Branchengrenzen verschwimmen, wodurch sich völlig neue Wettbewerbskonstellationen entwickeln.

„Unsere Wettbewerber bauen nicht mehr nur Autos. Unternehmen wie Google, Apple und sogar Facebook sind das, woran ich nachts denke." *Akio Toyoda, Präsident der Toyota Motor Corporation*

Diese Aussage verdeutlicht den fundamentalen Wandel in der Automobilindustrie, der beispielhaft für viele andere Branchen steht. Traditionelle Kompetenzvorsprünge schwinden, während neue Fähigkeiten wie Softwareentwicklung und Datenanalyse an Bedeutung gewinnen.

Neue Wettbewerbsstruktur:
- Start-ups mit innovativen Technologien
- Branchenfremde Tech-Unternehmen
- Neue strategische Allianzen

Kundenvertrauen als Schlüsselfaktor:

Die globale Umfrage (Abb. 1.5) zeigt deutliche regionale Unterschiede (Vertrauensverteilungen):

- **Deutschland:** 50 % Vertrauen in traditionelle Hersteller
- **Südostasien:** Starkes Vertrauen in Tech-Unternehmen
- **Japan:** 75 % Vertrauen in etablierte Hersteller

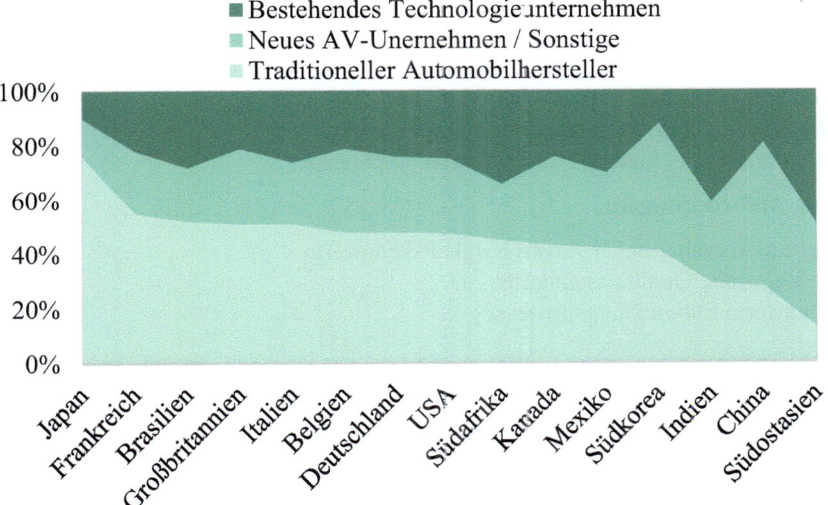

Abb. 1.5 Globales Vertrauensbild: Entwicklung autonomer Fahrzeuge durch traditionelle vs. neue Hersteller

Die Fähigkeit, Kundenvertrauen aufzubauen und zu erhalten, wird zum entscheidenden Wettbewerbsfaktor. Dies gilt besonders für etablierte Unternehmen, die ihre traditionellen Stärken wie Qualität und Zuverlässigkeit mit neuen digitalen Kompetenzen verbinden müssen. Die regionale Unterschiede im Kundenvertrauen zeigen dabei, wie wichtig kulturelle und marktspezifische Faktoren für erfolgreiche Transformationsstrategien sind.

> **Handlungsfelder für Unternehmen**

- Integration neuer Technologien bei hoher Zuverlässigkeit
- Aufbau digitaler Kompetenzen
- Stärkung des Kundenvertrauens durch Qualität

Die Transformation der Zuliefererrolle geht einher mit der Entstehung neuer Kooperationsmodelle. Dabei verschwimmen die Grenzen zwischen klassischen Automobilzulieferern und Technologieunternehmen zunehmend. Diese Entwicklung erfordert neue Formen der Zusammenarbeit, die über traditionelle Lieferbeziehungen hinausgehen.

1.2.1 Zulieferer wird Systemintegrator

Die Rolle der Zulieferer wandelt sich grundlegend: vom reinen Komponentenhersteller zum Systemintegrator. Dies erfordert neue Kompetenzen und Strukturen in der Zusammenarbeit mit OEMs[3].

Transformation der Wertschöpfungskette:

- Von hierarchischer zu vernetzter Struktur
- Gleichberechtigte Partner statt Pyramidenstruktur
- Integration verschiedener Technologiekompetenzen

Neue Anforderungen:

- Definition einheitlicher Zuverlässigkeitskennwerte
- Gemeinsame Qualitätsstandards
- Integrierte Entwicklungsprozesse

1.2.2 Herausforderungen der Neuen Mobilität

„Bei der Verschmelzung aller neuen Technologien braucht man Partner, denn man kann nicht in allem Experte sein." *Henrik Fisker, Vorsitzender & CEO, Fisker Inc.*

Die Komplexität moderner Mobilitätslösungen erfordert neue Formen der Zusammenarbeit.:

Erfolgreiche Kooperationsbeispiele:

- Toyota's „e-Palette": Partnerschaft mit Amazon, Uber, Pizza Hut
- NVIDIA: Kooperationen mit Automobilherstellern und Tech-Unternehmen

> Erfolgsfaktoren für Kooperationen

- Klare Schnittstellen und Verantwortlichkeiten
- Gemeinsame Qualitätsstandards
- Effektives Wissensmanagement

---

[3] engl. für Original Equipment Manufacturer: Hersteller, die Komponenten zu kompletten Systemen kombinieren und an den Markt bringen.

Die erfolgreiche Integration verschiedener Technologien und Kompetenzen erfordert neue Formen der Zusammenarbeit. Dabei geht es nicht nur um den Austausch von technischem Know-how, sondern auch um das Verständnis unterschiedlicher Unternehmenskulturen und Arbeitsweisen. Agile Entwicklungsmethoden und flexible Kooperationsmodelle werden zu Schlüsselfaktoren für den Erfolg in der Neuen Mobilität.

> **! Beachte:**
>
> Der Erfolg in der Neuen Mobilität basiert auf:
> - Strategischen Partnerschaften
> - Integration verschiedener Kompetenzen
> - Gemeinsamer Qualitätssicherung

1.3 Bedeutung der Zuverlässigkeitsgestaltung elektronischer Systeme

Sowohl für den Kunden als auch für das Unternehmen ist die Zuverlässigkeitsgestaltung in den neuen Megatrends konstitutiv. Wie im Beispiel der Neuen Mobilität gezeigt, müssen bislang noch nie dagewesene Anforderungen sowie Arbeitsmodelle und -umstrukturierungen angestrebt werden. In der zuvor beschriebenen Digitalisierung wird nicht nur die Automobilbranche damit konfrontiert, sondern auch weitere Bereiche der Elektronikbranche.

1.3.1 Situation heute

Zuverlässigkeit steht heute mehr denn je im Fokus bei der Auswahl und Verwendung von Systemen. Steigende Komplexitäten, Anforderungen an die Funktionalität, die Innovation sowie verkürzte „Time to Market" Strategien sind Herausforderungen besonderer Art.

Besonders die gestiegene Funktionalität elektronischer Systeme stellt, einhergehend mit sehr kleinen Baugrößen, eine besondere Herausforderung dar. Diese resultiert aus einer beispiellos dynamischen Weiterentwicklung der Prozesstechnik in der Halbleiterwelt und führt zu kompakt integrierten Schaltungen auf kleinstem Raum. Es ist die Leistung von Entwicklern, Technologen, Physikern, Prozessingenieuren, etc. Forderungen bezüglich Funktionalität in kleinsten Bauräumen unterzubringen. Der Anspruch bleibt bestehen und kann als Dilemma angesehen werden. Es ist eine Herausforderung, viele widersprüchliche Eigenschaften zu vereinen, wie zum Beispiel, sehr kleine und universell einsetzbare Bauelemente zu entwickeln, die verschiedene Systeme mit extrem hoher Zuverlässigkeit steuern.

Aus Anwendersicht kann das ganz einfach dargestellt werden! Das System muss funktionieren und zwar dann und dort, wenn und wo es gebraucht wird. Aus dieser Wahrnehmung heraus ist es schon relativ irrelevant, wie komplex das Bauelement aufgebaut ist, welche Strukturen verbaut sind oder ob andere, nicht benötigte Funktionen hineindesignt wurden, die für den jeweiligen Anwendungsfall gar nicht benötigt werden. Stören sollten sie aber auch nicht.

Hohe Erwartungshaltung an störungsfreien und dauerhaften Betrieb steht im Vordergrund. Daneben geringer Energieverbrauch, unabhängig ob unter Volllast oder im Standby. Ferner wird mehr und mehr Wert auf ressourcenschonende Herstellung der Systeme gelegt. Die moderne Datentechnik erfordert Schnelligkeit beim Datentransfer was wiederum sehr kurze Schalt- bzw. Reaktionszeiten erfordert.

Eigentlich kein Wunder, dass die Halbleiterwelt extrem dynamisch ist und permanent neue Komponenten entwickelt (-n muss) um den Ideen und Anforderungen durch Anwender gerecht zu werden. Bedingt durch diese Anforderungen wie funktionale Vielfalt, kleine Bauräume, Einsatz in mannigfachsten Applikationen bei unterschiedlichsten Bedingungen ist nur ein Teil der Herausforderungen die zu lösen sind.

Der Ansporn an Technologen und Ingenieure Produkte mit vielen und komplexen Funktionen bei hoher Zuverlässigkeit bezahlbar und Ressourcenschonend herzustellen bleibt bestehen und wird absehbar weiter wachsen.

1.3.2 Erwartungshaltung

Das vorliegende Buch kann und wird auch nicht für alle diese Herausforderungen eine Lösung bereitstellen. Es soll vielmehr ein Handbuch für Einsteiger und Erfahrene sein, welches Erläuterungen zu methodischen Vorgehensweisen zur Sicherung der Zuverlässigkeit mit Lösungsansätzen für die zahlreichen Fälle bietet, die in der Praxis auftreten können.

Es besteht oft kein ausreichendes Verständnis dafür, warum Zuverlässigkeit erforderlich ist, obwohl dies auf den ersten Blick trivial erscheinen mag. Eklatant offensichtlich wird es dann, wenn ein System beim Kunden ausfällt und erheblichen, manchmal nicht reparierbaren Schaden und Kosten erzeugt. Unternehmen, denen das widerfahren ist, denken anders!

Neben einer Einführung in und für diesen Umfang notwendigen Statistik werden die Kenngrößen der Zuverlässigkeit detailliert erläutert, definiert und in Beispielen gezeigt, wie sie angewendet werden können.

Mithilfe der Beispiele, Tabellen und Grafiken wird die Darstellung von Rechenmethoden zur Ermittlung von Zuverlässigkeits-Parametern deutlich.

Das Buch zeigt auch Wege, wie Komponenten oder Systeme zu erproben bzw. zu qualifizieren sind. Die Vorgehensweisen bei der Qualifizierung werden beschrieben sowie eine Einführung und Interpretation zu Umweltsimulationstests gegeben. Darüber hinaus werden die Anwendung der wichtigsten Beschleunigungsgesetze zur Umsetzung zeitraffender Tests in Klimakammern mit allen erforderlichen Rahmenbedingungen detailliert beschrieben.

Die Entwicklung von Qualifikations- / Erprobungsprogrammen und deren Abläufe einschließlich zugehöriger Vorbereitung, Zwischenschritte und „Schlussaktionen" werden ebenso dargestellt wie die dazugehörigen Maßnahmen.

Neben Tipps zum Aufbau einer eigenen Formelsammlung in Excel zum Einsatz z.B. in Besprechungen sind in weiteren Kapiteln Hinweise zur Literatur, zu Standards, zu Normen, zu URLs, zu Verbänden und Organisationen, die sich mit Zuverlässigkeit auseinandersetzen, zu finden.

1.4 Inhalte dieses Buches

Das vorliegende Lehrbuch behandelt eine Vielzahl von Themen im Bereich der zuverlässigen, robusten Gestaltung und Absicherung von elektronischen und mechanischen Systemen. Es beginnt mit der Betrachtung der Besonderheiten im Entwicklungsablauf (Kapitel 2). Hierbei werden die einzigartigen Herausforderungen und Anforderungen beleuchtet, die bei der Entwicklung elektronischer und mechanischer Systeme auftreten. Die Komplexität, Interdisziplinarität und besonderen Risiken werden dabei ebenso betrachtet, wie die spezifischen Prozesse und Phasen im Entwicklungsablauf, die sich von anderen Entwicklungsprojekten unterscheiden. Dabei wird die Entwicklungsmethodik im Allgemeinen und deren Herausforderungen gegenüber den rein mechanischen oder rein elektronischen Entwicklungsmethodiken ausführlicher dargestellt und auf deren Besonderheiten hingewiesen.

Ein weiterer Schwerpunkt des Buches liegt auf den Grundlagen und Methoden der Zuverlässigkeitstechnik im Kontext elektronischer und mechanischer Systeme (Kapitel 3). Hier werden verschiedene Ansätze zur Bewertung und Verbesserung der Zuverlässigkeit von Komponenten und Systemen vorgestellt. Sowohl theoretische Grundlagen als auch praktische Anwendungen und Methoden zur Fehleranalyse und -prävention werden behandelt.

Der Gestaltungprozess wird dem Leser anhand des entwicklungsorientiertem V-Diagramms, vergleiche Abb. 1.6, zu jedem Handlungsschritt mit entsprechenden Methoden in einer ausreichenden Tiefe behandelt. Somit wird er in die Lage versetzt, praxisorientierte Fragestellungen zu beantworten.

Ein moderner Aspekt, der in diesem Buch beleuchtet wird, ist die Rolle von Data-Science-Methoden und -Techniken im Bereich der Entwicklung elektronischer und mechanischer Systeme. Verschiedene Ansätze zur Datenerfassung, -analyse und -interpretation werden erläutert, die zur Optimierung des Entwicklungsprozesses und zur Verbesserung der Systemleistung beitragen können (Kapitel 4).

Des Weiteren werden in Kapitel 5 die Definition und Analyse von Anforderungen und Mission Profiles für elektronische Systeme behandelt. Verschiedene Methoden zur Erfassung, Spezifikation und Validierung von Anforderungen werden beschrieben, die für die Entwicklung zuverlässiger und leistungsfähiger Systeme unerlässlich sind.

Das Buch diskutiert auch verschiedene Szenarien und Vorgehensweisen zur Entwicklung elektronischer und mechanischer Systeme in Kapitel 6. Unterschiedliche Ansätze und Methoden zur Planung, Umsetzung und Überwachung von Entwicklungsprojekten werden diskutiert, die je nach Anforderungen und Rahmenbedingungen zum Einsatz kommen können.

Die Kapitel 7 bis 9 behandeln verschiedene Aspekte der Beschleunigung und Validierung von Entwicklungsprozessen. Dabei werden sowohl physikalische Beschleunigungsgesetze als auch effiziente Teststrategien und Simulationsmethoden vorgestellt. Diese Methoden zielen darauf ab, die Time-to-Market zu verkürzen und gleichzeitig die Robustheit und Zuverlässigkeit der Systeme unter realistischen Bedingungen sicherzustellen. Besonderes Augenmerk liegt auf der Simulation von Umwelteinflüssen und der effizienten Durchführung von Tests zur Verbesserung der Testabdeckung.

Die Kapitel 10 und 11 widmen sich den spezifischen Anforderungen an die Systemsicherheit und Qualitätskontrolle. Dabei werden sowohl Methoden zur elektromagnetischen Verträglichkeit und zum ESD-Schutz als auch Verfahren zum systematischen Screening von Komponenten und Baugruppen behandelt. Diese Aspekte sind fundamental für die Gewährleistung der Systemzuverlässigkeit und die frühzeitige Erkennung potenzieller Schwachstellen.

Abschließend werden in Kapitel 12 die verschiedene Methoden und Verfahren zur Freigabe und Überwachung von elektronischen und mechanischen Systemen in der Praxis behandelt. Ansätze zur Qualitätskontrolle, -sicherung und -überwachung werden diskutiert, die dazu dienen, die Einhaltung von Spezifikationen und Anforderungen sicherzustellen.

> Ziel dieses Buches ist es, den Einstieg oder den Umstieg in das Themenfeld der Zuverlässigkeitsgestaltung mechanischer und elektronischer Systeme praxisorientiert und handhabbar zu ermöglichen.

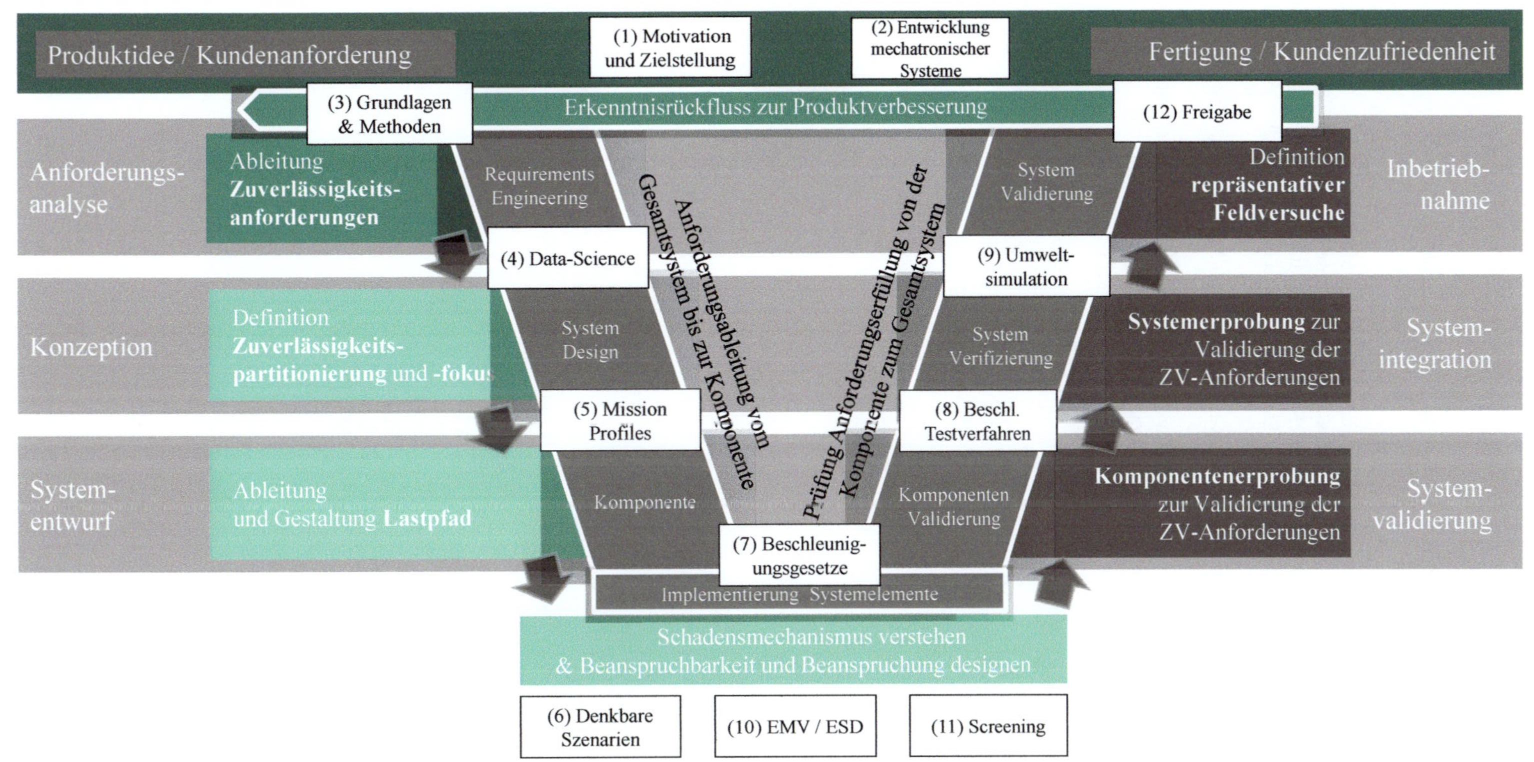

Abb. 1.6 Inhaltsübersicht

Literaturverzeichnis

1. Hüthig Medien GmbH: Produktlebenszyklus in der Automobilindustrie mit Zeit in Jahre. Zugriff: 14. November 2021. www.all-electronics.de
2. Crosby, P.B.: Quality is Free. McGraw-Hill Book Company, New York (1978)
3. Czichos, R.: Change-Management, Ernst Reinhardt Verlag, München (1986)
4. Deming, E.W.: Out of the Crisis, MIT Massachusetts Institute of Technology (1988)
5. Media-Saturn-Holding (2016): Welche Kriterien sind Ihnen beim Kauf von Technik- und Elektronikartikeln besonders wichtig?. Statista. Statista GmbH. Zugriff: 26. November 2024. wwww.de.statista.com
6. Visual Capitalist (2024): How Long Does It Take to Hit 50 Million Users?. Zugriff: 26. November 2024. www.visualcapitalist.com
7. VuMA (2020): Wichtigste Kriterien beim Autokauf in Deutschland in den Jahren 2017 bis 2020. Statista. Statista GmbH. Zugriff: 26. November 2024. https://de.statistica.com

Kapitel 2
Besonderheiten im Entwicklungsablauf elektronischer Systeme

Zuverlässigkeitsgestaltung im gesamten Entwicklungspfad

Eine nachhaltige, effiziente Zuverlässigkeitsgestaltung muss bereits in der frühen Phase des Entwicklungsablaufes verankert werden, damit spätere Folgekosten vermieden werden können.

Zusammenfassung Strickt getrennte Domänen-Entwicklungen, wie mechanische oder elektronische Entwicklungen, sind in heutigen Produktentwicklungen überwiegend nicht mehr möglich. Eine zunehmende Verschmelzung dieser Domänen zu einer mechatronischen Produktentwicklung ist bereits in den letzten Jahrzehnten deutlich zu erkennen. In diesem Kapitel wird auf diese Entwicklungsmethodik eingegangen und zudem gezeigt, wo und wann Zuverlässigkeitsarbeit im Entwicklungsablauf stattfinden soll.

2.1 Qualität, Kosten, Zuverlässigkeit und Robustheit

Ingenieure sehen sich ständig mit steigenden Kundenanforderungen und dadurch mit einer Entwicklung von immer komplexeren Produkten konfrontiert. Dabei werden zudem höhere Erwartungen an

- die Qualität,
- die Kosten,
- die Zuverlässigkeit,
- die Robustheit,
- die Sicherheit,
- die Nachhaltigkeit,
- die Wiederverwendbarkeit,
- die Ressourcenschonung,
- die Weiterverarbeitbarkeit,
- die Energieeffizienz,
- etc.

von technischen Produkten und Prozessen gestellt. Diese Eigenschaften sind Anforderungen, die ein Kunde beim Kauf eines Produktes je nach Anwendungsgebiet an vorderster Stelle setzt.

2.1.1 Qualität

Traditionell stand das Themenfeld Qualität in jedem Unternehmen im Vordergrund. Die Fertigung von Produkten folgte vorgegebenen Regeln, die während eines Ablaufs einzuhalten sind. Durch Zwischen- und Endmessungen, entweder mittels Stichprobenprüfungen nach z.B. vorgegebenen AQL-Stichprobenplänen oder 100 %-Prüfung des gesamten Fertigungsloses wurde sichergestellt, dass die Auslieferqualität den Anforderungen entsprach.

Der Kunde bestellte 1000 Teile und erwartete, dass alle Teile gut sind. Jedoch waren bedingt durch statistischen Schlupf und der mittleren Qualitätslage (Average Outgoing Quality – AOQ) meistens fehlerhafte Einheiten im ausgelieferten Los vorhanden. Die Organisation führte, sofern sie dazu in der Lage war, entsprechende Wareneingangsprüfung durch, quasi als Verifizierung des Qualitätsniveaus, akzeptierte die Ware oder wies diese bei Nichteinhaltung zurück. Die so bezeichnete Null-Stunden-Qualität war sichergestellt. Hiermit war die Aufgabe der Organisation erfüllt. Der Aspekt einer „langen Aufrechterhaltung der Funktion im Betrieb" war nicht tiefer betrachtet worden. Es kann beschrieben werden: Qualität ist gleich Null-Stunden-Qualität.

> **❗ Beachte:**
>
> Qualität bedeutet einerseits *neutral* betrachtet:
>
> - die Summe aller Eigenschaften eines Objekts, Systems, Produkts oder Prozesses
>
> und andererseits *bewertend* betrachtet:
>
> - die Güte aller dieser Eigenschaften.

Qualität ist die Bezeichnung einer wahrnehmbaren Zustandsform von Systemen und/oder Produkten und ihrer Merkmale, welche in einem bestimmten Zeitraum anhand bestimmter Eigenschaften des Systems in diesem Zustand definiert wird. Falls diese bewertenden und neutralen Eigenschaften nicht im gewünschten Zeitraum eingehalten werden, kann die Qualität unter anderem entscheiden, ob ein Unternehmen in der freien Marktwirtschaft überleben kann.

Beispielsweise kann die Qualität als ein Produkt, wie Wein und dessen chemische Bestandteile sowie den daraus resultierenden subjektiv bewertbaren Geschmack betrachtet werden. In diesem Zusammenhang können die Prozesse der Reifung der Traube, der Produktion und der Lagerung als ein Qualitätsmerkmal bezeichnet werden. Bewertend spricht man von Qualitätswein oder Prädikatswein (höchste Qualitätsstufe). Diese Qualität sollte nun in einem definierten Zeitraum gewährleistet sein, wie zum Beispiel Weine mit stärker ausgeprägten Fruchtaromen können bis zu zwei Jahre gelagert werden, während reichhaltigere Weißweine eine Lagerzeit von ein bis fünf Jahren haben können.

> Definition der Qualität nach DIN EN ISO 8402: „Gesamtheit von Merkmalen (und Merkmalswerten) einer Einheit bezüglich ihrer Eignung, festgelegte und vorausgesetzte Erfordernisse zu erfüllen" - **Was so gut wie bedeutet, dass der Kunde bekommt was er möchte und wann er es möchte.**

Abb. 2.1 zeigt die hierarchische Anordnung der genannten Eigenschaften: Qualität, Kosten, Robustheit und Zuverlässigkeit. Als Oberbegriff ist die Qualität zu sehen. Dieser Begriff umfasst unter anderem die Kosten, die Robustheit sowie die Zuverlässigkeit.

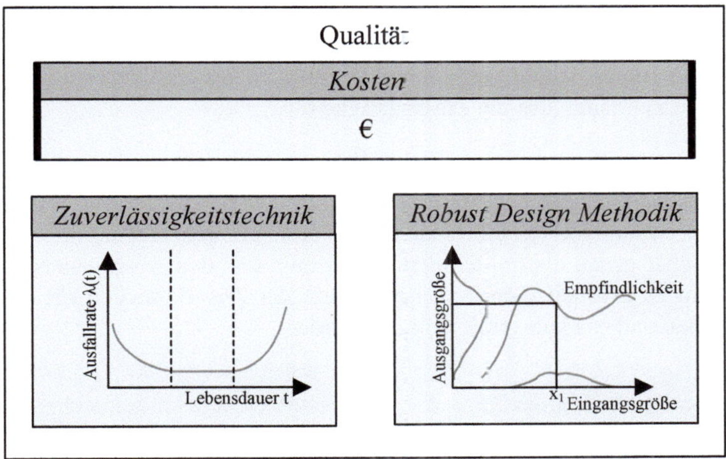

Abb. 2.1 Hierarchische Einteilung der Begrifflichkeiten [15]

2.1.2 Kosten

Qualität und Kosten unterstehen einem Zielkonflikt, je nachdem welches qualitative Maß an Qualität gefordert wird. Die Lebensdauer eines Produkts kann beispielsweise als hohe Qualität eingeordnet werden, wenn die Einsatzzeit des Produkts länger ist als gefordert. Für die Schaffung einer solchen langen Lebensdauer müssen Produkteigenschaften berücksichtigt werden, die meist mit hohen Entstehungskosten verbunden sind.

Die Kosten sollen in unserem Kontext als Kosten auf Seite des Herstellers gesehen werden. Darunter sind unter anderem Herstellungskosten zu verstehen. Entsprechend werden Kosten nicht dem kundenseitigen Qualitätsmerkmal *Preis* zugeordnet. Zudem sind Kosten gemäß der Eigenschaftstheorie nach Lindemann [17] oder nach Ehrlenspiel [8] nicht als Qualitätsmerkmal zu sehen, da sich beispielsweise die Herstellungskosten aufgrund von unterschiedlichem Materialeinsatz, bei gleicher Qualitätsanforderung, merklich unterscheiden können.

2.1.3 Zuverlässigkeit

Eine Kernfrage, die immer wieder aufgeworfen wurde, war, wie lange ist die Qualität verfügbar? Ergo Qualität über eine Zeitspanne.

Mit steigenden Anforderungen an Komplexität und der einhergehenden wachsenden Funktionalität hat unter anderem aus diesem Grunde eine neue Fokussierung stattgefunden. Neben der Null-Stunden-Qualität rückte der fehlerfreie Betrieb im definierten Umfeld der produzierten Einheit in den Mittelpunkt der Betrachtung. Definiert wurde Qualität über eine festgelegte Zeitdauer also die Zuverlässigkeit.

In gegenwärtigen Betrachtungen ist zwar die fehlerfreie Fertigung von Einheiten nach wie vor extrem wichtig, jedoch wird stärker darauf geachtet, dass die vom Kunden geforderten Lebensdauern demonstriert und eingehalten werden. Es geht hier allein um die Fähigkeit einer Einheit über genau diesen definierten Zeitraum und dem vorgegebenen Umfeld die Anforderungen zu erfüllen. Somit ist der Aspekt der Zuverlässigkeit die dominierende Größe geworden und es kann somit definiert werden:

> Zuverlässigkeit ist die Einhaltung des geforderten Qualitätsniveaus über die festgelegte Zeitspanne im vorgegebenen Umfeld.

Qualität weist verschiedene Merkmale auf, deren Anforderungen an das Produkt gerecht werden muss. Die Qualitätsanforderungen können sowohl vom Kunden, der Gesellschaft, als auch vom Hersteller selbst kommen. Um eine hohe Qualität erzielen zu können, muss zwangsläufig eine hohe Zuverlässigkeit gewährleistet werden. Die Qualität samt ihren Anforderungen macht ein Produkt am Markt attraktiv und entscheidet über die Verkaufszahlen und die Zufriedenheit der Kunden.

> Nach VDI4001-1 ist die Zuverlässigkeit definiert als die Wahrscheinlichkeit, dass ein Produkt unter gegebenen Funktions- und Umgebungsbedingungen nicht ausfällt.

> VDI4001-2 und DIN EN ISO 9000 beschreiben die Zuverlässigkeit als ein zusammenfassender Ausdruck zur Beschreibung der Verfügbarkeit und ihrer Einflussfaktoren, Funktionsfähigkeit, Instandhaltbarkeit und Instandhaltungsbereitschaft.

Elsayed [10] hält mit seiner Definition fest, dass die Zuverlässigkeit, die Erprobung, die Instandhaltung und die Verfügbarkeit eines Produktes oder Prozesses weitgehend von seiner

Qualität und folglich von seinem Design abhängt. Der Fokus der Definition nach Yang [34] liegt auf der Wahrscheinlichkeit. Sie beschreibt die vielseitigen Ausfallmöglichkeiten von stochastisch und zufällig verteilten Ursachen, die sich nur mit Wahrscheinlichkeiten quantitativ wiedergeben lassen.

> Eine weitere Definition für die Zuverlässigkeit findet man in der VDI 4002-1: Zuverlässigkeit ist die Beschaffenheit einer Einheit bezüglich ihrer Eignung, während oder nach vorgegebenen Zeitspannen bei vorgegebenen Anwendungsbedingungen die Zuverlässigkeitsforderung zu erfüllen.

Der Begriff der Zuverlässigkeit selbst wird in der Literatur seit mehr als 40 Jahren unterschiedlich definiert und bis heute kommen neue Definitionen hinzu. Sowohl bestehende Normen und Richtlinien, als auch die freie Literatur äußern sich auf unterschiedliche Weise zur Definition. In der deutschen Sprache ist der Begriff der Zuverlässigkeit eindeutig zu verstehen. Bei der Übersetzung aus dem Angelsächsischen ist die Begriffsdefinition jedoch nicht ganz eindeutig. Nach Dettmann [4] umfasst die Zuverlässigkeit (*dependability*) die Attribute: Funktionsfähigkeit (*reliability*), Instandhaltbarkeit (*maintainability*) sowie Verfügbarkeit (*availiability*). Diese sind in der Hierarchie der Qualitätsanforderungen somit wiederum notwendige Anforderungen. Oftmals wird in der angelsächsischen Literatur von *reliability* gesprochen, obwohl tatsächlich die Zuverlässigkeit gemeint ist. Aufgrund der nicht ganz eindeutigen Übersetzung wird bei allen genannten Definitionen der Begriff *dependability* herangezogen.

> „Fähigkeit, eine geforderte Funktion unter gegebenen Bedingungen für ein gegebenes Zeitintervall zu erfüllen" - VDI 4002-1 - Was so gut bedeutet wie, dass der Kunde bekommt, was er möchte und wann er es möchte.

Die endliche Lebensdauer von Produkten ist keine deterministische, sondern eine stochastische Größe, die mit statistischen Methoden beschrieben werden kann. Das Modell der *Stress-Strength-Interference*[1] macht das deutlich, vergleiche Abb. 2.2. Sobald sich die Belastung zeitlich der Belastbarkeit nähert und sich eine Überschneidung ergibt, tritt ein Ausfall auf. Wann und mit welcher Wahrscheinlichkeit dies auftritt, wird durch die Zuverlässigkeit beschrieben.

Eine wichtige Aufgabe im Bereich der Zuverlässigkeit ist die Bestimmung der Wahrscheinlichkeit, mit der in einer bestimmten Zeitdauer kein Fehler auftritt beziehungsweise ein Produkt ohne Ausfall überlebt und verfügbar ist. Hierfür werden qualitative und quantitative Methoden während des Produktentwicklungsprozesses angewandt. Ein weiterer wichtiger Punkt der Zuverlässigkeitsbestimmung von Produkten ist die Lebensdauer von Systemen und deren Komponenten. Die Lebensdauer beschreibt die zeitbezogene Widerstandsfähigkeit gegen mechanische Schädigungen, wie Verschleiß und Korrosion.

---

[1] Belastung-Belastbarkeitsmodell: Modell zur Beschreibung der Belastung und Belastbarkeit eines Produktes, dessen Überschneidung zum Ausfall führt.

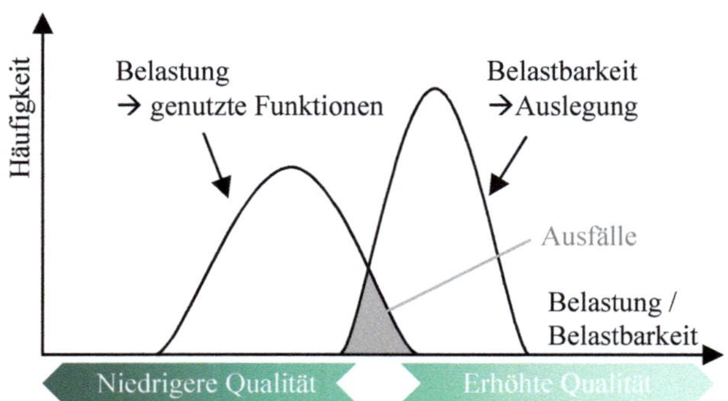

Abb. 2.2 Zusammenhang Belastung und Belastbarkeit

2.1.4 Robustheit

> Die enzyklopädische Definition von Robustheit lautet: Robustheit (lateinisch robustus, von robur Hart-, Eichenholz) ist die Fähigkeit eines Systems, seine Funktion auch bei Schwankung der Umgebungsbedingungen aufrecht zu erhalten [25].

Taguchi definiert Robustheit als die Fähigkeit eines Produkts seine Funktionsfähigkeit aufrecht zu erhalten, trotz Anwesenheit und Einfluss von inneren und äußeren Störfaktoren. Damit soll ein robustes Produkt nicht nur unempfindlich gegenüber Störfaktoren sein, sondern auch zusätzlich geringe Herstellungskosten ermöglichen. Als Störfaktoren, vergleiche P-Diagramm in Abb. 2.3, werden die Einflüsse bezeichnet, die sich negativ auf die Funktionsfähigkeit des Produkts auswirken und nicht beziehungsweise nicht ohne Weiteres zu beherrschen sind. Diese Definition findet im Bereich des sogenannten *Quality Engineering* eine breite Verwendung, um die anfängliche Robustheit in der frühen Nutzungsphase zu beschreiben. Da das Produkt möglichst über die gesamte Lebensdauer robuste Eigenschaften aufweisen soll, muss ebenso die Wirkung der Zeit mit einbezogen werden, um so die gewünschte Kundenzufriedenheit sicherzustellen.

Allgemein wird Robust Design Methodik als Methodik zur Entwicklung der Robustheit eines Produktes, Prozesses oder Systems verstanden. Hierfür werden die Ziele des Designprozesses in Funktionen abgeleitet, die es gilt zu optimieren (*Robust Design Optimization*). Dadurch können Problemursachen identifiziert und bewusst durch Veränderungen gesteuert werden. Es handelt sich um einen Optimierungsprozess, bei dem die Robustheit gesteigert werden soll.

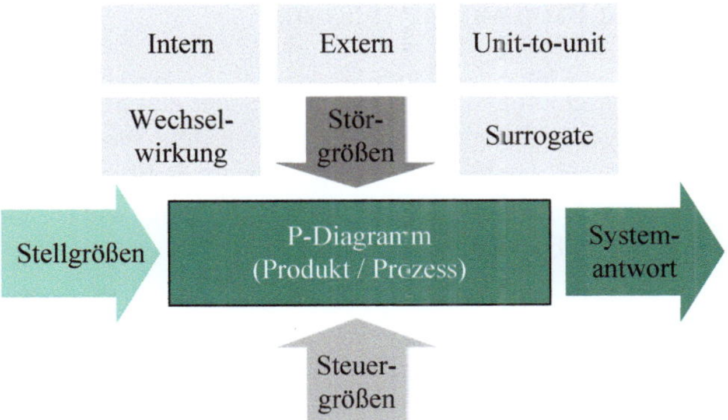

Abb. 2.3 P-Diagramm

Zielsetzung der Robust Design Methodik ist die Gestaltung von robusten Produkten. Die Robustheit kann demnach, wie die Zuverlässigkeit, als Produkteigenschaft verstanden werden. Ergebnis einer erfolgreichen Anwendung der Robust Design Methodik während der Entwicklungsphase ist ein robustes Produkt.

Obwohl die Robust Design Methodik als Methodik beschrieben wird, wird sie dennoch eher als eine Ideologie gesehen, entsprechend gibt es bis heute keine Norm oder Richtlinie, die ein konkretes Vorgehen beziehungsweise eine zeitliche Abfolge vorschreibt. Die Robust Design Methodik lässt sich durch die drei Bestandteile: *Unempfindlichkeit, Anwendbarkeit* und *Erhaltung der Funktionsfähigkeit* ausdrücken. Somit bildet die Robust Design Methodik bildlich gesprochen eine Art Stütze im Produktentwicklungsprozess um Kosten und Qualität im Einklang zu halten.

Die Unempfindlichkeit bezieht sich auf jegliche Art von Störgrößen. Das können sowohl Qualitätsschwankungen als auch Veränderungen des Gebrauchsfeldes (Umgebung) sein. Außerdem soll das Produkt durchgehend anwendbar sein, was in enger Verbindung mit der Erhaltung der Funktionsfähigkeit steht. Die einzelnen Bestandteile wirken sich, je nach Gestaltung, positiv oder negativ auf die Bereiche Kosten und Qualität aus. Die Qualität ist fest mit der Zuverlässigkeit eines Produktes verknüpft. Das Zusammenspiel aller genannten Bestandteile der Robust Design Methodik spiegelt sich am Ende im Produkt wider.

Während traditionelle Maßnahmen zur Qualitätslenkung beispielsweise mittels Sicherheitsfaktoren gelöst werden und dadurch zusätzliche Kosten oder Produkt-Ineffizienzen entstehen können, zielt *Robust Design* auf die Entwicklung von Produkten oder Prozessen ab, die dies möglichst verhindern.

2.2 Mechatronische Produktentwicklung

Klassische Domänenentwicklungen, wie mechanische oder elektrische Entwicklungen, gehen im Zeitalter der Digitalisierung zunehmend gemeinsame Wege. Werkzeugmaschinen beispielsweise werden durch das Konzept der Industrie 4.0 mit anderen Peripherien vernetzt. Dies bedeutet neue Anforderungen für die Entwicklung, wie für die elektronischen Systeme hinsichtlich Bedienbar- und Vernetzbarkeit.

> Der Begriff „Mechatronik" ist ein Kunstwort, das sich aus den Begriffen Mechanik (mechanism, später mechanics oder allgemeiner Maschinenbau) und Elektronik (electronics) ableitet.

Auf Basis der Entwicklungsphasen in der Automobilindustrie zeigte sich seit den 70er Jahren ein klaren Trend der Domänenentwicklungen, vergleiche Abb. 2.4. Im Prinzip ist die Elektronik im Betrachtungszeitraum von 1970 bis 2020 für die Ansteuerung der Mechanik im Mittel nahezu gleich geblieben. Wohingegen die Mechanik stark an Anteilen der Funktionsrealisierung an die Software abgeben musste. Waren es noch 1970 über 80 % Anteil, so sind es 2020 nur noch circa 30 %. Gründe sind umfangreiche Mechanik- und Elektronikprodukte, die durch die diversen Softwarefunktionen universell angesprochen werden können. Die Software kann nun unterschiedliche Funktionen anbieten, die rein mechanisch-elektronisch nicht möglich sind.

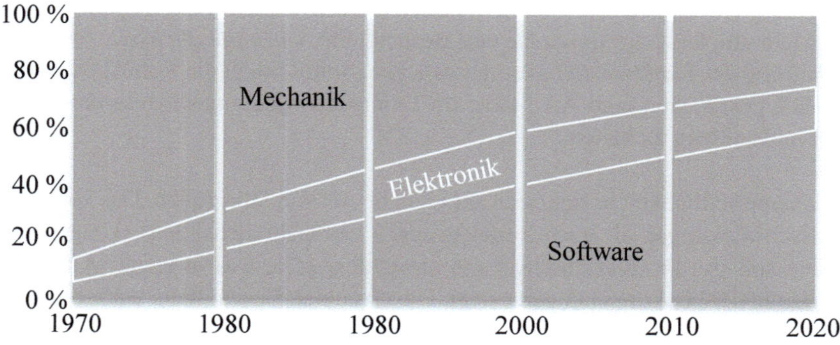

Abb. 2.4 Entwicklungsphasen in der Autobmobilindustrie nach ITQ 2011 [14]

Dieser Wandel hin zu mechatronischen Produkten lässt sich beispielsweise mit dem Vergleich zweier Waschmaschinen des gleichen Herstellers demonstrieren, vergleiche Abb. 2.5. Das linke, alte Modell aus den 1990er Jahren besitzt eine rein mechanische Steuerung via Drehregler zur Programmauswahl sowie mechanische Schalter und Kurvenscheiben. Die rechte, neue Waschmaschine weist für die ähnlichen Funktionen elektrische Berührungsschalter auf sowie ein digitales Display. Dieses Display dient zusätzlich zur

Programmauswahl auch für erweiterte Einstellungsmöglichkeiten sowie für eine höhere Anzahl an Programmvielfalt. Der Einsatz von speziellen Pumpen und Sensoren ermöglicht eine automatische und exakte Wasser- und Waschmitteldosierung und somit ein nachhaltigeren Verbrauch. Die Adaption weiterer Software und dadurch weiterer Funktionen kann aufgrund der plattformentwickelten Hardware jederzeit nachgerüstet beziehungsweise freigeschaltet werden. Dieses Beispiel zeigt, wie durch das Zusammenwirken der einzelnen

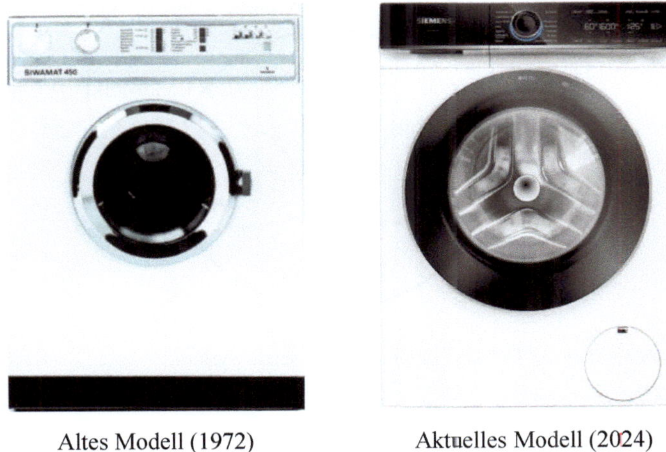

Abb. 2.5 Vergleich einer mechanischer (SIWAMAT PLUS 450) und elektronischer (iQ700) Steuerung am Beispiel einer Waschmaschine [14]

Teilsysteme aus unterschiedlicher Domänen ein erweiterter Kundennutzen entsteht.

Eine Übersicht zu den genannten Domänen zeigt Abb. 2.6. Mechanische Systeme sind räumlich und/oder funktionell integrierte Gesamtsysteme, die sich aus den Domänen der Mechanik, Elektrik/Elektronik, Software (Informationstechnik) sowie anderen Disziplinen, wie der Optik, ganzheitlich zusammenschließen.

Die Aufgabenteilung bei der Konstruktion von beispielsweise einer Waschmaschine, vergleiche Abb. 2.7, erfolgt nach der Aufgaben-/Auftragsdefinition in die Mechanik, in die elektrische Schaltung sowie in die Software. Nach Aufteilung in diese Domänen kann eine parallele Entwicklung erfolgen. Dabei ist dennoch stets darauf zu achten, dass diese Bereiche sich im laufenden Kontakt befinden. Das gemeinsame Grobkonzept muss mit allen drei Domänen besprochen werden. Einhergehend sind dies die mechanische Konstruktion mit dem Antrieb, die Entwicklung und Konstruktion der elektrischen Schaltung sowie die Entwicklung der dazugehörigen Software. Nach festgelegtem Konzept können getrennte Arbeiten erfolgen, die aber stets in gegenseitiger Abstimmung sein müssen. Bevor der Prototyp gefertigt wird, ist eine gemeinsame Dokumentation hilfreich, um alle betrachteten Aspekte festzuhalten, damit eine spätere Nachvollziehbarkeit gegeben ist. Die Serienkonstruktion sowie die Produktion erfolgt am gesamten Produkt.

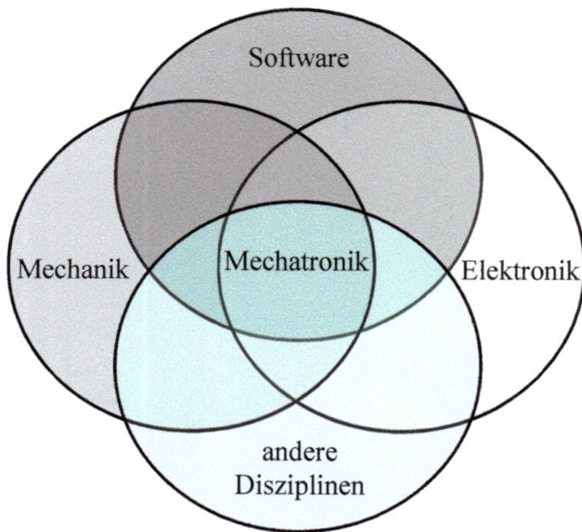

Abb. 2.6 Zusammenwirken der Domänen im mechatronischen System

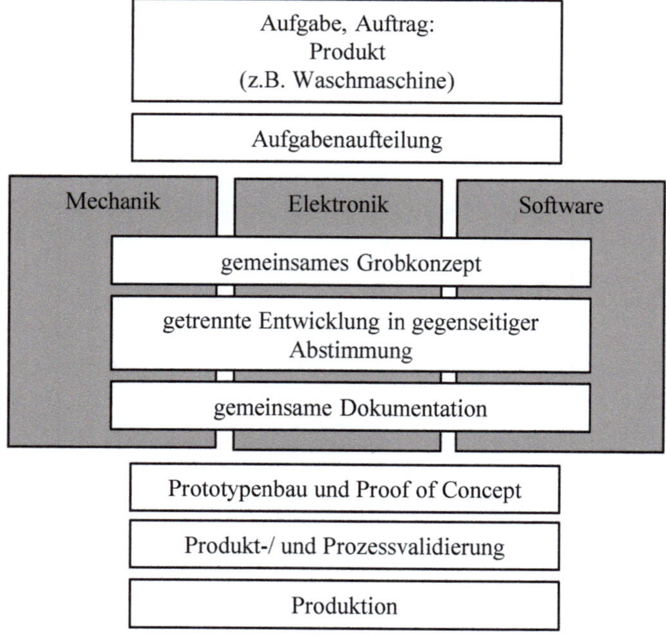

Abb. 2.7 Vorgehensweise bei der Entwicklung von mechatronischen Produkten

Schaut man nun tiefer in das Zusammenwirken der Domänen, vergleiche dazu Abb. 2.8 nach VDI-Richtlinie 2206, besteht die Grundstruktur mechatronischer Systeme aus einem Grundsystem, Sensoren und Aktoren sowie einer Informationsverarbeitung, die im Folgenden näher definiert werden:

Grundsystem

Struktur bzw. Kombination aus Mechanik, Elektromechanik, Hydraulik oder Pneumatik

Sensoren

Bestimmen ausgewählte Zustandsgrößen des Grundsystems. Es können physisch vorhandene Messwertaufnehmer oder reine Softwaresensoren sein. Sie liefern die Eingangsdaten für die Informationsverarbeitung.

Informationsverarbeitung

Sie bestimmt die notwendigen Einwirkungen, um die Zustandsgrößen des Grundsystems in gewünschter Weise zu beeinflussen.

Aktoren

Sie sorgen direkt am Grundsystem für die Umsetzung der von der Informationsverarbeitung bestimmten Einwirkungen.

Die Beziehung zwischen Grundsystem, Sensoren, Informationsverarbeitung sowie Aktoren kann mittels den Flussarten: Informations-, Energie- und Stofffluss analysiert werden, die wie folgt definiert sind:

Informationsfluss

Informationen, die zwischen den Einheiten mechatronischer Systeme ausgetauscht werden, sind beispielsweise Messgrößen, Steuerimpulse oder Daten.

Energiefluss

Unter Energie ist in diesem Zusammenhang jede Energieform zu verstehen wie z.B. mechanische, thermische oder elektrische Energie, aber auch Größen wie Kraft oder Strom.

Stofffluss

Beispiele für Stoffe, die zwischen Einheiten mechatronischer Systeme fließen, sind feste Körper, Prüfgegenstände, Behandlungsobjekte, Gase oder Flüssigkeiten.

Das meist mechanische Grundsystem wird durch Sensoren und Aktoren angesteuert und bestimmt die Hauptfunktion des Systems. Die Überwachung erfolgt hierbei über die Sensoren und die Ausführung über Aktoren. Dabei nehmen die Sensoren die Messgrößen (physisch oder softwarebasiert) über das Grundsystem auf und werden in der Elektronik verarbeitet. Hier werden Messgrößen durch Umformer über Signalwandler aufbereitet und interpretiert. Ist die angesprochene Hardware zusätzlich programmierbar, kann über eine Softwareumsetzung eine gewünschte Funktion über Signale und Aktoren sowie Energiewandler- und umformer zurück auf der Mechanikebene am Produkt umgesetzt werden. Dieser Regel- und Steuerkreis bietet erweiterte Möglichkeiten, Funktionen an einem Produkt umzusetzen, als es ohne Software denkbar wäre. Die Komponente der Software hat bereits einen nicht mehr wegzudenkenden Entwicklungseinfluss. Die Informationstech-

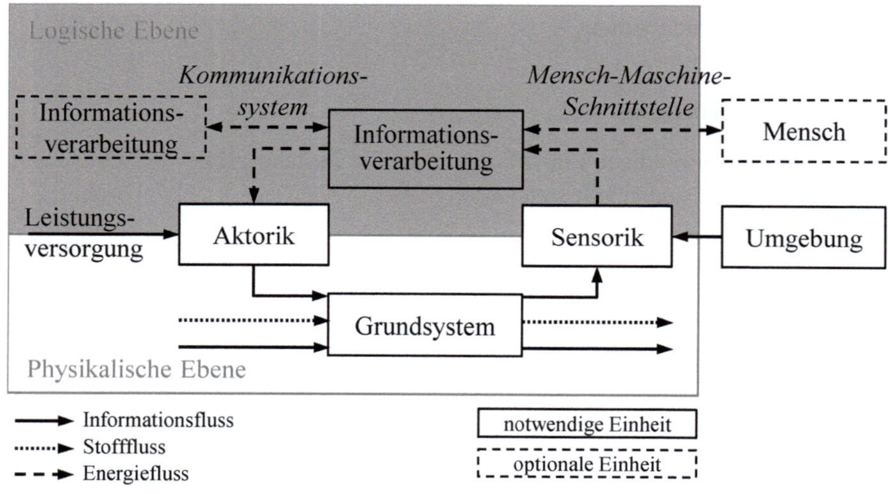

Abb. 2.8 Grundstruktur eines mechatronischen Systems nach VDI-Richtlinie 2206 [32]

nik, beispielsweise eine einfache elektronische Schaltung oder ein komplex eingebettetes System, verarbeitet die Messsignale und berechnet Werte zur Optimierung des geforderten Verhaltens, indem die Werte über Aktoren an das Grundsystem weitergeben werden.

Eine Hürde bei dem zuvor genannten Regel- und Steuerablaufes ist die unterschiedliche Denk- und Vorgehensweise der einzelnen Domänen, vergleiche Abb. 2.9. Die Modellierung der mechanischen Disziplin erfolgt in sogenannten Top-Down Prinzip. Dabei wird das zu entwickelnde Produkt als System oder auch Baugruppe betrachtet. Die darunterliegende Ebenen hingegen als Komponenten oder auch Design Elemente. Diese können je nach Betrachtungstiefe weiter unterteilt werden. Die dargestellte Baumstruktur bietet den Vorteil, dass sämtliche Änderungen zum Beispiel in einer Komponente direkt Aufschluss auf die verbundenen Komponenten im System gibt. Die Entwicklungszyklen hinsichtlich Reifegrad ist kontinuierlich steigend, somit eine stetige Funktionsrealisierung.

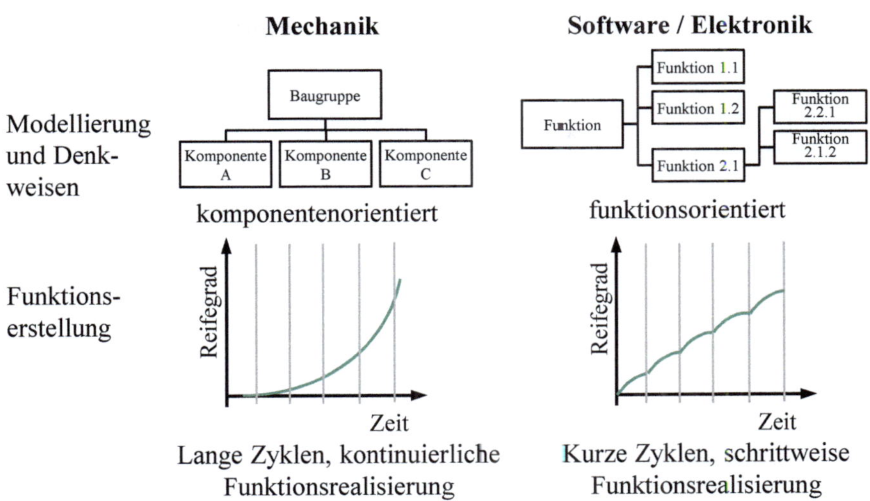

Abb. 2.9 Unterschiedliche Denk- und Vorgehensweisen der Disziplinen

Die Vorgehensweise in der Elektronik beziehungsweise Software ist entlang einer schrittweiser Funktionsrealisierung. Die Orientierung der Entwicklung ist funktionsbasiert. Die Darstellungsweise ist ähnlich zur Mechanik ein Funktionsbaum. Die Entwicklung der einzelnen Funktion erfolgt hierbei schrittweise und kann diskret betrachtet werden.

Um die Komplexität mechatronischer Systeme zu beherrschen, werden diese oft in einzelne Systemelemente unterteilt und hierarchisch verknüpft (vergleiche dazu Abb. 2.10):

MFM Mechatronische Funktionsmodule:
Bestehen aus Tragstruktur, Sensoren, Aktoren und einer lokalen Informationsverarbeitung.

AMS Autonome Mechatronische Systeme
Sie werden aus informationstechnisch und/oder mechanisch gekoppelten MFM aufgebaut. Es werden übergeordnete Aufgaben wie Überwachung mit Fehlerdiagnose und Instandhaltungsentscheidungen realisiert sowie Vorgaben für die lokale Informationsverarbeitung der MFM generiert.

VMS Vernetzte Mechatronische Systeme
Sie entstehen allein durch die Kopplung der beteiligten AMS via Informationsverarbeitung. Dort werden Lernvorgänge oder automatische Adaptionen in einem mechatronischen System realisiert.

Zurück zum Beispiel der Waschmaschine: Die Strukturierung mechatronischer Systeme wird in Abb. 2.10 am Beispiel des geregelten, bürstenlosen Motor als mechatronisches Funktionsmodul (MFM), die Waschmaschine als autonomes mechatronisches System

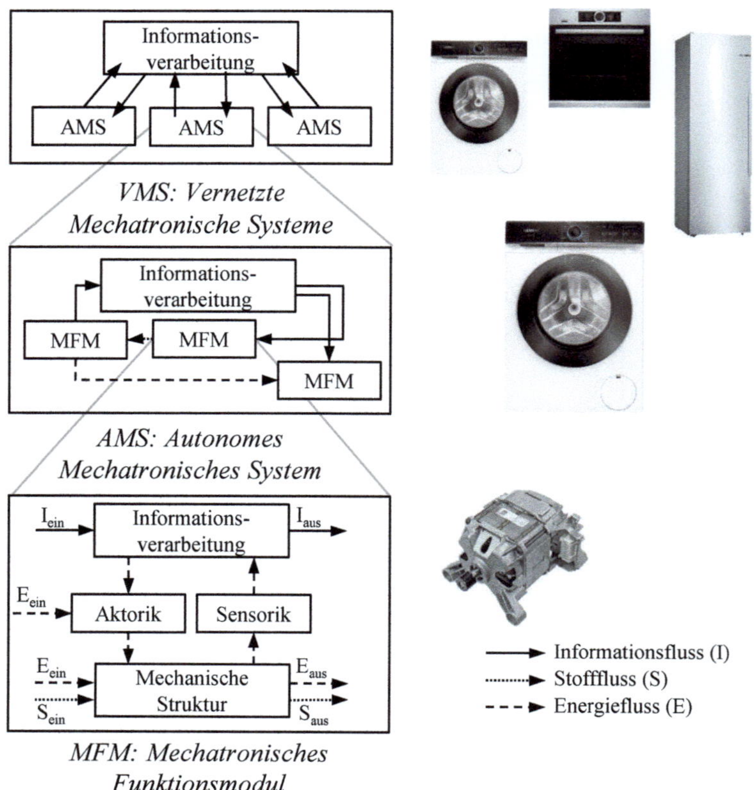

Abb. 2.10 Grundstruktur nach VDI-Richtlinie VDI 2206 am Beispiel einer Waschmaschine [32]

(AMS) und der Haushalt mit kommunikationsfähigen Haushaltsgeräten als ein vernetztes
mechatronisches System (VMS) dargestellt. Betrachtet man die einzelnen Funktionsmodule
mit ihren unterschiedlichen Funktionen können hierarchische und/oder nicht-hierarchische
Beziehungen vorhanden sein. Jedes einzelne Funktionsmodul (MFM) kann mit dessen Sen-
sorik beziehungsweise Aktorik zusammen mit anderen MFMs eigenständig Handlungen
(Informationsverarbeitung) über das autonome mechatronische System (AMS) ausführen.
Auf dieser Hierarchiestufe können beispielsweise die Generierung von Vorgaben der ent-
haltenen MFM sowie Fehlerdiagnose- und Überwachungsfunktionen realisiert sein. Wei-
tere Aufgaben, wie Lernvorgänge oder Adaption, können über die informationstechnische
Kopplung mehrerer AMS zu einem VMS zusammengeführt werden.

2.3 Entwicklungsphasen

2.3.1 Entwicklungsphasen in der Automobilindustrie

In der Automobilindustrie werden ergänzend zum Produktentwicklungsprozess die Entwicklungsphasen in Musterstände: A-, B-, C- und D-Muster aufgeteilt. Die einzelnen Phasen und deren Verwendung sind in Tab. 2.1 beschrieben. Abb. 2.11 zeigt die Einordnung der Musterphasen in den Entwicklungsprozess mit deren einzelnen Schritten.

Tab. 2.1 Musterstände der Automobilindustrie nach [13]

Kategorie	Phase	Verwendung
A-Muster	Konzept / Entwurf	Funktionsaussage (Funktionsmuster, Versuche); Bestätigung Entwurf / Konzept
B-Muster	Entwurf / Ausarbeitung (Applikationsentwicklung)	Erprobung des gesamten Funktionsumfangs und der technischen Anforderungen, geeignet für Dauererprobung
C-Muster	Ausarbeitung / Fertigung (Produktionsvorbereitung)	Prüfung zur Erreichung der Technischen Freigabe; vorgezogenes Erstmuster
D-Muster	Fertigung / Serienlauf	Vorserie mit Nachweis der Fertigungssicherheit; Erstmuster

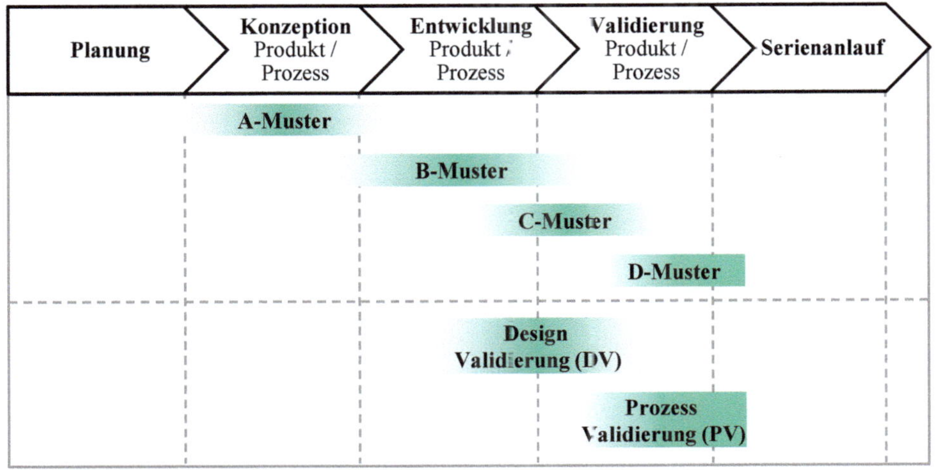

Abb. 2.11 Entwicklungsphasen und Zuteilung der Muster- und Validierungsphasen in der Automobilindustrie

Angemerkt sei, dass diese Musterphasen nicht ausschließlich als Entwicklungsorientierung beziehungsweise als Entwicklungsgrundlage für die Zuverlässigkeitsgestaltung dient, sondern nur ergänzend hier betrachtet wird, da diese Musterphasen im Automobilsektor Standard sind. Weiterhin soll der etablierte Produktentwicklungsprozess, wie auch in Kapitel 1 vorgestellt, die Grundlage der Zuverlässigkeitsarbeit sein.

> Mehrere Industriezweige passen sich zunehmend an die Musterphasen-Strategie an, zudem sind ähnliche Strukturierungen in vergleichbaren Industrien vorzufinden.

2.3.1.1 A-Musterphase

Im frühen Entwicklungsprozess sind A-Muster Prototypen die den Zweck als erste Funktionsmuster, Designmuster dienen oder Platzhalter sind, falls die Funktion noch unklar ist. Jedes Einzelteil wird bereits früh im Zusammenhang mit dem Gesamtprodukt gesehen, auch wenn Details noch unklar sind. Die Abstimmung mit der gesamten Baugruppe oder auch einem kompletten Fahrzeug ist damit schon früh im Projekt möglich. Dabei müssen sie noch nicht viel Ähnlichkeit mit den späteren Serienteilen haben. An diese ersten Teile werden keine besonders hohen Anforderungen gestellt, sie sollen die wichtigsten Funktionen erfüllen, für einfache Tests und als Anschauungsmodell zur Verfügung stehen. Die ersten A-Muster werden oft als Stereolithografie Prototypen (STL-Teile)[2] oder Frästeile aufgebaut, so sind sie schon in wenigen Tagen verfügbar.

A-Mustertests führen häufig zu Verbesserungen in der Planung für das Gesamtprojekt, weil erst mit diesen physischen Modellen allen beteiligten Personen das Zielprodukt der Entwicklung real vor Augen ist.

> **Sinn und Zweck von A-Mustertests:**

Sie sind in erster Linie Muster zur Durchführung von Tests für die Funktionsfähigkeit der Kundenanforderungen.

2.3.1.2 B-Musterphase

Sicherheitsrelevante Bauteile müssen ausreichende Qualität vorweisen. A-Muster würden diese Ansprüche kaum erfüllen. B-Muster hingegen sichern die Qualität der Serienteile schon vor der Serie in kurzer Zeit zu vertretbaren Kosten ab. In der B-Muster-Phase kann alles noch ohne große Kosten optimiert und geändert werden. In zweifelhaften Fällen wird

---

[2] Technologie, die die Herstellung von Prototypen mit komplexen Geometrien und hoher Genauigkeit ohne Werkzeug ermöglicht. Die schnelle Fertigung und serienähnliche Optik sind weitere Vorteile. Allerdings ist die Materialauswahl begrenzt, was die Validierung der Materialeigenschaften erschwert, und die Kosten steigen bei höheren Stückzahlen.

eine zweite oder dritte Musterphase als B2- und B3-Muster eingeschoben.

Lange vor der Serienproduktion erproben Fahrzeugbauer Testfahrzeuge schon im Fahrbetrieb. Eine kleine Anzahl von seriennahen Fahrzeugen fährt in dieser Erprobungsphase auf Teststrecken oder im öffentlichen Verkehr über einen längeren Zeitraum. Sommer- und Wintererprobungen sind üblich.

Sinn und Zweck der Erprobung in der B-Musterphase:

Die ersten Fahrerprobungen zeigen erfahrungsgemäß Verbesserungsbedarf und/oder Einsparungspotential, da der Kunde letztendlich während der Testfahrt sich für eine Designänderungen entscheidet. Infolgedessen ist ein Investment in aufwendige Serienwerkzeuge nicht ratsam. Zudem lässt der eng gestrickte Entwicklungszeitplan die lange Lieferzeit von Serienwerkzeugen nicht zu.

B-Muster-Erprobungen erfordern mittlere Stückzahlen bis einige Hundert. Aufgrund von Testanforderungen, Kosten und Stückzahlen wird entschieden, ob zum Beispiel Vakuum-Gussteile ausreichen, oder ob Hilfswerkzeuge notwendig sind. Wenn die benötigte Stückzahl hoch genug ist, sind Hilfswerkzeuge aus Kostengründen sinnvoll.

In speziellen Fällen werden auch die Serienwerkzeuge schon vorab für B-Musterteile verwendet. Wenn die Wahrscheinlichkeit von Änderungen gering eingeschätzt wird oder Hilfswerkzeuge sehr teuer bzw. zeitaufwändig wären, wird diese Variante bevorzugt. Bei großen Bauteilen kommt das häufiger vor. In jedem Fall wird individuell entschieden.

> **Merke:**

B-Muster sind für die Erprobung im Entwicklungsprozess. Sie sind den Serienteilen in der Optik, Geometrie und Eigenschaften sowie Anmutung und Haptik ähnlich. Erste Erprobungen mit solchen fortgeschrittenen Bauteilen bestätigen die laufende Entwicklung oder decken Schwachstellen auf.

2.3.1.3 Design Validierung

Die Design Validierung ist der Prozess, bei dem überprüft wird, ob das Design eines Produkts oder einer Dienstleistung den spezifizierten Anforderungen und den Bedürfnissen der Kunden entspricht. Dieser Prozess beinhaltet in der Regel Tests, Analysen und Bewertungen, um sicherzustellen, dass das Design die gewünschten Leistungsmerkmale und Qualitätsstandards erfüllt. Die Design Validierung ist ein wichtiger Schritt im Produktentwicklungsprozess, um sicherzustellen, dass das endgültige Design die beabsichtigte Funktionalität und Zuverlässigkeit aufweist.

Während die Design Validierung den gesamten Designprozess umfasst und sicherstellt, dass das endgültige Design den Anforderungen entspricht, konzentriert sich die B-Musterphase speziell auf die Herstellung und Prüfung von Prototypen, um das Design zu überprüfen und gegebenenfalls anzupassen. Die B-Musterphase ist also ein Teil des Design-Validierungsprozesses.

2.3.1.4 C-Musterphase

In der C-Musterphase kommen Korrekturen und Abstimmungen mit anderen Teilen nicht mehr so häufig, aber dennoch vor. Konzeptänderungen wären allerdings fatal und kritisch für den Serienstarttermin. Serienwerkzeuge verursachen hohe Investitionen und benötigen viel Zeit für die Herstellung. Diese Zeit bis zur Fertigstellung der Betriebsmittel macht in jedem Entwicklungsprozess einen Großteil der Projektlaufzeit aus.

Sinn und Zweck der Erprobung in der C-Musterphase:

C-Muster durchlaufen alle für die Serie geplanten Prüfungen, sie müssen sich damit für die Serie qualifizieren. Erst wenn diese umfangreiche Qualifizierung bestanden ist, dürfen die Teile in Serie verbaut werden. Sie sind dann keine Musterteile mehr, sondern Serienteile.

Wenn die C-Muster vorliegen, ist ein großer Meilenstein im Projekt erreicht. Die Serienwerkzeuge haben erste Bauteile produziert. Diese sogenannten „werkzeugfallenden" Teile sind meist noch mit kleinen Fehlern und Maßabweichungen behaftet, liefern aber schon wertvolle Aussagen darüber, ob alles funktioniert und zusammenpassen könnte, wie geplant.

Zu dieser Zeit warten alle an der Entwicklung beteiligten Personen auf diese Teile. Die Versuchsabteilung braucht händeringend Testmuster für Erprobung und Qualifizierung. Die Fertigung kann endlich Vorrichtungen und Prüfmittel abstimmen. Die Entwickler wollen sehen, ob alles funktioniert. Die Zeit drängt zum Serienstart und der Kunde auch.

Manche Unternehmen definieren für ihre Prozesse weitere Musterbezeichnungen. Da kann die Rede sein von D-Mustern und E-Mustern. Gemeint sind dann höhere Reifegrade, die beispielsweise korrigiert oder ausgemessen sind. Solche Feinheiten werden in den Unternehmen unterschiedlich gehandhabt.

> Merke:

C-Muster werden per Definition mit Serienwerkzeugen hergestellt. Erste repräsentative Muster, die aus der Musterproduktion entstammen, werden „Golden Sample" genannt. Sie zeigen ihre Merkmale allesamt im nominalen (toleriertem) Bereich auf. Es kann eine Überprüfung sowie Beurteilung auf hohem Niveau durch den Kunden, der Prüfer, etc. erfolgen.

2.3.1.5 Prozess Validierung

Die Prozess Validierung ist der dokumentierte Nachweis, dass ein Prozess konsistent Produkte erzeugt, die den spezifizierten Anforderungen entsprechen. Dieser Prozess beinhaltet die Durchführung von Tests und Analysen, um sicherzustellen, dass der Herstellungsprozess die gewünschten Qualitätsstandards erfüllt und zuverlässige Produkte liefert. Die Prozess Validierung ist ein wesentlicher Bestandteil der Qualitätskontrolle und -sicherung in der Herstellung von Produkten.

Während die Prozess Validierung den gesamten Herstellungsprozess umfasst und sicherstellt, dass dieser die spezifizierten Anforderungen erfüllt, konzentrieren sich die C- und D-Musterphasen speziell auf die Herstellung und Prüfung von Serienprodukten, um das Design und die Herstellungsprozesse zu überprüfen und gegebenenfalls anzupassen. Die C- und D-Musterphasen sind also Teil des Prozess-Validierungsprozesses, der sicherstellt, dass der Herstellungsprozess konsistente und qualitativ hochwertige Produkte liefert.

2.3.2 Entwicklungsphasen in anderen Branchen

2.3.2.1 Einführung

Die Abb. 2.12 zeigt in sechs Stufen die wichtigsten Inhalte einer Zuverlässigkeitskonzeption wie sie in einem Unternehmen installiert werden könnte. Wesentlich sind dabei die aufbauenden Schritte von der ersten Idee bis hin zur Verfolgung der Produkte im Feld. Lessons Learned! Die Ableitung und Definition einzelner Tests oder Testfolgen ergeben sich aus den Anforderungen, die an das Produkt gestellt werden und das jeweilige Zivileinsatzgebiet. Eine spannende Aufgabenstellung für den Zuverlässigkeitsingenieur.

2.3.2.2 Quality Grades

Unter Quality Grades wird die Einteilung der Anforderungen an ein Produkt verstanden. Je höher die Anforderung an das Produkt bezüglich Umweltanforderungen, Betriebsbedingungen, Zuverlässigkeit etc. sind, desto höher erfolgt die Einstufung im Quality Grade, die das Produkt erfüllen muss.

Darüber hinaus werden auch Quality Grades verschiedenen Branchen zugeordnet. So wird z.B. in der Norm IEC 63287-3, Semiconductor devices - Generic semiconductor qualification guidelines - Part 3: Guidelines for reliability qualification plans for power semiconductor module folgende drei Gruppierungen, Einsatzgebiete beschrieben:

- Automotive,
- Industrielle und
- Konsumelektronik.

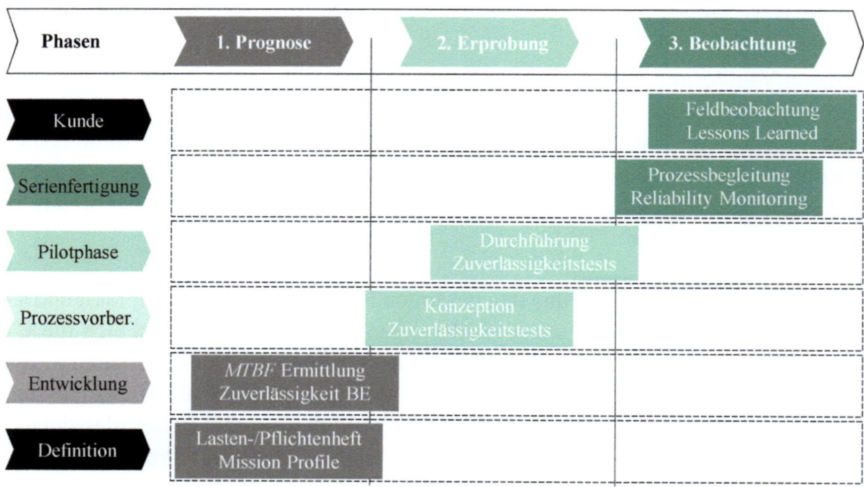

Abb. 2.12 Inhalte einer konsistenten Zuverlässigkeitskonzeption

Je nach Anforderung sind demzufolge entsprechende Qualifikationspläne auszuarbeiten und umzusetzen. Die Norm selber gibt neben Hilfestellungen und Werte für jede dieser Einsatzgebiete auch kurze Erläuterungen zu:

- Beispiel einer Anwendung,
- Jährliche Betriebszeiten,
- Dauer der Nutzung,
- Angenommene Betriebsumgebung, die je nach Anwendung variiert,
- Frühausfallrate und
- Ausfallrate in der zufälligen Ausfallperiode.

Obwohl diese Norm quasi nur für „Power Semiconductor Module" erarbeitet wurde, zeigt sie dennoch mit welchen Anforderungen in verschiedenen Einsatzgebieten zu rechnen ist. Daraus ableitend kann für das jeweils vorliegende Produkt mit dieser Hilfestellung ein angepasster Qualifikationsplan für alle Einsatzgebiete, auch für die unterschiedlichsten Systeme ausgearbeitet werden.

2.3.2.3 Reifegrade

Ergänzend zu den Musterphasen, siehe Kapitel 2.3.1, werden für andere Branchen in einer allgemein gültigen Matrix der IEC 60300-1 „Dependability management - Part 1: Managing dependability" vier verschiedene Reifegrade bezüglich der Zuverlässigkeit von Produkten dargestellt. Das Kapitel 5 „Integration der Zuverlässigkeit in das Managementsystem einer Organisation" beschreibt und gibt Hilfestellungen zu:

- Verstehen der Organisation und ihres Kontextes,

- Führung,
- Planung,
- Unterstützung,
- Informationsanforderungen und Dokumentation,
- Betrieb und
- Leistungsbewertung und -verbesserung.

Im zugehörigen, informativen Anhang wird ein Beispiel für eine Zuverlässigkeitsreifegrad-matrix mit Anforderungen und Inhalten der vier Reifegrade mit Stufen 1 - nicht reif bis zur Stufe 4 - reif, im Hinblick auf das Kapitel 5, erörtert.

2.4 Funktions- und Produktabsicherung im Entwicklungszyklus

Bisher wurde über die Linke Seite des in Kapitel 1 gezeigten V-Diagramm in Abb. 1.6 sowie im Allgemeinen über den Entwicklungsprozess gesprochen. Ein noch nicht betrach-teter, doch wesentlicher Teil, ist die Überprüfung der Kundenanforderungen an das Produkt mittels Validierung. Die entwickelten Produkte müssen je nach Reifegrad diesbezüglich simuliert, getestet oder erprobt werden. Die Tendenz zur Validierung in der Praxis sind vermehrt Rechnersimulationen anstatt realer Versuche einzusetzen. Um dies möglichst effi-zient und realitätsnah umzusetzen, benötigt es mathematisch-physikalische Modelle. Diese Modellierung verlangt entsprechend nach einer ausreichenden Kenntnis von Versuchs-und Erprobungstechniken, um tiefere Einblicke in die komplexe Funktionsfähigkeit und -sicherheit solcher Systeme zu bekommen.

Test (Versuch) vs. Erprobung: Tests sind methodische Versuche zur Ermittlung oder Überprüfung einer Hypothese von Funktionseigenschaften oder -leistungen. Erprobungen hingegen sind Tests, die die Funktionsfähigkeit und die Robustheit von Produkten hinsichtlich Kundenanforderungen nachweisen.

Rechenintensivere Simulationen können aufgrund der verfügbaren Rechnerkapazität umfassendere Modelle abbilden, deshalb gewinnen diese immer mehr an Bedeutung. Zwar helfen diese Simulationen dem Entwickler in der Umsetzung der Kundenanforderungen enorm, dennoch müssen für eine vertrauensvolle Prävention begleitende Bestätigungs-versuche sowie letztendlich Abnahmeerprobungen durchgeführt werden. Solche Tests beziehungsweise Erprobungen können in fünf Kategorien eingeteilt werden, vergleiche Abb. 2.13.

Realistische Versuche oder auch -programme müssen im Entwicklungsprozess berück-sichtigt werden, dabei nehmen die Anforderungen, wie geringer Aufwand, hohe Zeitraffung, hohe Informationsausbeute sowie Umsetzbarkeit von Versuchen immer mehr an Bedeu-tung zu. Um solche Konflikte zu lösen, müssen entsprechende Kenntnisse zur Versuchs-und Auswertetechniken vorhanden beziehungsweise geschult werden. Das Thema von

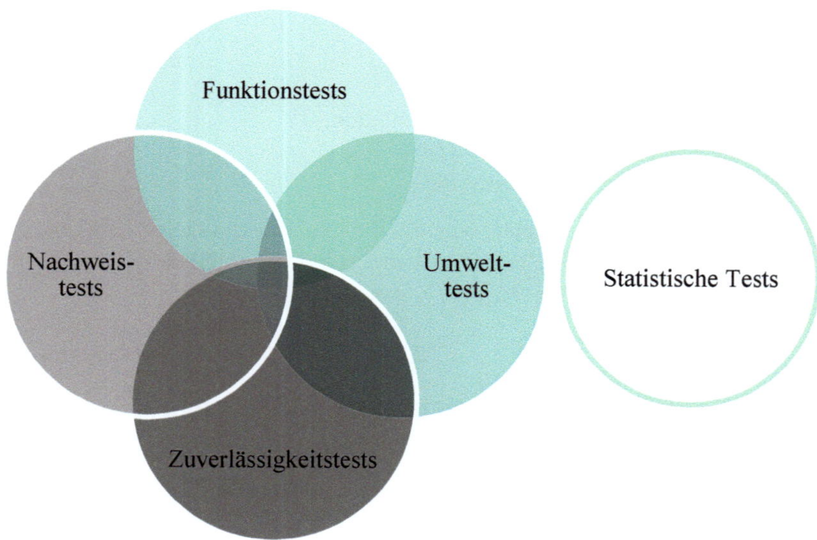

Abb. 2.13 Übersicht der fünf Kategorien für Tests / Erprobungen im Produktlebenszyklus

sogenannten Zuverlässigkeitstest, die sich dabei mit Wahrscheinlichkeit und Statistik auseinandersetzen, gewinnen hier immer mehr an Bedeutung. Im Folgenden werden die fünf
genannten Testkategorien zusammengefasst:

Zuverlässigkeitstests

Gewährleistung des Produktbetriebs ohne Ausfall während der vorgeschriebenen Lebensdauer

Umwelttests

Sicherstellen der Funktionsfähigkeit des Produkts unter den erwarteten Umgebungsbedingungen

Statistische Tests

Produkt- und Produktionsprozessoptimierung

Nachweistests

Nachweis der Einhaltung von Bestimmungen, wie:
- vertraglich vereinbart
- gesetzlich vorgeschrieben
- sicherheitstechnisch relevant

Umwelttests

Bestätigung der grundlegenden Leistungsanforderungen (Beispiel: neuer Dieselmotor):
- Leistungs-, Drehmoment- und Drehzahlzusammenhang
- Kraftstoffverbrauch
- Kaltstartverhalten, ...

Zurückzukommen auf die im vorherigen Kapitel 2.2 genannten Domänen der Mechatronik (Mechanik und Elektronik), können unterschiedliche Versuche angesetzt werden. Dabei ist es äußerst wichtig, dass der Sinn und Zweck der Versuche abgestimmt sind und der Realität entsprechen und die zuvor aufgestellte Hypothese zu untersuchen. Diese Hypothese kann im Versuch:

- bestätigt (verifiziert),
- widerlegt (abgelehnt) und
- plausibilisiert werden.

In der Mechanik werden Testverfahren angewandt, mit denen die Produkteigenschaften mithilfe von Wahrscheinlichkeiten nach deren Anforderungserfüllung untersucht werden. Ziel dabei ist es, Maßnahmen zu definieren, die deren Wirksamkeit verfolgen, um eventuelle Fehler sowie der Folgen zu entdecken und folglich zu mindern. Sogenannte Komponententests können sein:

- Zug-/ Druck-/ Biegeversuch
- Härteprüfung
- Kerbschlagversuche
- Zeitstand-/Kriechversuche
- Schwachstellentests (HALT)
- Dauerversuche
- Rissprüfungen
- ...

Komplexere Zustände liegen im Gegensatz zur Mechanik in der Elektronik vor. Hier werden Testverfahren eingesetzt, durch die Aussagen getroffen werden können, wie zum Zeitpunkt der Testdurchführung, unter gleichen Praxisbedingungen, sich das Produkt verhält. Dabei finden unter anderem folgende standardisierte Testprozeduren statt, um verdeckte Herstellungsfehler zu lokalisieren:

> Testprozeduren zur Funktionsüberprüfung und Entdeckung von Herstellungsfehlern

Bemusterung	Kurze, automatisierte Prüfung an Komponenten vor Inbetriebnahme
Burn-In- / Run-In-Test	Test zur Indentifikation von Frühausfällen hinsichtlich Temperatur-, Spannungs- und Signalschwankungen mit Alterungseffekten
Screening-Test	Stichproben- oder 100 % - Prüfung für Betriebs- und Umweltsimulation
End-of-Line-Test	Test am Ende der Produktionskette zur Indentifikation von potenziellen Schadstellen auf Komponentenebene

Standardisierte Testprozeduren in der Elektronikentwicklung kann wie folgt in drei etablierte Tests zusammengeführt werden:

> Standardisierte Testprozeduren in der elektronischen Bauteil- und Leiterplattenentwicklung

IN-Circuit-Test	Identifizierung von Fehler in Leiterbahnführungen, Lötfehler und Bauteilfehler
Flying-Probe-Test	Identifzierung von Einsteckfehler, defekte Bauteile, Bestückungsfehler sowie Lötbadfehler
Boundary-Scan-Test	Identifizierung von Fehlschaltungen über eingebaute Prüf-ICs

Für eine verbesserte Übersicht der durchzuführenden Tests gibt Abb. 2.14 eine Einordnung der potenziellen Zuverlässigkeitstests zur jeweiligen Entwicklungsphase. Der Auszug fasst beschleunigte Testverfahren nach DIN EN 62506: Verfahren für beschleunigte Produktprüfungen zusammen. Diese Zuverlässigkeitstests sind unter anderem beschleunigte Produkttests nach DIN EN 62506 [5] und systematische Testprozeduren der mechanischer und/oder elektrischer/elektronischer Komponenten. Die jeweilige Erklärung der Versuche wird in Kapitel 8.3 weiter besprochen. Während sich diese Norm auf die beschleunigten Verfahren konzentriert, werden viele andere Standardtests zur Lebensdauerabsicherung, wie beispielsweise hinsichtlich Umweltlasten, verlangt. Diese sind hauptsächlich in der Norm IEC60068 beschrieben und referenziert.

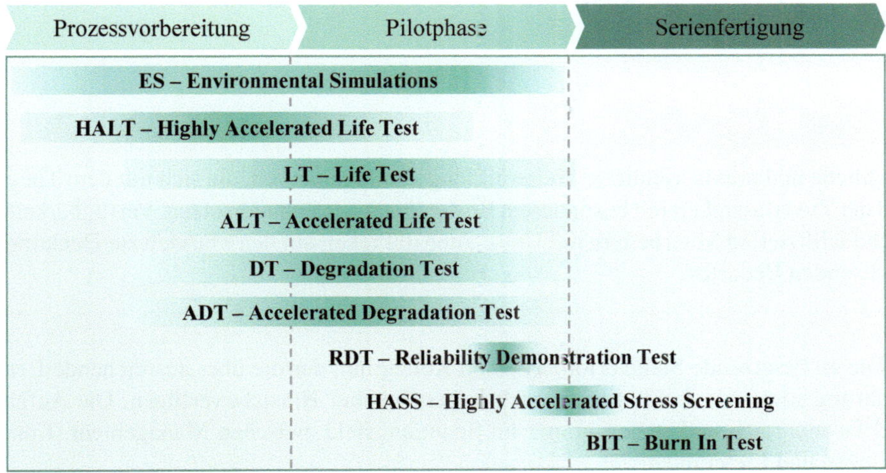

Abb. 2.14 Übersicht von beschleunigten Zuverlässigkeitstests in der Prozessvorbereitung und Pilotphase

2.5 Aufgaben im Zuverlässigkeits-Engineering

> **Motivation:**

 Zuverlässigkeit steht heute mehr denn je im Fokus bei der Auswahl und Verwendung von Systemen. Steigende Komplexität, Anforderungen an die Funktionalität, die Innovation sowie verkürzte „Time to Market" Strategien sind Herausforderungen besonderer Art.

2.5.1 Aufgaben

Die Anforderungen an den ZV-Ingenieur sind sehr mannigfaltig. Erwartet man doch von ihm, dass er neben ZV-Themen die gesamten Abläufe vom Einkauf der Komponenten, Halbzeuge, Materialien etc. über die Fertigung bis zur Auslieferung des Systems beim Kunden die Abläufe, d.h. den gesamten Prozess kennt und versteht. Der ZV-Ingenieur ist der Methodenentwickler und Unterstützer der Entwickler und Prozesstechniker. Er ist der Pate, der darauf achtet, dass die ZV-Forderungen des Kunden eingehalten werden. Es ist eine spannende und herausfordernde Aufgabenstellung. Man wird sie mögen! Erfahrungen in der Fertigung, dem Führen von technischen Teams oder auch im Vertrieb sind hilfreich [11].

2.5.2 Anforderungen

> Ziel:

Fachliche und praxisorientierte Weiterbildung von Ingenieuren, die sich mit dem Themenfeld der Zuverlässigkeit mit besonderem Engagement auseinandersetzen. Verfügbarkeit von hochqualifizierten Mitarbeitern mit Umsetzungsfähigkeit auf den Märkten zur Deckung des wachsenden Bedarfes.

Die zu besetzende Stelle erfordert einen Kolleg:inn, der/die über ausreichende Berufserfahrung sowohl in fachlicher als auch in persönlicher Hinsicht verfügen. Die Aufgaben sind facettenreich und stehen immer im Spannungsfeld zwischen Management, Kunden, Kollegen und Lieferanten.

Hierbei darf der Blick für das gesamte Unternehmen nicht verloren gehen. Der Zuverlässigkeits-Manager ist integrativer Part des Gesamtprozesses von der Akquisition bis hin zur Installation des Produktes beim Kunden. Er ist Dienstleister für die internen Bereiche wie Vertrieb und Entwicklung. Er verifiziert die Umsetzbarkeit von Kundenforderungen im Unternehmen. Er setzt Kundenforderungen im Unternehmen um sobald der Auftrag bestätigt wurde.

Es ist kein Job unter vielen. Einige wichtige Punkte die im Profil abgebildet werden sollten. Es ist vorausgesetzt, dass nicht alle Punkte erfüllt werden können. Die nachfolgenden Punkte sind lediglich eine Hilfestellung zum Entwurf für ein Berufsbild. Man kann sich auch hier einen tabellarischen Ansatz für ein Anforderungsprofil vorstellen, der Gewichtungen der einzelnen Faktoren in den Graduierungen von 1 bis 5 enthält.

Ausbildung:

Ingenieur FH oder Univ. (Bachelor, Master) Elektrotechnik, Elektronik, Mechatronik oder äquivalentes Wissen und Fähigkeiten als Quereinsteiger

Berufserfahrung:

- Grundsätzlich mehr als 10 Jahre Berufserfahrung im Umfeld der Elektronik
- Davon mindestens 3 Jahre Entwicklungserfahrung
- Davon mindestens 3 Jahre Qualitätsmanagement im Produktionsumfeld (Anmerkung: ein Kollege der hier fern vom Produktionsprozess „Papiere bearbeitet" hat, findet hier nicht sein Einsatzgebiet)
- Davon mindestens 3 Jahre Produktionserfahrung
- Vertriebserfahrungen stören nicht

Fachliche Fähigkeiten/Kenntnisse:

- Grundwissen in Statistik, Zuverlässigkeit
- Qualitäts-Management Kurs
- Fachthemen beherrschen
- Kenntnis der Zuverlässigkeits-Regelwerke (z.B. VDI, IEC, DIN, EN, ISO, MIL)
- Kenntnis der erforderlichen und einschlägigen Gesetze, Produkthaftungsgesetz
- Bauelementekenntnis
- Schaltungstechnik
- Produktionsabläufe im Unternehmen
- Experimentalphysik

Aufgaben:

- Ziele des Kunden aufnehmen und für die Umsetzbarkeit im Hause Sorge tragen
- Beratung des Kunden (wenn dieser nicht weiß wie Zuverlässigkeitsforderungen zu spezifizieren sind)
- Beratung des Vertriebs
- Schulungen von Mitarbeitern aus Vertrieb, Entwicklung, Produktion, etc.
- Präsentationen vor Management / Vorstand und Mitarbeiter
- Durchführung der Zuverlässigkeitsarbeiten nach vereinbarten, dokumentierten und bekannt gemachten Regeln (Verantwortlichkeit)
- Erstellen von z.B. internen Zuverlässigkeits-Arbeitsanweisungen und Handbüchern (Verantw.)
- Fachliche Erarbeitung von Zuverlässigkeits-PR Broschüren für den Vertrieb
- Erstellen von Anforderungsprofilen bzw. Spezifikationen für Lieferanten
- Berater bei der Erschließung neuer Märkte / Entwicklung neuer Produkte
- Auswerten von Daten aus Produktion und Feld sowie Rückführung in neue Produkte

Soziale Kompetenzen und weitere Fähigkeiten (alphabetisch):

- Bereitschaft zu Kundenbesuchen
- Branchenkenntnisse
- Er muss die Kultur des Unternehmens mit tragen
- Er muss diese Aufgabe ausfüllen wollen
- Konflikte beherrschen
- Kontakte zu anderen Branchen haben
- Mitarbeiter einfühlsam vorbereiten
- Moderator
- Positiver Querdenker
- Sensor für das Management
- Standfest in der Diskussion

- Über Widerstände durchsetzen (wo zielführend) zur Erreichung der Ziele
- Unternehmensziele vor Augen behalten
- Vetopower einlegen können, auch gegenüber Vorgesetzten, wo dem Ziel dienlich
- Kundenschulungen
- Vertreter des Kunden im eigenen Unternehmen
- Lernfähig

Was darf er nicht sein (alphabetisch):

- Ein 9 Uhr bis 17 Uhr Arbeiter
- Einer der ausschließlich die statistischen Methoden beherrscht
- Einer der im „Kämmerlein" tolle Ergebnisse erzielt
- Introvertiert
- Kontaktscheu zu Kunden
- Kontaktscheu zu Vorgesetzten
- „Nicht standhaft" bei Vorträgen
- „Nicht standhaft" bei Diskussionen

Fazit:
- Es ist nicht ganz einfach Mitarbeiter mit diesem Profil zu finden. In der Praxis werden meist für das jeweilige Unternehmen gute Kompromisse gefunden. Mitarbeiter, die diese Aufgabe ausfüllen, wollen eine Chance der Weiterentwicklung für sich darin erkennen. Sie sollten etwas „Liebe" zur minimal erforderlichen statistischen Mathematik haben.
- Je nach Gegebenheit und Organisation eines Unternehmens lassen sich die Aufgaben auch auf zwei Mitarbeiter verteilen.

2.6 Verständnisfragen

1. Wie lautet eine Definition zur Qualität?
2. Wie sind Qualität, Kosten, Zuverlässigkeit und Robustheit definiert?
3. Wie können diese Produkteigenschaften zueinander eingeordnet werden?
4. Wie ist die Zuverlässigkeit nach VDI4001-1 definiert?
5. Was kann unter Ausfälle in Bezug auf Belastung (Beanspruchbarkeit) und Belastbarkeit verstanden werden?
6. Was zeigt die Robust eines Produktes auf?
7. Was beschreibt das P-Diagramm?

8. Die Entwicklungsphasen in der Automobilindustrie hat sich in den letzten Jahrzehnten geändert. Wie haben sich die Domänenanteile der Mechanik, Elektronik und Software verändert?

9. Wie wirken diese Domänen in einem mechatronischen System zusammen?

10. Wie unterscheiden sich die unterschiedlichen Denk- und Vorgehensweisen der Disziplinen Mechanik und Software/Elektronik?

11. Was wird unter den Akronymen MFM, AMS und VMS verstanden?

12. Welche Entwicklungsphasen in der Automobilbranche gibt es und wie sind dies einzuordnen?

13. Welche weiteren Einteilungen zu Entwicklungsphasen werden angewandt?

14. Was ist der Unterschied zwischen Test (Versuch) und Erprobung?

15. Was wird unter den fünf Kategorien für Tests / Erprobungen im Produktlebenszyklus verstanden?

16. Welche Testprozeduren zur Funktionsüberprüfung und Entdeckung von Herstellungsfehler sind hilfreich?

17. Welche standardisierten Testprozeduren in der elektronischen Bauteil- und Leiterplattenentwicklung gibt es?

18. Welche Aufgaben hat ein ZV-Ingenieur?

19. Was sind die Anforderungen hinsichtlich:
    - Ausbildung,
    - Berufserfahrung,
    - Fachliche Fähigkeiten/Kenntnisse,
    - Aufgaben und
    - Soziale Kompetenzen?

20. Was darf der ZV-Ingenieur nicht sein?

Literaturverzeichnis

1. Bertsche, B., Dazer, M.: Zuverlässigkeit im Fahrzeug- und Maschinenbau. Springer, Berlin (2022)
2. Bias, M. et. al.: Qualitätsmanagement für kleine und mittlere Unternehmen : Leitfaden zur Einführung und Weiterentwicklung eines Qualitätsmanagementsystems nach DIN EN ISO 9001:2015 ff. Bayerisches Staatsministerium für Wirtschaft und Medien, Energie und Technologie, München (2015)
3. Bosch Siemens Haushaltsgeräte GmbH: Die Geschichte der BSH-Gruppe. München (2023). Abgerufen am 12.09.2023
4. Dettmann, K.-U.: Probabilistic-based method for realizing safe and reliable mechatronic systems. Dissertation, Universität Duisburg-Essen (2011)
5. DIN EN 62506:2014-03: Verfahren für beschleunigte Produktprüfungen. Beuth-Verlag, Berlin (2014)
6. DIN EN ISO 8402:1995-08: Qualitätsmanagement - Begriffe. Beuth-Verlag, Berlin (1995)
7. DIN EN ISO 9000:2015: Qualitätsmanagementsysteme - Grundlagen und Begriffe. Beuth-Verlag, Berlin (2015)
8. Ehrlenspiel, E., Meerkam, H.: Integrierte Produktentwicklung: Denkabläufe, Methodeneinsatz, Zusammenarbeit. Carl Hanser Verlag, München (2013)
9. Eifler, T., Ebro, M., Howard, T.J.: A classificatiobn of the industrial relevance of robust design methods. International Conference on Engineering Design (2013)
10. Elsayed, A.: Reliability engineering. John Wiley & Sons Inc., New Jersey (2012)

11. Gottschalk, A.: Qualitäts- und Zuverlässigkeitssicherung elektronischer Bauelemente und Systeme. Expert Verlag, Esslingen (1992)
12. Gottschalk, A.: Zuverlässigkeitsmanagement. TTZ 2007, VDI Berichte 1984 (2007)
13. Hab, G., Wagner, R.: Projektmanagment in der Automobilindustrie. Springer Gabler, Wiesbaden (2013)
14. Hellenbrand, D.: Transdisziplinäre Planung und Synchronisation mechatronischer Produktentwicklungsprozesse. Dissertation, Technische Universität München (2013)
15. Kemmler, S.: Integrale Methodik zur Gestaltung robuster, zuverlässiger Produkte. Dissertation, Universität Stuttgart (2018)
16. Klein, B.: Design for Testing. Expert Verlag, Esslingen (2021)
17. Lindemann, U. , Maurer, M.: Structural Complexity Management. Springer-Verlag, Berlin (2009)
18. Lisson, A.: Qualität, die Herausforderung. Springer-Verlag, Berlin (1987)
19. Masing, W.: Handbuch Qualitätsmanagement. Carl Hanser Verlag, München (2004)
20. Mildner, R., Ziller, T., Baiocchi, F.: Herausforderung automobiles Projektmanagement. In: Car IT kompakt Reloaded. Springer Vieweg, Wiesbaden (2024)
21. Mohr, G.: Qualitätsverbesserung im Produktionsprozess. Vogel Verlag, München (1991)
22. Albrecht, C.: Musterteile in der Produkt-Entstehung. Musterteile - Produkt Entwicklungsprozess. Abgerufen am 06.01.2023
23. O'Connor, P.T. and Kleyner, A.: Practical reliability engineering. John Wiley & Sons Inc., New Jersey (2012)
24. Phadke, M.S.: Quality Engineering Using Robust Design. PTR Prentice- Hall, Inc., New Jersey (1989)
25. Radetzki, M., Hötzel, T.: Robust eingebetete Systeme. Themenheft Forschung - Intelligente Fahrzeuge, Universität Stuttgart: Institut für Technische Informatik (2015)
26. Smith, C.S.: Exakte Methoden der Qualitätskontrolle und Zuverlässigkeitsprüfung. Verlag Moderne Industrie, Landsberg am Lech (1971)
27. Taguchi, G., Elsayed, A., Hsiang, T.C.: Quality Engineering in Product Systems. McGraw-Hill, New York (1989)
28. Taguchi, G., Chowdhury, S., Wu, Y.: Praise for Taguchi's Quality Engineering Handbook. John Wiley & Sons Inc., New Jersey (2005)
29. VDI 4001 Blatt 1:1985-10: Allgemeine Hinweise zum VDI-Handbuch Technische Zuverlässigkeit. VDI-Verlag, Düsseldorf (1985)
30. VDI 4001 Blatt 2:2006-07: Terminologie der Zuverlässigkeit. VDI-Verlag, Düsseldorf (2006)
31. VDI 4002 Blatt 1:2011-04: Zuverlässigkeitsingenieur/Zuverlässigkeitsingenieurin - Berufsbild. VDI-Verlag, Düsseldorf (2011)
32. VDI 2206:2021-11: Entwicklung mechatronischer und cyber-physischer Systeme. VDI-Verlag, Düsseldorf (2021)
33. VDI 2422:Entwicklungsmethodik für Geräte mit Steuerung durch Mikroelektronik. VDI-Verlag, Düsseldorf (1994)
34. Yang, G.: Life cycle reliability engineering. John Wiley & Sons Inc., New Jersey (2007)
35. Zirkler, S.C.: Transdisziplinäres Zielkostenmanagement komplexer mechatronischer Produkte. Dissertation, Technische Universität München (2010)

Kapitel 3
Grundlagen und Methoden der Zuverlässigkeitstechnik

Um Zuverlässigkeitsaussagen zu interpretieren oder treffen zu können, werden spezifische Grundlagen der Statistik, Ereignisanalyse sowie der Zuverlässigkeitsallocation benötigt. Diese Einführung ist zwingend erforderlich, um wirtschaftlich sowie zeitlich Produktentwicklung zu betreiben.

Zusammenfassung Für die Zuverlässigkeitsgestaltung gibt es keine, für alle Fälle gleiche schematisch festgelegte Vorgehensweise, da jedes Erzeugnis unterschiedliche Ziele hat. Was aber unabdingbar ist, sind Grundlagen, die für alle Herangehensweisen gleich ist. In diesem Kapitel werden diese Grundlagen näher besprochen, welche sich konkret auf die statistischen Maßzahlen, die Ereigniszeitanalyse sowie auf die Wahrscheinlichkeitstheorie begrenzen. Wichtige Zuverlässigkeitskenngrößen werden benötigt, um eine durch den Kunden geforderte Zuverlässigkeit quantitativ auszudrücken. Um den Aufwand der Nachweisbarkeit gering zu halten, müssen Vertrauensbereiche eingeführt werden. Mithilfe von Verteilungsfunktionen können geringe Ereignisse in eine Verhaltensweise überführt werden. Diese Verhaltensweisen sind in der Zuverlässigkeit Ausfallverhalten, die stets einem Fehlerkriterium folgen. Um diese Fehlermechanismen systematisch zu identifizieren und entsprechende ZV-Kennzahlen zuzuordnen wird näher in die Methoden der Systemzuverlässigkeit eingegangen. Abschließend werden ausgewählte Methoden zur Fehleridentifizierung und -prävention vorgestellt.

Die Statistik befasst sich mit der Gewinnung und der Auswertung von Daten. Ziel ist die Vorbereitung von Entscheidungen.

3.1 Statistische Grundlagen

3.1.1 Einführung

Für eine konkurrenzfähige Produktentwicklung benötigt es Methoden, die auf Basis wirtschaftlicher und zeiteffizenter Produktgestaltung und -absicherung anwendbar sind. Die in diesem Teilkapitel aufgeführten Methoden stellen eine Auswahl von statistischen Werkzeugen bereit, mit denen die gängigsten Fragestellungen beantwortet werden können. Stünden diese Werkzeuge nicht zur Verfügung, müsste eine vollumfängliche Belastungsableitung sowie Erprobung durchgeführt werden.

> Nur mithilfe von statistischen Methoden kann man aus den verschiedenen anfallenden Daten entsprechende Schlussfolgerungen und Verbesserungen ableiten!

Mittels statistischen Methoden können Stichprobenergebnisse, welche Streuungen unterworfen sind, angemessen beschrieben, dargestellt, verdichtet, analysiert und interpretiert werden.

> **Merke:**

Nur was man messen kann, kann man auch verbessern! Die Aussagen, wie z.B. „etwas außerhalb der Toleranz" oder „einige Teile fehlerhaft", können nicht bewertet werden! Nur *Z*ahlen, *D*aten, *F*akten (ZDF) zählen!

Beispiel 3.1 Zur Überprüfung einer Maschinenfähigkeit auf den Sollwert 20 *mm* ± 2 *mm* sollen 100 Messwerte überprüft werden, vergleiche Tab. 3.1. Für eine genauere Aussage

Tab. 3.1 Messreihe mit 100 Messwerten

19,9	19,6	20,3	20,7	19,9	20,4	20,2	18,9	20,0	19,8
20,6	19,6	20,3	21,3	18,6	20,3	20,0	19,6	19,4	21,2
20,6	20,4	19,9	19,7	19,1	19,1	19,0	19,9	19,7	18,7
19,8	19,0	20,2	18,5	19,2	19,4	18,7	19,9	20,1	19,2
20,3	19,1	20,5	19,6	19,3	19,3	20,3	20,2	19,7	19,5
20,1	20,9	19,2	19,3	19,6	21,0	19,9	19,5	20,0	20,3
20,4	18,8	19,5	20,3	18,9	19,7	20,2	19,5	20,1	19,9
20,2	20,4	19,9	20,4	20,6	19,4	20,3	18,5	19,6	19,8
19,7	20,1	20,6	20,5	19,7	20,0	19,7	20,3	20,1	19,7
20,2	19,4	19,2	20,6	20,1	18,5	20,7	19,5	19,5	20,3

sind zusätzlich folgende Fragestellungen interessant:

- Sind alle Messwerte innerhalb der Toleranz?
- Gibt es Ausreißer?
- Wo liegt der Mittelwert?
- Wo genau liegt die Mitte?
- Wie groß ist die Streuung?

Die Zahlen alleine sagen uns nichts! Abhilfe dient dabei die Statistik! Mithilfe von statistischen Maßzahlen, vergleiche Tab. 3.2, können die gestellten Fragen beantwortet und letztendlich die Bewertung zur Maschinenfähigkeit gegeben werden:

Die Messreihe liegt innerhalb der geforderten Toleranz!

Tab. 3.2 Statistischen Maßzahlen der Messreihe

Merkmal	Wert
Mittelwert	19,8
Median	19,9
Min	18,5
Max	21,3
Bereich	2,80
Standardabw.	0,61

> **Beachte:**

Für die Berechnung der statistischen Merkmale stehen zwei Möglichkeiten zur Verfügung: Berechnung der empirischen ODER der Stichprobenbezogenen Maßzahl. In Excel sind diese mit der folgenden Formelendung gekennzeichnet:

.p für Population/Grundgesamtheit
.s für Sample/Stichprobe

3.1.2 Statistische Maßzahlen

Statistische Maßzahlen können in zwei Gruppen aufgeteilt werden: quantitative und qualitative Merkmale, vergleiche Abb. 3.1. Die Ausprägungen der quantitativen Merkmale (auch metrische oder kardinale Merkmale genannt) sind Zahlen aus Messungen oder Zählungen. Die Differenz zwischen zwei Ausprägungen ist sinnhaft beispielsweise für die Bewertung zweier Schraubenlängen: die eine Schraube ist um 2 *mm* länger als die andere.

Definition 3.1 *Merkmal:* Interessierende Größe, die an den Elementen beobachtet (gemessen, erhoben) wird. Es können ein oder mehrere Merkmale an einem Element erhoben werden.

Definition 3.2 *Merkmalsausprägung:* Werte, die jedes Merkmal annehmen kann.

Im Weiteren werden die quantitativen Merkmale in *quantitativ-stetige* und *quantitativ-diskrete* Merkmale unterteilt. Die quantitativ-stetige Merkmale können jeden Wert in einem vorgegebenen Intervall einnehmen und kommen meist durch Messungen zustande

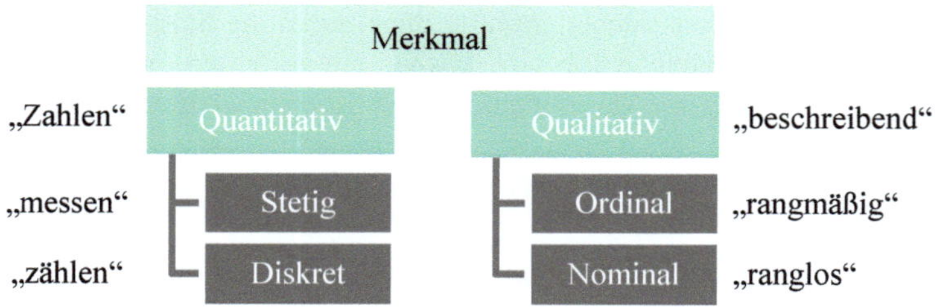

Abb. 3.1 Arten von Merkmalen und ihre möglichen Ausprägungen

wie Gewicht, Länge, Temperatur oder Preis in EUR. Quantitativ-diskrete Merkmale treten vorzugsweise bei Zählungen auf und können Werte sein, wie beispielsweise einzelne Punkte auf einem Zahlenstrahl (1, 2, 3, . . .) oder Anzahl der Ausschussstücke bei einer Lieferung/Stichprobe sowie Tore bei einem Fußballspiel.

Qualitative Merkmale beschreiben Eigenschaften, die sich nicht durch Messen oder Zählen ermitteln lassen. Es können dennoch Werte in Zahlen codiert werden, wie 1 = grün oder 3 = rot. Beachte hierbei, dass mit diesen codierten Zahlen nicht gerechnet werden kann. Zu unterscheiden ist nun zwischen *qualitativ-ordinale* und *qualitativ-nominale* Merkmale. Erstere sind Merkmalsausprägungen, die sich in eine natürliche Rangfolge bringen lassen. Dies kann beispielsweise eine Besoldungsgruppe bei Beamten oder das Interesse an einer Veranstaltung mit Ausprägung: „sehr groß", „mittel", „gering", ... Zweitere sind Ausprägungen, die sich nicht in eine Rangfolge einordnen lassen, wie zum Beispiel eine Religionszugehörigkeit, eine Farbe oder eine gewählte Partei.

Zur Charakterisierung von Datensätzen sollen diese auf wenige Kenngrößen reduziert werden. Diese Kennzahlen sollen die Eigenart der Daten widerspiegeln. Eine Einteilung nach Lage und Streuung ist hierbei zielführend, vergleiche Tab. 3.3 und Abb. 3.2.

Tab. 3.3 Statistischen Maßzahlen nach Lage- und Streumaße

Lagemaß	Streumaß
Arithmetisches Mittel (Mittelwert)	Empirische Varianz
Median	Empirische Standardabweichung
Geometrisches Mittel	Spannweite
Harmonisches Mittel	
Quantile / Quartile	

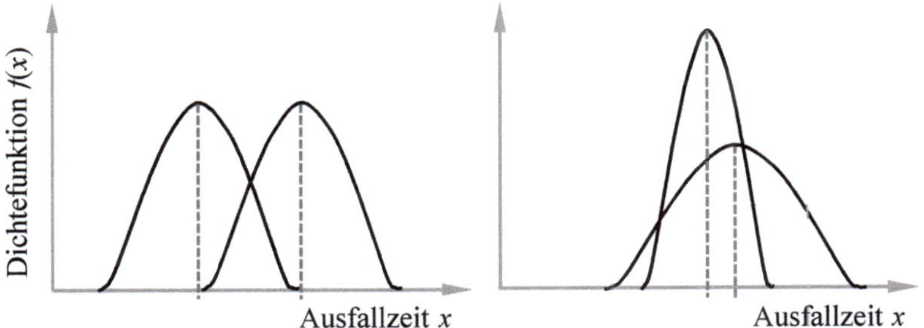

Abb. 3.2 Grafische Darstellung zu statistische Maßzahlen nach Lage- (links) und Streumaße (rechts)

3.1.2.1 Statistische Lagemaße

Den Zusammenhang des Mittel-, Modal- und Medianwertes zeigt Abb. 3.3.

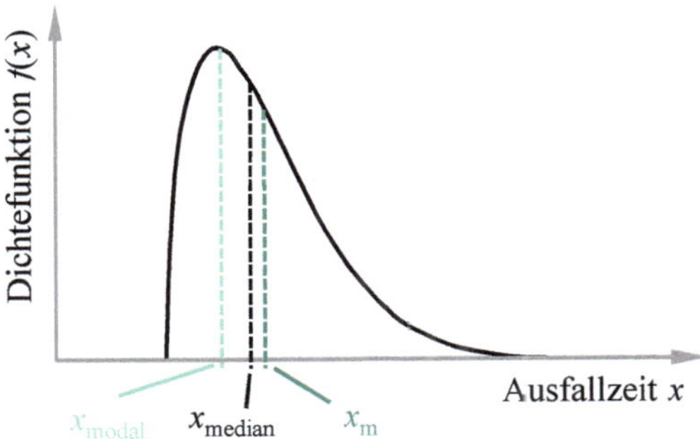

Abb. 3.3 Grafische Darstellung zu statistische Maßzahlen nach Lagemaße

Mittelwert

Der meist kurz als Mittelwert bezeichnete empirische, arithmetische Mittelwert wird aus den Ausfallzeiten $x_1, x_2, \ldots, x_n$ folgendermaßen berechnet:

$$x_m = \frac{x_1 + x_2 + \cdots + x_n}{n} = \frac{1}{n} \sum_{i=1}^{n} x_i \ . \tag{3.1}$$

Der Mittelwert gibt als Lageparameter an, wo ungefähr die Mitte der Ausfallzeiten liegt. Stellt man sich die Ausfallzeiten als Massenpunkte vor, so entspricht der Mittelwert x_m dem Schwerpunkt dieser Massenpunkte.

> **Beachte:**

Der arithmetische Mittelwert ist sehr empfindlich gegenüber „Ausreißern", d.h. eine extrem kurze oder lange Ausfallzeit beeinflusst die Größe des Mittelwertes sehr stark.

Median

Der Median ist diejenige Ausfallzeit, unterhalb und oberhalb derer genau die Hälfte der Ausfälle liegen. Der Median lässt sich deshalb am einfachsten mit der Ausfallwahrscheinlichkeit $F(x)$ ermitteln:

$$F(x_{median}) = 0{,}5 \ . \tag{3.2}$$

Wird das Ausfallverhalten mit der Dichtefunktion $f(x)$ dargestellt, so unterteilt der Median die Fläche unterhalb der Kurve $f(x)$ in zwei gleich große Flächenstücke.

> **Beachte:**

Ein großer Vorteil des Median im Vergleich zum Mittelwert x_m besteht darin, dass er sehr unempfindlich gegenüber „Ausreißern" ist. Eine sehr kurze oder sehr lange Ausfallzeit kann den Median nicht verschieben.

Modalwert

Als Modalwert wird diejenige Ausfallzeit bezeichnet, die am häufigsten auftritt. Der Modalwert x_{modal} kann deshalb mit der Dichtefunktion $f(x)$ einfach bestimmt werden:

$$f(x_{modal}) = 0 \ . \tag{3.3}$$

> **Beachte:**

Der Modalwert (auch Modus) hat im Gegensatz zu anderen Lagemaßen den Vorteil, dass er immer existiert. Er ist allerdings nicht immer eindeutig, beispielsweise bei Klausurnoten wäre der Modalwert die Note oder die Noten, die am häufigsten vergeben wurden. Bei großen Ausreißern ist der Modalwert vorzuziehen.

3.1.2.2 Statistische Streumaße

Statistische Streumaße, wie die Varianz oder die Standardabweichung, sind notwendig, um neben der Lage der beobachteten Datenmenge auch deren Streuung zu beurteilen. Folgendes Beispiel soll motivieren:

Beispiel 3.2 Eine Qualitätskontrolle mittels Stichprobe von 20 Nageltüten mit der Aufschrift „100 Stück" soll überprüft werden, ob deren Inhalt tatsächlich 100 Stück sind, da die Befüllung mittels Gewicht erfolgt. Hierfür werden zwei Lieferanten (Firma A und B) gegeneinander verglichen, siehe Abb. 3.4.

Firma A:

Inhalt	98	99	100	101	102
Häufigkeit	1	4	8	4	3

Firma B:

Inhalt	96	97	98	99	100	101	102	103	104
Häufigkeit	1	2	2	2	4	3	3	1	2

$$\bar{x}_A = \frac{98 + 4 \cdot 99 + 8 \cdot 100 + 4 \cdot 101 + 3 \cdot 102}{20} = 100{,}2$$

$$\bar{x}_B = \frac{96 + 2 \cdot 97 + 2 \cdot 98 + 2 \cdot 99 + 4 \cdot 100 + 3 \cdot 101 + 3 \cdot 102 + 103 + 2 \cdot 104}{20} = 100{,}2$$

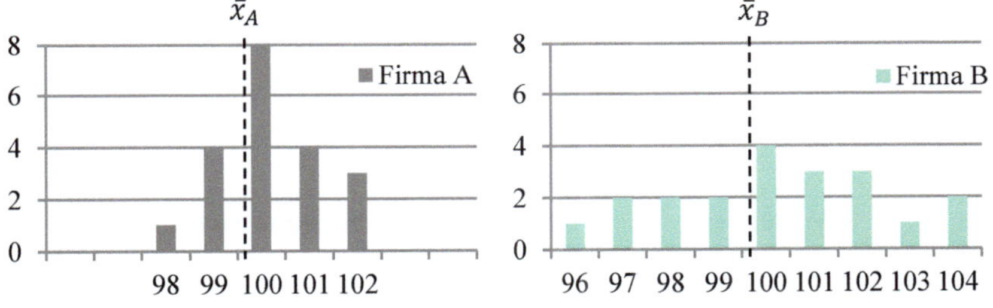

Abb. 3.4 Beispiel für statistische Maßzahlen nach Lage- und Streumaße

Die beiden Stichproben haben den gleichen Mittelwert. Stichprobe B weist jedoch eine viel größere Streuung auf als Stichprobe A. Diesen Sachverhalt drücken Streuungsmaße aus. Für die beiden Stichproben erhalten wir (mit den Formeln, die im nächsten Absatz besprochen werden):

$$v_A = 1{,}22 \qquad\qquad s_A = 1{,}11$$
$$v_B = 5{,}22 \qquad\qquad s_B = 2{,}28$$

Varianz

Die empirische Varianz s^2 beschreibt die mittlere Abweichung vom arithmetischen Mittelwert und ist damit ein Maß für die Streuung der Ausfallzeiten um den Mittelwert x_m:

$$v = s^2 = \frac{1}{n-1} \sum_{i=1}^{n} (x_i - x_m)^2 \; . \tag{3.4}$$

> **Beachte:**

Bei der Berechnung der Varianz werden die Differenzen der Ausfallzeiten ermittelt und nach dem Quadrieren aufsummiert. Das Quadrieren ist erforderlich, da sich sonst die positiven und negativen Abweichungen aufheben würden.

Standardabweichung

Die empirische Standardabweichung s ergibt sich als Wurzel aus der Varianz:

$$s = \sqrt{v} \; . \tag{3.5}$$

> **Beachte:**

Die Standardabweichung hat gegenüber der Varianz den Vorteil, dass sie die gleiche Dimension wie die Ausfallzeiten x_i besitzt.

<table>
<tr><td align="center">Mittelwerte</td><td align="center">Streuungsmaßzahlen</td></tr>
<tr><td>

Arithmetischer Mittelwert

$$x_m = \frac{x_1 + x_2 + \ldots + x_n}{n} = \frac{1}{n} \sum_{i=1}^{n} x_i$$

Medianwert

$$F(x_{median}) = 0{,}5$$

Modalwert

$$f'(x_{Modal}) = 0$$

</td><td>

Varianz

$$v = \frac{1}{n-1} \sum_{i=1}^{n} (x_i - x_m)^2$$

Standardabweichung

$$s = \sqrt{v}$$

</td></tr>
</table>

Abb. 3.5 Übersicht Lage- und Streumaße

3.1.3 Ereigniszeitanalyse

Die Lebensdaueranalyse betrachtet die Zeitspanne T bis zum Eintreten eines wohldefinierten Ereignisses. Bekannt ist dieser Ansatz aus der Medizin. Dort wird die nicht-negative Zufallsvariable T als (Über-)Lebenszeit oder Lebensdauer[1] und das Ereignis als Tod bezeichnet, vergleiche folgende Abb. 3.6:

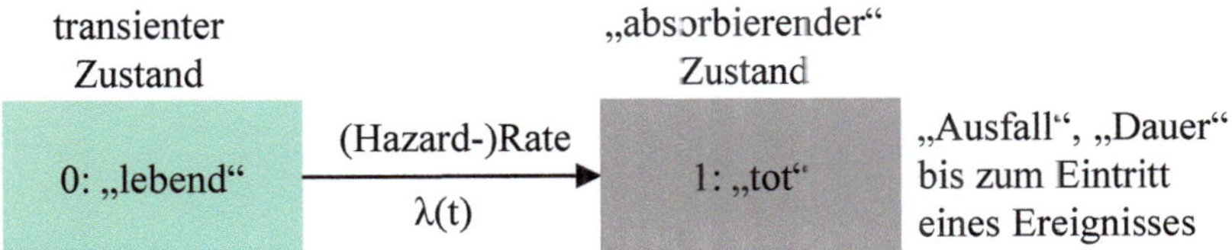

Abb. 3.6 Übersicht Zustandsänderung von transienter zum „absorbierender" Zustand

Der Prozess von Anfang bis zum Ende wird also Episode, auch als Überlebens(zeit)-analyse, Verweildaueranalyse, Survival-Analyse[2] bezeichnet. Typische Anwendungsbeispiele sind in der Medizin (Überlebenszeiten von Krebspatienten), in der Soziologie (Konkurs von Unternehmen), in der Ökonometrie (Dauer von Arbeitslosigkeiten), in der Betriebswirtschaftslehre (Dauer bis zur Entscheidungsfindung) oder in der Psychologie (Dauer bis zur ersten Tiefschlaf-Phase).

Sind einige Episoden zum Ende der Studie noch nicht abgeschlossen, liegt eine Zensierungsproblematik vor. Dies bedeutet, dass die Information über die Verweildauer in einem Zustand nicht vollständig ist. Es wird dabei zwischen Links- und Rechtszensierung unterschieden, siehe Abb. 3.7:

- **Linkszensierung:** Beginn und Ende einer Episode liegen vor dem Beobachtungsfenster (vollständige Linkszensierung), falls nur der Beginn vor der Beobachtung liegt, aber der Beginn unbekannt ist (teilweise linkszensiert).
- **Rechtszensierung:** Anfang der Episode und der Vorgeschichte ist bekannt, das Ende hingegen nicht (z.B. zum Zeitpunkt der Befragung ist die Episode noch nicht abgeschlossen).

> **Beachte:**

Die Zeitspanne bis ein Ereignis eintrifft wird als „Hazardrate" bezeichnet. Sie ist das infinitesimale Risiko, im nächsten Moment zu sterben, wenn man bis jetzt überlebt hat.

---

[1] engl. survival time, duration

[2] survival analysis, lifetime data analysis, duration analysis, failure time analysis

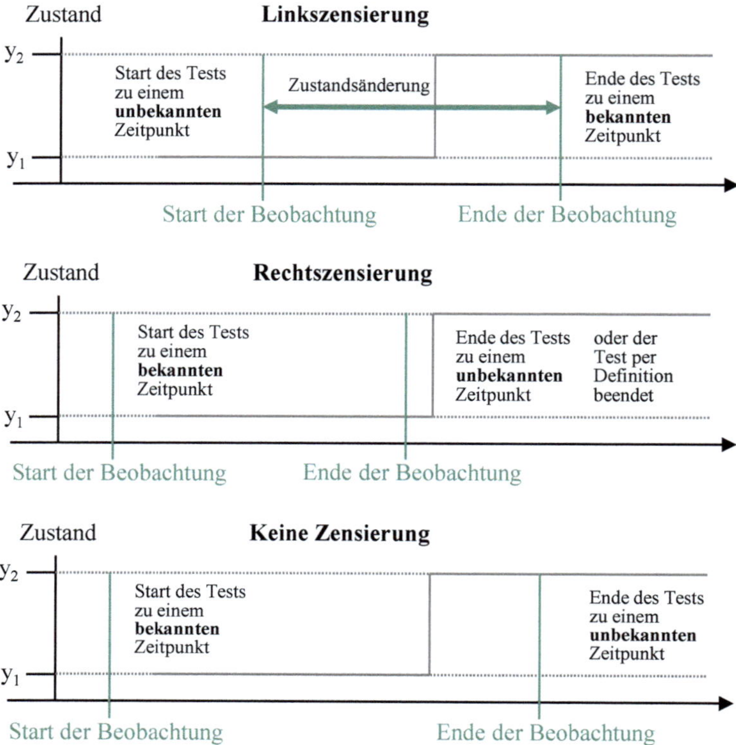

Anmerkung: In allen drei Fällen könnte auch keine Zustandsänderung auftreten.

Abb. 3.7 Zensierungstypen: Links-, Rechts- und keine Zensierung

Das grundlegende Konzept sei, dass T eine nicht-negative Zufallsvariable sei und somit die Verteilung definiert werden kann:

Dichtefunktion $f_T(t) := f(t)$,   (3.6)

Ausfallwahrscheinlichkeit $F_T(t) := F(t)$,   (3.7)

Survivalfunktion $S_T(t) := S(t) = P(T \geq t) = 1 - F(t)$,   (3.8)

Hazardrate $\lambda_T(t) = \lambda(t) := \lim_{\Delta t \to 0} \frac{1}{\Delta t} P(t \leq T < t + \Delta t \mid T \geq t)$. (3.9)

Dabei können die einzelnen Gesetzmäßigkeiten der Funktionen nach den Verteilungen in Kapitel 3.3 helfen und unterschiedliche Verteilungseigenschaften beschreiben.

3.1.4 Populationsverhalten

Bei der Erhebung von Daten wird zwischen Voll- und Teilerhebung unterschieden. Die Vollerhebung erfolgt mit der sogenannten Grundgesamtheit und die Teilerhebung mit der Untersuchung einer Stichprobe, vergleiche Abb. 3.8. Eine Grundgesamtheit kann aus endlich vielen Elementen bestehen und kann real oder hypothetisch sein.

Definition 3.3 *Grundgesamtheit:*
Objekte, an denen die interessierende Größe beobachtet und erfasst wird, über die man eine Aussage gewinnen will, wie alle Würfe eines Würfels.

Definition 3.4 *Stichprobe:*
Tatsächlich untersuchte Teilmenge der Grundgesamtheit.

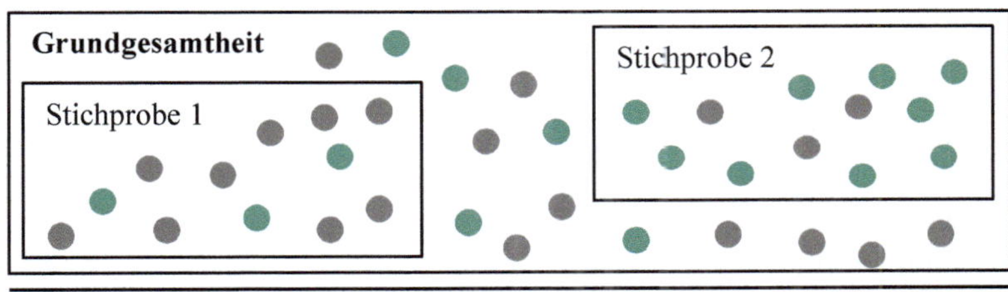

	Grün	Grau	Anteil Grün
Grundgesamtheit	17	21	45 %
Stichprobe 1	3	9	33 %
Stichprobe 2	9	3	66 %

Abb. 3.8 Zusammenhang Population und Verteilung

Abb. 3.8 zeigt die Gefahr, dass sich beispielsweise der Anteil von grünen Punkten aus zwei Stichproben der selben Größe $n = 6$, mit 33 % und 66 % ist. Beide Stichproben repräsentieren den realen Anteil der Grundgesamtheit mit 45 % nicht in Gänze. Dies bedeutet im Allgemeinen, je größer die Stichprobe, desto genauer wird der Erwartungswert der Grundgesamtheit. Diese statistische Unsicherheit wird mit dem Vertrauensbereich (siehe Kapitel 3.4) beschrieben.

Diese im Zusammenhang mit der Zuverlässigkeitstechnik stehenden zentralen, stochastischen Betrachtungen sind die Schätzung unbekannter Parameter der Grundgesamtheit durch Stichproben und die Grenzwertsätze der Wahrscheinlichkeitsrechnung, auch das *Gesetz der großen Zahlen* genannt. Diese Grenzwertsätze besagen in ihrer einfachsten Form, dass sich die relative Häufigkeit eines Zufallsergebnisses in der Regel um die theoretische

Wahrscheinlichkeit eines Zufallsergebnisses, unter gleichbleibenden Bedingungen des Zufallsexperiments, stabilisiert.

Im Allgemeinen lässt sich zwischen dem *Schwachen* und dem *Starken Gesetz der großen Zahlen* unterscheiden. Ersteres wurde von Jakob Bernoulli[3] in [5] definiert. Seine Definition umfasst ein Zufallsexperiment mit binärem Ziehen von Zufallszahlen. Das *Schwache Gesetz der großen Zahlen* besagt, dass eine Folge von Zufallsvariablen $X_1, X_2, \ldots, X_n$ mit ihrem Erwartungswert $E(|X_i|) < \infty$ dem arithmetischen Mittelwert der zentrierten Zufallsvariablen $X_i - E(X_i)$ in der Wahrscheinlichkeit gegen Null konvergiert:

$$\lim_{n \to \infty} \left(\left| \frac{1}{n} \sum_{i=1}^{n} X_i - \mu \right| \geq \epsilon \right) = 0 \quad , \tag{3.10}$$

mit $\epsilon > 0$. Die Wahrscheinlichkeit, dass die Abweichung größer oder gleich dem vorgegebenen Wert ϵ ist, geht für eine große Anzahl an Zufallsversuchen n gegen Null. Das *Starke Gesetz der großen Zahlen* besagt, dass das arithmetische Mittel „fast sicher" gegen den Erwartungswert konvergiert.

Ein weiterer und sehr wichtiger Grenzwertsatz ist der zentrale Grenzwertsatz und der Hauptsatz der theoretischen Statistik (mit dem Sonderfall: *Satz von Moivre-Laplace*). Er besagt im Allgemeinen, dass die Summe von stochastisch unabhängigen Zufallsvariablen annähernd normalverteilt ist. Der zentrale Grenzwertsatz lässt sich nutzen, um die Stichprobenverteilung bestimmter Maßzahlen anzugeben. Es seien $X_1, X_2, \ldots, X_n$ stochastisch unabhängige Zufallsvariablen, die alle der gleichen Population mit dem Mittelwert μ und der Varianz σ^2 genügen. Entsprechend konvergiert die Verteilungsfunktion $F_n(t)$ der standardisierten Zufallsvariablen:

$$U_n = \frac{(X_1 + X_2 + \cdots + X_n) - n\mu}{\sqrt{n}\sigma} \quad , \tag{3.11}$$

im Grenzfall $n \to \infty$ gegen die Normalverteilung:

$$\lim_{n \to \infty} F_n(t) = \phi(t) = \frac{1}{\sqrt{2\pi}} \int_0^t e^{-\frac{1}{2}\tau^2} d\tau \quad . \tag{3.12}$$

Definition 3.5 *Umfang der Stichprobe n:* Anzahl der Elemente in der Stichprobe (immer endlich)

Ein Übersicht zu Methoden zur Durchführung von Stichprobenuntersuchungen ist wie folgt:

- **(reine) Zufallsstichprobe**
- **Systematische Auswahl:** objektives Kriterium, z. B. jeder 100. Artikel
- **Schichtenstichprobe:** Die Grundgesamtheit wird auf Basis eines oder mehrerer Merkmale in Schichten eingeteilt. Die Schichten sollen bezüglich des Untersuchungsmerk-

---

[3] Jakob I. Bernoulli (*06. Januar 1655 - † 16. August 1705): Schweizer Mathematiker. Bekannteste Beiträge auf den Gebieten der Wahrscheinlichkeitstheorie, der Varianzrechnung oder der Infinitesimalrechnung.

mals möglichst homogen sein. Anschließend: ziehe aus jeder Schicht eine bestimmte Anzahl von Stichprobenstücken. Der Anteil der in die Stichprobe aufgenommenen Objekte kann von Schicht zu Schicht unterschiedlich sein.

- **Klumpenstichprobe:** Aus der Grundgesamtheit werden Gruppen (Klumpen) von statistischen Einheiten (oft geographisch definiert) zufällig ausgewählt. Innerhalb dieser Klumpen wird dann eine Vollerhebung durchgeführt.
- **Quotenverfahren:** Die Stichprobe soll die Werte gewisser Merkmale mit den gleichen Quoten/Anteilen, wie in der Grundgesamtheit enthalten - Repräsentative Stichprobe

3.1.5 Stichprobendefinition

Bei der Festlegung von Stichproben werden sogenannte einfache Zufallsstichproben gezogen. Hierbei müssen die Merkmalsträger, also die Prüflinge die gleiche Wahrscheinlichkeit besitzen, um in die Stichprobe zu gelangen. Dies ist normalerweise der Fall, denn sie haben von null verschiedene Chancen. Die Ergebnisse einer Stichprobe haben keine exakte Übereinstimmung mit der Grundgesamtheit aus der die Stichprobe entstammt. Mit dem Ergebnis der Stichprobe wird lediglich der Schluss auf die Grundgesamtheit gezogen. Dabei wird davon ausgegangen, dass das Ergebnis mit einer gewissen Wahrscheinlichkeit dem der Grundgesamtheit entspricht. Je größer die Stichprobe bei unveränderter Menge der Grundgesamtheit, desto wahrscheinlicher wird die Annäherung des Ergebnisses an das der gesamten Menge.

In der Qualitätssicherung werden die gefertigten Einheiten einer Stichprobenprüfung zu einem AQL (Stichprobenplan) unterzogen der den Anforderungen des Verarbeiters entspricht. Der dabei zu erwartende Durchschlupf fehlerhafter Teile in Abhängigkeit des jeweils angewendeten Stichprobenplanes ist relativ groß. Die mittlere Ausgangsqualität (AOQ) ist entsprechend als ungenügend einzuschätzen. Jedoch ist dies für viele Aufgabenstellungen völlig ausreichend.

Meistens ist es nicht mehr sinnvoll Stichprobenprüfungen noch stärker zu schärfen was zu Stichprobengrößen führen kann, die nahezu der Gesamtmenge entsprechen. Auch wenn die Ergebnisse der Stichprobenprüfung mit null Fehlern ein hervorragendes Ergebnis widerspiegeln, so ist doch ein PPM-Anteil fehlerhafter Teile in der Gesamtmenge zu erwarten. Die heutzutage erwarteten Anteile fehlerhafter Teile liegen (Produktabhängig) im einstelligen PPM-Bereich.

Ein Stichprobensystem ist eine Zusammenstellung von Stichprobenanweisungen (Prüfplänen) mit Anwendungsregeln. Das am häufigsten verwendete Stichprobensystem für die Attributprüfung ist DIN ISO 2859. Es ist für eine fortlaufende Lieferung von Losen an einen Abnehmer gedacht.

Neben dem AQL ist die Auswahl einer Stichprobenanweisung noch durch Losumfang N und Prüfniveau bestimmt. Es existieren 7 Prüfniveaus. Drei Hauptniveaus l, II und III:

dabei nimmt die Prüfschärfe von I nach III zu, d.h. die OC (Operations Characteristic) ist steiler und fällt daher schneller auf kleine Werte ab, die Prüfschärfe nimmt also zu. Wenn nicht anders vereinbart, gilt Prüfniveau II. Daneben gibt es noch die vier Sonderniveaus S-1 bis S-4 mit geringerer Prüfschärfe.

Auf jedem Prüfniveau gibt es drei Beurteilungsstufen: Reduzierte, normale beziehungsweise verschärfte Prüfung. Die verschärfte Prüfung erfolgt in der Regel mit dem gleichen Stichprobenumfang wie bei normaler Prüfung, jedoch mit einer kleineren Annahmezahl. Dadurch ist eine bessere Absicherung des Abnehmers gegeben. Die reduzierte Prüfung kommt mit einem Stichprobenumfang von etwa 40 % gegenüber dem bei normaler Prüfung aus.

> **Normen**

DIN ISO 2859-1	Annahmestichprobenprüfung anhand der Anzahl fehlerhafter Einheiten oder Fehler (Attributprüfung) Teil. 1: Nach der annehmbaren Qualitätsgrenzlage (AQL) geordnete Stichprobenpläne für die Prüfung einer Serie von Losen
DIN ISO 2859-2	Annahmestichprobenprüfung anhand von Attributen Teil 2: Nach der zurückzuweisenden Qualitätsgrenzlage (LQ) geordnete Stichprobenanweisungen für die Prüfung einzelner Lose
DIN ISO 2859-3	Annahmestichprobenprüfung anhand der Anzahl fehlerhafter Einheiten oder Fehler (Attributprüfung) Teil 3: Skip-Lot-Verfahren
DIN EN 61124	Prüfung der Funktionsfähigkeit – Prüfpläne für konstante Ausfallrate und konstante Ausfalldichte
MIL-STD 690	Failure Rate Sampling Plans and Procedures
MIL-STD 2074	Failure Classification for Reliability Testing

3.1.6 Management gerechte Darstellung von Diagrammen

Ein Bild sagt mehr als tausend Worte - diese Beschreibung passt auch für die Ergebnisdarstellung von tabellarischen und graphischen Merkmalen. Vor allem, wenn diese als beschreibende Größe zu einem komplexen Sachverhalt für eine beispielsweise Präsentation auf Management-Ebene gezeigt werden muss.

Beispiel 3.3 Die Längen von 30 Blechlängen wurden gemessen. Es ergab sich eine Messreihe [Werte in mm], vergleiche Tab. 3.4.

Frage: **Was sagen uns diese Zahlen?**

Mithilfe von geeigneten Diagrammen kann die gestellte Frage beantwortet und letztendlich eine Bewertung gegeben werden, was im Folgenden gezeigt wird.

Tab. 3.4 Messreihe mit 30 Blechlängen

378,1	368,5	369,4	369,9	371,2	371,8
382,9	374,9	375,1	375,3	375,7	376,0
376,6	385,9	376,8	368,2	378,5	379,1
379,4	379,9	380,3	380,8	381,0	381,1
381,7	381,8	372,4	383,2	384,4	376,7

Ziel der beschreibenden Statistik ist es auch, die Sachverhalte aufzuzeigen, die sonst nicht oder nicht so leicht ersichtlich wären. Nach dem Auswahlverfahren nach Abb. 3.9 können je nach Merkmalsausprägung ein aussagefähiges Diagramm ausgewählt werden.

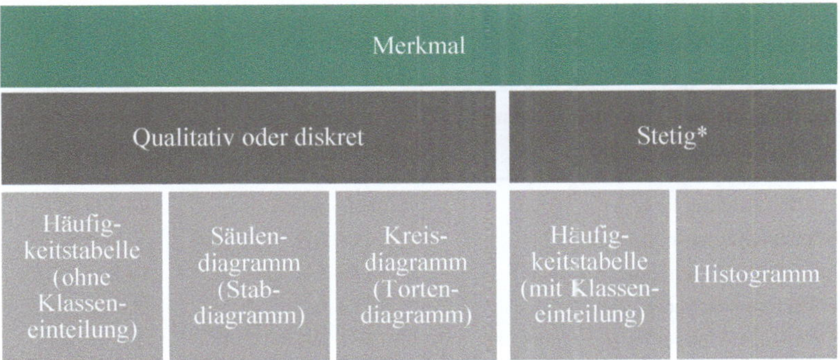

Abb. 3.9 Einteilung von Diagrammtypen zu den diskreten und stetigen Merkmalen

Zu beachten sind bei der Erstellung von Diagrammen, dass die Graphiken objektiv wiederzugeben sind. Hierzu gehören u.a. die Proportionalität und die Skalierung von Achsen:

- **Proportionalität von Fläche und dazustellendem Wert:**
  Flächen im Diagramm müssen proportional zu den darzustellenden Werten sein. Falsch hierbei wäre, dass bei zu zeigenden Werten der zweite Wert doppelt so groß ist wie der erste - grafisch durch zwei Quadrate wiederzugeben, von denen das zweite eine doppelt so große Seitenlange wie das erste hat (denn die Flache wäre dann viermal so groß wie die erste statt richtig doppelt so groß).
- **Skalierung der Achsen:**
  Bei Säulendiagrammen wird auf der y-Achse ein quantitatives Merkmal aufgetragen. Nach vorhergehender Regel müssen (bei konstanter Säulenbreite) die Höhen der Säulen proportional zu den darzustellenden Werten sein. Insbesondere darf daher die y-Achse nicht verzerrt sein und muss bei 0 beginnen. Sollte es ausnahmsweise erforderlich sein, die Achse nicht bei 0 beginnen zu lassen, muss dies deutlich kenntlich gemacht

werden. Sinngemäß das gleiche gilt natürlich auch für die x-Achse (sofern hier ein quantitatives Merkmal aufgetragen wird) und für andere Diagrammtypen.

3.1.6.1 Qualitative/attributive und diskrete Merkmale

Zur grafischen Beschreibung von qualitative oder attributive und diskrete Merkmale sollen Merkmalsausprägungen mittel Häufigkeits- sowie Kreisdiagramm visualisiert werden.

Beispiel 3.4 Eine Häufigkeitstabelle ohne Klasseneinteilung (Strichliste) für die Sichtprüfung für den allgemeinen Zustand soll für die Merkmalsausprägungen: *In Ordnung, Kennzeichnung fehlt, Beschichtung beschädigt, Isolierung beschädigt* sowie *sonstiger Mangel* zur Veranschaulichung herangezogen werden, vergleiche Tab. 3.5.

Tab. 3.5 Messreihe mit 30 Blechlängen

Sichtprüfung: Allgemeiner Zustand (Merkmal) (Merkmalsausprägung)	Anzahl (absolute Häufigkeit h_i)	Anteil in % (relative Häufigkeit, f_i)
In Ordnung (= a_1)	36 (= h_1)	64,3 (= f_1)
Kennzeichnung fehlt (= a_2)	4 (= h_2)	7,1 (= f_2)
Beschichtung beschädigt (= a_3)	8 (= h_3)	14,3 (= f_3)
Isolierung beschädigt (= a_4)	5 (= h_4)	8,9 (= f_4)
Sonstiger Mangel (= a_5)	3 (= h_5)	5,4 (= f_5)
Summe	56 (= n)	100

> **Excel:**

Auszählen z.B. mit **=ZÄHLENWENN()** für qualitative/attributive Merkmale oder mit **=HÄUFIGKEIT()** für diskrete Merkmale

Eine vereinfachte, dennoch aussagekräftige, Visualisierung zeigen hierzu das Säulendiagramm und das Kreisdiagramm in Abb. 3.10.

3.1.6.2 Stetige Merkmale oder diskrete Merkmale mit vielen Ausprägungen

Zur Visualisierung von stetigen oder diskreten Merkmalen mit vielen Ausprägungen stehen unter anderem Häufigkeitstabellen mit Klasseneinteilungen zur Verfügung. Hierbei sollten folgende Regeln eingehalten werden:

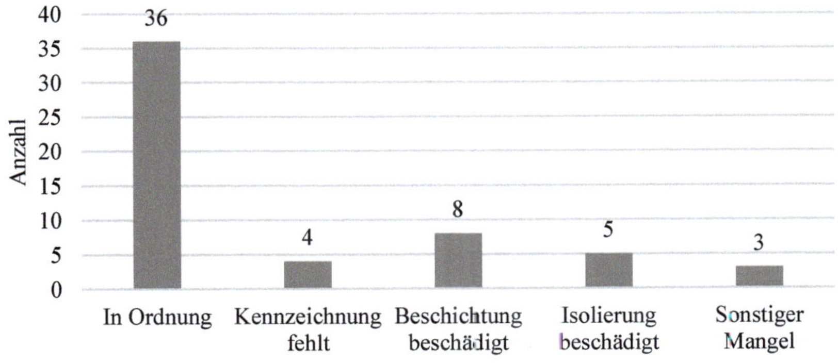

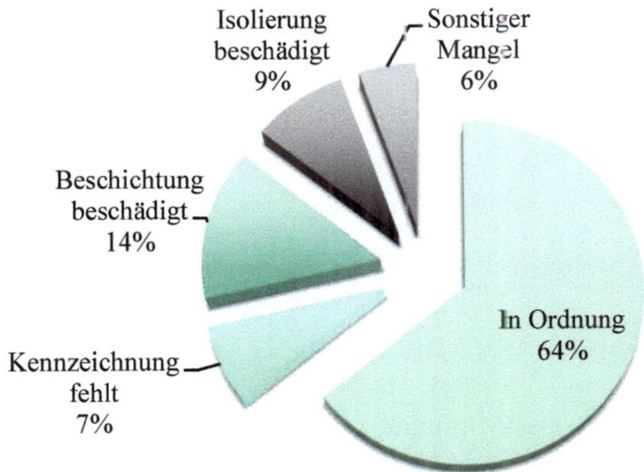

Abb. 3.10 Säulendiagramm und Kreisdiagramm

- Bestimme Spannweite: $x_{max} - x_{min}$
- Anzahl k der Klassen (Faustregel):

$$k \approx \begin{cases} \sqrt{n} & n \le 400 \\ 20 & n > 400 \end{cases} \tag{3.13}$$

- Klassenbreite $\approx$ Spannweite/Klassenzahl (Klassenbreite beziehungsweise Spannweite: aufrunden)
- Einteilung der Klassen bei „glatten" Wert unterhalb von x_{min} beginnen; Klassen müssen alle Werte überdecken
- Alle Klassen werden allgemein gleich breit gewählt
- Messwerte auf den Klassengrenzen müssen eindeutig einer Klasse zugeordnet werden.
- Auszählen in Excel mit **=HÄUFIGKEIT()**

Beispiel 3.5 Eine Häufigkeitstabelle mit Klasseneinteilung für eine Einkommensverteilung, vergleiche Tab. 3.6, soll visualisiert werden. Hierfür wurden insgesamt eine Stichprobe von $n = 100$ Einkommen aufgenommen. Eine Klasseneinteilung (typ. Wurzel aus n) von $\sqrt{100} = 10$ wird hier empfohlen.

Tab. 3.6 Häufigkeitstabelle mit Klasseneinteilung einer Einkommensverteilung

Einkommen	Anzahl	Einkommen	Anzahl
0 - 750	2	3750-4500	12
750 - 1500	9	4500-5250	3
1500-2250	18	5250-600	2
2250-3000	43	6000-3750	0
3000-3750	10	6750-7500	1
		Summe	**100**

> Excel: Häufigkeitstabelle/Histogramm

- Anzahl der Messwerte n : ANZAHL() oder ANZAHL2(), Anzahl erkennt nur Zahlen, Anzahl2 auch Text
- Maximum beziehungsweise Minimum xmax, xmin: MAX() beziehungsweise MIN()
- Spannweite R = xmax − xmin: MAX() - MIN()
- Definieren der Klassen über Angabe der Obergrenzen

Auszählen der Werte/Häufigkeitstabelle:
- (Alle) Felder neben den Obergrenzen markieren
- Funktion HÄUFIGKEIT(Daten; Klassen)
  Daten: Messwerte/Beobachtungen,
  Klassen: Obergrenzen mit <Ctrl> + <Shift> + <Enter> abschließen (Matrixfunktion)

Histogramm:
- Säulendiagramm erstellen
- Rechte Maustaste auf Säulen > Datenreihen formatieren > Optionen > Abstandsbreite auf 0 % setzen.
- Beschriftung x-Achse mit Angabe der Klassen

Als Alternative kann auch die Datenanalyse-Funktion **HISTOGRAMM** (Daten > Datenanalyse > Histogramm) in Excel angewandt werden. Der Vorteil hierbei ist, dass der vorher genannte Aufwand nicht notwendig wird. Allerdings sollte folgendes berücksichtigt werden:

- Häufigkeitstabelle/Diagramm aktualisiert sich nicht, wenn Daten oder Obergrenzen aktualisiert werden ⇒ jedes Mal neu erstellen,
- Klassen sind als Vorgabe zu definieren (werden keine Klassenzahlen eingeben, verwendet das Histogrammtool gleichmäßig verteilte Klassenintervalle zwischen Min. und Max.)
- Säulen haben Abstände
- Beschriftung der Klassen nur mit Obergrenzen

Das Histogramm ist ein Säulendiagramm, bei dem die Säulen über den entsprechenden Intervallen der Klassen gezeichnet werden, und die daher an den Klassengrenzen aneinander stoßen. Aus der Häufigkeitstabelle mit Klasseneinteilung erstellt man ein Histogramm. Zurückzukommen auf das Beispiel 3.5 ergibt sich folgende Abb. 3.11. Der Informations-

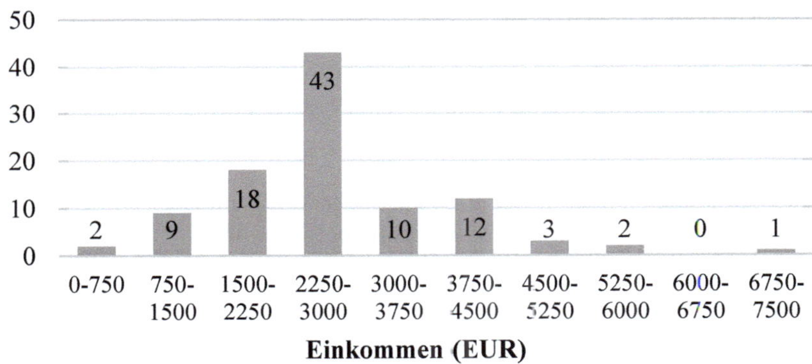

Abb. 3.11 Fiktive Einkommensverteilung im Histogramm als Beispiel

gehalt ist im Vergleich zur ursprünglichen Datenliste geringer, allerdings zeigt das Histogramm in diesem Fall den ersten visuellen Eindruck von der Verteilung eines Merkmals. Weiter sind Eigenschaften sichtbar, wie beispielsweise in welchem Bereich die „meisten Messungen" liegen oder wie die Daten streuen. Weiterhin kann die sich stetig ergebene Verteilung auf Schiefe beurteilt werden und Ausreißer sind sofort detektierbar.

3.1.7 Übungen

Übung 3.1 Statistische Maßzahlen: Mittelwert/Median
Gegeben sind zwei Ranglisten mit der Messreihe
(a) 1,2,5,6,9
(b) 1,2,5,6,9,60
Wie lautet der Median und das arithmetische Mittel?

Übung 3.2 Statistische Maßzahlen zur Lage und Streuung
Bei einer Stichprobe von 20 Studierenden wurden folgende jährliche Ausgaben in € für

Urlaubszwecke ermittelt:
800, 620, 600, 400, 750, 780, 100, 550, 420, 480, 180, 360, 1000, 1120, 650, 1040, 780, 800, 280, 630.
Berechnet werden sollen die Parameter zur
(a) Lage: Mittelwert und Median
(b) Streuung: Varianz und Standardabweichung

Übung 3.3 Wiederholung Begriffe
Es soll für ein ÖPNV-Unternehmen Bürger über ihr Mobilitätsverhalten befragt werden. Wie lautet die Art des Merkmals für:

(a) die PLZ des Wohnortes?
     mit Ausprägung: 00000 ... 99999
(b) die tägliche Wegstrecke zur Arbeit?
     mit Ausprägung: 0 ... 100 km
(c) das am häufigsten genutztes Verkehrsmittel?
     mit Ausprägung: „zu Fuß; Bus; Straßenbahn; eigenes Auto; sonstige"
(d) die Anzahl der Tage im Monat, an denen ÖPNV genutzt wird?
     mit Ausprägung: 0,1,2,....,31?
(e) das Interesse an einer Monatskarte?
     mit der Ausprägung: „sehr groß; groß; mäßig; gering; gar nicht"?
(f) der maximale Preis, der für eine Monatskarte bezahlt würde?
     mit Ausprägung: 0 ... 1.000 €

Übung 3.4 Histogramm
Als Teil eines Experimentes gaben 92 Fitnessstudiobesucher ihr Gewicht an:

Männer:
73 76 84 99 81 87 78 99 102 72 84 81 80 76 89 92 92
89 94 71 89 82 68 97 99 81 89 81 113 78 76 81 81 78
81 78 94 84 71 84 68 81 78 77 81 78 73 94 99

Frauen:
73 63 68 72 64 66 60 76 78 58 66 68 63 68 69 63 61 66 71 66 61 64
60 53 60 78 57 60 56 50 66 70 57 78 56

(a) Wählen Sie geeignete Intervalle für die graphische Darstellung der Daten in einem Histogramm.
(b) Stellen Sie die relativen Häufigkeiten zu diesem Experiment in tabellarischer Form und als Histogramm mit den von Ihnen gewählten Klassen dar.

Tab. 3.7 Einheiten der wichtigsten Kenngrößen

Nummer	Zuverlässigkeitskenngröße	Formelzeichen	Einheit	Siehe auch Kapitel
1	Ausfallrate	λ	1/h	3.2.2
2	Ausfallwahrscheinlichkeit	$F(t)$	%	3.2.3
3	Ausfallwahrscheinlichkeitsdichte	$f(t)$	%/h	3.2.7
4	Bestandsfunktion	B	–	3.2.9
5	Lebensdauer	T	h	3.2.4
6	Mean Down Time	MDT	h	3.2.11
7	Mean Time Between Failures	$MTBF$	h	3.2.5
8	Mean Time To Failures	$MTTF$	h	3.2.6
9	Mean Time To First Failure	$MTTFF$	h	3.2.6
10	Mean Time To Repair	$MTTR$	h	3.2.10
11	Unverfügbarkeit	$U(t)$	h	3.2.8
12	Verfügbarkeit	$V(t)$	h	3.2.7
13	Zuverlässigkeit	$R(t)$	%	3.2.4

3.2 Zuverlässigkeitskenngrößen

3.2.1 Einführung

Generell ist die Neigung zu qualitativen Beschreibungen stärker ausgeprägt als die Verwendung von Zahlen oder Daten. Die dabei mitunter entstehenden Ausdrücke sind in der Zuverlässigkeitstechnik fehl am Platze. Daher ist es zwingend erforderlich entsprechende Variablen oder Kennwerte mit Namen und einem Wert oder Wertebereich zu definieren.

> **Merke:**

Ein Kennwert ist ein Zahlenwert, der die Quantifizierung eines zugehörigen Parameters oder einer Variablen beschreibt.

Die Kennwerte der Zuverlässigkeitskenngrößen, diese werden in weiteren Kapiteln noch intensiver behandelt, sind also Zahlenwerte die es ermöglichen eine Aussage über des Verhalten eines Systems im Betrieb zu beschreiben. Die wichtigsten Kenngrößen nach alphabetischer Ordnung sind in Tab. 3.7 gelistet, siehe hierzu auch IEC 61703 und IEC 60050 Teil 192.

3.2.2 Ausfallrate

Die Ausfallrate oder auch Hazard Rate genannt, ist der Quotient aus Ausfalldichte und Überlebenswahrscheinlichkeit also der Zuverlässigkeit zu einer vorher festgelegten Zeit:

$$\lambda = \frac{f(t)}{R(t)} \tag{3.14}$$

$$\text{mit} \quad f(t) = \frac{dF(t)}{dt} \tag{3.15}$$

$$\text{und} \quad R(t) = 1 - F(t) \tag{3.16}$$

$$\text{gilt} \quad \lambda(t) = -\frac{1}{R(t)} \cdot \frac{dR(t)}{dt} \, . \tag{3.17}$$

Damit wird die Wahrscheinlichkeit angegeben, mit der eine Einheit des Restbestandes in der folgenden Zeiteinheit Δt ausfallen wird. Ausfallrate zum Zeitpunkt t_m:

$$\lambda(t_m) = \frac{\text{Ausfälle zum Zeitpunkt } t_m}{\sum \text{ der noch intakten Einheiten zum Zeitpunkt } t_m} \, . \tag{3.18}$$

Grafisch dargestellt: Somit ergibt sich der Zusammenhang der Dichtefunktion, $R(t)$, $F(t)$

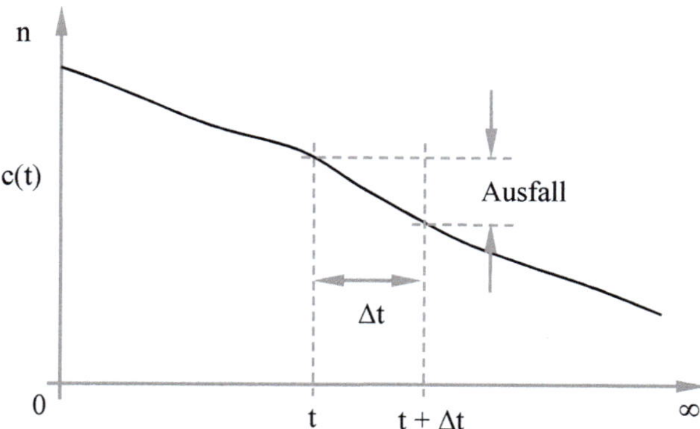

Abb. 3.12 Ausfallrate

und der Ausfallrate λ zum Zeitpunkt t_x, wie in der Grafik in Abb. 3.13 dargestellt. Für die angenäherte Bestimmung der Ausfallrate (Schätzwert) sind drei Angaben, siehe Abb. 3.12, erforderlich:

c Zahl der Ausfälle
Δt Anwendungsdauer oder Zahl der Beanspruchungszyklen
n Zahl der betrachteten Einheiten

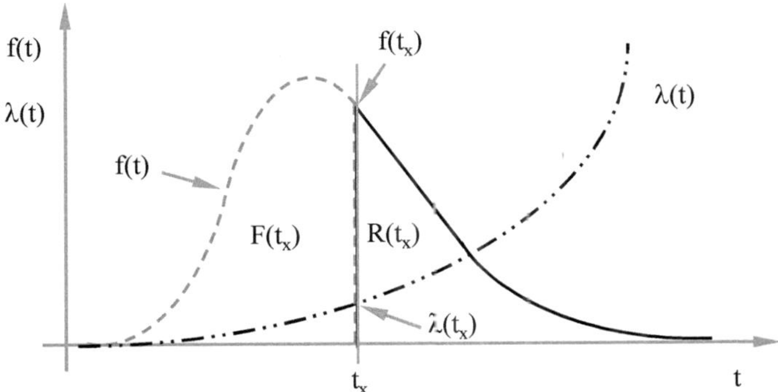

Abb. 3.13 Dichtefunktion, Überlebens- und Ausfallwahrscheinlichkeit, Ausfallrate

Es gilt dann:

$$\lambda = \frac{c}{n\Delta t} \qquad (3.19)$$

beziehungsweise

$$\lambda(t) = \frac{n(t) - n(t + \Delta t)}{n(t) \cdot \Delta t} \; . \qquad (3.20)$$

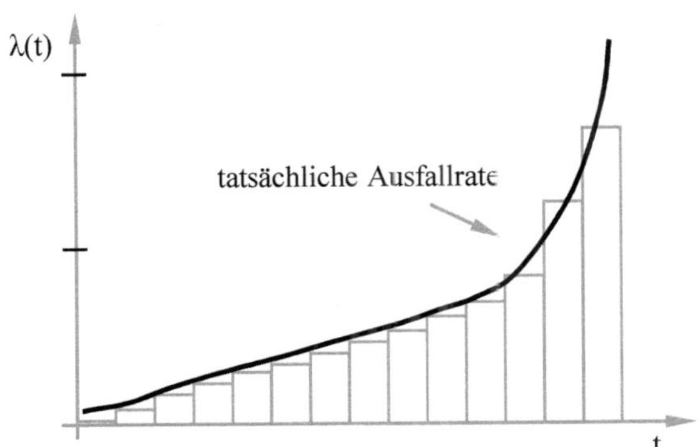

Abb. 3.14 Tatsächliche Ausfallrate

In der Praxis wird die Ausfallrate bezogen auf die Beanspruchungsdauer abgeschätzt:

$$\lambda_{\text{test}} = \frac{F}{n \cdot t} \; . \qquad (3.21)$$

Hierin bedeuten:

t_{test} Im Test ermittelte Ausfallrate

F Anzahl der Ausfälle

n Anzahl der Prüflinge

t Testdauer

Die Ausfallrate wird in n-fachen pro Stunde angegeben, also $n \cdot h^{-1}$. Bei sehr kleinen Ausfallraten werden deutlich kleinere Einheiten angegeben. Übliche sind:

- $10^{-9}[h^{-1}]$ oder in $[FIT]$ z.B. heute in der Elektronik üblich
- $\%/1000h$ ist $10^{-5} \cdot h^{-1}$ z.B. früher in der Elektronik üblich
- $10^{-6}[h^{-1}]$ oder $[FPMh]$ z.B. in der Luftfahrt.

> **FIT - Failures in Time:**

Einheit der Ausfallrate ($1 \text{ FIT} = 1 \cdot 10^{-9} \ [h^{-1}]$), das heißt z.B. ein Ausfall in 10^9 Bauelementestunden beziehungsweise Geräte-, Systemstunden oder auch Prüflingsstunden.

> **FPMh - Failures per Million hours:**

Einheit der Ausfallrate ($1 \text{ FPMh} = 1 \cdot 10^{-6} \ [h^{-1}]$), das heißt z.B. ein Ausfall in 10^6 Bauelementestunden beziehungsweise Geräte-, Systemstunden oder auch Prüflingsstunden.

Hinweis zu Prüflingsstunden: Die Prüflingsstunden ergeben sich aus der Anzahl der Prüflinge, die dem Test unterzogen wurden multipliziert mit der Testdauer in Stunden.

Anmerkung: Die Ausfallquote q, nicht zu verwechseln mit der Ausfallrate, ist definiert als:

$$q = \frac{\text{Ausfälle im beobachteten Zeitraum}}{\text{Anfangsbestand der Einheiten für den Zeitraum}} \cdot \qquad (3.22)$$

3.2.3 Ausfallwahrscheinlichkeit

Die Ausfallwahrscheinlichkeit ist die Wahrscheinlichkeit, dass eine Einheit des Bestandes bis zu einem bestimmten Punkt t ausfällt.

Somit ist:

$$F(t) = \int_0^t f(t)dt \qquad (3.23)$$

> **Hinweis:**

Die Begriffe Ausfallwahrscheinlichkeit und Verteilungsfunktion werden gleichberechtigt benutzt und besitzen naturgemäß die gleichen Eigenschaften.

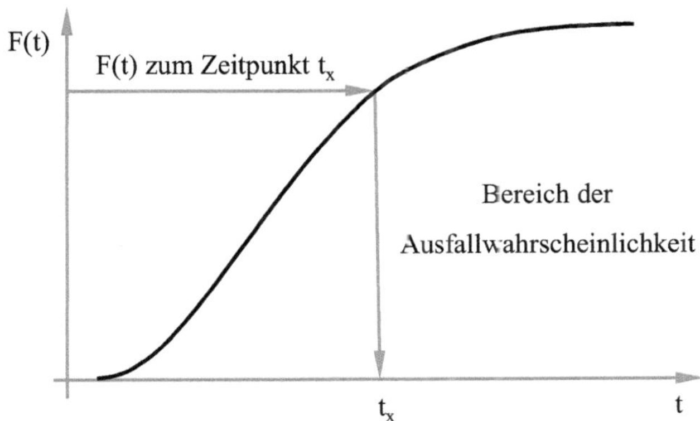

Abb. 3.15 Ausfallwahrscheinlichkeit

3.2.4 Zuverlässigkeit

Die Zuverlässigkeit eines Systems wird auch als Überlebenswahrscheinlichkeit bezeichnet. Somit kann ausgesagt werden, dass alle Einheiten einen bestimmten Zeitpunkt t erreicht haben, diesen auch überleben werden. Es gilt:

$$R(t) = \int_t^\infty f(t)dt \tag{3.24}$$

daraus folgt:

$$R(t) = e^{-\lambda t} . \tag{3.25}$$

Die Überlebenswahrscheinlichkeit ist das Komplement zur Ausfallwahrscheinlichkeit. Denn ist während der Betrachtung ein Teil des untersuchten Kollektives ausgefallen so erhält der andere Teil des gleichen Kollektives seine Funktionen aufrecht.

Beide ausgefallene Einheiten zum Zeitpunkt t_x und überlebende Einheiten zum gleichen Zeitpunkt ergänzen sich zum Anfangsbestand. Somit ist:

$$R(t) = 1 - F(t) \tag{3.26}$$

mit

$$R(t) = P(T > 1) . \tag{3.27}$$

Wenn also T die Zeit bis zum Eintreten des Ausfalls ist und die Wahrscheinlichkeitsdichtefunktion $f(t)$ mit einer Zufallsvariablen, so resultiert daraus die Zuverlässigkeit zum Zeitpunkt t wie oben beschrieben.

Die Begriffe Zuverlässigkeit und Überlebenswahrscheinlichkeit werden gleichberechtigt benutzt und besitzen naturgemäß die gleich Eigenschaften.

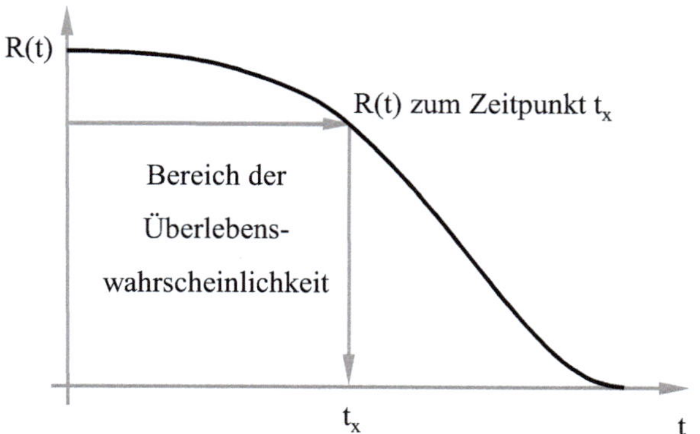

Abb. 3.16 Überlebenswahrscheinlichkeit

Beispiel 3.6 Eine elektronische Baugruppe hat eine Ausfallrate von z.B. 350 FIT (der Begriff FIT wird im Kapitel 3.2.2 behandelt) und wird über 8.000 Stunden betrieben. Die Ausfallwahrscheinlichkeit $F(t)$, hier auch als P bezeichnet ermittelt sich wie folgt:

$$F(t) = 1 - R(t) = 1 - e^{-\lambda t} \tag{3.28}$$

$$F(t) = 1 - e^{(-350 \cdot 10^{-9} h^{-1} \cdot 8.000\, h)} \tag{3.29}$$

$$F(t) = 0{,}28 \cdot 10^{-3} \tag{3.30}$$

$$F(t) = 2{,}8\ \% \tag{3.31}$$

Wenn also $P \approx \lambda t$, dann ist auch $F(t) \approx \lambda t$:

$$F(t) \approx 350 \cdot 8.000\, h \tag{3.32}$$

$$F(t) \approx 0{,}28 \cdot 10^{-3} \tag{3.33}$$

$$F(t) = 2{,}8\ \% \tag{3.34}$$

Das Ergebnis mit einer Ausfallwahrscheinlichkeit von 2,8 % sieht nach zwei Dezimalstellen gleich aus. Unterscheidet sich jedoch nur bei Betrachtung vieler nachfolgender Dezimalstellen die in diesem Fall aber absolut keine Rolle mehr spielen.

3.2.5 MTBF - Mean time between failure

MTBF gilt für reparierbare Systeme und beschreibt den mittleren Wert der ausfallfreien Betriebszeit ein und derselben Einheit die dieser Betrachtung unterliegt. Hierbei wird konstante Ausfallrate vorausgesetzt.

Daraus folgt die gesamt *MTBF* für mehrere *MTBF* des gleichen Systems

$$MTBF_{ges} = \frac{1}{n} \sum_{i=1}^{n} t_i \quad . \tag{3.35}$$

Beispiel 3.7 Ein System ist zu drei unterschiedlichen Zeitpunkten t_i ausgefallen:

$$MTBF_1 = 48\ h \quad MTBF_2 = 193\ h \quad MTBF_3 = 166\ h$$

Daraus folgt:

$$MTBF_{ges} = 135{,}7\ h$$

> **Hinweis:**

Es handelt sich immer um ein und dasselbe System welches nach 48 h repariert und wieder in Betrieb genommen wurde. Ebenso nach 193 h. Was nach 166 h mit dem System geschah ist, nicht bekannt und im Zusammenhang mit diesem Beispiel auch unerheblich.

Anmerkung zur Genauigkeit: Typischerweise ist bei der Ermittlung des Wertes eine Stelle nach dem Komma genügend genau!

Aus dem Kehrwert der Ausfallrate kann unter den vorgenannten Bedingungen die *MTBF* auch abgeleitet werden.

$$MTBF = \frac{1}{\lambda} \quad . \tag{3.36}$$

Für ein System oder Baugruppe bestehend aus mehreren Einzelbauelementen, welches bereits bei Ausfall eines dieser Bauelemente nicht funktionsfähig ist, wird die *MTBF* während der Nutzungsphase (beachte Lebensdauerkurve, Badewannenkurve, mittlerer Teil) gleich dem Kehrwert der Summe der Langzeitausfallraten λ_i der einzelnen Bauelemente.

MTBF der Baugruppe:

$$MTBF = \frac{1}{\sum \lambda_i} \tag{3.37}$$

$$MTBF = \frac{1}{\lambda_{ges}} \tag{3.38}$$

> **Hinweis:**

Die Anwendung dieser Betrachtungsweise ist nur für Baugruppen, Geräte, Systeme etc. zulässig und nicht für Einzelbauelemente.

Das wird sehr schnell deutlich, wenn man versucht z.B. einem Widerstand mit 0,5 *FIT* Ausfallrate eine *MTBF* unter Anwendung des weiter oben beschrieben Kehrwert-Gesetzes zuzuordnen und zu bewerten.

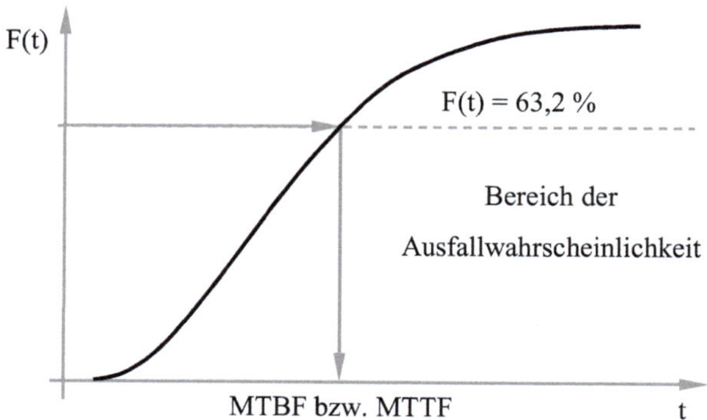

Abb. 3.17 Mean Time Between Failure beziehungsweise Mean Time To Failure

Ausgehend von der orthogonal dargestellten Ausfallwahrscheinlichkeit bis zum nahezu S-förmig verlaufenden Grafen kann im Schnittpunkt die auf der Abszisse abgebildete *MTBF* abgelesen werden. Die Abb. 3.17 zeigt ein Beispiel bei $F(t) = 63{,}2$ %.

MTBF auch bezeichnet als mittlere Betriebszeit zwischen zwei Ausfällen.

Ergänzende Anmerkung: Obwohl viel kleine elektronische Baugruppen nach einem Ausfall reparierbar wären, wird dieser Prozess nicht umgesetzt. Gründe liegen zum einen in dem bei der Reparatur nicht mehr erreichbaren hohen Qualitätsniveau und zum anderen an dem unverhältnismäßig hohen Kostenaufwand welcher bei der Reparatur zu erwarten ist.

Daher auch der Ursprung im Sprachgebrauch: die Begriffe *MTBF* und *MTTF* beziehungsweise *MTTFF* werden für gleiche Aussagen, obwohl nicht korrekt, gleichermaßen verwendet.

Der Wert 63,2 % entspricht dem Punkt, an dem die Überlebenswahrscheinlichkeit auf etwa 36,8 % sinkt, was mathematisch als $1 - e^{-1}$ ausgedrückt werden kann. Dies bedeutet, dass nach einer bestimmten Zeit $t = T$ (dem charakteristischen Lebensdauertyp) etwa 63,2 % der Objekte ausgefallen sind.

3.2.6 MTTF - Mean time to failure

Die Vorgehensweisen bei der *MTTF* und der *MTBF* sind sehr ähnlich. Der wesentliche Unterschied besteht darin, dass es sich hier immer um nicht reparierbare Systeme handelt, welche nach Ausfall aus dem Betrieb genommen werden und durch baugleiche, neue Systeme ersetzt werden.

MTTF gilt für nicht reparierbare Systeme und beschreibt den mittleren Wert der ausfallfreien Betriebszeit unterschiedlicher Einheiten die dieser Betrachtung zu Grunde liegen. Auch hier wird konstante Ausfallrate vorausgesetzt. Daraus folgt die gesamt *MTTF* für mehrere *MTTF* des gleichen Systems

$$MTTF_{ges} = \frac{1}{n} \sum_{i=1}^{n} t_i \, . \tag{3.39}$$

Beispiel 3.8 Ein System ist zu drei unterschiedlichen Zeitpunkten t_i ausgefallen:

$$MTTF_1 = 362 \ h \quad MTTF_2 = 296 \ h \quad MTTF_3 = 537 \ h$$

Daraus folgt:

$$MTTF_{ges} = 398,3 \ h$$

> **Hinweis:**

Es handelt sich immer um unterschiedliche Systeme gleicher Bauart, welche nach 362 h aus dem Betrieb genommen und durch neue ersetzt wurden. Ebenso nach 296 h. Was nach 537 h mit dem System geschah, ist nicht bekannt und im Zusammenhang mit diesem Beispiel auch unerheblich.

Anmerkung zur Genauigkeit: Typischerweise ist bei der Ermittlung des Wertes eine Stelle nach dem Komma genügend genau!

Aus dem Kehrwert der Ausfallrate kann unter den vorgenannten Bedingungen die *MTTF* auch abgeleitet werden:

$$MTTF = \frac{1}{\lambda} \, . \tag{3.40}$$

Für ein System oder Baugruppe bestehend aus mehreren Einzelbauelementen, welches bereits bei Ausfall eines dieser Bauelemente nicht funktionsfähig ist, wird die *MTTF* während der Nutzungsphase (beachte Lebensdauerkurve, Badewannenkurve, mittlerer Teil) gleich dem Kehrwert der Summe der Langzeitausfallraten λ_i der einzelnen Bauelemente.

MTTF der Baugruppe:

$$MTTF = \frac{1}{\sum \lambda_i} \tag{3.41}$$

$$MTTF = \frac{1}{\lambda_{ges}} \tag{3.42}$$

> **Hinweis:**

Die Anwendung dieser Betrachtungsweise ist nur für Baugruppen, Geräte, Systeme etc. zulässig und nicht für Einzelbauelemente.

Das wird sehr schnell deutlich, wenn man versucht z.B. einen Kondensator mit 1,5 *FIT* Ausfallrate eine *MTTF* unter Anwendung des weiter oben beschrieben Kehrwert-Gesetzes zuzuordnen und zu bewerten.

Ausgehend von der orthogonal dargestellten Ausfallwahrscheinlichkeit bis zum nahezu S-förmig verlaufenden Grafen kann im Schnittpunkt die auf der Abszisse abgebildete *MTTF* abgelesen werden. Die Abb. 3.17 zeigt ein Beispiel bei $F(t) = 63{,}2\ \%$.

MTTF auch bezeichnet als mittlere Betriebszeit zwischen zwei Ausfällen.

Mean Time To First Failure, MTTFF

Ebenso wie bei der *MTTF* wird auch hier die Zeitspanne bis zum ersten Ausfall berücksichtigt. Der wesentliche Unterschied liegt darin, dass typischerweise nur eine einzelne Einheit betrachtet wird.

Insofern kann der Inhalt des Kapitels 3.2.6 unter den gleichen Aspekten herangezogen werden. Die Gesetzmäßigkeiten können in Analogie angewendet werden.

3.2.7 Verfügbarkeit

Verfügbarkeit ist die Wahrscheinlichkeit mit der z.B. eine Prozessanlage oder System zum Zeitpunkt t_x im funktionsfähigen Zustand angetroffen wird. Es wird somit ein Zustand beschrieben, der durch einen Ausfall nicht verhindert werden kann. Daraus sollte zwangsläufig eine schnelle Reparatur der Anlage erfolgen.

Der Zusammenhang ist wie folgt

$$V(t \Rightarrow \infty) = \frac{MTBF}{MTBF + MTTR} \, . \tag{3.43}$$

Hieraus wird ersichtlich, dass die Verfügbarkeit von einer weiteren Kenngröße abhängt, nämlich der $MTTR$, Mean Time To Repair, der mittleren Reparaturrate.

Die $MTTR$ ist definiert als mittlere Zeit einer Reparatur in Stunden und wird in Kapitel 3.2.10 näher erläutert.

Die Verfügbarkeit kann jedoch auch in Abhängigkeit der Ausfallrate und der Reparaturrate, Kehrwert der $MTTR$ dargestellt werden, mit

$$MTTR = \frac{1}{V(t)} \, . \tag{3.44}$$

gilt

$$V(t) = \frac{\mu}{\lambda + \mu} \, . \tag{3.45}$$

Nach der Reparatur wird folglich das System wieder aus dem nicht verfügbaren $U(t)$ in den verfügbaren Zustand $V(t)$ zurückgeführt, vergleiche Abb. 3.18. Instandsetzbarkeit und -würdigkeit sind vorher festzulegen.

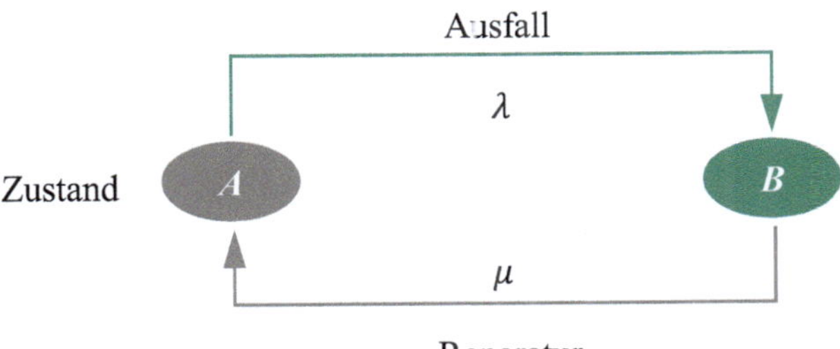

Abb. 3.18 Zusammenhang von U(t) und V(t) im Zustandsdiagramm

3.2.8 Unverfügbarkeit

Unverfügbarkeit bedeutet, falls eine Anlage nicht für den erforderlichen primären Zweck zur Verfügung steht. Sie funktioniert nicht und versagt damit den Dienst. Es ist die Wahrscheinlichkeit des nicht Funktionierens.

Es gibt also zwei Zustände der Anlage:

      100 %-ige Funktion (einwandfrei)

oder

      keine 100 %-ige Funktion (einschließlich Aussetzer etc.)

Daraus wird ersichtlich, dass beide Zustände sich ergänzen also auch komplementär sind, vergleiche dazu auch Abb. 3.18:

$$U(t) = 1 - V(t) \,. \tag{3.46}$$

Ferner folgt unter Berücksichtigung der Reparaturrate und der Ausfallrate

$$U(t) = \frac{\lambda}{\lambda + \mu} \,. \tag{3.47}$$

Als Fazit kann angemerkt werden, bei reparierbaren Anlagen stehen die Kenngrößen Verfügbarkeit $V(t)$ und Unverfügbarkeit $U(t)$ beziehungsweise Nichtverfügbarkeit im Fokus.

3.2.9 Bestandsfunktion

Die Bestandsfunktion ist eine Variable die in Abhängigkeit eines Parameters ihren Zustand ändern kann. Dieser Parameter kann die Zeit sein, Belastungen, Temperatur- oder Schaltzyklen etc.

Bei zeitlicher Änderung der Anzahl des vorliegenden Kollektives bedingt durch Ausfälle gilt folgender Ansatz:

$B(t_0)$ Bestand zu Beginn der Beanspruchungsdauer

$B(t_i)$ Bestand zum Zeitpunkt t_i, d.h. Anzahl der Einheiten,

        die zum Zeitpunkt t_i noch nicht ausgefallen sind.

$B_R(t_0) = \dfrac{B(t_i)}{B(t_0)}$ Relativer Bestand (Häufigkeit)

> **Wichtig:**

Anzumerken ist, dass hierbei immer von normaler Beanspruchung während der Gebrauchsdauer auszugehen ist.

3.2.10 Reparaturrate

Die Beurteilung der Verfügbarkeit ist von einer weiteren Kenngröße abhängt, nämlich der *MTTR*, Mean Time To Repair, der mittleren Reparaturrate.

Die *MTTR* ist definiert als mittlere Zeit einer Reparatur in Stunden.

Die Reparaturrate kann aus zwei Themenkomplexen heraus betrachtet werden.

1. Beispiel

- Welche Anlagenteile können ausfallen?
- Wie viel Ersatzteile stehen zur Verfügung?
- Wo sind diese gelagert?
- Wie lange dauert die Beschaffung neuer Teile?

2. Beispiel

- In welcher Zeitspanne muss die Anlage wieder funktionsfähig sein?
- Wie lange dauert es bis Maintenance vor Ort ist?
- Wie weit weg von der Anlage sind die Ersatzteile gelagert?
- Steht schnell eine ersetzbare Redundanz zur Verfügung?

Dass gut ausgebildete Mitarbeiter, die mit geeignetem Werkzeug professionell umgehen können, wird hierbei vorausgesetzt.

Die Ermittlung der *MTTR* für eine Anlage erfolgt nach der hier beschrieben Gesetzmäßigkeit und ist für beide Ansätze gleich:

$$MTTR_{Anlage} = \frac{t_{rep_1} + t_{rep_2} + \cdots + t_{rep_n}}{n} \, . \qquad (3.48)$$

Wobei: t_{rep_1}, t_{rep_2}, t_{rep_n}, die Zeitspanne der individuellen Reparaturen und in Betriebnahme nach dem vorhergehend Ausfall darstellen. Folglich n die Anzahl der Reparaturen.

Nach der Reparatur wird folglich das System wieder aus dem nicht verfügbaren Zustand in den Verfügbaren zurückgeführt.

Instandsetzbarkeit und -würdigkeit sind vorher festzulegen.

3.2.11 Mean Down Time (MDT)

Zur Bewertung der Wirtschaftlichkeit einer Prozessanlage wird auch die Mean Down Time herangezogen. Es ist die mittlere Zeit in der die Anlage aufgrund von Ausfällen, Beschädigungen oder auch Wartung zur Produktion von Gütern nicht zur Verfügung steht. Neben der *MDT* existiert auch der Begriff *MUT*, Mean Up Time und ist komplementär zur *MDT*. Daraus folgt:

$$MDT = 1 - MUT .$$

(3.49)

Die *MDT* ist definiert als die mittlere Zeit in Stunden in der die Anlage oder das System nicht zur Verfügung steht und sollte so gering wie möglich sein.

Die Ermittlung der *MDT* für eine Anlage erfolgt nach der hier beschrieben Gesetzmäßigkeit und ist für beide Ansätze gleich:

$$MDT_{Anlage} = \frac{t_{DT_1} + t_{DT_2} + \cdots + t_{DT_n}}{n} .$$

(3.50)

Wobei: t_{DT_1}, t_{DT_2}, t_{DT_n}, die Zeitspanne der individuellen Down Times, also nicht produktive Zeiträume darstellen.

Nach erfolgreicher Instandsetzung und Probelauf ist die Anlage wieder im Up Time Zustand und steht der Produktion uneingeschränkt zur Verfügung, siehe auch Abb. 3.19.

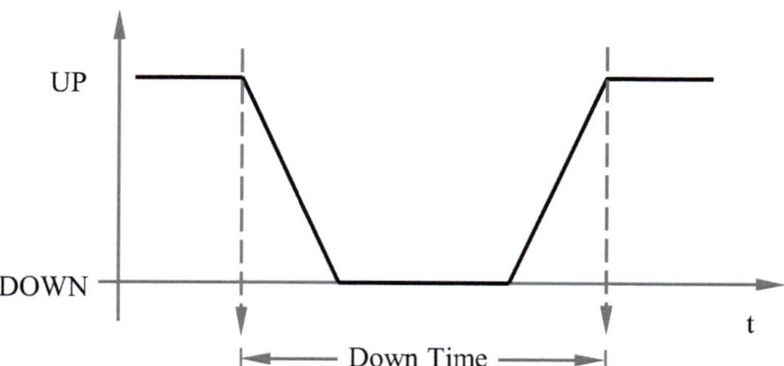

Abb. 3.19 Grafische Darstellung einer Downtime

In die Down Time werden alle Anlagen relevanten Zeiten einbezogen die aus intermittierenden Betrieb, gestörten Betrieb, Ausfallmeldung, Fehlersuche, Reparatur, Testphase, Musterfertigung etc. resultieren. Erst, wenn die Anlage wieder zur Produktion einwandfreier Güter zur Verfügung steht, wird der Zustand von *MDT* nach *MUT* per Definition verändert.

3.2.12 Übungen

Übung 3.5 Ausfallrate

(a) Wie ist die gesamte Ausfallrate eines Systems je 1.000 Stunden mit den Ausfallraten seiner Bauteile?

$$\lambda_{\text{Sender}} = 0{,}02; \ \lambda_{\text{Empfänger}} = 0{,}005 \ \text{und} \ \lambda_{\text{Decoder}} = 0{,}015$$

Hinweis: Ausfall eines Bauelements führt zum Ausfall des Systems

(b) Auf einer Leiterplatte (PCB) sind Bauteile wie folgt bestückt:

Bauelement	Anzahl n	Ausfallrate λ [$1/10^6$ h]
Transistor	4	0,98
Widerstand	18	0,023
Schalter	4	0,11
Diode	3	0,68

Wie groß ist die Gesamt-Ausfallrate der Baugruppe?

Übung 3.6 *MTBF*

Wie groß ist die *MTBF* zu folgenden Fragestellungen:

(a) Die Steuerung eines Geschirrspülers fällt innerhalb von 10 Jahren 3-mal aus.
(b) Ein komplexes System fällt in 50.000 Jahren 3-mal aus.
(c) Eine elektronische Baugruppe hat eine Fehlerrate von 0,0205 Ausfällen pro 1 Mio. Stunden.
(d) Ein Gerät hat eine Fehlerrate (oder Ausfallrate) von 4 Ausfällen innerhalb 10.000 Stunden.
(e) Ein Gerät hat eine Fehlerrate von 0,5 % Ausfällen innerhalb 1.000 Stunden.
(f) Ein elektronisches System in einem Flugzeug hat eine *MTBF* von 30 Stunden. Die Zeit bis zum Ziel beträgt 5 Stunden. Wie groß ist die Wahrscheinlichkeit für eine erfolgreiche Mission? (**Hinweis:** Exponentialverteilung)
(g) Für ein Radargerät besteht eine Ausfallrate von 4 Ausfällen je 1.000 Stunden. Die *MTBF* beträgt somit 250 h. Wie groß ist die Wahrscheinlichkeit eines Systemversagens innerhalb der *MTBF*?

Übung 3.7 Verfügbarkeit

(a) Eine Komponente hat einen *MTTF*-Wert von 5.000 h. Wie groß darf der *MTTR*-Wert der Komponente höchstens sein, damit eine Dauerverfügbarkeit $V = 99$ % gewährleistet ist?
(b) Ein System bestehe aus drei identischen Komponenten, die in Serie angeordnet sind. Der *MTTF*-Wert einer Komponente beträgt 1.500 h. Das System besitzt eine Dauerverfügbarkeit von 90 %. Wie groß ist dann der *MTTR*-Wert einer Komponente?

(c) Ein System bestehe aus drei identischen Komponenten, die parallel angeordnet sind. Das System besitzt eine Dauerverfügbarkeit V_{System} von 99,9 %. Wie groß ist dann die Dauerverfügbarkeit V_i einer Komponente?

(d) Ein System bestehe aus drei identischen Komponenten, die parallel angeordnet sind. Der *MTTF*-Wert einer Komponente beträgt 1.500 h. Das System besitzt eine Dauerverfügbarkeit von 99 %. Wie groß ist dann der *MTTR*-Wert einer Komponente?

3.3 Ausfallverteilungsanalyse

3.3.1 Einführung

Für die Beschreibung von gewichteten Ereignissen werden Verteilungsfunktionen als Werkzeug heran genommen. Hierbei wird nur auf die für Zuverlässigkeit wichtigsten Verteilungsfunktionen eingegangen, das sind: die Gleichverteilung, die Normalverteilung, die Log-Normalverteilung, die Exponentialverteilung sowie die Weibullverteilung.

> **Wichtig:**

 Um die passenden Verteilungsfunktionen in der Praxis zu identifizieren, sollten die Daten gründlich analysiert und grafisch dargestellt werden, um deren Verteilungsmuster zu erkennen. Die spezifischen Merkmale jeder Verteilung sollten notiert und über die Erfahrungen reflektiert werden, um zu verstehen, wann und wie die jeweiligen Verteilungen angewendet werden können.

3.3.2 Diskrete Ausfallverteilung

Verteilungen beschreiben im Allgemeinen den Zusammenhang einer Zufallsvariablen und deren Wahrscheinlichkeit des Auftretens für einen definierten Wert. Unterschieden wird zwischen diskreten und stetigen Verteilungsfunktionen. Diskrete Verteilungen sind z.B.:

- Hypergeometrische Verteilungen,
- Binomial Verteilung und
- Poisson Verteilung.

Stetige Verteilungen, siehe Kapitel 3.3.3, sind z.B.:

- Gleichverteilung,
- Normalverteilung,
- Lognormalverteilung,
- Exponentialverteilung und
- Weibullverteilung.

Ferner wird eingeteilt in induktive Statistik, also den Schluss aus Stichprobendaten und der deskriptiven Statistik, der Darstellung von Daten zur Beantwortung von Fragestellung bezüglich Lage und Häufigkeitsverteilung.

Dieses Kapitel dient dazu die wichtigsten Merkmale der diskreten Verteilungsfunktionen Hypergeometrisch, Binomial und Poisson kurz darzustellen.

3.3.2.1 Hypogeometrische Verteilung

Anwendung: Bei Zufallsexperimenten (ohne zurücklegen) bei denen es nur zwei Zustände gibt, z.B. „Gut" oder „Schlecht" bei Stichproben beziehungsweise „Erfolg" und „Nichterfolg".

Anzahl Parameter: Es werden in der Formel drei Parameter benötigt.

Anzahl Argumente: Es werden in Excel vier Parameter benötigt.

Ergebnis: Wahrscheinlichkeit einer hypergeometrisch verteilten Variable.

Hinweis: - Die Wahrscheinlichkeit des Erfolges ändert sich mit jeder Ziehung einer neuen Stichprobe.

                      - Die Anzahl der Erfolge ist durch die Anzahl der Versuche begrenzt

Excelformel: HYPGEOM.VERT(Erfolge_S;Umfang_S;Erfolge_G; Umfang_G, kumuliert)

Tab. 3.8 Erläuterungen zur Excel-Formel der Hypergeometrischen Verteilung

Argument	Erläuterung	Anmerkung
Erfolge_S	Anzahl der Erfolge in der Stichprobe	Gute Einheiten in der Stichprobe
Umfang_S	Anzahl der Einheiten in einer Stichprobe	Einheiten in der Stichprobe
Erfolge_G	Anzahl möglicher Erfolge in der Grundgesamtheit	Wieviel gute Einheiten können in der Grundgesamtheit vorkommen
Umfang_G	Anzahl der Grundgesamtheit	Anzahl der Einheiten des gesamten Kollektivs
kumuliert	Kumuliert 1 = WAHR	Bei 1: kumulierte Verteilungsfunktion
	Kumuliert 0 = FALSCH	Bei 0: Wahrscheinlichkeitsdichtefunktion
Ergebnis	Wahrscheinlichkeit	Wie wahrscheinlich ist es bei vorgegebener Stichprobengröße, eine gewisse Anzahl von defekten Einheiten aus einer Grundgesamtheit zu finden wenn die Anzahl der defekten Einheiten bin der Grundgesamtheit bekannt ist.

Die Wahrscheinlichkeit, genau k Elemente mit der spezifischen Eigenschaft in der Stichprobe (ohne Zurücklegen) vorzufinden, beträgt dann: (diskrete Dichte):

$$P(X = k) = \frac{\binom{M}{k} \cdot \binom{N-M}{n-k}}{\binom{N}{n}} \quad k = 0, 1, 2, \ldots, n \tag{3.51}$$

mit

X = Anzahl der Elemente mit Eigenschaft A in der Stichprobe

k = Elemente aus der Stichprobe, die die Eigenschaft A aufweisen

n = Umfang der Stichprobe

M = Elemente aus der Grundgesamtheit, die die Eigenschaft A aufweisen

N = Elemente der Grundgesamtheit.

Zudem gilt für den zu erwartenden Wert (Mittelwert):

$$\mu = E(X) = n \cdot \frac{M}{N} = n \cdot p \,, \tag{3.52}$$

für die Varianz gilt:

$$\sigma^2 = Var(X) = n \cdot p \cdot q \cdot \frac{N - n}{N - 1} \text{ mit } q = 1 - p \,. \tag{3.53}$$

> **Hinweis:**

Die Berechnung des binomial Koeffizienten erfolgt über die Fakultät:

$$\binom{n}{i} = \frac{n!}{i!(n - i)!} \,.$$

Beispiel 3.9 Eine angelieferte Menge von 75 Einheiten enthält vier fehlerhafte Einheiten. Der Stichprobenumfang wurde 11 festgelegt. Wie groß ist die Wahrscheinlichkeit, dass 0, 1, 2, 3, 4, fehlerhafte Einheiten in der Stichprobe gefunden werden?
Ergebnisse siehe Tab. 3.9.

Tab. 3.9 Zahlenbeispiel Hypergeometrische Verteilung

Zeile	Wahrscheinlichkeit bei:	"0"Fehler	"1"Fehler	"2"Fehler	"3"Fehler	"4"Fehler
1	Erfolge_S	0	1	2	3	4
2	Umfang_S	11	11	11	11	11
3	Erfolge_G	4	4	4	4	4
4	Umfang_G	75	75	75	75	75
5	kumuliert	0	0	0	0	0
Ergebnis	Wahrscheinlichkeit bei:	0,5227 (52,27 %)	0,3771 (37,71 %)	0,0912 (9,12 %)	0,0037 (0,87 %)	0,0003 (0,03 %)

3.3.2.2 Binomial Verteilung

Anwendung: Festgelegte Anzahl von Tests. Wahrscheinlichkeit, dass bei x Tests y Erfolge eintreten (bei gleicher Wahrscheinlichkeit).

Anzahl Parameter: Es werden in der Formel zwei Parameter benötigt.

Anzahl Argumente: Es werden in Excel zwei Parameter benötigt.

Ergebnis: Erfolg oder Nichterfolg

Hinweis:
- Test sind voneinander unabhängig
- Wahrscheinlichkeit für den Erfolg stets gleich
- Anzahl der Versuche ist festgelegt
- Die Anzahl der Erfolge ist durch die Anzahl der Versuche begrenzt

Excelformel: BINOM.INV (Versuche; Erfolgswahrscheinlichkeit; Alpha)

Tab. 3.10 Erläuterungen zur Excel-Formel der Binomialverteilung

Argument	Erläuterung	Anmerkung
Versuche	Anzahl der durchgeführten Versuche	Dies müssen voneinander unabhängig sein
Erfolgswahrscheinlichkeit	Wahrscheinlichkeit des Erwarteten Erfolges. Ein Wert zwischen 0 und 1	z.B. Zuverlässigkeit (Erfolgswahrscheinlichkeit)
Alpha	Ein Wert zwischen 0 und 1	z.B. Aussagewahrscheinlichkeit (Grenzwahrscheinlichkeit)
Ergebnis	Wahrscheinlichkeit	Zu erwartende gute Tests (Erfolge)

Die Wahrscheinlichkeit, genau k Elemente mit der spezifischen Eigenschaft in der Stichprobe (ohne Zurücklegen) vorzufinden, beträgt dann: (diskrete Dichte):

$$P(X = k) = \binom{n}{k} \cdot p^k \cdot (1 - p)^{(n-k)} \quad k = 0, 1, 2, \dots, n \tag{3.54}$$

mit

X = Anzahl der Elemente mit Eigenschaft A in der Stichprobe

k = Elemente aus der Stichprobe, die die Eigenschaft A aufweisen

n = Umfang der Stichprobe.

Zudem gilt für den zu erwartenden Wert (Mittelwert):

$$\mu = E(X) = n \cdot p, \tag{3.55}$$

für die Varianz gilt:

$$\sigma^2 = Var(X) = n \cdot p \cdot q \text{ mit } q = 1 - p. \tag{3.56}$$

In der Zuverlässigkeit wird die inverse Formel der Binomialverteilung in Bezug auf die Überlebenswahrscheinlichkeit angewandt:

$$P_A = 1 - \sum_{x}^{i=0} \binom{n}{i} \cdot (1 - R(t))^i \cdot R(t)^{(n-i)} \tag{3.57}$$

mit

x = Anzahl der Ausfälle

t = Zeitraum in dem die Ausfälle aufgetreten sind

n = Umfang der Stichprobe

P_A = Aussagewahrscheinlichkeit

$R(t)$ = Zuverlässigkeit.

Beispiel 3.10 Es werden 20 Tests durchgeführt. Bei einer Zielzuverlässigkeit von 80 % mit einer Aussagewahrscheinlichkeit von 90 % ist die Anzahl der guten Tests zu ermitteln.

Ergebnisse siehe Tab. 3.11.

Tab. 3.11 Zahlenbeispiel Binomialverteilung

Argument	Erläuterung	Werte
Versuche	Anzahl unabhängiger der Tests	20
Erfolgswahrscheinlichkeit	Zuverlässigkeit	0,8
Alpha	Aussagewahrscheinlichkeit	0,9
Ergebnis	Anzahl bestandener Tests (erwartet)	18

3.3.2.3 Poisson Verteilung

Anwendung:	- Ereignisse innerhalb eines definierten Zeitraumes oder innerhalb des Bereichs der Betrachtung.
	- Zufallsexperiment
Anzahl Parameter:	Es wird in der Formel ein Parameter benötigt.
Anzahl Argumente:	Es werden in Excel zwei Parameter benötigt.
Ergebnis:	Wahrscheinlichkeit des Eintreffens
Hinweis:	- sehr kleine Wahrscheinlichkeiten und viele Tests
	- Ereignisse sollten zufällig und unabhängig voneinander sein
	- Ereignis tritt mit geringer Wahrscheinlichkeit auf und Anzahl der Durchführungen ist groß
	- Zeitintervalle müssen innerhalb der Betrachtung immer gleich sein
	- Alle voneinander unabhängig
	- Mittelwert wird auch als Intensität bezeichnet
	- Verteilung der seltenen Vorkommnisse innerhalb eines definierten Zeitintervalls
	- Es gibt keine Anzahl der Versuche bei der Poisson Verteilung
Excelformel	POISSON.VERT(x; Mittelwert; kumuliert)

Tab. 3.12 Erläuterungen zur Excel-Formel der Poisson Verteilung

Argument	Erläuterung	Anmerkung
X =Anzahl der Ereignisse	Zahlenwert	ist an ein Zeitintervall gebunden
Mittelwert	Zahlenwert	erwartete Fehler (Ereignisse) Wahrscheinlichkeit multipliziert mit Anzahl der Versuche
kumuliert	Kumuliert 1 = Ereignisse WAHR	Bei 1: kumulierte Verteilungsfunktion, d.h. Aufsummierung der Wahrscheinlichkeiten von 0 bis zum Punkt z.B. „k" der Beobachtung
	Kumuliert 0 = FALSCH	Bei 0: Einzel-Wahrscheinlichkeit

Die Wahrscheinlichkeit, genau k Elemente mit der spezifischen Eigenschaft in der Stichprobe (ohne Zurücklegen) vorzufinden, beträgt dann: (diskrete Dichte):

$$P(X = k) = \frac{\lambda^k}{k!}e^{-\lambda} \quad k = 0,1,2,\ldots,n \tag{3.58}$$

mit

X = Anzahl der Elemente mit Eigenschaft A in der Stichprobe

k = Elemente aus der Stichprobe, die die Eigenschaft A aufweisen

λ = mittlere Anzahl von Vorkommnissen pro Betrachtungseinheit.

Zudem gilt für den zu erwartenden Wert (Mittelwert):

$$\mu = E(X) = \lambda \,, \tag{3.59}$$

für die Varianz gilt:

$$\sigma^2 = \lambda \,. \tag{3.60}$$

> **Hinweis:**

Die Poissonverteilung kann als Näherung der Binomialverteilung angenommen werden, wenn n groß und p klein ist:

- Faustregel: Näherung erlaubt für $n \geq 100$ und $p \leq 0{,}1$

- Dann kann die Poisson Verteilung als Näherung für die Binomialverteilung angenommen werden, wobei $\lambda = n \cdot p$ gesetzt wird.

Beispiel 3.11 In einer Fertigungslinie werden in einer 10 h Schicht (gleiche Taktung) 3560 Einheiten produziert. Aus vorliegenden Daten ist bekannt, dass der durchschnittliche Fehleranteil der Linie 0,2 % beträgt. Mit welcher Wahrscheinlichkeit sind 5 Ausfälle zu erwarten, wenn die Schichtzeit auf 8 h reduziert wird? (Ergebnisse siehe Tab. 3.13)

Tab. 3.13 Zahlenbeispiel Poisson Verteilung

Argument	Erläuterung	Werte
X = Anzahl der Ereignisse	Anzahl der Ausfälle	5
Mittelwert	Durchschnittlicher Fehleranteil der Fertigungslinie	= ((3560/10) * 8) * 0,2 %
kumuliert	Einzel-Wahrscheinlichkeit	0
Ergebnis	Wahrscheinlichkeit genau 5 Ausfälle zu finden	0,1679 = 16,79 %

3.3.2.4 Generell

Ein Erfolg (Treffer) kann auch ein Fehler sein, der zu entdecken ist und mit einer ermittelten Wahrscheinlichkeit gefunden wurde!

Verteilungsfunktion ist eine aufsummierte Wahrscheinlichkeit von 0 bis zu einem definierten Wert „k".

Abschließend stellt Tab. 3.14 die drei vorgestellten diskreten Verteilungsfunktionen nach ihren Besonderheiten gegenüber.

Tab. 3.14 Gegenüberstellung von Parametern diskreter Verteilungsfunktionen

Besonderheiten	Hypergeometrische Verteilung	Binomial Verteilung	Poisson Verteilung
Anzahl benötigter Parameter	3	2	1
Anzahl benötigter Parameter in Excel	4	2	2
Wiederholung bzw. zurücklegen	ohne	mit	n/a
Erfolgs-Wahrscheinlichkeit	verändert sich mit jeder Stichprobe	konstant	konstant
Zeitabhängig	NEIN	NEIN	JA
Anzahl Erfolge begrenzt durch die Anzahl der Versuche	JA	JA	NEIN
Kennzeichen	Anzahl der Erfolge bei „n" Versuchen	Anzahl der Erfolge bei „n" Versuchen	Verteilung seltener Ereignisse innerhalb einer Zeitspanne. Beliebig viele Ereignisse möglich.

3.3.3 Stetige Ausfallverteilungen

3.3.3.1 Gleichverteilungsanalyse

Die Gleichverteilung (Ψ)[4] wird im Allgemeinen verwendet, wenn keine genaue Kenntnis über einen Sachverhalt besteht beziehungsweise das Eintreten einer Wahrscheinlichkeit nicht genau vorhersehbar ist und entsprechend zu jedem Ereignis eintreten kann. Die stetige Gleichverteilung ist mit $a,b \in \mathbb{R}$ definiert zu:

---

[4] auch Rechteckverteilung oder Uniformverteilung genannt

Dichtefunktion
$$f(t) = \begin{cases} \frac{1}{b-a} & a \le t \le b \\ 0 & \text{sonst.} \end{cases} \qquad (3.61)$$

Ausfallwahrscheinlichkeit
$$F(t) = \begin{cases} 0 & x > a \\ \frac{t-a}{b-a} & a \le t \le b \\ 1 & t > b \end{cases} \qquad (3.62)$$

3.3.3.2 Normalverteilungsanalyse

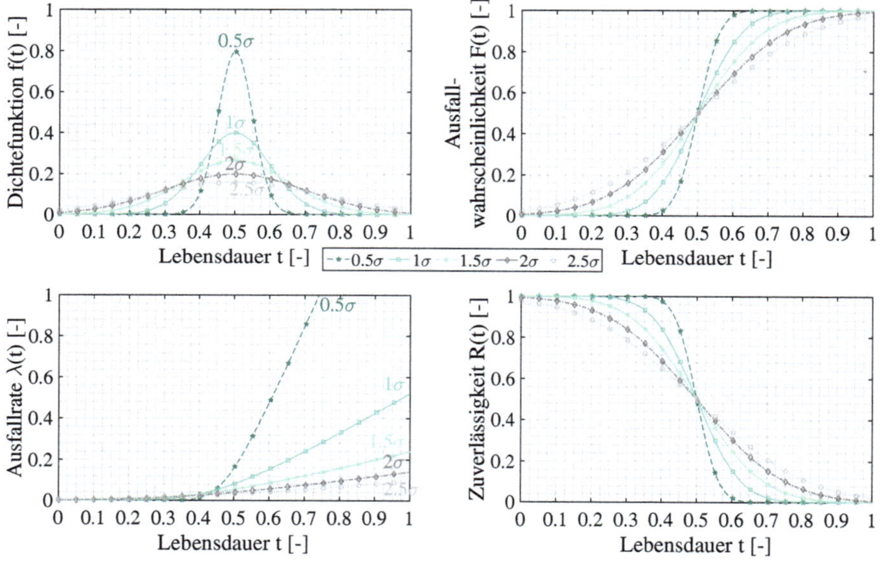

Abb. 3.20 Normierte Darstellungen der Normalverteilung

Die Normalverteilung[5] benannt, hat eine der größten Bedeutung in der Naturwissenschaft und Technik. Sie nimmt eine zentrale Rolle in beispielsweise den Anwendungsgebieten der Messtechnik, der Produktion, der Qualitäts- und Fertigungskontrolle und dient als einfache Approximationsverteilung für die Binomial-, hypergeometrische und Poisson-Verteilung. Ihre Dichtefunktion, Ausfallwahrscheinlichkeit, Zuverlässigkeit und Ausfallrate kann wie folgt beschrieben werden:

---

[5] Auch *Gaußsche Normalverteilung* oder *Gauß-Verteilung* genannt, benannt nach Carl Friedrich Gauß:(∗30. April 1777 - †23. Februar 1855): Deutscher Mathematiker, Astronom, Geodät und Physiker. Bekannteste Beiträge, wie die Methode der Feinsten Fehlerquadrate, die nichteuklidische Geometrie, die Integralsätze oder zum Erdmagnetfeld.

$$\text{Dichtefunktion} \qquad f(t) = \frac{1}{\sigma \cdot \sqrt{2 \cdot \pi}} \cdot e^{-\frac{(t-\mu)^2}{2 \cdot \sigma^2}} \quad , \tag{3.63}$$

$$\text{Ausfallwahrscheinlichkeit} \quad F(t) = \frac{1}{\sigma \cdot \sqrt{2 \cdot \pi}} \cdot \int_0^t e^{-\frac{(\tau-\mu)^2}{2 \cdot \sigma^2}} \, \delta\tau \quad , \tag{3.64}$$

$$\text{Zuverlässigkeit} \qquad R(t) = \frac{1}{\sigma \cdot \sqrt{2 \cdot \pi}} \cdot \int_t^\infty e^{-\frac{(\tau-\mu)^2}{2 \cdot \sigma^2}} \, \delta\tau = 1 - F(t) \quad , \tag{3.65}$$

$$\text{Ausfallrate} \qquad \lambda(t) = \frac{f(t)}{R(t)} \quad . \tag{3.66}$$

Die Kennwerte der deskriptiven Statistik der Normalverteilung sind der Mittel- oder Erwartungswert μ, die Standardabweichung σ und die Varianz σ^2. Eine normierte Übersicht der Normalverteilung mit ihren Derivaten für unterschiedliche Standardabweichungen ist in Abb. 3.20 gegeben.

3.3.3.3 Log-Normalverteilungsanalyse

Die einseitig schiefe Log-Normalverteilung beschreibt anschaulich wie ein Merkmal nicht symmetrisch verteilt ist. Diese meist positiv schiefe, linkssteile Eigenschaft weisen einige Verteilungen in der Natur auf. Dies ist bedingt durch die nicht symmetrische Verteilung eines Merkmals, indem dieses einen bestimmten Schrankenwert nicht unter- beziehungsweise überschreiten kann. Entsprechend ist dieses Merkmal zur dieser steilen Seite hin in seiner Variationsmöglichkeit gehemmt. Ist die Log-Normalverteilung zur unteren Grenze hin durch den Wert Null begrenzt, führt das *Logarithmieren* zur vorgestellten Normalverteilung. Die Lognormalverteilung entsteht durch das multiplikative Zusammenwirken vieler Zufallsgrößen (im Gegensatz zur Normalverteilung durch additives Zusammenwirken von Zufallsgrößen). Die Log-Normalverteilung wird häufig zur Beschreibung von Aufgabenstellungen aus der klassischen Betriebsfestigkeit zur Beschreibung von Materialeigenschaften, wie Biegewechselbeanspruchung angewandt. Zusätzlich wird sie für das Ausfallverhalten, wie Rissfortschritt, oder für Laufstreckenverteilungen von Fahrzeugen in Betracht gezogen. Ihre Dichtefunktion sowie deren Derivate sind in Gleichung 3.67 bis 3.70 gegeben.

$$\text{Dichtefunktion} \qquad f(t) = \frac{1}{t \cdot \sigma \cdot \sqrt{2 \cdot \pi}} \cdot e^{-\frac{(\log t - \mu)^2}{2 \cdot \sigma^2}} \quad , \tag{3.67}$$

$$\text{Ausfallwahrscheinlichkeit} \quad F(t) = \frac{1}{\sigma \cdot \sqrt{2 \cdot \pi}} \cdot \int_0^t \frac{1}{\tau} e^{-\frac{(\tau-\mu)^2}{2 \cdot \sigma^2}} \, \delta\tau \quad , \tag{3.68}$$

$$\text{Zuverlässigkeit} \qquad R(t) = \frac{1}{\sigma \cdot \sqrt{2 \cdot \pi}} \cdot \int_t^\infty \frac{1}{\tau} e^{-\frac{(\tau-\mu)^2}{2 \cdot \sigma^2}} \, \delta\tau = 1 - F(t) \quad , \tag{3.69}$$

$$\text{Ausfallrate} \qquad \lambda(t) = \frac{f(t)}{R(t)} \quad . \tag{3.70}$$

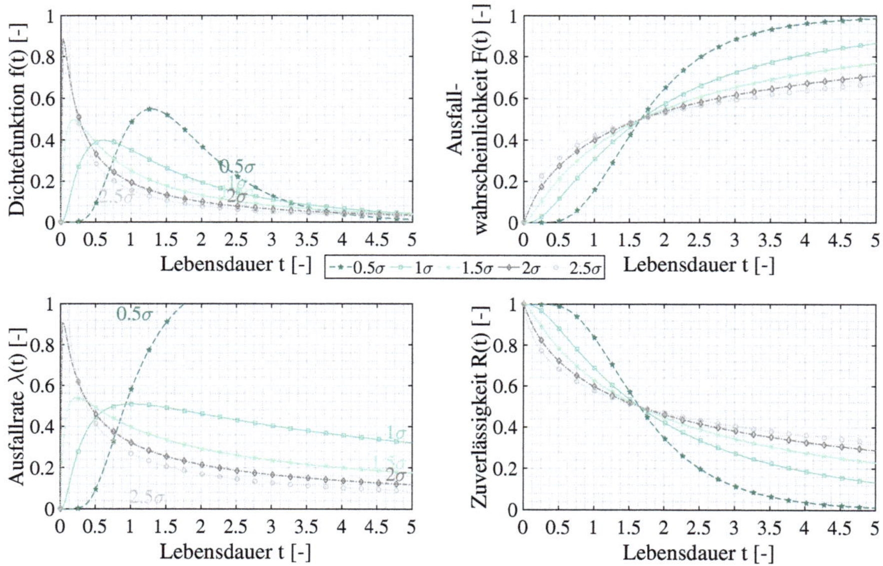

Abb. 3.21 Normierte Darstellungen der Log-Normalverteilung

3.3.3.4 Exponentialverteilungsanalyse

Eine vor allem in der Elektronik angewandte Verteilung ist die Exponentialverteilung. Sie beschreibt die Wahrscheinlichkeit für zufällige Zeitintervalle und somit die Ausfallwahrscheinlichkeit innerhalb einer gewissen Zeitspanne. Sie kann als „Gedächtnislos" bezeichnet werden, da alles vor dem Berechnungszeitraum für die Zukunft irrelevant ist. Die Lebensdauer von elektronischen Komponenten ist häufig annähernd exponentialverteilt.

Die einparametrige Verteilung beschreibt mit λ sowohl die Lage als auch die Form. Es gilt:

$$\lambda = \frac{1}{t_m}, \tag{3.71}$$

wobei t_m die mittlere statistische Variable für beispielsweise die Beanspruchungszeit, die Lastwechsel oder die Anzahl an Betätigungen ist. Ausgedrückt wird die Exponentialverteilung in Gleichung 3.72 bis 3.75, sowie dazu dargestellt die einzelnen Funktion in Abb. 3.22.

Dichtefunktion	$f(t) = \lambda \cdot e^{-\lambda t},$	(3.72)
Ausfallwahrscheinlichkeit	$F(t) = 1 - e^{-\lambda t},$	(3.73)
Zuverlässigkeit	$R(t) = e^{-\lambda t} = 1 - F(t),$	(3.74)
Ausfallrate	$\lambda(t) = \dfrac{f(t)}{R(t)} = const..$	(3.75)

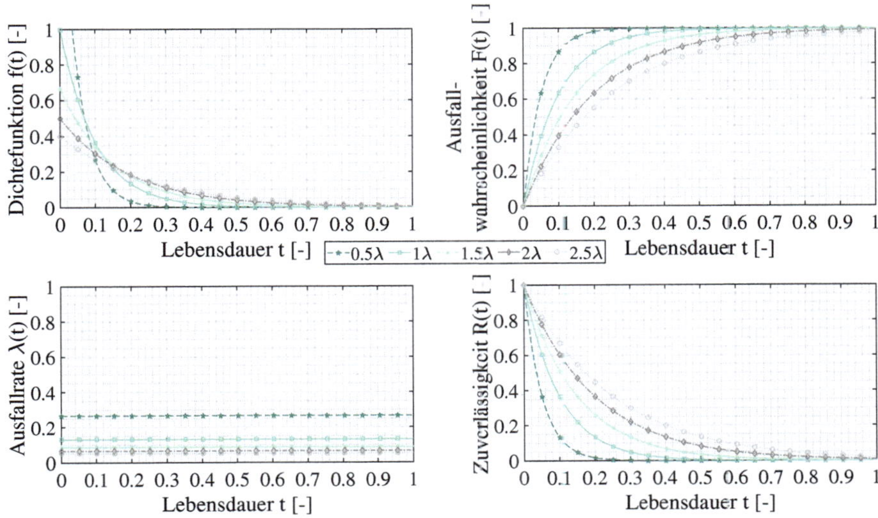

Abb. 3.22 Normierte Darstellungen der Exponentialverteilung

3.3.3.5 Weibullverteilungsanalyse

Zur Beschreibung von Ermüdungserscheinungen bei Werkstoffen oder von zeitabhängigen Ausfallwahrscheinlichkeiten von Komponenten wird häufig die Weibullverteilung[6] herangezogen, deren Maßzahlen für die Streuung der Formparameter b, für die Lage der Verteilung die charakteristische Lebensdauer T und für die ausfallfreie Zeit t_0 sind. Es wird zwischen der zweiparametrischen und der dreiparametrischen Weibullverteilung differenziert. Der Unterschied besteht in der Beschreibung des Ausfallverhaltens mit einer vorhandenen ausfallfreien Zeit t_0. Die Ausfallwahrscheinlichkeiten können durch den Formparameter b in drei charakteristische Bereiche, sogenannte *Badewannenkurve* eingeteilt werden:

- $b < 1$: Frühausfälle, wie Konstruktions- oder Montagefehler,
- $b \approx 1$: Zufallsausfälle, wie Bedienungs- oder Wartungsfehler,
- $b > 1$: Ermüdungsausfälle, wie Dauerbruch oder Alterung.

Diese Ausfallarten können sehr gut in der „Badewannenkurve" veranschaulicht werden, vergleiche Abb. 3.23. Hierbei ist die Ausfallrate über der Zeit aufgetragen und es gilt für den Formparameter $b < 1$. Frühausfälle treten gleich zu Beginn der Einsatzzeit des Produktes auf. Dabei ist die Ausfallrate sehr hoch, nimmt dennoch mit zunehmender Zeit rasch ab. Im mittleren Bereich ist die Ausfallrate $\lambda \approx 1$ sowie der Formparameter $b \approx 1$. Im diesen Zeitbereich treten überwiegend zufällige Fehler auf und somit gilt hier die Auftretenswahrscheinlichkeit als exponentialverteilt. Im letzten Bereich steigt die Ausfallrate

---

6 nach Ernst Hjalmar Waloddi Weibull (*18. Juni 1887 - †12. Oktober 1979): Schwedischer Ingenieur und Mathematiker. Bekannteste Beiträge auf den Gebieten Materialfestigkeit, Materialermüdung oder Bruchverhalten von Festkörpern.

und der Formparameter wieder an. Grund dafür sind Ermüdungsausfälle aufgrund von beispielsweise thermischer, dynamischer Beanspruchung oder auch Korrosion. Bevor auf

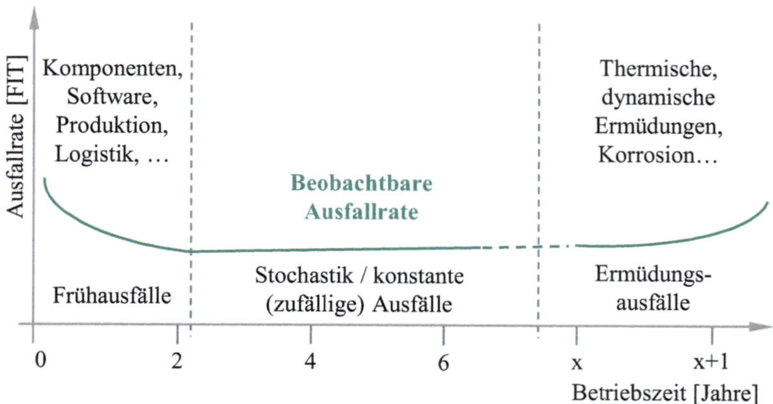

Abb. 3.23 Badenwannenkurve

die Weibullanalyse in Kapitel 3.5 im Detail näher eingegangen wird, werden zuerst die zwei Arten der Weibullverteilung im Einzelnen vorgestellt.

Zweiparametrige Weibullverteilung

Besonderheit der Weibullverteilung ist für den Formparameter b gegeben, indem sie in andere Verteilungen, wie die Exponentialverteilung für $b = 1$ oder die Normalverteilung für $b = 3{,}5$, überführt werden kann. In Abb. 3.24 ist die Weibullverteilung für unterschiedliche Formparameter b dargestellt.

Die Gleichungen für die zweiparametrige Weibullverteilung sind wie folgt in Gleichung 3.76 bis 3.79 gegeben:

$$\text{Dichtefunktion} \qquad f(t) = \frac{b}{T} \cdot \left(\frac{t}{T}\right)^{(b-1)} \cdot e^{-\left(\frac{t}{T}\right)}, \qquad (3.76)$$

$$\text{Ausfallwahrscheinlichkeit} \qquad F(t) = 1 - e^{-\left(\frac{t}{T}\right)^{b}}, \qquad (3.77)$$

$$\text{Zuverlässigkeit} \qquad R(t) = e^{-\left(\frac{t}{T}\right)^{b}} = 1 - F(t), \qquad (3.78)$$

$$\text{Ausfallrate} \qquad \lambda(t) = \frac{b}{T} \cdot \left(\frac{t}{T}\right)^{b-1}. \qquad (3.79)$$

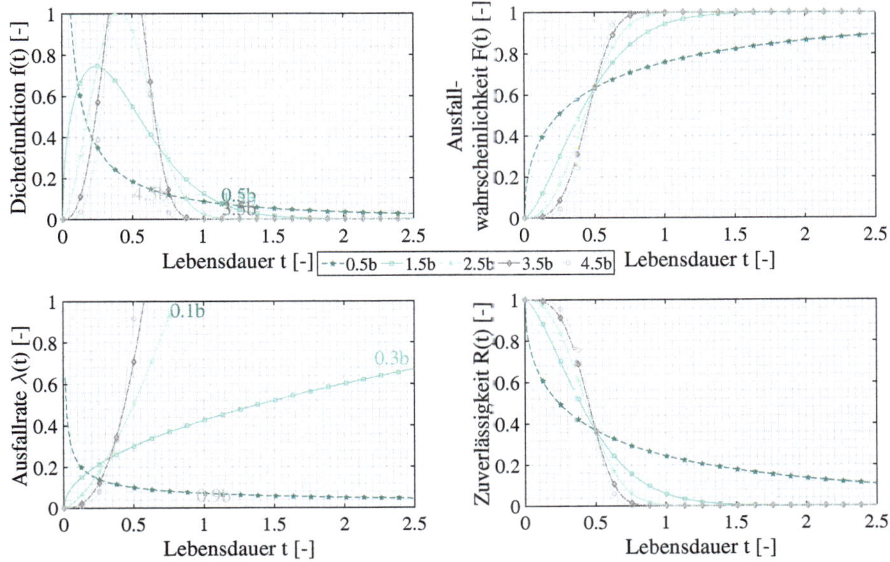

Abb. 3.24 Normierte Darstellungen der Weibullverteilung

Dreiparametrige Weibullverteilung

Die Gleichungen 3.80 bis 3.83 beschreiben das Wahrscheinlichkeitsmodell der Weibull-verteilung mittels Dichtefunktion, Ausfallwahrscheinlichkeit, Zuverlässigkeit und Ausfall-rate.

$$\text{Dichtefunktion} \qquad f(t) = \frac{b}{T - t_0} \cdot \left(\frac{t - t_0}{T - t_0} \right)^{(b-1)} \cdot e^{-\left(\frac{t - t_0}{T - t_0} \right)}, \qquad (3.80)$$

$$\text{Ausfallwahrscheinlichkeit} \qquad F(t) = 1 - e^{-\left(\frac{t - t_0}{T - t_0} \right)^{b}}, \qquad (3.81)$$

$$\text{Zuverlässigkeit} \qquad R(t) = e^{-\left(\frac{t - t_0}{T - t_0} \right)^{b}} = 1 - F(t), \qquad (3.82)$$

$$\text{Ausfallrate} \qquad \lambda(t) = \frac{b}{T - t_0} \cdot \left(\frac{t - t_0}{T - t_0} \right)^{b-1}. \qquad (3.83)$$

Die dreiparameterige Weibullverteilung kann heran genommen werden, wenn sich eine Ausfallart erst nach einer gewissen Benutzungszeit beziehungsweise Beanspruchungsdauer im Betrieb einsetzt. Solche Ereignisse können beispielsweise Verschleißvorgänge, Korro-sion aufgrund elektrochemischer Vorgänge, Risswachstum und Ermüdungsbrüche oder Lötstellenzerrüttung sein. Den Unterschied zwischen zwei- oder dreiparametriger Vertei-lung wird in Abb. 3.25 dargestellt:

Dabei wird deutlich ersichtlich, dass sich die Form der Verteilung signifikant ändert. Die wird auch im Wahrscheinlichkeitsnetz deutlich. Ein Hinweis kann sein, dass sich die

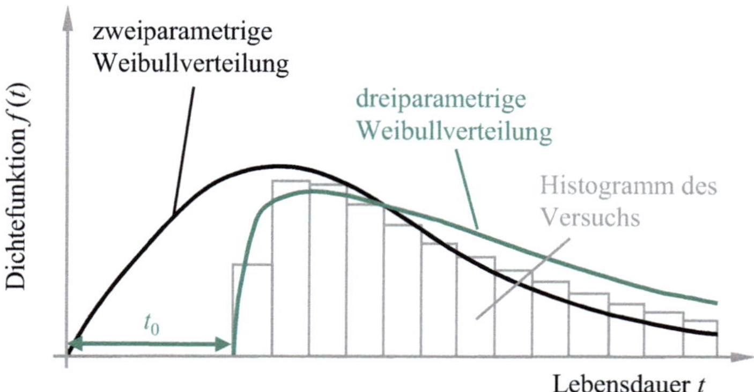

Abb. 3.25 Ausfallfreie Zeit der Weibullverteilung

Ausfallwahrscheinlichkeit im Weibullnetz entlang einer Geraden verlaufen sollte. Ist dies nicht der Fall, liegt höchstwahrscheinlich eine dreiparametrige Verteilung vor. Mehr dazu im Kapitel 3.5 der Weibullanalyse.

3.3.4 Übungen

Übung 3.8 Hypergeometrische Verteilung
Die betrachtete Zufallsvariable ist die Anzahl der defekten Motoren in der Stichprobe von 10 Motoren. Die Verteilung von X ist eine hypergeometrische Verteilung, da die Anzahl der defekten Motoren in der Stichprobe von der Anzahl der defekten Motoren in der Gesamtlieferung abhängt.

Die gesuchte Annahmewahrscheinlichkeit ist die Wahrscheinlichkeit, dass in der Stichprobe von 10 Motoren kein defekter Motor gefunden wird.

Übung 3.9 Binomial Verteilung
Ein Student nimmt an einem Multiple-Choice-Test mit 10 Fragen teil. Jede Frage hat 4 Antwortmöglichkeiten, von denen nur eine richtig ist. Der Student kreuzt die Antworten zufällig an.

(a) Was ist die Wahrscheinlichkeit (p) für einen richtigen Zufallstreffer?
(b) Definieren Sie die Zufallsvariable X.
(c) Welche Verteilung hat die Zufallsvariable X?
(d) Wie viele richtige Antworten kann der Student erwarten?
(e) Wie hoch ist die Wahrscheinlichkeit, dass der Student genau 6 richtige Antworten durch Zufall errät?

Übung 3.10 Poisson Verteilung
In einer Postfiliale kommen durchschnittlich 30 Kunden pro Stunde.

(a) Was ist das Betrachtungsintervall?
(b) Wie lautet die Zufallsvariable X?
(c) Was ist der Parameter λ_X?
(d) Welche Verteilung hat die Zufallsvariable X?
(e) Wie groß ist die Wahrscheinlichkeit, dass in einer Stunde zwischen 29 und 31 Kunden in die Filiale kommen?

Übung 3.11 Ausfallrate mit Exponentialverteilung
Für ein Gerät ist eine Ausfallrate von 35 % je 1.000 Stunden angegeben. Wie groß ist die Zuverlässigkeit nach einem Monat (etwa 720 h)?
Hinweis: Nehmen Sie eine Exponentialverteilung an.

Übung 3.12 Exponentialverteilung
Die Lebensdauer (in h) elektrischer Bauteile lasse sich mit der Exponentialverteilung beschreiben:

$$f(t) = \lambda \cdot \exp\{-\lambda \cdot t\} t \geq 0; \lambda = 1/(500\ h)$$

(a) Wie groß ist die Wahrscheinlichkeit dafür, dass ein Bauteil vor dem Zeitpunkt $t_1 = 200\ h$ nicht ausfällt?
(b) Wie groß ist die Wahrscheinlichkeit dafür, dass ein Bauteil vor dem Zeitpunkt $t_2 = 100\ h$ ausfällt?
(c) Wie groß ist die Wahrscheinlichkeit dafür, dass ein Bauteil zwischen den Zeitpunkten $t_3 = 200\ h$ und $t_4 = 300\ h$ ausfällt?
(d) Welchen Zeitpunkt t_5 überlebt ein Bauteil mit genau 90 % Aussagesicherheit, welche Zeitpunkte überlebt ein Bauteil mit mindestens 90 % Aussagesicherheit?
(e) Für welchen Wert des Parameters λ ergibt sich eine Lebensdauerverteilung, bei der mit einer Wahrscheinlichkeit von 90 % die Lebensdauer eines Bauteiles mindestens 50 h beträgt?

3.4 Vertrauensbereiche

3.4.1 Einführung

> Vertrauen ist gut, Kontrolle ist besser.

Wer kennt ihn nicht diesen „Alltagsspruch"? Was ist aber mit dem Begriff Vertrauensbereich wirklich gemeint?

Man stelle sich vor, es ist über die Qualität einer größeren Menge von Einheiten zu entscheiden. Im Allgemeinen ist Prüfen, Testen, Erproben etc. meistens möglich. Jedoch aufgrund bestimmter Limitierungen wie z.B.

- Die Prüflinge sind sehr teuer
- Prüfplätze für alle aufzubauen sprengt das verfügbare Budget

- Aufbau der Prüfplätze dauert zu lange
- Es stehen nicht genügend Prüfkammern zur Verfügung
- Die Tests für alle Prüflinge dauern sehr lange
- etc.

So muss man sich darauf verständigen, dass nur eine kleine aber bestimmte Anzahl von Prüflingen den Tests zu unterziehen sind.

In einzelnen Fällen kann anstelle der limitierten Anzahl der verfügbaren Prüflinge auch eine längere Testzeit als Kriterium betrachtet werden, welche dann entsprechend definiert wird.

Es ist demzufolge aus der Grundgesamtheit, also der vorliegenden gesamten Menge ein Teil der Einheiten zu entnehmen, die sogenannte Stichprobe. Diese Stichprobe ist nun typischerweise in der Anzahl klein genug, um die vorgesehenen Tests durchzuführen. Siehe auch Kapitel 3.1.3 (Populationsverhalten und Verteilungen).

Nach Abschluss der Tests liegen präzise Ergebnisse über das Verhalten Stichprobe und deren Kennwerte der Prüflinge vor. Damit ist allerdings noch nicht wirklich bekannt, wie sich die gesamte Menge der Einheiten, die Grundgesamteinheit verhält. Die Grundgesamtheit könnte, wenn man alle Teile Testen würden zu einem anderen Ergebnis führen. Es ist jedoch bei einem einigermaßen homogenen und kontrollierten Herstellungsprozess davon auszugehen, dass die gesamte Menge sich sehr ähnlich verhalten wird.

Zusammengefasst: Das Ergebnis der Stichprobenprüfung ist genau bekannt und es wird darauf vertraut, dass sich die Grundgesamtheit ebenso verhält. Dies ist jedoch nicht ganz sicher. Dieses Vertrauen wird mit dem Begriff Vertrauensbereich, der als Prozentsatz angegeben wird, beschrieben.

Es wird somit ein Bereich angegeben indem der betrachtete Parameter mit einer bestimmten Wahrscheinlichkeit zu erwarten ist. Andere Begriffe sind Konfidenzintervall, Aussagesicherheit, Vertrauensintervall.

3.4.2 Ein- und zweiseitige Vertrauensbereiche

Unterschieden werden Einseitige und Beidseitige- beziehungsweise Zweiseitige Vertrauensbereiche:

- Einseitige Vertrauensbereiche haben entweder eine untere Vertrauensgrenze mit dem darüberlegenden Vertrauensbereich oder eine obere Vertrauensgrenze mit dem darunter liegenden Vertrauensbereich.
- Beidseitige- beziehungsweise Zweiseitige Vertrauensbereiche haben eine untere Vertrauensgrenze und eine obere Vertrauensgrenze. Zwischen diesen beiden Grenzen liegt der Vertrauensbereich.

Einseitiger oberer 95 %-Vertrauensbereich:

Anwendung: immer dann, wenn nach dem schlechtesten Fall gefragt wird z.B. wie drama-tisch könnte die Ausfallrate werden (Worst Case Betrachtung). Im vorliegenden Beispiel bedeutet dies, dass 95% der Fälle größer als der vorliegende Wert der Betrachtung ist.

Beispiel 3.12 Die untere Grenze X_u wird mit 10 angegeben. Dies bedeutet, dass 95% der Werte im Bereich 10 und darüber zu erwarten sind.

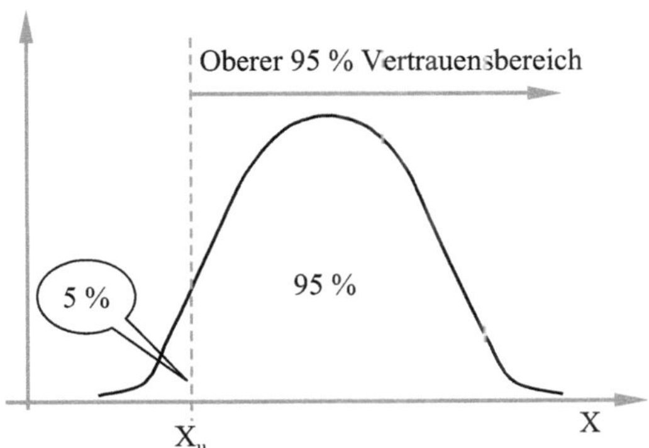

Abb. 3.26 Einseitiger oberer 95%-Vertrauensbereich

Einseitiger unterer 95 %-Vertrauensbereich:

Anwendung: immer dann, wenn nach dem besten Fall gefragt wird z.B. wie gering könnte die Ausfallrate werden (Best Case Betrachtung).

Im vorliegenden Beispiel bedeutet dies, dass 95 % der Fälle kleiner als der vorliegende Wert der Betrachtung ist.

Beispiel 3.13 Die obere Grenze X_o wird mit 20 angegeben. Dies bedeutet, dass 95 % der Werte im Bereich 20 und darunter zu erwarten sind.

Zweiseitiger 90 %-Vertrauensbereich:

Anwendung: immer dann, wenn beide Grenzen von Interesse sind z.B., wenn ein Parameter sich in beide Richtungen verändern könnte oder die Betrachtung aus zwei unterschiedlichen

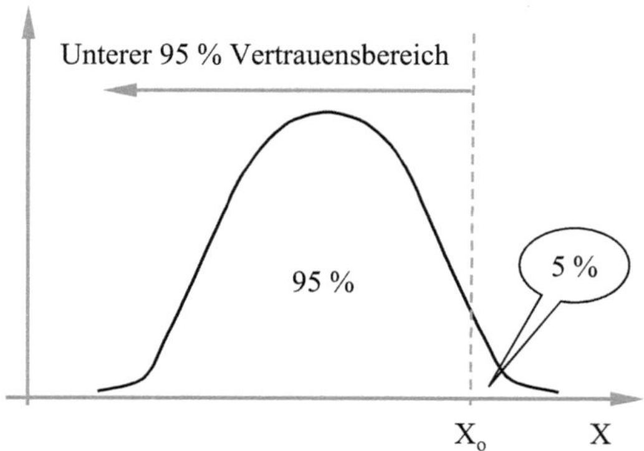

Abb. 3.27 Einseitiger unterer 95 %-Vertrauensbereich

Aspekten heraus zu beurteilen ist.

Fall 1: mit welcher Ausfallwahrscheinlichkeit ist mindestens zur rechnen z.B. zur Mindestbevorratung von Ersatzteilen

Fall 2: mit welcher Ausfallwahrscheinlichkeit ist maximal zu rechnen z.B. zur Abschätzung von Garantie- und Kulanzkosten.

In nachfolgender Grafik ist ein zweiseitiger 90 % Vertrauensbereich mit seinen Grenzen, d.h. 5 % für den unteren Grenzwert und 95 % für den oberen Grenzwert dargestellt.

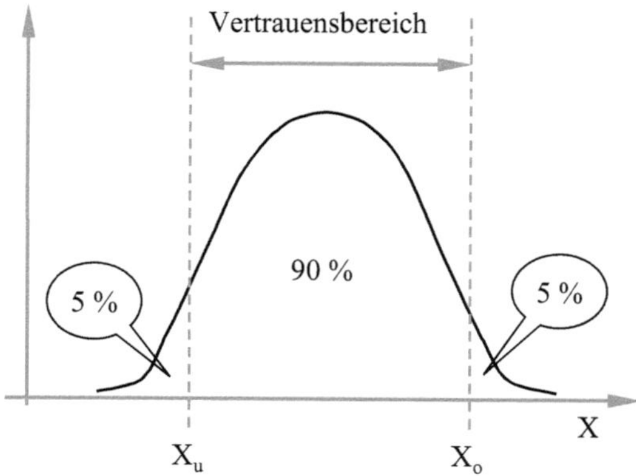

Abb. 3.28 Zweiseitiger 90 %-Vertrauensbereich

Im vorliegenden Beispiel bedeutet dies, dass in 90 % der Fälle der vorliegende Wert der Betrachtung größer als 5 % ist, jedoch kleiner als 95 %. Daraus folgt, dass 10 % der Fälle entweder kleiner als 5 % oder größer als 95 % sind. Inwieweit sich diese 10 % Fälle auf den unteren 5 %-Anteil oder auf den oberen 5 %-Anteil verteilen bleibt stets ungewiss.

Beispiel 3.14 Die untere Grenze X_u, 5 % wird mit 18 angegeben. Die obere Grenze X_o, 95 % wird mit 47 angegeben. Dies bedeutet, dass 90 % der Werte im Bereich 18 und 47 zu erwarten sind.

3.4.3 Vertrauensbereiche für den Erwartungswert via Punktschätzer

Wiederholung: In der schließenden oder beurteilenden Statistik wird aus einer endlichen oder unendlichen Grundgesamtheit eine Stichprobe vom Umfang n entnommen. An dieser Stichprobe werden bestimmte Merkmale beobachtet. Die Informationen, die man über die Merkmale in der Grundgesamtheit haben möchte, werden über die Ausprägungen in der Stichprobe geschätzt.

Die Aufgabenstellung solcher statistischen Schätzverfahren ist die Schätzung unbekannter Parameter oder der unbekannten Verteilung einer Grundgesamtheit aus den Werten einer Stichprobe. Betrachtet werden hier Parameterschätzungen. Dabei unterscheidet man zwischen:

- **Punktschätzungen:** Hierbei wird für den zu schätzenden Parameter ein einzelner Wert bestimmt
- **Intervallschätzungen:** Dabei wird ein Intervall bestimmt, das den wahren, unbekannten Wert des Parameters mit einer vorgegebenen Wahrscheinlichkeit überdeckt (Konfidenzintervall/Vertrauensbereich) (siehe Teilkapitel 3.4.4 und 3.4.5)

Beim Hypothesentest wird eine Vermutung (Hypothese) über gewisse Größen der Grundgesamtheit aufgestellt. Diese Hypothese wird anhand der Ergebnisse aus einer Stichprobe überprüft. Dabei wird die Hypothese verworfen oder abgelehnt, wenn das Stichprobenergebnis in signifikantem Gegensatz zu ihr steht (sich nicht mit der Hypothese verträgt).

Berechnung eines Zahlenwertes aus der Stichprobe zur Schätzung des Erwartungswertes μ, der Standardabweichung s oder einer Wahrscheinlichkeit P.

Tab. 3.15 Praxisübliche Vertrauensbereiche

Unbekannter Parameter	**Benutzter Punktschätzer bei einer Stichprobe vom Umfang n**
Wahrscheinlichkeit P	$\hat{P} = \frac{k}{n}$ (relative Häufigkeit, d.h. bei einer Stichprobe vom Umfang n trat das gesuchte Ereignis k-mal auf)
Erwartungswert μ	$\hat{\mu} = \bar{x}$ (arithmetische Mittel der Stichprobe)
Standardabweichung σ	$\hat{\sigma} = s$ (empirische Standardabweichung der Stichprobe)
Varianz σ^2	$\hat{\sigma}^2 = s^2$ (empirische Varianz der Stichprobe)

Nach dem Gesetz der großen Zahlen liegt bei einem großen Stichprobenumfang der aus der Stichprobe geschätzte Wert in der Nähe des echten (unbekannten) Parameters der Grundgesamtheit.

Für die Überprüfung der Abweichung zwischen geschätztem Wert und tatsächlichem Wert der Grundgesamtheit gibt es zwei Möglichkeiten. Typische Fragen sind:

1. Kann man bestimmte Werte von μ, σ oder P ausschließen? Z.B. kann man ausschließen, dass $P \leq 0{,}5$ gilt?
2. Kann man einen Bereich angeben, in dem μ, σ oder P liegen können, etwa in der Form „P liegt im Intervall [0,63 ; 0,67]"?

Es gibt keine Antworten, die mit 100 %-iger Sicherheit richtig sind. Aber die Statistik gibt uns Verfahren, die mit großer Wahrscheinlichkeit richtige Antworten liefern:

1. Die Durchführung eines Hypothesentests, um bestimmte Werte für μ, σ oder P mit einer bestimmten Wahrscheinlichkeit (z.B. 95 %) auszuschließen.
2. Die Bildung von Vertrauensbereichen/Konfidenzintervallen d. h. ein Intervall, in dem μ, σ oder P mit einer bestimmten Wahrscheinlichkeit z.B. 95 % liegt.

3.4.4 Konfidenz für Erwartungswert bei bekannter Varianz

Punktschätzer wie z.B. $\hat{\mu}$ haben nur begrenzten Aussagewert. Sie sagen nichts darüber aus, wie groß die Wahrscheinlichkeit ist, dass der zu schätzende wahre Grundgesamtheitsparameter in der Nähe der Punktschätzung liegt. Um eine Vorstellung über die Genauigkeit einer Schätzung zu bekommen, kann man zu Intervallschätzungen übergehen.

Vertrauensbereich oder Konfidenzintervall für den Erwartungswert μ einer Zufallsvariablen X: ein Intervall um das arithmetische Mittel $\hat{\mu}$, das mit einer vorgegebenen Wahrscheinlichkeit $P = 1 - \alpha$ (z.B. $P = 90$ %, 95 %, 99 %) den wahren Wert für μ überdeckt.

Die Wahrscheinlichkeit P heißt Vertrauenswahrscheinlichkeit oder Grad des Vertrauens.

Definition 3.6 *Bekannte Varianz:*
Gegeben sei eine Stichprobe mit $x_1, x_2, \cdots, x_n$. Die Messwerte sind Realisierungen von n unabhängigen $N(\mu, \sigma^2)$-verteilten Zufallsvariablen mit unbekanntem Erwartungswert μ, aber **bekannter** Varianz σ^2.

Beispiel 3.15 Befragung:

- $n = 100$ Kinder nach Fernsehverhalten
- Durchschnittlicher Fernsehkonsum: 27,19 h pro Woche

Bekannt:

Tab. 3.16 Berechnung der Konfidenzintervalle für unbekannter Erwartungswert sowie bekannter Varianz

Art des Konfidenzintervalls	Konfidenzintervall für μ
zweiseitig	$\left[\bar{x} - z_{1-\frac{\alpha}{2}} \cdot \frac{\sigma}{\sqrt{n}}; \bar{x} + z_{1-\frac{\alpha}{2}} \cdot \frac{\sigma}{\sqrt{n}}\right]$
einseitig nach untern begrenzt	$\left[\bar{x} - t_{1-\alpha} \cdot \frac{\sigma}{\sqrt{n}}; +\infty\right)$
einseitig nach oben begrenzt	$\left(-\infty; \bar{x} + t_{1-\alpha} \cdot \frac{\sigma}{\sqrt{n}}\right]$

- $\sigma = 8\,h$
- 95 %-KI für den durchschnittlichen Fernsehkonsum von Kindern?

Lösung:
Bekannt: $\bar{x} = 27{,}19, \sigma = 8, n = 100, \alpha = 0{,}05$
95 %-KI:

$$\left[\bar{x} - z_{0,975} \cdot \frac{\sigma}{\sqrt{n}}; \bar{x} + z_{0,975} \cdot \frac{\sigma}{\sqrt{n}}\right] = \left[27{,}19 - 1{,}96 \cdot \frac{8}{\sqrt{100}}; 27{,}19 + 1{,}96 \cdot \frac{8}{\sqrt{100}}\right]$$

$$= [25{,}63; 28{,}76]$$

Anmerkung: Ein höherer Vertrauensbereich ergibt ein größeres Intervall.

3.4.5 Konfidenz für Erwartungswert bei unbekannter Varianz

Definition 3.7 *Unbekannte Varianz:*
Gegeben sei eine Stichprobe mit $x_1, x_2, \cdots, x_n$. Die Messwerte sind Realisierungen von n unabhängigen $N(\mu,\sigma^2)$-verteilten Zufallsvariablen mit unbekannten Erwartungswert μ und **unbekannter** Varianz σ^2.

Nach gegebener Definition wird die Standardabweichung σ durch s der Stichprobe geschätzt. Deshalb müssen die Quantile der t-Verteilung (mit $n - 1$ Freiheitsgraden) statt der Normalverteilung benutzt werden.

Im Gegensatz zur Bestimmung der Konfidenz für den Erwartungswert bei bekannter Varianz (im vorherigen Kapitel 3.4.4), wird hier die Student-t Verteilung[7] zur Bestimmung des Annahmebereichs herangezogen. Aufgrund der unbekannter Stichproben-Varianz ist die

---

[7] Unter dem Pseudonym „Student" veröffentlichte Wahrscheinlichkeitsverteilung, benannt nach dem englischen Mathematiker William Sealy Gosset in 1908. Sein ehemaliger Arbeitgeber (Dubliner Guinness-Brauerei) verbot eine Veröffentlichung seiner Arbeit. Entsprechend veröffentlichte Gosset seine Arbeit unter diesem Pseudonym.

Tab. 3.17 Berechnung der Konfidenzintervalle für unbekannter Erwartungswert sowie unbekannter Varianz

Art des Konfidenzintervalls	Konfidenzintervall für μ
zweiseitig	$\left[\bar{x} - t_{n-1;1-\frac{\alpha}{2}} \cdot \frac{\sigma}{\sqrt{n}}\,;\, \bar{x} + t_{1-n;1-\frac{\alpha}{2}} \cdot \frac{\sigma}{\sqrt{n}}\right]$
einseitig nach untern begrenzt	$\left[\bar{x} - t_{n-1;1-\alpha} \cdot \frac{\sigma}{\sqrt{n}}\,;\, +\infty\right)$
einseitig nach oben begrenzt	$\left(-\infty;\, \bar{x} + t_{n-1;1-\alpha} \cdot \frac{\sigma}{\sqrt{n}}\right]$

standardisierte Schätzfunktion des Stichproben-Mittelwerts normalverteilter Daten nicht mehr normalverteilt. Mit der t-Verteilung können bei kleinen Stichprobenumfängen die Verteilung der Differenz vom Mittelwert der Stichprobe zum wahren Mittelwert der Grundgesamtheit berechnet werden.

> **Excel:**

Quantile der t-Verteilung mit der Funktion T.INV oder T.VERT

Die t-Verteilung hat n-Freiheitsgrade, diese Freiheitsgrade können zur Schätzung des tatsächlichen Mittelwerts angewandt werden. Somit kann bei einer Stichprobe vom Unfang n, eine t-Verteilung mit $n - 1$ Freiheitsgraden wie folgt geschätzt werden:

$$T = \frac{\bar{X} - \mu}{s} \cdot \sqrt{n}. \tag{3.84}$$

Die Dichtefunktion der t-Verteilung ist eine symmetrische Glockenkurve zum Erwartungswert 0 (analog der Standardnormalverteilung). Allerdings ist die t-Verteilung flacher, sprich sie hat eine geringere Höhe und somit größere Streuung. Geht $n \to \infty$ konvergiert die Dichte der t-Verteilung gegen die Dichte der Standardnormalverteilung. Für große $n \geq 30$ kann die t-Verteilung in guter Näherung durch die Standardnormalverteilung approximiert werden, vergleiche Abb. 3.29.

Der t-Wert kann je nach vorgegebenen Vertrauensbereich im Tabellenwerk (siehe Anhang A.4) abgelesen werden. Das folgende Beispiel zeigt exemplarisch, wie der t-Wert abzulesen ist.

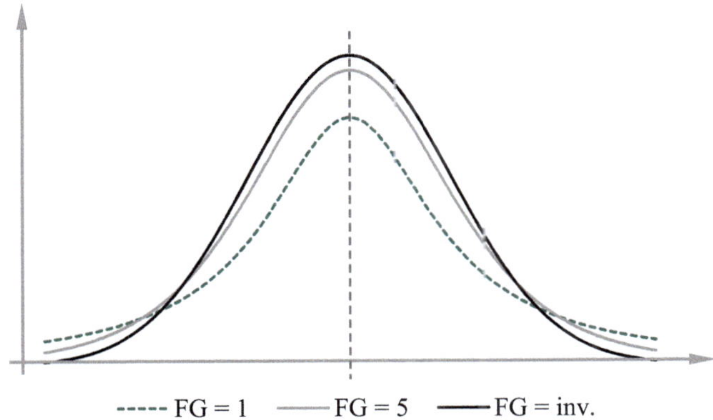

Abb. 3.29 Dichtefunktion der t-Verteilung mit unterschiedlichen Freiheitsgraden (FG)

Beispiel 3.16 Befragung:

- $n = 100$ Kinder nach Fernsehverhalten
- Durchschnittlicher Fernsehkonsum: 27,19 h pro Woche

Bekannt:

- Aus Stichprobe $s = 8\ h$ (empirische Standardabweichung)
- 95 % Konfidenzintervall (KI) für den durchschnittlichen Fernsehkonsum von Kindern?

Lösung:

Bekannt: $\bar{x} = 27{,}19$, $s = 8$, $n = 100$, $\alpha = 0{,}05$ (σ unbekannt)
95 %-KI:

$$\left[\bar{x} - t_{99;0,975} \cdot \frac{s}{\sqrt{n}}; \bar{x} + t_{99;0,975} \cdot \frac{s}{\sqrt{n}}\right] = \left[27{,}19 - 1{,}984 \cdot \frac{8}{\sqrt{100}}; 27{,}19 + 1{,}984 \cdot \frac{8}{\sqrt{100}}\right]$$

$$= [25{,}60; 28{,}78]$$

Anmerkung: Quantil der t-Verteilung mit $n - 1 = 99$ Freiheitsgraden ist in Tab. 3.18 durch 100 Freiheitsgrade zu approximieren. Intervall ist etwas größer als der Konfidenzintervall bei bekanntem σ.

Tab. 3.18 Quantile der kumulierten Wahrscheinlichkeit der t-Verteilung

df	0.005	0.010	0.025	0.050	0.100	0.900	0.950	0.975	0.990	0.995
70	-2.648	-2.381	-1.994	-1.667	-1.294	1.294	1.667	1.994	2.381	2.648
75	-2.643	-2.377	-1.992	-1.665	-1.293	1.293	1.665	1.992	2.377	2.643
80	-2.639	-2.374	-1.990	-1.664	-1.292	1.292	1.664	1.990	2.374	2.639
85	-2.635	-2.371	-1.988	-1.663	-1.292	1.292	1.663	1.988	2.371	2.635
90	-2.632	-2.368	-1.987	-1.662	-1.291	1.291	1.662	1.987	2.368	2.632
95	-2.629	-2.366	-1.985	-1.661	-1.291	1.291	1.661	1.985	2.366	2.629
100	-2.626	-2.364	-1.984	-1.660	-1.290	1.290	1.660	1.984	2.364	2.626
110	-2.621	-2.361	-1.982	-1.659	-1.289	1.289	1.659	1.982	2.361	2.621
120	-2.617	-2.358	-1.980	-1.658	-1.289	1.289	1.658	1.980	2.358	2.617
130	-2.614	-2.355	-1.978	-1.657	-1.288	1.288	1.657	1.978	2.355	2.614
140	-2.611	-2.353	-1.977	-1.656	-1.288	1.288	1.656	1.977	2.353	2.611
150	-2.609	-2.351	-1.976	-1.655	-1.287	1.287	1.655	1.976	2.351	2.609
∞	-2.576	-2.326	-1.960	-1.645	-1.282	1.282	1.645	1.960	2.326	2.576

3.4.6 Vertrauensbereich für Wahrscheinlichkeiten

Tritt bei einer Stichprobe vom Umfang n das gesuchte Ereignis k-mal auf, verwendet man als Punktschätzer für die unbekannte Wahrscheinlichkeit die relative Häufigkeit:

$$\hat{p} = \frac{k}{n} \; . \tag{3.85}$$

Der Vertrauensbereich zum Konfidenzniveau $1 - \alpha$ berechnet sich wie in Tab. 3.19 zusammengestellt.

Tab. 3.19 Berechnung der Konfidenzintervalle für unbekannter Erwartungswert sowie unbekannter Varianz

Art des Konfidenzintervalls	Konfidenzintervall für $\hat{p}$
zweiseitig	$\left[\hat{p} - z_{1-\frac{\alpha}{2}} \cdot \sqrt{\frac{\hat{p}\cdot(1-\hat{p})}{n}} ; \hat{p} + z_{1-\frac{\alpha}{2}} \cdot \sqrt{\frac{\hat{p}\cdot(1-\hat{p})}{n}} \right]$
einseitig nach untern begrenzt	$\left[\hat{p} - z_{1-\frac{\alpha}{2}} \cdot \sqrt{\frac{\hat{p}\cdot(1-\hat{p})}{n}} ; 1 \right]$
einseitig nach oben begrenzt	$\left[0 ; \hat{p} + z_{1-\frac{\alpha}{2}} \cdot \sqrt{\frac{\hat{p}\cdot(1-\hat{p})}{n}} \right]$

3.4.7 Vertrauensbereiche mittels Medianrangverfahren

Vertrauensbereiche für Verteilungsfunktionen, wie die Weibullverteilung, für Ausfallverhalten können über Ranggrößenverfahren berechnet werden. Dabei entspricht der Rang der erste Ausfallzeitpunkt eines Prüflings zum Rang i einer Stichprobe mit dem Umfang n. Die Ausfallzeiten werden hierbei aufsteigend zum jeweiligen Ausfallzeitpunkt dem entsprechenden Rang i zugeordnet:

$$t_i < t_{i+1} \ . \tag{3.86}$$

Werden nun mehrere Stichproben m mit dem Stichprobenumfang n definiert, so kann folgende Abb. 3.30 skizziert werden. Die Streuung der jeweiligen Ranggröße ist dabei die jeweilige Rangzahl i jeder einzelnen Stichprobe m (einzelne Spalte). Somit kann diese Ranggröße als Zufallsvariable mit einer entsprechenden Verteilung $\varphi(t_i)$ aufgefasst werden.

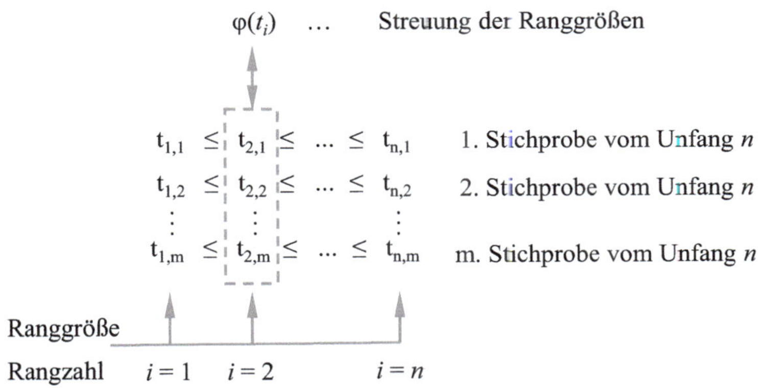

Abb. 3.30 Dichtefunktionen der Ranggrößenausfallwahrscheinlichkeiten mit den Medianwerten und der Weibullgerade nach [1]

Die Ranggrößenverteilung (sogenannte Multinomialverteilung oder Trinomialverteilung) beschreibt diesen Zusammenhang der bereits bekannten Ausfallfunktionen $f(t)$ beziehungsweise $F(t)$ einer Grundgesamtheit von Bauteilen. Die Ranggrößenverteilung kann wie die Binomialverteilung theoretisch entwickelt werden, indem eine Stichprobe mit einer Größe von n Komponenten ausgewählt wird. Bei einem Versuch mit einer Stichprobe wird der i-te Rang dieser Stichprobe (Komponente) in einen Ausfallzeitbereich X gesetzt, vergleiche Abb. 3.31. Dessen Wahrscheinlichkeit, dass dieser Ausfall in diesem Bereich X liegt, ist $f(t_i)dt$. Analog der Binomialverteilung kann der Ausfall aber auch zu einer Wahrscheinlichkeit von $F(t_i - 0{,}5dt)$ einem früheren Bereich $X - 1$ und zu einer Wahrscheinlichkeit von $F(t_i + 0{,}5dt)$ einem späteren Zeitpunkt $X + 1$ liegt. Am Ende jeder Stichproben-Versuche werden damit die i-ten Ranggrößen immer im Bereich X liegen, da sich bereits Ausfälle im Bereich $X - 1$ der vorherige Rang $i - 1$ und im Bereich $X + 1$ der nächste Rang $n - i$ befindet. Betrachtet man nur diese eine Stichprobe, so lässt sich die Ausfallwahrscheinlichkeit einer Komponente im Bereich X wie folgt definieren:

$$\varphi(t_i) = F(t_i)^{i-1} \cdot f(t_i) \cdot [1 - F(t_i)]^{n-i} \ . \tag{3.87}$$

Dabei ist der Grenzübergang von $dt \to 0$. Wird im nächsten Schritt weitere Stichprobenreihen betrachtet, so muss die Wahrscheinlichkeit, dass jede Komponente in einem dieser drei Bauteile auftreten kann, weiter berücksichtigt werden. Somit wird Gleichung 3.87 um die Berücksichtigung jeder Kombinationsmöglichkeiten dieser drei Bereiche erweitert und ergibt sich zu:

$$\varphi(t_i) = \frac{n!}{(i-1)!\,1!\,(n-i)!} F(t_i)^{i-1} \cdot f(t_i) \cdot [1 - F(t_i)]^{n-i} \ . \tag{3.88}$$

Ein Beispiel zeigt Abb. 3.31 für einen Stichprobenumfang von $n = 30$ auf Basis einer zweiparametrigen Weibullverteilung von $b = 1{,}5$ und $T = 1$. Hierbei geht deutlich hervor, dass sich die Ranggrößen in einem gewissen Zeitbereich mit unterschiedlicher Wahrscheinlichkeit streuen. Dabei gilt bei dieser Weibullverteilung, je größer die Ranggröße i, desto flacher wird die Wahrscheinlichkeit. Beispielsweise kann beim Rang $i = 10$ angenommen werden, dass die häufigste Ausfallzeit bei 0,4 (Modalwert) liegt. Wohingegen die Ausfallzeiten von 0,4 und 0,9 mit sehr geringer Wahrscheinlichkeit auftritt.

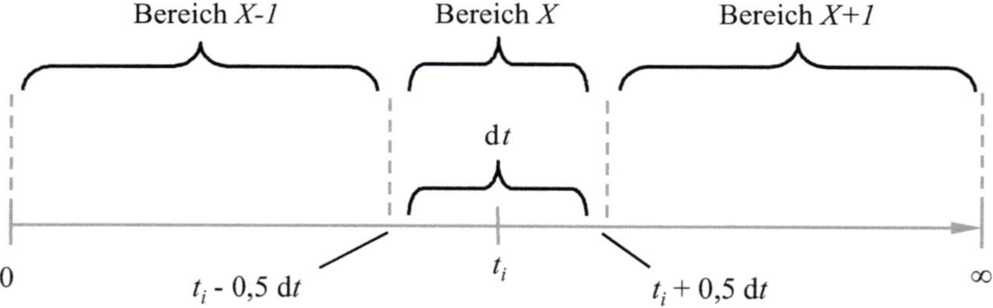

Abb. 3.31 Einteilung der Zeitachse in drei Bereiche zur Herleitung der Multinomialverteilung [1]

Die bisherige Betrachtung ging stets von einer bekannten Verteilung der Ausfallzeiten $f(t)$ beziehungsweise $F(t)$ aus. Dies ist aber in der Realität meist nicht der Fall, da die Grundgesamtheit aller Versuche der aller Stichproben meistens unbekannt ist. Nimmt man jetzt an, dass die gesuchten Ausfallwahrscheinlichkeiten jeder Ausfallzeiten gleichverteilt sind, ergibt sich folgende Rechteckverteilung:

$$F(t_i) = F(u) = u, \qquad\qquad 0 < u < 1, \tag{3.89}$$

$$f(u) = 1, \qquad\qquad 0 < u < 1 \ . \tag{3.90}$$

Wird Gleichung 3.89 und 3.90 in 3.88 eingesetzt, ergibt sich die gesuchte Dichtefunktion für die Ausfallwahrscheinlichkeiten der Ranggrößen zu:

$$\varphi(u) = \frac{n!}{(i-1)!\,1!\,(n-i)!} u^{i-1} \cdot (1 - u)^{n-i} \ . \tag{3.91}$$

Diese Gleichung 3.91 entspricht einer Betaverteilung mit der Variablen u und den gesetzten Parametern $a = i$ und $b = n - i + 1$. Als Veranschaulichung dieser Dichtefunktionen der i-ten Ranggrößen in einer Stichprobe vom Umfang $n = 30$ mit einer zweiparametrigen Weibull-Verteilung mit $b = 1{,}5$ und $T = 1$ dient Abb. 3.32. Zur Interpretation beispielswei-

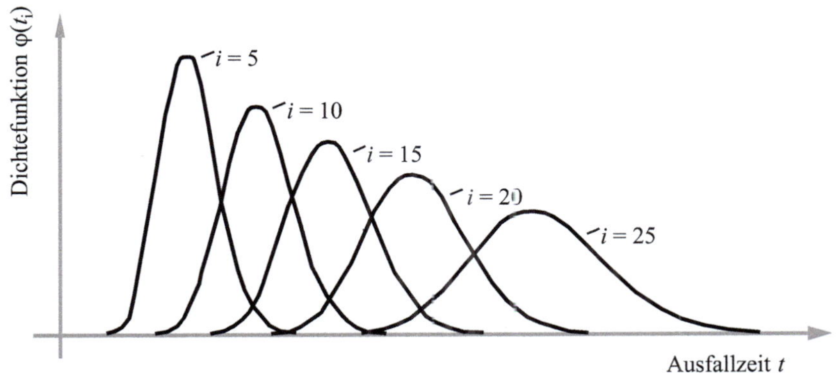

Abb. 3.32 Dichtefunktionen der i-ten Ranggröße in einer Stichprobegröße von $n = 30$

se des 25. Ranges, kann der Modalwert der ihm zugeordneten Ausfallwahrscheinlichkeit von 75 % angenommen werden. Extremwerte wie Ausfallwahrscheinlichkeiten von 60 % oder 98 % kommen eher selten in Betracht.

Zur Betrachtung der Ausfallzeiten bei Versuche wird jeder Ausfallzeit eine einzige Ausfallwahrscheinlichkeit zugeordnet. Die zu schätzenden Erwartungswerte, wie Mittelwert, Median oder Modalwert können zur Lage der Ausfallwahrscheinlichkeit für die Dichtefunktion $\varphi(u)$ beziehungsweise Betaverteilung herangezogen werden. Im Allgemeinen hat sich hierbei das Verfahren nach dem Mittelwert und vorzugsweise dem Median durchgesetzt [1]:

$$u_m = \frac{i}{n + 1}, \tag{3.92}$$

$$u_{median} \approx \frac{i - 0{,}3}{n + 0{,}4}, \tag{3.93}$$

wobei i die Rangzahl der einzelnen Stichproben in aufsteigender Form und n die Stichprobenanzahl entspricht. Die einzelnen Wahrscheinlichkeiten (unabhängig von der Laufzeit) können je Rang wie folgt berechnet werden:

$$F(t_i) = \frac{i}{n + 1}, \tag{3.94}$$

$$F(t_i) \approx \frac{i - 0{,}3}{n + 0{,}4}. \tag{3.95}$$

Beispiel 3.17 Für eine Rangzahl von $i = 25$ einer Stichprobengröße von $n = 30$ ergibt sich ein Median von $F(t_{25}) = 81,3$ %. Dies bedeutet, dass in 50 % der Fälle die tatsächlich zugeordnete Ausfallwahrscheinlichkeit aller Ränge der Grundgesamtheit größer 81,3 % ist und in 50 % der Fälle liegen die Werte unterhalb von 81,3 %.

Um eine Aussage über die Wahrscheinlichkeit einer Zufallsvariablen in diesem Bereich zu geben, werden Vertrauensbereiche festgelegt, vergleiche Abb. 3.33. Beispielsweise bedeute ein 90 %-iger Vertrauensbereich, dass in 90 von 100 Fällen, die beobachteten Werte in diesem Bereich auftreten. Die Dichtefunktionen der Ranggrößen-Ausfallwahrscheinlichkeiten und ihre 90 %-Vertrauensbereiche sind in folgender Abb. 3.33 dargestellt.

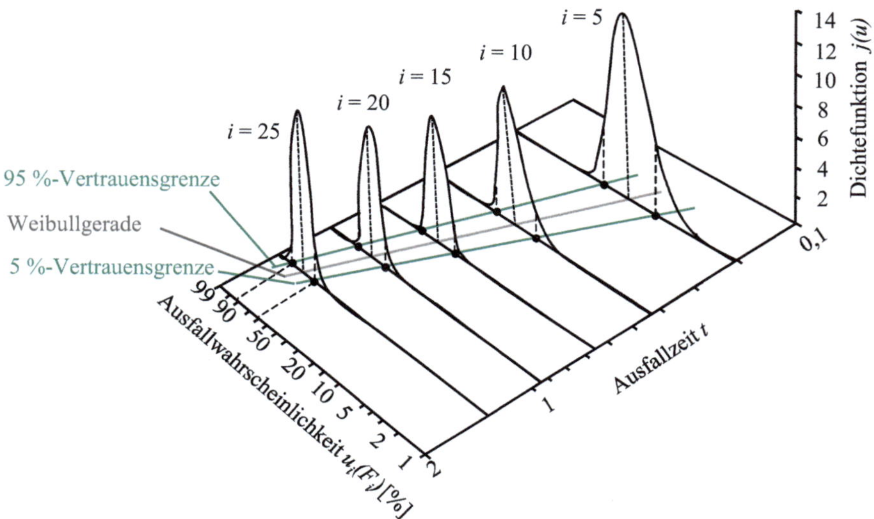

Abb. 3.33 Dichtefunktionen der Ranggrößen-Ausfallwahrscheinlichkeiten mit Medianwerten der Weibullgeraden und ihre 90 %-Vertrauensbereiche

Im Weibullwahrscheinlichkeitspapier in Abb. 3.34 werden Weibullgeraden von verschiedenen Stichproben innerhalb des 90 %-Vertrauensbereiches gezeigt. Im Bezug auf die Vertrauensbereiche bedeutet dies, dass sich innerhalb der Vertrauensgrenzen von 5 % sowie 95 % sich mit welcher Ausfallwahrscheinlichkeit jegliche Stichprobe einer Grundgesamtheit auftritt, also 90 % der wahren Ausfallwahrscheinlichkeit liegt. Eine 95 %-Vertrauensgrenze bedeutet, dass die wahre Ausfallwahrscheinlichkeit der Grundgesamtheit unter dieser Grenze 95 % beträgt. Hingegen beträgt die wahre Ausfallwahrscheinlichkeit der Grundgesamtheit unterhalb der 5 %-Vertrauensgrenze 5 % [1].

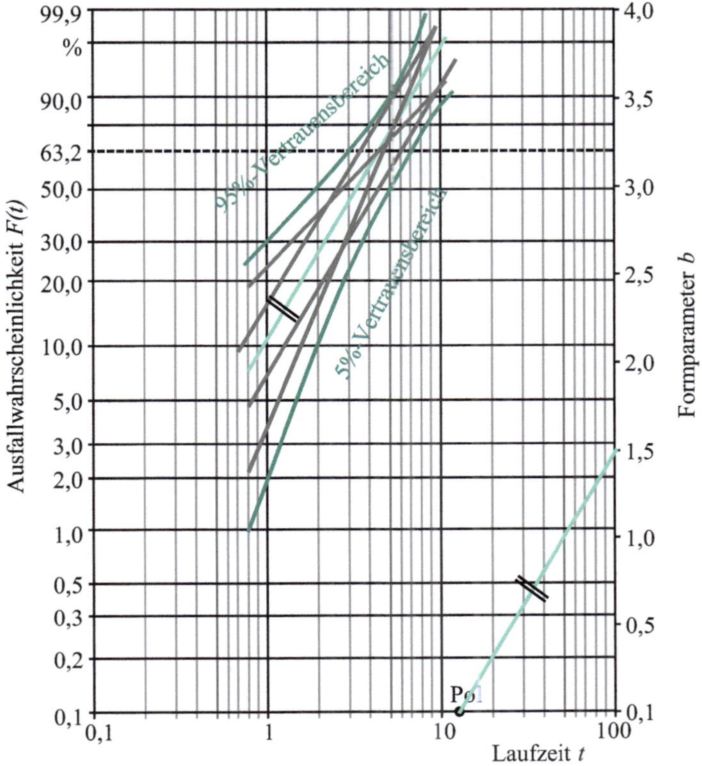

Abb. 3.34 Weibullwahrscheinlichkeitspapier mit Weibullgeraden von verschiedenen Stichproben nach [1]

> **Merke:**

- Der Vertrauensbereich wird oft als Konfidenzintervall (KI) bezeichnet.
- Die vorgegebene Wahrscheinlichkeit (z.B. 90 %) wird als Konfidenzniveau (manchmal nur Niveau) oder Vertrauensniveau bezeichnet.
- Man spricht auch vom Konfidenzintervall zum (Konfidenz-)Niveau
- Je größer der Stichprobenumfang n ist, desto enger (kleiner) wird der Vertrauensbereich.

3.4.8 Praxisübliche Vertrauensbereiche

Vertrauensbereiche kann man z.B. bei einer vorliegenden Normalverteilung, bekannter Stichprobengröße und Standardabweichung auch gut berechnen.

> **Excel: Konfidenz**

Excel bietet hierzu die Formel: „KONFIDENZ.NORM(Alpha;Standardabwn;Umfang)"

In der Zuverlässigkeitstechnik wird jedoch der Vertrauensbereich, unter dem die Angaben zur Zuverlässigkeit darzustellen sind, von vorne herein gesetzt. Diese Werte sind entweder Branchenüblich oder vom jeweiligen Unternehmen aufgrund von früheren Felderfahrungen festgelegt worden. Einige praxisübliche Vertrauensbereiche sind in Tab. 3.20 zusammengefasst.

Tab. 3.20 Praxisübliche Vertrauensbereiche

Zeile	Branche	Vertrauensbereich	Anmerkung
1	Halbleiterbauelemente	60 %	Vorwiegend für den Konsumerbereich
2	Halbleiterbauelemente	90 %	Für Automotive Anwendungen
3	Industriebereiche	70 % - 90 %	
4	Medizinbereich	80 % - 95 %	
5	Luftfahrt	90 % - 95 %	Je nach Sicherheitsanforderung
6	Marine	90 % - 99 %	
7	Raumfahrt	95 % - 99 %	

> **Beachte:**

Tab. 3.20 dient nur der Orientierung und erhebt nicht den Anspruch einer gültigen Referenz. In jedem Fall ist für das jeweilige System das Anforderungsprofil als Basis einzubeziehen.

> **Hinweis:**

Je „schärfer" die Aussage zur Zuverlässigkeit sein muss, also je größer der Vertrauensbereichswert definiert wird, desto kleiner wird der Zuverlässigkeitswert.

Sehr gut ist dies an der folgenden Beziehung zu erkennen, wobei $R(t)$ die Zuverlässigkeit ist, P_A die Aussagewahrscheinlichkeit und n die Anzahl der Prüflinge. Siehe hierzu auch Kapitel 3.2.4.

$$R(t) = (1 - P_A)^{\left(\frac{1}{n}\right)} \tag{3.96}$$

Die Formel basiert auf der Binomialverteilung (Success Run). Siehe hierzu auch Kapitel 10 Erprobung und grafische Darstellung in Abb. 3.35.

Bei Verschärfung der Aussagewahrscheinlichkeit, also Erhöhung des Vertrauensbereiches unter Beibehaltung der Stichprobengröße wird die resultierende Zuverlässigkeit immer geringer. Siehe nachfolgendes Zahlenbeispiel in Tab. 3.21 und in Abb. 3.35.

Tab. 3.21 Aussagewahrscheinlichkeit in Abhängigkeit des Stichprobenumfangs

Zeile	Parameter	Kennung	Werte							
1	Stichprobengröße	n	45							
2	Aussagewahrscheinlichkeit	P_A	0,50	0,60	0,70	0,80	0,90	0,95	0,975	0,99
3	Zuverlässigkeit	$R(t)$ in %	98,47	97,98	97,36	96,49	95,01	93,56	92,13	90,27

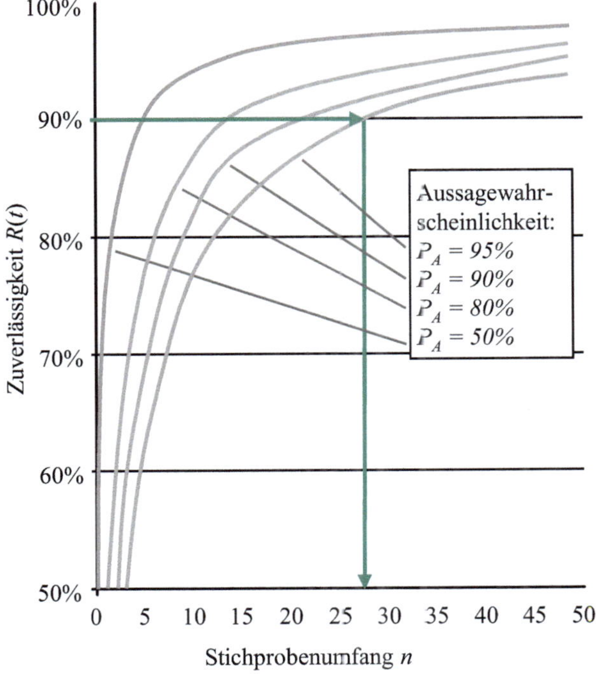

Abb. 3.35 Aussagewahrscheinlichkeit in Abhängigkeit der Zuverlässigkeit und des Stichprobenumfangs

3.4.9 Übungen

Übung 3.13 Vertrauensbereich bei bekannter Varianz

Ein Wirt auf einem Festplatz weiß aus den vergangenen Jahren, dass jeder Besucher seines Festzelts neben seinem Mindestverzehr im Durchschnitt 40 € für Speisen und Getränke im Park ausgibt. Er befürchtet, dass diese Einnahmen in Folge der Finanzkrise in diesem Jahr deutlich geringer ausfallen. Um zu prüfen, ob seine Sorge berechtigt ist, werden $n = 55$ Besucher am Ausgang zufällig ausgewählt und nach Ihren Ausgaben befragt. Es ergibt sich ein Durchschnittswert von 39,60 €. Auf der Basis früherer Untersuchungen werden die Ausgaben als normalverteilt mit einer Standardabweichung $\sigma = 4$ € angenommen. Wie berechnet sich der Mittelwert der Ausgaben eines Besuchers für Speisen und Getränke bei einem 95 %-Konfidenzintervall, sprich sind seine Sorgen berechtigt?

Übung 3.14 Vertrauensbereich bei unbekannter Varianz

Ein Unternehmen möchte Werbung für sein Fitnessprogramm machen. Es wirbt damit, dass der mittlere Gewichtsverlust mindestens sechs Kilogramm in vier Wochen beträgt. Dazu werden stichprobenartig acht zufällige Kund:innen ausgewählt, deren Gewichtsverlust nach sechs Wochen wie folgt aussieht:

$$6,2; 5,8; 5,7; 6,1; 6,4; 6,3; 6,3; 5,8$$

(a) Für einen einseitigen 95 %igen Vertrauensbereich soll der mittlere Gewichtsverlust berechnet werden.

(b) Darf das Unternehmen mit der oben genannten Angabe werben?

Übung 3.15 Vertrauensbereich für Wahrscheinlichkeiten

Im Jahr 2023 gab es in der Bundesrepublik Deutschland 692.989 Lebendgeborene, davon 355.299 Jungen (laut Statistischem Bundesamt). Interessant ist nun, wie hoch der maximal Anteil p der Jungengeburten für das einseitige 99,9 %-Konfidenzintervall ist.

3.5 Weibullanalyse

Eine Testplanung nach Weibull beziehungsweise eine allgemeine Aufgabenstellung an die Weibullanalyse ist die Beantwortung von Forderungen wie:

- Zuverlässigkeit von $R(t) = 90$ % bei einer
- Aussagesicherheit von $P_A = 95$ % .

Einen sogenannten Nachweispunkt kann grafisch sehr gut in einem Weibullwahrscheinlichkeitsnetz dargestellt werden, vergleiche Abb. 3.36. Somit kann der nachzuweisende Punkt einer Ausfallwahrscheinlichkeit von $F(t) = 90$ % bei einer Konfidenz von $P_A = 95$ % eine Ausfallzeit[8] in Lastwechsel (LW) von $t = 100 \cdot 10^3$ LW ermittelt werden.

---

[8] angegeben in Lastwechsel, Lebensdauer, Servicezeit oder Laufzeit

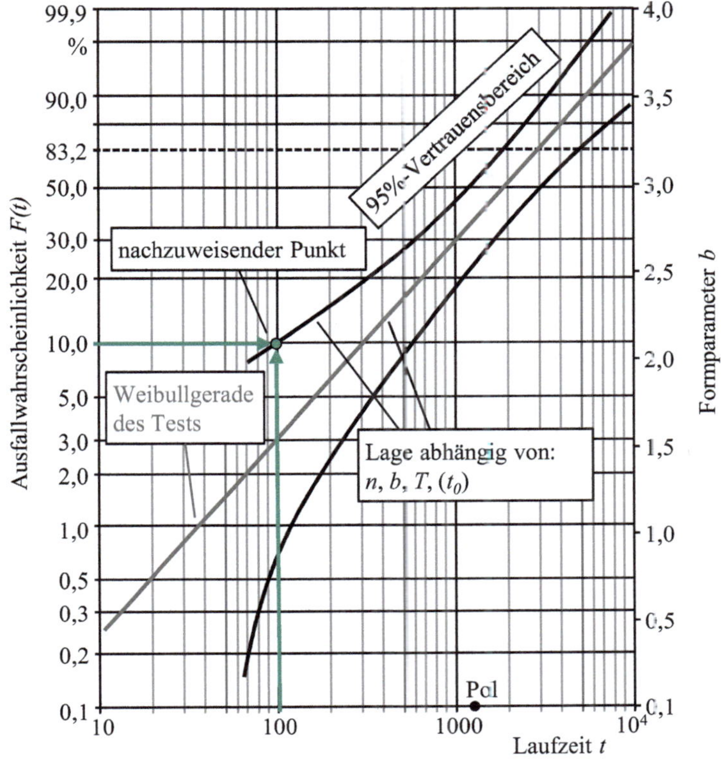

Abb. 3.36 Typische Aufgabenstellung an eine Weibullanalyse nach [24], [1]

Eine Übersicht zur schrittweisen Weibullanalyse zeigt folgende Abb. 3.37. Hierbei kann in drei Abschnitte methodisch eingeteilt werden:

1. Ermittlung der Weibullgeraden (Schritt 1-4)
2. Berücksichtigung der Vertrauensbereiche (Schritt 5)
3. Berücksichtigung der ausfallfreien Zeit t_0

Im den folgenden Teilkapitel werden nun die einzelnen Abschnitte vorgestellt.

> **Hinweis:**

Der Pol ist ein konstruktiver Punkt auf dem Weibull-Papier, der zur grafischen Bestimmung des Formparameters b dient. Die Skalierung des Weibull-Papiers ist so kalibriert, dass eine Steigung von 1 am Pol genau einen Wert von $b = 1$ entspricht.

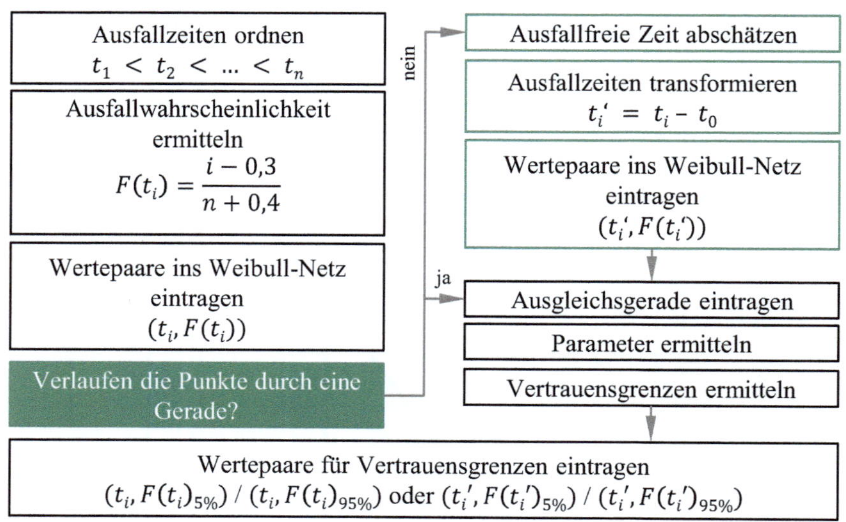

Abb. 3.37 Ablaufplan einer Weibullanalyse für zwei- und dreiparametrige Weibullverteilungen

3.5.1 Ermittlung der Weibullgeraden

Zur Ermittlung der Weibullgeraden wird zunächst von einer zweiparametrigen Weibullgeraden ausgegangen. Hierbei sollen im ersten Schritt die Ausfallzeiten der Größe nach
aufwärts sortiert werden. Dabei gilt:

$$t_1 < t_2 < t_3 < \cdots < t_n \,. \tag{3.97}$$

Im Anschluss werden die dazugehörigen Ausfallwahrscheinlichkeiten beispielsweise nach
dem Medianrangverfahren für die jeweilige Ranggröße bestimmt. Diese können entweder
mit folgender Formel:

$$F(t_i) \approx \frac{i - 0,3}{n + 0,4}\,, \tag{3.98}$$

oder nach Tab. A.1 im Anhang A abgelesen werden. Es empfiehlt sich vor dem nächsten Schritt 3, die Wertepaare tabellarisch aufzustellen bevor dann diese ins Weibullnetz
eingetragen werden. Im letzten Schritt 4 wird deine eine Ausgleichsgerade durch die einzelnen Punkte gelegt und die Weibullparameter von b (Parallele zur Weibullgerade durch
den Pol) und T (bei 63,2 %) ermittelt. Bereits an dieser Stelle kann durch den Geradenver-
lauf festgestellt werden, ob eine zwei- oder eine dreiparametrige Weibullverteilung vorliegt.

> **Hinweis:**

Ist eine zu Beginn (bei niedrigerer Ausfallwahrscheinlichkeit) abknickende Gerade erkennbar, deutet dies auf eine dreiparametrige Verteilung hin, deren Bestimmung in Teilkapitel 3.5.3 beschrieben wird.

3.5.2 Berücksichtigung der Vertrauensbereiche

Zur Bestimmung der Vertrauensbereiche von beispielsweise $F(t_i)_{5\%}$ und $F(t_i)_{95\%}$ empfiehlt es sich die Tab. A.2 oder die Tab. A.3 im Anhang A zur Hand zu nehmen. In den jeweiligen Tabellen für die einzelnen Vertrauensbereiche können je nach Stichprobenumfang die entsprechenden Ausfallwahrscheinlichkeiten abgelesen werden. Es empfiehlt sich hier die zuvor erstellte Wertepaare-Tabelle um zwei Spalten zu erweitern und die ermittelten Werte einzusetzen. Im Anschluss sollten die Wertepaare auch in das Weibullwahrscheinlichkeitsnetz eingetragen und final die Ausgleichskurven durch die einzelnen Punkte eingezeichnet werden. Das Ablesen der gesuchten $T_{min/max}$ und $b_{min/max}$ Parameter erfolgt das nahezu tangentiale Anlegen der jeweiligen Gerade. Später im Beispiel dazu mehr.

Eine Alternative zu der grafischen Ermittlung von $T_{min/max}$ und $b_{min/max}$ ist die Ermittlung über die analytische Bestimmung der Parameter. Für die Charakteristische Lebensdauer gilt:

$$T_{min} = T_{median} \cdot \left(1 - \frac{1}{9 \cdot n} + 1{,}645\sqrt{\frac{1}{9 \cdot n}}\right)^{-\frac{3}{b_{median}}}, \tag{3.99}$$

$$T_{max} = T_{median} \cdot \left(1 - \frac{1}{9 \cdot n} - 1{,}645\sqrt{\frac{1}{9 \cdot n}}\right)^{-\frac{3}{b_{median}}}, \tag{3.100}$$

und für den Formparameter gilt:

$$b_{min} = \frac{b_{median}}{1 + \sqrt{\frac{1{,}4}{n}}}, \tag{3.101}$$

$$b_{max} = \frac{b_{median}}{1 - \sqrt{\frac{1{,}4}{n}}}. \tag{3.102}$$

3.5.3 Berücksichtigung der ausfallfreien Zeit

Zur Hilfestellung kann sich die Frage gestellt werden, ob die Ausgleichsgerade anstelle einer Ausgleichskurve für die gegebenen Punkte der Mediangeraden besser geeignet ist oder nicht? Im Fall einer Ausgleichskurve kann von einer dreiparametrigen Weibullverteilung ausgegangen werden und somit muss eine ausfallfreie Zeit t_0 berücksichtigt werden. Diese kann näherungsweise grafisch bestimmt werden, indem Weibullkurve durch die zuvor eingetragenen Punkte gezogen wird. Das Schneiden dieser Geraden mit der Ausfallzeitgeraden identifiziert die ausfallfreie Zeit t_0. Die Transformation kann dann wie folgt erfolgen:

$$t_i' = t_i - t_0 \ . \tag{3.103}$$

Die zuvor erstellte Wertepaare-Tabelle kann nun um die Spalte der neu transformierten Ausfallzeit t_i' erweitert werden. Eine Kontrolle zur guten Schätzung der t_0 ist optisch zu sehen, indem die neuen Wertepaare $\left[t_i'; F(t_i') \right]$ eine Weibullgerade ergeben. Abschließend können nun die Vertrauensbereiche für die korrigierten Weibullparameter ermittelt werden.

> **Hinweis:**

 Nach der Bestimmung der in Kapitel 3.5.2 Parameter $T_{min/max}$ und $b_{min/max}$ muss die jeweilige $T_{min/max}$ sowie T_{median} um die ausfallfreie Zeit t_0 korrigiert werden.

3.5.4 Beispiel einer Weibullanalyse

Als Beispiel soll die Lebensdaueruntersuchung des FVA[9]-Forschungsvorhaben „Pitting-Ringversuch" nach [1] und [24] dienen. In dieser Untersuchung wurden $n = 10$ Zahnräder bezüglich Grübchen-Ausfall untersucht. Die Belastung betrug für die Hertz'sche Pressung $\sigma_H = 1.528 \ N/mm^2$. Die Ausfallzeiten betrugen sich in $[in \ 10^6 \ LW]$:

$$15{,}1; \ 12{,}2; \ 17{,}3; \ 14{,}3; \ 7{,}9; \ 18{,}2; \ 24{,}6; \ 13{,}5; \ 10{,}0; \ 30{,}5 \ .$$

Nach Ablaufplan in Abb. 3.37 werden zunächst die Ausfallzeiten der Größe nach geordnet:

$$t_1 < t_2 < t_3 < \cdots < t_n \quad \text{beziehungsweise} \quad t_i < t_{i+1}; \quad i = 1 \cdot n \tag{3.104}$$

und mittels Medianrangformel nach Gleichung 3.95:

$$F(t_i) \approx \frac{i - 0{,}3}{n + 0{,}4} \tag{3.105}$$

---

[9] FVA – Forschungsvereinigung Antriebstechnik e. V. - Forschungs- und Innovationsnetzwerk in der Antriebstechnik.

Tab. 3.22 Wertepaare für die zehn Ausfallzeiten des Grübchenbruchs nach [24]

i	1	2	3	4	5	6	7	8	9	10
$t_i[10^6 LW]$	7,9	10,0	12,2	13,5	14,3	15,1	17,3	18,2	24,6	30,5
$F(t_i)_{50\,\%}[\%]$	6,7	16,3	25,9	35,6	45,2	54,8	64,4	74,1	83,7	93,3
$F(t_i)_{5\,\%}[\%]$	0,5	3,7	8,7	15,0	22,2	30,4	39,3	49,3	60,6	74,1
$F(t_i)_{95\,\%}[\%]$	25,9	39,4	50,7	60,8	69,7	77,8	85,0	91,3	96,3	99,5

ermittelt. Somit ergibt sich folgende Wertepaare-Tabelle 3.22.

Im nächsten Schritt sollen diese Wertepaare $[t_i; F(t_i)]$ in das Weibullwahrscheinlichkeitspapier eingetragen werden. Daraus ergibt sich die in Abb. 3.38 dargestellte Weibullwahrscheinlichkeitspapier.

Nun wird die Ausgleichsgerade näherungsweise durch die eingezeichneten Punkte gelegt und Weibullparameter T und b ermitteln, vergleiche Abb. 3.39.

Hierbei wird kann die Charakteristische Lebensdauer beim Schnittpunkt der 63,2 % mit der Ausgleichsgeraden abgelesen werden. Der Formparameter b hingegen kann erst durch das Verschieben der Ausgleichsgeraden parallel zum Pol und anschließenden Schnittpunkt der Geraden mit der rechten Ordinate ermittelt werden. Somit ergibt sich für die Charakteristische Lebensdauer $T_{median} = 18 \cdot 10^6 LW$ und für der Formparameter $b = 2,7$. Daraus kann das Ausfallverhalten der Zahnräder am besten durch folgende Weibullverteilung beschrieben werden:

$$F(t) = 1 - e^{-\left(\frac{t}{18\cdot 10^6 LW}\right)^{2,7}} . \tag{3.106}$$

Nachdem die Medianwerte der Parameter T und b bestimmt wurden, interessiert im nächsten Schritt, wie sich die Aussagesicherheit gegenüber der Grundgesamtheit. Hier wurde nur eine Stichprobe und somit nur ein Rang je Ausfallzeitpunkt betrachtet. Würde eine weitere Stichprobe herangezogen, würde sich eine Streuung bzgl. des Ranges auf Basis einer differenzierteren Ausfallzeit aufzeigen. Entsprechend müssten die Ranggrößen als Zufallsvariable angesehen werden, die eine Verteilung besitzen.

Diese „mittlere" Weibullgerade beschreibt in den meisten Fällen das Ausfallverhalten. Allerdings möchte man sicher gehen und eine Mindestzuverlässigkeit betrachten, wie beispielsweise die Ausfallzeiten der $F(t_i)_{95\,\%}$-Vertrauensgrenze. Ein 90 %-iger Vertrauensbereich bedeutet hierbei der Bereich zwischen den $F(t_i)_{5\,\%}$ und $F(t_i)_{95\,\%}$ Vertrauensgrenze.

Die Ausfallwahrscheinlichkeiten $F(t_i)_{5\,\%}$ und $F(t_i)_{95\,\%}$ können aus Tab. A.2 oder Tab. A.3 im Anhang A abgelesen und als weitere Wertepaare in die Tab. 3.22 eingetragen werden. Als Nächstes werden diese Wertepaare in das Weibullwahrscheinlichkeitspapier

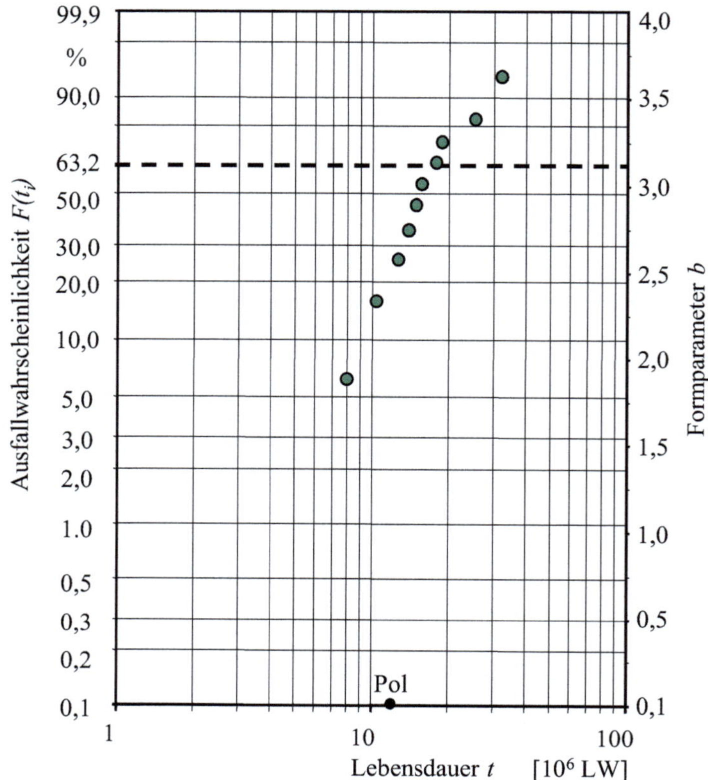

Abb. 3.38 Ausgefallene Zahnräder mit Wertepaare [t_i; $F(t_i)$] im Weibullwahrscheinlichkeitspapier [1]

eingezeichnet. Durch das Verbinden aller Kreise der verschiedenen Ranggrößen durch eine Ausgleichskurve erhält man die Grenzlinien für beide Vertrauensgrenzen eingezeichnet. Der Bereich zwischen diesen beiden Grenzen entspricht dem 90 %-Vertrauensbereich, vergleiche Abb. 3.41.

Die grafische Auswertung ergeben sich abschließend folgende Parameter der zweiparametrigen Weibullverteilung:

$$T_{min} = 15 \cdot 10^6 LW; \qquad T_{median} = 18 \cdot 10^6 LW; \qquad T_{max} = 23 \cdot 10^6 LW;$$
$$b_{min} = 1,96; \qquad b_{median} = 2,7; \qquad b_{max} = 3,7 \, .$$

Wie im vorherigen Teilkapitel beschrieben, können die Parameter des Vertrauensbereichs über Näherungsformeln für die Charakteristische Lebensdauer wie folgt berechnet werden:

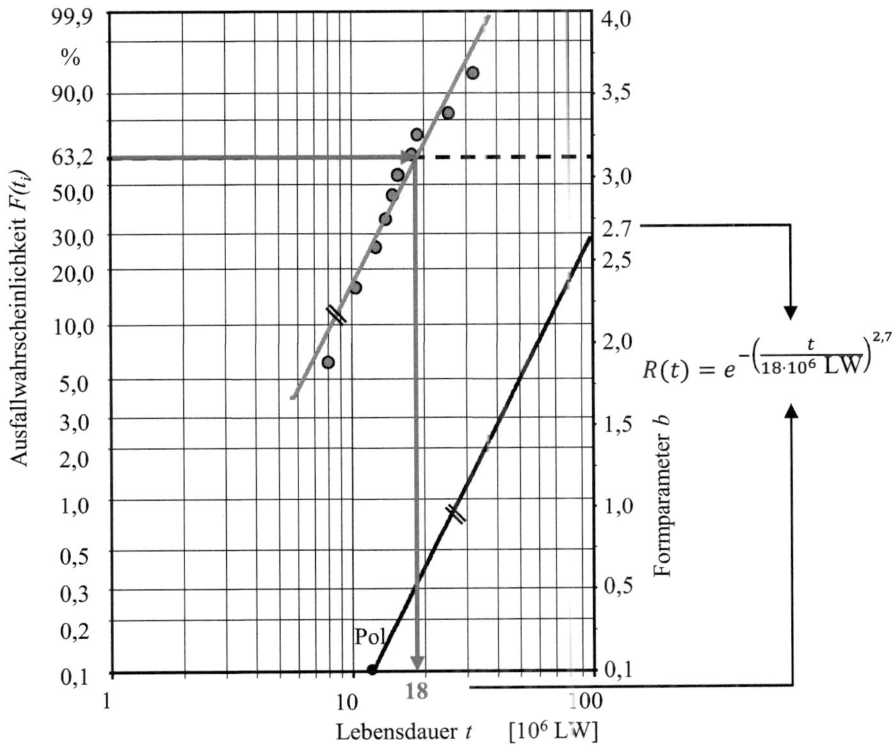

Abb. 3.39 Ablaufplan einer Weibullanalyse für zwei- und dreiparametrige Weibullverteilungen nach [1]

$$T_{min} = T_{5\,\%} \qquad = T_{median} \cdot \left(1 - \frac{1}{9\cdot n} - 1{,}645 \ \sqrt{\frac{1}{9\cdot n}}\right)^{-\frac{3}{b_{median}}} , \qquad (3.107)$$

$$T_{max} = T_{95\,\%} \qquad = T_{median} \cdot \left(1 - \frac{1}{9\cdot n} - 1{,}645 \cdot \sqrt{\frac{1}{9\cdot n}}\right)^{-\frac{3}{b_{median}}} , \qquad (3.108)$$

und die Formparameter:

$$b_{min} = \frac{b_{median}}{1 + \sqrt{\frac{1{,}4}{n}}} , \qquad (3.109)$$

$$b_{max} = \frac{b_{median}}{1 - \sqrt{\frac{1{,}4}{n}}} . \qquad (3.110)$$

Durch Einsetzen des Stichprobenumfangs von $n = 10$ und T_{median} sowie b_{median} erhält man folgende Parameterwerte:

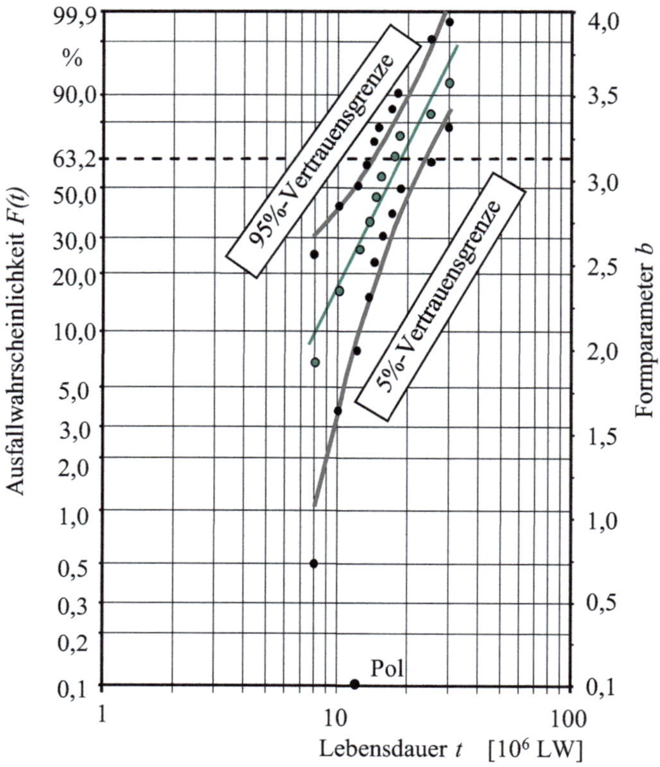

Abb. 3.40 Weibullgerade und 90 %-Vertrauensbereich

$$T_{min} = 15{,}2 \cdot 10^6 LW; \qquad T_{median} = 18 \cdot 10^6 LW; \qquad T_{max} = 22{,}6 \cdot 10^6 LW;$$

$$b_{min} = 1{,}5; \qquad b_{median} = 2{,}7; \qquad b_{max} = 3{,}7 \, .$$

Die Abweichung zur grafischen Lösung ist marginal.

Falls nun die Weibullverteilung nicht mehr mit einer Geraden, sondern eher mit einer nach oben konvexen Kurve angeglichen werden muss, ist das ein Indiz dafür, dass eine ausfallfreie Zeit t_0 vorliegt, vergleiche Abb. 3.42.

Hier wird deutlich, dass die eingezeichnete Ausgleichsgerade eine sehr gute Approximationsgerade darstellt und somit eine dreiparametrige Weibullverteilung vorliegen muss. Gründe dafür können sein:

- Es geht dem tatsächlichen Fehlermechanismus ein anderer Fehlermechanismus voraus.
- Es besteht eine zeitliche Verzögerung/Verschiebung zwischen Herstellung, Auslieferung sowie Inbetriebnahme eines Produktes.
- Es besteht eine gewisse Zeit für die Entwicklung und Ausbreitung eines Fehlermechanismus.

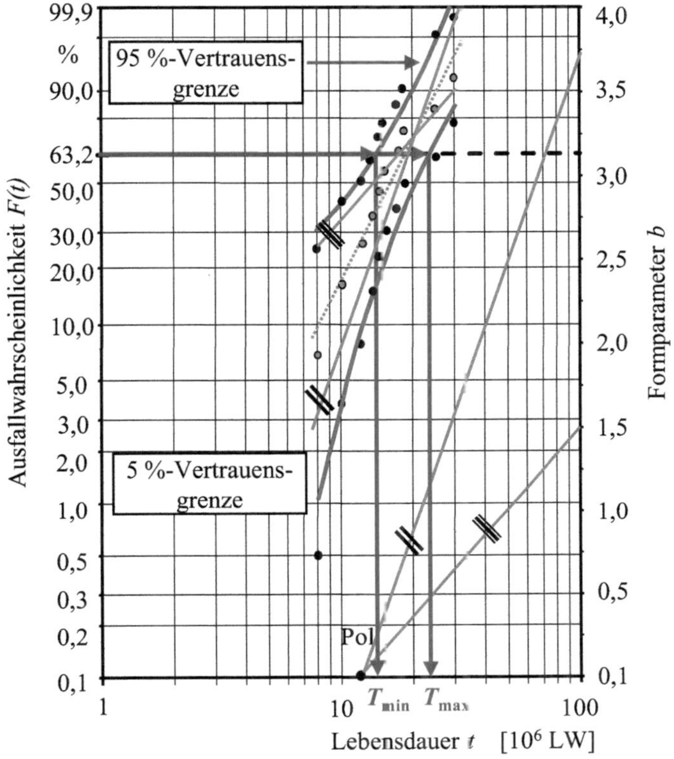

Abb. 3.41 Vertrauensbereich mit Minimal- und Maximalwerten von T und b nach [1]

Möchte man jetzt die ausfallfreie Zeit t_0 bestimmen, kann dies einerseits graphisch oder näherungsweise erfolgen. Die graphische Bestimmung erfolgt durch Verlängerung der Ausgleichskurve bis zur Abszisse. Dieser Schnittpunkt dient zur Korrektur der ausfallfreien Zeit mit:

$$t'_i = t_i - t_0 \,. \tag{3.111}$$

Ob die geschätzte ausfallfreie Zeit t_0 die beste Schätzung ist, muss in diesem Fall iterativ durch Verändern des Parameters bestimmt werden. In diesem Beispiel ist die beste Schätzung für $t_0 = 6 \cdot 10^6 \; LW$.

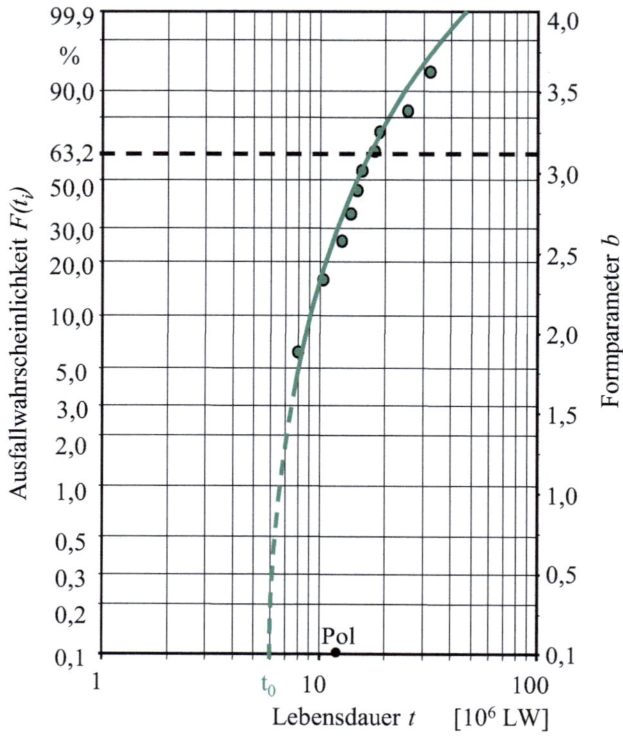

Abb. 3.42 Ablaufplan einer Weibullanalyse für zwei- und dreiparametrige Weibullverteilungen nach [1]

> **Drei- oder zweiparametrige Weibullverteilung**

Vier Voraussetzungen für eine dreiparametrige Weibullverteilung:

- Konkaver Verlauf,
- die ausfallfreie Zeit muss physikalisch erklärbar sein,
- großer Stichprobenumfang notwendig $n > 21$ wenn keine Vorkenntnisse zu t_0 vorhanden, $n > 8$ wenn Vorkenntnisse vorhanden sind,
- der Korrelationskoeffizient muss sich deutlich verbessern.

Die analytische Auswertung von Ausfalldaten, wie die Weibullverteilung, kann durch die drei bekannten Methoden erfolgen:

- Momentenmethode,
- Methode der kleinsten Fehlerquadrate und
- Maximum-Likelihood-Methode.

Diese Methoden sind nicht Gegenstand dieses Buches und können in einschlägiger Literatur studiert werden. Eine gute Übersicht gibt [53].

Eine einfach anzuwendende Methode ist jene nach Dubey [18]. Das Verfahren konzentriert sich auf die Bestimmung der Ausgleichsgeraden im Weibullwahrscheinlichkeitspapier. Dies erfolgt im vorliegenden Beispiel nach folgender Formel:

$$t_0 = t_2 - \frac{(t_3 - t_2) \cdot (t_2 - t_1)}{(t_3 - t_2) - (t_2 - t_1)} \cdot \tag{3.112}$$

Dabei wird die Ordinate in zwei gleich große Abschnitte Δ eingeteilt und die dazugehörigen

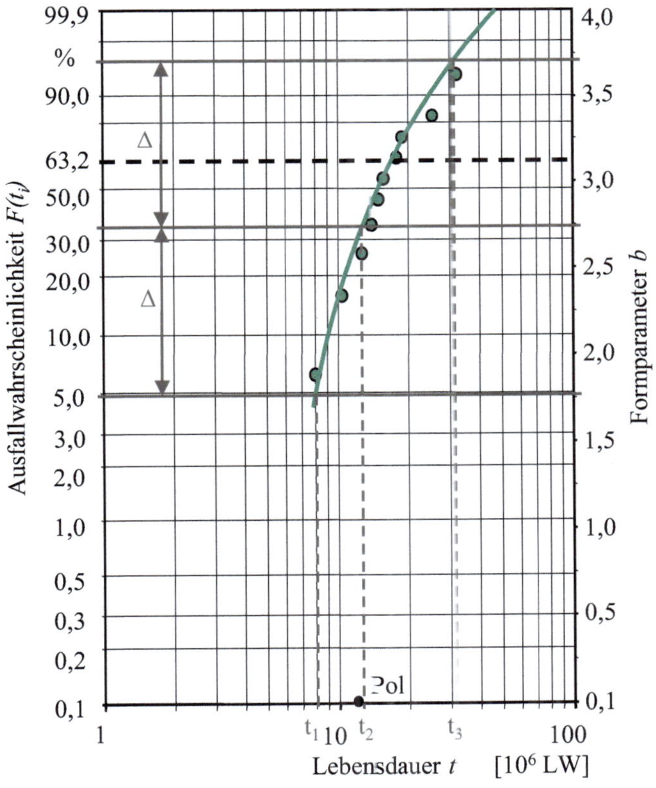

Abb. 3.43 Ermittlung der ausfallfreien Zeit nach Dubey [18]

Lebensdauern t_1, t_2 und t_3 bestimmt. Nachdem die ausfallfreie Zeit t_0 alternativ analytisch bestimmt wurde, kann die korrigierte ausfallfreie Zeit, vergleiche Abb. 3.44, ermittelt werden.

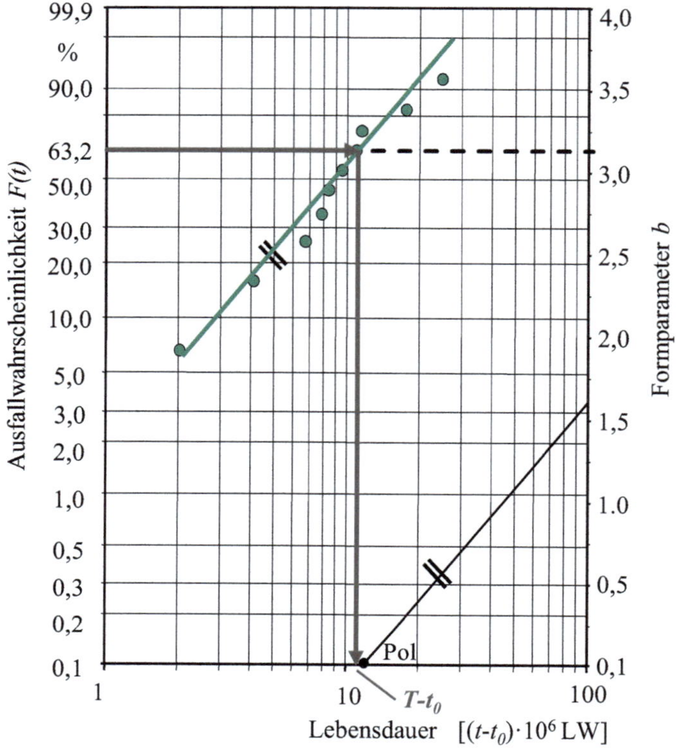

Abb. 3.44 Korrigierte Weibullgerade um die ausfallfreie Zeit t_0 nach [1]

Somit ergibt sich nach Ermittlung der Weibullparameter eine dreiparametrige Weibullverteilung wie folgt:

$$F(t) = 1 - e^{-\left(\frac{t-6\cdot10^6 LW}{(18-6)\cdot10^6 LW}\right)^{1,6}} . \tag{3.113}$$

Zusammenfassung für die grafische Bestimmung lassen sich die Parameter wie folgt zusammenstellen:

$$T_{min} = 13 \cdot 10^6 LW; \qquad T_{median} = 18 \cdot 10^6 LW; \qquad T_{max} = 25 \cdot 10^6 LW;$$
$$b_{min} = 0{,}8; \qquad b_{median} = 1{,}6; \qquad b_{max} = 2{,}5 .$$

Im nächsten Schritt ist analog zur zweiparametrigen Weibullverteilung die Bestimmung des Vertrauensbereichs, vergleiche dazu Abb. 3.45, durchzuführen. Eine analytische Bestimmung ist hierbei nur nach den oben genannten Quellen möglich.

Zusammenfassend lässt sich nun die dreiparametrige Weibullverteilung mit folgende Parameter bei einem 90 % Vertrauensbereich mit einer ausfallfreien Zeit $t_0 = 6 \cdot 10^6 LW$ wie folgt beschreiben:

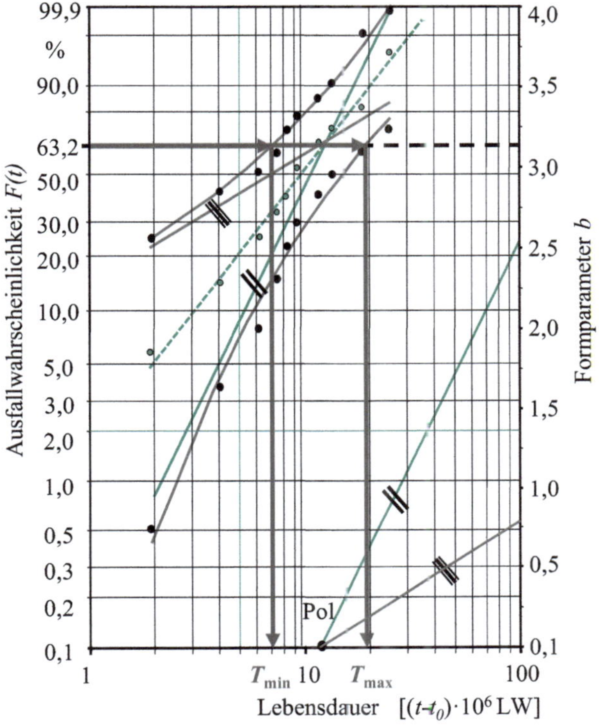

Abb. 3.45 Ablaufplan einer Weibullanalyse für zwei- und dreiparametrige Weibullverteilungen nach [1]

$$T_{min} = 13{,}6 \cdot 10^6 LW; \qquad T_{median} = 18 \cdot 10^6 LW; \qquad T_{max} = 26{,}4 \cdot 10^6 LW;$$
$$b_{min} = 1{,}2; \qquad b_{median} = 1{,}6; \qquad b_{max} = 2{,}5 .$$

Eine Gegenüberstellung der zwei- und dreiparametrigen Dichtefunktion zeigt Abb. 3.46.

> **Merke:**

In manchen Fällen kann das Ausfallverhalten nur durch zwei oder mehr Geraden angenähert werden. Dies bedeutet, dass im ersten Abschnitt der Ausfallzeiten keine Ausgleichsgerade zur Abszisse gezogen werden kann, vergleiche Abb. 3.47. Dabei handelt es sich um eine Mischverteilung, bei der jede Weibullgerade getrennt voneinander betrachtet werden muss. Das Gesamtausfallverhalten ergibt sich dann aus der Kombination beider Fehlermechanismen.

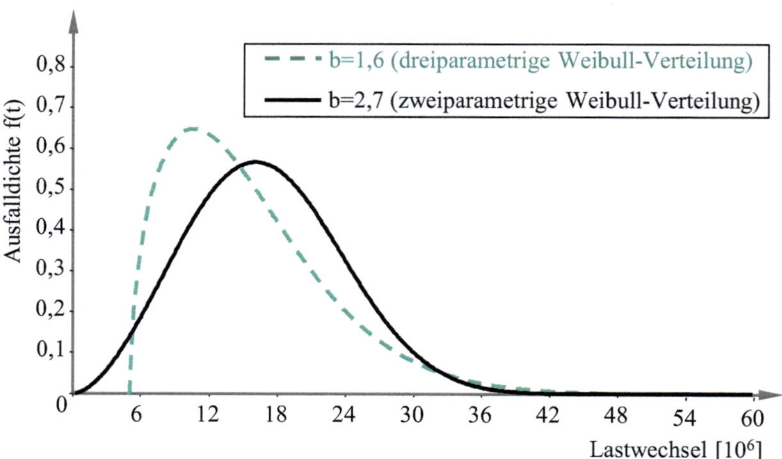

Abb. 3.46 Dichtefunktionen mit und ohne ausfallfreien Zeit t_0 nach [1]

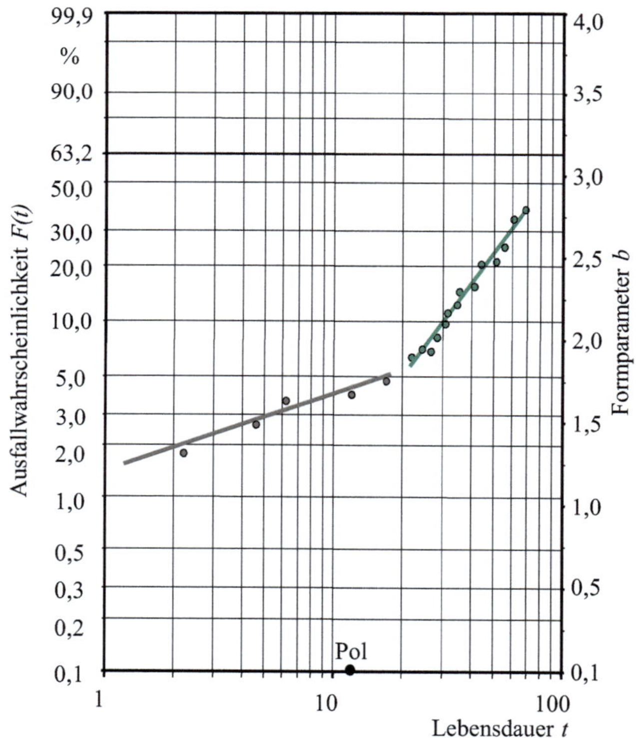

Abb. 3.47 Mischverteilung eines ausgefallenen Systems (2 Schadensarten: Dichtung / Elektronik)

Die Norm DIN EN 61649 enthält Verfahren zur Analyse von Daten, die einer Weibullverteilung folgen. Zudem ist im informativen Anhang der Norm ein Beispiel mit Excel Anleitung gegeben.

3.5.5 Übung

Übung 3.16 Weibullanalyse
Bei einem Lebensdauerversuch an $n = 6$ Lenkgetrieben haben sich folgende Laufleistungen in km bis zum Ausfall ergeben:
$$47.000,\ 72.000,\ 88.000,\ 102.000,\ 124.000,\ 166.000$$

(a) Werten Sie die Stichprobe nach dem grafischen Weibullverfahren aus, d.h bestimmen Sie die Gerade der Ausfälle. Ermitteln Sie die Lebensdauerverteilung mittels Medianrangverfahren für die gesamte Stichprobe und bestimmen Sie die Parameter b und T der das Ausfallverhalten beschreibenden Weibullverteilung.
(b) Zeichnen Sie den 90 % Vertrauensbereich ein und bestimmen Sie die Vertrauensgrenzen der Parameter b und T.
(c) Welche Zuverlässigkeit können Sie dem Lenkgetriebe mit einer Aussagewahrscheinlichkeit von 95 % für eine Laufleistung von 100.000 km bescheinigen?

3.6 Systempartitionierung

3.6.1 Einführung

Zur Bestimmung der zulässigen Ausfallwahrscheinlichkeit eines jeden Fehlermechanismus auf Systemebene wurde im vorangehenden Kapitel besprochen. Nun kann ein System aus mehreren Komponenten/Bauelementen bestehen, die ein eigenes Fehlerbild aufweisen können. Um für diese Fehlerbilder eine zulässige Ausfallwahrscheinlichkeit beziehungsweise Zuverlässigkeit vorzugeben, benötigt es einer Systempartitionierung.

Zuverlässigkeitstests sind fester Bestandteil eines Produktentwicklungsprozesses und Kosten-, Zeit- und Ressourcenintensiv. Sie dienen dem Nachweis, der Ermittlung oder Entwicklung der Zuverlässigkeit. Je niedriger Zuverlässigkeitstests in der Systemebene angesetzte sind, desto:

- weniger Parameter gibt es, die kontrolliert werden müssen.
- höher der Abstraktionsgrad.
- mehr Möglichkeiten, beschleunigte Testverfahren einzusetzen.
- früher sind Tests durchführbar.

• mehr Zeit für Änderungen.

Den Zusammenhang zeigt zwischen den einzelnen Ebenen zeigt Abb. 3.48, wobei die Beziehung zwischen den Ebenen sowie innerhalb der Ebenen hinsichtlich Wechselwirkung stets zu beachten ist. Zudem können auch Anforderungen nicht nur aus einer übergeordneten Ebene kommen sondern auch innerhalb einer Ebene.

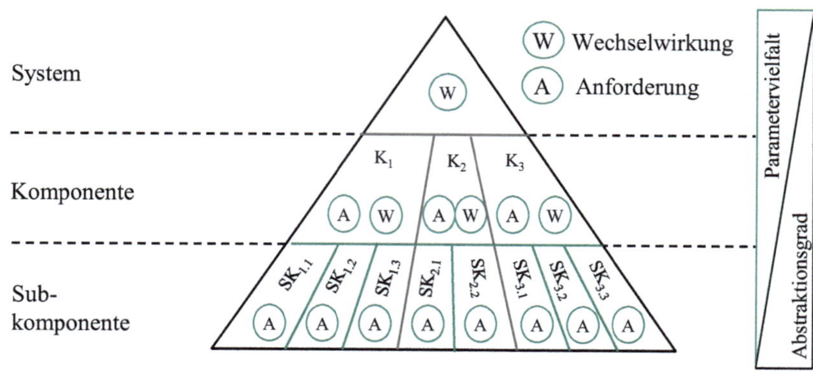

Abb. 3.48 System-, Komponenten- und Subkomponentenbetrachtung

3.6.2 Ausgewählte, quantitative Methoden

Zur Ermittlung der Systemzuverlässigkeit stehen mehrere Methoden zur Ausfallratenanalyse zur Verfügung. Diese können qualitativer Art sein, wie beispielsweise die Fehlermöglichkeits- und einflussanalyse (vergleiche dazu Kapitel 3.7.2), oder quantitativer Art, vergleiche folgende Abb. 3.49. Es sollen in den folgenden Kapiteln die drei bekanntesten, quantitativen Methoden:

• Boolesche Theorie,
• Markov-Verfahren und
• Monte-Carlo-Methode

näher besprochen werden.

Ausfallartenanalysen (qualitative Methoden)

- Fehlermöglichkeits- und einflussanalyse (FMEA / FMECA)
- Fehlerbaumanalyse (FTA)
- Ereignisablaufanalyse (ETA)
- …

Ausfallartenanalysen (quantitative Methoden)

- **Zuverlässigkeitsschaltbilder (Boolesche Theorie)**
- **Markov-Verfahren**
- **Monte-Carlo Methode**
- Fehlerbaumanalyse (FTA)
- Parts Count Method
- Parts Stress Method
- …

Abb. 3.49 Übersicht gängiger Methoden zur Ermittlung der Systemzuverlässigkeit

3.6.2.1 Boolesche Systemtheorie

Die bekannteste Systemmodellierung erfolgt mittels der Booleschen Systemtheorie[10]. Die Methode folgt nach dem binären Ansatz, dass ein System funktioniert oder nicht. Einen Zustand dazwischen wird nicht betrachtet. Bei der Anwendung dieser Systemmodellierung gelten folgende drei Regeln:

1. System ist „nicht-reparierbar" (erster Systemausfall beendet Systemlebensdauer)
2. Bauelemente können nur die beiden Zustände „funktionsfähig" oder „ausgefallen" annehmen
3. Bauelemente sind „unabhängig" (Ausfallverhalten eines Bauelements wird durch andere nicht beeinflusst)

Die Grundstrukturen zur Beschreibung von Systemen erfolgt entweder seriell, parallel oder eine Kombination aus beiden, vergleiche Abb. 3.50.

Wie bereits erwähnt gilt diese Betrachtungsweise für Strukturen nicht-reparierbarer Systeme. Für die Serienbetrachtung gelten nun folgende Kenngrößen:

---

[10] George Boole (*02. November 1815 - † 08. Dezember 1864): Britischer Mathematiker und Philosoph. Bekanntester Beitrag ist die Begründung der modernen mathematischen Logik.

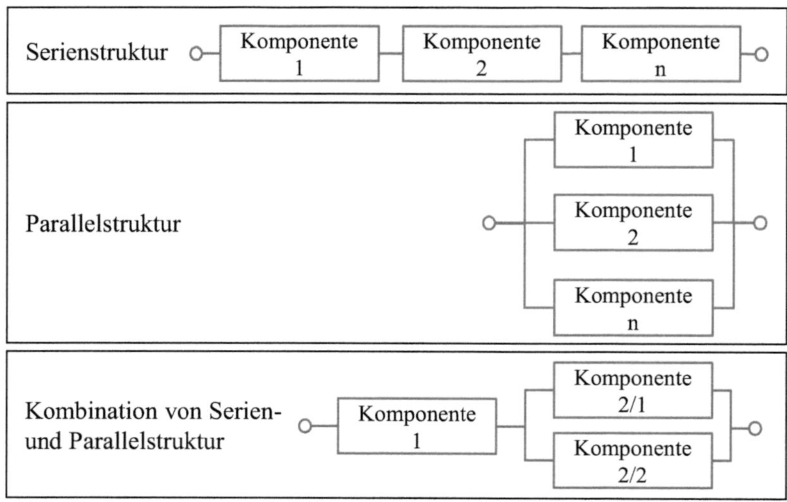

Abb. 3.50 Grundstrukturen von logischen Systemen zur Beschreibung des Systemaufbaus von Produkten

Zuverlässigkeit (Überlebenswahrscheinlichkeit) $R(t)$:

$$R_s(t) = p_1(t) \cdot p_2(t) \cdot \ldots \cdot p_n(t) = \prod_{i=1}^{n} p_i(t) \quad \text{mit} \quad \lim_{n \to \infty} R_s(t) = 0 \qquad (3.114)$$

Ausfallwahrscheinlichkeit $F(t)$:

$$F_s(t) = 1 - R_s(t) = 1 - \prod_{i=1}^{n} p_i(t) = 1 - \prod_{i=1}^{n} (1 - q_i(t)) \qquad (3.115)$$

Ausfalldichte $f(t)$:

$$f(t) = \prod_{i=1}^{n} f_i(t) \cdot \prod_{\substack{k=1 \\ k \neq 1}}^{n} p_k(t) \qquad (3.116)$$

Ausfallrate $\lambda(t)$:

$$\lambda_s(t) = \sum_{i=1}^{n} \frac{f_i(t)}{p_i(t)} = \sum_{i=1}^{n} \lambda_i(t) \qquad (3.117)$$

Bei kleinen Werten von $p_i(t)$ gilt näherungsweise:

$$F_s(t) \approx \sum_{i=1}^{n} p_i(t) \, . \qquad (3.118)$$

Die Zuverlässigkeit eines Seriensystems ist also immer kleiner als die der schlechtesten Komponente.

Weiterhin gilt näherungsweise für den Erwartungswert E_i der Lebensdauer der i-ten Komponente und mit $E(T)$ für die mittlere Betriebszeit des Systems:

$$E(T) \approx min(E_1, ..., E_i, ..., E_n) \quad \text{mit} \quad \lim_{n \to \infty} E(T) = 0 \,. \tag{3.119}$$

Die Ausfallrate eines Seriensystems lässt sich relativ einfach und verteilungsunabhängig über die Summation der Komponentenausfallraten bestimmen.

Bei Reihenschaltungen mit gleichen ZV-Kennwerten Bauteilzuverlässigkeit R_E nimmt die Gesamtzuverlässigkeit $R_S(t)$ exponentiell zur Bauteilanzahl ab!

Die Gesamtzuverlässigkeit $R_s(t)$ von Reihensystemen nimmt mit zunehmender Anzahl n von Bauteilen mit gleicher Bauteilzuverlässigkeit R_E ab, vergleiche Abb. 3.51.

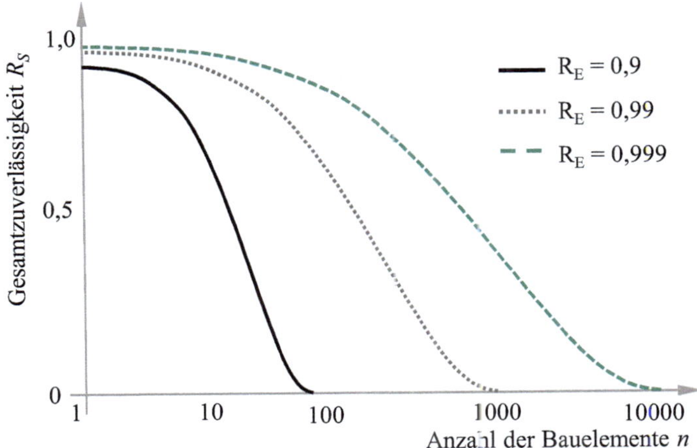

Abb. 3.51 Unterschiedliche Systemzuverlässigkeit R_S bei Verwendung von Bauteilen mit gleicher Zuverlässigkeit innerhalb eines Systems R_E

Die Parallelstruktur von nicht-reparierbarer Systeme und deren Ausfallwahrscheinlichkeit lässt sich über die Multiplikationsregel berechnen. Die Überlebenswahrscheinlichkeit eines Parallelsystems ist immer größer als die der besten Komponente und wächst mit wachsender Komponentenanzahl. Wichtige Kenngrößen sind folgende:

Zuverlässigkeit (Überlebenswahrscheinlichkeit) $R(t)$:

$$R_s(t) = 1 - \prod_{i=1}^{n}(1 - p_i(t)) \quad \text{mit} \quad \lim_{n \to \infty} R_s(t) = 1 \tag{3.120}$$

Ausfallwahrscheinlichkeit $F(t)$:

$$F_s(t) = q_1(t) \cdot q_2(t) \cdot \ldots \cdot q_n(t) = \prod_{i=1}^{n} q_i(t) \tag{3.121}$$

Ausfalldichte $f(t)$:

$$f(t) = \prod_{i=1}^{n} f_i(t) \cdot \prod_{\substack{k=1 \\ k \neq 1}}^{n} q_k(t) \tag{3.122}$$

Ausfallrate $\lambda(t)$:

$$\lambda_s(t) = \frac{\sum_{i=1}^{n} f_i(t) \cdot \prod_{\substack{k=1 \\ k \neq 1}}^{n} q_k(t)}{1 - \prod_{i=1}^{n} q_i(t)} \tag{3.123}$$

Weiterhin gilt näherungsweise für den Erwartungswert E_i der Lebensdauer der i-ten Komponente und mit $E(T)$ für die mittlere Betriebszeit des Systems:

$$E(T) \approx max(E_1, \ldots, E_i, \ldots, E_n) \quad \text{mit} \quad \lim_{n \to \infty} E(T) = \infty . \tag{3.124}$$

Bei gleichbleibender Anzahl von Bauelementen mit gleicher Zuverlässigkeit, verhält sich die Systemzuverlässigkeit der:

- Parallelstruktur steigend!
- Serienstruktur fallend!

Beispiel 3.18 Dieses Beispiel zeigt sehr gut den Unterschied der Systemzuverlässigkeit einer Parallel- und Serienstruktur bei drei gleichen Komponenten mit einer Einzelzuverlässigkeit von $R_i(t) = 0{,}9$, vergleiche Abb. 3.52.

Die Boolesche Systemtheorie lässt sich mathematisch nach den drei Mengenzuständen: Konjunktion, Disjunktion und Negation beschreiben. Dabei gilt für die Konjunktion, wenn für zwei binäre Variablen mit x_1 und x_2 gleich 1 und somit ist auch $y = 1$. Bei der Disjunktion sind für zwei binäre Variablen mit x_1 oder x_2 gleich 1 und somit ist auch $y = 1$. Hingegen gilt für die Negation, wenn eine Boolesche Variable gleich 1 ist, ist die negierte Variable 0. Den Übergang zur Wahrscheinlichkeit ist in Abb. 3.53 dargestellt.

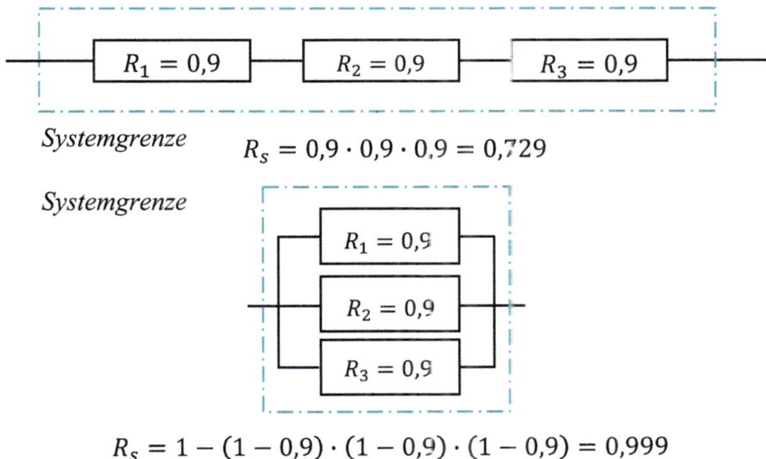

Abb. 3.52 Beispiel zur Serien- und Parallelstruktur

Systemstruktur	Reihenanordnung	Parallelanordnung
Blockschaltbild - einreihig -	x_1 ⋯ x_n	x_1 / x_n
Boolesche Funktion	$y = x_1 \wedge x_2 \wedge \ldots \wedge x_n$ $= \wedge_{i=1}^{n} x_i$	$y = x_1 \vee x_2 \vee \ldots \vee x_n$ $= \vee_{i=1}^{n} x_i$
System- zuverlässigkeit	$R_S(t) = \prod_{i=1}^{n} R_i(t)$	$R_S(t) = 1 - \prod_{i=1}^{n} (1 - R_i(t))$
Blockschaltbild - zweireihig -	$x_{1,1}$ ⋯ $x_{1,n}$ / $x_{m,1}$ ⋯ $x_{m,n}$	$x_{1,1}$ / $x_{m,1}$ / $x_{1,n}$ / $x_{m,n}$
Boolesche Funktion	$y = (x_{1,1} \wedge \ldots \wedge x_{1,n}) \vee \ldots$ $\ldots \vee (x_{m,1} \wedge \ldots \wedge x_{m,n})$	$y = (x_{1,1} \vee \ldots \vee x_{m,1}) \wedge \ldots$ $\ldots \wedge (x_{1,n} \vee \ldots \vee x_{m,n})$
System- zuverlässigkeit	$R_S(t) = 1 - \prod_{i=1}^{m} (1 - \prod_{j=1}^{n} R_{ij}(t))$	$R_S(t) = \prod_{j=1}^{n} (1 - \prod_{i=1}^{m} (1 - R_{ij}(t)))$

Abb. 3.53 Boolesche Systemtheorie und Übergang zur Wahrscheinlichkeit (zusammengefasst nach [1])

3.6.2.2 Markov Methode

Eine weitere Methode zur Beschreibung der Systemzuverlässigkeit ist die Markov Methode. Im Gegensatz zur Booleschen Methode kann hier die Systemzustandsanalyse für Systeme, die nach ihrem Ausfall wieder repariert werden können, beschrieben werden. Der Wechsel von Ausfall und Reparatur kann mehrfach erfolgen. Dabei wird das Systemverhalten vereinfacht sowie vereinheitlicht. Die Betrachtungseinheit wechselt ständig zwischen Arbeits- und Reparaturzustand. Dabei ist nach jeder Instandsetzung die reparierte Einheit neuwertig. Die Arbeitszeiten und die Reparaturzeiten jeder Betrachtungseinheit sind stetig und stochastisch unabhängig. Der Einfluss der Umschalteinrichtung wird nicht berücksichtigt. Systeme müssen aus konstanten Ausfallraten und Reparaturraten bestehen. Bilanzierung von Gleichgewichtsbeziehungen zum Erhalt von Zustandsdifferenzialgleichungen, aus denen die Verfügbarkeit in Abhängigkeit der Zeit ermittelt werden kann.

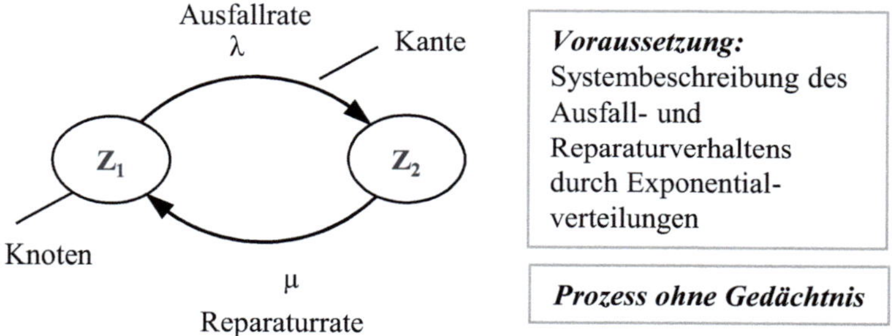

Abb. 3.54 Nomenklatur der Markov Methode

Die Beschreibung der Systemzuverlässigkeit erfolgt hierbei in Zuständen und werden in Knoten je Zustand Z_1 oder Z_2 bildlich dargestellt, siehe Abb. 3.54. Die Änderung des Zustands kann entweder von einer funktionierenden Einheit über die Ausfallrate λ in eine nichtfunktionierenden Einheit überführt werden. Ist diese repariert, wird dieser Zustand über die Reparaturrate μ wieder in den funktionierenden Zustand überführt. Wichtig ist dabei, dass der Prozess ohne Gedächtnis erfolgt, das bedeutet, dass die Einheit wieder neuwertig ist und vom vorherigen Ausfall keine Kenntnis hat. Zudem ist zu beachten, dass die Ausfall- und Reparaturraten ausschließlich exponentialverteilt sind. Eine Vorgehensweise zeigt Abb. 3.55.

Die Beschreibung der Systemzuverlässigkeit kann bei der Markov Methode schnell sehr komplexere Dimensionen annehmen. Entsprechend wird es an dieser Stelle zur Erklärung der Methode auszugsweise mit einem Beispiel näher erklärt. Für große Systeme helfen hierbei etablierte Programme.

Der genannte Umstand der komplexeren Dimension wird auch Zustandsraumexplosion genannt, dies bedeutet:

- Die Analyse des Markov-Prozesses erfordert das Aufstellen und Lösen des Differtial-gleichungs- (DGL-) Systems für alle Zustandswahrscheinlichkeiten, selbst dann, wenn wie bei einem Seriensystem nur ein einziger Zustand den betriebsfähigen Zustand repräsentiert.
- Bei einem System mit Komponenten, die jeweils zwei Zustände besitzen, ergibt sich als Anzahl der möglichen Systemzustände $N = 2 \cdot n$, d.h. die Anzahl der möglichen Zustände steigt exponentiell an. Bei $n = 20$ Komponenten ergeben sich $N = 1.048.576$ Zustände. Dieser Effekt wird als „Zustandsraumexplosion" (engl. „state-space explosion") bezeichnet.

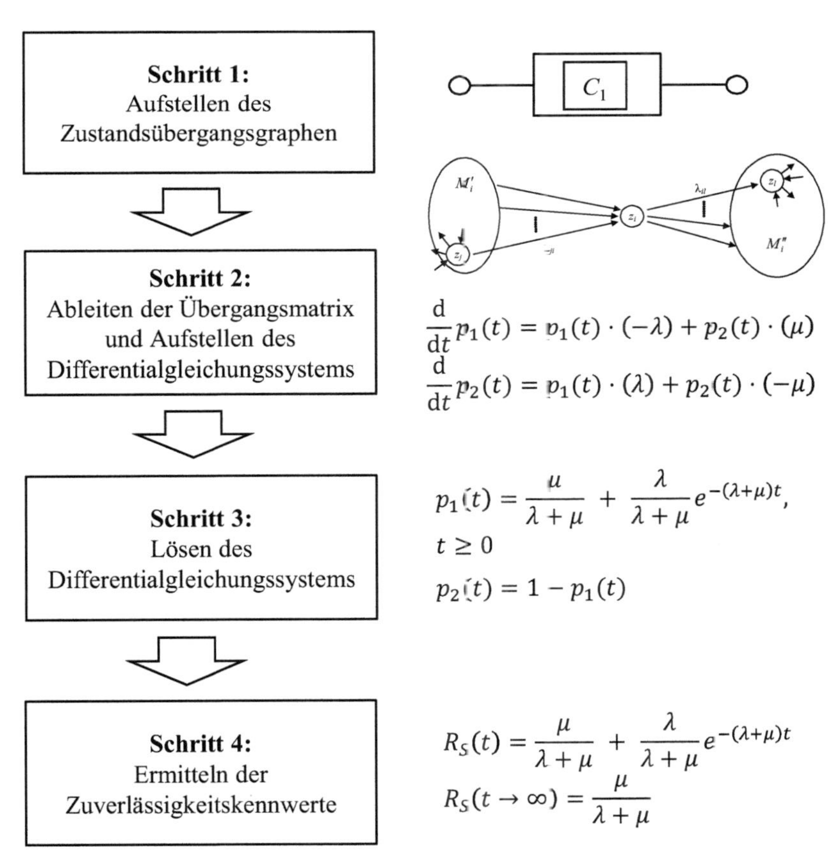

Abb. 3.55 Beispiel zur Markov Methode mit einer Komponente nach [1]

Selbst mit leistungsfähigen Rechnern sind daher nur Systeme mit einer begrenzten Zahl an Komponenten analysierbar. In manchen Fällen sind jedoch Vereinfachungen des

Markov-Graphs möglich, insbesondere bei Komponenten mit identischen Ausfallraten oder bei der Zuverlässigkeitsanalyse von Seriensystemen. Dadurch kann die Anzahl der möglichen Systemzustände deutlich reduziert werden.

Beispiel 3.19 Gegeben ist das folgende Seriensystem mit 2 Komponenten. Die Komponenten besitzen die Ausfallraten λ_1 und λ_2 zur Beschreibung der Lebensdauer. Bestimmen Sie die Zuverlässigkeit $R_{Sys}(t)$ des Systems. Abb. 3.56 und Abb. 3.57 zeigen die jeweiligen Schritte 1 bis 4 und das Ergebnisdiagramm.

> **Merke:**

Die Systemstruktur wird nicht explizit modelliert, sondern wird implizit durch die Auswahl der funktionsfähigen Zustände in die Analyse integriert.

Zusammenfassung zur Markov-Methode

Die Markov-Methode ist eine leistungsfähige Methode, mit der zahlreiche Abhängigkeiten modelliert und analysiert werden können.

Vorteile:
- Die Methode liefert eine exakte Lösung der gesuchten Zuverlässigkeitskenngrößen.
- Komponenten mit sehr kleinen Ausfallraten können analysiert werden, da die Größe der Raten selbst keinen Einfluss auf das Lösungsverfahren hat.
- Die Methode erlaubt die Modellierung einiger möglicher Ausfallabhängigkeiten (z.B. passive Zustände, Reserveeinheiten, Lastteilung) und Instandhaltungsabhängigkeiten (z.B. begrenzte Ressourcen).

Nachteile:
- Beschränkt auf konstante Ausfall- und Reparaturraten (Exponentialverteilung).
- Die Analyse ist nur für eine kleine Anzahl an Komponenten möglich (Zustandsraumexplosiong).

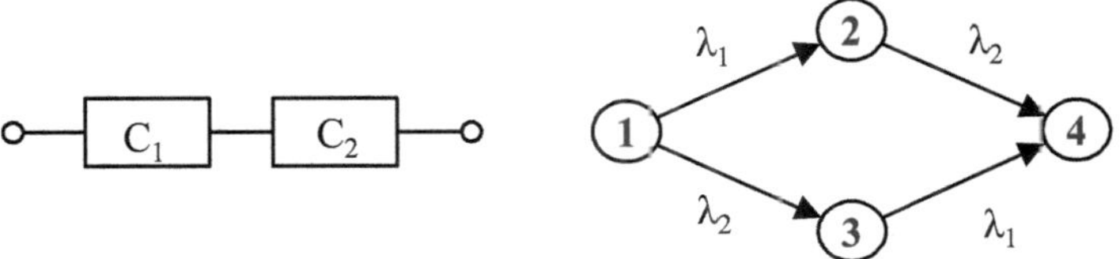

Schritt 1: Aufstellen des Zustandsübergangsgraphen

Schritt 2: Ableiten der Übergangsmatrix und Aufstellen des
Differentialgleichungssystems

$$\mathbf{A} = \begin{bmatrix} -\lambda_1 - \lambda_2 & 0 & 0 & 0 \\ \lambda_1 & -\lambda_2 & 0 & 0 \\ \lambda_2 & 0 & -\lambda_1 & 0 \\ 0 & \lambda_2 & \lambda_1 & 0 \end{bmatrix} \qquad \begin{bmatrix} \dfrac{d}{dt}p_1(t) \\[2mm] \dfrac{d}{dt}p_2(t) \\[2mm] \dfrac{d}{dt}p_3(t) \\[2mm] \dfrac{d}{dt}p_4(t) \end{bmatrix} = \begin{bmatrix} -\lambda_1 - \lambda_2 & 0 & 0 & 0 \\ \lambda_1 & -\lambda_2 & 0 & 0 \\ \lambda_2 & 0 & -\lambda_1 & 0 \\ 0 & \lambda_2 & \lambda_1 & 0 \end{bmatrix} \begin{bmatrix} p_1(t) \\ p_2(t) \\ p_3(t) \\ p_4(t) \end{bmatrix}$$

Schritt 3: Lösen des Differentialgleichungssystems

- Der Startvektor lautet $\quad \mathbf{p}(0) = \begin{bmatrix} 1 \\ 0 \\ 0 \\ 0 \end{bmatrix}$

- In diesem relativ einfachen Fall wird die Exponentialmatrix nicht benötigt.
- DGL für den benötigten Zustand aufstellen und lösen
- Durch lösen der Differentialgleichungen erhält man die
Zustandswahrscheinlichkeiten $P_i(t)$:

$$P_1(t) = e^{-(\lambda_1 + \lambda_2)t}, \quad \text{mit } P_1(0) = 1$$
$$P_2(t) = e^{-\lambda_2 t} - e^{-(\lambda_1 + \lambda_2)t}$$
$$P_3(t) = e^{-\lambda_1 t} - e^{-(\lambda_1 + \lambda_2)t}$$
$$P_4(t) = e^{-\lambda_2 t} + e^{-(\lambda_1 + \lambda_2)t} - e^{-\lambda_1 t} + 1$$

Schritt 4: Ermitteln der Zuverlässigkeitskennwerte

- Da es ein Seriensystem ist, gibt es nur einen funktionsfähigen Zustand: $P_1(t)$

- Da das System nicht repariert wird, entspricht das Ergebnis der
Systemzuverlässigkeit:

$$R_{Sys}(t) = P_1(t) = e^{-(\lambda_1 + \lambda_2)t}$$

- Beispiel: mit $\lambda_1 = \lambda_2 = \lambda = 0{,}001 \ 1/h$

Abb. 3.56 Seriensystem mit 2 Komponenten ohne Reparatur nach [ ]

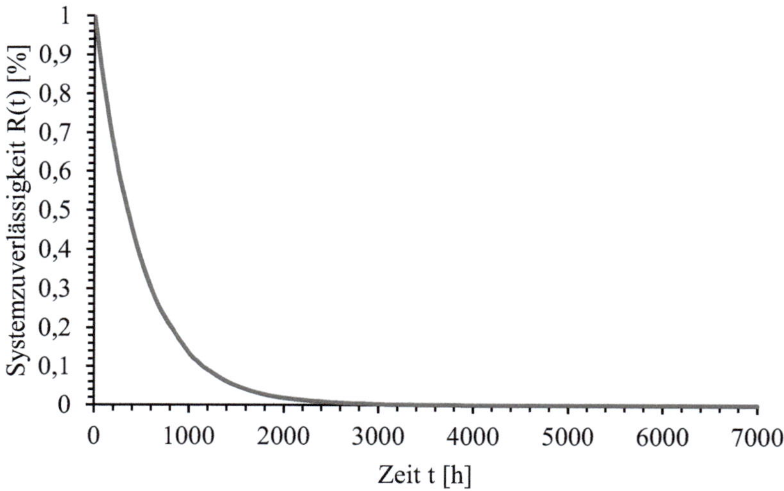

Abb. 3.57 Zeitlicher Verlauf der Systemzuverlässigkeit mit 2 Komponenten

3.6.2.3 Monte-Carlo Methode

Für eine effektive Parameterstudie hinsichtlich Ressourcenaufteilung sollten Simulationen mehrerer Varianten (Parameterkombinationen) den Vorteil der Statistik annehmen. Eine der bekanntesten Methoden ist die Monte-Carlo Methode (*MCM*). Sie findet seit ihrer Entwicklung aus dem Jahr 1934 im Bereich der Neutronenphysik in allen Gebieten der Wissenschaft Einsatz. *MCM* ist ein numerisches Verfahren zur Lösung mathematischer Problemstellungen mit Hilfe von Zufallszahlen. Im Vergleich zu sehr komplexen Aufgabenstellungen, wie beispielsweise mehrdimensionaler Parameterstudien oder die mathematische Faltung mehrerer Verteilungen, kann diese Methode zu deren Lösung herangezogen werden.

Wird von einer m-dimensionaler Zufallsvariable (statistischer Mittelwert) $X \in R^m$ ausgegangen und eine eindimensionale Zufallsvariable X mit eindeutiger Funktion von x definiert, lautet der Erwartungswert $E(X)$:

$$\langle E \rangle = \int P(t)E(t)d^m x \,, \tag{3.125}$$

wobei das Integral dem statistischen Mittelwert der Zufallsvariablen X und $P(t)$ für ein normiertes statistisches Gewicht entspricht, wie beispielsweise normalverteilte Beobachtungswerte, vergleiche Abb. 3.58. Ausgehend von der Definition des Erwartungswert kann der Erwartungswert E' für eine beliebige Funktion $f'(t)$ wie folgt beschrieben werden:

$$\langle E' \rangle = \int f'(t)f(t)dt \,. \tag{3.126}$$

Nach dem zentralen Grenzwertsatz der Wahrscheinlichkeitsrechnung[11] kann folgende diskrete Form angewandt werden:

$$\langle E' \rangle = \frac{1}{n} \sum_i^n f'(t_i) \,, \tag{3.127}$$

entsprechend dem arithmetischen Mittelwert mit dessen Fehler, gegeben durch die Standardabweichung s:

$$\frac{s}{\sqrt{n}} = \frac{\sqrt{\langle E' \rangle^2 - \langle E \rangle^2}}{\sqrt{n}} \,. \tag{3.128}$$

Somit ergibt sich das Theorem für den zentralen Satz der *MCM*-Rechnung:

$$\langle E' \rangle = \int f'(t) f(t) dt \approx \frac{1}{n} \sum_i^n f'(t_i) \pm \sqrt{\frac{\langle E' \rangle^2 - \langle E \rangle^2}{n}} \,. \tag{3.129}$$

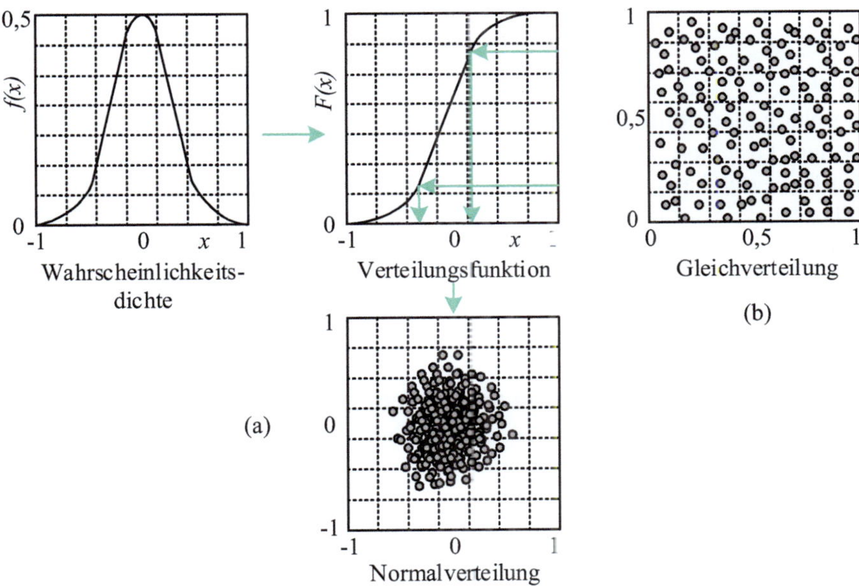

Abb. 3.58 Generierung von normalverteilten (a) aus gleichverteilten (b) Beobachtungswerten mittels Monte-Carlo Methode

Aufgrund der einfachen Implementierung, hohen Auswertbarkeit und vielseitigen Anwendung der *MCM* zur Beschreibung von multidimensionaler Risiken, benötigt die Methode eine hohe Rechenkapazität bei nachteiligem Aussagedefizit zum Modell sowie deren

---

[11] Der Erwartungswert einer Funktion $f(t)$ kann für eine hinreichend große Anzahl von Beobachtungswerten diskret beschrieben werden [11]

Modellbildung. Allerdings kann die *MCM* als größere Unsicherheitsbetrachtung zur Abbildung der Population angewandt werden.

Zu den genannten Nachteilen der hohen Rechenkapazität beziehungsweise der hohen Anzahl an Experimenten sind für Ressourcen-intensive Aufgaben, *Sampling-Methoden* mit möglichst geringem Versuchsumfang, bei gleichbleibender Güte, notwendig. Zwei Möglichkeiten zur Steigerung der Effektivität der *MCM* ist einerseits die *Space-Filling* Methode [63] und die *Latin-Hypercube Sampling* Methode [37].

> **Excel: Monte-Carlo Methode**

Eine sehr einfache Anwendung der Monte-Carlo Methode mit Wahrscheinlichkeiten kann in Excel über die Funktion *Zufallszahl()* und der jeweiligen Verteilungsfunktion generiert werden. Vergleiche hierzu Formelsammlung. Excel bietet hierzu die Formel: „ZUFALLSZAHL()", sie gibt eine gleichmäßig verteilte reelle Zahl zurück, die größer oder gleich 0 und kleiner als 1 ist. Bei jeder Berechnung des Arbeitsblatts wird eine neue reelle Zufallszahl zurückgegeben.

Random.org ist eine Website, die „echte" Zufallszahlen auf der Grundlage von atmosphärischem Rauschen erzeugt. Neben der Generierung von Zufallszahlen bietet sie auch kostenlose Tools, mit denen man z.B. Münzen werfen, Karten mischen und Würfel werfen kann. Außerdem werden kostenpflichtige Dienste angeboten, um Zufallszahlenfolgen zu generieren und als unabhängiger Schiedsrichter für Verlosungen, Gewinnspiele und Werbeaktionen zu fungieren.

3.6.3 Methoden zur Steigerung der System-Zuverlässigkeit

3.6.3.1 Einführung

Zielsetzung ist es, den vorhergesagten Zuverlässigkeitswert zu verbessern beziehungsweise zu bestätigen. Dies erfolgt mit einer Sequenz von durchzuführenden Tests, nachfolgenden Analysen von aufgetretenen Fehlern, Verbesserung des Produktes, Durchführung weiterer Tests, Analyse der daraus entstanden Ausfällen sowie weitere Verbesserungsmaßnahmen. Dieser Zyklus wird solange durchgeführt, bis die geforderte Ziel-Zuverlässigkeit erreicht ist. Die typische Anwendung findet für komplexere Systeme mit definierten Zuverlässigkeitszielwerten und/oder neuen Technologien in frühen Phasen der Entwicklung statt.

Der Prozess des Zuverlässigkeitswachstums ist relativ aufwendig und findet im Allgemeinen bei sehr komplexen Systemen Anwendung. Dazu ist es erforderlich, dass ein Zuverlässigkeitsprogramm im Unternehmen etabliert ist. Beispiel aus denen sich ein der-

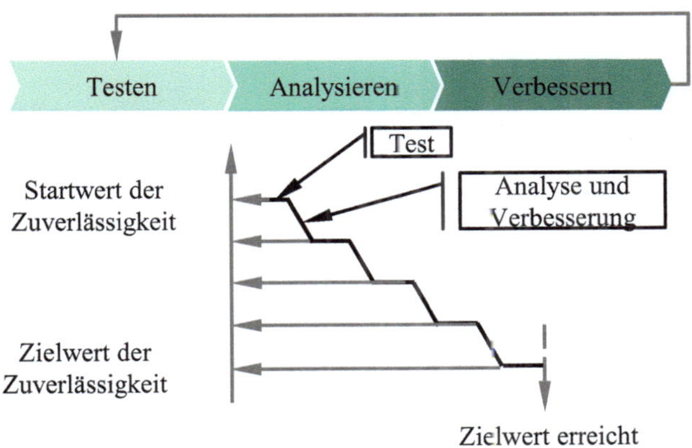

Abb. 3.59 Abfolge des Zuverlässigkeitswachstums

artiges Programm ableiten lässt ist die „MIL-STD-785" die in den Kapiteln wie „Design and Evaluation", „Program Surveillance and Control" und „Development and Production Testing" die erforderlichen Schritte der „Reliability Tasks" beschreibt.

Die „DIN EN IEC 60300-1 Zuverlässigkeitsmanagement Teil 1: Zuverlässigkeit ermöglichen" ist ein weiterer Leitfaden zur Etablierung eines Zuverlässigkeitsmanagements. In den Hauptkapiteln werden u.a. die Rolle der Zuverlässigkeit definiert, die Integration der Zuverlässigkeit in das Managementsystem einer Organisation beschrieben, Anleitung zur Erarbeitung eines Zuverlässigkeitsprogramm gegeben, die erforderlichen Zuverlässigkeitsaktivitäten erläutert. Zahlreiche Anhänge in tabellarischer Form tragen Informationen und Hilfestellungen bei. Beispiel: Anhang B (informativ) Beispiel für eine Zuverlässigkeitsreifegradmatrix.

Die Englischsprachige (originale) Version ist die „IEC 60300-1 Dependability Management – Part 1: Enabling Dependability".

Die „DIN EN 61164 Zuverlässigkeitswachstum – Statistische Prüf- und Schätzverfahren" (IEC 61164 Reliability growth – statistical test and estimation methods) beschreibt das Vorgehen zum Zuverlässigkeitswachstum detailliert. Im Anhang B (informativ) werden u.a. Hintergrundinformationen zu den Potenzgesetzmodell von J.T. Duane, L.H. Crow gegeben.

In der „DIN EN 61014 Programme für das Zuverlässigkeitswachstum" (IEC 61014 – Programmes for Reliability Growth) wird auf weitere Vorgehensweisen hingewiesen.

Zu erwähnen ist hier noch die „DIN EN 61124 Prüfungen der Funktionsfähigkeit – Prüfpläne für konstante Ausfallrate und konstante Ausfalldichte" (IEC 61124 Compliance tests for constant failure rate and constant failure intensity) die als Unterstützung herangezogen werden kann.

3.6.3.2 Zuverlässigkeitswachstumsmodelle am Beispiel von Duane und Crow

Beispiel 3.20 **Merkmal Duane Modell**
Basierend auf der Erfahrung, dass die meisten Ausfälle während eines Test relativ früh auftreten und mit zunehmender Testdauer sich die Anzahl der Ausfälle verringert, kann über die Zeit eine Verbesserung abgebildet werden.

Die Exponentialgleichung beschreibt den Zusammenhang:

$$N(t) = \lambda^{\beta} \tag{3.130}$$

wobei

$N(t)$ = Auftretende Ausfälle

λ = Lageparameter (Ordinaten-Reziprokwert bei t=1)

β = Formparameter (gibt Steigung der Geraden an)

t = Testdauer

Im doppeltlogarithmischen Diagramm wird obige Gleichung wie folgt dargestellt:

$$\ln N(t) = \ln \lambda + \beta \ln t \ . \tag{3.131}$$

Sind λ und β bekannt beziehungsweise können diese durch die Gerade annähernd gut geschätzt werden lässt sich die kumulative Ausfallrate ermitteln:

$$C(t) = \lambda \cdot t^{\beta-1} \ . \tag{3.132}$$

Ebenso die momentane (Zeitpunkt des jeweiligen Testende) mittlere Ausfallrate:

$$p(t) = \lambda \cdot \beta \cdot t^{\beta-1} \ . \tag{3.133}$$

Der Reziprokwert von $C(t)$ ist gleich dem kumulativen Ausfallabstand $MTBF_{\Sigma}$ somit ist:

$$\frac{1}{C(t)} = MTBF_{\Sigma} \ . \tag{3.134}$$

Der Reziprokwert von $p(t)$ ist gleich dem momentanen mittleren Ausfallabstand $MTBF_i$:

$$\frac{1}{p(t)} = MTBF_i \ . \tag{3.135}$$

Beispiel 3.21 **Merkmal Crow Modells**
Wenn der Formparameter beziehungsweise die Steigung β ungleich 1 ist, dann handelt es sich bei dem Zuverlässigkeitswachstumsprozess um einen inhomogenen Poisson-Prozess (NHPP). Daraus folgt, wenn $\beta > 1$ ist, steigt die Ausfallrate. Die Ausfälle treten folglich schneller auf. Wenn $\beta < 1$ ist dann fällt die Ausfallrate. Die Ausfälle treten langsamer und weniger auf. Es ist der Indikator für Zuverlässigkeitswachstum.

Im Falle von $\beta = 1$ liegt ein homogener Poisson-Prozess vor. Für zeitbegrenzte Tests (auch Typ I genannt) in denen die Ausfallzeitpunkte bekannt sind, können die Parameter β und λ wie folgt ermittelt werden:

$$\beta = \frac{N}{N \cdot \ln T - \sum_{i=t}^{n} \ln t_i}, \tag{3.136}$$

$$\lambda = \frac{N}{T^\beta}, \tag{3.137}$$

wobei T die gesamte Testdauer ist.

3.6.4 Übungen

Übung 3.17 Zuverlässigkeitsbewertung einer Flugzeugbremse
Gegeben ist das Zuverlässigkeits-Blockdiagramm eines redundanten hydraulischen Drucksystems für die Bremsen eines Flugzeugs.

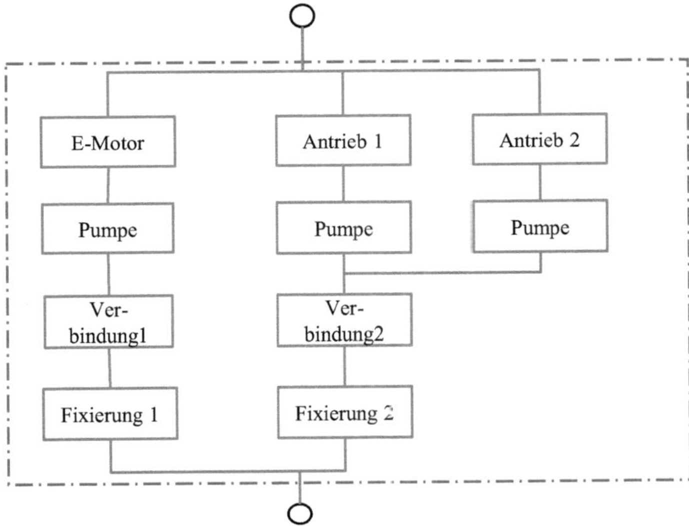

Die Zuverlässigkeitskennwerte für die einzelnen Komponenten sind wie folgt (je Einheit in $[1/h]$):

- E-Motor: $\lambda_{Emotor} = 0{,}0004$
- Antriebseinheit: $\lambda_{Antrieb} = 0{,}0005$
- Pumpe: $\lambda_{Pumpe} = 0{,}0001$
- Verbindungseinheit 1: $\lambda_{Einheit1} = 0{,}00021$
- Verbindungseinheit 2: $\lambda_{Einheit2} = 0{,}0004$
- Fixierung 1: $\lambda_{Fix1} = 0{,}000013$
- Fixierung 2: $\lambda_{Fix2} = 0{,}000023$

Wie ist die Systemzuverlässigkeit nach 10 h Flug? (Annahme: Exponentialverteilung)

Übung 3.18 Bewertung einer Systempartitionierung
Gegeben sind die beiden unten dargestellten Zuverlässigkeitsstrukturen, die beide eine Möglichkeit darstellen, ein bestimmtes System aufzubauen. Dabei folgen die Ausfälle der einzelnen Komponenten einer Exponentialverteilung.

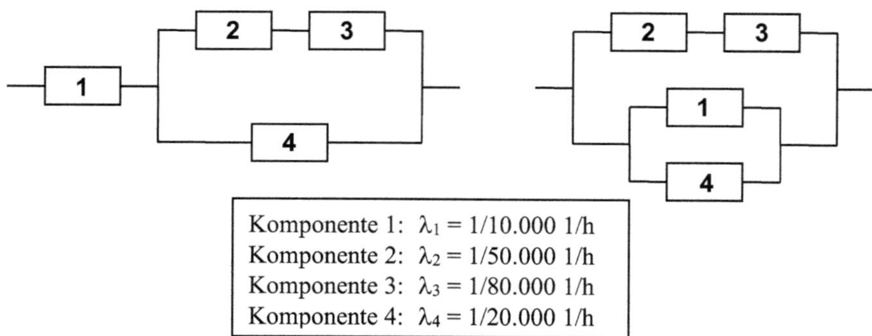

(a) Begründen Sie, welche der beiden Strukturen die zuverlässigere sein wird.
(b) Geben Sie die Systemzuverlässigkeit $R_S(t)$ für beide Systeme als Funktion der Komponentenzuverlässigkeiten $R_i(t)$ an.
(c) Wie groß ist die Zuverlässigkeit des weniger zuverlässigen Systems zum Zeitpunkt $t = 5.000$ h? Wie viele von 200 Systemen sind nach dieser Zeit ausgefallen?

Übung 3.19 Zuverlässigkeitsbewertung eines Kamerasystems
Building Technologies liefert eine Überwachungsanlage für einen Raum. Gefordert ist eine Systemzuverlässigkeit von $R_{Sys} = 99$ % bei $t = 180.000$ h. Hierfür werden zwei Systemstrukturen diskutiert:

- *Systemvariante 1:*
  Überwachungskamera 1, Videoüberwachung, Datenspeichersystem
- *Systemvariante 2:*
  Überwachungskamera 1, Überwachungskamera 2, Videoüberwachung, Datenspeichersystem, sensorbestückter Schalter für die Spannungsversorgung der beiden Kameras.

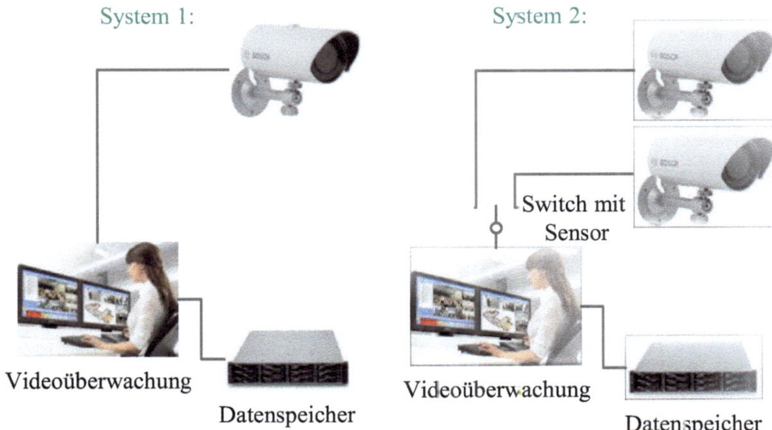

(a) Welches der Systeme eignet sich besser für die weitere Entwicklung (auf der Basis von 180.000 h)? Welches Bauteil muss verbessert werden, und warum?
(b) Während der Systemstrukturierung fordert ein neuer Kunde eine Lebensdauer von 400.000 h.

3.7 Ausgewählte Methoden der Zuverlässigkeit

3.7.1 Einführung

Es stellt sich die Frage „Was ist eine Methode?" und die weiteren Fragestellungen sind was brauche ich dazu und was fange ich damit an.

Das Prinzip stellt sich immer relativ einfach dar. Es bedarf einer analytischen, strukturierten Vorgehensweise bei der verschiedene Parameter abzufragen und zu verbinden sind und als Ergebnis daraus Schlüsse zu ziehen welche in einem weiteren Prozess ganz oder teilweise als Eingangsgröße verarbeitbar sind.

Hier bieten sich zwei grundsätzliche Möglichkeiten an:

- **Fall 1:**
  Entwicklung einer eigenen (proprietären) Methode die einem ganz bestimmten Zweck dienen soll
- **Fall 2:**
  Auswahl verfügbarer Methoden

Selbstverständlich sind auch Modifikationen oder Kombinationen denkbar. Dies liegt im Ermessen des Akteurs, der sich mit der Thematik seiner Aufgabenstellung auseinanderzusetzen hat. Dabei sind Zielsetzung, Inputs, Verknüpfungen und erwartetes Ergebnis in den

Fokus zu stellen. Die Entwicklung einer proprietären Methode ist nicht immer ganz trivial. Birgt aber den Vorteil, dass dabei außerordentlich intensive Kenntnisse entstehen welche für Herstellung und Betrieb des Systems wertschöpfend einsetzbar sind.

In den nachfolgenden Kapiteln werden einige Methoden skizziert, die sich in der Zuverlässigkeitstechnik bewährt haben.

3.7.2 Failure Mode and Effects Analysis (FMEA)

Eine sehr weit verbreitete Methodik ist die Fehler-Möglichkeits- und Einfluss-Analyse, FMEA. Im Prinzip ist es eine Risikoanalyse auf der Suche nach der Antwort der Frage „Was wäre wenn …? ". Dabei geht es immer um die Kette Fehlerursache – Fehler – Fehlerfolge.

Der Begriff FMEA bedeutet Fehlerarten- und Auswirkungsanalyse und dient als qualitatives Verfahren zur Zuverlässigkeitsbewertung und -verbesserung. Es ist eine Methode, um in der Systementwicklung mögliche Fehlerquellen sowie deren Auswirkungen frühzeitig abzuschätzen und dagegen Vorkehrungen zu treffen. Mittels FMEA können Risiken in neuen beziehungsweise geänderten Systemen, Produkten und Prozessen rechtzeitig und umfassend erkannt und vor Entwicklungsabschluss beseitigt werden.

In der DIN EN 60812 Fehlzustandsart- und -auswirkungsanalyse (FMEA) (Original: IEC 60812 Failure modes and Effects Analysis /FMEA and FMECA)) wird dieses Verfahren beschrieben.

Neben dieser Norme existieren weitere Standards die teilweise auch branchenspezifisch erstellt wurden und anzuwenden sind. In diesem Kapitel wird auf die allgemeine Struktur und den Einsatz der FMEA zur Produktverbesserung hingewiesen. Der FMEA-Prozess ist ein komplexer Ablauf der heutzutage Softwaregestützt durchgeführt wird. Das dazu auch entsprechendes Expertenwissen vorhanden sein muss steht außer Frage. Auch die Software kann es nicht wirklich leisten. Zu einer ausgezeichnet FMEA gehört auch immer ein ebensolcher Moderator, der die Dokumentation mithilfe der SW durchführt und das Team der Fachleute mit Fingerspitzengefühl zu zielführenden Aussagen motiviert. Wichtig, der Moderator darf keine fachlichen Aufgaben im FMEA-Team übernehmen.

Die FMEA ist ein Analysetool und ersetzt nicht ein gutes Design. Hilft aber sehr präzise ein solches zu erreichen. Es wird dabei die Auswirkung eines Fehlers auf der untersten funktionalen Ebene auf die darüber liegende Stufe analysiert und beschrieben. Wobei der wichtigste Schritt der letzte der letzte Schritt ist, nämlich die kreative Ideenfindung Erarbeitung und Bewertung von Verbesserungsmaßnahmen.

Zu Durchführung einer FMEA sind einige Angabe erforderlich wie z.B.:

• Betroffene Einheiten / Bauelemente

- Zu erfüllende Funktionen
- Fehlverhalten
- Auswirkungen des Fehlverhaltens
- Ursache
- Eindesignte Überwachungseinrichtungen
- Erforderliche Maßnahmen mit Beschreibung der Wirksamkeiten

Der Nutzen ist offensichtlich

- denn Fehler werden frühzeitig erkannt.
- Minimierung von Eingriffen in den Fertigungsprozess
- Verbesserung neuer Designs
- Vermeidung von Rückrufaktionen
- Sicherung hoher Forderungen Qualität
- Reduzierung von Kosten

Grundsätzlich können Arten von FMEA werden unterschieden werden:

- System FMEA (S-FMEA)
- Konstruktions-FMEA (K-FMEA)
- Prozess FMEA (P-FMEA)

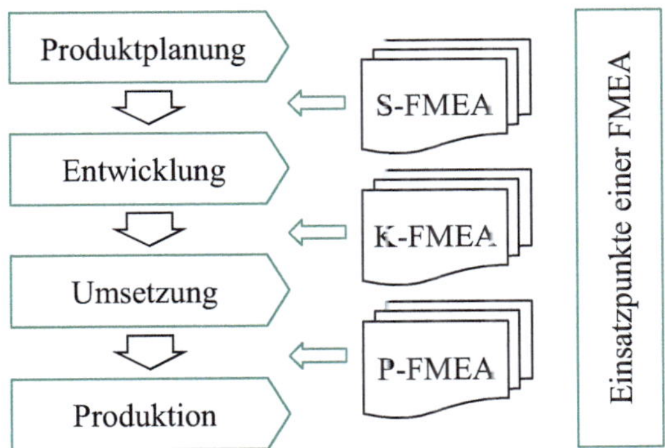

Abb. 3.60 Arten einer FMEA

Die drei FMEA-Arten bilden einen hierarchischen Zusammenhang.

Zur nächst niederen FMEA - Stufe ist die Ursache der übergeordneten FMEA die Auswirkung zur untergeordneten FMEA. D.h. die Fehlerursache der S-FMEA wirkt sich als Fehlerart in der K-FMEA und diese als Fehlerauswirkung in der P-FMEA aus. Die Phasen einer FMEA, vergleiche dazu auch Abb. 3.61.

Phase 1: DEFINIEREN- Systemelemente und Systemstruktur

- Planung und Vorbereitung
- Aufgabenstellung und Zielsetzung

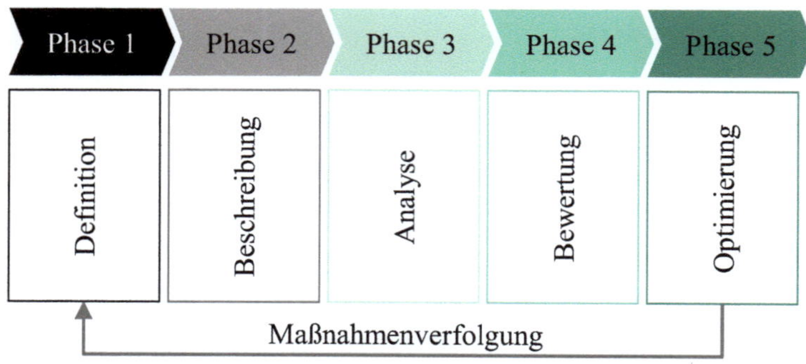

Abb. 3.61 Phasen einer FMEA

- Arbeitsgruppen, Ablaufplanung

Phase 2: BESCHREIBEN - Funktionen und Funktionsstruktur

- Unterlagen für Team
- Funktionsbeschreibung

Phase 3: ANALYSE - Fehlermöglichkeiten listen und ordnen

- Teile/Funktionen
- Funktionen/Fehlerarten
- Fehlerarten/Fehlerauswirkungen
- Fehlerarten/Fehlerursachen
- Fehlervermeidung/Fehlerentdeckung

Phase 4: BEWERTUNG - Risiko der Fehlerfolgen abschätzen

- Schwere der Auswirkungen Code S (auch B)
- Entdeckungswahrscheinlichkeit Code E
- Auftretenswahrscheinlichkeit Code A
- Risikozahl $RPZ = S \cdot E \cdot A$
- Einzelbewertung S,E,A >Limit
- Risikozahlen RPZ > Limit
- Auswahl geeigneter Verbesserungen
- Kosten und Termine

Phase 5: OPTIMIERUNG - Hohe RPZ oder hohe Einzelbewertung erfordern Maßnahmen zur Qualitätsverbesserung

- prinzipielle Ansatzpunkte
- kreative Ideenfindung
- Verbesserungsalternativen
- Einführung empfohlener Maßnahmen
- Einführungsplan
- Verantwortlichkeiten
- Termine

Das FMEA Formblatt:

1. Zuordnung: Die entsprechenden Daten der jeweiligen Produkte und Prozesse sind einzutragen.
2. Systemelement / Funktion / Aufgabe: Angabe zur Systemeinheit mit der jeweiligen Funktion oder Aufgabe.
3. Mögliche Fehler: Eintragung aller möglichen Fehler und Fehlfunktionen des betrachteten Systemelementes aus der Funktionsanalyse.
4. Mögliche Fehlerursachen: Für jeden Fehler werden alle möglichen Fehlerursachen untersucht und eingetragen.
5. Mögliche Fehlerfolgen: Eintrag der Ergebnisse möglicher Fehlerfolgen und Auswirkungen für das Gesamtsystem.
6. Vermeidungsmaßnahmen: Für jede mögliche Fehlerursache werden die zum Untersuchungszeitpunkt bereits durchgeführten Vermeidungsmaßnahmen aufgezeigt.
7. Entdeckungsmaßnahmen: Entdeckungsmaßnahmen sind zum Untersuchungszeitpunkt wirksame Maßnahmen, die bereits aufgetretene Fehlerursachen, Fehler oder Fehlerfolgen entdecken.
8. Bewertungszahl für die Bedeutung (B): Die Bewertungszahl B wird für die Bedeutung der Fehlerfolgen einer Fehlerursache für das Gesamtsystem festgelegt.
9. Bewertungszahl für die Auftretenswahrscheinlichkeit (A): Die Bewertungszahl A wird für jede Fehlerursache unter Berücksichtigung aller aufgelisteten Vermeidungsmaßnahmen festgelegt.
10. Bewertungszahl für die Entdeckungswahrscheinlichkeit (E): Die Bewertungszahl E wird für jede Fehlerursache unter Berücksichtigung aller aufgelisteten Entdeckungsmaßnahmen festgelegt.
11. Risikoprioritätszahl (RPZ): Die Risikoprioritätszahl ergibt sich aus der Multiplikation der Bewertungszahlen B, A und E. Sie wichtet das Systemrisiko für den Systemanwender und dient als ein Entscheidungskriterium zur Einleitung von Optimierungsmaßnahmen.
12. V/T: Verantwortlichkeit (V) für die Durchführung und Termin (T) für die Erledigung von Maßnahmen.
13. Optimierung: Die Bewertungszahlen B, A, E und die RPZ verdeutlichen Systemrisiken und zeigen die Ansatzpunkte zur Optimierung eines Systems auf.
14. Risikobewertung nach der Optimierung: Wie unter Punkt 8, 9 und 10.
15. Neue Risikoprioritätszahl (RPZ): Nach der Optimierung ist eine neu Risikoprioritätszahl wie unter Punkt 11 zu ermitteln.

Analyse B (Bedeutung) - Untersuchung und Ermittlung der Fehlerauswirkung Die Bedeutung der Folgen eines Fehlers für den Kunden (Abnehmer) wird anhand einer von 1 bis 10 reichenden Skala bewertet. Alle potentiellen Fehlerursachen mit gleichen Folgen erhalten die gleiche „B"-Bewertung:

- Fehler bleibt wahrscheinlich unbemerkt 1
- unbedeutender Fehler, der Kunde wird nur geringfügig belästigt 2 - 3
- mittelschwerer Fehler, der Kunde wird belästigt oder ist verärgert 4 - 6
- schwerer Fehler, z.B. Fahrzeug nicht fahrbereit 7 - 8

- äußerst schwerwiegender Fehler, 9 - 10 z.B. Fahrzeug bleibt liegen, Sicherheit ist beeinträchtigt
- Maßnahmen zur Verbesserung der Auswirkungsbegrenzung festlegen

Wenn B > 8 oder wenn RPZ > 125 ist, dann sind Maßnahmen der Fehlerauswirkungsbegrenzung einzuleiten. Andernfalls sind keine Verbesserungen zwingend.

Analyse A (Auftreten) - Untersuchung und Ermittlung der Fehlerursachen Die Wahrscheinlichkeit des Auftretens potentieller Fehlerursachen wird geschätzt und anhand einer von 1 bis 10 reichenden Skala bewertet.

- unwahrscheinlich 1
- sehr gering 2 - 3
- gering 4 - 6
- mäßig 7 - 8
- hoch 9 - 10

Maßnahmen zur Verringerung der Auftretenswahrscheinlichkeit festlegen. Wenn A > 8 oder wenn RPZ > 125 ist, dann sind Maßnahmen der Fehlervermeidung.

Analyse E (Entdeckung) - Untersuchung und Ermittlung der Fehlerarten Die Wahrscheinlichkeit einen Fehler zu entdecken, bevor das Teil oder das Gerät den Kunden erreicht hat, wird anhand einer von 1 bis 10 reichenden Skala bewertet.

Man geht davon aus, dass die Fehlerursache aufgetreten ist und bewertet dann die Wirksamkeit aller Prüfmaßnahmen für die Entdeckung des Fehlers.

- hoch, Fehler wird bei folgenden Arbeitsgängen entdeckt,
- Wahrscheinlichkeit der Entdeckung > 99,99
- mäßig, augenscheinliches Fehlermerkmal, z.B. Teil fehlt,
- Wahrscheinlichkeit der Entdeckung min. 99,7
- gering, leicht zu erkennendes Fehlermerkmal, z.B. fehlerhafte Steckverbindung bei 100
- Wahrscheinlichkeit des Entdeckens min. 98
- sehr gering, nicht leicht zu erkennendes Fehlermerkmal, z.B. visuelle oder manuelle 100
- Wahrscheinlichkeit des Entdeckens > 90
- unwahrscheinlich, Merkmal wird oder kann nicht geprüft werden, z.B. Frühausfall (zu geringe Lebensdauer) 10

Maßnahmen zur Erhöhung der Entdeckungswahrscheinlichkeit festlegen. Wenn E > 8 oder wenn RPZ > 125 ist, dann sind Maßnahmen der Fehlerentdeckung festzulegen. Andernfalls sind keine Verbesserungen zwingend.

Weiterentwicklung der FMEA-Systematik:
Wie eingangs bereits erwähnt gibt es viele Branchenspezifische Derivate. Dies ist auch zulässig. Als Beispiel sei hier die AIAG VDA erwähnt. Der Verband der Automobilindustrie und die Automotive Industry Actio Group haben ein harmonisiertes Dokument zur

Durchführung einer FMEA im Jahr 2019 (Aktualisierung wird folgen) publiziert.

Mit dieser Publikation wurde für die Prozess- und die Design-FMEA die RPZ durch den neu eingeführten Zahlenwert, der Aufgaben-Priorität (AP), ersetzt. Die AP dient zur Priorisierung von Maßnahmen und damit zur Risikoreduzierung. Die Priorisierungsstufen sind Hoch, Mittel und Niedrig. Damit soll dem Ziel der Risikominimierung stärker Rechnung getragen werden als dies bei reiner Multiplikation von vertauschbaren Faktoren möglich war. Es ist also der Handlungsbedarf in den Vordergrund gerückt worden.

Es werden sieben Hauptschritte zur Ermittlung der AP (Action Priority) vorgegeben die sich in drei Untergruppen teilen:

Gruppe System Analysis: Systemanalyse
1. Step: Planning & Preparation Planung und Vorbereitung
2. Step: Structure Analysis Strukturanalyse
3. Step: Functional Analysis Funktionsanalyse

Gruppe Failure Analysis and Risk Mitigation : Fehleranalyse und Risikoreduzierung
4. Step: Failure Analysis Fehleranalyse
5. Step: Risk Analysis Risikoanalyse
6. Step: Optimization Optimierung

Gruppe Risk Communication : Risiko Kommunikation
7. Step: Result Documentation Ergebnisdokumentation

Es ist aus momentaner Sicht davon auszugehen, dass andere System diesem Konzept folgen werden.

3.7.3 Failure Modes Effects and Criticality Analysis (FMECA)

Für die FMEA gibt es vielfältige Normen und Standards je nach Anwendungskontext. Eine allgemeine kontextunspezifische Normierung erfolgte 1980 durch die DIN 25448 unter dem Stichwort „Ausfalleffektanalyse". Diese Norm wurde 2006 aktualisiert durch die DIN EN 60812 unter dem Stichwort „Fehlzustandsart- und -auswirkungsanalyse". Daneben gibt es zahlreiche kontextspezifische Standardisierungen, nachfolgend eine kleine Auswahl:

- Design Review Based on Failure Mode (DRBFM)
- HACCP-Konzept (auf Lebensmittel ausgerichtet)
- Failure Mode, Effects, and Criticality Analysis (FMECA)
- Failure Mode, Effects and Diagnostic Analysis (FMEDA)

Im folgenden Teilkapitel soll auf die FMECA und im nächsten Teilkapitel auf die FMEDA näher eingegangen werden.

Die FMECA ist prinzipiell die FMEA, welche der FMECA vorausgehen muss, mit einer zusätzlichen, kritischen Analyse. Diese identifiziert die kritischen Fehlermöglichkeiten und -einflüsse zusammen mit der Wahrscheinlichkeit ihres Auftretens und des zu erwartenden Schadens. Im Gegensatz zur FMEA geht die FMECA mehr ins Detail, indem Fehlern ein Schweregrad zugewiesen wird, der die Rangfolge mittels einer Kritikalitätszahl priorisiert. Diese Kritikalitätsanalyse stellt die Wahrscheinlichkeit von Fehlermodi gegen die Auswirkung der Konsequenzen auf. Wodurch ausschließlich die kritischen Aspekte in Fokus rücken.

> Die FMECA (analog zur FMEA) kann zur Erfüllung von Qualitäts- und Sicherheitsanforderungen eingesetzt werden.

Wie die FMEA bietet auch die FMECA die gleichen Vorteile hinsichtlich Design-Verbesserungen von Produkten und Prozessen hinsichtlich Zuverlässigkeit, Sicherheit, Qualität und die daraus zu erreichende resultierende Kundenzufriedenheit. Dennoch ist die FMECA umfassender durch die Verknüpfung von Beziehungen zwischen Fehlerursache und -effekten sowie die Kritikalität von Korrekturmaßnahmen.

Diese Vorteile erzwingen entsprechend auch einen erhöhten Arbeitsaufwand. Zudem vernachlässigt die Methode normalerweise die Auswirkungen von Softwarefehlern oder menschlicher Fehlbedienung. Empfehlung ist hierbei die Anwendung der FMECA zusammen mit anderen analytischen Werkzeugen zur Entwicklung von Zuverlässigkeitsschätzungen zu verwenden.

3.7.4 Failure Modes Effects and Diagnostic Analysis (FMEDA)

Bei einer FMEDA werden gemäß Norm IEC 61508 und/oder EN ISO 13849 die Anteile sicherer und gefährlicher Ausfälle eines elektronischen Systems bestimmt. Die Durchführung der FMEDA ist eine zentrale Methode zur Entwicklung von Elektronik nach Anforderungen der Funktionalen Sicherheit. Sie ermöglicht die Betrachtung und die Beurteilung von Grenzen und möglichen Gefahren. Das Ergebnis der Analyse dient zur Beurteilung des Elektronik-Designs hinsichtlich Anforderungen der Funktionalen Sicherheit und wird zur Zertifizierung eingereicht.

> ISO 26262 für den Automotivebereich sind die Ergebnisse einer FMEDA ein zentrales Kriterium für die Bewertung der Sicherheit eines Systems.

Anforderungen in Sicherheitsstandards sind Fehler in einem sicherheitsrelevanten System zu vermeiden und bis auf eine zulässige Restfehlerwahrscheinlichkeit beziehungsweise Restfehlerrate zu reduzieren. In Abhängigkeit der gewählten Systemstruktur und des zu erreichenden Safety Integrity Levels muss das Verhältnis der sicheren Fehlerfälle (Safe

Failure Fraction – SFF beziehungsweise SPFM) berechnet werden. Hierfür kommt die FMEDA, mit mathematischen Modellen und Berechnungs-Methoden zum Einsatz, um die aus Ausfällen resultierenden Restfehlerwahrscheinlichkeiten beziehungsweise Restfehlerraten abzuschätzen. Wenn man mit seinen Systemen im Bereich der funktionalen Sicherheit unterwegs ist (also z. B. SIL 2 erfüllen möchte), dann ist die FMEDA eine Pflichtdokumentation. Die Norm DIN EN 61508 schreibt genau vor, wie hoch der Anteil der gefährlichen Fehler sein darf und welche Werte SFF (Safe Failure Fraction) und DC (Diagnistic Coverage) mindestens haben müssen.

Die FMEDA nimmt also eine umfassende Betrachtung des Systems vor und berücksichtigt u. a.:

- alle Komponenten eines Designs
- die Funktionen jeder Komponente
- die Fehlerarten jeder Komponente
- den Einfluss jeder Fehlerart auf die Produktfunktionalität
- die Fähigkeit einer Diagnose, den Fehler zu erkennen
- die Operationsprofile (umgebungsspezifische Belastungsfaktoren wie Temperatur, Druck, Luftfeuchte etc. – dies schlägt sich in der Ausfallrate eines Bauteils nieder)

Das Ergebnis dieser FMEDA ist die Berechnung der SFF (Safe Failure Fraction) und der DC (Diagnostic Coverage) für die Baugruppe. Meistens liegen diese Werte zwischen 60 % und 90 %.

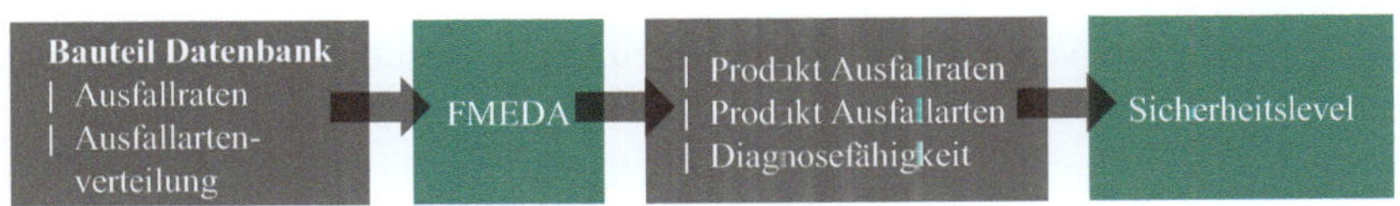

Abb. 3.62 Phasen einer FMEDA

Die Berechnung der Ausfallrate eines Bauteils auf Basis der Ausfallratendefinition in Tab. 3.23:

$$\lambda_{ges} = \lambda_{SU} + \lambda_{SD} + \lambda_{DU} + \lambda_{DD} \tag{3.138}$$

Die Berechnung der gesamten Fehlerrate kann nach Abb. 3.63 schematisch erfolgen.

Berechnung der Safe Failure Fraction (SSF):

$$SFF = \frac{\sum \lambda_s + \sum \lambda_{DD}}{\sum \lambda_s + \lambda_{DD} + \lambda_{DU}} \tag{3.139}$$

Dieser Wert gibt den prozentualen Fehleranteil an, die entweder für das System ungefährlich sind oder rechtzeitig entdeckt werden können. Als Einheit für die Fehlerwahrscheinlichkeiten wird der FIT Wert verwendet. Dieser Wert gibt die Anzahl der Fehler in 10^9 Betriebsstunden.

Tab. 3.23 Begriffdefinition der Ausfallraten einer FMEDA

λ	**Erklärung**
λ_{SU}	(safe undetected) - Anteil sicherer Ausfälle, die nicht von einer Diagnose erkannt werden
λ_{SD}	(safe detected) - Anteil sicherer Ausfälle, die von einer Diagnose erkannt werden
λ_{DU}	(dangerous undetected) - Anteil sicherer Ausfälle, die nicht von einer Diagnose erkannt werden
λ_{DD}	(dangerous detected) - Anteil gefährlicher Ausfälle, die von einer Diagnose erkannt werden

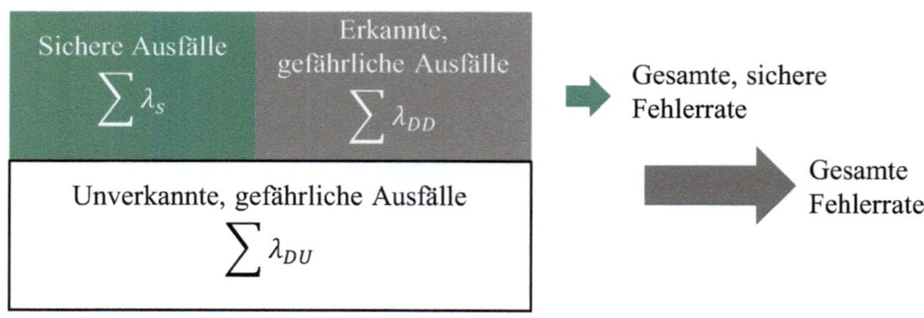

Abb. 3.63 Schematische Berechnung der gesamten Fehlerrate

Berechnung der Diagnostic Coverage (DC):
Die DC beschreibt das Verhältnis der gefährlichen, aber erkennbaren Fehler zu den gesamten gefährlichen Fehlern:

$$DC = \frac{\sum \lambda_{DD}}{\lambda_{DD} + \lambda_{DU}} \tag{3.140}$$

Der DC Wert gibt die Wahrscheinlichkeit an, dass ein gefährlicher Fehler entdeckt wird.

3.7.5 Fehlerbaumanalyse (FBA)

3.7.5.1 Einführung

Eine sehr häufig in der Zuverlässigkeits- und Sicherheitstechnik eingesetzte Methode ist die Fehlzustandsbaumanalyse, welche auffallend an Bedeutung gewonnen hat. Es sich handelt sich hierbei um eine strukturierte und systematische Analyse, die durch verschiedene Verzweigungen den Aufbau eines Baumes erahnen lässt. Dazu später mehr.

Der Begriff Fehlzustandsbaumanalyse ist in der Norm DIN EN 61025 festgelegt worden welcher in den Normen der DIN 25424-1 Fehlerbaumanalyse - Methode und Bildzeichen und DIN 25424-2 Fehlerbaumanalyse - Handrechenverfahren zur Auswertung eines Fehlerbaumes, als Fehlerbaumanalyse zu finden ist. Die Abkürzung wurde FBA beibehalten. Ferner ist auch die englische Bezeichnung FTA für Fault Tree Analysis gebräuchlich. Im

Internationalen elektrotechnischen Wörterbuch der IEC 60050 Teil 192 Zuverlässigkeit wird unter 192-11-07 für FBA auch der Begriff Störungsbaum neben Fehlzustandsbaum definiert.

Je nach Branche und Aufgabenstellung finden auch weitere Standards oder Handbücher Anwendung. Beispiele sind u.a.:

- „Fault Tree Handbook with Aerospace Applications" der NASA
- „NUREG-0492" der U.S. Nuclear Regulatory Commission
- DIN EN 16602-40-12 Raumfahrtproduktsicherung – Fehlerbaumanalyse – Adoption bezieht die Norm des ECSS Systems (EUROPEAN COOPERATION FOR SPACE STANDARDIZATION) mit ein
- DIN EN 62503 Verfahren zur Analyse der Zuverlässigkeit – Ereignisbaumanalyse (ETA)

Ziel ist es:

- **Fall 1:**
  das Eintreten unerwünschter Ereignisse zur Risikominderung durch eine präventive Analyse abschätzen zu können
- **Fall 2:**
  nach eintreten eines Fehlerfalles die Ursachen aufgrund von sogenannten Basisereignissen zu ermitteln
- **Fall 3:**
  Zusammenhänge eintretender Ereignisse, hierbei handelt es sich um keine Fehlerfälle, strukturiert zu analysieren und zu erkennen.

Prinzipiell sind zwei Arten von der FBA zu unterscheiden:
die Qualitative FBA:

- es liegen keinerlei Werte zu Ausfallwahrscheinlichkeiten oder Ausfallraten vor
- ein Ergebnis / Ereignis tritt ein oder nicht, also eine binäre Aussage
- eine Einschätzung der Ausfallwahrscheinlichkeit kann in Graduierungen von „Ereignis tritt ein" bis hin zu „Ereignis ist unwahrscheinlich" definiert werden
- es ist eine sehr intuitive Vorgehensweise

die Quantitative FBA:

- hierzu werden Ausfallwahrscheinlichkeitsdaten oder Ausfallraten für die Basisereignisse benötigt
- Mittels Boolescher Algebra lässt sich die Ausfallwahrscheinlichkeit des Top-Ereignisses, dem unerwünschten Ereignis ermitteln

Wichtiges Merkmal: Im Vordergrund der FBA steht die Betrachtung der Ausfallwahrscheinlichkeit wo hingegen bei der Zuverlässigkeit die Überlebenswahrscheinlichkeit im Mittelpunkt steht:

Fehlzustandsbaumanalyse: Ermittlung der Ausfallwahrscheinlichkeit - Auftreten eines Fehlverhaltens

Zuverlässigkeit: Ermittlung der Überlebenswahrscheinlichkeit - Sicherstellung der Funktion

3.7.5.2 Begriffe (alphabetisch) und Symbolik

Basisereignis:	Auslösendes Ereignis beziehungsweise Ursache (Basic Event), ursprünglich beitragende Ereignisse z.B. Ausfallraten
Kommandierter Ausfall:	Falsche Ansteuerung oder fehlende Ansteuerung eines funktionsfähigen Bauelementes zu einem falschen Zeitpunkt
Minimal Cut:	Ausfall des gesamten Systems bedingt durch Unterbrechung oder durch den Ausfall eines Elementes
Minimal Path:	Sicherstellung der Funktion eines Systems über minimale Verknüpfungen von Elementen
ODER-Gatter:	Logische Verknüpfung von zwei oder mehr Elementen welches jedes für sich alleine das Ereignis auslösen kann
Primärer Ausfall:	Ausfall eines Bauelementes, verursacht durch technologische Schwächen
Sekundärer Ausfall:	Ausfall eines Bauelementes verursacht durch äußere Einwirkungen, z.B. durch Umwelteinflüsse
Top-Ereignis:	Hauptereignis Ereignis beziehungsweise Zustand der zu untersuchen ist (Top Event) Beschreibung des Fehlzustandes
UND-Gatter:	Logische Verknüpfung von zwei oder mehr Elementen welche gemeinsam das Ereignis auslösen
Wahrscheinlichkeit:	Eintreten eines Ereignisses, $0 \leq P \leq 1$, d.h. $P = 0$, das Ereignis tritt nicht ein und $P = 1$, das Ereignis tritt voll umfänglich ein, dazwischen können alle Werte auftreten
Zwischenereignis:	Ereignis, welches einen Zustand beschreibt, jedoch noch nicht das zu untersuchende Top-Ereignis ist (Intermediate Event)

Wobei:

$$P = 1 - e^{-\lambda t} \text{ ist.} \tag{3.141}$$

Die Ausfallrate λ und die Zeit der Betrachtung sind hierbei die entscheidenden Parameter. Für Werte von $\lambda t \leq 0{,}1$ kann die Näherung $P \approx \lambda t$ verwendet werden.

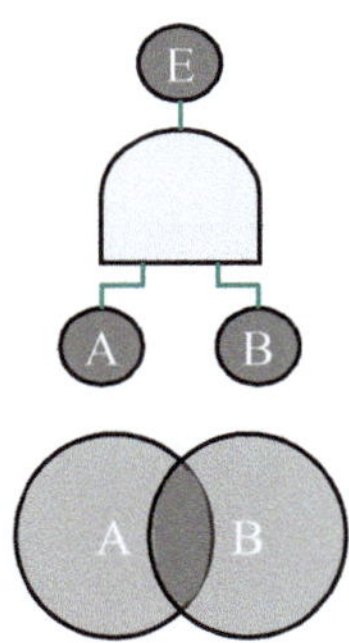

Abb. 3.64 Symbol UND-Gatter mit Ermittlung der Wahrscheinlichkeit für ein Ereignis

Hinweis zu unterschiedlichen Schreibweisen siehe Tab. 3.24.

Tab. 3.24 Schreibweisen für logische Verknüpfungen zu UND bzw. ODER

Auslegung	**ODER**	**UND**
Operation	Vereinigung von A und B	Schnitt von A und B
Wahrscheinlichkeit	A oder B	A und B
Mathematisch	$A \cup B$	$A \cap B$
Logisch	$A \vee B$	$A \wedge B$
Ingenieur	$A + B$	$A \cdot$ bzw. AB
Gatter Funktion	ODER Gatter	UND Gatter
Eintreten von Ereignissen	oder/und	sowohl als auch

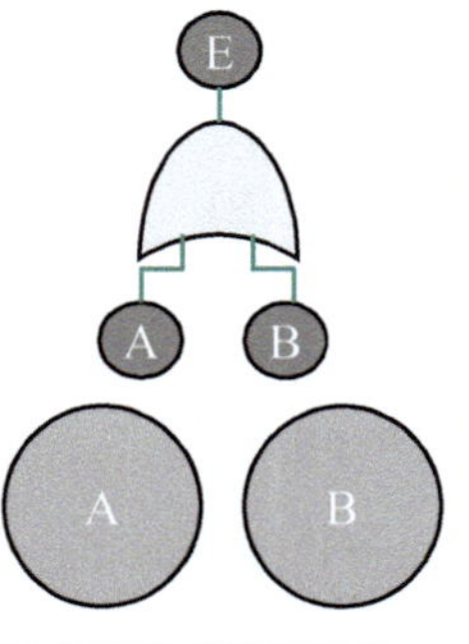

<table>
<tr><td>

Beide Ereignisse A oder B können jeweils einzeln oder auch gemeinsam das Ereignis E der Schnittstelle darstellen. A und B sind voneinander unabhängig.

</td><td>

ODER

Die Wahrscheinlichkeit für das Ereignis „E" wenn A oder B eintritt ist :

$$P(A)\ ODER\ (B) = 1 - (1 - P(A) \cdot (1 - P(B))$$

Beispiel:

De Wahrscheinlichkeit das A eintritt ist 0,8
Die Wahrscheinlichkeit das B eintritt ist 0,4

Die Wahrscheinlichkeit das A oder B eintreten und zum Ereignis E führen ist

$$P_E = 1 - (1 - P(A)) \cdot (1 - P(B))$$
$$P_E = 1 - (1 - 0,8) \cdot (1 - 0,4)$$
$$P_E = 1 - (0,2) \cdot (0,6)$$
$$P_E = 1 - 0,12$$
$$P_E = 0,88$$

$$P_E = 1 - \prod_{i=1}^{n} 1 - P_{E;i}$$

</td></tr>
</table>

Wobei:

n = Anzahl der Basisereignisse

i = aufsteigende Zählweise von 1 bis n der Basisereignisse

P_E = Wahrscheinlichkeit des eintretenden Ereignisses

Abb. 3.65 Symbol ODER-Gatter mit Ermittlung der Wahrscheinlichkeit für ein Ereignis

Neben den in den Abbildungen und detailliert erläuterten Symbolen UND (Abb. 3.64) beziehungsweise ODER (Abb. 3.65) gibt es noch weitere Darstellungen. Nachfolgend aufgeführt sind die wichtigsten Symbole im Überblick (siehe Abb. 3.66 und Abb. 3.67):

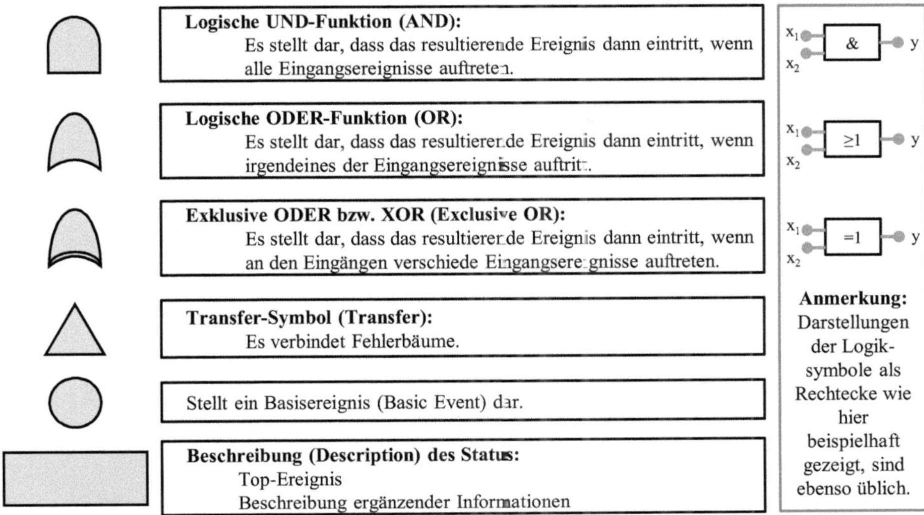

Abb. 3.66 Symbole der FBA

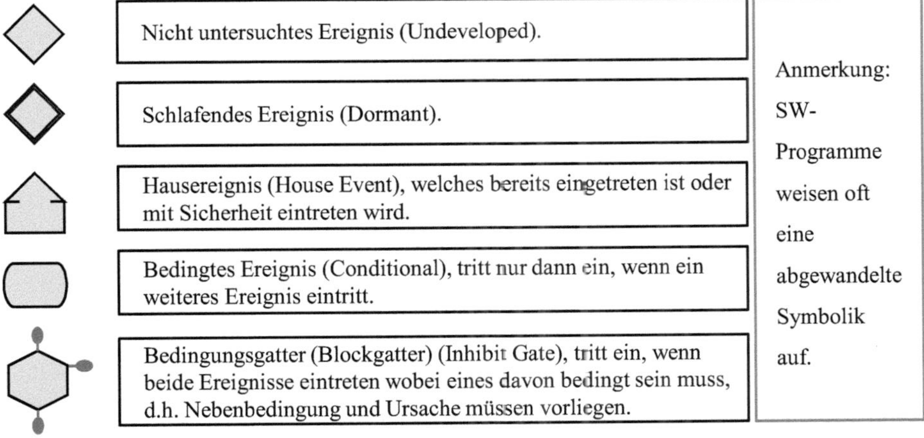

Abb. 3.67 Symbole zu Ereignissen der FBA

▷ Anmerkung:

Die Symbolik hat im Laufe der Zeit und durch die Einführung verschiedener Rechnerprogramme moderate Änderungen erfahren. Die Piktogramme sind jedoch deutlich in ihrer Funktion erkennbar.

Beispiel 3.22 Verknüpfungen der Basisereignisse zu einem Top-Ereignis, siehe Abb. 3.68

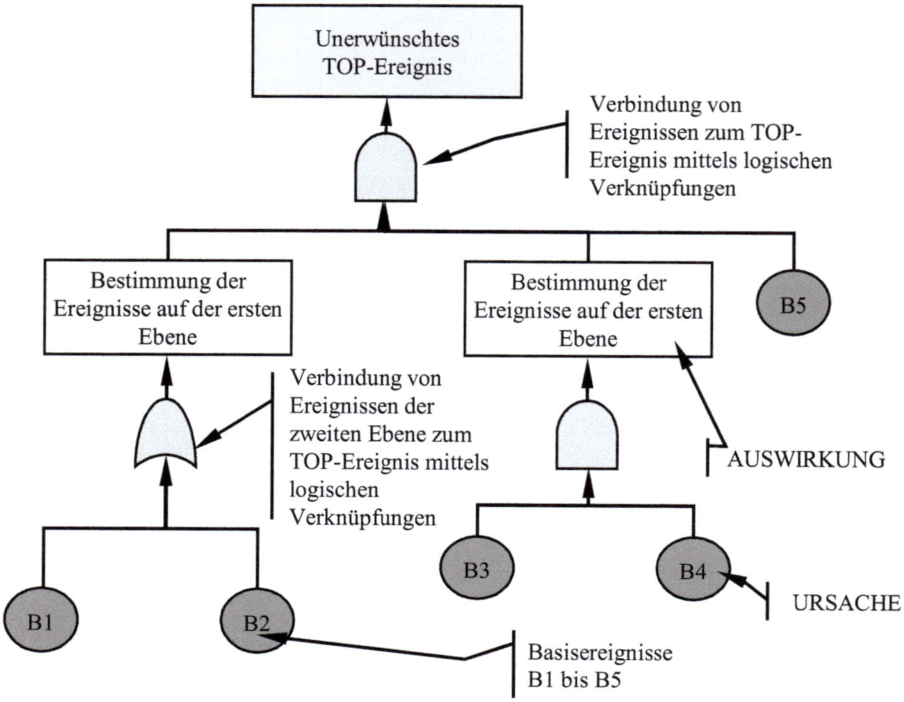

Abb. 3.68 Beispiel von Verknüpfungen

3.7.5.3 Vorgehensweise

Damit begründet sich bereits die Bestimmung der FBA. Es ist die Ermittlung der Wahrscheinlichkeit des Eintretens eines Ereignisses, dem Top-Ereignis, stützend auf Ausfallarten und den Ausfallraten der Basisereignisse. Zwangsläufig resultiert daraus, das notwendige vorhanden sein des für das erforderliche Wissen um die Aspekte und Kenngrößen der Zuverlässigkeit.

Bei dieser Vorgehensweise wird ein Produkt systematisch in Komponenten und deren funktionale Zusammenhänge von den Basisereignissen bis hin zum Top-Ereignis aufgeteilt, wobei deren Verbindung untereinander mit logischen Operatoren wie ODER, UND, Exklusive ODER (XOR) darzustellen ist. Mittels der der Booleschen Algebra, wird die Ausfallwahrscheinlichkeit des Top-Ereignisses aufsteigend von den Basisereignissen und den darüber liegenden Systemelementen analytisch dargestellt und die logischen Verknüpfungen ermittelt. Dies ermöglicht eine vergleichsweise einfache und leistungsfähige Bearbeitung bei Zuverlässigkeits- und Sicherheitsanalysen.

Neben den rein funktionalen Fehlermodi der Hardware können auch unerwünschte Ereignisse bedingt durch z.B. Software, menschliches Fehlverhalten, betriebsbedingte Fehler, Wartungsfehler etc. auf das System berücksichtigt werden.

> Die Analyse bestimmt, wodurch das Top-Ereignis entweder durch individuelle Ereignisse oder durch Kombination von Ereignissen verursacht werden kann.

Die Durchführung kann bei recht einfachen Systemen auf dem Papier, quasi mit Bleistift und Taschenrechner oder mit z.B. Excel erfolgen. Bei komplexeren Systemen wird dies aber sehr schnell unübersichtlich und erzwingt den Einsatz einer dafür geeigneten handelsüblichen Software.

Einige wichtige Regeln zur Vorgehensweise:

- Top-Ereignis präzise beschreiben.
- Gatter immer über Beschreibungen an andere Gatter anknüpfen.
- Wegen Übersichtlichkeit die Eingänge der Gatter immer nur mit einem Pfad zeichnen.
- Konsistent bleiben in der Nomenklatur.
- Verwendung indizierter Nummerierung bei großen Fehlerbäumen.
- Verursacher (Basisereignisse) müssen unabhängig voneinander sein.
- Kurze klare Beschreibungen in den Ebenen hinsichtlich was und wie es ausgefallen ist.
- Jedes beitragende Ereignis muss sich unmittelbar auf die darüber liegende Ebene auswirken.

> **Hinweis:**

Handelsübliche FBA/FTA-Programme übernehmen einen großen Teil der Aufgabenstellung und erleichtern die Darstellung der Zusammenhänge. Sie ersetzen jedoch nicht die Systemkenntnisse. Dazu ist Fachkenntnis erforderlich!

Grundsätzliche Vorgehensweise mit den wichtigsten Inhalten bei der Konstruktion eines Fehlerbaumes in vier Schritten:

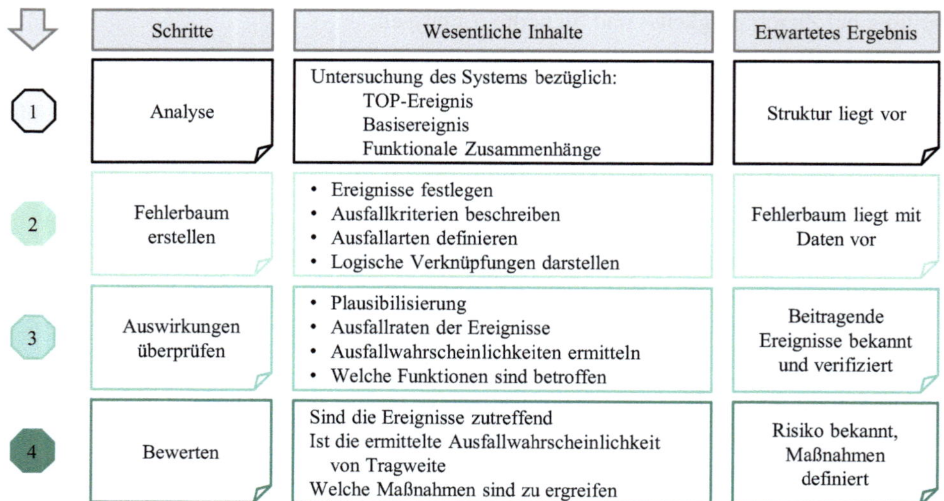

Abb. 3.69 Vorgehensweise in vier wesentlichen Schritten

In anderen Literaturstellen findet man auch die Vorgehensweise in fünf Schritten für die Qualitative und in sechs Schritten für Quantitative Fehlerbauanalyse (FBA/FTA), siehe folgende Abb. 3.70. Weitere Beschreibungen sind ebenso der Norm DIN EN 61025 zu entnehmen.

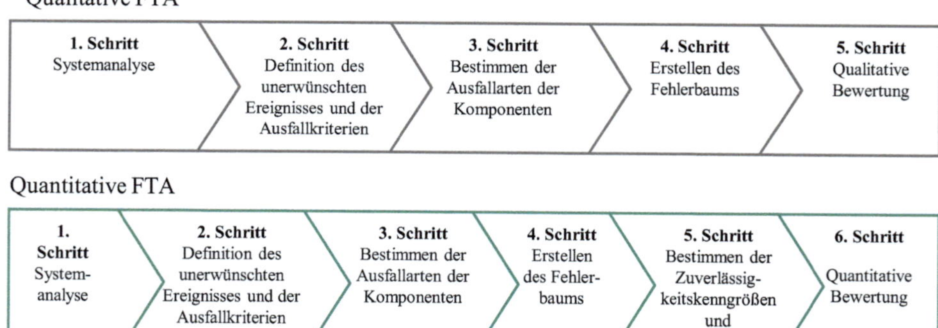

Abb. 3.70 Vorgehensweise in fünf/sechs Schritten

> **Hinweis:**

Wie auch immer die Vorgehensweise festgelegt oder welche als Leitfaden herangezogen beziehungsweise an diese angelehnt wird, es müssen kontinuierlich u.a. folgende Kriterien im Fokus stehen:

- Welche Funktionen hat das System zu erfüllen
- Was kann zum Ausfall oder zur Fehlfunktion führen
- Wie kritisch sind die Fehlfunktionen oder Ausfälle in der Auswirkung auf andere Systeme
- Welches Risiko ist zu vermeiden beziehungsweise minimieren
- Genügt eine qualitative FBA den Anforderungen und der Zielsetzung
- Bei Durchführung einer quantitativen FBA: wie erhalte ich gesicherte Daten zur Ermittlung der Ausfallwahrscheinlichkeit
- Während des Aufbaus einer FBA sind fortwährend die einzelnen Schritte kritisch zu hinterfragen und mit dem zu Ziel verifizieren

Fazit:
Immer hinterfragen was zu tun ist sowie was und wie es zielführend umgesetzt werden kann beziehungsweise wurde!

3.7.6 Übungen

Übung 3.20 FMEDA
Bei der Durchführung einer FMEDA für ein elektronisches Steuergerät (ECU) in einem Fahrzeug ist die Diagnostic Coverage (DC) für den ECU-Ausfall zu berechnen. Die ECU hat eine Ausfallwahrscheinlichkeit von 0,01 pro Betriebsstunde, die Auswirkungen eines ECU-Ausfalls auf die Fahrzeugsteuerung werden als „kritisch" bewertet und die Detektionswahrscheinlichkeit für diesen Ausfallmodus beträgt 0,9.

Übung 3.21 FMECA
Für das Bremssystem eines neuen Fahrzeugmodells soll die Risikoprioritätszahl (RPZ) für den Bremsbelagverschleiß berechnet werden. Die Ausfallwahrscheinlichkeit für die Bremsbeläge beträgt 0,05 pro Jahr, die Auswirkung eines Bremsbelagverschleißes auf die Bremsleistung wird als „kritisch" bewertet und die Detektionswahrscheinlichkeit für diesen Ausfallmodus beträgt 0,8.

Übung 3.22 Fehlerbaum
Ein System kann nach folgendem Fehlerbaum beschrieben werden:

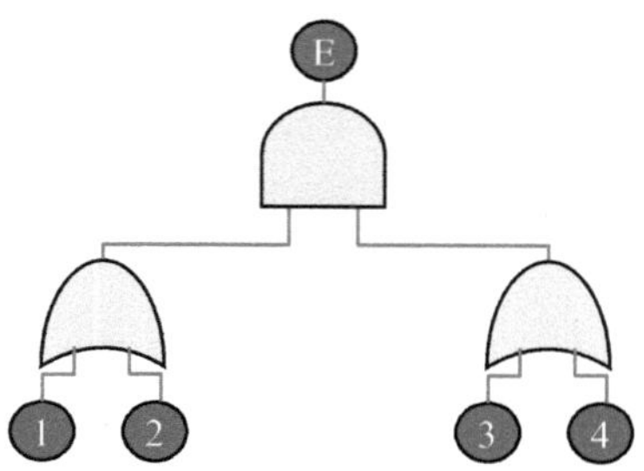

(a) Gesucht wird die Gleichung zur Ausfallwahrscheinlichkeit des Systems $F_S(t)$ aus dem gegebenen Fehlerbaum als Funktion der Komponentenausfallwahrscheinlichkeiten $F_i(t)$.

(b) Wie groß ist die Systemausfallwahrscheinlichkeit mit den einzelnen Ausfallwahrscheinlichkeiten von $F_1 = 2\,\%$, $F_2 = 2\,\%$, $F_3 = 3\,\%$ und $F_4 = 1\,\%$?

3.8 Verständnisfragen

1. Wie wird die Grundgesamtheit abgegrenzt?
2. Welches Prinzip gilt bei der Gewinnung von Stichproben?
3. Welche Arten von Merkmalen gibt es?
4. Was versteht man unter der „Ausprägung" eines Merkmals?
5. Wie wird mit Ausreißern/fehlerhaften Daten umgangen?
6. Welche statistischen Maßzahlen gibt es und nach welcher Art lassen sie sich unterscheiden?
7. Wofür werden diskrete Verteilungsfunktionen angewendet?
8. Welche diskrete Verteilungsfunktionen gibt es?
9. Wie kann man eine Stichprobe ziehen?
10. Wann wird eine Hypergeometrische, eine Binomial- und eine Poisson-Verteilung angenommen?
11. Welche vier Verteilungsformen werden in der Zuverlässigkeit am meisten angewendet und wie unterscheiden sich diese voneinander?
12. Was ist der Unterschied zwischen einem einseitigen und einem zweiseitigen Vertrauensbereich?
13. Wann kann von einer ausfallfreien Zeit bei der Weibullverteilung ausgegangen werden?
14. Welche Methoden zur Systempartitionierung gibt es?
15. Was ist der Unterschied zwischen der Booleschen und der Markov Methode?
16. Welche Methoden zur Steigerung der Systemzuverlässigkeit gibt es?
17. Wofür steht FMEA?
18. Wie wird die Risikoprioritätszahl bei der FMEA berechnet?
19. Was wird unter der Fehlerbaumanalyse verstanden?
20. Was ist der Unterschied zwischen FMEA, FMEDA und FMECA?

Literaturverzeichnis

1. Abernethy, R.B.: The new Weibull handbook. GF Boocks, Hawthorne, USA (2000)
2. Aitchison, J., Brown, J.A.: The lognormal distribution. Cambridge University Press, Cambridge (1957)
3. Bazovsky, I.: Reliability Theory and Practice, Reliability Mathematics as applied to electrical, mechanical, and other systems as used in airborne, missile, and ground equipment, Prentice-Hall Inc., New Jersey (1977)
4. Becker, P., Gottschalk, A., Ulbrich, H.: Qualität und Zuverlässigkeit elektronischer Bauelemente, bestimmen, voraussagen und sichern. Expert Verlag, Esslingen (1995)
5. Bernoulli, J.: Ars conjectandi. Engelmann, Leipzig (1899)
6. Bertsche, B., Dazer, M.: Zuverlässigkeit im Fahrzeug- und Maschinenbau. Springer, Berlin (2022)
7. Binder, K.: Monte Carlo Simulation in Statistical Physics. Springer, Berlin (1979)
8. Binder, K.: Applications of the Monte Carlo method in statistical physics. Springer, Berlin (1987)
9. Birolini, A.: Zuverlässigkeit von Geräten und Systemen. Springer, Berlin (1997)
10. v.Bonin, L., Ganz, W.: Die Untersuchung der Vertrauenswürdigkeit von gemessenen Festigkeitswerten an Probestäbchen aus CFK mit Hilfe statistischer Methoden. Teil1: Wahrscheinlichkeitsverteilungen för die Festigkeitsanalyse. DFVLR-Mitteilungen 86-17. DLVLR Braunschweig (1986)
11. Bronstein, I.N., Semendjajew, K.A.: Taschenbuch der Mathematik (Bronstein). B. G. Teubner, Berlin (1958)
12. Deutsche Gesellschaft für Qualität e.V.: Begriffe und Formelzeichen im Bereich der Qualitätssicherung. Frankfurt a. M. (1999
13. Deutsche Gesellschaft für Qualität e.V.:Das Lebensdauernetz - Erläuterungen und Handhabung. Frankfurt a. M. (1999)
14. DIN ISO 2859-1:2014-08: Annahmestichprobenprüfung anhand der Anzahl fehlerhafter Einheiten oder Fehler (Attributprüfung) - Teil 1: Nach der annehmbaren Qualitätsgrenzlage (AQL) geordnete Stichprobenpläne für die Prüfung einer Serie von Losen. Beuth-Verlag, Berlin (2014)
15. DIN ISO 2859-2:2021-07: Annahmestichprobenprüfung anhand von Attributen - Teil 2: Nach der rückzuweisenden Qualitätsgrenzlage (LQ) geordnete Stichprobenanweisungen für die Prüfung einzelner Lose. Beuth-Verlag, Berlin (2021)
16. DIN ISO 2859-3:2007-10: Annahmestichprobenprüfung anhand der Anzahl fehlerhafter Einheiten oder Fehler (Attributprüfung) - Teil 3: Skip-Lot-Verfahren. Beuth-Verlag, Berlin (2007)
17. DIN EN 61124:2013-01: Prüfungen der Funktionsfähigkeit - Prüfpläne für konstante Ausfallrate und konstante Ausfalldichte. Beuth-Verlag, Berlin (2013)
18. Dubey, S.D.: On some permissible estimator of the location parameter of the Weibull and certain other distributions. Technometrics, Vol.9, No.2., May, p.293-307 (1967)
19. Ehrenberg, A.: Statistik oder der Umgang mit Daten. VCH Verlagsgesellschaft, Weinheim (1986)
20. Eigler, H.: Zuverlässigkeit von Elektronik und Mikrosystemen. Expert Verlag, Esslingen (2003)
21. Fahrmeir, .L: Regression: Modelle, Methoden und Anwendungen. Statistik und ihre Anwendungen. Springer, Berlin (2009)
22. Fahrmeir, L.: Statistik: Der Weg zur Datenanalyse. Springer, Berlin (2016)
23. Fröba, S., Wassermann, A.: Die bedeutendsten Mathematiker. Marix Verlag, Wiesbaden (2007)
24. Forschungsvereinigung Antriebstechnik (FVA): Einfluss moderner Schmierstoffe auf die Pittingbildung bei Wälz- und Gleitbeanspruchung. Arbeitsgruppe "Pitting-Ringversuche". FVA-Forschungsreport. Wiesbaden (1981)
25. Gottschalk, A.: Qualitäts- und Zuverlässigkeitssicherung elektronischer Bauelemente und Systeme, 2. völlig neu bearbeitete Auflage. Expert Verlag, Esslingen (2010)
26. Graf, H., Stange, W.: Formeln und Tabellen der angewandten mathematischen Statistik. Springer-Verlag, Berlin (2007)
27. Grant, E., Leavenworth, R.S.: Statistical Quality Control, McGraw-Hill-Book Company, New York (1974)
28. Juran, J.M.: Quality Control Handbook. McGraw-Hill Book Company, New York (1974)
29. Härtler, G.: Statistische Methoden für die Zuverlässigkeitsanalyse. Springer, Wien (1983)
30. Heinhold, J., Gaede, K.W.: Ingenieur-Statistik. Oldenbourg Verlag, München (1979)

31. Kapur, K.C., Lamberson, L.R.: Reliability in Engineering Design. John Wiley & Sons Inc., New York (1977)
32. Kapur, K.C.: Mathematical and Statistical Methods and Models in Reliability and Life studies. McGraw Hill, New York (1995)
33. Kapur, K.C., Lamberson, L.R.: Reliability in Engineering Design. John Wiley & Sons Inc., New York (1998)
34. Kapur, K.C.: Reliability, Availability and Maintainability. McGraw Hill, New York (2001)
35. Kapur, K.C., Pecht, M.: Reliability Engineering. John Wiley & Sons, Inc., New York (2014)
36. Klein, H.: Über die Streugrenzen statistischer Verteilungskurven. Mitteilungsblatt für mathematische Statistik, S. 140-169. Würzburg (1954)
37. McKay M.D., Beckman, R.J., Conover, W.J.: A Comparison of Three Methods for Selecting Values of Input Variables in the Analysis of Output from a Computer Code. Technometrics, Vol. 21 Nr. 2, S. 239-245 (1979)
38. Koch, K.-R.: Einführung in die Bayes-Statistik. Springer, Berlin (2000)
39. Kochs, H.-D.: Zuverlässigkeit elektrotechnischer Anlagen. Springer-Verlag, Berlin (1984)
40. Kreyszig, E.: Statistische Methoden und ihre Anwendungen. Vandenhoeck & Ruprecht, Göttingen (2000)
41. Messerschmitt-Bölkow, B.: Technische Zuverlässigkeit. Springer, Berlin (1971)
42. Messina W.-S.: Statistical Quality Control for Manufacturing Managers, John Wiley & Sons, New York (1987)
43. Anderson, H.L.: Metropolis, Monte Carlo and the MANIAC. Los Alamos National Laboratory, Vol. 14 (1986)
44. Meyna, A., Bernhard, P.: Taschenbuch der Zuverlässigkeit und Sicherheitstechnik, Quantitative Bewertungsverfahren, Carl Hanser Verlag, München (2003)
45. MIL-STD-690D: Military Standard: Failure Rate Sampling Plans and Procedures. Departments and Agencies of the Department of Defense (2024)
46. MIL-STD-2074: Military Standard: Failure Classification for Reliability Testing. Departments and Agencies of the Department of Defense (1978)
47. Mock, R.: Methoden zur Datenhandhabung in Zuverlässigkeitsanalysen. vdf Hochschulverlag AG, Zürich (1995)
48. Moslern, K.: Wahrscheinlichkeitsrechnung und schließende Statistik. Springer, Berlin (2006)
49. O'Connor, P.T. and Kleyner, A.: Practical reliability engineering. John Wiley & Sons Inc., New Jersey (2012)
50. Papula, L.: Mathematik für Ingenieure und Naturwissenschaftler - Band 3. Springer, Berlin (2016)
51. Pollino, E.: Microelectronic Reliability Volume II, Integrity Assessment and Assurance. Artech House, New York (1989)
52. Rakowsky, U.K.: Systemzuverlässigkeit, Terminologie - Methoden - Konzepte. LiLoLe - Life Long Learning (2002)
53. Reichelt, C.: Rechnerische Ermittlung der Kenngrößen der Weibull-Verteilung. Fortschr.-Bericht. VDI, Reiche 1, Nr. 56 (1978)
54. Reinschke, K., Usakof, I.: Zuverlässigkeitsstrukturen, Modellbildung, Modellauswertung. R. Oldenbourg Verlag, München (1988)
55. Rinne, H., Mittag, H.-J.: Statistische Methoden der Qualitätssicherung. Carl Hanser Verlag, München (1989)
56. Sachs, L.: Angewandte Statistik: Anwendung statistischer Methoden. Springer, Berling (1997)
57. Sachs, L.: Angewandte Statistik: Methodensammlung mit R. Springer, Berlin (2021)
58. SAE: Automotive Electronics Reliability Handbook. SAE - The Engineering Society for Advancing Mobility Land Sea Air and Space. Warrendale, PA, USA (1987)
59. Schäfer, E.: Zuverlässigkeit, Verfügbarkeit und Sicherheit in der Elektronik. Vogel-Verlag, Würzburg (1979)
60. Schneeweiss, W. G.: Zuverlässigkeits-Systemtheorie, Methoden zur Beurteilung der Zuverlässigkeit technischer Systeme. Datakontext-Verlag, Frechen (1980)
61. Schneeweiss, W. G.: Grundbegriffe für praktische Zuverlässigkeitsanalysen. Datakontext-Verlag, Frechen (1981)

62. Schrüfer, E.: Zuverlässigkeit von Mess- und Automatisierungseinrichtungen. Carl Hanser Verlag, München (1984)
63. Siebertz, K., van Bebber, D., Hochkirchen T.: Statistische Versuchsplanung - Design of Experiments (DoE). Springer, Berlin (2010)
64. Stange, K.: Angewandte Statistik, Eindimensionale Probleme. Springer-Verlag, Berlin (1970)
65. Stange, K.: Angewandte Statistik, Mehrdimensionale Probleme. Springer-Verlag, Berlin (1971)
66. Stigler, S. M.: The History of Statistics. The Belknap Press of Havard University Press, Cambridge (USA) and London (1986)
67. Störmer, H.: Mathematische Theorie der Zuverlässigkeit, Oldenbourg Verlag (1983)
68. Timischl W.: Qualitätsicherung, Satistische Methoden. Carl Hanser Verlag, München Wien (2004)
69. VDA Band 3 Teil 2:2016-05: Zuverlässigkeistmethoden und -Hilfsmittel. Verband der Automobilindustrie, Berlin (2016)
70. Weil, A., Mattmüller, M.: Die Werke von Jakob Bernoulli. Birkhäuser Verlag, Basel (1999)
71. Werdich, M.: FMEA - Einführung und Moderation. Springer, Berlin (2012)

Kapitel 4
Data-Science im Entwicklungsbereich

Anwendungspotentiale von Data-Mining und Künstliche Intelligenz in der Entwicklung

Die Digitalisierung bietet nicht nur im Software- sondern auch im Hardware-Entwicklungsbereich hohe Potentiale, die ein beschleunigtes Entwickeln ermöglichen.

Zusammenfassung Die Digitalisierung ist der Megatrend zu Beginn des 21. Jahrhunderts. In den meisten Unternehmen wird dieser Trend als neue Chance gesehen, ihre Prozesse, Produkte und Geschäftsmodelle unter Verwendung von Daten und algorithmischen Systemen zu erneuern oder zu verbessern. Dieser digitale Wandel in der Wirtschaft sowie in der Gesellschaft soll auch in diesem Buch mit den entsprechenden Methoden aufgezeigt und Potenziale in der Entwicklung von elektronischen und mechanischen Systemen benannt werden. Die größte Herausforderung ist hierbei, den Zielkonflikt von Verfügbarkeit von Daten und Entwicklung zu reflektieren und entsprechende Methoden zielführend einzusetzen.

4.1 Einführung

Einige statistische Grundlagen wurden bereits im vorherigen Kapitel 3 besprochen. In diesem Kapitel wird tiefer in die Interpretation von Datenmengen eingegangen. Dies lässt sich zunächst mit klassischen Methoden wie Regressionsanalyse oder Hypothesentests durchführen. Falls diese klassischen Interpretationsmöglichkeiten nicht mehr ausreichen oder weiterhelfen, können mittlerweile sehr etablierte Data-Mining Methoden, wie das Maschinelles Lernen, eingesetzt werden.

Im Entwicklungsbereich von Produkten kommen immer mehr Fragestellungen auf, wie die Entwicklungszeiten weiter reduziert werden können. Dabei können unter anderem im Bereich des Online-Monitoring oder PHM[1] Methoden der Künstlichen Intelligenz (KI) zunehmend eingesetzt werden. Zur Einführung in die Thematik gibt Abb. 4.1 eine gute Übersicht wie Data-Mining in diesem Buch einzugliedern ist. Data-Mining steht als Überbegriff für die Bereiche Statistik, Big Data, Datenvisualisierung sowie Künstliche

---

[1] Prognostics and Health Management - Vorgehensweise, Methoden und Modellen, die die „Gesundheit" eines technischen Systems erfassen und entsprechende Maßnahmen einleiten sollen, indem die Diagnose des Zustands des Systems und insbesondere die Prognose der weiteren Entwicklung dieses Zustands erfasst wird.

Intelligenz. Für eine gute Interpretation der Daten benötigt es neben den Methoden der Korrelation, Regression sowie Hyperthesentests, auch noch eine gute Datenvisualisierung. Abschließend wird auf die Methoden der Künstlichen Intelligenz, wie beispielsweise das Maschinelle Lernen (ML) oder die Künstliche neuronale Netze, weiter eingegangen.

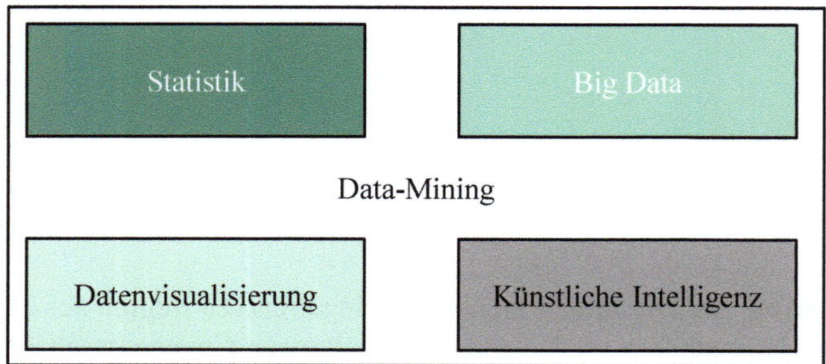

Abb. 4.1 Das Diagramm zeigt Data Mining als übergeordneten Bereich, der Statistik, Big Data, Datenvisualisierung und Künstliche Intelligenz als seine wesentlichen Teilgebiete vereint.

Für den Einsatz von Methoden, wie neuronale Netze, benötigt es Daten, die in der Entwicklung, ohne Vorgängerprodukte oder vergleichbarer Produkte, meistens nicht in ausreichender Menge verfügbar sind. Falls entsprechend eine große Datenmenge vorliegt, muss der Gebrauch solcher Methoden scharf hinterfragt und/oder eine gute Vorbereitung zur Generierung von Daten frühzeitig im Entwicklungsprozess verankert werden.

Dieses Kapitel beleuchtet die zunehmende Bedeutung von Data-Science als Schlüsseldisziplin im modernen Produktentstehungsprozess (PEP). In der Entwicklung von komplexen elektronischen und mechanischen Systemen entstehen heute täglich riesige Datenmengen – von Simulationsergebnissen und Messreihen über Anforderungsdokumente bis hin zu Fehlerprotokollen. Die Fähigkeit, diese Daten systematisch zu analysieren und in wertvolles Wissen umzuwandeln, entscheidet immer häufiger über den Innovations- und Wettbewerbserfolg. Zuerst werden die Grundlagen von Big Data und der Datenvisualisierung und anschließend klassische statistische Methoden wie die Regression und Hypothesentests vorgestellt, die für die Interpretation strukturierter Daten unerlässlich sind. Darauf aufbauend werden die Prinzipien des Data-Minings und der Künstlichen Intelligenz (KI) erläutert. Ein besonderer Fokus wird dabei auf das Maschinelle Lernen (ML) und die Funktionsweise von Künstlichen Neuronalen Netzen (KNN) gelegt. Als eine der transformativsten Technologien in diesem Bereich wird in einem eigenen Teilkapitel 4.4.4 detailliert auf Large Language Models (LLMs) eingegangen. Diese stellen eine neue Klasse von KI-Werkzeugen dar, die erstmals auch die Analyse und Generierung von unstrukturierten Textdaten im großen Stil ermöglichen und damit als kognitive Assistenzsysteme für Entwickler fungieren. Eine abschließende Übersichtstabelle 4.3 im Teilkapitel 4.5 fasst die vorgestellten Methoden zusammen und gibt konkrete Empfehlungen für deren gezielten Einsatz in den verschiedenen Phasen der Produktentwicklung. Ziel dieses Kapitels ist es, dem Leser ein fundiertes Verständnis der Methoden zu vermitteln und ihm zu zeigen, wie er datengetriebene Ansätze nutzen kann, um Entwicklungsprozesse effizienter, innovativer und robuster zu gestalten.

4.1.1 Big Data

Das Thema Big Data gewinnt zunehmend an Bedeutung, weil die Menge der verfügbaren Daten stetig wächst. In Zahlen ausgedrückt, erreicht die jährliche Datenmenge im Jahr 2035 (Stand heute) ca. 2142 Zettabyte (ZB)[2], siehe Abb. 4.2. Im Vergleich dazu betrug das Datenvolumen im Jahr 2010 lediglich zwei Zettabyte. Dies entspricht einem exponentiellen Wachstum! Unternehmensdaten sind hierbei die geringste Datenquellen. Betrachtet man die von Sensoren generierte Datenmenge, liegen diese mit ca. 4,4 ZB 50-fach über den traditionellen Industriedaten. Betrachtet man nun das Internet oder Smart Home oder ähnliche private Quellen liegt die Menge bei ca. 44,4 ZB, was wiederum 10-fach über den Unternehmensdaten liegt.

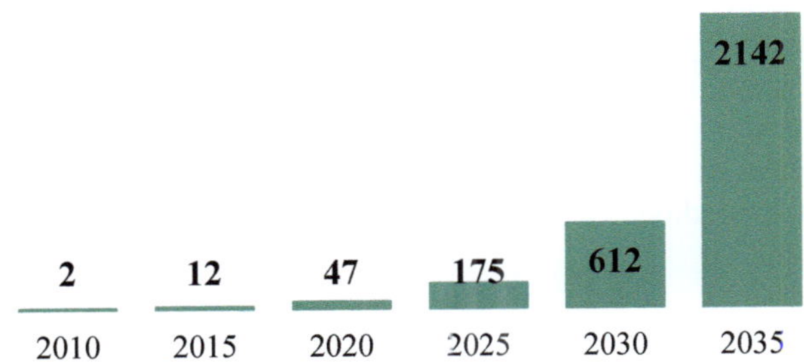

Abb. 4.2 Übersicht Entwicklung Big Data - Jährlich generierte Datenmenge 2010 - 2035 (in Zettabyte)

Die 4-V-Methode zeigt nach Abb. 4.3 die vier Grundgedanken auf, unter welchem Aspekt die Daten zu prüfen und zu verwenden sind. Demzufolge muss auf die Menge an Daten (Volume), deren Datentypen (Variety), dessen Richtigkeit (Veracity) und deren Geschwindigkeit (Velocity) geachtet werden. Prinzipiell wird auf kein Datenlimit hingedrängt, dennoch muss auf die Grenzen der händischen Auswertetools, wie beispielsweise Excel, hingewiesen werden. Solche Werkzeuge haben eine Zeilengrenze. Datentypen können unter anderem auch multimedialer Art sein, wie Fotos, Videos oder Tonaufnahmen. Ein großer Betrachtungspunkt ist die Genauigkeit der Daten. Hierbei wird die Grundlage

---

[2] ein Zettabyte ist eine Maßeinheit in der Digitaltechnik und entspricht 10^{21} Byte

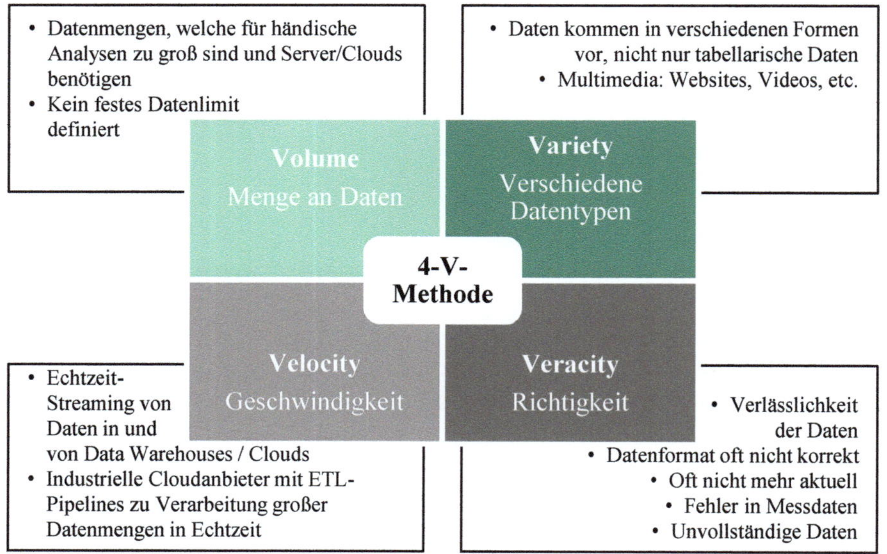

Abb. 4.3 Big Data 4-V-Methode: Volume, Variety, Veracity and Velocity

des Vertrauens wichtig. Haben diese Daten einen Ursprung? Wo liegt dieser? Sind die Daten auch aktuell? Das letzte V steht für die Geschwindigkeit und ist mit unter einer der wichtigsten Punkte. Große Datenübertragungen sind immer mehr ein Thema. Zudem trägt der Datenspeicher eine Rolle hierbei mit, da in Echtzeit die Daten in und von Data Warehouses/Clouds, wie Netflix und Spotifiy über Azure und Amazon Web Services (AWS) gestreamt oder die Daten via industrielle Cloudanbieter mit ETL-Pipelines[3] zur Verarbeitung großer Datenmengen in Echtzeit übermittelt werden. Es gilt somit, sich recht früh über diese 4-V-Methode Gedanken zu machen, wenn die Anwendung von Big-Data zum Einsatz kommt.

Ergänzend zum Thema Datentyp sei angemerkt, dass man zwischen strukturierte und unstrukturierte sowie einfache und komplexe Datentypen unterscheidet. Das ist wichtig, wenn man an den Einsatz von Methoden der Künstlichen Intelligenz (später im Kapitel 4.4) denkt. Im folgenden werden diese vier Datentypen kurz erläutert.

Daten alleine sind kein Wissen (oder Wissensgrundlage). Um aus Daten Wissen zu schaffen, müssen Daten kuratiert und verknüpft sein.

---

[3] extrahiert Daten aus verschiedenen Quellen und speichert sie dann in einen sogenannten Staging-Bereich, indem sie passend zur Zieldatenbank transformiert werden

❯ Strukturierte Daten

- Folgen einem definierten Schema/Datentypen und sind direkt in einem Datenbanksystem prozessierbar
- z.B. relationale Datenbanksysteme/Excel, Graphen/Netzwerke

❯ Unstrukturierte Daten

- Machen ca. 80 % der digitalen Daten aus, diese Daten folgen keinem bestimmten Schema bzw. keiner vordefinierten Struktur.
- z.B. Dokumente, E-Mails, Videos, Bilder, Audioaufnahmen, Webseiteninhalte

❯ Einfache Datentypen

- Numerisch-metrisch: Zeitangaben, natürliche Zahlen
- Kategorisch-nominal: Einordnung in Klassen ohne Hierarchie, wie Sprachen: Spanisch, Französisch, Deutsch, Englisch
- Ordinal: Einordnung in Klassen, welche hierarchisch miteinander verglichen werden können, wie niemals $\leq$ selten $\leq$ kaum $\leq$ manchmal $\leq$ oft $\leq$ meistens $\leq$ immer

❯ Komplexe Datentypen

- Multimedia: Dokumente, Bilder, Videos, Audio, Websites
- Räumliche Daten: Formen, Geografien, Moleküle, CAD/Karten
- Strukturen: Graphen, Netzwerke, Bäume/Wälder, Soziale Netzwerke

Eine besonders relevante und moderne Form der Nutzung dieser Big Data stellen die in Kapitel 4.4.4 behandelten Large Language Models dar. Sie sind darauf spezialisiert, aus Textdaten – einer der größten Kategorien von Big Data in Unternehmen – wertvolles Wissen zu extrahieren.

4.1.2 Datenvisualisierung

Ein wichtiger Aspekt des Data Mining ist die Datenvisualisierung. Die Darstellung von Daten in visueller Form ermöglicht es Menschen, Einblick in die Struktur der Daten zu gewinnen, Zusammenhänge zu verstehen und Schlussfolgerungen zu ziehen. Abb. 4.4 zeigt eine Auswahl von nützlichen Diagrammtypen, die sich im Alltag von Datenpräsentationen bewährt haben. Aufgrund der Vielfalt an unterschiedlichen Visualisierungsmöglichkeiten, hat diese Zusammenfassung keinen Anspruch auf Vollständigkeit. Im Folgenden werden die einzelnen Diagrammtypen kurz erklärt.

Säulendiagramm:
Ein Säulendiagramm dient dem direkten Vergleich von Werten verschiedener Kategorien oder Zeitpunkte. Dabei werden die Werte als vertikale Säulen dargestellt, deren Höhe den jeweiligen Wert repräsentiert. Die X-Achse zeigt entweder Kategorien (z.B. Produktarten, Regionen) oder Zeitpunkte (z.B. Monate, Jahre), während die Y-Achse die zu vergleichenden metrischen Werte abbildet. Es ist besonders nützlich, um Entwicklungen über die Zeit oder Unterschiede zwischen diskreten Gruppen klar und schnell erfassbar zu machen. Durch das Einfärben der Säulen oder deren Segmentierung lassen sich zusätzlich weitere kategorische Dimensionen visualisieren, was den Vergleich innerhalb von Untergruppen (als gruppierte oder gestapelte Säulen) ermöglicht.

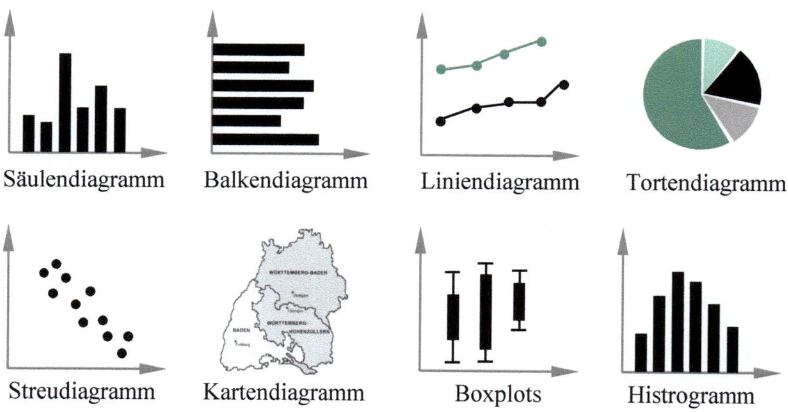

Abb. 4.4 Übersicht von Visualisierungsmöglichkeiten für Diagramme

Balkendiagramm:
Das Balkendiagramm ist eine horizontale Variante des Säulendiagramms. Es dient ebenfalls dem direkten Vergleich einzelner Werte. Dabei werden die Kategorien (nominal oder ordinal) oder Zeitpunkte auf einer Achse aufgetragen, während die Länge der Balken den jeweiligen Wert repräsentiert. Dieses Format ist besonders nützlich, wenn die Kategoriebezeichnungen lang sind oder viele Kategorien verglichen werden sollen. Auch hier ist eine farbliche Gruppierung der Balken möglich, um zusätzliche kategorische Dimensionen darzustellen (gruppiert oder gestapelt).

Linien- und Flächendiagramm:
In Abb. 4.4 ist nur das Liniendiagramm gezeigt. Eine andere Darstellungsform ist das Flächendiagramm, das die einschließende Fläche unterhalb der Linien hervorhebt. Die Darstellung von Daten in ihrer zeitlichen Entwicklung und von Trends erfolgt oft mithilfe

der Zeitreihenanalyse. Dabei wird die Zeit (metrisch) auf der X-Achse und der darzustellende Wert (metrisch) auf der Y-Achse abgetragen. Mehrere Datenreihen können durch unterschiedliche Farben als einzelne Linien visualisiert und auch überlagert werden.

Tortendiagramm:

Das Tortendiagramm visualisiert die Verhältnisse einzelner Teile zu einem Ganzen, welches 100 % repräsentiert. Jedes Segment des Kreises steht für eine Kategorie, wobei die Größe des Winkels direkt proportional zum prozentualen Anteil dieser Kategorie am Gesamtwert ist. Dieser Diagrammtyp ist besonders geeignet, um einen schnellen Überblick über die Zusammensetzung einer Gesamtheit zu geben und die Dominanz oder den Anteil einzelner Kategorien zu veranschaulichen. Er stößt jedoch an seine Grenzen, wenn viele Kategorien vorhanden sind, da das direkte Ablesen und Vergleichen von Zahlenwerten schwierig wird. Eine optimale Verständlichkeit wird in der Regel bei fünf bis sechs Kategorien erreicht; kleinere Anteile sollten daher oft unter einer „Andere"-Kategorie zusammengefasst werden, um die Übersichtlichkeit zu wahren.

Streudiagramm:

Ein Streudiagramm zeigt die Beziehung zwischen zwei Werten, indem es jedes Datenpaar als einzelnen Punkt darstellt. Typischerweise werden dabei zwei metrische Variablen auf der X- und Y-Achse abgetragen, wodurch ermöglicht wird, Zusammenhänge und Korrelationen zwischen ihnen zu erkennen. Es ist ideal, um Muster wie lineare Beziehungen, Cluster oder Ausreißer in den Daten zu visualisieren. Durch die Verwendung von Farben oder unterschiedlichen Symbolen kann zusätzlich eine dritte, kategorische Dimension dargestellt werden. Wenn die Größe der Punkte eine weitere metrische oder ordinale Dimension repräsentiert, spricht man von einem Blasen- oder Bubble-Diagramm.

Karten(-diagramm):

Ein Kartendiagramm visualisiert Daten direkt auf einer geografischen Karte, indem es Informationen bestimmten Orten zuordnet. Die Orte können dabei Staaten, Städte, Regionen oder exakte geografische Koordinaten (Längen- und Breitengrade) sein. Es eignet sich hervorragend, um geografische Muster oder räumliche Verteilungen von Daten zu erkennen. Dabei können die Werte durch unterschiedliche Größen von Symbolen (z.B. größere Kreise für höhere Werte) oder durch Farbabstufungen (z.B. dunklere Farben für höhere Werte) dargestellt werden, unabhängig davon, ob es sich um Mengen, Rangordnungen oder Kategorien handelt.

Boxplot:

Ein Boxplot (oder Kastengrafik) visualisiert die Verteilung eines Datensatzes, insbesondere seine zentralen Tendenzen und Streuungen, auf einen Blick. Er zeigt typischerweise fünf wichtige Kennzahlen an: das Minimum, das erste Quartil (25-Perzentil), den Median (50-Perzentil), das dritte Quartil (75-Perzentil) und das Maximum. Der „Kasten" des Diagramms repräsentiert die mittleren 50 % der Daten (den Interquartilsbereich), und eine Linie im Kasten markiert den Median. Linien („Whiskers") erstrecken sich vom Kasten bis zu den minimalen und maximalen Werten, die noch nicht als Ausreißer gelten. Zudem bietet der Boxplot die Möglichkeit, Ausreißer (Outliers), also Datenpunkte, die weit außerhalb der typischen Verteilung liegen, zu identifizieren und gesondert darzustellen. Mehrere Boxplots können nebeneinander angeordnet werden, um die Verteilung verschiedener Gruppen oder Kategorien direkt miteinander zu vergleichen.

Histogramm:

Ein Histogramm stellt die Häufigkeitsverteilung einer metrischen Variablen dar. Es unterteilt den Wertebereich dieser Variable in gleich breite Intervalle, sogenannte „Bins " (auf der X-Achse). Die Höhe jedes Balkens auf der Y-Achse zeigt dann an, wie viele Datenpunkte in das jeweilige Intervall fallen, also deren Häufigkeit. Dieser Diagrammtyp ist ideal, um die Form der Verteilung eines Datensatzes zu erkennen – zum Beispiel, ob die Daten symmetrisch, schief oder multimodial verteilt sind, und wo sich die meisten Werte konzentrieren.

Während die klassische Datenvisualisierung auf die Darstellung strukturierter numerischer Daten abzielt, eröffnen Large Language Models (siehe Kapitel 4.4.4) neue Möglichkeiten. Sie können komplexe Zusammenhänge aus Textdaten extrahieren und diese als Grundlage für Visualisierungen, wie z.B. Wissensgraphen oder Cluster-Analysen von Kundenfeedbacks, aufbereiten und somit qualitative Informationen visualisierbar machen.

4.2 Methoden zur Dateninterpretation

Die folgenden statistischen Methoden wie Regression und Hypothesentests sind fundamental für die Analyse strukturierter, numerischer Daten, wie sie beispielsweise aus Messreihen oder Simulationen im Entwicklungsprozess anfallen. Sie bilden die Grundlage für datengetriebene Entscheidungen. Ergänzend dazu werden in Kapitel 4.4 zunehmend Methoden der Künstlichen Inteligenz (KI) betrachtet, die auch unstrukturierte Daten, wie Textdokumente, verarbeiten können, was insbesondere durch die in Kapitel 4.4.4 vorgestellten Large Language Models (LLMs) realisiert wird.

Werden an jedem Untersuchungsobjekt gleichzeitig zwei Merkmale gemessen, so erhält man eine Messreihe aus n Wertepaaren $(x_1, y_1); (x_2, y_2); \ldots; (x_n, y_n)$.

Zwei Fragestellungen beziehungsweise Methoden sind hierbei von Interesse:

- Kann man den Grad der Abhängigkeit zwischen den Zufallsgrößen durch eine geeignete Kennzahl „quantifizieren"? - **Korrelationsrechnung**
- Kann man (näherungsweise) einen funktionalen Zusammenhang finden (Modell)? - **Regressionsrechnung**

4.2.1 Regression und Korrelation

Definition Regression:
(Empirische) Regression bedeutet: eine Gerade oder eine Kurve „möglichst gut"
durch eine gegebene „Punktewolke" legen. Im Falle einer Geraden spricht man von
„linearer Regression", sonst von „nichtlinearer Regression" (z.B. von „quadratischer
Regression" wenn die Regressionskurve eine quadratische Parabel ist).

Abb. 4.5 zeigt die Abhängigkeit zweier Merkmale. Im linken Diagramm ist eine lineare
Regression anhand der aufsteigenden Punktewolke erkennbar. Wohingegen im rechten
Diagramm keine Abhängigkeit erkennbar ist. Im mittleren Diagramm lässt sich eine leichte
Korrelation erkennen, dennoch ist diese mit einen hohen Maß an Unsicherheit verbunden.

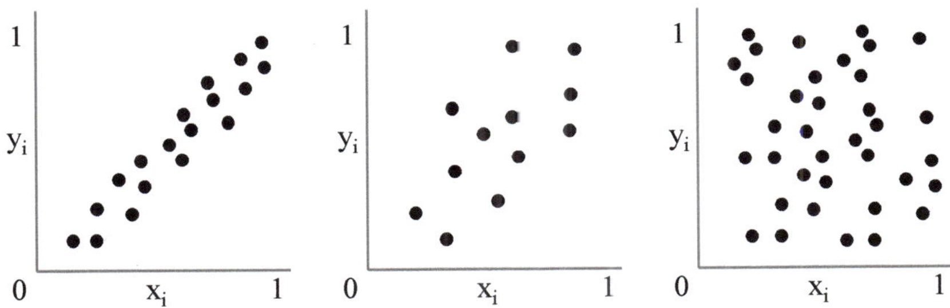

Abb. 4.5 Abhängigkeit aus Diagramm nach Augenschein (von links nach rechts): starke, schwache und
keine Abhängigkeit

Für eine quantitative Bewertung dient der Korrelationskoeffizient. Er ergibt sich wie
folgt zu:

$$r = r_{xy} = \frac{\sum_{i=1}^{n} (x_i - \bar{x})(y_i - \bar{y})}{\sqrt{\sum_{i=1}^{n} (x_i - \bar{x})^2}\sqrt{\sum_{i=1}^{n} (y_i - \bar{y})^2}} = \frac{s_{xy}}{s_x \cdot s_y}, \tag{4.1}$$

mit s_x, s_y als empirische Standardabweichung der x_i- beziehungsweise y_i-Werte, x_i,y_i als
Wertepaare und $\bar{x}$, $\bar{y}$ als Mittelwerte der jeweiligen Werte. Zur Bestimmung des Zusam-
menhangs zwischen den x- und y-Werten der Stichprobe wird das Maß der empirischen
Kovarianz angenommen:

$$s_{xy} = \frac{1}{1 - n} \sum_{i=1}^{n} (x_i - \bar{x})(y_i - \bar{y}) \cdot \tag{4.2}$$

Zur Interpretation des Vorzeichen von Kovarianz und Korrelation von: $(x_i - \bar{x})(y_i - \bar{y})$
dient das Diagramm in Abb. 4.6. Liegen hier die Punkte überwiegend im Bereich I oder
III, besteht ein positiver, linearer Zusammenhang. Dies bedeutet, dass zu großen x_i-Werten
überwiegend große y_i-Werte gehören: $s_{xy}, r_{xy} > 0$. Sind die Punkte hingegen überwiegend

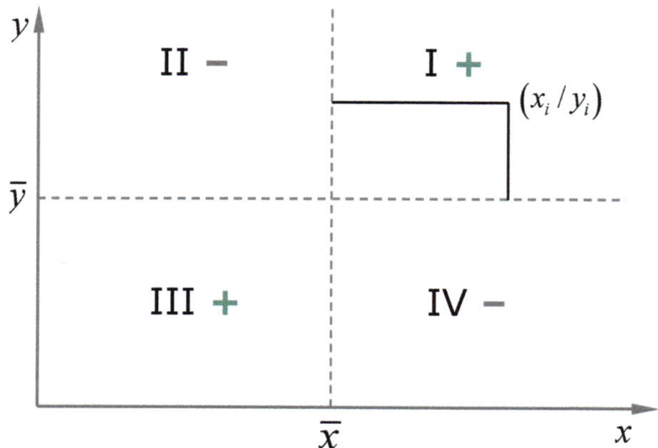

Abb. 4.6 Interpretation des Vorzeichens von Kovarianz/Korrelation

im Quadranten II oder IV, besteht ein negativer, linearer Zusammenhang: $s_{xy}, r_{xy} < 0$. Damit gehören zu großen x_i-Werten überwiegend kleine y_i-Werte. Ist nun eine reine „Punktewolke" zu sehen, ist keine Vorzugsrichtung beziehungsweise kein linearer Zusammenhang erkennbar, somit gilt: $s_{xy}, r_{xy} \approx 0$.

Der Unterschied zwischen Kovarianz s_{xy} und Korrelationskoeffizient r_{xy} besteht darin, dass die Kovarianz Einheiten aufweist, wohin hingegen der Korrelationskoeffizient dimensionslos ist. Dies liegt daran, dass r_{xy} standardisiert wird, das bedeutet, er ist unabhängig von den gewählten Maßeinheiten und ist normiert auf Werte zwischen −1 und 1. Werte von s_{xy} sind unbeschränkt und hängen von den gewählten Einheiten ab.

r beschreibt die **Stärke** und **Richtung** des **linearen Zusammenhangs**. Es können Werte zwischen −1 und +1 sein.

Die Stärke ist erkennbar durch den Betrag von r. Es gilt die Faustregel:

- $|r| > 0{,}9$: sehr starker linearer Zusammenhang,
- $|r| > 0{,}7$: starker linearer Zusammenhang,
- $|r| < 0{,}5$: kein linearer Zusammenhang,
- $|r| = 1{,}0$: alle Punkte $(x_i; y_i)$ liegen auf einer Geraden (idealer Zustand).

Die Richtung ist erkennbar am Vorzeichen von r. Falls $r > 0$ ist, steigt die „ideale Gerade", falls $r < 0$ ist, fällt sie:

- $r_{xy} > 0$: positive Korrelation, großen x-Werten entsprechen überwiegend große y-Werte,
- $r_{xy} < 0$: negative Korrelation, großen x-Werten entsprechen überwiegend kleine y-Werte und
- $r_{xy} \approx 0$: keine Korrelation.

Linearer Zusammenhang: spiegelt sich in der Aussage „Je größer x, desto [größer/kleiner] ist tendenziell y". Allerdings ist die Korrelation nur ein Maß für den linearen Zusammenhang. Falls $r \approx 0$ kann dennoch ein anderer, nicht linearer Zusammenhang bestehen, zum Beispiel quadratisch oder exponentiell. Bei $r_{xy} = +1/-1$ liegen alle Punkte auf einer Geraden mit positiver/negativer Steigung. Somit liegt ein perfekter, linearer Zusammenhang vor. Beispiele sind in folgender Abb. 4.7 gezeigt: $r(x; y)$ misst nur die Stärke

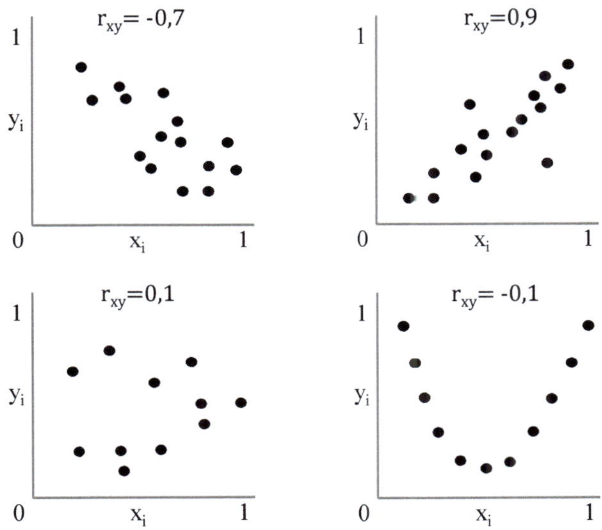

Abb. 4.7 Beispiele für unterschiedliche Korrelationskoeffizienten

und Richtung des linearen Zusammenhangs. Die zu den nachfolgenden Streudiagrammen in Abb. 4.8 gehörenden Datenmengen besitzen alle denselben Korrelationskoeffizienten $r(x; y) \approx 0{,}7$, haben aber ein stark unterschiedliches Streuverhalten.

> **Korrelation zwischen A und B**

- A ist Ursache von B oder B ist Ursache von A
- eine dritte Variable (bekannt oder unbekannt) beeinflusst sowohl A als auch B
- es handelt sich einfach um Zufall (Koinzidenz)

Ein Beispiel für eine dritte Variable: „Ein Rentnerauto hat perse wenige Kilometer und funktioniert dadurch länger". Diese Aussage könnte aber durch den Einfluss des Alters des Autos beeinflusst werden, wenn beispielsweise es sich um ein 30 oder 70 Jahre altes Fahrzeug handelt.

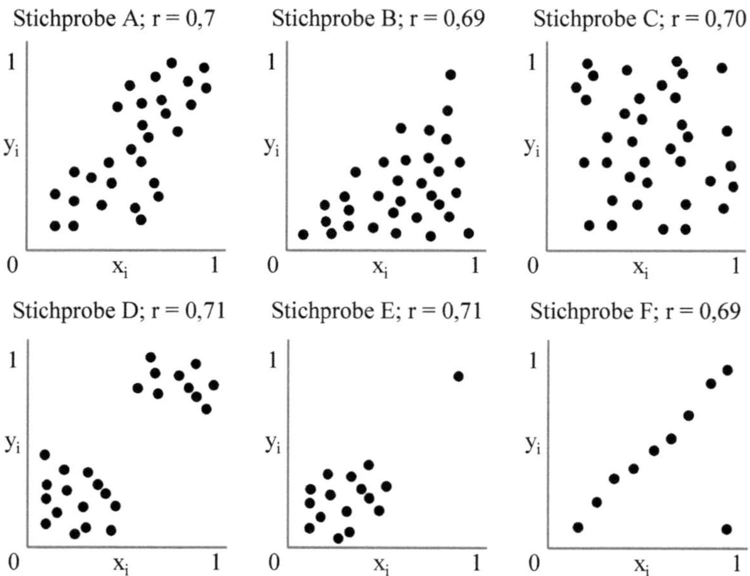

Abb. 4.8 Unterschiedliche Streudiagramme mit gleichem Korrelationskoeffizienten

4.2.2 Lineare Regression

Regression bedeutet im Endeffekt eine Gerade oder eine Kurve „möglichst gut" durch eine gegebene „Punktewolke" zu legen. Dabei wird zwischen einer linearen und einer nicht-linearen Regression unterschieden. Nicht-lineare Regressionen können beispielsweise Parabeln sein. Um die Güte einer Regression in allen Fällen zu bewerten, wird vorzugsweise die Methode der kleinsten Quadrate angewendet. Es gibt weitere Möglichkeiten, dennoch soll hier die gängigste kurz erklärt werden.

Gegeben seien n Wertepaare $(x_1,y_1)\,;(y_2,y_2)\,;\ldots;(y_n,y_n)$. Angenommen wird, dass nur die y_i-Werte größeren Schwankungen unterliegen und die x_i-Werte fest sind (oder sehr genau bestimmbar). Gesucht wird die „beste Gerade" durch die „Punktewolke" mit der Methode der kleinsten Quadrate:

$$\sum_{i=1}^{n} \epsilon_i^2 = \sum_{i=1}^{n} (mx_i + b - y_i)^2 \to min., \tag{4.3}$$

wobei

$$\epsilon_i = y_i - \hat{y}_i \tag{4.4}$$

ist. Das Ziel ist es, diesen Abstand in y-Richtung zwischen dem y-Wert des i-ten Datenpunktes und dem zu x_i gehörenden y-Werte auf der Regressionsgeraden zu minimieren. Dies führt zur Gleichung der empirischen Regressionsgeraden wie folgt:

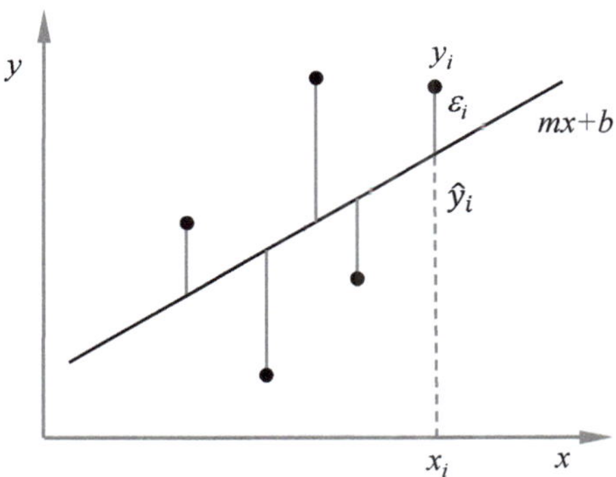

Abb. 4.9 Methode der kleinsten Quadrate, wobei $\hat{y}_i$ für den geschätzten Wert und ϵ_i für Fehler oder „Residuum" steht.

$$y = mx + b \tag{4.5}$$

mit

$$m = \frac{\sum_{i=1}^{n} (x_i - \bar{x})(y_i - \bar{y})}{\sum_{i=1}^{n} (x_i - \bar{x})^2} = \frac{s_{xy}}{s_x^2} \tag{4.6}$$

und

$$b = \bar{y} - m\bar{x} \; . \tag{4.7}$$

Ein weiterer Aspekt der Regression kann die **Extrapolation** oder die **Prognose** sein. Beide können durch die Kennung der Regressionsgleichung bestimmt werden.

Beispiel 4.1 Im folgenden Beispiel soll die Reichweite zu einem Ausflugsziel in 180 *km* Entfernung bezüglich der Tankfüllung überprüft werden. Zudem soll die maximale Reichweite bei einer vollen Betankung mit untersucht werden. Für diese Prognoseaufgabe, Daten siehe Tab. 4.1, ist zuerst die Regressionsgleichung zu bestimmen mit:

$$m = \frac{-12738,33}{96755,56} = -0,132 \tag{4.8}$$

und

$$b = 49,67 - (-0,132) \cdot 202,22 = 76,38 \tag{4.9}$$

somit ergibt sich folgende lineare Regressionsgleichung:

$$y = -0,132x + 76,38 \; . \tag{4.10}$$

Der empirische Korrelationskoeffizient für die Qualität der Gleichung berechnet sich nach Gleichung 4.1 zu:

$$r_{xy} = -0,974 \; , \tag{4.11}$$

Tab. 4.1 Beispieldaten zur einfachen, linearen Regression

Reichweite [km]	Tankfüllung [l]	$x_i - \bar{x}$	$y_i - \bar{y}$	$\hat{y}$	$y_i - \hat{y}$
60	70	-142,22	20,33	68,46	1,54
80	68	-122,22	18,33	65,82	2,19
110	66	-92,22	16,33	61,85	4,15
130	52	-72,22	2,33	59,21	-7,21
220	45	17,78	-4,67	47,32	-2,32
260	41	57,78	-8,67	42,03	-1,03
280	38	77,78	-11,67	39,39	-1,39
330	35	127,78	-14,67	32,79	2,22
350	32	147,78	-17,67	30,14	1,86
$\bar{x} = 202,22$	$\bar{y} = 49,67$				

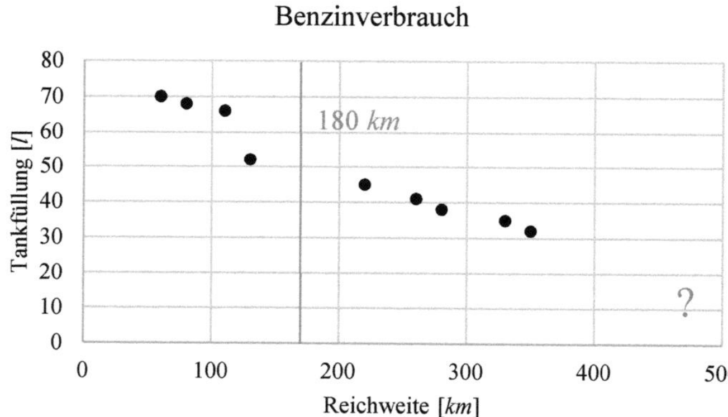

Abb. 4.10 Beispiel zur linearen Regression

was einen sehr starken, linearen Zusammenhang widerspiegelt. Nun kann eine Vorhersage für das 180 *km* entfernte Ziel gegeben werden, indem eine Tankfüllung von $y = 52,6\ l$ vorhanden sein sollte. Zudem ist bei voller Betankung eine gesamte Reichweite von $x = 578\ km$ möglich.

4.2.3 Nichtlineare Regression

An Stelle einer Geraden können auch andere Funktionstypen an die Daten angepasst werden. Dies geschieht ebenfalls mit der Kleinst-Quadrate-Methode. Beispiele zu verschiedenen Funktionstypen sind unter anderem:

- Lineare Funktion (Gerade) $y = a + bx$

- Polynom vom Grad 2 $y = a + bx + cx^2$
- Logarithmusfunktion $y = a + b \ln x$
- Exponentialfunktion I $y = ae^{bx}$
- Exponentialfunktion II $y = ab^x$
- Potenzfunktion $y = ax^b$
- Regression der Art $y = a + b/x$

Für alle Regressionstypen wird als Gütemaß das **Bestimmtheitsmaß** R^2 verwendet, das heißt das Bestimmtheitsmaß R^2 gibt an, wie gut die Regressionsgerade/-kurve die Punktewolke beschreibt. Für das Bestimmtheitsmaß gilt:

$$R^2 = 1 - \frac{\sum_{i=1}^{n} (y_i - \hat{y})^2}{\sum_{i=1}^{n} (y_i - \bar{y})^2} = 1 - \frac{SS_{\text{residuals}}}{SS_{\text{total}}} \tag{4.12}$$

mit SS als Summe aller Quadrate, wobei $SS_{\text{residuals}}$ die Summe aller Abweichungen des beobachten Kriteriums y_i vom vorhergesagten $\hat{y}$-Kriterium und SS_{total} die Summe aller Abweichungen des beobachten Kriteriums y_i vom Mittelwert $\bar{y}$. Es gilt zudem:

a) $0 \leq R^2 \leq 1$
b) Falls $R^2 \approx 1$ verläuft die Regressionsgerade (oder -kurve) gut durch die „Punktewolke"
   Falls $R^2 \approx 0$ gibt die Regressionsgerade (oder -kurve) durch die „Punktewolke" nicht gut wieder.
c) R^2 beschreibt den Anteil an der Varianz der y-Werte, der durch die Regression erklärt werden kann.

Dies gilt für alle lineare und nicht-lineare Regressionen. Nur für lineare Regressionen gilt die Gleichung:

$$R^2 = r^2 . \tag{4.13}$$

Beispiel 4.2 Im vorherigen Beispiel bestimmt sich das Bestimmtheitsmaß zu:

$$r_{xy} = -0{,}974 \Rightarrow R^2 = r_{xy}^2 = 0{,}948 \tag{4.14}$$

oder mit Gleichung 4.12:

$$R^2 = 1 - \frac{93{,}067}{1782} = 0{,}948 . \tag{4.15}$$

Nun kann es vorkommen, dass mehr unabhängige Variablen in der Berechnung des Bestimmtheitsmaß mit aufgenommen werden können. Darunter können sich auch unsinnige Variablen befinden. Die Anzahl der aufgenommenen Variblen ist entscheidend und beeinflusst die Berechnung. Um dies zu berücksichtigen, gibt es das sogenannten **korrigierte (adjusted) Bestimmtheitsmaß** R_{korr}^2 oder R_{adj}^2. Es bestimmt sich zu:

$$R_{\text{korr}}^2 = 1 - \left(1 - R^2\right) \frac{n - 1}{n - p - 1} , \tag{4.16}$$

wobei n die Anzahl der Beobachtungen und p die Anzahl der unabhängigen Variablen ist. Die sogenannte „Strafe"[4] für zusätzliche Variablen fällt somit insbesondere bei geringem Stichprobenumfang n hoch aus.

Aus unserem vorherigen Beispiel ergibt sich das korrigierte Bestimmtheitsmaß mit $n = 9$ Beobachtungen und $p = 1$ unabhängiger Variaben in der Gleichung 4.16 zu:

$$R^2_{\text{korr}} = 1 - (1 - 0{,}948)\,\frac{9 - 1}{9 - 1 - 1} = 0{,}940 \;. \tag{4.17}$$

Merke:
Falls mehrere Modelle zur Auswahl stehen, gilt grundsätzlich: wähle das Modell mit dem höchsten Bestimmtheitsmaß! **ABER:** Größer ist nicht immer besser! Stets die einfachste Regressionskurve mit weniger unabhängigen Variablen im Fokus haben (Sparsamkeitsprinzip).
Faustregel: $R^2 > 0{,}5$ sind für Prognosen geeignet.

Unter mehreren annähernd gleich guten Regressionskurven sollten man stets die einfachste nehmen:

- Denkökonomie: Zusammenhänge sollten grundsätzlich so einfach wie möglich beschrieben werden.
- Modelle mit weniger Parametern sind weniger fehleranfällig. Mehr Parameter bedeutet mehr Potenzial für Schätzfehler.
- Bei höheren Potenzen ist meistens auch mit größeren Rundungsfehlern zu rechnen.
- Es besteht die Gefahr des „Overfitting" (= Überanpassung an den Datensatz)

Beispiel 4.3 „Overfitting":
Angenommen, es soll der Zusammenhang zwischen der Temperatur (X-Achse) und dem Eiscremeverkauf (Y-Achse) an 10 Tagen modelliert werden. Hierfür könnte eine einfache lineare Regression herangezogen werden, wodurch eine vernünftige Beziehung aufgezeigt werden könnte.

Wird jedoch versucht, ein hochgradiges Polynom (z.B. 9. Ordnung) an diese 10 Datenpunkte anzupassen, kann eine Kurve erzeugt werden, die jeden einzelnen dieser Punkte perfekt trifft. Der R^2-Wert würde dann extrem hoch (nahezu 1) ausfallen. Auf den ersten Blick könnte dies als optimal erscheinen.

Das Problem dabei ist: Diese komplexere Kurve wird extrem empfindlich gegenüber kleinen Schwankungen in den Trainingsdaten gemacht. Wird nun ein neuer Tag mit einer ähnlichen Temperatur betrachtet, wird die durch das hochgradige Polynom erzeugte Vorhersage für den Eiscremeverkauf wahrscheinlich völlig falsch sein. Das Modell hat nicht die wahre, zugrundeliegende Beziehung gelernt, sondern lediglich das „Rauschen " und

---

[4] Als Strafe wird in diesem Zusammenhang das Aufnehmen zusätzlicher Variablen beim Bestimmtheitsmaß verstanden, da dadurch dieses höher ausfällt und somit die Gefahr der Überanpassung besteht.

die spezifischen Muster der trainierten 10 Tage auswendig gelernt, wodurch es für neue, unbekannte Daten unbrauchbar wird.

4.2.4 Ausgewählte Hypothesentests

Eine Hypothese ist eine begründete Annahme oder Vermutung zu einem Thema, die auf begrenzten Informationen basiert und als Erklärungsvorschlag dient. Sie ist eine fundierte Vermutung über das Verständnis des Themas. Eine Hypothese, die eine Meinung ist, kann wahr oder unwahr sein. Der Wahrheitsgehalt einer Meinung kann durch Hypothesentests festgestellt werden. Es ist sehr wichtig, eine Meinung zu haben. Anhand von Daten kann eine Meinung über die Grundlagen der Hypothesenentwicklung und -prüfung vorhanden sein.

> **Link zur statistischen Versuchsplanung**

Der Hypothesentest ist Teil der statistischen Versuchsplanung (Design of Experiements - DoE). Das DoE basiert auf einer Hypothese und es wird ein Experiment so geplant, dass der Ingenieur:in in der Lage ist, aus den Daten etwas über die Hypothese zu lernen.

Auf der Grundlage einer Stichprobe ermöglichen Hypothesentests die Entscheidung zwischen zwei Aussagen über ein Merkmal der Grundgesamtheit. Ein Merkmal einer Grundgesamtheit könnte der Mittelwert einer „Grundgesamtheit" oder „der Anteil einer Grundgesamtheit mit einer bestimmten Eigenschaft" sein. Die beiden Aussagen werden als *Nullhypothese* und *Alternativhypothese* bezeichnet.

> **Nullhypothese H_0**

Eine Nullhypothese ist der Status quo. Es gibt keine Beziehung oder keinen Zusammenhang zwischen zwei gemessenen Phänomenen. Jeder beobachtete Zusammenhang oder jede Beziehung könnte zufällig entstanden sein.

> **Alternativhypothese H_A**

Eine Alternativhypothese ist eine der Nullhypothese entgegengesetzte Hypothese. Die Beobachtungen sind die Ergebnisse eines realen Effekts der Assoziation oder Beziehung zwischen zwei gemessenen Phänomenen.

Zum vereinfachten Einstieg in die Auswahl einer geeigneten Hypothese soll folgende Übersicht in Tab. 4.2 dienen. Es werden hier die angelsächsischen Namen der Hypothesentests gelistet, da diese in der Praxis Einsatz finden und bekannt sind.

Als erste Unterscheidungsebene sind drei Kategorien zur Zielstellung zu betrachten: dient die Hypothese zum Vergleich

- einer Probe mit einer Zielgröße,
- zweier Proben miteinander oder
- von mehr als zwei Proben.

Innerhalb dieser drei Aufgabenstellungen wird stets zwischen kontinuierlichen oder attributiven Daten unterschieden. Im weiteren kann je nach vorliegender Problemstellung der jeweilige Test ausgewählt werden.

Tab. 4.2 Tabelle zur Auswahl eines geigneten Hypthesentests

Stichprobe vs. Sollwert	stetig	Mittelwert vs. Sollwert	1-Sample t-test	
		Standardabweichung vs. Sollwert	1-Sample Standard Deviation test	
	attributiv	Prozentsatz Fehler vs. Sollwert	1-Sample % Defective test	
		Prozentsätze je Kategorie vs. Sollwert	Chi-Square Goodness-of-fit test	
Mehrere Stichproben	stetig	Zwei Mittelwerte	Zwei unterschiedliche Gruppen (unabhängig) - 2-Sample t-test	
			Derselben Gruppe (abhängig) - Paired t-test	
		Zwei Standardabweichungen	2-sample Standard Deviation test	
	attributiv	Zwei Prozentsätze Fehler	2-Sample % Defective test	
		Prozentsätze je Kategorie	Chi-Square test for Association	
Stichprobe vs. Stichprobe	stetig	Mehr als zwei Mittelwerte	One-Way ANOVA	
		Mehr als zwei Standardabweichungen	Standard Deviation test	
	attributiv	Mehr als zwei Prozentsätze Fehler	Chi-Square % Defective test	
		Prozentsätze in jeder Kategorie	Chi-Squar test for Association	

An dieser Stelle wird nicht tiefer auf die jeweiligen Tests eingegangen. Es gibt eine Vielzahl von Hypothesentests. Was dennoch alle Hypothesentests mit zwei oder mehreren Stichproben gemeinsam haben, gilt in folgenden drei Punkten:

1. Die Stichproben müssen in irgendeiner Weise miteinander verwandt oder übereinstimmend sein.
2. Die Unterschiede zwischen den Paaren müssen annähernd normalverteilt sein.
3. Die Standardabweichung der Unterschiede in der Grundgesamtheit ist unbekannt, und der Stichprobenumfang ist klein (weniger als 30).

Hypothesentests sind ausschließlich für normalverteilte Daten anzuwenden!

Wichtig an dieser Stelle ist noch anzumerken, dass eine Hypothese nach einer gewissen **Fehlerwahrscheinlichkeit** α abgelehnt werden kann. Typische Irrtumswahrscheinlichkeiten sind 5 oder 10 %. Diese ist im Vorfeld festzulegen, denn daraus werden die entsprechenden Vertrauensbereiche oder Quantile bestimmt, vergleiche Abb. 4.11. Es gilt dabei

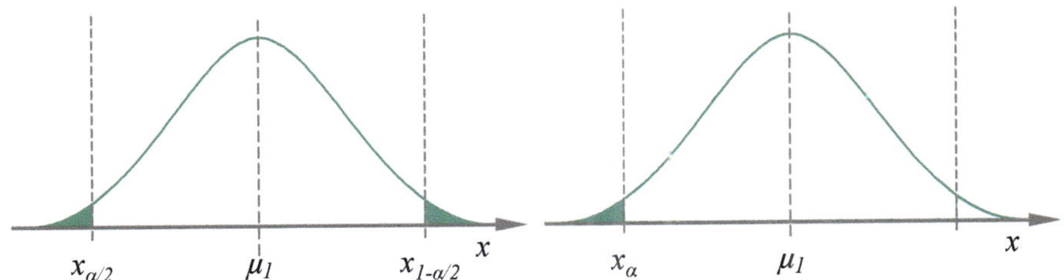

Abb. 4.11 Ein- und zweiseitige Vertrauensbereich basierend auf der Fehlerwahrscheinlichkeit bei Hypothesentests: Zweiseitiger Vertrauensbereich (links) und einseitiger Vertrauensbereich (rechts)

für den zweiseitigen, sogenannten gleichen, Vertrauensbereich:

$$q = 1 - \frac{\alpha}{2} \tag{4.18}$$

und für den einseitigen, sogenannten größerer/kleinerer, Vertrauensbereich:

$$q = 1 - \alpha . \tag{4.19}$$

4.3 Data-Mining

Data-Mining ist ein Oberbegriff für die systematischen Analysemethoden, die auf enorme Datenbestände angewandt werden. Obwohl es in den letzten Jahren immer mehr an Bedeutung gewonnen hat, geht es dennoch nahtlos in andere datenbezogene Disziplinen über. Im Grunde ist das Data-Mining eine Interdisziplin verschiedener Bereiche, darunter maschinelles Lernen, Statistik, Datenbanksysteme, Datenlager, Mustererkennung und vieles mehr. Das Ziel dabei ist, aus großen Datenmengen Wissen in Form von Mustern, Querverbindungen, Strukturen oder Trends „aufzubauen". Demnach sollte Data-Mining richtigerweise als „Wissensaufbau von Daten" bezeichnet werden, sprich aus Daten wird Wissen, wenn die Daten beispielsweise kuratiert oder verknüpft sind.

4.3.1 Definition Data-Mining

> Data-Mining beschreibt die Erkennung von Mustern aus Daten.

Diese sogenannten Muster können beispielsweise folgende Fragestellungen im alltäglichen Gebrauch sein:

Regelmäßigkeiten:
- Welcher Artikel wird bei sich ähnelnden Artikeln gekauft?
- Wo gibt es regelmäßig Parkplatzknappheit?

Unregelmäßigkeiten:
- Wie können Ausreißer identifiziert werden?
- Woran erkennt man Anomalien?

Wichtige ist dabei, dass die gefundenen Muster:

- implizit,
- aussagekräftig (nicht trivial) und
- im Vorfeld unbekannt (neu) sowie
- potentiell nützlich (zumeist ökonomisch)

sein müssen. Dabei ist es von größter Bedeutung, dass die Daten in einer großen Menge vorliegen (**Big Data**) (siehe Kapitel 4.1.1).

Traditionell wird Data Mining häufig auf strukturierte Datenbanken angewendet, um Muster zu identifizieren. Mit modernen Ansätzen wie der Textanalyse durch Large Language Models (Kapitel 4.4.4) wird der Begriff des Data Mining jedoch erweitert: Nun können auch die riesigen unstrukturierten Textbestände eines Unternehmens durchforstet werden, um verborgenes Wissen und Muster in Dokumenten, E-Mails und Berichten zu „minen".

4.3.2 Data-Mining Prozess

Im Data-Mining Prozess liegen folgende potentielle Leitfragen zu Grunde, um die Grundfragestellungen „Wie generiert man nun Erkenntnisse/Wissen aus Daten und worauf muss man achten?" zu beantworten:

- Wozu schaue ich mir die Daten an?
- Was genau möchte ich bezwecken?
- Woher bekomme ich diese Daten?
- Von welcher Form sind diese Daten und wie sind sie strukturiert?
- Muss ich die Daten aufbereiten?
- Wie entscheidet sich, ob ich einen Algorithmus auf die Daten anwende?
- Wie soll ich es dokumentieren?
- Sollte es für weitere Parteien nutzbar sein?
- Wann habe ich mein Ziel erreicht?

Das Data-Mining wird oft mit der „Knowledge Discovery in Databases" (KDD) gleichgesetzt, während andere das Data-Mining nur als einen wesentlichen Teilschritt des KDD definieren. Das KDD ist ein generisches Vorgehen, welches die Transformation der Rohdaten in nutzbarem Wissen beschreibt. Sie ist insgesamt in sieben Schritten unterteilt:

1. Datenbereinigung: Entfernen von Ausreißern und sonstigen Fehlern
2. Datenintegration: Kombinieren der unterschiedlichen Datenquellen
3. Datenauswahl: Auswahl der für die Analyse wesentlichen Daten
4. Datentransformation: Zusammenfassung und Umwandlung der Daten in eine Form, die für das Data-Mining geeignet ist
5. Data-Mining: Datenanalysemethoden zur Erkennung der Datenmuster
6. Musterauswertung: Auswertung der wesentlichen Muster
7. Interpretation der Ergebnisse

Prinzipiell werden zwei Ansätze des Data-Mining unterschieden, siehe Abb. 4.12. Zum einen wird mittels deskriptiver Methoden versucht, bestehende Zusammenhänge im komplexen Datensatz aufzudecken, um so ein besseres Verständnis zu entwickeln. Zum anderen werden prädiktive Methoden angewandt, um anhand bekannter Zusammenhänge Vorhersagen zu treffen.

Die bekanntesten Data-Mining Methoden gliedern sich in Klassifikation, Regression, Clusteranalyse und Assoziationsanalyse, vergleiche Abb. 4.12.

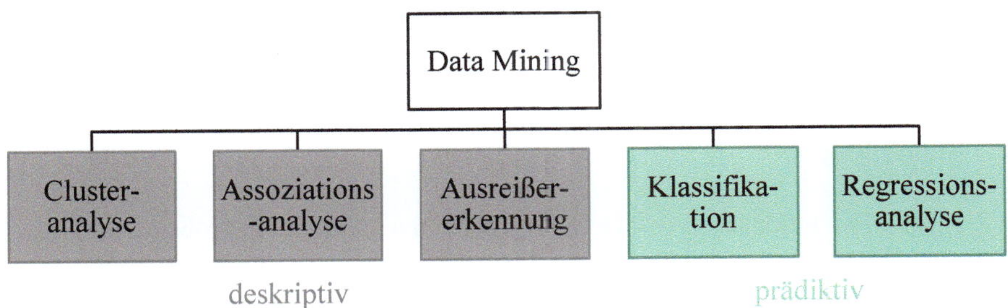

Abb. 4.12 Einteilung der Data-Mining Methoden in deskriptive und prädiktive Methoden

Klassifikation:

Die Klassifikation beschreibt das prädiktive Vorgehen, unbekannte oder unklassifizierte Daten in bereits bekannte Klassen einzuordnen. Hierzu wird ein Klassifikations-Modell eingesetzt, welches die Daten überprüft und in die entsprechenden Klassen einteilt. Zum Erzeugen des Modells werden sogenannte Trainingsdaten eingesetzt. Diese wurden im Voraus bereits klassifiziert und stellen somit die Rahmenbedingung der Klassifikation dar. Basierend auf der Tatsache, dass für die Klassifikation die Struktur vorgegeben wird, gliedert sie sich in die überwachten Lernverfahren ein.

Das Klassifikations-Modell kann in unterschiedlichen Formen dargestellt werden, wie beispielsweise als Entscheidungsbaum, mathematische Formel oder neuronales Netz (siehe Kapitel 4.4.3).

Regression:

Die Regressionsanalyse ist sehr ähnlich zur Klassifikation, mit dem Unterschied, dass keine kategorischen Entscheidungen getroffen werden. Stattdessen werden numerische Werte ermittelt. Auch hier wird das Wissen von bereits bekannten Daten genutzt, um eine Vorhersage zu treffen. Es werden im Allgemeinen zwischen verschiedenen Regressionsmodellen unterschieden wie beispielsweise lineare, multiple, gewichtete oder polynomische. Siehe auch Kapitel 4.2.

Clusteranalyse:

Die Clusteranalyse kann prinzipiell als gegenteiliges Verfahren zur Klassifikation angesehen werden. Während Klassifikationsverfahren die Daten in fest definierte Klassen einordnen, wird in der Clusteranalyse die natürliche Verteilung der Daten explorativ untersucht, woraus im Anschluss, die entsprechenden Klassen erzeugt werden. Die Clusteranalyse benötigt hierbei kein Vorwissen in Form von Trainingsdaten. Aufgrund der deskriptiven Eigenschaft wird sie oft auch als Vorbereitungsschritt für die Klassifikation eingesetzt, da zu Beginn häufig unzureichendes Wissen existiert.

Assoziationsanalyse:

Das Ziel der Assoziationsanalyse ist es Korrelationen und Regeln in großen Datensätzen zu finden. Diese Information wird beispielsweise zur besseren Klassifikation und Clustering eingesetzt. Ein typisches Beispiel hierzu ist die Warenkorbanalyse. In diesem Rahmen wird untersucht, welche Produkte vom Kunden häufig gemeinsam gekauft werden. Es resultiert eine Regel, die beispielsweise aussagt, dass Kunden, welche die Produkte A und B kaufen, mit hoher Wahrscheinlichkeit auch das Produkt C kaufen werden.

Ausreißererkennung:

Bei der Ausreißer-Erkennung ist das Ziel die Daten im Datensatz zu identifizieren, die sich von der durchschnittlichen Datenmenge deutlich abgrenzen. Ausreißer können aus verschiedenen Gründen entstehen, sind aber in der Regel für die meisten Analysen unerwünscht, da sie einen negativen Einfluss ausüben. Nichtsdestotrotz gibt es auch Anwendungsfälle, wo die Ausreißer im Vordergrund stehen. Die Ausreißer-Erkennung basiert auf einem ähnlichen Prinzip, wie die Clusteranalyse, weshalb letztere auch als mögliches Verfahren eingesetzt werden kann.

Von den genannten Data-Mining Methoden zeichnet sich die Clusteranalyse als das geeignetste Verfahren zur Untersuchung des vorliegenden Datensatzes aus. Folglich stellt die theoretische Analyse sowie die Anwendung der Clusteranalyse den Kern dieser Arbeit dar.

4.4 Künstliche Intelligenz

Künstliche Intelligenz beschreibt die Fähigkeit von Maschinen, basierend auf Algorithmen, Aufgaben autonom auszuführen und dabei anpassungsfähig auf unbekannte Situationen zu reagieren. Ihr Verhalten ähnelt damit dem menschlichen. Sie führen nicht nur repetitive Aufgaben aus, sondern lernen aus Erfolg und Misserfolg und passen ihr Verhalten entsprechend an.

4.4.1 Einführung und Übersicht

Dieses Kapitel führt in die Grundlagen der Künstlichen Intelligenz (KI) und des Maschinellen Lernens (ML) ein. Es werden die grundlegenden Lernparadigmen sowie die Funktionsweise von Künstlichen Neuronalen Netzen (KNN) erläutert. Als eine der aktuell bedeutendsten und wirkungsvollsten Anwendungen dieser Technologien wird abschließend in Kapitel 4.4.4 auf Large Language Models (LLMs) eingegangen, die als kognitive Werkzeuge den Produktentstehungsprozess nachhaltig verändern.

Die KI, angelsächsisch Artifical Inteligence (AI), ist ein Teilgebiet der Informatik und imitiert menschliche, kognitive Fähigkeiten. Dabei erkennt und sortiert diese Methode Informationen aus Eingabedaten. Diese Intelligenz kann entweder auf programmierten Abläufen basieren oder durch ML erzeugt werden.

KI bezieht sich somit auf Schaffung von Systemen oder Maschinen, die in der Lage sind Aufgaben auszuführen die normalerweise menschliche Intelligenz verlangen, wie beispielsweise Problemlösung, Entscheidungsfindung oder Mustererkennung. Diese Systeme können sogenannte schwache oder starke KI sein. Starke KI kann als echte Nachbilung des menschlichen Bewusstseins gesehen werden, wohingegen eine schwache KI Maschi-

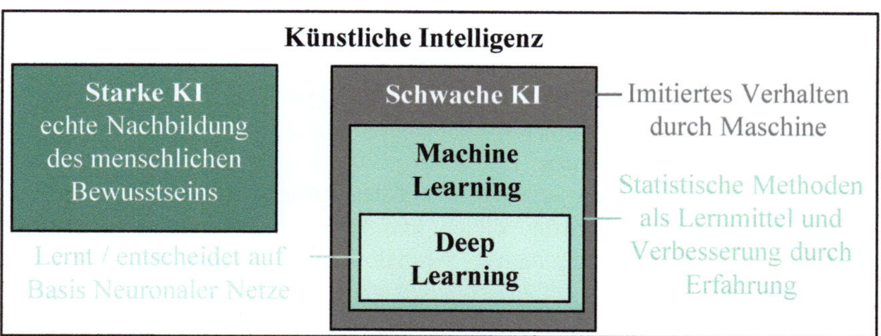

Abb. 4.13 Übersicht Künstliche Intelligenz

nen sein können, die menschliches Verhalten teilweise imitieren. Was bislang auch gut gelungen ist. Allerdings ist die tatsächliche Umsetzung der starken KI bislang nur ein theoretisches Konzept. Anwendung findet die KI in folgenden Beispielen:

- Spracherkennung,
- Kundenservice,
- Computer Vision,
- Recommendation-Engines oder
- Automatisierter Aktienhandel.

4.4.2 Einführung in Maschinelles Lernen

Maschinelles Lernen (ML) beschreibt eine Form der künstlichen Intelligenz mit dem Ziel, ein System zu erzeugen, welches aus Daten selbstständig lernen kann. Im Unterschied zu klassischen Vorgehensweisen findet dabei keine explizite Programmierung durch den Menschen für jede spezifische Problemstellung statt. Obwohl der Mensch dem Algorithmus weiterhin explizite Anweisungen oder Vorverarbeitungsschritte mitgeben kann – wie zum Beispiel die Konvertierung eines Bildes in Schwarz-Weiß, um bestimmte Muster hervorzuheben oder die Datenmenge zu optimieren – liegt der Fokus darauf, unterschiedliche Algorithmen zusammenzuführen. Diese ermöglichen es dem System, aus den Daten iterativ zu lernen, sich selbst zu verbessern, Muster zu beschreiben und mögliche Ergebnisse vorherzusagen.

Bemerkenswert am ML ist, dass durch die Aufnahme von Trainingsdaten, z.B. beim Überwachten Lernen, noch genauere Modelle erstellbar sind. Durch die Implementierung von Big Data kann somit eine substanzielle Erhöhung der Genauigkeit erreicht werden.

Im Allgemeinen ist keine klare Abgrenzung des Maschinellen Lernens (ML) zur Statistik und zum Data Mining vorhanden [7]. Viele der angewandten Techniken weisen eine große Überlappung auf und nutzen statistische Ansätze. Der Fokus der Statistik liegt dabei auf der Analyse und Interpretation von Daten, um Hypothesen zu prüfen und Verteilungen zu verstehen. Data Mining hingegen zielt darauf ab, in großen Datensätzen verborgenes Wissen und Muster zu entdecken, oft mit einem deskriptiven oder prädiktiven Ziel. Maschinelles Lernen wiederum legt den Schwerpunkt auf die Entwicklung von Algorithmen, die aus Daten lernen, um Muster automatisch zu erkennen und komplexe Vorhersagen oder Entscheidungen zu treffen, oft mit dem Ziel der Generalisierung auf unbekannte Daten.

Bezüglich Abb. 4.12 unterstützt das ML die Deskription über das sogenannte unüberwachte Verfahren (Unsupervised Learning) und die Prädiktion über das überwachte Verfahren (Supervised Learning).

> Maschinelles Lernen ist ein Teilgebiet der Informatik, das sich mit Algorithmen befasst, die anhand von Daten ihre Leistung bei bestimmten Aufgaben verbessern – ohne explizit programmiert zu werden.

Dies würde bedeuten, dass ein Computer selbständig mithilfe gegebener Daten lernen kann, ohne explizit auf diese programmiert worden zu sein. Mit diesem gelernten Wissen (z.B. ein Modell) kann das Problem besser gelöst werden als ohne Modell. Zudem werden die entwickelten Verfahren mit steigender Datenanzahl genauer.

Als Teilgebiete und Problemklassen im ML können im Folgenden weiter unterteilt werden, wobei nur die ersten beiden im Data-Mining Anwendung finden:

- Überwachtes Lernen (Supervised Learning) - Lernen mit gelabelten[5] Trainingsdaten
- Unüberwachtes Lernen (Unsupervised Learning) - Musterkennung in ungelabelten Daten
- Bestärktes / Verstärktes Lernen (Reinforcement Learning) - Lernen aus Interaktion mit der Umgebung

> **Anmerkung:**

KIs haben Feedback-Algorithmen um „lebenslang zu lernen" und sich damit anzupassen. ML haben keine Feedback-Algorithmen. Sie werden auf einem Datensatz trainiert und sind in der Lage anhand dessen „besondere Merkmale" zu identifizieren. Sie suchen nun in neuen Daten nach diesen Merkmalen.

---

[5] Gelabelte Daten sind eine Art der Eigenschaft, Kennung oder deren Zuordnung zu einem Merkmal beschreiben.

Überwachtes Lernen

Beim überwachten Lernen bekommt das System gelabelte Trainingsdaten vorgegeben und erstellt mit den Charakteristika (Features) des Datensatzes ein Modell. Dieses wird auf neue Daten angewandt und eine Vorhersage (Prädiktion) erstellt. Dies kann entweder über

- die Klassifikation (z.B. Spamfilter, wobei Labels *Spam, kein Spam* und Features *Bestimmte Worte, Absender oder verdächtige Anhänge* sein können)
  oder

- die Regression (z.B. Hauspreisschätzung, wobei Labels *Tatsächliche Hauspreise* und Features *Grundfläche, Anzahl Zimmer oder Alter* sein können)

erfolgen.

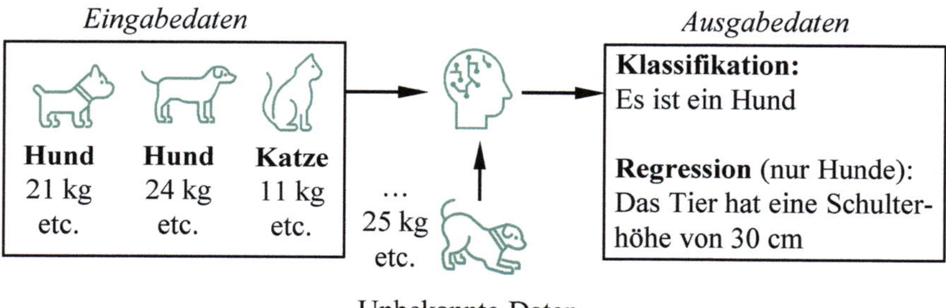

Abb. 4.14 Supervised Learning - ein Beispiel

Beispiel 4.4 Als Beispiel soll ein ML zwischen Hunden und Katzen anhand von Bildern unterscheiden, vergleiche Abb. 4.14. Zu den Bildern soll noch als Charakteristika das Gewicht mit angegeben sein. Nun wird das Modell soweit trainiert, dass es in der Lage ist, bei einem noch nicht gelernten Bild eine Klassifizierung durchzuführen, dass es sich beispielsweise bei einem Hund sich auch tatsächlich um einen Hund handelt. Mit Hilfe einer gelernten Regression sind nun auch weitere Aussagen, wie beispielsweise die Schulterhöhe, möglich.

Unüberwachtes Lernen

Das unüberwachte Lernen (Unsupervised Learning) umfasst die Beschreibung von Daten. Ein System untersucht dabei nicht kategorisierte Daten nach Mustern und nach Zusammenhängen. Es werden keine gelabelten Daten von außen zugeführt. Diese Methoden beschreiben den Datensatz. Dies kann entweder über

- das Clustering (Bildung von Gruppen - Algorithmus findet Gemeinsamkeiten und Unterschied in den Daten und gruppiert diese entsprechend)
  oder
- die Assoziationsanalyse (Aufzeigen von Abhängigkeiten, zum Beispiel eine Warenkorbanalyse - der Algorithmus findet die Korrelationen zwischen gemeinsam auftretenden Merkmalen und legt die aufgedeckten Beziehungen dar)

erfolgen.

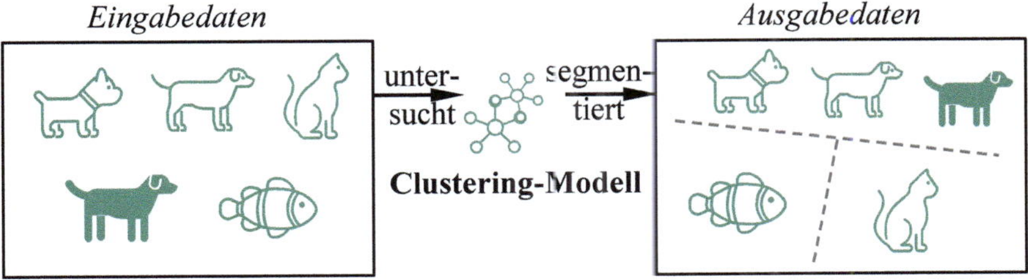

Abb. 4.15 Unsupervised Learning - ein Beispiel

Beispiel 4.5 Ein Beispiel für Clustering ist in Abb. 4.15 angegeben. Als Eingabedaten werden unterschiedliche Bilder von Tierarten verwendet. Diese werden entsprechend ihrer Formeigenschaften untersucht und segmentiert. Das Ergebnis sind dann kategorisierte Formen gleicher Art.

Bestärktes Lernen

Ein weiterer Ansatz des ML ist das bestärkte Lernen (Reinforcement Learning). Es ist eine Methode, bei der ein sogenannter Agent eigenständig eine Strategie entwickelt. Dabei wird er durch eine Belohnungsfunktions begleitet. Das Ziel ist nun, diese Belohnungsfunktion zu maximieren. Diese Belohnungsfunktion beschreibt, welchen Wert ein bestimmter Zustand oder Aktion hat. Dabei lernt der Agent eigenständig, in welcher Situation die beste Aktion ausgeführt wird. Dagegen kann die Belohnung auch negativ sein, wenn die Aktion keinen Mehrgewinn bringt. Anders als zu den zuvor vorgestellten ML Methoden, kann das bestärkte Lernen ohne Eingangsdaten arbeiten. Die Bildung dieser Daten erfolgt über sogenannte Trial-and-Error Abläufe. Während der Trainingsabläufe werden alle erforderlichen Daten generiert und markiert. Einsatz findet das bestärkte Lernen beispielsweise um Ampelschaltungen zu optimieren oder bei einem Bietverfahren für Displaywerbung. Folgende Abb. 4.16 zeigt in Beispiel, wie der Agent „Katze" hinsichtlich Essen trainiert wird.

Abb. 4.16 Reinforcement - ein Beispiel

4.4.3 Künstliche Neuronale Netze

Die Idee von Künstliche Neuronalen Netzen (KNN), angelsächsisch Convolutional Neural Network (CNN), stammt vom Studium des menschlichen Gehirns und damit die Reproduktion der komplexen Interaktionen. Manche unserer Neuronen im Gehirn besitzen nur eine einfache Aufgabe. Sobald ein elektrisches Signal einen bestimmten Wert überschreitet, wird ein Signal ausgegeben.

KNN ist wie ML ein Teilgebiet der KI und wird meistens synonym verwendet. Allerdings liegt der Unterschied darin, dass KNN ein „skalierbares ML" ist. Klassische ML Methoden sind stärker auf menschliches Eingreifen angewiesen, wohingegen KNN gekennzeichnete Datensätze nutzt, um seine Algorithmen zu informieren. Hierbei kann KNN sich selbst seine Hierarchie bilden.

Der Aufbau der KNN besteht, wie in Abb. 4.17 gezeigt, aus drei Teilen: Eingabeschicht, verborgene Schicht und Ausgabeschicht. Diese sind direkt miteinander verbunden. Das Netz wird trainiert, indem ihm immer wieder Daten vorgelegt werden. Diese mehrfache Wiederholung führt dazu, dass das Netz die Daten jedes Mal exakter zuordnen kann. Mit Hilfe einer Gewichtungsfunktion werden die einzelnen Verbindungen zwischen den Neuronen in der verborgenen Schicht ständig angepasst. Das dadurch erzeugt Modell kann anschließend auf noch nicht bekannte Daten angewandt werden.

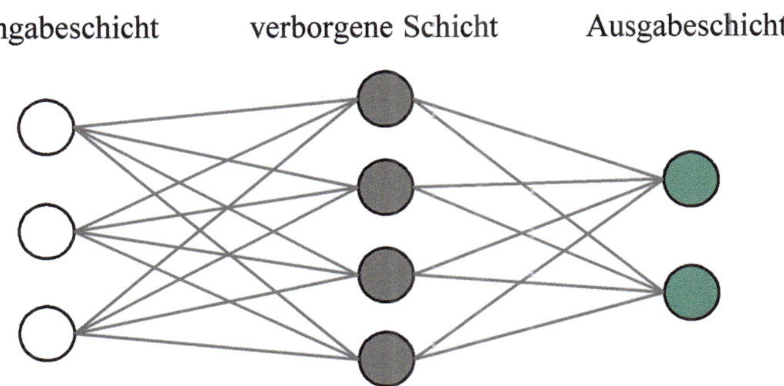

Abb. 4.17 Schematischer Aufbau eines Neuronalen Netzes

Deep Learning

Während die bisher betrachteten KNNs oft mit nur einer oder wenigen verborgenen Schichten auskommen, stellt das Deep Learning (DL) eine wesentliche Weiterentwicklung dieses Konzepts dar. Es handelt sich dabei weniger um eine vollständig neue Methode als vielmehr um einen Ansatz, der auf der Verwendung von neuronalen Netzen mit einer tiefen Architektur basiert. „Tief" bedeutet in diesem Kontext, dass das Netzwerk aus einer Vielzahl von hintereinandergeschalteten Schichten (sogenannten Hidden Layers) besteht, wie es schematisch in Abb. 4.18 dargestellt ist.

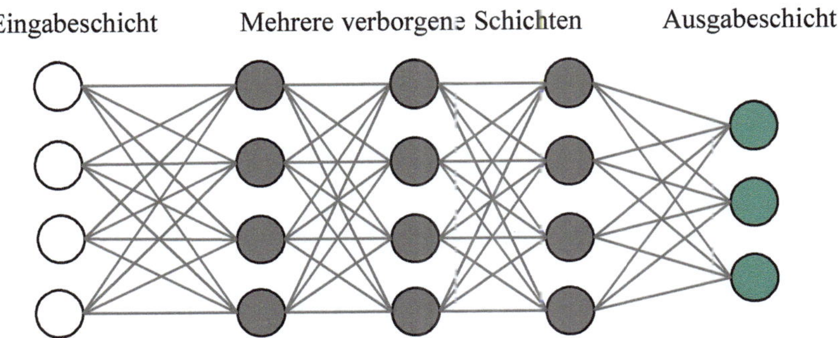

Abb. 4.18 Schematischer Aufbau des Deep Neural Network

Diese tiefe Struktur ermöglicht es dem Modell, eine hierarchische Merkmalsextraktion durchzuführen. In den ersten, eingangsnahen Schichten lernt das Netzwerk, einfache, grundlegende Merkmale aus den Rohdaten zu erkennen – bei Bilddaten wären dies beispielsweise Kanten, Ecken oder Farbübergänge. Jede nachfolgende Schicht kombiniert die Merkmale der vorherigen Schicht zu immer komplexeren und abstrakteren Konzepten. So könnten aus Kanten und Ecken einfache Formen wie Kreise oder Rechtecke entstehen, die

in noch tieferen Schichten zu Objekten wie Rädern, Scheinwerfern oder ganzen Fahrzeug-
karosserien zusammengesetzt werden.

Für uns als außenstehende Beobachter bleibt dieser „Gedankenprozess" der Merkmals-
kombination innerhalb der verborgenen Schichten jedoch weitgehend undurchsichtig. Wir
wissen also nicht explizit, wie die erkannten Kanten, Ecken und Formen letztlich zu den
hochkomplexen internen Darstellungen zusammengefügt werden. Normalerweise erhalten
wir nur die finale Ausgabe der Ausgabeschicht, ohne den genauen Weg dorthin nachvoll-
ziehen zu können. Diese „Black-Box"-Eigenschaft ist eine Herausforderung, wenngleich
in den letzten Jahren intensiv an Methoden zur Visualisierung und Interpretierbarkeit der
Vorgänge in den verborgenen Schichten geforscht wird. Die Fähigkeit zur automatischen
Extraktion relevanter Merkmale aus den Daten ist dennoch einer der größten Vorteile
von Deep Learning und macht ein manuelles „Feature Engineering", also die aufwändige,
manuelle Aufbereitung von Eingabedaten, oft überflüssig.

Ermöglicht wurde der Durchbruch des Deep Learning erst durch zwei entscheidende
Faktoren: die Verfügbarkeit von riesigen Datenmengen (Big Data) für das Training und die
massive Steigerung der Rechenleistung, insbesondere durch den Einsatz von spezialisierten
Grafikprozessoren (GPUs). Die Komplexität tiefer Netze mit Millionen von Parametern
erfordert diesen enormen Aufwand, um die Gewichte des Netzwerks effektiv zu trainieren.

Im Entwicklungsbereich von mechanischen und elektronischen Systemen eröffnen DL-
Modelle vielfältige Möglichkeiten, die über jene einfacherer KNNs hinausgehen:

- **Objekterkennung in Sensordaten:** Analyse von Kamera- oder LiDAR-Daten für
  Fahrerassistenzsysteme.
- **Prädiktive Wartung:** Erkennung komplexer Muster in Zeitreihendaten (z.B. Vibrations-
  oder Temperatursensoren), die auf einen bevorstehenden Ausfall einer mechanischen
  Komponente hindeuten.
- **Qualitätskontrolle:** Automatische Erkennung von feinsten Rissen, Lötfehlern oder
  Montagefehlern auf Bildern aus der Produktionslinie.

Die hier vorgestellten Architekturen und Prinzipien des DL bilden die technologische
Grundlage für die derzeit fortschrittlichsten KI-Systeme. Eine direkte und bahnbrechen-
de Weiterentwicklung, die auf einer speziellen Netzwerkarchitektur – der Transformer-
Architektur – basiert, sind die im folgenden Kapitel 4.4.4 behandelten Large Language
Models.

4.4.4 Large Language Models

Aufbauend auf den Prinzipien der KNN und des DL (siehe Kapitel 4.4.3) hat sich in den
letzten Jahren eine spezialisierte Form der KI etabliert, die die Art und Weise, wie wir mit
unstrukturierten Daten interagieren, revolutioniert: die Large Language Models (LLMs).
Diese Modelle sind nicht mehr nur Werkzeuge zur reinen Datenanalyse, sondern agieren als

kognitive Partner im Produktentstehungsprozess (PEP), insbesondere in der Entwicklung von komplexen elektronischen und mechanischen Systemen.

Grundlagen und Funktionsweise von LLMs

Ein Large Language Model ist ein extrem großes künstliches neuronales Netzwerk, das darauf trainiert wurde, menschliche Sprache zu verstehen, zu generieren, zu übersetzen und zusammenzufassen. Im Kern ihrer Funktionsweise steht die Fähigkeit, aus einem gegebenen Text (einem sogenannten „Prompt") das wahrscheinlichste nächste Wort oder den wahrscheinlichsten nächsten Satz vorherzusagen. Diese Fähigkeit wird durch das Training mit riesigen Mengen an Textdaten – dem Äquivalent von ganzen Bibliotheken oder großen Teilen des Internets – erlernt. Dadurch entwickeln LLMs ein tiefes „Verständnis" für sprachliche Muster, semantische Zusammenhänge, Faktenwissen und sogar logische Schlussfolgerungen.

Für den Entwicklungsbereich bedeutet dies, dass unstrukturierte Informationen, wie sie in Anforderungsdokumenten, technischen Spezifikationen, Normen, Patenschriften, E-Mail-Verkehr oder Fehlerberichten vorliegen, maschinell verarbeitet und nutzbar gemacht werden können. Ein LLM kann beispielsweise eine vage formulierte Kundenanforderung in präzise technische Spezifikationen übersetzen oder widersprüchliche Anforderungen in einem Lastenheft identifizieren.

Im Kontext des PEP für elektronische und mechanische Systeme eröffnen LLMs ganz neue Perspektiven:

- **Beschleunigung der Dokumentation und Kommunikation:** LLMs können die Erstellung, Verwaltung und das Verständnis technischer Dokumentationen, Spezifikationen und Berichte erheblich rationalisieren.
- **Wissenserschließung und -verteilung:** Sie können als intelligente Schnittstelle zu internen Wissensdatenbanken und externen Informationsquellen dienen und so den Zugang zu relevantem Fachwissen demokratisieren.
- **Kreative Unterstützung im Design:** Obwohl LLMs textbasiert sind, können sie Ingenieur:innen im generativen Design unterstützen, indem sie Ideen formulieren, Lösungsansätze skizzieren oder sogar Programmcode für Simulationen oder CAD-Skripte generieren.
- **Intelligente Fehleranalyse und Problemlösung:** Sie können dabei helfen, Fehlerberichte zu analysieren, mögliche Ursachen vorzuschlagen und passende Lösungen aus Handbüchern oder Foren zu extrahieren.

Architekturen: Von RNNs zu Transformern

Während frühere Ansätze zur Sprachverarbeitung oft auf rekurrente neuronale Netze (RNNs) setzten, die Text sequenziell Wort für Wort verarbeiten, basiert der Durchbruch der modernen LLMs auf der sogenannten Transformer-Architektur. Der entscheidende Vorteil dieser Architektur ist der „Attention-Mechanismus". Dieser Mechanismus erlaubt es dem Modell, beim Verarbeiten eines Wortes die Relevanz aller anderen Wörter im Eingabetext zu gewichten. Dadurch kann das Modell Kontexte über lange Textpassagen hinweg verstehen und komplexe Abhängigkeiten erkennen.

In der Produktentwicklung ist dies von unschätzbarem Wert. Wenn ein Entwickler beispielsweise eine technische Frage zu einer spezifischen Komponente stellt, kann ein auf internen Dokumenten trainiertes LLM dank der Transformer-Architektur nicht nur die direkte Beschreibung der Komponente finden, sondern auch relevante Informationen aus Testprotokollen, früheren Design-Reviews oder sogar Wartungshandbüchern anderer Produkte heranziehen, in denen diese Komponente ebenfalls verwendet wurde.

Anwendungspotenziale im Produktentstehungsprozess

Die Einsatzmöglichkeiten von LLMs in der Entwicklung mechanischer und elektronischer Systeme sind vielfältig und erstrecken sich über den gesamten PEP:

- **Anforderungsmanagement:** LLMs können Kundenanforderungen, die in natürlicher Sprache formuliert sind, analysieren, klassifizieren und in eine strukturierte Form für Anforderungsmanagement-Tools (z.B. DOORS, Jira) überführen. Sie können auf Vollständigkeit und Widerspruchsfreiheit prüfen und sogar erste technische Lösungsvorschläge generieren.
- **Konzept- und Entwurfsphase:** Entwickler können LLMs als Brainstorming-Partner nutzen. Durch Prompts wie „Generiere drei Konzepte für ein leichtes und robustes Gehäuse für einen mobilen Sensor unter Berücksichtigung von EMV-Anforderungen" können schnell vielfältige Ideen gesammelt werden. Ebenso können LLMs bei der Auswahl von Materialien oder Standardkomponenten unterstützen, indem sie Datenblätter und Normen durchsuchen und vergleichen.
- **Code-Generierung und -Optimierung:** Insbesondere in der Entwicklung von Embedded Systems (Firmware für elektronische Systeme) können LLMs Code-Snippets in Programmiersprachen wie C/C++ oder Python generieren, bestehenden Code dokumentieren, Fehler finden (Debugging) oder ihn auf Effizienz (z.B. Speicherverbrauch, Laufzeit) optimieren.
- **Wissensmanagement und Dokumentation:** Der vielleicht größte Hebel liegt in der Erschließung des impliziten Wissens eines Unternehmens. LLMs, die auf der internen Dokumentationsbasis (Wikis, SharePoint, alte Projektdokumente, E-Mails) trainiert werden, können als „kollektives Gedächtnis" des Entwicklungsbereichs dienen. Ein Entwickler kann fragen: „Welche Probleme gab es bei Projekt X mit der Abdichtung des Gehäuses?" und erhält eine präzise, zusammengefasste Antwort aus verschiedenen Quellen, statt stundenlang selbst suchen zu müssen.
- **Analyse von Test- und Validierungsdaten:** Fehlerprotokolle oder Testberichte liegen oft als Freitext vor. LLMs können diese Berichte analysieren, Fehler klastern (z.B. „alle Fehler, die mit Überhitzung zu tun haben") und die Ursachenanalyse beschleunigen, indem sie Zusammenhänge zu früheren, ähnlichen Problemen herstellen.

Praktische Implementierung und Herausforderungen

Die Nutzung von LLMs ist nicht trivial und birgt Herausforderungen. Unternehmen können auf öffentliche Modelle über APIs (z.B. GPT-4, Llama 3) zugreifen oder eigene, spezialisierte Modelle trainieren. Letzteres, oft durch ein sogenanntes „Fine-Tuning" auf firmenspezifischen Daten, bietet den Vorteil der Datensicherheit und einer höheren Domänenkompetenz.

Wesentliche Herausforderungen sind:

- **Datenschutz und geistiges Eigentum:** Bei der Nutzung von Cloud-basierten LLMs dürfen keine sensiblen Unternehmensdaten oder geistiges Eigentum in die Prompts eingegeben werden. Lokale oder in einer sicheren Cloud gehostete, private LLMs sind hier die Lösung.
- **Halluzinationen:** LLMs können Fakten erfinden, die plausibel klingen, aber falsch sind. Ergebnisse müssen daher stets von einem Fachexperten überprüft werden. Im Entwicklungskontext ist eine Verifizierung unerlässlich, bevor ein LLM-Vorschlag in ein Produktdesign einfließt.
- **Rechenaufwand und Kosten:** Das Training und der Betrieb von großen LLMs sind rechenintensiv und können hohe Kosten verursachen. Eine sorgfältige Kosten-Nutzen-Analyse ist erforderlich.

> **Beachte:**

LLMs werden die Arbeit von Ingenieur:innen nicht ersetzen, aber sie werden sie transformieren, indem sie als intelligente Assistenten fungieren, die den Zugang zu Wissen beschleunigen, repetitive Aufgaben automatisieren und neue kreative Wege im Design und in der Entwicklung aufzeigen.

Trotz dieser Herausforderungen stellen LLMs einen Paradigmenwechsel dar und werden sich als unverzichtbares Werkzeug für Effizienz, Innovation und Wissenssicherung in der modernen Produktentwicklung etablieren.

4.5 Zusammenfassung und Methodenauswahl für die Praxis

Dieses Kapitel 4 hat die vielfältigen Facetten der Data-Science im Kontext der Produktentwicklung beleuchtet. Ausgehend von den grundlegenden statistischen Werkzeugen wie der Regressionsanalyse und Hypothesentests über die Mustererkennung mittels Data-Mining bis hin zu den fortgeschrittenen Methoden der Künstlichen Intelligenz wurde ein breites Spektrum an Instrumenten vorgestellt. Die Einführung in das Maschinelle Lernen und die Deep-Learning-Architekturen zeigte das enorme Potenzial, das in der automatisierten Analyse von strukturierten Daten steckt. Mit der Vorstellung der Large Language Models (LLMs) wurde schließlich eine Technologie eingeführt, die einen Paradigmenwechsel darstellt, da sie die Domäne der unstrukturierten, textbasierten Daten erschließt und als kognitiver Partner im Entwicklungsprozess agieren kann.

In der Praxis steht der Entwickler vor der Herausforderung, aus dieser Vielfalt die richtige Methode für ein spezifisches Problem auszuwählen. Die Entscheidung hängt maßgeblich von der Phase im Produktentstehungsprozess (PEP), der Art der verfügbaren Daten (strukturiert vs. unstrukturiert, numerisch vs. textbasiert) und dem konkreten Ziel (z.B. Vorhersage, Klassifikation, Wissensgewinnung, Automatisierung) ab.

Tab. 4.3 Anwendung von Data-Science-Methoden im Entwicklungsprozess elektronischer und mechanischer Systeme

Phase im PEP	Methode	Kapitel	Anwendungsbeispiel	Begründung / Ziel
1. Frühe Phase / Anforderung	Large Language Models (LLM)	4.4.4	Analyse von Kunden-E-Mails, Lastenheften und Marktrecherchen	Extraktion und Strukturierung von Anforderungen aus unstrukturiertem Text. Identifikation von Widersprüchen
	Hypothesentests	4.2.4	A/B-Testing von zwei UI-Konzepten mit einer Fokusgruppe	Statistische Absicherung, welche Konzeptvariante von Nutzern signifikant besser bewertet wird.
2. Konzept & Entwurf	Lineare / Nichtlineare Regression	4.2.2 4.2.3	Ermittlung des Zusammenhangs zwischen Wandstärke (mechanisch) und Wärmeableitung (thermisch) aus Simulationsdaten.	Erstellung eines Vorhersagemodells zur schnellen Abschätzung von Designparametern ohne aufwändige Neusimulation.
	Data-Mining (Clustering)	4.3 4.4.2	Gruppierung von Bauteilen nach geometrischen und funktionalen Ähnlichkeiten.	Identifikation von Gleichteil-Potenzialen zur Reduzierung der Variantenvielfalt und Kosten.
	Large Language Models (LLM)	4.4.4	Brainstorming von Lösungsansätzen für eine komplexe technische Herausforderung (z.B. EMV-Entstörung).	Kreativitätsförderung und schnelle Generierung vielfältiger Ideen basierend auf dem Wissen aus Normen und Fachliteratur.

Fortsetzung auf nächster Seite

Phase im PEP	Methode	Kapitel	Anwendungsbeispiel	Begründung / Ziel
3. Detaillierung / Implementierung	Überwachtes Lernen (Klassifikation)	4.4.2	Vorhersage, ob ein neues Leiterplatten-Layout wahrscheinlich EMV-Probleme verursachen wird, basierend auf Daten alter Layouts.	Frühzeitige Risikoerkennung und Vermeidung von teuren Design-Schleifen.
	Large Language Models (LLM)	4.4.4	Generierung von Firmware-Code (z.B. C/C++ für einen Mikrocontroller) oder Skripten zur Testautomatisierung.	Beschleunigung der Software-Entwicklung und Reduzierung von Routineaufgaben für Entwickler.
4. Test & Validierung	Korrelationsanalyse	4.2.1	Analyse von Messdaten, um den Zusammenhang zwischen Vibrationen am Gehäuse und der Fehlerrate eines Sensors zu prüfen.	Frühzeitige Erkennung von schleichenden Defekten oder unvorhergesehenen Systemzuständen, die auf einen zukünftigen Ausfall hindeuten.
	Unüberwachtes Lernen (Anomalieerkennung)	4.4.2	Überwachung von Dauerlauf-Testdaten (z.B. Stromaufnahme, Temperatur) zur automatischen Erkennung von untypischem Verhalten.	Frühzeitige Erkennung von schleichenden Defekten oder unvorhergesehenen Systemzuständen, die auf einen zukünftigen Ausfall hindeuten.
	Large Language Models (LLM)	4.4.4	Automatische Zusammenfassung und Kategorisierung von Fehlerberichten aus dem Testfeld.	Effiziente Auswertung großer Mengen an Freitext-Feedback, um Schwerpunkte für die Fehlerbehebung zu identifizieren.
5. Übergreifend / Wissensmanagement	Large Language Models (LLM)	4.4.4	Aufbau eines unternehmensinternen Chatbots, der technische Fragen auf Basis der gesamten Projektdokumentation beantwortet.	Demokratisierung von Wissen, schnelle Einarbeitung neuer Mitarbeiter und Vermeidung von wiederholten Fehlern.
	Datenvisualisierung	4.1.1	Erstellung von interaktiven Dashboards zur Darstellung von Projektrisiken, Testabdeckung oder Komponentenkosten.	Schaffen von Transparenz und Bereitstellung einer fundierten Entscheidungsgrundlage für das Projektmanagement.

Tabelle Tab. 4.3 dient als praktischer Leitfaden und zusammenfassende Empfehlung für diese Methodenauswahl. Sie ordnet die in diesem Kapitel besprochenen Techniken den typischen Phasen im Entwicklungsprozess von elektronischen und mechanischen Systemen zu. Für jede Phase werden konkrete Anwendungsbeispiele genannt und die jeweilige Zielsetzung begründet. Die hinzugefügten Kapitelverweise ermöglichen dem Leser ein schnelles Nachschlagen der detaillierten Erläuterungen zur jeweiligen Methode. Die Tabelle verdeutlicht, dass es nicht die eine beste Methode gibt, sondern dass der größte Nutzen in der intelligenten Kombination der verschiedenen Ansätze liegt: Statistische Methoden sichern Entscheidungen über Messdaten ab, Maschinelles Lernen automatisiert die Analyse komplexer Zusammenhänge, und Large Language Models erschließen das wertvolle Wissen, das in der textuellen Dokumentation des Unternehmens verborgen liegt. Ein durchdachter Einsatz dieser Werkzeuge ist somit ein entscheidender Hebel für die Steigerung von Effizienz, Qualität und Innovationskraft in der modernen Produktentwicklung.

4.6 Übungen

Übung 4.1 Regression
Gegeben seien die folgenden Paare von X- und Y-Werten:

$$(2, 4); (3, 7); (5, 10); (7, 13); (9, 16)$$

Zu Berechnen ist der Regressionskoeffizient der linearen Regression für diese Daten.

Übung 4.2 Kovarianz
Gegeben seien die folgenden Paare von X- und Y-Werten:

$$(1, 3); (2, 5); (3, 7); (4, 9); (5, 11)$$

Zu Berechnen ist die Kovarianz zwischen X und Y.

Übung 4.3 Lineare Regression
Gegeben seien die folgenden Paare von X- und Y-Werten:

$$(1, 2); (2, 3); (3, 5); (4, 7); (5, 8)$$

Zu Berechnen ist die lineare Regressionsgleichung.

Übung 4.4 Data-Mining
Gegeben sind die folgenden Datenpunkte, die den Zusammenhang zwischen der Anzahl der Stunden, die ein Student für das Lernen aufwendet und den erreichten Punkten in einem Test darstellen (Stunden x, Punkte y):

$$(3, 75); (5, 82); (7, 91); (9, 95); (11, 100)$$

Durchzuführen ist eine einfache Regression, um den Zusammenhang zwischen der Anzahl der Stunden, die ein Student für das Leneren aufwendet, und den erreichten Punkten zu modellieren.

4.7 Verständnisfragen

1. Was verstehen Sie unter Data-Mining?

2. Was sollten Sie beachten, um Grafiken objektiv darzustellen?
3. Welche Werte kann der Korrelationskoeffizient annehmen?
4. Erläutern Sie „Zwei Größen sind stark negativ korreliert".
5. Wie erkennen Sie negative Korrelation im Streudiagramm?
6. Was bedeutet $r = -1$?
7. Was versteht man unter Regression?
8. Wozu werden Regressionsmodelle erstellt?
9. Mit welcher Kennzahl misst man die Güte einer Regression?
10. Weshalb ist es nicht unbedingt sinnvoll, das Modell mit dem höchsten Bestimmtheitsmaß zu wählen?
11. Ab welchem Betrag des Korrelationskoeffizienten ist die lineare Regression ein sinnvolles Modell?
12. Wie groß sollte das Bestimmtheitsmaß sein, damit eine Prognose mit dem Modell sinnvoll ist?
13. Was ist der Unterschied zwischen einer Null- und einer Alternativhypothese?
14. Welche drei Kategorien zur Auswahl von Hypothesentests gibt es?
15. Welcher Grundstatz gilt generell für Hypothesentests?
16. Was ist die Definition von Data-Mining?
17. Wie ist Data-Mining weiter unterteilt?
18. Was wird unter Künstliche Intelligenz verstanden?
19. Was ist der Unterschied zwischen Überwachtem und Unüberwachtem Lernen?
20. Was umfassassen die Künstliche Neuronale Netze?

Literaturverzeichnis

1. Ceylan, B.: Studie zum Einsatz von Data-Mining bei der Lastkollektivermittlung. Studienarbeit, Institut für Maschinenelement, Universität Stuttgart (2016)
2. Cohen, J.: Statistical power analysis for the behavioral sciences. N.J.: L. Erlbaum Associates, Hillsdale (1988)
3. Frochte, J.: Maschinelles Lernen: Grundlagen und Algorithmen in Python. Hanser, Germany (2019)
4. Güting, R.H., Dieker, S.: Datenstrukturen und Algoritmen (2018)
5. Han, J., Kamber, M., Pei, J.: Data Mining: Concepts and Techniques. Morgan Kaufmann Publishers, USA (2011)
6. Hoh, J., Kemmler, S., Stobbe, P.: Data Analytics. Vorlesung im Bachelor Fahrzeugtechnik und Fahrzeugsysteme, Hochschule Esslingen (2019)
7. Hurwitz, J., Kirsch, D.: Machine Learning for dummies. John Wiley & Sons, Inc, USA (2018)
8. IDC (2023): Volumen der jährlich generierten/replizierten digitalen Datenmenge weltweit von 2010 bis 2022 und Prognose bis 2035 (in Zettabyte). IDC - Statistika. Abgerufen am 18. Mai 2023
9. Knebl, H.: Algorithmen und Datenstrukturen (2021)
10. Noun Porject: The World's Most Diverse and Extensive Collection of Icons and Mission-Driven Photos.: Nounproject. Abgerufen am 23.01.2024
11. Runkler, T.A.: Data Mining: Methoden und Algorithmen intelligenter Datenanalyse (2015)
12. Witten, I.H., Frank, E., Hall, M.A.: Data Mining: Practical Machine Learning Tools and Techniques (2011)

Kapitel 5
Anforderungen und Mission Profile

*Ohne gutes Anforderungsmanagement und Definition des
Mission Profile können extreme Folgekosten auftreten. Je besser
die Anforderungsklärung, desto geringer die
Entwicklungskosten.*

Zusammenfassung Die Produktentwicklung startet bereits in der frühen Akquisephase, also zur Angebotsphase. Es ist ein Muss, dass alle Anforderungen so früh wie möglich bekannt sind und deren Auflösungsgrad so hoch wie möglich ist. Hierbei sind unklare Anforderungen unmittelbar zu klären, denn je später in der Entwicklungsphase eine Anforderung nachgezogen werden muss, desto höher können die Produktkosten ausfallen.

5.1 Einführung

In der heutigen Zeit, in der Unternehmen immer komplexer und globaler werden, ist es von entscheidender Bedeutung, dass die Anforderungen an Produkte und Dienstleistungen klar definiert und effektiv verwaltet werden. Das Anforderungsmanagement spielt dabei eine zentrale Rolle, um sicherzustellen, dass die Bedürfnisse und Erwartungen der Kunden erfüllt werden.

Das Anforderungsmanagement umfasst den gesamten Prozess der Identifizierung, Analyse, Dokumentation, Verwaltung und Verfolgung von Anforderungen. Es stellt sicher, dass alle relevanten Stakeholder ein gemeinsames Verständnis der Anforderungen haben und dass diese während des gesamten Produktlebenszyklus konsistent und nachvollziehbar bleiben.

Ein wesentlicher Bestandteil des Anforderungsmanagements sind die Mission Profiles. Diese beschreiben die spezifischen Ziele, Aufgaben und Anforderungen, die ein Produkt unter Einsatzbedingungen oder eine Dienstleistung erfüllen muss, um den Bedürfnissen der Kunden gerecht zu werden. Sie dienen als Grundlage für die Entwicklung und Umsetzung von Lösungen und ermöglichen es den Entwicklern, die Anforderungen präzise zu verstehen und umzusetzen.

Die Mission Profiles werden in enger Zusammenarbeit mit den Kunden und anderen relevanten Stakeholdern erstellt. Sie stellen sicher, dass die Anforderungen aus Sicht der

S. Kemmler und A. Gottschalk, *Design for Reliability und Lebensdauerabsicherung*,
https://doi.org/10.1007/978-3-658-48949-6_5

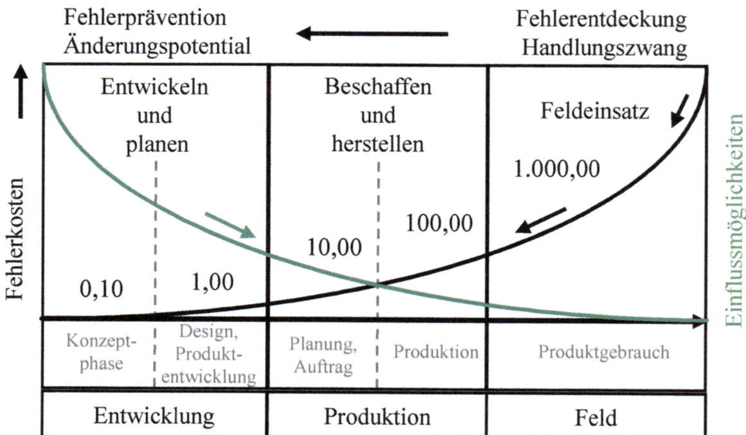

Abb. 5.1 Rule of Ten - Zehnerregel im Produktlebenszyklus

Kunden formuliert werden und dass alle relevanten Aspekte berücksichtigt werden. Durch
die klare Definition der Mission Profiles können Missverständnisse und Fehlinterpretationen vermieden werden, was zu einer effektiveren Entwicklung und Umsetzung von
Lösungen führt.

Ein weiterer wichtiger Aspekt des Anforderungsmanagements ist die „Rule of Ten" im
Produktentstehungsprozess, vergleiche Abb. 5.1. Diese Regel besagt, dass die Behebung
eines Fehlers in der Konzeptphase in jedem nachfolgenden Prozessschritt zehnmal mehr
an Zeit und Ressourcen je Entwicklungsstufe kostet um genau diesen Fehler zu beheben.
Daher ist es von entscheidender Bedeutung, dass die Anforderungen von Anfang an klar
und präzise definiert werden, um teure und zeitaufwändige Fehler zu vermeiden.

Das folgenden Kapitel beschäftigt sich genauer mit verschiedenen Aspekten des Anforderungsmanagements und dem Mission Profile. Dort wird auf die Einführung in Lasten-
und Pflichtenheft näher eingegangen, die generellen Umwelteinflüsse betrachtet und die
Ableitung von Belastungen aus den Anforderungen auf Basis der Mission Profiles erläutert. Des Weiteren wird die Belastbarkeit des Produkts oder der Komponente bzw. des
Design Elements betrachtet und die Robustheitsbetrachtung diskutiert. Zudem werden die
Vorgängeranalyse mit Lessons Learned und Wissensmanagement behandelt. Abschließend
werden Übungen und Verständnisfragen durchgeführt, um das Gelernte zu festigen.

5.2 Grundlegendes zu Lasten- und Pflichtenheft

Ein Lasten- und Pflichtenheft (LHP) ist ein wichtiges Dokument im Anforderungsmanagement, das Ingenieuren dabei hilft, die Anforderungen an ein Produkt oder eine Komponente klar zu definieren und zu dokumentieren. Es dient als Grundlage für die Entwicklung und Umsetzung von Lösungen und stellt sicher, dass alle relevanten Aspekte berücksichtigt werden. Es ist zu beachten, dass zuerst das Lastenheft (LH) zu erstellen und daraus das Pflichtenheft (PH) abzuleiten ist.

Das LH beschreibt die Anforderungen aus Sicht des Kunden oder Auftraggebers. Es legt fest, welche Funktionen das Produkt erfüllen soll, welche Leistungsmerkmale es haben muss und welche Randbedingungen zu beachten sind. Das LH ist in der Regel weniger detailliert und technisch orientiert.

Im Gegensatz dazu beschreibt das PH die technischen Anforderungen und Spezifikationen, die erfüllt werden müssen, um die im LH definierten Anforderungen zu erfüllen. Es enthält detaillierte Informationen zu den technischen Eigenschaften, den Materialien, den Abmessungen, den Toleranzen und anderen relevanten Aspekten. Das PH ist spezifischer und technischer orientiert.

Um den Anforderungen gerecht zu werden, ist es wichtig, dass das LPH von Anfang an klar und präzise definiert wird. Dazu gehört eine genaue Analyse der Kundenanforderungen, eine enge Zusammenarbeit mit den relevanten Stakeholdern und eine klare Kommunikation. Es ist auch wichtig, dass das LPH regelmäßig überprüft und aktualisiert wird, um sicherzustellen, dass es den aktuellen Anforderungen entspricht oder wie würden sich diese auf bestehende Produkte auswirken oder bleiben sie davon unberührt.

Ein Beispiel für ein Lasten- und Pflichtenheft könnte wie folgt aussehen:

1. Einleitung:

   - Hintergrundinformationen zum Projekt
   - Zielsetzung und Zweck des Lasten- und Pflichtenheftes

2. Beschreibung des Produkts oder der Komponente:

   - Funktionen und Leistungsmerkmale
   - Randbedingungen und Umwelteinflüsse

3. Anforderungen an die Mechanik:

   - Abmessungen und Toleranzen
   - Einbauraum
   - Funktion
   - Materialien und Oberflächenbeschaffenheit
   - Festigkeits- und Steifigkeitsanforderungen

4. Anforderungen an die Elektrotechnik:

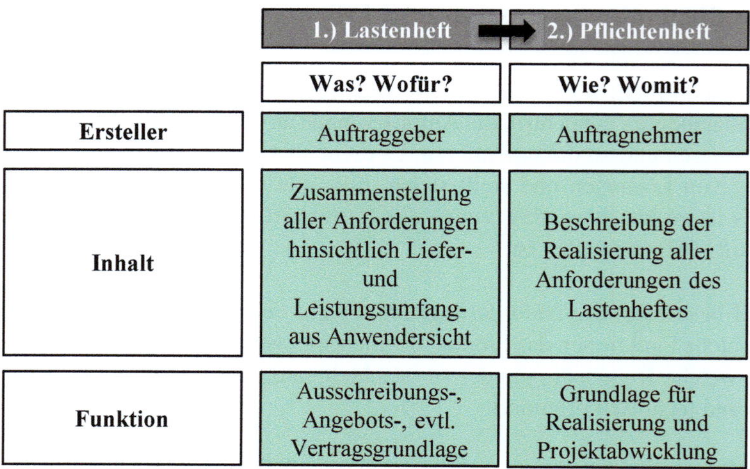

Abb. 5.2 Gegenüberstellung von Lasten- und Pflichtenheft

- Elektrische Leistung und Spannungsversorgung
- Schutzmaßnahmen und Sicherheitsanforderungen
- Elektrische Schnittstellen und Verbindungen
- Ruhestromaufnahme
- Anforderungen an z.B. Klima

5. Prüf- und Testanforderungen:

- Verfahren und Methoden zur Überprüfung der Anforderungen
- Gut-/Schlechtaussagen bezüglich Grenzwerte
- Lebensdaueranforderungen
- Prüfpläne und Testprotokolle

6. Dokumentation und Lieferumfang:

- Zeichnungen, Stücklisten und technische Dokumentation
- Bedienungsanleitung
- Lieferumfang und Verpackungsvorschriften

Durch eine genaue Analyse der Kundenanforderungen und eine klare Kommunikation können Fehler und Missverständnisse vermieden werden, was zu einer effizienten und erfolgreichen Produktentwicklung führt.

5.3 Generelle Umwelteinflüsse

In der Produktentwicklung für Ingenieure im Bereich Mechanik und Elektronik spielen Umwelteinflüsse eine entscheidende Rolle. Diese können sowohl während des Herstellungsprozesses als auch während der Nutzungsdauer eines Produkts auftreten und haben direkte Auswirkungen auf die Leistungsfähigkeit und Langlebigkeit von mechanischen und elektronischen Komponenten. Es ist daher von großer Bedeutung, diese Umwelteinflüsse zu verstehen und bei der Konzeption und Entwicklung von Produkten angemessen zu berücksichtigen. Dieses Teilkapitel befasst sich mit den verschiedenen Arten von Umwelteinflüssen und diskutiert diese, wie Ingenieure sie erfolgreich in den Entwicklungsprozess integrieren können, um hochwertige und zuverlässige Produkte zu schaffen.

5.3.1 Zusammenstellung der Umwelteinflüsse

Elektronische Systeme unterliegen im Betrieb den Einflüssen der Umwelt und der Bedienung. Für eine einwandfreie und langfristige Funktion im Feld müssen die Systeme eine entsprechende Widerstandsfähigkeit besitzen und dafür ausgelegt sein. Diese Fähigkeit kann im Allgemeinen durch abgestimmte Umweltsimulationstests nachgewiesen werden. Bevor nun Tests zielgerecht durchgeführt werden ist festzulegen, welche Art von Beanspruchungen durch die Umwelteinflüsse während der Herstellung der Lagerung, dem Transport, dem Gebrauch oder auch am Einbauort auftreten können.

Umwelteinflüsse lassen sich in unterschiedlichen Gruppen darstellen. Die Zuordnung und die daraus abzuleitenden Tests erfolgen meist Branchenspezifisch und in Abhängigkeit des Einsatzgebietes, siehe Tab. 5.1

DIN, IEC, JEDEC, AEC, ISO, IPC um nur einige zu nennen, sind Organisationen die Standard oder Normen für Umweltsimulationstests publizieren, die Umweltsimulationstest definieren. Nun, sie sind sehr hilfreich, überlassen aber dem Anwender doch noch einige Freiheiten um einen so festgelegten Test praktikabel durchzuführen. Das geht jedoch nicht ohne Fachkenntnisse.

Beispiele:

- Die „DIN EN 60068 Umgebungseinflüsse" (Übersetzung der IEC 60068 Environmental Testing) ist eine Zusammenstellung unterschiedlicher Tests für elektronische Produkte und Systeme die die Bedingungen zur Durchführung der Tests beschreiben. Sie ist in fünf Hauptteilen verfügbar. Siehe auch www.IEC.ch.
- Ebenfalls weit verbreitet in unterschiedlichen Branchen sind die Standards der JEDEC, die Testbedingungen beschreiben. Siehe auch www.JEDEC.org.
- Für Elektroniken im automotiven Umfeld finden Standards des AEC (www.aecouncil.com) und Normen der ISO (www.DIN.de bzw. www.DINMEDIA.de), wie die ISO 16750 Anwendung.

5.3.2 Ergänzende Erläuterungen

Im vorhergehenden Kapitel wurde bereits darauf hingewiesen, dass Belastungen nahezu nie singulär im Feld auftreten, sondern nur in bestimmten Kombination, vergleiche hierzu auch Tab. 5.1.

Die Herausforderung liegt nun darin, die wichtigsten Belastungen zu erkennen, deren Wichtigkeit und Auswirkung einzuschätzen. Oftmals werden sehr viele unterschiedliche Belastungen im Feld identifiziert. Da diese nicht alle in Tests, entweder einzeln oder in Kombination praktikabel berücksichtigt werden können ist eine Risikoabschätzung durchzuführen.

Unter dem Verständnis, dass die Kombination der Schadenswahrscheinlichkeit mit dem Schadensausmaß das Risiko darstellt, ist es empfehlenswert nachfolgendem Ablauf wie in Abb. 5.3 dargestellt, vorzugehen und grundlegende Überlegungen anzustellen.

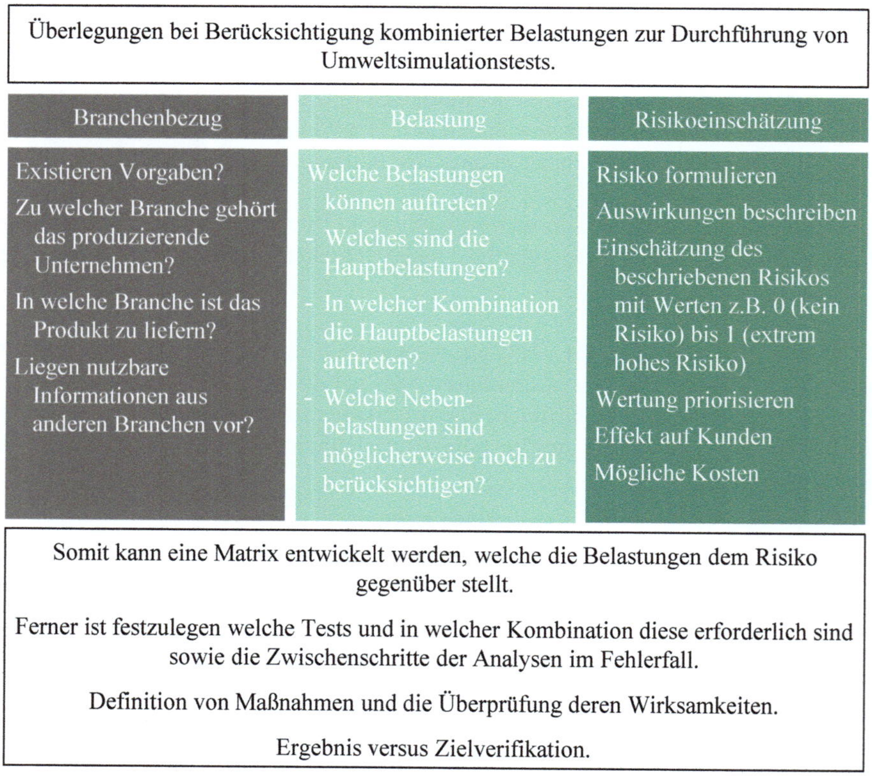

Abb. 5.3 Empfehlung Vorgehensweise

Letztendlich mündet alles in einem Tayloring Statement, also einer Beschreibung der Situation mit Zielsetzung, den durchgeführten Überlegungen mit Risikoeinschätzung und der Definition der durchzuführenden Test. Antworten zu folgenden Fragen sind unter anderem zu geben:

- Was kann „schief" gehen?
- Wie sind die Tests durchzuführen?
- Wie wird der Kunde geschützt?
- Wie wird das Unternehmen (in dem ich arbeite) geschützt?
- Können die Ziele damit erreicht werden?
- Sind die Tests finanzierbar?

Tab. 5.1 Gruppierung von Umwelteinflüssen

Umwelteinfluss	Hinweis
Klimatische Einflüsse • Feuchte-Wärme konstant • Feuchte Wärme zyklisch • Kälte • Kondenswasser • Regen • Sand • Sonneneinstrahlung • Spritzwasser • Staub • Temperaturwechsel • Trockene Wärme • Wind	• Diese Umwelteinflüsse treten nahezu nicht isoliert, sondern immer in Kombinationen auf. • Die Systeme werden jedoch meist singulären Umweltsimulationstest unterzogen. • Es sind Untersuchungen der Eignung für den Gebrauch innerhalb festgelegter Grenzen und Umweltbedingungen die einzeln oder in Kombination auftreten können. • Ursache und Wirkung beachten!
Mechanische Einflüsse • Berührungsschutz • Beschleunigung • Dichtigkeit • Manipulationsschutz • Resonanz • Schock • Schwingungen • Stöße • Vibration	
Chemische Einflüsse • Kühlmittel • Öle • Reinigungsmittel • Salznebel • Schadgas	
Biologische Einflüsse • Schimmelpilz	
Elektrische Einflüsse • EMV • ESD • Kurzschluss • Lastwechsel • Schaltverhalten • Überspannung • Unterspannungen • Verpolung	
Radioaktive Einflüsse • Strahlung (Radiation Hardness)	

5.4 Lastableitung aus Anforderungen

Die Belastung für ein Produkt im Zusammenhang mit der Lastableitung, der Mission Profiles (Einsatzprofile) und der Use Cases (Anwendungen) bezieht sich auf die spezifischen Bedingungen und Anforderungen, denen das Produkt während seines Einsatzes ausgesetzt sein wird.

> **Merke:**

 Mission Profile (Einsatzprofil) beschreibt, wie ein System oder Produkt in einer realen Umgebung ohne direkte menschliche Interaktion funktioniert. **Use Case** konzentriert sich auf die aktiv funktionale Nutzung des Systems durch den Menschen.

5.4.1 Einleitung

Die Belastung für ein Produkt bezieht sich auf die äußeren Kräfte, Einflüsse oder Bedingungen, denen das Produkt während seines Einsatzes ausgesetzt ist. Diese Belastungen können mechanischer, thermischer, chemischer und elektrischer Art sein, siehe Abb. 5.4 und Teilkapitel 5.4.3.

Abb. 5.4 Äußere Einflussfaktoren

Bei der Ableitung der Anforderungen werden die erwarteten Belastungen identifiziert und beschrieben. Dies umfasst sowohl die äußeren Belastungen, denen das Produkt ausgesetzt sein wird, als auch die internen Belastungen, die das Produkt selbst erzeugt oder auf sich selbst ausübt. Diese Belastungen können aus verschiedenen Quellen stammen, wie zum Beispiel Umgebungsbedingungen, Betriebsbedingungen, Benutzerverhalten oder spezifische Anwendungsfälle.

Die Mission Profiles und die Use Cases beschreiben typische Szenarien oder Abläufe, in denen das Produkt verwendet wird. Sie geben Aufschluss über die spezifischen Belastungen, denen das Produkt in verschiedenen Situationen ausgesetzt sein kann. Dies kann beispielsweise die Dauer des Betriebs, die Häufigkeit der Nutzung, die Intensität der Belastungen oder die Variationen der Umgebungsbedingungen umfassen.

Die Berücksichtigung der Belastungen bei der Ableitung der Anforderungen, der Mission Profiles und der Use Cases ist entscheidend, um sicherzustellen, dass das Produkt entsprechend ausgelegt und entwickelt wird, um diese Belastungen zu bewältigen. Dies ermöglicht es, die Robustheit, Zuverlässigkeit und Leistungsfähigkeit des Produkts unter den erwarteten Belastungen sicherzustellen und die Kundenzufriedenheit zu erhöhen.

5.4.2 Mission Profile

Mission Profiles sind ein wichtiger Bestandteil der Produktentwicklung und dienen dazu, die spezifischen Anforderungen und Ziele eines Produkts oder Systems zu definieren und zu verstehen.

> Mission Profiles sind detaillierte Beschreibungen der geplanten Einsatzszenarien und Betriebsbedingungen eines Produkts oder Systems. Sie umfassen Informationen über die Umgebung, in der das Produkt verwendet wird, die Aufgaben, die es erfüllen soll, sowie die erwarteten Belastungen und Anforderungen während des Betriebs.

Für Ingenieure sind Mission Profiles von großer Bedeutung, da sie als Grundlage für die Entwicklung und Gestaltung eines Produkts dienen. Indem sie die spezifischen Anforderungen und Betriebsbedingungen verstehen, können Ingenieure die richtigen Entscheidungen treffen, um ein Produkt zu entwerfen, das den Anforderungen gerecht wird und zuverlässig funktioniert.

Bei der Erstellung eines Mission Profile sollten Ingenieure verschiedene Faktoren berücksichtigen, wie zum Beispiel die Umgebungstemperatur, Feuchtigkeit, Vibrationen, mechanische Belastungen, elektrische Anforderungen und vieles mehr. Je genauer das Mission Profile definiert ist, desto besser können Ingenieure das Produkt entwerfen, um den Anforderungen gerecht zu werden und mögliche Probleme oder Schwachstellen frühzeitig zu identifizieren. Eine Zusammenstellung eines Mission Profile zeigt Abb. 5.5.

Zusammenfassend lässt sich sagen, dass Mission Profiles für Ingenieure ein unverzichtbares Werkzeug sind, um die Anforderungen und Betriebsbedingungen eines Produkts zu verstehen und die Entwicklung entsprechend auszurichten.

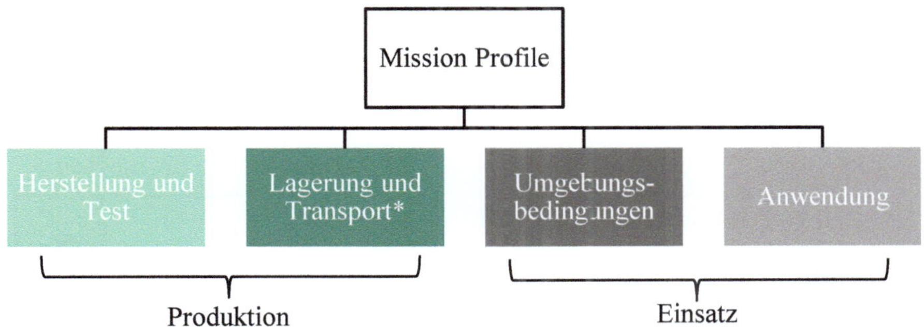

Abb. 5.5 Mission Profile (*auch vom Hersteller zum Kunden oder innerhalb des Kunden/Unternehmen oder zum Einsatzort)

5.4.3 Quellen der Belastung

Es gibt verschiedene Quellen der Belastung, denen Produkte ausgesetzt sein können. Hier sind einige häufige Quellen der Belastung von Produkten:

1. **Mechanische Belastung:**
   Dazu gehören Stöße, Vibrationen, Druck, Zug, Biegung, Torsion und andere mechanische Kräfte, die auf das Produkt wirken können. Beispiele hierfür sind der Transport, das Fallenlassen oder das Einwirken von Kräften während des Betriebs.
2. **Thermische Belastung:**
   Temperaturschwankungen, extreme Temperaturen oder Wärmequellen können das Produkt thermisch belasten. Dies kann zu Ausdehnung, Kontraktion, Wärmestress oder thermischer Degradation führen.
3. **Chemische Belastung:** Aggressive Chemikalien, Korrosion oder andere chemische Substanzen können das Produkt chemisch belasten und zu Korrosion, Materialversagen oder anderen Schäden führen.
4. **Elektrische Belastung:**
   Spannungsschwankungen, Überspannungen, elektromagnetische Interferenzen oder elektrostatische Entladungen können das Produkt elektrisch belasten und zu Fehlfunktionen, Schäden oder Ausfällen führen.
5. **Umweltbelastung:**
   Feuchtigkeit, Staub, Schmutz, UV-Strahlung, Salzwasser oder andere Umweltbedingungen können das Produkt belasten und zu Korrosion, Verschmutzung, Materialversagen oder anderen Schäden führen.

6. **Betriebsbelastung:**
   Die spezifischen Betriebsbedingungen, wie z. B. die Dauer des Betriebs, die Häufigkeit der Nutzung, die Belastung durch Benutzer oder die Anforderungen an die Leistung, können das Produkt belasten.
7. **Benutzerbelastung:**
   Die Art und Weise, wie Benutzer das Produkt verwenden, kann ebenfalls eine Belastung darstellen. Dies umfasst beispielsweise die Handhabung, die Beanspruchung oder die Einhaltung von Anweisungen.

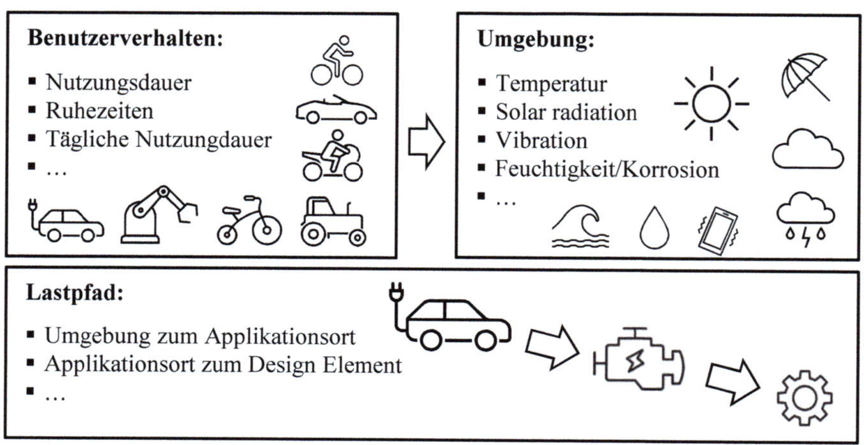

Abb. 5.6 Drei Belastungsquellen zur Beschreibung des Mission Profile

Abb. 5.6 zeigt eine Übersicht, wie das Benutzerverhalten zusammen mit den Lasten aus den Umgebungsbedingungen Voraussetzung sind, um die Lasten über den entsprechenden Pfad bis hin zum benötigten Applikationsort abzuleiten. Dabei wird mit dem Benutzerverhalten zusammen mit den Umgebungsbedingungen die daraus resultierenden Lasten abgeleitet und mit die Transferfunktion auf den Applikationsort abgeleitet.

Die Systemgrenze repräsentiert die Schnittstelle für die betrachteten Lasten. Als Hilfestellung zur Betrachtung des Lastursprungs, dient das darüber liegenden System. Weitere Lasten können dabei eine Rolle einnehmen:

- **Funktionale Lasten:**
  Sie werden durch das betrachtete System selbst verursacht.
- **Umgebungslasten:**
  Sie wirken auf das betrachtete System ein und werden durch die Systemumgebung (Umwelt und übergeordnetes System) verursacht.
- **Belastungen aus Gesetzen und Normen:**
  Beispielsweise zulässige Höchstgeschwindigkeiten eines eScooters.

5.4.3.1 Use Cases

Missbrauch (Abuse), Fehlgebrauch (Misuse), beabsichtigte Verwendung (Intended use) und übliche Verwendung (Usual use) sind Begriffe, die sich auf verschiedene Arten der Nutzung oder Verwendung eines Use Cases unter anderem in der Industrie beziehen. Im Kontext von „Use Case" können diese Begriffe wie folgt beschrieben werden:

Missbrauch (Abuse):
Missbrauch bezieht sich auf eine absichtliche und schädliche Nutzung oder Verwendung eines Use Cases in der Industrie, die dazu führen kann, dass er seine beabsichtigte nicht erfüllt oder Schaden verursacht. Beim Missbrauch wird der Use Case bewusst in einer Weise verwendet, die über seine Grenzen hinausgeht oder gegen seine vorgesehenen Zwecke verstößt. Ein Beispiel für den Missbrauch eines Use Cases in der Industrie wäre die Verwendung von Maschinen oder Anlagen außerhalb ihrer spezifizierten Betriebsparameter, was zu Beschädigungen oder Sicherheitsrisiken führen kann.

Fehlgebrauch (Misuse):
Fehlgebrauch bezieht sich auf eine unsachgemäße oder unangemessene Nutzung oder Verwendung eines Use Cases in der Industrie, die nicht beabsichtigt, Schaden zu verursachen, aber dennoch zu negativen Auswirkungen führen kann. Im Gegensatz zum Missbrauch geschieht der Fehlgebrauch oft unbeabsichtigt oder aus Unwissenheit. Ein Beispiel für den Fehlgebrauch eines Use Cases in der Industrie wäre die Verwendung Werkzeugs für einen anderen Zweck als den vorgesehenen, was zu Beschädigungen oder ineffizienten Arbeitsabläufen führen kann.

Beabsichtigte Verwendung (Intended use):
Die beabsichtigte Verwendung bezieht sich auf die vorgesehene und angemessene Nutzung oder Verwendung eines Use Cases in der Industrie, bei der er seine Funktion erfüllt, ohne Schaden zu verursachen. Dies bedeutet, dass der Use Case gemäß den vorgesehenen Anforderungen oder Spezifikationen verwendet wird, um die gewünschten Ergebnisse zu erzielen. Ein Beispiel für die beabsichtigte Verwendung eines Use Cases in der Industrie wäre die Verwendung einer automatisierten Fertigungslinie gemäß den definierten Prozessen, um Produkte effizient herzustellen.

Übliche Verwendung (Usual use):
Die übliche Verwendung bezieht sich auf die allgemein akzeptierte oder typische Nutzung oder Verwendung eines Use Cases der Industrie. Es handelt sich um die Art und Weise, wie der Use Case normalerweise von den meisten Benutzern verwendet wird, ohne dass dabei Missbrauch oder Fehlgebrauch vorliegt. Ein Beispiel für die übliche Verwendung eines Use Cases in der Industrie wäre die Verwendung von Schutzausrüstung und Sicherheitsvorkehrungen bei der Bedienung von Maschinen, um Verletzungen zu vermeiden.

Zusammenfassend lässt sich sagen, dass „Missbrauch" und „Fehlgebrauch" auf eine unsachgemäße oder schädliche Nutzung oder Verwendung eines Use Cases in der Industrie hinweisen, während „beabsichtigte Verwendung" auf die beabsichtigte und angemessene

Nutzung oder Verwendung hinweist, bei der der Use Case seine Funktion erfüllt, ohne Schaden zu verursachen. „Usual use" bezieht sich auf die allgemein akzeptierte oder typische Nutzung oder Verwendung eines Use Cases in der Industrie, ohne dass dabei Missbrauch oder Fehlgebrauch vorliegt.

> Beabsichtigte Verwendung (Indended use) ist die Referenz aller zu erwartenden Lasten. Dieser Anwendungsfall muss in jeglicher Betrachtungsweise angenommen werden, auch wenn er nicht Gegenstand er Anforderung ist.

Ein weiterer, wichtiger und nicht zu vernachlässigender Einfluss auf die Mission Profile sind deren Schwankungen. Es muss stets bei der Definition der Lasten darauf aufmerksam gemacht werden, dass diese im Benutzerverhalten, Anwendungsfall, Systemkonfiguration, Messmethode und -durchführung auftreten können. Zudem muss bedacht werden, dass die Kombination solcher Use Cases voneinander Abhängig sind und entsprechender bei der Zusammenstellung darauf geachtet werden muss. Des weiteren sind manche Einflussfaktoren zufallsbedingt oder können ausschließlich kategorisiert, anstatt in Zahlen gefasst zu werden.

Zur Beschreibung eines Use Cases ist es hilfreich, in drei Schritten vorzugehen:

1. **Use Case:** Beschreibe den Benutzer exakt, z.B. Stadtpendler fährt zur Arbeit oder Benutzer bohrt ein 6 *mm*-Bohrloch in eine Betonwand.
2. **Szenario-Schritte des Anwendungsfalls:** Motor dreht im Leerlauf, langsam fahren, an roter Ampel anhalten, ..., parken, Motor dreht im Leerlauf, Zündung ausschalten oder 6 *mm*-Bohrer in das Bohrfutter einsetzen, Bohrer an das Netz anschließen, bohren, ..., Bohrer entfernen.
3. **Definition dieses Use Cases:** Stadtfahrer oder Bohren in Betonwand

Eine Basisstrategie zur Definition von Use Cases zur potenziellen Schadensmechanismus und dazugehörigen Lasttypen kann sein, indem die relevanten Use Cases entweder anhand den extremen oder an den am häufigsten auftretenden Lasten gespiegelt werden, vergleiche auch Abb. 5.7:

- Anwendungsfälle, bei denen die extremen Belastungen auftreten:
  Vorsicht: extreme Nutzung ≠ extreme Belastung und Kombinationen von Extremfällen haben eine sehr geringe Auftretenswahrscheinlichkeit und können zu einer Überdimensionierung führen.
- Anwendungsfälle, bei denen die häufigsten Belastungen auftreten:
  Die Varianz ist grob abzuschätzen und wichtig für die endliche Lebensdauerdimensionierung.

Eine weitere Betrachtungsperspektive kann die Einteilung der Benutzer hinsichtlich Anwendungsebene sein. Dabei wird zwischen Primär-, Sekundär-Nutzer und dem Einfluss anderer Komponenten im System unterschieden:

- **Primärnutzer:**
  Die Person, die den Anwendungsfall initiiert und das Ziel des Anwendungsfalles erfüllt, z.B. der tägliche Fahrer eines Mittelklassewagens.

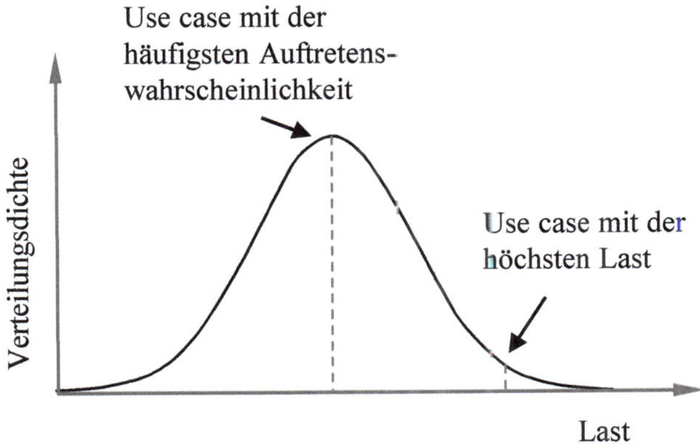

Abb. 5.7 Identifikation relevanter Use Cases

- **Sekundärnutzer:**
  Die Person, die Dienstleistungen für das Produkt/System erbringt. Wird verwendet, um Schnittstellen/Systemlasten zu identifizieren, z. B.: die Wasserpumpe, die den Druck im „Kühlsystem" liefert oder der Generator, der das „Batteriesystem" mit elektrischem Strom versorgt.
- **Konstruktionselement des zu entwickelnden Produkts/Systems:**
  Verluste bei der Lastableitung können weitere Lasten verursachen. Diese werden bei der Ableitung der inneren Lasten ermittelt. z.B.: der sich bewegende Kolben einer Pumpe lässt die Halterung schwingen.

Die sogenannte Use Case Analysis kann dabei eine strukturierte Vorgehensweise sein. Sie sollte folgende Punkte beinhalten, vergleiche dazu auch Abb. 5.8:

- **Vorgehensweise:**
  Bestimmung aller Lastarten für jeden Szenarioschritt, die in diesem Schritt auftreten. Ordnung der Belastungsarten zu den Schadensmechanismen, die durch sie aktiviert werden können.
- **Dualer Ansatz:**
  Vorwärtsrichtung: Anwendungsfall - Lastart - Schadensmechanismus sowie umgekehrte Richtung: Schädigungsmechanismus - Lastart - Anwendungsfall
- **Lastkombinationen:**
  Andere Schadensmechanismen oder Verstärkung von Schadensmechanismen

Wenn die Lastart keine Einheit hat, handelt es sich nicht um eine Lastart!

Zusammenfassen kann festgehalten werden, dass aus den zuvor vorgestellten Use Cases, die Art der Belastung und die Höhe, die Häufigkeit und die Varianz der Last sowie deren Interaktion abgeleitet werden können. Wichtig dabei ist, dass der Ursprung der Quellen dokumentiert wird. Dies bedeutet beispielsweise, ob die Lasten angenommen oder tatsächlich

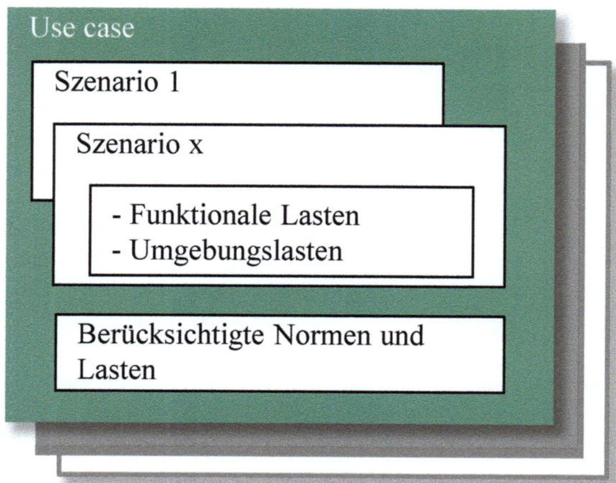

Abb. 5.8 Übersicht eines Use Cases

Laten sind. Weiterführende Quellen zur Bestimmung von Lasten können die Betrachtung von Benutzerverhalten[1], Noise-Factor Management oder allgemeine Anforderungsspezifikationen sein.

Belastungsarten und Schädigungsmechanismen sind miteinander verknüpft. Jede Belastungsart verursacht einen oder mehrere Schädigungsmechanismen für bestimmte Materialklassen, beispielsweise Temperaturbelastung:

- Kunststoffe: Schmelzen, Alterung, ...
- Metalle: Rekristallisation, Diffusionsmechanismen, ...

5.4.3.2 Umgebungslasten

Bei der Gestaltung technischer Produkte spielen Umgebungslasten eine entscheidende Rolle. Diese Lasten können verschiedene Formen annehmen, darunter thermische, mechanische, korrosive/feuchte und medienbezogene Lasten. Jede dieser Lasten hat ihren eigenen Ursprung und kann erhebliche Auswirkungen auf die Gestaltung von Produkten haben. In diesem Zusammenhang ist es wichtig, die Ursachen und Auswirkungen dieser Umgebungslasten zu verstehen, um geeignete Maßnahmen zur Produktgestaltung ergreifen zu können. Im Folgenden werden die verschiedenen Umgebungslasten näher erläutert und ihre Auswirkungen auf die Gestaltung technischer Produkte diskutiert.

Anschließend werden die wesentlichen, zuvor genannten Lasten kurz in Bezug auf deren Produkteinfluss zusammengefasst:

---

[1] sogenanntes User Experience UX

Thermische Last:
Die thermische Last bezieht sich auf die Auswirkungen von Temperaturänderungen auf ein technisches Produkt. Sie kann durch externe Faktoren wie Umgebungstemperatur, Wärmequellen oder Prozesse entstehen. Thermische Belastungen können zu Ausdehnung, Kontraktion, Verformung oder Materialermüdung führen. Bei der Gestaltung von technischen Produkten müssen Materialien ausgewählt werden, die den erwarteten Temperaturänderungen standhalten. Thermische Isolierung, Kühlung oder Heizung können ebenfalls erforderlich sein, um die gewünschte Leistung und Lebensdauer des Produkts sicherzustellen.

Mechanische Last:
Mechanische Lasten beziehen sich auf die Kräfte, die auf ein technisches Produkt wirken, sei es durch Vibrationen, Stöße, Druck, Zug, Biegung oder Torsion. Diese Lasten können durch externe Faktoren wie Betriebsbedingungen, Transport oder Handhabung verursacht werden. Mechanische Belastungen können zu Materialversagen, Bruch, Verformung oder Funktionsstörungen führen. Bei der Gestaltung von technischen Produkten müssen Materialien, Strukturen und Verbindungen so ausgelegt sein, dass sie den erwarteten mechanischen Belastungen standhalten können. Dies kann die Verwendung von verstärkten Materialien, Stoßdämpfern, Verstärkungen oder speziellen Konstruktionsmerkmalen umfassen.

Korrosion und Feuchteeintrag:
Korrosion und Feuchtigkeit können zu Schäden an technischen Produkten führen, insbesondere bei Metallen und elektronischen Komponenten. Korrosion entsteht durch chemische Reaktionen zwischen dem Material und seiner Umgebung, während Feuchtigkeit die Reaktion beschleunigen kann. Diese Umgebungslasten können zu Rostbildung, Materialverfall, elektrischen Fehlfunktionen oder Kurzschlüssen führen. Bei der Entwicklung von technischen Produkten müssen korrosionsbeständige Materialien, Beschichtungen oder Abdichtungen verwendet werden, um die Auswirkungen von Korrosion und Feuchtigkeit zu minimieren. Eine angemessene Entwässerung und Belüftung kann ebenfalls erforderlich sein. Zudem ist zu beachten, dass auch die Dichtheit von Gehäusen und die vorher darin eingeschlossene Luft/Gas mit geringer r.F. den Feuchtegehalt bestimmen.

Medienlast:
Die Medienlast bezieht sich auf die Auswirkungen von chemischen oder biologischen Substanzen auf ein technisches Produkt. Dies kann in Form von aggressiven Chemikalien, Ölen, Schmutz, Staub oder anderen Verunreinigungen auftreten. Medienlasten können zu Materialversagen, Verstopfungen, Korrosion oder Funktionsstörungen führen. Bei der Gestaltung von technischen Produkten müssen Materialien und Oberflächen so ausgewählt werden, dass sie den erwarteten Medienlasten standhalten können. Dies kann die Verwendung von korrosionsbeständigen Materialien, speziellen Beschichtungen oder Filtern umfassen, um das Eindringen von Verunreinigungen zu verhindern.

> **Faustregel:**
> Halbierung der Lebensdauer bei einer Temperatursteigerung um etwa 10 °C.

Die Auswahl geeigneter Materialien, Strukturen, Beschichtungen und Konstruktions-
merkmale ist entscheidend, um die Auswirkungen dieser Umgebungslasten zu minimieren
und die Leistung, Zuverlässigkeit und Lebensdauer des Produkts sicherzustellen. Tab. 5.2
zeigt eine Zusammenfassung gängiger Lastarten, deren Effekt und Schadensauswirkung.
Die Tabelle kann als erste Indikation herangezogen werden, ist aber nicht vollumfänglich.

Die systematische Ableitung der Lasten aus den verschiedenen Anwendungsfällen ist ein
iterativer Prozess, bei dem die Belastungsart, -höhe, -häufigkeit und -streuung berücksichtigt werden. Es ist wichtig, alle Lasten in der Anforderungsspezifikation zu dokumentieren,
um mögliche Probleme im Feld zu vermeiden. Oftmals sind Probleme auf nicht berück-
sichtigte Anwendungsfälle zu führen. Daher ist es entscheidend, eine umfassende Analyse
der Anwendungsfälle durchzuführen und alle relevanten Lasten zu identifizieren, um eine
angemessene Gestaltung technischer Produkte zu gewährleisten.

Als Beispiel für eine systematische Lastidentifizierung soll folgende Tab. 5.3 dienen.
Dort werden verschieden Use Cases am Beispiel einer typischen eScooter-Leihmodells
beschrieben. Für jeden dieser Use Cases ergeben sich unterschiedliche Szenarien und
daraus Lasten, die quantifizierbar sind. Zudem werden potenzielle Wechselwirkungen,
also sich gegenseitig beeinflussende Lasten, aufgezeigt.

Eine weitere Hilfestellung, wie entsprechende Lasten, potenzielle Schadensmechanismen und die davon betroffenen Design Elemente zu identifizieren, können folgende zwei
Tabellen unterstützen:

- Tab. 5.4 mit der Ableitungsrichtung Lasten - potenzielle Schadensmechanismen -
  gefiltert nach Design Elementen
  oder
- Tab. 5.5 mit der Ableitungsrichtung Design Element - potenzielle Schadensmechanismen - gefiltert nach Lasten.

5.4.3.3 Lastpfadableitung

Die Lastpfadableitung ist ein entscheidender, weiterer Schritt im Entwicklungsprozess, um
sicherzustellen, dass das Produkt den Anforderungen aus dem Lastenheft gerecht wird.
Das Lastenheft definiert alle relevanten Lasten, denen das Produkt während seiner Nutzungsdauer ausgesetzt sein wird, wie z.B. mechanische Belastungen, thermische Einflüsse
oder Umwelteinflüsse. Die Lastpfadableitung dient dazu, die Lasten entlang des gesamten
Produktdesigns zu verfolgen und sicherzustellen, dass sie auf geeignete Weise abgeleitet
werden, um eine sichere und zuverlässige Funktionalität des Produkts zu gewährleisten.
Es ist wichtig, sämtliche Lasten zu berücksichtigen und entsprechende Maßnahmen zur

Tab. 5.2 Allgemeine Übersicht von Einflussfaktoren, deren Effekte und deren Schadensauswirkung

Einfluss	**Effekt**	**Typische Schaden**
Hohe Temperatur	Alterung bei hohen Temperaturen: Oxidation, Rissbildung, Schmelzen, Sublimation, Viskositätsverringerung, Verdampfen, Ausdehnung, Relaxation	Versagen der Isolierung, mechanisches Versagen (Erhöhung der mechanischen Belastung), Verlust der Spannung
Niedrige Temperatur	Versprödung, Schrumpfung. Verminderung der mechanischen Festigkeit, Erhöhung der Viskosität	Versagen der Isolierung, Rissbildung, mechanisches Versagen, Versagen der Dichtungen
Schnelle Temperaturwechsel	Temperaturschock	Mechanisches Versagen, Rissbildung, Versagen von Dichtungen
Langsame Temperaturwechsel	Temperaturwechsel	Ermüdungsriss
Vibration, mechanischer Schock	Mechanischer Stress	Ermüdungsriss, Bruch
Hohe relative Luftfeuchte	Feuchtigkeitsaufnahme, Anschwellen, Verlust der mechanischen Festigkeit, chemische Reaktion, Korrosion, Elektrolyse	Versagen der Isolierung, mechanisches Versagen
Niedrige relative Luftfeuchte	Versprödung, Verlust der mechanischen Belastbarkeit, Schrumpfung	Mechanisches Versagen, Rissbildung
Hoher Druck	Komprimierung, Verformung	Undichtigkeiten, mechanisches Versagen
UV Strahlung	Chemische, physikalische Reaktionen, Verfärbung, Ozonbildung	Versagen der Isolierung, Rissbildung, mechanisches Versagen
Sand und Staub	Abrasion, Erosion, Verstopfung, elektrostatische Effekte	Erhöhter Verschleiß, elektrischer Ausfall, mechanischer Ausfall
Wasser	Wasseraufnahme (Aufquellen), Eindringen von Wasser durch Löcher/Risse	Migration verursacht elektrische Ausfälle, Verformung
…	…	…

Ableitung und Absorption der Lasten zu treffen, um mögliche Schäden oder Ausfälle des Produkts zu vermeiden.

Die Belastungsmessung an realen Systemen erfolgt durch die Erfassung verschiedener Messgrößen, die Aufschluss über die Beanspruchung des Systems geben. Um diese Belastungen zu berechnen, ist es notwendig, das System abstrakt zu modellieren und die inneren Zusammenhänge darzustellen. Durch Variationen in der Systemkonfiguration oder Geometrie können verschiedene Szenarien simuliert und die Auswirkungen auf die Belastung analysiert werden.

Tab. 5.3 Beispiel einer Lastidentifizierung anhand eines eScooters

Use case	Szenario	Lastart	Einheit	DE	Korrelation
Stadtpendler	Geringe / teilweise Belastung z.B. auf Radweg	Vibration	$a[m/s^2]$	Räder	Umgebungstemperatur
Stadtpendler	Geringe / teilweise Belastung z.B. auf Radweg	Temperatur	$T[\circ C]$	Motor, System	Wasser, NaCl, UV
Stadtpendler	Vom Bordstein herunterspringen	Schock	$[m/s^2]$	Räder	Umgebungstemperatur
Stadtpendler	Start mit anschließender langer Fahrt	Temperaturunterschied	$\Delta T[K]$	System	Mittentemperatur
Stadtpendler	Fahren auf Kopfsteinpflaster	Vibration	$a[m/s^2]$	Räder	Umgebungstemperatur
Parken	Parken in der Stadt	SO_4 Säure	$[mol/l]$	System	Umgebungstemperatur
…	…	…	…	…	…
Waschen	Waschen und Parken	Wasser und Waschmittel	-	System	Temperatur

Die Berechnung ermöglicht zudem die Durchführung einer Sensitivitäts- oder Robustheitsanalyse, um Schwachstellen im System aufzudecken und mögliche Verbesserungen vorzunehmen. Eine Kombination aus Messung und Berechnung wird angestrebt, um das bestmögliche Ergebnis zu erzielen und eine präzise Aussage über die Belastung des Systems treffen zu können.

Durch die kontinuierliche Überwachung und Analyse der Belastungen können potenzielle Schäden frühzeitig erkannt und Maßnahmen zur Vermeidung von Ausfällen getroffen werden. Die Kombination aus Messung und Berechnung stellt somit ein wichtiges Instrument zur Sicherstellung der Zuverlässigkeit und Leistungsfähigkeit von realen Systemen

Tab. 5.4 Ableitungsrichtung Lasten - potenzielle Schadensmechanismen - gefiltert nach Design Elementen

Lasten	Schadensmechanismus	Design Element
Temperatur-wechsel	Chip-/Substratfehler, Chipbruch, Delamination...	Halbleiter
	Ermüdungsriss von Kunststoff	Kunststoffgehäuse
	Ermüdungsriss in Metall	Metallgehäuse
	Reibkorrosion	Elektrischer Anschluss
Feuchtigkeit und Hitze	Korrosion der Metallisierung, Reaktionen von unglei-chen Metallen an Verbindungen	Halbleiter
	Hydrolyse	Kunststoffgehäuse
	Zersetzung der Klebeverbindung	Metallgehäuse
	Anlaufen	Elektrischer Anschluss
Vibration	Kein Schadensmechanismus	Halbleiter
	Ermüdungsriss von Kunststoff	Kunststoffgehäuse
	Ermüdungsriss in Metall	Metallgehäuse
	Reibkorrosion	Elektrischer Anschluss
...	...	...

Tab. 5.5 Ableitungsrichtung Design Element - potenzielle Schadensmechanismen - gefiltert nach Lasten

Design Element	Schadensmechanismus	Lasten
Halbleiter	Chipbruch, Delamination, Bondbruch	Temperaturwechsel
	Metallisierungsdefekte	Hohe Temperatur
	Korrosion	Hohe Feuchte und hohe Tem-peraturlagerung
	Elektromigration	Hohe Temperatur, hohe Strom-dichte
	...	...
Elektrolyt Kon-densator	Austrockung des Elektrolyts	Hohe Temperatur
	Ermüdungsbruch der Elko-Beinchen	Vibration
	Bruch der Lotverbindung	Mechanischer Schock
	...	...
...	...	...

dar.

Für die erste Überprüfung von Konzepten zur Funktionalität hinsichtlich der Kundenanforderungen dienen erste Modellierungsmöglichkeiten, wie in Tab. 5.6 gelistet. Etablierte Methoden sind dabei:

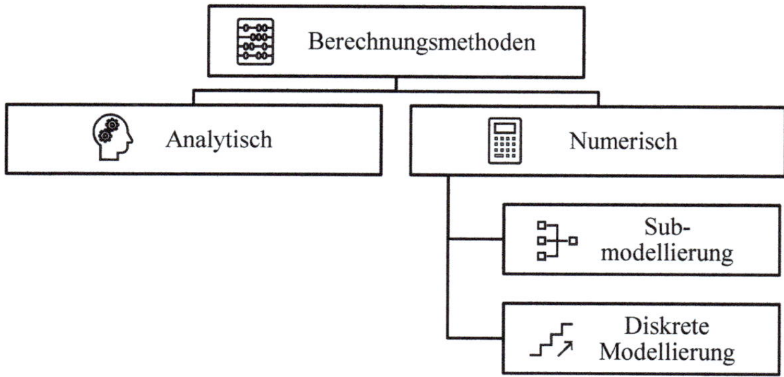

Abb. 5.9 Übersicht verschiedener Berechnungsmethoden

Tab. 5.6 Übersicht verschiedener Berechnungsmethoden bei der Lastableitung

Analytisch: **Bilanzgleichungen**	**Numerisch:** **Submodellierung**	**Numerisch:** **Diskrete Modellierung**
Massenbilanz	1D Hydraulics	Finite-Elemente-Methode
Momentenbilanz	Mehrkörpersimulation	Computational Fluid Dynamics
Energiebilanz	Multi-Domain-Simulation	3D Hydraulics
...	...	...

- CAD- oder Kinematikmodelle (KOS),
- Starrkörpermodell / Mehrkörpersysteme (MKS) und
- FEM-Modelle von Strukturkomponenten (FEM).

Durch einfache Kinematikmodelle auf Basis von CAD-Daten, werden erste Untersuchungen hinsichtlich des Arbeitsraums durchgeführt. Bei der Anwendung von kinetischen und kinematischen Verhaltensanalysen der beweglichen Mechanismen werden sogenannte Mehrkörpersysteme eingesetzt, die mithilfe von Starrkörpern simuliert werden. FEM-Berechnungen unterstützen dabei die Dimensionierung der Strukturkomponenten und deren Festigkeitsnachweise. Eine Bewertung der jeweiligen Methoden wird in Tab. 5.7 gezeigt.

Falls Messungen während der Produktentwicklung möglich sind, sollte diese auf jeden Fall in Betracht gezogen werden. Bei der Messdurchführung sollten dabei folgende vier Fragestellungen beantwortet werden, damit eine systematische Messung ausgeführt werden kann:

- Warum und zu welchem Zweck wird die Messung durchgeführt?
- Was oder welche Zielgröße muss gemessen werden?
- Welche zusätzlichen Daten werden noch benötigt?

Tab. 5.7 Modelltypenvergleich der physikalischen Modellierung

Modelltyp	MKS	FEM	KOS
Teilkörper	starr, ggf. elastisch	elastisch	elastisch
Systemgeometrie	komplex	komplex	einfach
Anzahl DOF	beschränkt	hoch	unendlich
Kräfte / Momente	diskret	verteilt / diskret	verteilt / diskret
Kontaktsimulation	eingeschränkt	ja	ja
Eigenfrequenzen	zu niedrig	zu hoch	exakt

- Wie soll die Messung durchgeführt werden?

  Eine Messvorbereitung zeigt Abb. 5.10.

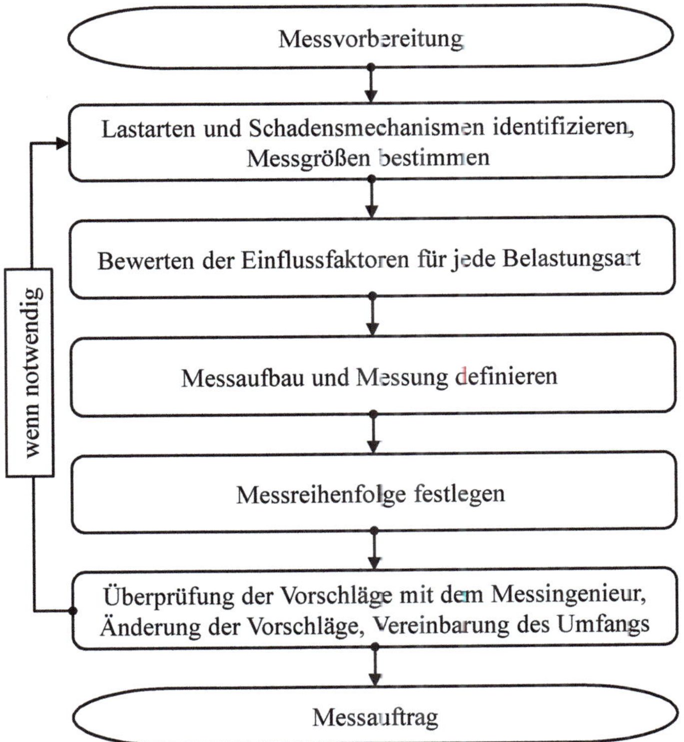

Abb. 5.10 Vorgehensweise einer Messplanung

Vor der Messung wird der Messingenieur bei Problemen unterstützt und an der Testmessung teilgenommen, falls die Messung nicht selbst durchgeführt wird. Nach Abschluss der Messung wird die Dokumentation auf Vollständigkeit überprüft und die System- und Produktdaten, wie Messpunkte und Messevents auf Plausibilität geprüft, bevor der Prüfling zerlegt wird. Falls während der Messung unerwartete Ereignisse aufgetreten sind, wie zum Beispiel eine Unterbrechung oder ein Funktionsausfall, werden diese dokumentiert. Auch werden die subjektiven Eindrücke von der Prüfung geteilt und bewertet, wie gut das Messszenario umgesetzt werden konnte. Vorschläge zur Optimierung des Messszenarios werden angenommen und darüber nachgedacht, wie zukünftige Messungen verbessert werden können.

Nach der Messung sollten folgende drei wesentliche Schritte zur Datenaufbereitung umgesetzt werden:

- **Datenbereinigung:**
  Entfernen von irrelevante Daten und Störungen mittels Ausschneiden / Zusammenführen, Filtern und/oder Downsampling / Resampling
- **Transformation:**
  Daten in Zielgröße übersetzen Skalieren / Mappen mittels Integrieren, Differenzieren und/oder Zählen
- **Extraktion und Auswahl:**
  Besondere Ereignisse finden und trennen mittels Schwellenwerte erkennen und/oder besondere Ereignisse und Ausreißer kennzeichnen

Der zu bewertende Schadensmechanismus legt fest, welche Größe bewertet wird, wie häufig sie auftritt und welche Methode zur Bewertung angewendet wird. Die zu bewertende Größe ist die physikalische Größe, die den Schaden für den betrachteten Schadensmechanismus bestimmt oder proportional zum Schadensausmaß ist. Oft sind umfangreiche mathematische Umformungen erforderlich, um diese Größe zu berechnen.

Die Dimension der Häufigkeit hängt davon ab, ob die Schädigung von der Anzahl der Schädigungszyklen oder von der Einwirkungsdauer der Belastung abhängt. Wenn die Schädigung von der Anzahl der Schädigungszyklen abhängt, wird als Dimension die Anzahl der Zyklen pro Belastungsstufe gewählt. Wenn die Schädigung von der Einwirkungsdauer der Belastung abhängt, wird als Dimension die Verweilzeit bei einem bestimmten Belastungsgrad gewählt. Diese Dimensionen helfen dabei, die Häufigkeit des Auftretens des Schadensmechanismus zu quantifizieren und entsprechend zu bewerten. Näheres wird im nächsten Kapitel 5.4.4 besprochen. Abschließend zeigt Tab. 5.8 ein paar Beispiele hinsichtlich Schadensmechanismus, physikalischer Größe und die Häufigkeit der Datenerhebung.

Tab. 5.8 Beispiele zum Schadensmechanismus, physikalischer Größe und die Häufigkeit der Datenerhebung

Fehler-mechanismus	Schadens-mechanismus	Physikalische Größe	Häufigkeit	Weitere Einfluss-größen
Undichter O-Ring	Alterung, Kriechen	Temperatur	Belichtung	Feuchtigkeit / UV Strahlung
Riss im Mold	Ermüdung	Zugspannung (Temperaturunterschied)	Anzahl der Temperaturzyklen	Temperaturniveau, Mechanische Belastung
Verschleiß am Ventilsitz	Verschleiß	Schließgeschwindigkeit (Druck)	Anzahl der Schließungen	Medium, Partikel
Ermüdungsbruch durch Vibration	Ermüdung	Zugspannung (Relativbewegung durch Beschleunigung)	Anzahl von Lastzyklen	Temperatur
…	…	…	…	…

5.4.4 Klassierverfahren und Kollektivbildung

5.4.4.1 Einleitung

Bei der Auswertung von Stressmessungen, die von mehreren Lasten abhängig sind, ist es wichtig, mehrdimensionale Auswertungen durchzuführen. Ein Beispiel hierfür ist die Festigkeit, die sowohl von der Kraft als auch von der Haltetemperatur abhängig ist. Daher muss die Auswertung so erfolgen, dass die Anzahl der Spannungszyklen bei einer bestimmten Temperatur berechnet wird.

Es ist entscheidend, die Physics of Failure zu verstehen, um Schäden vorherzusagen und zu vermeiden. Ein Beispiel hierfür ist die Schädigung durch Fretting, die erst ab einer Bewegungsamplitude von ca. 1,5 μm einsetzt. Daher dürfen alle Kräfte, die zu einer geringeren Amplitude führen, bei der Auswertung nicht berücksichtigt werden.

Lebensdauermodelle spielen ebenfalls eine wichtige Rolle bei der Auswertung von Stressmessungen. Wenn solche Modelle für den Stressmesspunkt vorhanden sind, ermöglichen sie eine Transformation der Lastzyklen. Dies ist insbesondere für die Ableitung von Tests von Bedeutung. Beispiele für Lebensdauermodelle sind Arrhenius- und/oder Coffin-Manson-Beziehungen.

Insgesamt ist es entscheidend, bei der Auswertung von Stressmessungen auf mehrere Lasten zu achten und entsprechende mehrdimensionale Auswertungen durchzuführen. Zudem sollte man die Physics of Failure verstehen und Lebensdauermodelle nutzen, um genaue Vorhersagen über mögliche Schäden treffen zu können.

> Das Lastkollektiv gibt die Anzahl (Frequenz) der Schwingungszyklen für eine bestimmte Belastung(sklasse) an.

5.4.4.2 Klassierverfahren

Ein Klassierverfahren bei der Auswertung von Messdaten bezieht sich auf die Gruppierung oder Kategorisierung von Daten basierend auf bestimmten Merkmalen oder Eigenschaften. Dabei werden die Daten in verschiedene Klassen eingeteilt, um sie besser analysieren und interpretieren zu können. Das Klassierverfahren kann verwendet werden, um Muster oder Trends in den Daten zu identifizieren, Unterschiede zwischen verschiedenen Gruppen aufzuzeigen oder Zusammenhänge zwischen Variablen zu untersuchen. Es ermöglicht eine strukturierte und systematische Analyse der Daten, indem sie in übersichtliche Gruppen unterteilt werden. Abb. 5.11 zeigt das Prinzip der Klassifizierungsalgorithmen.

Vor- und Nachteile solcher Klassierverfahren können sein:

- **Vorteile der Klassierung:**

  - Daten sind kondensiert und zusammengefasst
  - Bessere Handhabbarkeit, einfache Interpretation
  - Bessere Vergleichbarkeit

- **Nachteile der Klassierung:**

  - Informationsverlust
  - Reihenfolgen gehen verloren
  - Korrelation zwischen die Lastarten (Phasen) geht verloren

Gemessene oder simulierte Last-Zeit-Schriebe müssen für Lebensdauerberechnung mit statistischen Zählverfahren ausgewertet werden. Hierfür stehen zwei Typen von Klassierverfahren zur Verfügung:

- einparametrige Klassierverfahren
- zweiparametrige Klassierverfahren

Bei Lebensdauerabschätzungen sind die Höhe und Häufigkeit der Belastung oder Beanspruchung von entscheidender Bedeutung. Oft werden jedoch die Frequenz und Reihenfolge der Schwingungen vernachlässigt. Bei der Klassierung von Belastungsverläufen wird der Belastungsverlauf in einzelne Schwingspiele zerlegt.

Das Einordnen jedes Schwingspiels in ein Klassenraster dient als Zählgröße für die Analyse. Die Genauigkeit bei der Erfassung der Belastungsamplitude wird durch die Feinheit des Klassenrasters bestimmt. Durch diese Klassierung können Muster und Trends in

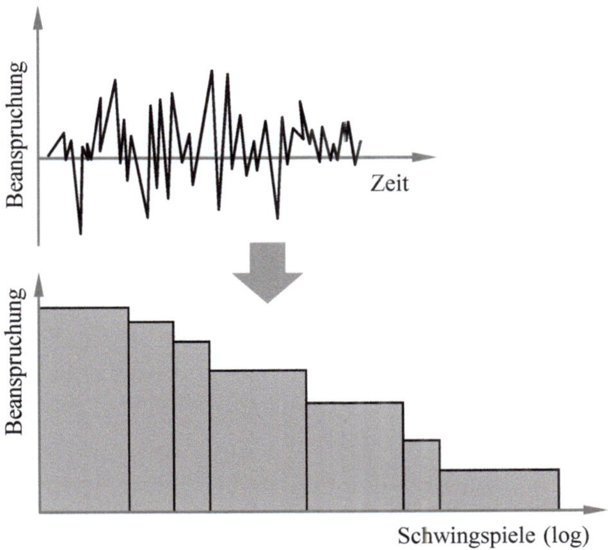

Abb. 5.11 Prinzip der Klassifizierungsalgorithmen

den Belastungsdaten identifiziert werden, um eine präzise Lebensdauerabschätzung vornehmen zu können.

Eine weiterführende Norm, die für diese Art von Klassierung relevant ist, ist die DIN 45 667. Diese Norm legt Standards und Richtlinien fest, um eine einheitliche Vorgehensweise bei der Klassierung von Belastungsverläufen zu gewährleisten und somit eine zuverlässige Lebensdauerabschätzung zu ermöglichen.

Abb. 5.12 gibt eine Übersicht über gängige Klassierverfahren. Im Folgenden sollen die zwei wesentlichsten Zählverfahren: die Verweildauer- und das Rainflowverfahren vorgestellt werden.

> **Hinweis zu Klassierverfahren**

Einparametrige Klassierverfahren: zählen Amplitude und Klassengrenzen.
Zweiparametrige Klassierverfahren: zählen Maximum-Minimum und Amplituden-Mittelwert.

Einparametrische Verweildauer

Die „Aufenthaltsdauer" der Belastung in den verschiedenen Klassen wird ermittelt, um Mechanismen zu analysieren, bei denen sich die Schädigung linear mit der Belastungsdau-

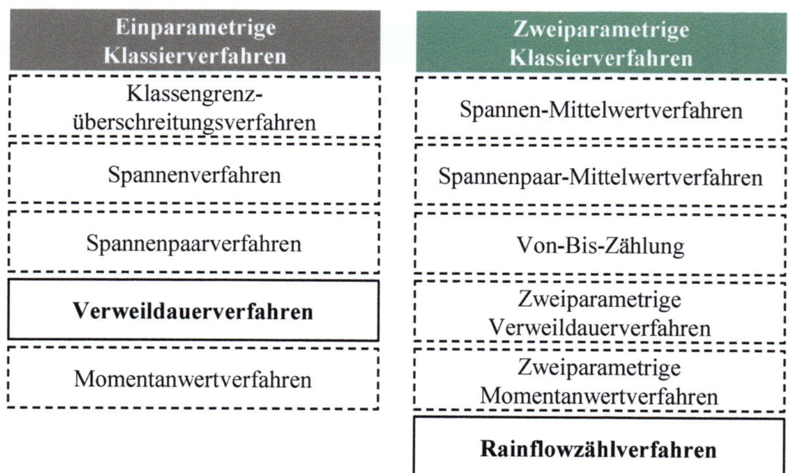

Abb. 5.12 Übersicht über gängige ein- und zweiparametrige Klassierverfahren

er akkumuliert, vergleiche dazu Abb. 5.13. Dies ist besonders relevant für Prozesse wie chemische Reaktionen (z.B. Temperatur) oder Verschleiß (z.B. Reibkraft), bei denen die Schädigung über die Zeit zunimmt.

Da die Daten in der Regel als digitales Signal vorliegen, entspricht die Verweildauerklassierung dem Histogramm der Lastmessung, das durch die Abtastrate geteilt wird. Auf diese Weise können die Belastungsdaten in verschiedene Klassen eingeteilt werden, um die Aufenthaltsdauer in jeder Klasse zu bestimmen und somit Rückschlüsse auf die Schädigung und Lebensdauer des Systems zu ziehen.

Die Verweildauerklassierung ermöglicht eine detaillierte Analyse der Belastungsdaten und hilft dabei, Zusammenhänge zwischen Belastungsdauer und Schädigung zu verstehen. Durch die Ermittlung der Aufenthaltsdauer in den verschiedenen Klassen können geeignete Maßnahmen zur Reduzierung von Schäden abgeleitet werden, um die Lebensdauer des Systems zu verlängern.

Zweiparametrische Rainflowzählung

Das Rainflowzählverfahren ist eine Methode zur Ermittlung und Klassierung von Belastungswechseln in einem Zeitverlauf von Belastungsdaten. Es wird häufig in der Lebensdauerabschätzung von Bauteilen und Strukturen verwendet, um die Ermüdungsfestigkeit unter zyklischer Belastung zu analysieren.

Das Konzept zur Zerlegung eines beliebigen Beanspruchungsverlaufs in ganze Schwingspiele basiert auf der Zählung geschlossener Hystereseschleifen der Beanspruchungs-Zeit-

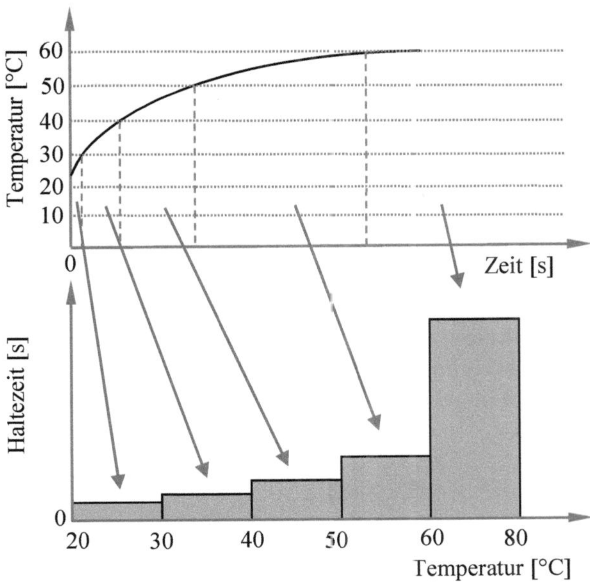

Abb. 5.13 Prinzip des einparametrigen Verweildauerverfahrens

Funktion, die für die Schädigung metallischer Werkstoffe maßgebend sind. Dabei werden folgende Annahmen getroffen:

1. **Zyklisch stabiles Werkstoffverhalten:** Dies bedeutet, dass die zyklische Spannungs-Dehnungs-Kurve des Werkstoffs konstant bleibt und es keine Ver- oder Entfestigungseffekte gibt.
2. **Gültigkeit der Masing-Hypothese:** Die Form der Hysteresenschleifenäste entspricht der Form der Erstbelastungskurve. Dies ist eine wichtige Annahme, um die Zerlegung in Schwingspiele korrekt durchführen zu können.
3. **Memory-Verhalten des Werkstoffs:** Nach einer geschlossenen Hystereseschleife folgt der Spannungs-Dehnungs-Pfad (σ, ϵ) der vorher noch nicht vollständig geschlossenen Hystereseschleife. Dies bedeutet, dass der Werkstoff ein Gedächtnis für vorherige Belastungen hat und diese beeinflussen kann.

Durch die Anwendung dieses Konzepts können komplexe Beanspruchungsverläufe in einzelne Schwingspiele zerlegt werden, um die Schädigung und Lebensdauer von metallischen Werkstoffen unter zyklischer Belastung genauer zu analysieren. Dies ist besonders wichtig für die Entwicklung und Bewertung von Bauteilen und Strukturen, um sicherzustellen, dass sie den Anforderungen an Festigkeit und Lebensdauer gerecht werden.

Der 4-Punkt-Algorithmus ist eine spezielle Methode innerhalb des Rainflowzählverfahrens, um die einzelnen Belastungswechsel zu identifizieren und zu klassifizieren. Der Algorithmus basiert auf der Idee, dass ein Belastungswechsel durch vier Punkte im Zeit-Belastungsdiagramm definiert werden kann: Startpunkt (4), Hochpunkt (3), Tiefpunkt (2) und Endpunkt (1) innerhalb eines Stacks, siehe Abb. 5.14.

Der Ablauf des 4-Punkt-Algorithmus ist wie folgt:

1. Suche nach dem niedrigsten Punkt (4) im Signal.
2. Suche nach dem nächsten höchsten Punkt (3) nach dem Tiefpunkt (1).
3. Suche nach dem nächsten niedrigsten Punkt (2) nach dem Hochpunkt (3).
4. Suche nach dem nächsten höchsten Punkt (1) nach dem letzten Tiefpunkt (2).

Diese vier Punkte definieren einen Belastungswechsel, das sogenannnte Stack (4-1), der als Rainflow-Zyklus bezeichnet wird. Durch die Anwendung des 4-Punkt-Algorithmus können alle Belastungswechsel im Signal identifiziert und klassifiziert werden, um die Ermüdungsschädigung zu berechnen, indem ein geschlossener Stack eine Hysterese darstellt. Die Hysterese beschreibt hierbei die Energie, die notwendig ist, um den Amplitudenlauf eines Stacks zu realisieren.

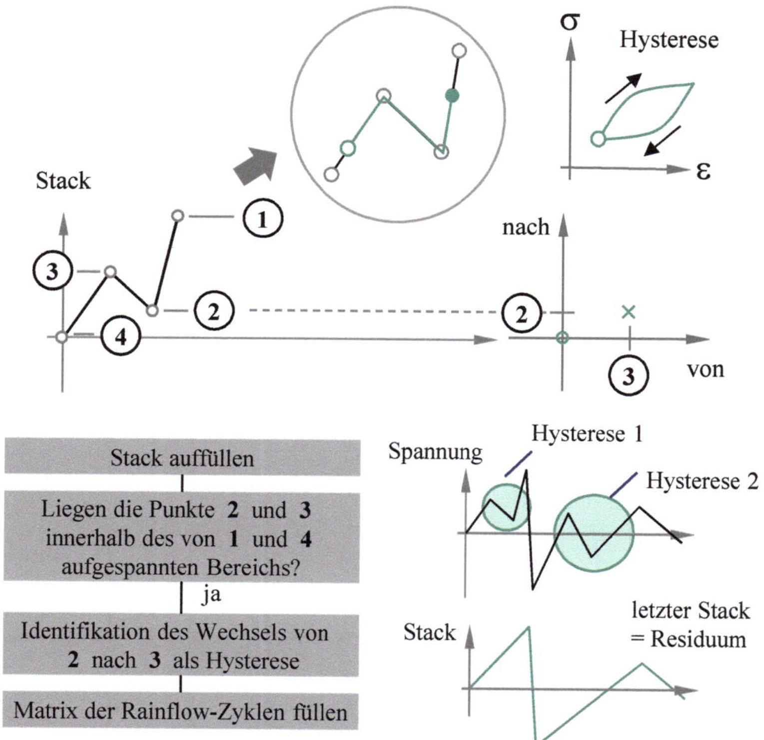

Abb. 5.14 Zweiparametrige Rainflowzählung mit dem 4-Punkt-Algorithmus

Tab. 5.9 Übersicht verschiedener Berechnungsmethoden bei der Lastableitung

Schadensmechanismus	Klassierung
Chemische Reaktion, wie Alterung oder Elektromigration	Verweildauer
Verschleiß	Verweildauer
Ermüdung, wie Biege-/Druckwechsel oder thermomechanische Belastungen	Rainflowverfahren (Schwingbreitenzählung, Spitzenwerte, Klassenüberschreitung)
Frequenzabhängige Verhalten	Fourier
…	…

Eine weitere Auswahl des Klassierungsalgorithmus nach meistverbreiteten Schädigungsmechanismen zeigt Tab. 5.9.

5.4.4.3 Kollektivbildung

Zur Kollektivbildung haben zwei Methoden bewährt: das **kumulierte Histogramm** und die **Spannenpaardarstellung**. Ein kumuliertes Histogramm ist eine Darstellung der Resthäufigkeit von Werten, die größer oder gleich einem bestimmten Wert X sind. Die Funktion $g(X)$ gibt den Anteil der Werte an, die größer oder gleich X sind. Diese Art von Histogramm wird häufig verwendet, um diskrete Wahrscheinlichkeiten darzustellen und verschiedene statistische Analysen durchzuführen.

Das kumulierte Histogramm, vergleiche Abb. 5.15, eignet sich besonders gut zur Darstellung von Quantilen, also bestimmten Werten in einer Verteilung wie dem Median oder dem 75-Perzentil. Es ermöglicht auch den Vergleich von verschiedenen Kollektiven oder Datensätzen, indem die Verteilungen der Werte über verschiedene Schwellenwerte verglichen werden können.

Die Vorteile eines kumulierten Histogramms liegen in der Möglichkeit, verschiedene Messungen einfach zu vergleichen und Überlegungen für die Designauslegung abzuleiten. Durch die Bildung übergeordneter Kollektive können Muster und Trends in den Daten identifiziert werden, was bei Entscheidungsprozessen hilfreich sein kann.

Allerdings gibt es auch einige Nachteile bei der Verwendung eines kumulierten Histogramms. Zum Beispiel gehen Reihenfolge- und Phasenbeziehungen zwischen den Werten verloren, da nur die Häufigkeit der Werte über einem bestimmten Schwellenwert betrachtet wird. Dies kann dazu führen, dass feine Unterschiede in den Daten nicht vollständig erfasst werden.

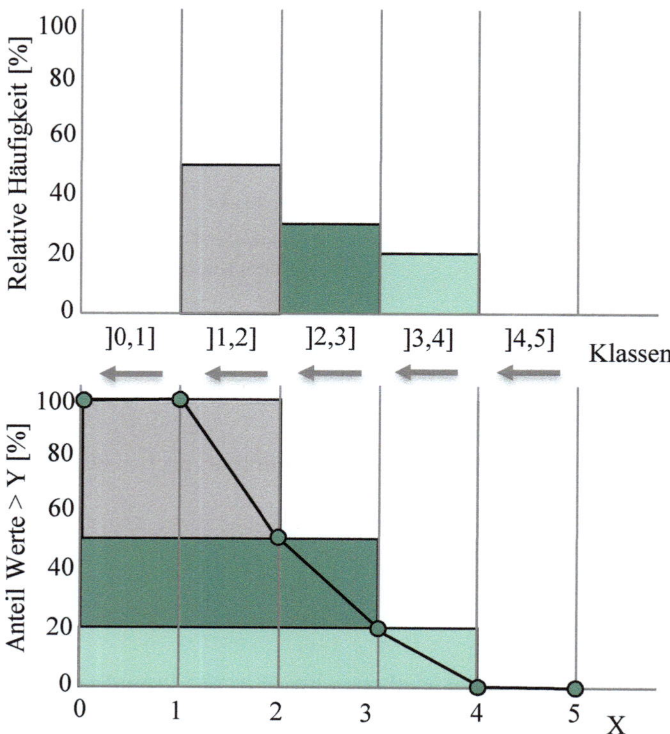

Abb. 5.15 Vergleich Histogramm und kumuliertes Histogramm

Die Spannenpaardarstellung ist eine spezielle Darstellungsform, die in der Betriebsfestigkeit verwendet wird und sich vom kumulierten Histogramm unterscheidet. Eine Besonderheit bei der Spannenpaardarstellung ist, dass sie dem kumulierten Histogramm ähnelt, jedoch die X- und Y-Achsen vertauscht sind. Dies bedeutet, dass auf der horizontalen Achse die Werte für die Resthäufigkeit ($g(X)$) dargestellt werden, während auf der vertikalen Achse die Werte für die Belastung oder Spannung stehen.

Die Spannenpaardarstellung bietet einige Vorteile gegenüber dem kumulierten Histogramm, insbesondere im Bereich der Betriebsfestigkeit. Sie ermöglicht es, die Daten im Wöhlerdiagramm (auch bekannt als S-N-Diagramm) darzustellen, das die Beziehung zwischen Belastung und Lebensdauer eines Bauteils zeigt. Durch die Verwendung der Spannenpaardarstellung kann die Schadenssumme berechnet und so fundierte Entscheidungen über die Lebensdauer und Zuverlässigkeit von Bauteilen getroffen werden.

Im Vergleich zum kumulierten Histogramm bietet die Spannenpaardarstellung somit eine zusätzliche Möglichkeit zur Analyse von Betriebsfestigkeitsdaten und zur Bewertung der Ermüdungslebensdauer von Bauteilen. Durch die Darstellung in einem Wöhlerdiagramm können Ingenieure wichtige Informationen über das Ermüdungsverhalten von Materialien gewinnen und gezielte Maßnahmen zur Verbesserung der Betriebsfestigkeit ergreifen. Eine Gegenüberstellung beider Darstellungen zeigt Abb. 5.16.

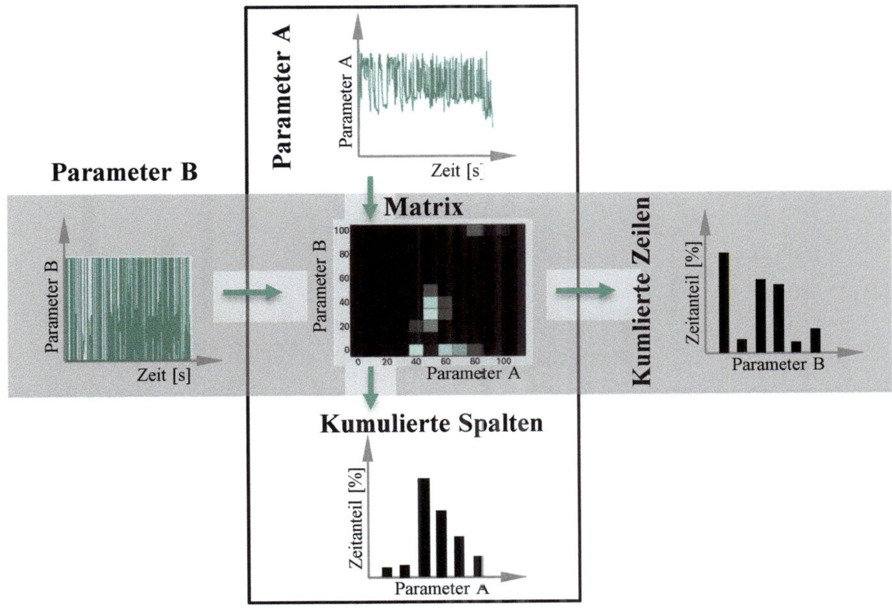

Abb. 5.16 Zweiparametrige Virtualisierung mittels Matrix

Das folgende Beispiel in Abb. 5.17 zeigt, wie zwei unterschiedliche Temperatur Histogramme von zwei Fahrzeuge zusammen in ein einziges, gemeinsames Kollektiv überführt werden kann. Als Ergebnis ergibt sich ein kumuliertes Histogramm, welches die maximalen Temperaturen je Zeitanteile repräsentiert.

5.4.5 Extrapolation und Mischen

5.4.5.1 Einleitung

Das Extrapolieren oder Mischen von Lastkollektiven bei der Produktentwicklung ist wichtig, um realistische und konservative Annahmen zu treffen und um sicherzustellen, dass die entwickelten Produkte den Anforderungen an Festigkeit, Zuverlässigkeit und Lebensdauer gerecht werden. Weitere Gründe zur Extrapolation oder Mischen können sein:

Simulation von realen Betriebsbedingungen:
In der Produktentwicklung ist es wichtig, die Belastungen zu berücksichtigen, denen das Produkt während seiner gesamten Lebensdauer ausgesetzt sein wird. Oft sind

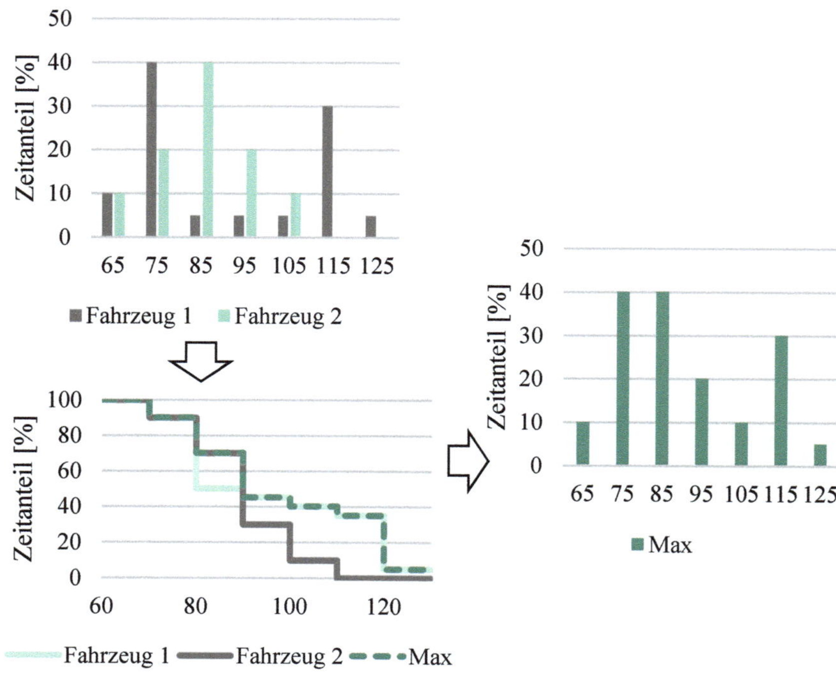

Abb. 5.17 Beispiel eines kumulierten Histogramms anhand von zwei Temperaturprofilen

jedoch nur begrenzte Daten über die tatsächlichen Betriebsbedingungen verfügbar. Durch das Extrapolieren oder Mischen von Lastkollektiven können realistische Belastungsszenarien simuliert werden.

Sicherheitsüberlegungen:
Bei der Entwicklung neuer Produkte ist es entscheidend, konservative Annahmen zu treffen, um die Sicherheit und Zuverlässigkeit des Produkts zu gewährleisten. Das Extrapolieren oder Mischen von Lastkollektiven ermöglicht es, Worst-Case-Szenarien zu berücksichtigen und sicherzustellen, dass das Produkt unter allen Bedingungen funktioniert.

Optimierung des Designs:
Durch die Analyse verschiedener Lastkollektive können Schwachstellen im Design identifiziert und behoben werden. Dies ermöglicht es den Ingenieuren, das Produkt so zu gestalten, dass es den Belastungen standhält und eine lange Lebensdauer aufweist.

Erfüllung von Normen und Standards:
In vielen Branchen gibt es Normen und Standards, die bestimmte Anforderungen an die Belastbarkeit von Produkten festlegen. Durch das Extrapolieren oder Mischen

von Lastkollektiven können diese Anforderungen erfüllt und Zertifizierungsprozesse erfolgreich abgeschlossen werden.

5.4.5.2 Extrapolation

Um aus den Einzellasten das Lastprofil abzuleiten, gibt es einen vorgeschlagenen Lösungsweg, der aus drei Schritten besteht.

Der erste Schritt ist die Quantifizierung der Belastungen bei einzelnen Anwendungsfällen und besonderen Ereignissen durch Messungen und/oder synthetische Anteile. Hierbei werden die verschiedenen Belastungen, denen das System ausgesetzt ist, erfasst und quantifiziert, sei es durch direkte Messungen oder durch Schätzungen auf Basis von Erfahrungswerten.

Im zweiten Schritt erfolgt die Überlagerung der Einzellasten durch „Mischen" entsprechend der zu erwartenden Häufigkeit. Das bedeutet, dass die einzelnen Belastungen gemäß ihrer Wahrscheinlichkeit oder Häufigkeit überlagert werden, um ein realistisches Lastprofil zu erhalten. Oft ist hierfür eine Extrapolation notwendig, um die Belastungen über einen bestimmten Zeitraum hinweg zu berücksichtigen.

Im dritten Schritt erfolgt die Umrechnung des Lastprofils für die Bemessung auf eine schadensrelevante Belastung. Dabei werden die ermittelten Lasten in eine Form umgerechnet, die für die Bewertung der Beanspruchung und Lebensdauer des Systems relevant ist. Dies ermöglicht es Ingenieuren und Entwicklern, das System entsprechend zu dimensionieren und sicherzustellen, dass es den Anforderungen standhält.

Durch diesen Lösungsweg können aus den Einzellasten ein realistisches Lastprofil abgeleitet werden, das eine wichtige Grundlage für die Auslegung und Bewertung von technischen Systemen darstellt. Durch die Berücksichtigung verschiedener Belastungen und deren Überlagerung kann eine präzise Einschätzung der Beanspruchungssituation erfolgen und gezielte Maßnahmen zur Verbesserung der Zuverlässigkeit und Lebensdauer des Systems getroffen werden.

Synthetische Teile ergänzen Belastungsprofile, um alle Belastungen während der gesamten Produktlebensdauer bei der Auslegung/Dimensionierung zu berücksichtigen.

Ein wesentlicher Fakt ist, dass die Belastungszustände während der Produktlebensdauer nicht vollständig erfasst werden können. Einige Belastungszustände sind nur mit großem Aufwand zu erfassen, wie seltene Fahrzustände (z.B. falscher Gang, tank-entleerende Fahrt, ...) oder Fehlerfälle (z.B. Notbetrieb), Montagebelastungen. Belastungsausmaße, wie Kaltstart, Start-Stopp oder Handhabungsfehler, sind bei der Frequenzmessung anzunehmen. Theoretische Betrachtungen, wie Gesetze und Normen oder FMEA, müssen ebenfalls berücksichtigt werden, beispielsweise der Wiederanlauf nach einem Not-Aus.

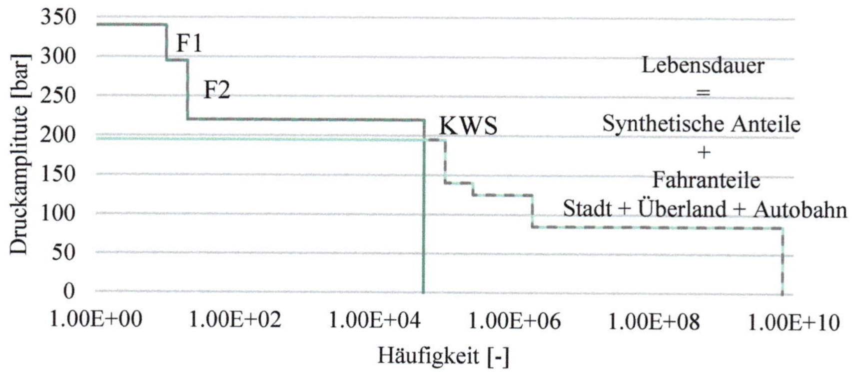

#	Anzahl	Druckamplitute [bar]	Beschreibung
F1	10	340	Fehler (falscher Gang)
F2	10	295	Fehler @ Start/Stop
KWS	50000	220	Kalt- & Warm-Start

Abb. 5.18 Beispiel einer Mischung mit synthetischen Anteile

Abb. 5.18 zeigt ein Beispiel, bei dem bereits ein definiertes Lastkollektiv, welches eine repräsentative Benutzerfahrt mit Anteilen von Stadt, Überland und Autobahn darstellt, um die synthetischen Anteile ergänzt wird. Diese Anteile sind zwei verschiedene Fehlerarten wie falscher Gang eingelegt oder Fehler bei Start/Stopp. Diese Anteile werden dem Lastkollektiv mit jeweils 10 Events ergänzt. Weitere synthetische Anteile wie 50.000 Kalt- und Warm-Starts ergänzen das Kollektiv.

Die Messungen, beispielsweise zu diesem Lastkollektiv, können oft nur über einen kurzen Zeitraum durchgeführt werden, wohingegen die Notwendigkeit besteht, aus diesen Daten Rückschlüsse auf die Gesamtgebrauchsdauer und die Gesamtpopulation zu ziehen. Dies wirft eine Reihe von wichtigen Fragen auf: Wie lässt sich die Messung so extrapolieren, dass sie die tatsächliche Gebrauchsdauer widerspiegelt? Wie kann man Daten auf eine höhere Last extrapolieren? Was ist zu tun, wenn ein Extremwert in den Messdaten fehlt und wie kann dieser Wert geschätzt werden? Zudem steht die Frage im Raum, wie ein schädigungsäquivalentes Lastkollektiv für einen bestimmten Prozentsatz der Nutzer ermittelt werden kann.

Um diese Fragen zu adressieren, werden verschiedene Extrapolationsverfahren vorgestellt, die in zwei Hauptkategorien unterteilt werden können: Extrapolationsverfahren auf Lastebene und Extrapolationsverfahren auf Schädigungsebene. Die Extrapolationsverfahren auf Lastebene umfassen:

- Unidirektionale Extrapolation, bei der von einem bekannten Punkt aus in eine Richtung extrapoliert wird.
- Bidirektionale Extrapolation, die eine Ausweitung in beide Richtungen vom bekannten Punkt aus ermöglicht.
- Extremwert-Extrapolation, speziell konzipiert für die Schätzung von fehlenden Maximalwerten in den Daten.

Es ist wichtig zu erwähnen, dass die Extrapolation auf der Lastebene auch für Zeitreihen möglich ist, was ihre Anwendbarkeit auf eine Vielzahl von Szenarien erweitert.

Auf der anderen Seite steht die Quantilextrapolation als Methode auf der Schädigungsebene (oder Pseudoschädigungsebene). Diese Technik ist speziell dafür vorgesehen, Schätzungen über die Schädigung zu extrapolieren, die über den beobachteten Zeitraum hinausgehen.

Unidirektionale Extrapolation

Bei der unidirektionalen Extrapolation werden auf der Basis vorhandener Messwerte Vorhersagen über zukünftige oder bisher nicht beobachtete Werte gemacht, allerdings ohne dabei in die entgegengesetzte Richtung zu extrapolieren.

In der Praxis wird die unidirektionale Extrapolation oft angewendet, wenn es darum geht, zukünftige Trends, Werte oder Verhaltensweisen auf Grundlage einer bestehenden Datenserie vorherzusagen. Beispielsweise könnte auf Basis der bisherigen Nutzungsdauer eines Geräts geschätzt werden, wie lange es noch funktionieren wird, ohne dabei Annahmen über die Nutzungsdauer vor dem Beginn der Messung zu machen.

Allerdings birgt die Extrapolation auch Risiken, da die Zuverlässigkeit der Vorhersagen stark von der Qualität und der Repräsentativität der vorhandenen Daten abhängt. Wenn die Daten nicht repräsentativ für den gesamten zu prognostizierenden Zeitraum sind oder wenn sich die Bedingungen ändern, unter denen die ursprünglichen Daten gesammelt wurden, kann die unidirektionale Extrapolation zu ungenauen oder irreführenden Ergebnissen führen.

Die Extrapolation erfolgt über den sogenannten Extrapolationsfaktor e und ist das Verhältnis aus der Belastungs- und Messdauer, vergleiche auch Abb. 5.19:

$$e = \frac{H_{\text{Belastungsdauer}}}{H_{\text{Messdauer}}} \quad . \tag{5.1}$$

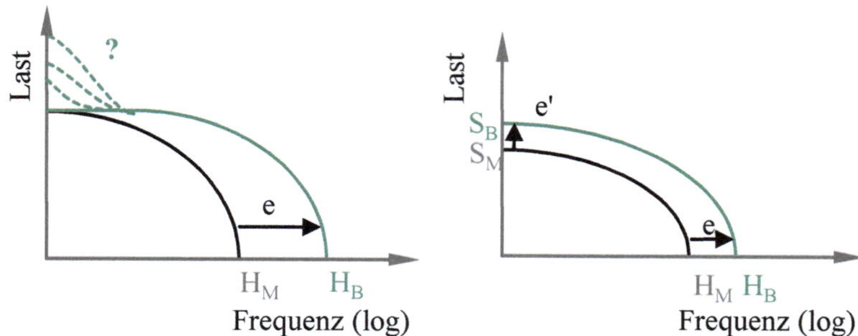

Abb. 5.19 Methode der linearen Extrapolation: Unidirektionale und Bidirektionale Extrapolation

Bidirektionale Extrapolation

Eine bidirektionale Extrapolation ist ein Verfahren, bei dem Daten sowohl in Richtung geringerer als auch höherer Belastungen bzw. Beanspruchungen erweitert werden, um ein umfassenderes Verständnis über das Verhalten eines Materials oder Bauteils über den ursprünglich erfassten Datenbereich hinaus zu gewinnen. Hierbei werden die Häufigkeiten und die Last mit zwei Faktoren e und e' (beide Faktoren sind unterschiedlich) multipliziert, siehe Abb. 5.19:

$$e' = \frac{S_{\text{Belastungshöhe}}}{S_{\text{Lasthöhe Messung}}} . \tag{5.2}$$

Extremwert-Extrapolation

Für eine Schädigungsberechnung wird nun der Begriff der **Pseudo-Schädigung** eingeführt. Um Belastungen miteinander vergleichen zu können, ist es oft erforderlich, die Last in eine Schädigung oder Pseudo-Schädigung umzurechnen. Dieser Umrechnungsprozess ermöglicht es, die Auswirkungen der verschiedenen Belastungen auf das System zu bewerten und miteinander zu vergleichen.

> Die Pseudo-Schädigung ist eine umgerechnete Größe, die die Schädigung eines Materials oder Systems aufgrund von Belastungen quantifiziert. Sie ermöglicht es, verschiedene Belastungen miteinander zu vergleichen und ihre Auswirkungen auf das System zu bewerten, ohne tatsächliche Schäden zu verursachen.

Für die Umwandlung der Last in eine Schädigung sind Raffungsgesetze erforderlich. Diese Gesetze beschreiben den Zusammenhang zwischen der auf das System wirkenden Last und der resultierenden Schädigung. Ohne ein solches Raffungsgesetz ist ein direkter Vergleich der Belastungen nicht möglich.

In Fällen, in denen kein Raffungsgesetz zur Verfügung steht, kann eine Absicherung über Indikationsversuche erfolgen. Dabei werden spezielle Versuche durchgeführt, um die Auswirkungen der Belastungen auf das System zu untersuchen und indirekt Rückschlüsse auf die Schädigung zu ziehen.

Die Umrechnung von Lasten in Pseudo-Schädigungen mittels Raffungsgesetzen ist daher ein wichtiger Schritt bei der Bewertung und Vergleich von Belastungen auf technische Systeme. Durch diese Methode können Ingenieure fundierte Entscheidungen treffen und sicherstellen, dass das System den Anforderungen standhält und eine lange Lebensdauer aufweist.

Ziel der Extremwert-Extrapolation ist es, den Kollektivhöchstwert $\hat{S}_{aB}$ des Beanspruchungsdauerkollektivs möglichst gut abzuschätzen. Das Extrapolationsverfahren ist (nach Buxbaum) nur für mathematisch berechenbare Kollektive und deren Linearkombinationen anwendbar. Mathematisch berechenbare Kollektive sind beispielsweise gekennzeichnet durch: Höchstwert, Kollektivumfang und -form, Verteilungsfunktion. Das Vorgehen erfolgt nach Abb. 5.20 und der Formel nach Rossow:

$$P = \frac{3 \cdot i - 1}{3 \cdot m - 1},\tag{5.3}$$

wie folgend:

1. Die Messlänge in der vorliegenden Beanspruchungszeitfunktion wird in m Lastabschnitte gleicher Länge eingeteilt.
2. In jedem Abschnitt wird die größte auftretende Spannungsamplitude $\hat{S}_{ai}$ ermittelt.
3. Die Extremwerte $\hat{S}_{ai}$ werden in ein lognormalverteiltes Wahrscheinlichkeitspapier eintragen.
4. Die Auftretenswahrscheinlichkeit P wird nach Rossow berechnet und den Extremwerten zugeordnet.
5. Den Kollektivhöchstwert des Beanspruchungsdauerkollektivs wird im Wahrscheinlichkeitsdiagramm abgeschätzt.

Quantilextrapolation

Die Quantilextrapolation ist ein fortgeschrittenes statistisches Verfahren, um die kumulierte Auftretenswahrscheinlichkeit verschiedener Schadenssummen zu bestimmen. Ein zentrales Werkzeug hierbei ist der Weibullplot der Schadenssummen, der es ermöglicht, die Verteilung der Schäden zu visualisieren und zu analysieren. Durch die Anwendung dieses Verfahrens kann eine spezifische Schadenssumme (D_x) identifiziert werden, die einer hohen Auftretenswahrscheinlichkeit (x) entspricht. Beispielsweise bedeutet ein Wert von $(x = 95\ \%)$, dass nur 5 % aller Nutzer eine höhere Schädigung erzeugen als die ermittelte Schadenssumme (D_x).

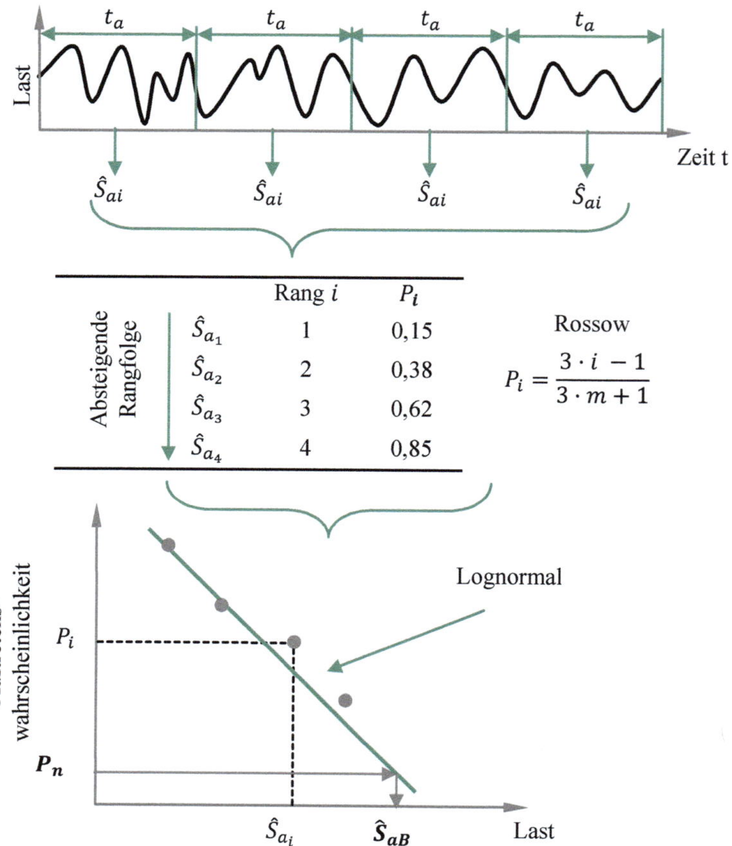

Abb. 5.20 Methode der Extremwert-Extrapolation nach Gumbel

Um ein Auslegungskollektiv zu bestimmen, das dieser Schädigung von (D_x) entspricht, können zwei Ansätze verfolgt werden: die manuelle Extrapolation eines Kollektivs bis (D_x) erreicht ist oder die Nutzung der Methode der statistischen Quantilextrapolation. Beide Methoden zielen darauf ab, ein realistisches Bild der erwarteten Schädigung unter den Nutzern zu erstellen, um so die Auslegung und Entwicklung von Produkten und Materialien zu optimieren, die den realen Belastungen standhalten können.

5.4.5.3 Mischen

Die Quantifizierung und „Mischung" eines Lastkollektivs ist ein wichtiger Schritt bei der Erstellung eines Bemessungsprofils für technische Systeme. Dabei werden einzelne Lasten aus verschiedenen Anwendungsfällen gemessen oder geschätzt, wobei auch synthetische Anteile berücksichtigt werden können.

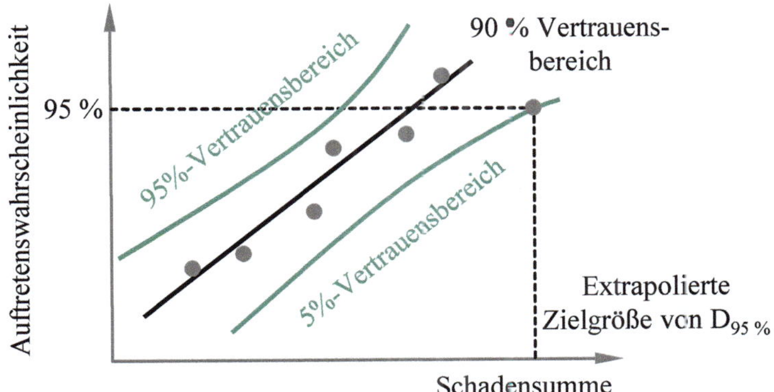

Abb. 5.21 Extremwertextrapolation nach Gumbel mit Bezug auf den Vertrauensbereich (analog zum Vorgehen im Weibulldiagramm)

Das „Mischen" der einzelnen Lasten ist notwendig, um ein realistisches Lastprofil zu erstellen, das die tatsächlichen Belastungen des Systems widerspiegelt. Dieser Prozess beinhaltet die Überlagerung der verschiedenen Lasten entsprechend ihrer zu erwartenden Häufigkeit oder Wahrscheinlichkeit.

Die Art der Mischung hängt von verschiedenen Faktoren ab, darunter die Region, in der das System eingesetzt wird, das Benutzerverhalten, die benutzten Gleise und andere spezifische Eigenschaften des Systems. Diese Faktoren beeinflussen maßgeblich die Art und Weise, wie die einzelnen Lasten kombiniert werden, um ein aussagekräftiges Bemessungsprofil zu erstellen.

Ein Beispiel einer repräsentativen Abmischung können beispielsweise Gewichtungsanteile der Use Cases hinsichtlich Länge der Straßen nach Statistischem Landesamt Baden-Württemberg und ADAC sein: 33,1 % Stadt, 44,7 % Landstraße und 22,2 % Autobahn. Ein weiteres Beispiel ist eine Methode nach CARLOS (CarLoadStandard) der TU Clausthal, wobei eine Gesamtnutzungsdauer von 42.000 *km* zu Grunde liegt, vergleiche Abb. 5.22.

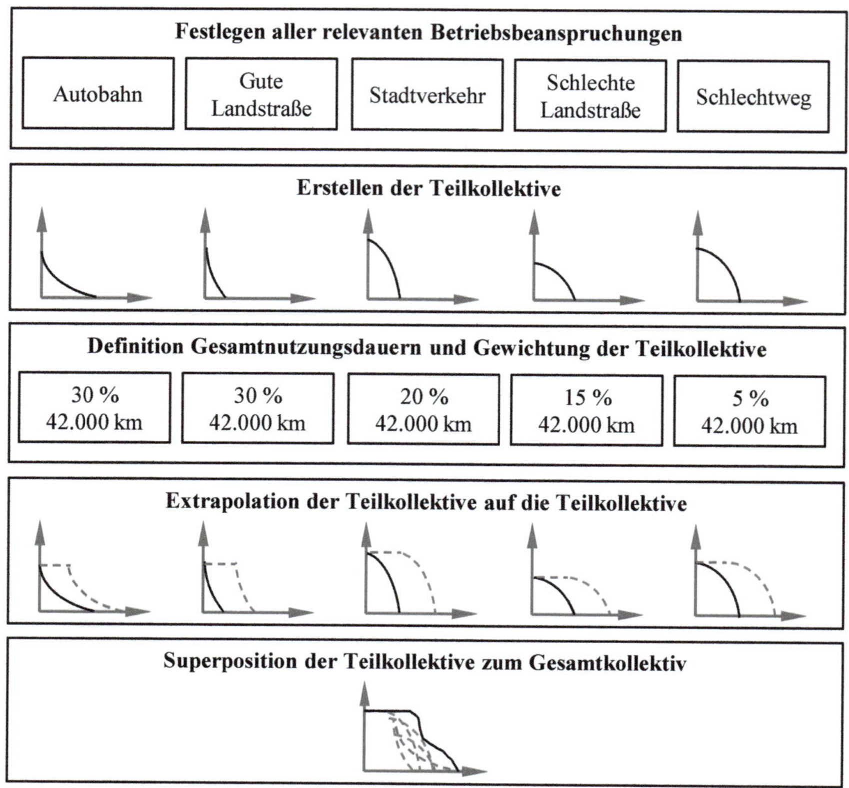

Abb. 5.22 Beispiel des CARLOS (CarLoadStandard) Ansatzes zur Mischung von Kollektiven

5.5 Belastbarkeit

5.5.1 Einleitung

Sowohl die mechanische als auch die elektronische Belastbarkeit zielen darauf ab, dass technische Produkte den erwarteten Betriebsbedingungen während ihrer gesamten Lebensdauer standhalten können, ohne zu versagen oder bleibende Schäden davonzutragen. Beide Belastbarkeitsarten werden durch eine Reihe von Faktoren beeinflusst, darunter die Materialien, die Geometrie des Produkts, die Herstellungsverfahren und die Betriebsbedingungen. Die Bestimmung der mechanischen und elektronischen Belastbarkeit erfolgt durch eine Kombination aus theoretischen Berechnungen, Simulationen und experimentellen Tests.

Über die Zeit führen Belastungen zu Schäden an Designelementen, vergleiche Abb. 5.23, wie mikrostrukturelle Veränderungen, Risse oder ausgedünnte Leiterbahnen, die das Designelement schließlich an sein Lebensdauerende bringen. An diesem Punkt wird eine

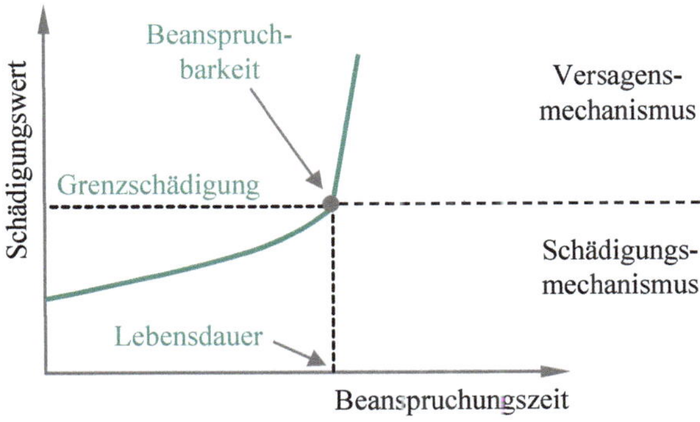

Abb. 5.23 Belastbarkeit im Kontext der Schädigung über der Beanspruchungszeit

Grenzschädigung erreicht, bei der das Designelement seine Funktion verliert und somit versagt. Dies bedeutet, dass die zu Beginn der Belastung im Designelement herrschende Beanspruchung die maximal ertragbare Belastbarkeit darstellte. Es ist wichtig zu beachten, dass der Schädigungsverlauf, die Lebensdauer und damit die Belastbarkeit großen Streuungen unterliegen, typischerweise im Bereich eines Faktors von 2 bis 30. Zudem zeigen unterschiedliche Belastbarkeiten und/oder Werkstoffe verschiedene Verläufe der Schädigung, was die Komplexität bei der Bewertung der Lebensdauer und Belastbarkeit von Designelementen unterstreicht.

5.5.2 Mechanische Belastbarkeit

Im Kontext technischer Produkte bezieht sich die mechanische Belastbarkeit auf die Fähigkeit eines Produkts, äußeren mechanischen Einwirkungen, wie Kräften, Momenten und Beschleunigungen, standzuhalten, ohne dabei zu versagen oder bleibende Verformungen zu erleiden.

Die mechanische Belastbarkeit eines technischen Produkts wird durch eine Vielzahl von Faktoren beeinflusst, darunter:

Material:
Die Festigkeit, Zähigkeit und Steifigkeit der verwendeten Materialien spielen eine entscheidende Rolle für die Belastbarkeit des Produkts.

Geometrie:
Die Geometrie des Produkts: Die Form und Abmessungen des Produkts beeinflussen die Verteilung der auftretenden Spannungen und Verformungen.

Herstellungsprozess:
Die Qualität der Fertigungsprozesse kann die Belastbarkeit des Produkts beeinflussen.

Betriebsbedingungen:
Die Art und Intensität der mechanischen Belastungen, denen das Produkt während seiner Nutzung ausgesetzt ist, spielen eine wichtige Rolle für seine Belastbarkeit.

> Die mechanische Belastbarkeit bezieht sich auf die Fähigkeit eines Produkts, äußeren mechanischen Kräften, Momenten und Beschleunigungen standzuhalten, ohne zu versagen oder sich dauerhaft zu verformen. Beispiele hierfür sind Belastungen durch Druck, Zug, Biegung, Schwingungen und Stöße.

Die mechanische Belastbarkeit technischer Produkte wird durch theoretische Berechnungen, Simulationen und experimentelle Tests bestimmt.

Theoretische Berechnungen:
Basierend auf den Materialeigenschaften, der Geometrie des Produkts und den erwarteten Betriebsbedingungen können theoretische Berechnungen durchgeführt werden, um die Spannungen und Verformungen im Produkt zu bestimmen.

Simulationen:
Mit Hilfe von Finite-Elemente-Methoden (FEM) und anderen Simulationstechniken können die Spannungsverteilungen und Verformungen in komplexen Geometrien simuliert werden.

Experimentelle Tests:
Experimentelle Tests, wie Zugversuche, Druckversuche und Ermüdungsversuche, werden durchgeführt, um die Festigkeit, Zähigkeit und Ermüdungsfestigkeit von Materialien und Bauteilen zu bestimmen.

Die Belastbarkeit eines Design Elements ist eng mit dem spezifischen Schädigungs- oder Versagensmechanismus verbunden, das betrachtet wird. Jeder Mechanismus hat seine eigene, spezifische Belastbarkeit, die bei der Gestaltung des Elements berücksichtigt werden muss. In der Entwurfsphase werden zunächst alle potenziell zu erwartenden Mechanismen in Betracht gezogen. Oft zeigt sich jedoch, dass einer oder nur wenige dieser Mechanismen tatsächlich zuverlässigkeitsbestimmend sind. Ein weiterer komplexer Aspekt ist das Auftreten von Überlagerungen verschiedener Schädigungsmechanismen, die die Bewertung der Belastbarkeit besonders schwierig machen. Solche Überlagerungen erfordern eine zielgerichtete und sorgfältige Bearbeitung, um die Zuverlässigkeit und Funktionsfähigkeit des Designelements sicherzustellen. Vergleiche dazu folgende Abb. 5.24.

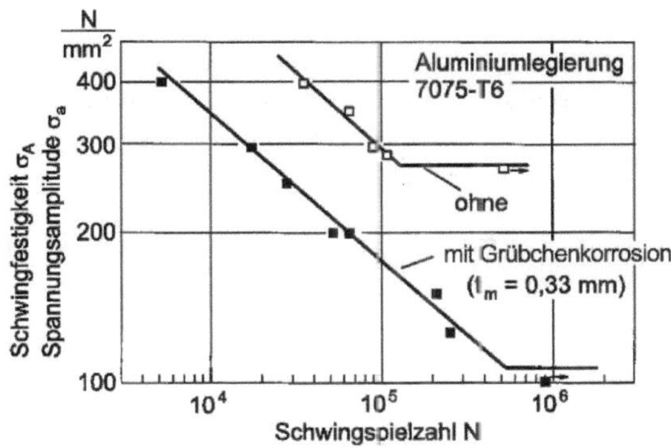

Abb. 5.24 Beispiel einer Belastbarkeitskurve, Wöhlerdiagramm

5.5.3 Elektronische Belastbarkeit

Im Bereich der Elektrotechnik beschreibt die elektronische Belastbarkeit die Fähigkeit eines elektronischen Bauteils oder Systems, einen definierten elektrischen Strom über einen bestimmten Zeitraum, bei einer angelegten definierten Spannung aufnehmen zu können, ohne dabei Schaden zu nehmen. Anders ausgedrückt: Es ist die maximale Stromstärke oder Spannung, die ein Bauteil oder System dauerhaft verkraften kann, ohne dass seine Funktion beeinträchtigt wird oder es zerstört wird.

Die elektronische Belastbarkeit wird typischerweise in Ampere (A) angegeben und ist ein wichtiger Faktor bei der Auswahl von elektronischen Komponenten und Systemen. Sie muss bei der Auslegung und dem Betrieb von Stromkreisen berücksichtigt werden, um Überlastungen und Ausfälle zu vermeiden.

Wichtige Aspekte der elektronischen Belastbarkeit:

Stromstärke:
Die maximale Stromstärke, die ein Bauteil oder System dauerhaft verkraften kann.

Zeitdauer:
Der Zeitraum, über den der maximale Strom fließen kann, ohne dass Schäden auftreten.

Umgebungsbedingungen:
Die Belastbarkeit kann durch Faktoren wie Temperatur, Luftfeuchtigkeit und Kühlung beeinflusst werden.

Bauteiltoleranzen:
Die Belastbarkeit kann aufgrund von Fertigungstoleranzen von Bauteil zu Bauteil variieren.

> Elektronische Belastbarkeit beschränkt sich auf die Fähigkeit eines Produkts, elektrischen Strömen und Spannungen standzuhalten, ohne dabei zu überhitzen, Kurzschlüsse zu verursachen oder Komponenten zu beschädigen.

Die elektronische Belastbarkeit kann mit speziellen Messgeräten gemessen werden. Diese Geräte simulieren eine elektrische Last und ermöglichen es, den Strom und die Spannung an einem Bauteil oder System zu messen.

5.5.4 Allgemeine Hinweise zur Belastbarkeit

Im Verlauf des Designprozesses ist es entscheidend, die Belastbarkeiten iterativ zu vervollständigen, da sich während der Entwicklung neuer Produkte oft zusätzliche innere Lasten ergeben können. Diese bisher nicht erkannten Lasten führen zu Beanspruchungen, die wiederum relevante Schadens- oder Versagensmechanismen auslösen können. Um die Integrität und Zuverlässigkeit des Designs zu gewährleisten, ist es daher notwendig, diese Beanspruchbarkeiten kontinuierlich zu identifizieren und im Designprozess zu berücksichtigen. Dieser iterative Ansatz folgt dem Regelkreis „Belastung – Beanspruchung – Belastung", der eine dynamische Anpassung und Optimierung des Designs ermöglicht, um allen relevanten Belastungen gerecht zu werden und potenzielle Versagensmechanismen effektiv zu adressieren.

Das gewählte Lösungsprinzip eines Designelements definiert fundamentale Grenzen seiner Belastbarkeit, die auch durch Designoptimierungen, die Auswahl von Werkstoffen oder Anpassungen im Herstellprozess nicht beliebig verschoben werden können. Somit wird mit der Entscheidung für ein bestimmtes Lösungsprinzip auch die maximal erreichbare Belastbarkeit des Elements festgelegt. Diese Tatsache unterstreicht die Bedeutung einer sorgfältigen Auswahl des Lösungsprinzips, insbesondere in Anbetracht zukünftiger Anforderungen und potenziell steigender Belastungen. Es ist entscheidend, die Zukunftssicherheit des gewählten Prinzips zu bewerten, um sicherzustellen, dass das Design langfristig den Anforderungen standhalten kann, ohne dass grundlegende Grenzen der Belastbarkeit überschritten werden.

> **Vorsicht:**

Das Design und der Herstellungsprozess können auch die Beanspruchbarkeit verringern und deren Streuung (wg. der Toleranzen) erhöhen.

Es ist wichtig, die Kennwerte von Werkstoffen nicht ohne weiteres Hinterfragen zu übernehmen. Stattdessen sollten Toleranzen, die für die Beanspruchbarkeit von Bedeutung sind, genau ermittelt und anschließend in einer Weise spezifiziert werden, die den Fertigungsprozess berücksichtigt. Zudem müssen die Auswirkungen des Designs auf die

Gestaltung so integriert werden, dass der tatsächlich zu erwartende Streubereich der Belastbarkeit möglichst präzise dargestellt wird.

Zur Bestimmung der Belastbarkeit kann folgende Vorgehensweise unterstützen:

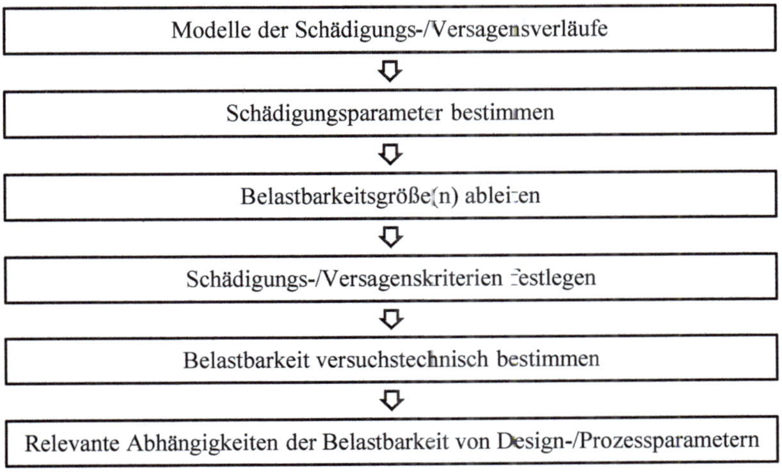

Modelle der Schädigungs-/Versagensverläufe
⇩
Schädigungsparameter bestimmen
⇩
Belastbarkeitsgröße(n) ableiten
⇩
Schädigungs-/Versagenskriterien festlegen
⇩
Belastbarkeit versuchstechnisch bestimmen
⇩
Relevante Abhängigkeiten der Belastbarkeit von Design-/Prozessparametern

Abb. 5.25 Ablaufplan zur Bestimmung der Belastbarkeit

Um ein tiefgreifendes Verständnis für die Belastbarkeit von Materialien oder Bauteilen zu entwickeln, ist es essenziell, Modelle der Schädigungs- und Versagensverläufe zu erstellen, siehe Abb. 5.25. Dies beginnt mit der Ermittlung der spezifischen Größen, die Schädigung oder Versagen beeinflussen. Auf Basis dieser Größen lassen sich dann die Belastbarkeitsgrößen ableiten. Es ist wichtig, klare Schädigungs- und Versagenskriterien zu definieren, um die Grenzen der Belastbarkeit zu verstehen. Die experimentelle Bestimmung der Belastbarkeit erfolgt durch Tests, bei denen für verschiedene Belastungsniveaus die Zeit oder die Anzahl der Lastwechsel bis zum Erreichen des Schädigungs- oder Versagenskriteriums – also der Lebensdauer – gemessen wird. Zudem ist es von Bedeutung, die Abhängigkeiten der Belastbarkeit von Design- und Prozessparametern zu erkennen. Diese Abhängigkeiten sollten, wenn möglich, theoretisch abgeleitet werden. Ist dies nicht machbar, müssen experimentelle Methoden herangezogen werden, um ein umfassendes Verständnis der Belastbarkeit unter verschiedenen Bedingungen zu gewährleisten.

5.6 Robustheit

5.6.1 Einleitung

Die Robustheit von mechanischen und elektronischen Systemen und Produkten ist ein entscheidender Faktor für deren Zuverlässigkeit und Langlebigkeit. Robuste Systeme sind in der Lage, widrigen Umgebungsbedingungen standzuhalten und ihre Funktionstüchtigkeit aufrechtzuerhalten, selbst wenn sie Stößen, Vibrationen, Feuchtigkeit, Temperaturschwankungen oder anderen Belastungen ausgesetzt sind. Die Robustheit eines Systems wird durch verschiedene Faktoren beeinflusst, wie zum Beispiel die Auswahl der Materialien, die Konstruktion, die Fertigungsqualität und die Qualitätssicherungsmaßnahmen. In diesem Zusammenhang ist es wichtig, dass sowohl mechanische als auch elektronische Komponenten und Bauteile robust gestaltet sind, um eine hohe Produktqualität und Kundenzufriedenheit zu gewährleisten.

In der Mechanik bezieht sich der Begriff „Robustheit" auf die Fähigkeit eines mechanischen Systems, äußeren Einflüssen und Belastungen standzuhalten, ohne dass seine Funktionalität beeinträchtigt wird. Ein robustes mechanisches System ist widerstandsfähig gegenüber Stößen, Vibrationen, Verschleiß, Korrosion, Temperaturschwankungen und anderen Umgebungsbedingungen. Es kann seine Aufgabe oder Funktion auch unter ungünstigen Bedingungen zuverlässig erfüllen, ohne dass es zu Fehlfunktionen, Schäden oder vorzeitigem Verschleiß kommt. Die Robustheit eines mechanischen Systems hängt von verschiedenen Faktoren ab, wie zum Beispiel der Auswahl der Materialien, der Konstruktion, der Fertigungsqualität und der Qualitätssicherungsmaßnahmen. Eine robuste Konstruktion und Herstellung sind entscheidend, um die Langlebigkeit und Zuverlässigkeit von mechanischen Systemen sicherzustellen.

In der Elektronik bezieht sich der Begriff „Robustheit" auf die Fähigkeit elektronischer Systeme und Bauteile, unter verschiedenen Bedingungen stabil und zuverlässig zu funktionieren. Ein robustes elektronisches System ist widerstandsfähig gegenüber Störungen, Spannungsschwankungen, elektromagnetischen Interferenzen, Temperaturschwankungen und anderen Umgebungsbedingungen. Es kann seine Funktionen und Aufgaben auch unter ungünstigen Bedingungen, wie zum Beispiel in industriellen Umgebungen oder in der Nähe von elektrischen Störquellen, fehlerfrei erfüllen. Die Robustheit eines elektronischen Systems hängt von verschiedenen Faktoren ab, wie zum Beispiel der Auswahl der Bauteile, der Schaltungskonstruktion, der Leiterplattenlayout, der Abschirmung, der Spannungsversorgung und der Qualitätssicherungsmaßnahmen. Eine robuste elektronische Konstruktion und Herstellung sind entscheidend, um die Zuverlässigkeit und Langlebigkeit elektronischer Systeme sicherzustellen.

5.6.2 Robustheit im Allgemeinen

Der Begriff Robustheit kann wie folgt umschrieben werden:

> Es ist die Fähigkeit eines Systems die Anforderungen in der Applikation, also im Betrieb und unter gegebenen Umwelteinflüssen die vorgegebene Funktion zu erfüllen, ohne dabei die Grenzwerte zu tangieren oder gar verletzen.

Dabei sind Begriffe wie Mission Profile, Fähigkeit, Belastung zu hinterfragen und zu verstehen.

- Das Mission Profile wird auch als Einsatzprofil, Anforderungsprofil oder Betriebsprofil bezeichnet und beschreibt die Systemanforderungen für festgelegte spezifische Parameter und die zu erfüllenden Funktionen im Umfeld während der gesamten Betriebsdauer.
- Die Fähigkeit ist die Eignung des Systems, das vorgegebene Mission Profile zu erfüllen.
- Belastung sind alle von außen auf das System einwirkende Parameter wie z.B. Temperatur, Feuchte, Schaltzyklen etc.

In nachfolgender Abb. 5.26 sind die Begriffe plakativ dargestellt. Es ist zu erkennen, dass die beiden Kurven, Belastung im Feld und dem gegenüberstehende Widerstandsfähigkeit des Systems, sich überlappen und somit eine Gefährdung für den Betrieb zu einem nicht bekannten Zeitpunkt führen können. Eine typische Zuverlässigkeitsproblematik.

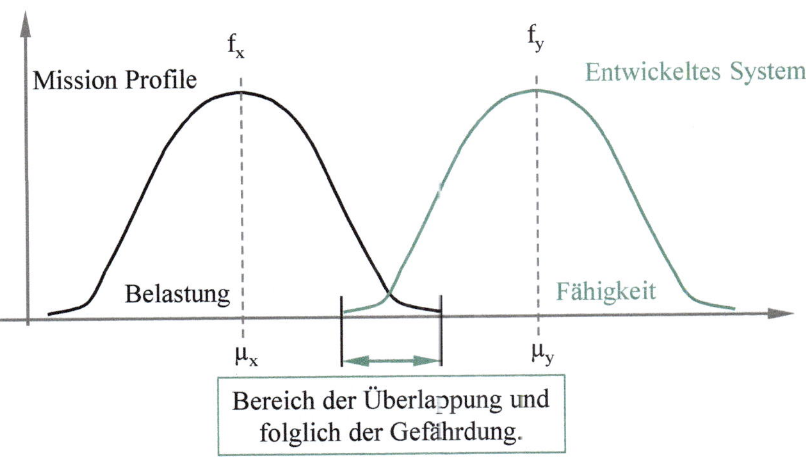

Abb. 5.26 Überlappende Belastung im Feld vs. Fähigkeit des Systems

Die Belastung ist für ein System vom Umfeld vorgegeben. Definierte Funktionen sind zu erfüllen und die Entwicklung ist daraufhin abzustimmen. Das System muss infolgedessen robuster gestaltet werden. Siehe auch Abb. 5.27.

Nun ist es gar nicht so trivial ein System entsprechend robust zu entwickeln. Limitierungen sind oft Minimierung der Bauelementeanzahl, der Bauelementeverfügbarkeit oder

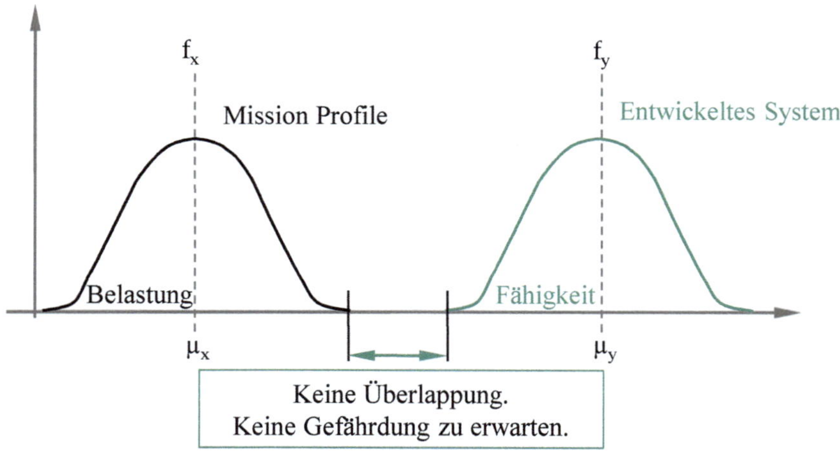

Abb. 5.27 Ziel einer Entwicklung: Robustheit

auch deren Kosten. Je höher die Robustheit, desto höher auch die Kosten. Ein Dilemma mit dem umzugehen ist. Dennoch ist ein zu definierendes Guardband, also der Sicherheitsabstand von Spezifikationsparametern zu geforderten Werten im Betrieb zu gewährleisten. Zuverlässigkeitskosten im Feld können zu einem vielfach größeren Problem anwachsen. Ferner ist die der Entwicklung folgende Validierung auch darauf abzustimmen.

Erforderlich wird daher die Validierung der Robustheit durch applikationsbezogenes und definiertes Guardband-Testing, abgestimmt auf die spezifischen Unzulänglichkeiten der Komponenten zur Nachweiserbringung fehlerfreier Interaktion mit anderen Komponenten.

In Abb. 5.28 ist ein mittels Excel dargestelltes Netzdiagramm. Hier wird für einzelne Parameter der Abstand zwischen den Grenzen der Anforderung und der Fähigkeit des Systems offensichtlich.

Beispielhaft kann man den Parameter Temperatur betrachten. Je nach Einsatzgebiet kann die Bandbreite der Robustheit auch variieren. Zur Sicherstellung der Robustheit des Betriebes hinsichtlich Temperatur müssen die Bauelemente immer einer höheren Umgebungstemperatur im Betrieb widerstehen können. Ebenso zu analysieren ist die Robustheit des Systems, d.h. inwieweit sind die Grenzen der Fähigkeit des Systems von den Grenzen der Anforderung der Applikation entfernt.

Letztendlich kann auch eine Risikoeinschätzung durchgeführt werden und zielführend sein. Denn, nicht jeder elektrische Parameter eines Bauelementes führt bei Verletzung von Spezifikationsgrenzen zur Fehlfunktion des Systems. Das dabei entstehende, erhöhte Risiko ist im Unternehmen einsatzbezogen einzuschätzen und zu bewerten. Die Konsequenzen müssen bei allen Verantwortlichen bewusst sein und mitgetragen werden. **Dokumentieren!**

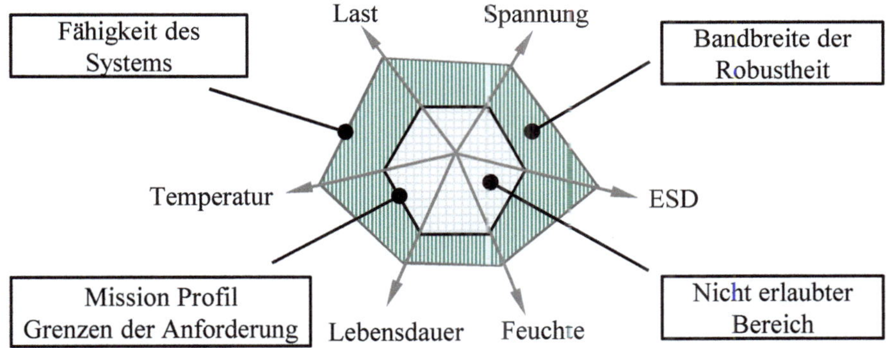

Abb. 5.28 Robustheitsgrenzen im Netzdiagramm dargestellt

5.6.3 Robust Design

Robust Design bezieht sich auf einen Ansatz bei der Entwicklung und Gestaltung von Produkten oder Systemen, bei dem das Ziel darin besteht, eine hohe Robustheit gegenüber Variabilität und Unsicherheit zu erreichen. Das bedeutet, dass das Design so konzipiert wird, dass es trotz Schwankungen in den Eingangsparametern oder Umgebungsbedingungen seine Funktionstüchtigkeit und Leistung beibehält.

Beim Robust Design werden verschiedene Techniken und Methoden eingesetzt, um die Auswirkungen von Variabilität zu minimieren und die Zuverlässigkeit und Stabilität des Produkts zu maximieren. Dazu gehören beispielsweise die Verwendung von Toleranzen und Sicherheitsfaktoren, die Optimierung von Designparametern, die Berücksichtigung von Worst-Case-Szenarien und die Durchführung von Simulationen und Tests unter realistischen Bedingungen.

Das Ziel des Robust Design ist es, Produkte zu entwickeln, die weniger anfällig für Schwankungen und Unsicherheiten sind und eine hohe Leistung und Zuverlässigkeit über einen breiten Bereich von Betriebsbedingungen bieten. Dies trägt dazu bei, die Kundenzufriedenheit zu erhöhen, die Produktqualität zu verbessern und die Kosten für Reparaturen und Ausfälle zu reduzieren.

Um die meisten Veränderungen hinsichtlich der Verbesserung der Robustheit im Design zu bewirken müssen alle Kontrollfaktoren, die einen Einfluss auf das System haben, identifiziert und deren optimale Einstellungen ermittelt werden. Im Allgemeinen sollen dabei Erfahrung und Durchführen von Experimenten bei dem Identifizieren der wesentlichen Ursachen der Schwankungen verwendet werden. Zur Unterstützung wird dabei das Parameter-Diagramm (P-Diagramm), vergleiche Abb. 5.29, für das System und für alle Faktoren hinsichtlich ihres Einflusses auf das System erarbeitet und veranschaulicht. Die Faktoren werden in folgende Kategorien eingeteilt: Stellgröße (SF), Störgröße (NF), Steu-

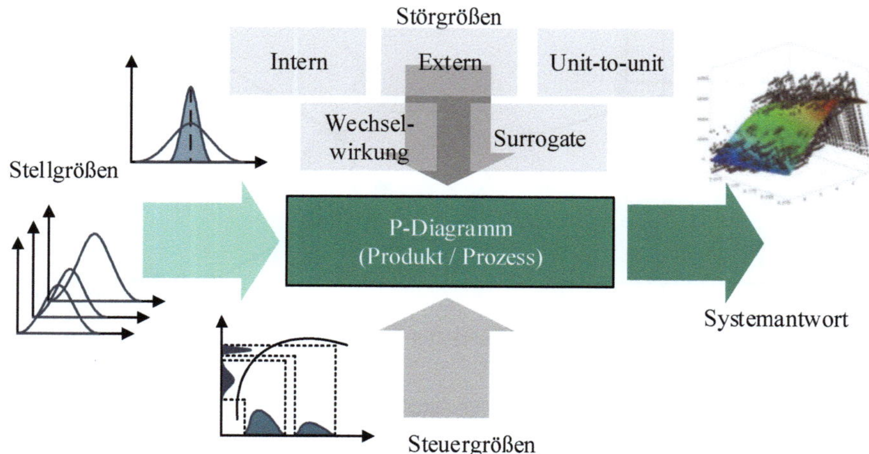

Abb. 5.29 P-Diagramm mit Beispielen

ergröße (CF) und Qualitätskriterium (Systemantwort).

Sind nun alle Einflüsse und Wirkzusammenhänge identifiziert, können Parametereinstellung definiert werden, die eine möglichst robuste Systemantwort verantworten. Dieses Vorgehen wird Robust-Design-Optimization (RDO) genannt. RDO bezieht sich auf einen Prozess der Produktentwicklung, der darauf abzielt, Lösungen zu finden, die gegenüber Variationen in den Eingabeparametern, Herstellungsprozessen und Betriebsbedingungen unempfindlich sind. Ziel ist es, Produkte oder Systeme zu entwerfen, die eine hohe Leistungsfähigkeit und Zuverlässigkeit unter einer breiten Palette von Bedingungen aufweisen, um die Kundenzufriedenheit und Effizienz zu maximieren. Eine einfache Prinzipskizze zeigt folgende Abb. 5.30. Dort erfolgt eine Optimierung des Zielwertproblems. Sie erfolgt in zwei Schritten. Zuerst wird die Streuung minimiert, Abb. 5.30 (a). Anschließend wird der Mittelwert auf den Sollwert ausgerichtet, Abb. 5.30 (b). Für die Durchführung dieser Optimierungsstrategie müssen demnach die respektiven Einstellstufen der DPs gefunden werden. Um die Einstellstufen der Faktoren zu bestimmen, gibt es die zwei bewährten Verfahren aus der DoE: die ANOM (Analysis of Mean) und die ANOVA (Analysis of Variance), werden aber in diesem Buch nicht näher behandelt und wird auf einschlägige Literatur verwiesen.

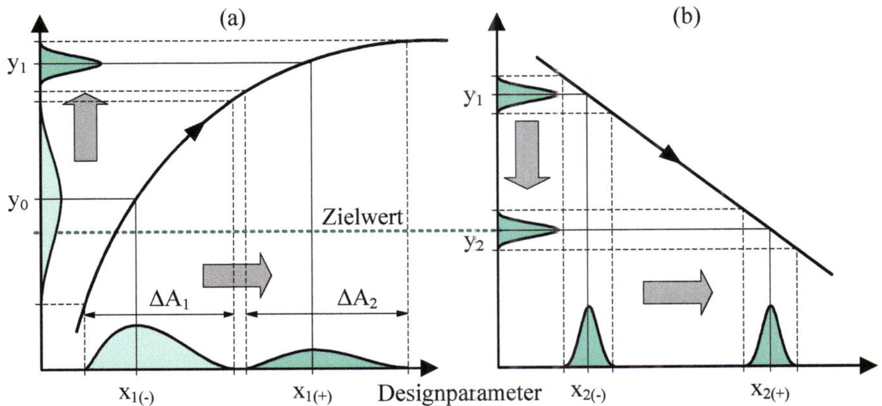

Abb. 5.30 Prinzip der Parameteroptimierung im Robust Design: (a) Streuungsminimierung und (b) Mittelwertverschiebung

5.7 Wissensmanagement

Wissensmanagement in der Produktentwicklung spielt eine entscheidende Rolle bei der effizienten Nutzung und Weitergabe von Wissen innerhalb eines Unternehmens. Durch gezieltes Sammeln, Organisieren und Teilen von Informationen können Unternehmen ihre Innovationskraft stärken, die Qualität ihrer Produkte verbessern und langfristigen Erfolg sicherstellen. In diesem Kontext ist es wichtig, Lessons Learned aus vergangenen Projekten zu nutzen, um kontinuierlich zu lernen und sich weiterzuentwickeln.

5.7.1 Vorgängeranalyse

Die Vorgängeranalyse, Lessons Learned und das Wissensmanagement spielen im technischen Bereich eine entscheidende Rolle bei der kontinuierlichen Verbesserung von Prozessen und Produkten. Die Vorgängeranalyse befasst sich mit der Untersuchung und Bewertung von bereits existierenden Lösungen, um von den Erfahrungen anderer zu lernen und mögliche Fehler zu vermeiden. Lessons Learned bezieht sich auf die systematische Erfassung und Dokumentation von Erfahrungen und Erkenntnissen aus abgeschlossenen Projekten, um sie für zukünftige Projekte nutzbar zu machen. Das Wissensmanagement zielt darauf ab, das gesammelte Wissen innerhalb eines Unternehmens effektiv zu organisieren, zu teilen und zu nutzen, um Innovationen voranzutreiben und die Leistung zu steigern. In diesem Zusammenhang sind die Vorgängeranalyse, Lessons Learned und das Wissensmanagement unverzichtbare Instrumente für Ingenieure und Techniker, um kontinuierlich erfolgreich zu sein und sich weiterzuentwickeln.

> **Ziel der Vorgängeranalyse ist die:**

- Identifizierung der Hauptfehlermechanismen der Vorgänger
- Bestimmung der Feld-Ausfallwahrscheinlichkeit
- Definition der Fokusthemen und der Garantieziele

Die Analyse von E-Commerce-Bewertungen ist ein entscheidender Schritt für Unternehmen, um Kundenfeedback zu verstehen und Produkte oder Dienstleistungen zu verbessern. Durch die Auswertung von Sternbewertungen, Kommentaren und Rezensionen können Unternehmen Trends erkennen, Kundenzufriedenheit messen und gezielt auf Kritik reagieren.

Bei der Analyse von Garantiedaten, insbesondere Qualitätsberichten, können Unternehmen Muster in Produktfehlern oder -ausfällen identifizieren. Diese Informationen sind wertvoll, um die Ursachen von Problemen zu verstehen und präventive Maßnahmen zu ergreifen, um die Produktqualität zu erhöhen und Garantiekosten zu reduzieren.

Die Untersuchung von Ersatzteilen bietet Einblicke in die Haltbarkeit und den Verschleiß von Produkten. Durch die Analyse, welche Teile am häufigsten ersetzt werden müssen, können Unternehmen Schwachstellen in ihren Produkten identifizieren und gezielte Verbesserungen vornehmen, um die Lebensdauer zu verlängern und die Kundenzufriedenheit zu steigern.

Die Analyse von Felddaten, vorwiegend durch Onboard-Logging, ermöglicht es Unternehmen, das Verhalten und die Leistung ihrer Produkte unter realen Bedingungen zu verstehen. Diese Daten sind entscheidend, um Probleme frühzeitig zu erkennen, Wartungspläne zu optimieren und die Produktentwicklung durch realweltliche Einblicke zu informieren.

Schließlich ist die Analyse defekter Teile oder Werkzeuge ein kritischer Prozess, um die Ursachen von Ausfällen zu identifizieren. Durch die Untersuchung der physischen Schäden und der Umstände, unter denen sie auftraten, können Unternehmen Maßnahmen ergreifen, um die Produktqualität zu verbessern, die Sicherheit zu erhöhen und zukünftige Defekte zu vermeiden.

Folgende Fragestellung unterstützen die Vorgängeranalyse:

1. In welcher Qualität liegt das Produkt vor?
2. Gibt es andere Quellen und weisen diese Auffälligkeiten auf?
3. Sind Produktionsausfälle bekannt und dokumentiert?
4. Wurden Testausfälle beobachtet?
5. Sind Feldausfälle bekannt?
6. Haben die Produkte das Garantieziel erreicht?
7. Bewertung und Zusammenfassung der Vorgängeranalyse

5.7.2 Lessons Learned

Im Bereich der Produktentwicklung von technischen Produkten sind Lessons Learned von entscheidender Bedeutung, um Innovationen voranzutreiben und die Qualität der Produkte kontinuierlich zu verbessern. Durch das Sammeln und Analysieren von Erfahrungen können Unternehmen effizienter arbeiten, Kosten senken und Kundenbedürfnisse besser erfüllen.

Lessons Learned in der Produktentwicklung können auf verschiedenen Ebenen stattfinden. Zum einen können sie sich auf konkrete technische Aspekte beziehen, wie beispielsweise die Auswahl von Materialien, die Optimierung von Fertigungsprozessen oder die Integration neuer Technologien. Indem Unternehmen ihre Erfahrungen reflektieren und verstehen, was gut funktioniert hat und was nicht, können sie ihre Produkte gezielt verbessern und weiterentwickeln.

Darüber hinaus können Lessons Learned auch auf organisatorischer Ebene relevant sein. Beispielsweise kann die Analyse vergangener Projekte dazu beitragen, ineffiziente Prozesse zu identifizieren und zu optimieren. Indem Unternehmen ihre internen Abläufe kontinuierlich verbessern, können sie Zeit sparen, Ressourcen effektiver nutzen und letztendlich wettbewerbsfähiger am Markt agieren.

Lessons Learned im Produktentwicklungsbereich können auch dazu beitragen, Risiken zu minimieren und Fehler zu vermeiden. Indem Unternehmen aus vergangenen Fehlern lernen und präventive Maßnahmen ergreifen, können sie potenzielle Probleme frühzeitig erkennen und entsprechend handeln. Auf diese Weise wird nicht nur die Qualität der Produkte erhöht, sondern auch das Vertrauen der Kunden gestärkt.

Insgesamt sind Lessons Learned also im Produktentwicklungsbereich von technischen Produkten unverzichtbar. Indem Unternehmen offen für neue Erkenntnisse sind und bereit sind aus ihren Erfahrungen zu lernen, können sie ihre Innovationskraft stärken, ihre Wettbewerbsfähigkeit steigern und langfristigen Erfolg sicherstellen.

5.7.3 Wissensmanagement im Technischen Bereich

5.7.3.1 Einführung

Mitarbeiter deren Wissen ausschließlich im persönlichen Aufgabenfeld zur Verfügung steht und nur dort genutzt wird, leisten somit weniger Beiträge zur Produktqualität in allen Bereichen der gesamten Wertschöpfungskette. Mitarbeiter, die das Unternehmen verlassen nehmen Wissen und persönliche Erfahrungen mit welche durch Lernkurven wieder mühsam, zeitraubend und kostenintensiv aufgebaut werden müssen.

Wissen erodiert aus mehreren Gründen, z.B.:

- Erfahrungen werden nicht berücksichtigt

- Es wird einfach vergessen
- Mitarbeiter behalten Wissen ausschließlich für sich
- Mitarbeiter verlassen das Unternehmen
- Dokumentation wurde nachlässig, mangelhaft durchgeführt

Bei erforderlichen Maßnahmen zur schnellen Reaktion im Ereignisfall und ganz besonders zum Erhalt von Erfahrungen aus der Vergangenheit ist der Aufbau eines Wissensmanagements erforderlich.

Definition:
Wissen ist die kumulierte Kenntnis aus Erlerntem, Erfahrung und Beherrschtem.

Erwerbbare Datenbanken, Expertensysteme oder Erfahrungssysteme zur Speicherung Verfügbarkeit von Lessons Learned können erste Schritte zum erforderlichen Wissens Management sein.

In diesem Zusammenhang würde es viel zu weit führen, das gesamte sehr umfangreiche Feld des Wissensmanagements darzustellen. Es ist jedoch hier zielführend einige wenige pragmatische Faktoren als Hilfestellung für eine Umsetzung aufzuzeigen.

Im Wesentlichen kann das Wissensmanagement wie z.B. in Tab. 5.10 dargestellt, aus kritischen Eckpunkten, beschrieben werden.

Neben den technischen und technologischen Bereichen sind auch andere in einem weiteren Schritt zu berücksichtigen:

- Projektmanagement:
  strukturierte Arbeitsweise mit Ziel- und Zeitorientierung und Ergebnisdarstellung
- Personalmanagement:
  Mitarbeiterprofil, Kompetenzen, Erfahrungen, Wissen
- Informations- und Kommunikationsmanagement:
  Wissensnetzwerke, Dokumentation, Erfahrungsaustausch

Bewährt haben sich ebenfalls Tools die angepasst zur Aufgabenstellung zu entwickeln sind. Hier ein Ansatz für Fragestellungen/Abfragebogen in zielführenden Bereichen/Abteilungen um zu eruieren:

Ist das erforderliche Wissen im Unternehmen vorhanden?

- Definiert
  - Ist bekannt, welches Wissen benötigt wird?
- Beschrieben
  - Ist es eineindeutig und verständlich beschrieben?
- Bekannt bzw. mitgeteilt
  - Wurde es im Unternehmen publiziert?
  - Haben die Mitarbeiter die Thematik aufgenommen, verstanden und akzeptiert?

- Beherrscht
  - Können die Mitarbeiter damit umgehen?
  - Sind sie dafür geschult worden?
- Gelebt
  - Wird es von den Mitarbeitern auch angewendet?
  - Wenn nicht, warum nicht?
- Erforderliche Aktionen
  - Schlussfolgerung
  - Konsequenz
  - Maßnahmen mit Wirksamkeitsnachweisen

Tab. 5.10 Kritische Eckpunkte

Nr.	Eckpunkte	Inhalt	Was soll erreicht werden?
1	Identifikation	Beschreibung, des Wissens welches wird für einen definierten Prozess z.B. Entwicklung benötigt wird.	Erstellte Tabelle mit Parametern, Kriterien, und Bewertung für den entsprechenden Prozessschritt liegt vor.
2	Erwerb	Definition von Quellen und Netzwerken welche das Wissen liefern können.	Verfügbare, verlässliche Wissenslieferanten sind bekannt.
3	Struktur	Ein- und Ausgabematrix von Wissen z.B. für Erfahrungen aus Feld- und Prozessdaten für definierte Bauelemente.	Einfach bedienbare Suchmatrix für definierte Kriterien die von jedem ohne intensive Schulung genutzt werden kann.
4	Pflege und Erweiterung	Addition von neuem Wissen z.B. aufgrund von technologischen Fortschritt. Einpflegen von Felderfahrung.	Aktualisierung, Nutzung und Wertigkeit.
5	Zugänglichkeit	Lesbarkeit von Daten für betroffene Mitarbeiter. Definition von Verantwortung bei der Eingabe von weiteren Daten / Wissen.	Nutzerfreundlichkeit. Offen für andere Mitarbeiter gestalten und diese mit einbinden.
6	Nutzung	Beschreibung der Anwendung mit Zielsetzung und Leistung für den persönlichen Aufgabenbereich.	Bekanntheitsgrad und sichere, verlässliche Anwendung. Motivation zur Aktualisierung.
7	Weitere Kriterien	Definieren sofern erforderlich	

5.7.3.2 Empfehlung zu einem ersten pragmatischen Ansatz in technischen Bereichen

Der erste und einfachste Weg ist meistens die Einrichtung einer Excel Tabelle o.ä. auf einem zentralen Server die der Entwickler in Zusammenarbeit mit der Qualitätssicherung pflegen kann. Jeder Entwickler, verantwortlich für ein definiertes Produkt, pflegt verantwortlich eine Tabelle. Jede Tabelle ist einem Produkt zugeordnet. Der Entwickler beschreibt die Tabelle mit seinem Wissen und Erfahrungen entsprechend der vorgegebenen Struktur.

Durch Automatismen werden die einzelnen Tabellen in einer Mastertabelle zusammengeführt. Diese Mastertabelle darf nur von dafür eingewiesen Personal bearbeitet werden. Kann aber von allen gelesen werden.

Die nachfolgende Abb. 5.31 ist die Struktur erkennbar.

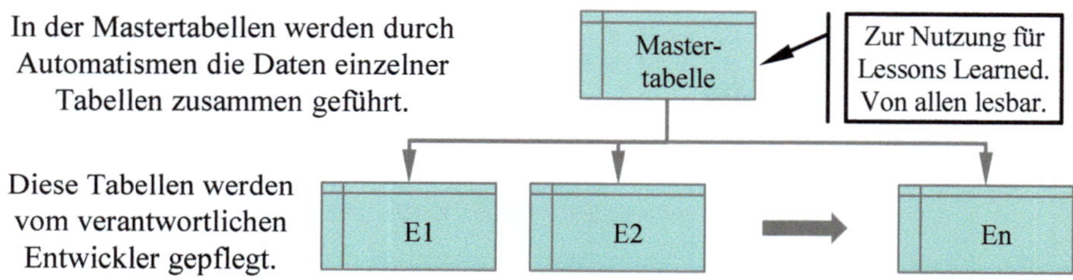

Abb. 5.31 Struktur

Für einen ersten Ansatz dient Tab. 5.11 als Beispiel zur Erfassung von Daten für definierte Kriterien.

Anmerkung:
Falls zu viele Parameter abgefragt werden kann dies auch zu einer gewissen „Unlust" führen die Tabellen zu pflegen. Insofern ist es ratsam auch einmal Mut zur Lücke zu haben. Denn wenige wertvolle Informationen sind immer besser als keine Daten zu haben. Nachpflege sollte jedoch immer möglich sein.
Wissen wächst, somit auch die Wissensdatenbank!

Tab. 5.11 Erfassung von Daten

Beschreibung	Elektronisches System
Typ	Seriennummer, Bezeichnung
Funktion	Aufgabenstellung des Systems
Einbauort	Freiland, Umbauter Raum etc.
Einwirkung	Umwelteinflüsse die gewirkt haben
Auswirkung	Was ist passiert, Auffälligkeit
Ausfall	Beschreibung des Symptoms
Wirkung	Abfolge des Fehlverhaltens
Betroffenes Bauelement	Beschreibung
Fehlermechanismus	Effekte hervorgerufen durch Umwelteinwirkungen oder Schaltverhalten.
…	…
…	…
Wirksamkeit	Abhilfemaßnahme, Festlegung des Nachweißverfahrens

5.8 Übungen

Übung 5.1 Verweildauerzählung

Gegeben sind die folgenden Zeitdaten, die die Temperaturänderungen eines Systems über die Zeit darstellen:

$$\text{Zeit [s]: } 0, 1, 2, 3, 4, 5, 6, 7, 8, 9, 10$$
$$\text{Temperatur [}^\circ C\text{]: } 20, 22, 25, 25, 24, 22, 21, 20, 18, 17, 20$$

Führen Sie eine Verweildauerzählung für jede Temperaturklasse durch und bestimmen Sie die Summe der Verweildauer in jeder Temperaturklasse. Die Temperaturklassen sollen wie folgt definiert werden:

- Klasse 1: 15-20 $^\circ C$
- Klasse 2: 21-25 $^\circ C$
- Klasse 3: 26-30 $^\circ C$

Übung 5.2 Rainflowzählung

Gegeben sind die folgenden Zeitreihendaten, die die Belastung eines Bauteils über die Zeit (Abtastrastrate 1 $Hz = 1/s$) darstellen (Belastung in [MPa]):

$$100, 150, 200, 180, 120, 90, 60, 110, 160, 190, 220$$

Führen Sie eine Rainflow-Zählung für diese Zeitreihe durch und bestimmen Sie die Anzahl der Lastwechsel sowie die Amplituden der Lastwechsel.

Übung 5.3 Kumuliertes Histogramm

Gegeben sind die folgenden Daten, die die Anzahl der Fehler in einer Produktionscharge darstellen:

$$\text{Zeit [s]: } 5, 8, 3, 6, 7, 4, 5, 6, 2, 7, 5, 6, 4, 3, 5$$

Erstellen Sie ein kumuliertes Histogramm für diese Daten und bestimmen Sie die kumulierten Häufigkeiten für jede Fehleranzahl.

Übung 5.4 Lastkollektiv

Temperaturdifferenzprofile an einem Bonddraht innerhalb der elektrischen Batteriemanagement-Steuereinheit sind für 3 Anwendungsfälle des eScooters verfügbar. Eine Wöhlerkurve (S/N-Kurve) für einen Bonddraht wird für den Schädigungsmechanismus der thermo-mechanischen Ermüdung angegeben:

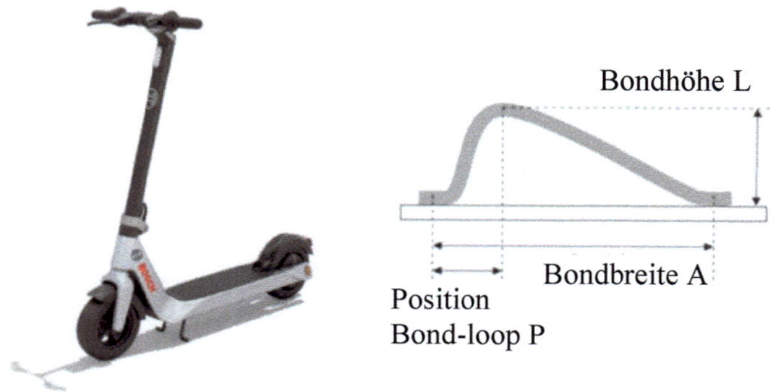

Für das lineares Schadensakkumulationsgesetz für die Schadenssumme D nach der Schadensakkumulationshypothese von Miner[2] gilt:

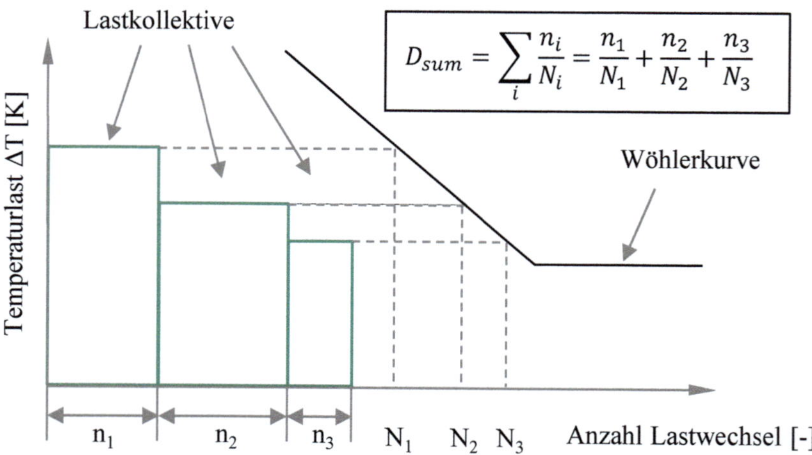

---

[2] Es gibt in der Betriebsfestigkeit mehrere Schadensakkumulationshypothesen, die sich im Wesentlichen im Verhalten der Gerade nach dem sogenannten Knickpunkt bei $2 \cdot 10^6$ Lastwechsel unterscheidet. Hier wurde die Hypothese nach Miner gewählt.

Das Schädigungsmodell nach Wöhler für diesen Werkstoff ergibt sich zu:

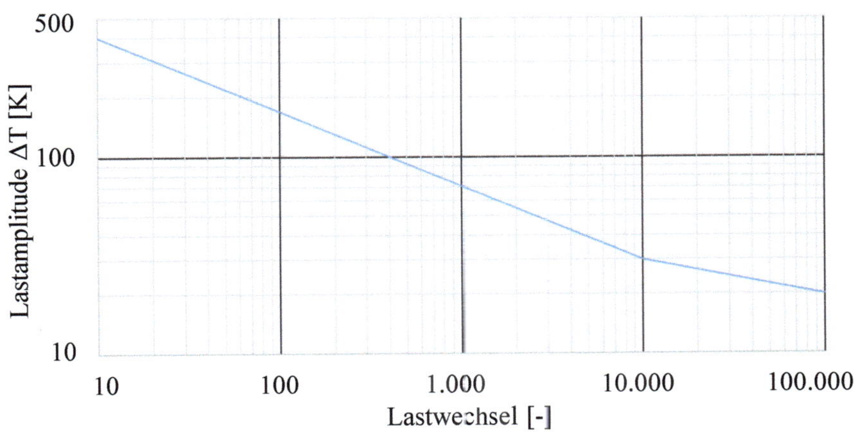

(a) Einzeichnen eines der Profile in den Wöhlerplot (s/n-Plot)
(b) Berechnung der kumulierten Schadenssummen $D_{\text{Profil,k}}$ für die 3 Profile
(c) Eintagen der Schadenssummen $D_{\text{Profil,k}}$ in das Wahrscheinlichkeitsnetz (Normalverteilungspapier - Vorlage siehe Anhang B.2, Abb. B.2
    Hinweis: Der Rang der Schadenssummen muss in aufsteigender Reihenfolge sortiert werden und wird nach der Rossow-Formel bestimmt.
(d) Bestimmung des $D_{\text{Profil,95\,\%}}$, das dem 95 %-Quantil entspricht.
(e) Ableiten aus $D_{\text{Profil,95\,\%}}$ ein Bemessungsprofil für den Gesamtantrag ab und zeichnen Sie es in das Wöhlerdiagramm (s/n-Diagramm) ein.

Im Folgenden sind die drei Anwendungsfälle (Use Cases) gegeben durch:

Benutzer	Use Case	T_{min} in $°C$	T_{max} in $°C$	Verteilung	Gebrauchsdauer
	Laden	10	30	30 %	
A	Pendeln	10	40	60 %	3 mal pro Arbeitstag: 800 mal im Jahr
	Volllast	10	80	10 %	
	Laden	20	40	30 %	
B	Pendeln	20	60	40 %	2 mal pro Arbeitstag: 500 mal im Jahr
	Volllast	20	100	30 %	
	Laden	20	40	20 %	
C	Pendeln	20	60	10 %	200 mal im Jahr
	Volllast	20	120	70 %	

Zur Berechnung der Schadenssumme je Profil soll folgende Tabelle dienen:

Benutzer	Use Case	Last $\Delta T[K]$	Dauer n_i	Ertragbare Dauer N_i	Schadenssumme D_i	Gesamte $D_{\text{Profil,k}}$
A	Laden					
	Pendeln					
	Volllast					
B	Laden					
	Pendeln					
	Volllast					
C	Laden					
	Pendeln					
	Volllast					

5.9 Verständnisfragen

1. Was sagt die sogenannte „Rule of Ten" aus?
2. Worin liegt der Unterschied zwischen Lasten- und Pflichtenheft?
3. Wie können diese im Allgemeinen aufgebaut sein?
4. Was versteht man unter dem Begriff „Umwelteinflüsse"?
5. Welche sechs wesentlichen Umwelteinflüsse gibt es?
6. Was bedeutet „Mission Profiles" und was umfassen sie?
7. Welche Belastungsarten gibt es?
8. Wie werden die drei Belastungsquellen des Mission Profiles genannt?
9. Wie heißen die vier Arten eines „Use Cases"?
10. Worin besteht deren Unterschied?
11. Zur Beschreibung eines Use Cases sind drei Schritte vorgesehen. Welche sind das?
12. Wie werden die vier Umgebungslasten genannt?
13. Welche zwei Herangehensweisen zur Lastableitung gibt es?
14. Wie werden die drei verschiedenen Berechnungsmethoden bei der Lastableitung genannt?
15. Wie kann bei einer Messplanung vorgegangen werden?
16. Was wird unter einem „Lastkollektiv" verstanden?
17. Was sind Vor- und Nachteile von Klassierverfahren?
18. Welche ein- und zweiparametrigen Klassierverfahren gibt es?
19. Wie wird eine Verweildauerzählung durchgeführt?
20. Was ist unter der Rainflowzählung zu verstehen und wie funktioniert diese?

21. Worin besteht der Vorteile eines kumulierten gegenüber einem „normalen" Histogramms?
22. Welche Möglichkeiten zur Extrapolation gibt es?
23. Was wird unter dem Begriff „Mischen" im Bezug zum Lastkollektiv verstanden?
24. Wie kann der Begriff „Pseudo-Schädigung" verstanden werden?
25. Wie funktioniert das Mischen von Kollektiven nach der „CARLOS"-Methode?
26. Welche Faktoren bestimmen die mechanische Belastbarkeit?
27. Was versteht man unter „elektronische" Belastbarkeit und welche Aspekte sind dabei zu beachten?
28. Wie ist der Begriff „Robustheit" und „Robust Design" definiert und worin liegt der Unterschied?
29. Was versteht man unter der Vorgängeranalyse?
30. Warum ist Lessons Learned bei der Produktentwicklung wichtig?
31. Wie kann ein Wissensmanagement im Unternehmen eingesetzt werden?
32. Was sind die kritischen Eckpunkte im Wissensmanagement?

Literaturverzeichnis

1. Bertsche, B., Dazer, M.: Zuverlässigkeit im Fahrzeug- und Maschinenbau. Springer, Berlin (2022)
2. Brümmer, H.: Elektronische Gerätetechnik. Grundlagen für das Entwickeln elektronischer Baugruppen und Geräte. Springer-Verlag, Berlin (2014)
3. Burger et al.: Mission Profile gestützter Entwurf von Automobilelektronik. Publikation, (2014)
4. Buxbaum, O.: Betriebsfestigkeit. Sichere und wirtschaftliche Bemessung schwingbruchgefährdeter Bauteile. 2. erw. Auflage Fraunhofer LBF (1992)
5. Deutsche Gesellschaft für Qualität e.V.: Zuverlässigkeitsprüfung: Lehrgangsunterlagen Block QII. 2. Ausgabe. Frankfurt a. M. (1994)
6. Gottschalk, A.: Qualitäts- und Zuverlässigkeitssicherung elektronischer Bauelemente und Systeme, 2. völlig neu bearbeitete Auflage. Expert Verlag, Esslingen (2010)
7. Gottschalk, A.: Vom Mission Profile zur Qualifikationsprüfung. FED-Konferenz Elektronik Design (2010)
8. Gudehus, H., Zenner, H.: Empfehlung zur Lebensdauerabschätzung von Maschinenbauteilen. 4. akt. und erw. Auflage. Stahleisen Düsseldorf (1999)
9. Hinkelmann et al.: Extrapolation von Beanspruchungskollektiven. Technical Report Series TU Clausthal (2013)
10. Kemmler, S., Tamáska, I.: Reliability in Product Engineering. Vorlesungsskript, Technische und Wirtschaftswissenschaftliche Universität Budapest - BME (2023)
11. Linss, G.: Qualitätssicherung - Technische Zuverlässigkeit. Hanser-Verlag München (2016)
12. Meyna, A., Bernhard, P.: Taschenbuch der Zuverlässigkeitstechnik – Quantitative Bewertungsverfahren. Hanser-Verlag München (2010)
13. Streit, A., Seifen, S., Speckert, M., Seebich, H.; Simatos, A., Büttner, M.: Simulation von Kundenbeanspruchungen für Steuergeräte unter thermischer Belastung. In: DVM-Berichte, Nr. 142, Berlin, 2015; S. 11–24.

Kapitel 6
Denkbare Szenarien zur Vorgehensweise

Effektive Methoden und Werkzeuge zur Lösungsfindung und Produktentwicklung: Die Bedeutung klarer Vorgehensweisen

Zusammenfassung Dieses Kapitel beleuchtet denkbare Szenarien, in denen Techniken, Methoden und Know-how zur Lösungsfindung und Produktentwicklung erforderlich sind. Es bietet einen detaillierten Einblick in den Prozess, wie am besten begonnen werden kann, um effektive Lösungen zu erarbeiten. Acht Meilensteine werden vorgestellt, die als Leitfaden dienen, um den Fortschritt und die Effektivität des Prozesses zu überwachen. Darüber hinaus wird ein weitergehender Ansatz zur Betrachtungsweise präsentiert, der es den Lesern ermöglicht, ihre Denkweise zu erweitern und neue Perspektiven bei der Lösungsfindung und Produktentwicklung zu erkunden.

6.1 Einführung

Sobald eine Aufgabenstellung zu bearbeiten ist, Lösungen zu finden oder neue Produkte zu entwickeln sind Techniken, Methoden, Tools, Know-how und ähnliches erforderlich und auch oft vorhanden. Eine nicht eindeutig definierte Vorgehensweise kann zu Ergebnissen führen, welche entweder nicht wirklich zielführend oder gar falsch sind.

Für Vorgehensweisen die in Spezifikationen, Normen oder Kundenvorgaben mit präzise beschriebenen Testabläufen und -inhalten stellt dies auch keine besondere Herausforderung dar. Siehe dazu auch unter anderem Kapitel 3.7.1

Anspruchsvoller wird es dann, wenn diese Vorgaben fehlen. Hier ist zulässige, fachlich, sachliche Kreativität erforderlich bei der auch der Fokus auf den verfügbaren Gerätepark und den Kostenrahmen zu richten ist.

Im Falle es wurde festgelegt, dass Tests durchzuführen sind, Gründe hierfür gibt es immer zahlreiche wie z.B.:

- Zuverlässigkeit demonstrieren,
- Schwachstellen finden,
- Materialerprobung,

- Erfahrung sammeln,
- umfangreiche Projekte in der Planung die abzusichern sind,
- Kundenwünsche,
- etc.

gilt es eine gesonderte Vorgehensweise ist zu entwickeln. Im Folgenden ein paar Hilfestellungen.

6.2 Wie ist zu beginnen?

Der Rückschluss von den Einsatz-, Betriebs- oder Applikationsbedingungen auf die zu erwartenden Belastungen muss ein erster Schritt sein.

Bevor dieser jedoch beschritten werden kann, ist es vorteilhaft mit einer virtuellen Explosionszeichnung eine klare Vorstellung davon zu bekommen, wie die elektronische Einheit aufgebaut ist. Ohnehin offensichtlich ist: Es liegen genügend Spezifikationen und Anweisungen zur Realisierung der Einheit vor. Diese sind ebenfalls sehr hilfreich und auch zu berücksichtigen.

Das Umfeld einer elektronischen Einheit besteht u.a. aus folgenden Komponenten (alphabetisch, siehe hierzu auch Abb. 6.2):

- Aufbau und Verbindungstechnik (AVT)
- Elektronische Bauelemente
- Gehäuse Materialien
- Kabelbaum
- Mechanik
- Printed Circuit Board (PCB) bestückt
- Steckverbinder

Ferner zu berücksichtigen sind

- Anbauten
- Bedienung
- Betriebsprofil
- Einbauraum
- Elektrische Parameter
- Handhabung
- Manipulationsschutz
- Umwelteinflüsse

Damit nicht droht den Überblick zu verlieren, ist es ratsam eine tabellarische Aufstellung zu generieren, welche alle erforderlichen Komponenten und zu berücksichtigende Aspekte enthält.

6.3 Acht Meilensteine

In Abb. 6.1 sind in acht Meilensteinen dargestellte Aspekte, welche bei der Strukturierung der Umsetzung nützlich sind. Auch hier unterstützt ein tabellarischer Aufbau die Details zu definieren und die Übersicht zu behalten. Es ist dabei durchaus förderlich die eigenen und die im Unternehmen vorhandenen Fähigkeiten mit einer SOLL-IST-Betrachtung zu beleuchten.

Abb. 6.1 Acht Meilensteine zur Umsetzung

1. Die Applikation, also der Einsatz des Systems im Feld gibt das Ziel vor.
2. Hieraus sind die Zuverlässigkeitskennwerte abzuleiten d.h. Mission Profile, Überlebenswahrscheinlichkeit, Betriebszeit Aussagewahrscheinlichkeit etc.
3. Tests sind in ihrer und Art und Weise und die Auswertung der Testergebnisse festzulegen.
4. Die entsprechenden Beschleunigungsmodelle für den jeweiligen Test mit zugehörigen Parametern sind zu definieren.
5. Beschleunigungsfaktoren und Testzeiten sind zu ermitteln.
6. Tests sind durchzuführen, auszuwerten, Ausfälle zu analysieren und zu bewerten.
7. Die Ausfallrate ist zu ermitteln.
8. Die Überlebenswahrscheinlichkeit ist zu ermitteln.
9. Die Ergebnisse sind mittels IST-SOLL-Vergleich auf Eignung des Prüflings für die Applikation zu untersuchen.
10. Im Falle von Diskrepanz sind ergänzende Tests notwendig oder die Prüflinge sind zu verwerfen.
11. In Einzelfällen ist eine bedingte Freigabe nach Einschätzung eines möglichen Risikos denkbar.

6.4 Weitergehender Ansatz zur Betrachtungsweise

Oft ist es gar nicht so einfach, wenn mit relativ wenig Erfahrung ein Thema angegangen werden muss. Hierbei ist es sehr hilfreich die Position zu wechseln. Das System bzw. das elektronische Steuergerät wird dabei nicht nur von außen betrachtet, sondern es wird einmal versucht, natürlich nur gedanklich, sich in das System hineinzuversetzen und eine quasi virtuelle Zerlegung vorzunehmen. Ja, das Gedankenexperiment ist nicht unbedingt leicht zu akzeptieren, hilft aber ungemein die Zusammenhänge deutlicher zu erkennen und zu verstehen.

Die Abb. 6.2 veranschaulicht die Zusammenhänge der verschiedenen Ebenen die letztendlich bei der Entwicklung der Prüfungen zu berücksichtigen sind.

In Abhängigkeit des zu betrachtenden Systems sind die „virtuell beobachteten" Parameter tabellarisch darzustellen und mit entsprechenden Aktionen zu verbinden. Ein tabellarischer Ansatz könnte, wie in Tab. 6.1 gezeigt, aussehen.

Ergänzend sei noch hinzugefügt, dass die Entwicklung der Inhalte einer so oder andres geartete Tabelle grundsätzlich im Team Entwickler, Zuverlässigkeitsingenieur, Fertigungs-Ingenieur und Projektleiter erfolgen sollte.

Nachdem die maßgebenden Überlegungen zur geforderten Zuverlässigkeit und der Funktion im definierten Umfeld sowie deren Nachweise abgeschlossen sind, ist der nächste Schritt die Festlegung der Prüfung, Abläufe und die damit verbundenen Aktionen.

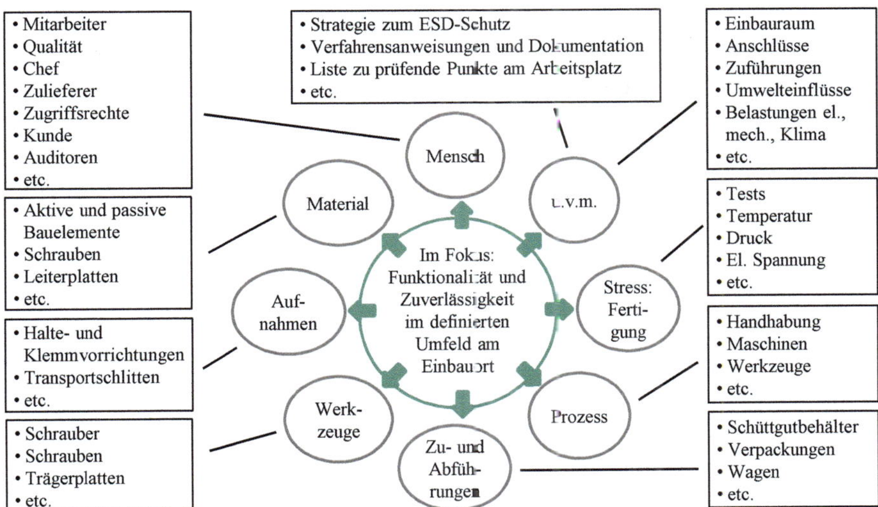

Abb. 6.2 Virtuelle Zerlegung

Tab. 6.1 Möglicher tabellarischer Ansatz

Gruppierung	Einflussgrößen	Betrachtungsebene	Anforderungen	Belastung	Mögliche Fehlermechanismen	Erforderliche Tests	Wirkung	Einschätzung Risiko
Entwicklung, Fertigung, etc.	Spezifikation							
	Bauelemente							
	Zuverlässigkeit							
	etc.							
Handhabung bei Fertigung und Einbau	Empfindlichkeit							
	Manipulationsschutz							
	Robustheit							
	etc.							
Elektrischer Betrieb	Einschaltphase							
	Stand By							
	Impulsbetrieb							
	etc.							
Umfeld	Temperatur							
	Feuchte							
	Erschütterung							
	etc.							
Gesamteinschätzung								

Kapitel 7
Beschleunigungsgesetze

Einführung, Übersicht und Anwendung von Beschleunigungsmodellen

Vom Labor ins Feld: Beschleunigungsgesetze als Brücke zur Lebensdauerabsicherung

Zusammenfassung In diesem Kapitel wird die Rolle der Beschleunigungsgesetze als Brücke zwischen kontrollierten Laborbedingungen und den variablen, oft unvorhersehbaren Bedingungen des realen Einsatzes beleuchtet. Es wird untersucht, wie durch die Anwendung dieser Gesetze die Lebensdauer von Produkten sowohl im Labor als auch im Feld effektiv abgesichert werden kann. Dabei wird auf die Herausforderungen eingegangen, die sich aus den unterschiedlichen Testumgebungen ergeben, und wie Beschleunigungsgesetze genutzt werden können, um realistische, zuverlässige Lebensdauerprognosen zu erstellen. Ziel ist es, ein tiefgreifendes Verständnis dafür zu schaffen, wie diese Gesetze als Werkzeug dienen können, um die Lücke zwischen theoretischer Vorhersage und praktischer Anwendung zu schließen, und somit die Zuverlässigkeit und Langlebigkeit von Produkten in ihrem tatsächlichen Anwendungsumfeld zu gewährleisten.

7.1 Einführung

Die Abbildung der im Feld vorkommenden realen Betriebszeiten und Umgebungsbedingungen in einer Testkammer zur Demonstration der Zuverlässigkeit ist aufgrund langer Prüfzeiten oft nicht durchführbar. Gründe hierfür können sein:

- Die Betriebszeit im Feld ist sehr lang
- Prüfkammern stehen nicht zur Verfügung
- Das Ergebnis sollte früher vorliegen
- Kostenrahmen ist nicht gegeben
- Fehlende Manpower
- ...

Dennoch ist die Durchführung von Test zwingend erforderlich. Aus diesem Grund werden Tests verkürzt durchgeführt, wobei die Belastung, welche auf die Prüflinge einwirkt, individuell erhöht werden kann. Die Erhöhung der Belastung darf jedoch nicht so weit führen, dass die daraus resultierenden Ausfallmechanismen nichts mit jenen die im späteren Betrieb im Feld möglicherweise auftretenden Mechanismen gemeinsam haben. Mit anderen Worten die im Labortest auftretenden Ausfallmechanismen sollten gleich jenen sein, die im Feld auftreten könnten.

Nun, hier liegt ein Teil der Herausforderung. Nur durch viel Erfahrung kann dies wirklich beurteilt werden. Daher werden diese Tests diesbezüglich auch ohne gesonderte Untersuchungen im Vorfeld als beschleunigende Tests umgesetzt. Umso wichtiger ist dann die Analyse der Ausfälle. Des Weiteren könnte man die zulässigen Belastungen im Test auch etwas über die Grenzen hinaus erhöhen. Dies hat den Vorteil, dass hierbei eine gewisse Robustheit abgeprüft werden kann. Doch Vorsicht, die dabei auftretenden Ausfallmechanismen sind im Hinblick auf Relevanz und Zuordenbarkeit gesondert und akribisch zu beurteilen.

Verkürzte Tests dieser Art werden im Allgemeinen als beschleunigende Tests oder beschleunigte Tests bezeichnet. Das Vielfache, um das der Test schneller abläuft, wird als Beschleunigungsfaktor bezeichnet. Hierbei gilt immer:

$$t_{\text{Testzeit}} = \frac{t_{\text{Betriebszeit im Feld}}}{B_{\text{Beschleunigungsfaktor}}} \, . \tag{7.1}$$

Ferner kann es durchaus vorkommen, dass bei Betrieb im Feld, also unter Applikationsbedingungen bereits Belastungen unter den maximal zulässigen Grenzwerten des Prüflings auftreten. In diesen Fällen ist eine beschleunigende Prüfung unter Laborbedingungen nur schwer, meist sogar nicht möglich. Die Tests sind dennoch durchzuführen, jedoch verkürzt. Der Beurteilungsmaßstab ist damit die grundsätzliche Eignung für den jeweiligen Einsatz.

In den nachfolgenden Kapiteln werden verschiedene Beschleunigungsmodelle beschrieben deren Anwendung in den Kapiteln der jeweiligen Prüfungen gezeigt wird.

> **Hinweis:**

- Es gibt nicht für alles Beschleunigungsmodelle!
- Beschleunigungsmodelle sind kein „Allheilmittel"
- Beschleunigungsmodelle sind immer nur mit festgelegten Rahmenbedingungen anwendbar!

7.2 Arrhenius

7.2.1 Einleitung

Basierend auf seinen Untersuchungen stellte Svante August Arrhenius[1] den Zusammenhang einer chemischen Reaktion in Abhängigkeit der Temperatur dar. Dieser Zusammenhang wird allgemein als das Gesetz von Arrhenius bezeichnet.

Ausgehend davon, dass die Zuverlässigkeit bei erhöhter Betriebstemperatur bedingt durch schnellere Reaktionen sinkt, kann diese Eigenschaft genutzt werden, um den resultierenden Beschleunigungsfaktor zu ermitteln. Diese Tatsache wird in der Elektronik zur verkürzten Durchführung von z.B. Lebensdauertests genutzt. Es ist ein seit vielen Jahrzehnten in der Halbleiterindustrie angewendetes Verfahren. Zwischenzeitlich wird das Gesetz von Arrhenius auch bei Tests von Baugruppen und Geräten angewendet.

7.2.2 Gesetz

Arrhenius stellte den Zusammenhang von Reaktion und Temperatur wie folgt dar:

$$R = A \cdot e^{-\frac{E_A}{kT}}\ , \tag{7.2}$$

dabei gilt:

R = Reaktionsgeschwindigkeit

A = Konstante, abhängig von den verwendeten Materialien des Bauelements

E_A = Aktivierungsenergie in eV

k = $8{,}617 \cdot 10^{-5}\,eV/K$, Boltzmann-Konstante

T = $273{,}15\,K$, absolute Temperatur in Kelvin.

7.2.3 Erläuterung zu den Parametern

Die Parameter der Gleichung sind mit Ausnahme der Aktivierungsenergie hinreichend bekannt. Zu beachten ist allerdings, dass bei der Temperatur immer die im Sprachgebrauch übliche Bezeichnung von Grad Celsius in die absolute Temperatur umgewandelt werden muss.

---

[1] Svante Arrhenius (*19. Februar 1859 - † 2. Oktober 1927): Schwedischer Physiker und Chemiker. Bekannteste Beitrag zum Thema Aktivierungskoeffizient zum Thema Säure-Base-Konzept und der Arrhenius-Gleichung.

Die Darstellung der Aktivierungsenergie ist hierbei etwas komplexer. Die Werte können von sehr kleinen eV bis hin zu mehreren eV variieren und wirken sich sehr entscheidend auf den Beschleunigungsfaktor aus. Es ist ein Parameter für relevante Ausfallmechanismen. Die Bezeichnung A_E bedeutet Aktivierungsenergie jedoch hat sich E_A für „Energie Aktivierung" oder auch „Energy Activation" ebenso eingebürgert.

Es ist die Energieschwelle, die überwunden werden muss, um eine chemische Reaktion zu starten. Sie kann als minimale Energie für das Auftreten eines Ausfallmechanismus interpretiert werden und ist für jeden Ausfallmechanismus und jedes Material unterschiedlich. Daraus resultieren auch die unterschiedlichen Werte der Aktivierungsenergie.

Beim Ablauf der Reaktion ist die Spitze des Energieberges zu überschreiten. Danach laufen die Reaktionen weiterhin von selbst ab.

Im Abb. 7.1 ist der Reaktionsablauf zur Erläuterung dargestellt. Abgebildet sind beispielhaft zwei Energiewerte, 0,2 eV und 0,9 eV, die quasi ein Niveau darstellen. Beginnend mit diesem Niveau laufen die Reaktionen in unterschiedlichen Geschwindigkeiten ab. Beide müssen jedoch die Spitze des Energieberges überwinden. Es ergibt sich daraus, dass der „Weg" zur Energiespitze unterschiedlich lang ist.

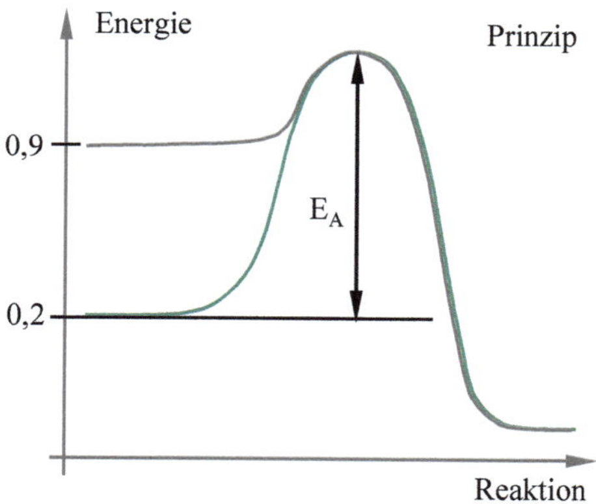

Abb. 7.1 Grafische Darstellung des Reaktionsablaufes

Fall 1: Niveau 0,2 eV

Geringe Aktivierungsenergien, wie z.B. 0,2 eV, besitzen geringe treibende Kräfte und erfordern somit eine längere Belastungszeit bis sich der Fehlermechanismus in Ausfällen manifestiert.

Extremfall $E_A = 0 \ eV$:

- keine Temperaturabhängigkeit (vgl. mit Formel, „$e^0 = 1$")
- Beschleunigungsfaktor = 1
- gleiche Testdauer, unabhängig von der Temperatur

Fall 2: Niveau 0,9 eV

Höhere Aktivierungsenergien, z.B. 0,9 eV, besitzen höhere treibende Kräfte und erfordern somit eine kürzere Belastungszeit bis der Fehlermechanismus auftritt. Extremfall sehr große E_A:

- starke Temperaturabhängigkeit
- großer Beschleunigungsfaktor
- starke Verkürzung der Testdauer

Die Tab. 7.1 enthält eine Sammlung typischer empirischer Werte unterschiedlicher IC-Hersteller. Sie entstehen meistens nach Analyse und erfolgter Rückrechnungen des Ausfallzeitpunktes bei Lebensdauertests und dem Ausfallgrund, also dem Fehlermechanismus.

Tab. 7.1 Bespiele von Aktivierungsenergien

Ziele	Fehlermechanismen	eV
1	Beschädigte Bondung	0,2
2	Siliziumfehler	0,3
3	Oxiddurchschläge	0,3
4	Oxidfehler	0,3
5	Elektromigration	0,5
6	Diffusionsfehler	0,5
7	Ladungsverluste	0,6
8	Korrosion	0,6
9	Leckströme (Plastikgehäuse)	0,7
10	Purpurtest	0,7
11	Verbindungen Au/Al in Si	0,7
12	Leckströme (Hermetikgehäuse)	0,9
13	Ätzfehler	1,0
14	Justierfehler	1,0
15	Verunreinigungen	1,0
16	Große Leckströme	1,0
17	Kontamination	1,1
18	MOS Kontamination	1,4

In den „Quality and Reliability Handbooks" der Halbleiterhersteller oder auch von den Halbleiterherstellern selbst sind auf Nachfrage in vielen Fällen weitere Zuordnungen, Aktivierungsenergie zu Ausfallmechanismen für die jeweilige Technologie, zu erhalten.

7.2.4 Entwicklung der Beschleunigungsformel

Der Schritt vom Gesetz zur Beschleunigungsformel setzt voraus, dass der Prüfling bei zwei unterschiedlichen Temperaturen betrieben wird und somit zwei unterschiedliche Reaktionen entstehen:

- Reaktion 1 bei einer Temperatur T_1 und
- Reaktion 2 bei einer Temperatur T_2,

daraus lassen sich zwei Gesetze ableiten:

$$R_1 = A \cdot e^{-\frac{E_A}{kT_1}}, \tag{7.3}$$

$$R_2 = A \cdot e^{-\frac{E_A}{kT_2}} . \tag{7.4}$$

Beide Formeln können nun nach der Materialkonstante A, die bei Betrachtung des Prüflings die gleich bleibt, aufgelöst werden:

$$\frac{R_2}{e^{-\frac{E_A}{kT_2}}} = \frac{R_1}{e^{-\frac{E_A}{kT_1}}} . \tag{7.5}$$

Im nächsten Schritt wird der Quotient aus R_2 zu R_1 gebildet und führt so zur gesuchten Beschleunigungsformel:

$$B_T = e^{\left(-\frac{E_A}{k}\right)\left(\frac{1}{T_2}-\frac{1}{T_1}\right)} , \tag{7.6}$$

mit:

$$T_1 \; = \; \text{Temperatur der Applikation und}$$
$$T_2 \; = \; \text{Temperatur des Tests (Belastung bzw. Stress)}.$$

Der Beschleunigungsfaktor zwischen zwei Temperaturen steigt mit der Aktivierungsenergie exponentiell an.

> **Hinweis:**

- Wird im Exponenten „e" das Minuszeichen weggelassen, so sind die Angaben zu den Temperaturen T_1 und T_2 zu vertauschen. Der Term $(-E_A/k)$ wir also positiv (E_A/k).
- In manchen Literaturstellen wird der Quotienten Aktivierungsenergie zur Boltzmannkonstante als Produkt von Faktor 11605 und Aktivierungsenergie dargestellt. Der Faktor ist nichts anderes als die umgerechnete Boltzmannkonstante.

7.2.5 Beispiel zur Anwendung der Formel

Beispiel 7.1 Für ein definiertes Projekt ist der Beschleunigungsfaktor B_T (Erläuterung: T zur Kennung/Zuordnung für Temperatur) zu ermitteln.

Gegeben:

$$T_1 = 33\,°C$$
$$T_2 = 110\,°C$$
$$E_A = 0,5\,eV$$

Rechnung:

$$B_T = e^{\left(-\frac{0,5\,eV}{8,617\cdot10^{-5}\,eV\cdot K^{-1}}\right)\left(\frac{1}{(273,15+110)K} - \frac{1}{(273,15+33)K}\right)}$$
$$B_T = 45,1$$

Der hier beispielhaft ermittelte Beschleunigungsfaktor bedeutet, dass bei der erhöhten Temperatur von 110 °C alle chemisch-physikalischen Reaktionen 45,1-fach schneller ablaufen als bei der Ausgangstemperatur von 33 °C.

Hinsichtlich der Genauigkeit ist anzumerken, dass Rundungen auf ganze Werte durchaus sinnvoll und genügend genau sind. In diesem Fall also 45 an Stelle des ermittelten Faktors von 45,1.

> **Hinweis:**

In unterschiedlichen Branchen werden verschiedene Aktivierungsenergien E_A definiert. Erfahrungswerte z.B. in der Automobilindustrie wird $E_A = 0,45\,eV$ angesetzt.

7.2.6 Hinweis zur Limitierung

Streng genommen gilt das Gesetz von Arrhenius nur für Diffusionsvorgänge wie sie z.B. in der Halbleitertechnologie vorkommen.

Aufgrund wenig verfügbarer, anderer Modelle wird die Beschleunigungsformel in der Elektronik auch für bestückte Baugruppen oder Steuergeräte angewendet. Die dabei in der Formel eingesetzten Aktivierungsenergien sind oft Branchenspezifisch oder aus Erfahrung im herstellenden Unternehmen festgelegt worden. Typische Werte für elektronische Geräte bewegen sich in dem Bereich von 0,35 eV bis 0,55 eV. Jedoch sollten diese vor Verwendung plausibilisiert und verifiziert werden.

Die Verwendung höherer Werte für die Aktivierungsenergie in der Formel, um dabei ausschließlich kürzere Testzeiten zu erreichen, macht keinen Sinn und ist absolut nicht zulässig! Dies würde dem Ziel einer seriösen Zuverlässigkeitsabsicherung und Zuverlässigkeitsdemonstration widersprechen!

Im Abb. 7.2 ist deutlich zu erkennen, wie drastisch sich der Wert der Aktivierungsenergie im Exponenten der Beschleunigungsformel auswirkt.

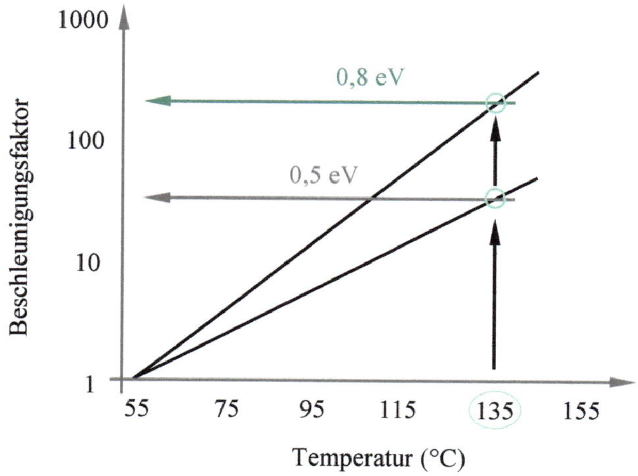

Abb. 7.2 Auswirkung der Aktivierungsenergie auf den Beschleunigungsfaktor

> **Achtung:**

In jedem Fall ist der Parameter E_A hinsichtlich seiner Verwendbarkeit für den jeweils vorliegenden Fall zu verifizieren. Bewährt haben sich Erfahrungen aus ähnlichen Vorgängerprojekten

7.2.7 Übungen

Übung 7.1 Temperaturabhängigkeit der Leitfähigkeit eines Halbleiters

Gegeben sind die Aktivierungsenergien E_A für die Temperaturabhängigkeit der Leitfähigkeit zweier Halbleiter:

Halbleiter A: $E_A = 0{,}5\ eV$
Halbleiter B: $E_B = 1{,}0\ eV$

Gesucht sind die Beschleunigungsfaktoren B_T der Halbleiter A und B bei zwei Temperaturen $T_1 = 300\ K$ und $T_2 = 350\ K$ unter Verwendung der Arrhenius-Gleichung.

Übung 7.2 Aktivierungsenergie in einer elektrochemischen Zelle
In einer elektrochemischen Zelle beträgt der Beschleunigungsfaktor $B_T = 3{,}06$ bei den Temperaturen $T_1 = 298\ K$ und $T_2 = 310\ K$. Gesucht ist die Aktivierungsenergie E_A der Reaktion.

7.3 R.W. Lawson

7.3.1 Einleitung

R.W. Lawson[2] untersuchte die Einwirkungen der Feuchte und Temperatur auf Plastik gekapselte Integrierte Schaltungen und stellte u.a. fest, dass erhöhte Feuchtepenetration in Verbindung mit der Temperatur eine intensivere Ausprägung auf die Materialien der Bauelemente zeigte. Diesen Zusammenhang, Temperatur und Feuchte beschrieb er in einer Formel. Diese Formel besteht im Wesentlichen aus den Erkenntnissen zu den verstandenen Feuchteeinflüssen und dem in Kapitel 7.2 beschriebenen Gesetz von Arrhenius.

7.3.2 Gesetz

Lawson stellte die Beschleunigung, wie folgt dar:

$$B_F = e^{\left(4,4 \cdot 10^{-4}\left((RH_2)^2 - (RH_1)^2\right) + 6,96\ 10^3\left(\frac{1}{T_1} - \frac{1}{T_2}\right)\right)} \tag{7.7}$$

beziehungsweise auch als die heute üblichere Darstellung:

$$B_F = e^{\left(4,4 \cdot 10^{-4}\left((RH_2)^2 - (RH_1)^2\right) + \frac{E_A}{k}\left(\frac{1}{T_1} - \frac{1}{T_2}\right)\right)}. \tag{7.8}$$

Dabei gilt:

---

[2] publizierte im Aufsatz „The Qualification Approval of Plastic Encapsulated Semiconductor Components for use in Moist Environment" von 1976 seine Ergebnisse.

$$E_A \quad = \quad \text{Aktivierungsenergie in eV (Elektronen - Volt)}$$

$$k \quad = \quad 8{,}617 \cdot 10^{-5}\, eV/K, \text{Boltzmann-Konstante}$$

$$T \quad = \quad 273{,}15\, K, \text{Absolute Temperatur in Kelvin}$$

$$T_1 \quad = \quad \text{Absolute Temperatur unter Betriebsbedingungen (K)}$$

$$T_2 \quad = \quad \text{Absolute Temperatur unter Testbedingungen (K)}$$

$$RH_1 \quad = \quad \text{Relative Feuchte unter Betriebsbedingungen (\%)}$$

$$RH_2 \quad = \quad \text{Relative Feuchte unter Testbedingungen (\%).}$$

7.3.3 Erläuterung zu den Parametern

Die Angaben zur Temperatur, die üblicherweise in $°C$ angegeben werden, sind in die absoluten Temperaturwerte umzurechnen.

Die Konstante $4{,}4 \cdot 10^{-4}$ resultiert aus durchgeführten Untersuchungen an Epoxy gekapselten Integrierten Schaltungen. Es ist ein normalisierter Mittelwert als Ergebnis aus den durchgeführten Tests und ist sehr abhängig von Merkmalen der spezifischen Korrosion von Metallen etc. im Bauelement.

Die Konstante $6{,}96 \cdot 10^3$ ist eine Umrechnung des Quotienten Aktivierungsenergie zur Boltzmann-Konstanten. Bei Rückrechnung ergibt sich eine Aktivierungsenergie von etwas weniger als $0{,}6\, eV$.

Die Aktivierungsenergie ist abhängig vom Korrosionsverlauf. Die Werte können, Bauart- und Materialabhängig, typischerweise von $0{,}35\, eV$ bis etwa $0{,}9\, eV$ variieren und beeinflussen den Beschleunigungsfaktor deutlich. Ein typischer Wert für Plastik gekapselte Halbleiterschaltungen liegt bei $0{,}5\, eV$ bis $0{,}7\, eV$.

Ergänzende Erläuterungen zur Aktivierungsenergie sind im Kapitel 7.2.2 nachzulesen.

> **Hinweise:**

- Wird im Exponenten „e" das Minuszeichen hinzugefügt, so sind die Angaben zu den Temperaturen T_1 und T_2 zu vertauschen. Der Term (E_A/k) wird also negativ $(-E_A/k)$.
- Temperatur - lineare Abhängigkeit
- Relative Feuchte - exponentielle Abhängigkeit

Die relative Feuchte (r.F.) bzw. Relative Humidity (RH) wird in $\%$ angegeben und ist aus den betreffenden Klimazonen der Einsatzgebiete, sofern nicht anders festgelegt, zu entnehmen. RH unter Testbedingung muss naturgemäß der Fähigkeit des Testsystems, also der Prüfkammer entsprechen.

7.3.4 Eine weitere Auslegung der Formel

Wie unter Kapitel 7.3.3 beschrieben resultiert die Konstante $4,4 \cdot 10^{-4}$ aus Untersuchungen an Bauelementen. In sehr vielen Fällen werden jedoch gesamte Baugruppen oder auch Steuergeräte einer Feuchte-Wärmeprüfung unterzogen. Somit ist die Konstante neu festzulegen. Im z.B. Automobilbereich wird daher $5,57 \cdot 10^{-4}$ eingesetzt was einer besseren Annäherung an die verwendeten und teils im Gerät offen verbauten Materialien Rechnung trägt.

Daraus resultiert:

$$B_F = e^{\left(5,57 \cdot 10^{-4}\left((RH_2)^2 - (RH_1)^2\right) + \frac{E_A}{k}\left(\frac{1}{T_1} - \frac{1}{T_2}\right)\right)} \tag{7.9}$$

oder auch oft dargestellt in der Form:

$$B_F = e^{\left(-\frac{E_A}{k}\left(\frac{1}{T_2} - \frac{1}{T_1}\right) + 5,57 \cdot 10^{-4}\left((RH_2)^2 - (RH_1)^2\right)\right)} \tag{7.10}$$

$$
\begin{aligned}
T_1 &= \text{Absolute Temperatur unter Betriebsbedingungen im Feld (K)}\\
T_2 &= \text{Absolute Temperatur unter Testbedingungen (K)}\\
RH_1 &= \text{Relative Feuchte unter Betriebsbedingungen (\%) im Feld}\\
RH_2 &= \text{Relative Feuchte unter Testbedingungen (\%).}
\end{aligned}
$$

Die Aktivierungsenergie wird in den einschlägigen Standards mit $0,4\ eV$ festgelegt.

> **Hinweise:**
>
> Die Temperaturen T_1 und T_2 sind in der zweiten Formel versetzt angeordnet, womit der Term (E_A/k) mit negativem Vorzeichen zu versehen ist, also $(-E_A/k)$.

7.3.5 Beispiel zur Anwendung der Formel

Beispiel 7.2 Eine integrierte Schaltung ist einem Klima von $RH = 55\ \%$ bei einer Temperatur von $23\ °C$ ausgesetzt. Der Beschleunigungsfaktor ist zu ermitteln, wenn in der Prüfkammer ein Klima von $RH = 85\ \%$ bei einer Temperatur von $85\ °C$ simuliert werden kann. Für das Bauelement wird, aufgrund von Erfahrungen aus Vorgängerprojekten, eine Aktivierungsenergie von $0,5\ eV$ angesetzt.

$$T_1 = 23\ ^\circ C$$

$$T_2 = 85\ ^\circ C$$

$$RH_1 = 55\ \%$$

$$RH_2 = 85\ \%$$

$$E_A = 0,5\ eV$$

$$B_F = e^{\left(4,4\cdot 10^{-4}\left((85)^2-(55)^2\right)+\frac{0,5\ eV}{k}\left(\frac{1}{(273,15+23)K}-\frac{1}{(273,15+85)K}\right)\right)}$$

$$B_F = 188,6.$$

Die Betriebszeit im Feld ist durch den Beschleunigungsfaktor zu dividieren und ergibt somit die äquivalente Zeit für den Feuchte-Wärmetest in der Prüfkammer:

$$\text{Testzeit} = \frac{\text{Betriebszeit}}{\text{Beschleunigung}}. \tag{7.11}$$

> **Hinweise:**

Nur durch Veränderung der Konstante von $4,4 \cdot 10^{-4}$ auf $5,57 \cdot 10^{-4}$ ergeben sich bei gleichen Bedingungen starke Veränderungen des Beschleunigungsfaktors.

Beispiel 7.3

$$T_1 = 30\ ^\circ C \qquad\qquad T_2 = 85\ ^\circ C$$

$$RH_1 = 50\ \% \qquad\qquad RH_2 = 85\ \%$$

$$E_A = 0,45\ eV$$

Tab. 7.2 Beschleunigungsfaktor vs. Konstante bei gleichen Bedingungen

Konstante:	$4,4 \cdot 10^{-4}$	$5,57 \cdot 10^{-4}$
Resultierender Beschleunigungsfaktor:	112,7	195,8
B_F **gerundet (praktikabel):**	113	196

> **Achtung:**

In jedem Fall ist der Parameter „E_A" hinsichtlich seiner Verwendbarkeit für den jeweils vorliegenden Fall zu verifizieren. Bewährt haben sich Erfahrungen aus ähnlichen Vorgängerprojekten.

7.3.6 Übungen

Übung 7.3 Kühlschrankdichtung
Ein Hersteller von Kühlschränken möchte die Verdunstungsrate von Wasser in der Dichtung eines Kühlschranks untersuchen. Er misst die Bedingungen in zwei Szenarien:

Szenario 1: Temperatur $T_1 = 5\,°C$, relative Feuchte $RH_1 = 80\,\%$
Szenario 2: Temperatur $T_2 = 25\,°C$, relative Feuchte $RH_2 = 50\,\%$

Die Aktivierungsenergie für die Verdunstung in der Dichtung beträgt $E_A = 0{,}62\,eV$. Gesucht wird die relative Verdunstungsbeschleunigung B_F zwischen den beiden Szenarien.

Übung 7.4 Elektronische Platine
Ein Ingenieur untersucht die Verdunstung von Kühlflüssigkeit auf einer elektronischen Platine. Er hat die folgenden Bedingungen gemessen:

Szenario 1: Temperatur $T_1 = 30\,°C$, relative Feuchte $RH_1 = 40\,\%$
Szenario 2: Temperatur $T_2 = 40\,°C$, relative Feuchte $RH_2 = 30\,\%$

Die Aktivierungsenergie für die Verdunstung in der Dichtung beträgt $E_A = 0{,}78\,eV$. Gesucht wird die relative Verdunstungsbeschleunigung B_F zwischen den beiden Szenarien.

7.4 Peck

7.4.1 Einleitung

D.S. Peck, beschrieb in „Comprehensive Model for Humidity Testing Correlation", sein Model zur Beschleunigung bei Feuchte-Wärme-Tests. Hierbei wurde folgende Formel 7.12 beschrieben die in vielen Bereichen Anwendung findet.

7.4.2 Gesetz

Beschleunigung nach Peck für Feuchte-Wärme:

$$B_F = \left(\frac{RH_t}{RH_b}\right)^n \cdot e^{\left(\frac{E_A}{k}\right)\left(\frac{1}{T_b} - \frac{1}{T_t}\right)} . \tag{7.12}$$

Dabei gilt:

E_A = Aktivierungsenergie in eV (Elektronen - Volt)

k = $8{,}617 \cdot 10^{-5}\,eV/K$, Boltzmann-Konstante

T = $273{,}15\,K$, Absolute Temperatur in Kelvin

T_b = Absolute Temperatur unter Betriebsbedingungen (K)

T_t = Absolute Temperatur unter Testbedingungen (K)

RH_b = Relative Feuchte unter Betriebsbedingungen (%)

RH_t = Relative Feuchte unter Testbedingungen (%)

n = Exponent (Empirisch).

7.4.3 Erläuterung zu den Parametern

Die Angaben zur Temperatur, die üblicherweise in $°C$ angegeben werden, sind in die absoluten Temperaturwerte umzurechnen.

Die Aktivierungsenergie ist abhängig vom Korrosionsverlauf. Die Werte können, Bauart- und Materialabhängig, variieren und beeinflussen den Beschleunigungsfaktor deutlich. Typischer Werte liegen im Bereich von etwa $0{,}45\,eV$ bis $0{,}9\,eV$.

Ergänzende Erläuterungen zur Aktivierungsenergie sind im Kapitel 7.2.2 nachzulesen.

Die relative Feuchte, r.F. bzw. Relative Humidity RH wird in % angegeben.

> **Achtung:**

In jedem Fall sind die Parameter „E_A" und „n" hinsichtlich ihrer Verwendbarkeit für den jeweils vorliegenden Fall zu verifizieren. Bewährt haben sich Erfahrungen aus ähnlichen Vorgängerprojekten. Falls nicht annähernd ein Exponent bekannt ist, kann $n = 3$ vorübergehend gewählt werden.

7.4.4 Übungen

Übung 7.5 Verdunstung von Kühlflüssigkeit auf einer elektronischen Platine
Ein Ingenieur untersucht die Verdunstung von Kühlflüssigkeit auf einer elektronischen Platine. Er hat die folgenden Bedingungen gemessen:

Betrieb: Temperatur $T_b = 25\,°C$, relative Luftfeuchtigkeit $RH_b = 50\,\%$
Test: Temperatur $T_t = 35\,°C$, relative Luftfeuchtigkeit $RH_t = 20\,\%$

Die Aktivierungsenergie für die Verdunstung des Kühlschmierstoffs beträgt E_A = 0,83 eV. Der Exponent n wird als 2 angenommen. Gesucht wird die relative Verdunstungsbeschleunigung B_F zwischen den beiden Szenarien.

Übung 7.6 Wärmetrockner
Ein Ingenieur untersucht die Verdunstung von Wasser in einem Wärmetrockner. Er hat die folgenden Bedingungen gemessen:

Betrieb: Temperatur T_b = 30 °C, relative Luftfeuchtigkeit RH_b = 40 %
Test: Temperatur T_t = 40 °C, relative Luftfeuchtigkeit RH_t = 30 %

Die Aktivierungsenergie für die Verdunstung von Wasser im Wärmetrockner beträgt E_A = 0,78 eV. Der Exponent n wird als 2 angenommen. Gesucht wird die relative Verdunstungsbeschleunigung B_F zwischen den beiden Szenarien.

7.5 Coffin-Manson

7.5.1 Einleitung

Durch Temperaturwechsel entstehen thermo-mechanische Belastungen z.B. auf der Baugruppe. Entscheidend sind nach Coffin-Manson[3] ausschließlich die Anzahl der Temperaturwechsel und der Temperaturhub. Die Änderungsgeschwindigkeit d.h. Flankenanstieg und -abfall sowie die Dauer eines Temperaturhubes werden dabei nicht explizit berücksichtigt.

7.5.2 Gesetz

Beschleunigung nach Coffin-Manson für Temperaturwechsel (Indize Z für Zyklen):

$$B_Z = \left(\frac{\Delta T_t}{\Delta T_b} \right)^k \, . \tag{7.13}$$

Daraus lässt sich für einen Test die Anzahl der erforderlichen Zyklen ermitteln.

$$n_t = n_b \cdot \left(\frac{\Delta T_b}{\Delta T_t} \right)^k \, . \tag{7.14}$$

---

[3] Coffin und Manson schlugen 1954 unabhängig voneinander vor, dass die Lebensdauer von der Amplitude der plastischen Dehnung bestimmt wird, was bei duktilen Werkstoffen oft erfüllt ist. Durch dieses Gesetz lassen sich unter Umständen Wöhlerkurven, die an einem Material bei verschiedenen Temperaturen ermittelt wurden, in einer Coffin-Manson-Geraden darstellen, siehe auch Basquin-Gesetz 7.8.

Dabei gilt:

$$
\begin{aligned}
T_b &= \text{Temperatur unter Betriebsbedingungen } (^\circ C) \\
T_t &= \text{Temperatur unter Testbedingungen } (^\circ C) \\
\Delta &= T_{max} - T_{min} \text{ (Absolutbetrag)} \\
n_b &= \text{Zyklenzahl unter Betriebsbedingungen} \\
n_t &= \text{Zyklenzahl unter Testbedingungen} \\
k &= \text{Exponent, abhängig von den verwendeten Materialien des}
\end{aligned}
$$

Prüflings (Empirisch), oft auch als c_{pk} bezeichnet.

7.5.3 Erläuterung zu den Parametern

Der Exponent „k" ist durch Experimente am jeweiligen Prüfling und Fehlermechanismus zu ermitteln. Möglich sind hierbei unterschiedliche Testszenarien bei unterschiedlichen Temperaturen. Dies kann allerdings sehr aufwendig und langwierig sein.

Mittels Versuchs mit zwei verschiedenen Temperaturhüben ΔT_1, ΔT_2 und der Zyklenzahl bis zum Ausfall des Bauteils, kann der Exponent k wie folgt bestimmt werden:

$$
k = \left(\frac{\ln \frac{n_1}{n_2}}{\frac{\Delta T_1}{\Delta T_2}} \right) . \tag{7.15}
$$

In jedem Fall ist der Parameter „k" hinsichtlich der Verwendbarkeit für den jeweils vorliegenden Fall zu verifizieren. Bewährt haben sich Erfahrungen aus ähnlichen Vorgängerprojekten. Wenn absolut nichts bekannt ist kann vorübergehend $k = 3$ eingesetzt werden bis belastbarere Erkenntnisse vorliegen.

> **Achtung:**

Das Coffin-Manson-Gesetz ist auch bekannt als ein wichtiges Konzept in der Materialwissenschaft, insbesondere in der Untersuchung von Ermüdungsbrüchen bei metallischen Werkstoffen. Es beschreibt die Beziehung zwischen der zyklischen plastischen Verformung und der Lebensdauer eines Materials:

$$
\Delta \epsilon_p = \epsilon_f' (2N_f)^b , \tag{7.16}
$$

wobei $\Delta \epsilon_p$ die plastische Dehnung, ϵ_f' der Materialparameter (z.B. Ermüdungsdehnung), N_f die Anzahl der Zyklen bis zum Bruch und b der Materialparameter, der die Form der Kurve beschreibt, sind.

7.5.4 Übungen

Übung 7.7 Testraffung
Um die Lebensdauerabsicherung eines Produktes bezüglich Temperaturwechselbelastung Zeiteffizient im Labor nachzustellen, sollen folgende Randbedingungen gelten:

Betrieb: 2 vollständige Durchwärmungen und Abkühlungen pro Arbeitstag, Annahme von 250 Arbeitstage pro Jahr. Es treten im Einbaubereich des Produktes zu Beginn der Nutzung eine Temperatur von $T_1 = 10\,°C$ und hat zum Betrieb eine Temperatur von $T_2 = 40\,°C$.
Test: Im Labor steht eine Temperaturwechselkammer zur Verfügung. Um das Fehlerbild nicht zu überfahren, soll mit einer unteren Temperatur von $T_u = -40\,°C$ und mit einer oberen Temperatur von $T_o = 80\,°C$ getestet werden.

Im Produkt sind gelötete Baugruppen aufgebaut, welche das Potenzial haben, als Erstes im Feld auszufallen. Hierfür wird ein Koeffizient von $k = 2,0$ angesetzt. Wie viele Temperaturzyklen müssen im Labor umgesetzt werden, damit eine geforderte Feldlebensdauer von 15 Jahren abgeprüft sind?

Übung 7.8 Aluminiumlegierung
Ein Ingenieur untersucht die Ermüdungslebensdauer eines Bauteils aus einer Aluminiumlegierung, das in einer Umgebung mit wechselnden Temperaturen und mechanischen Belastungen eingesetzt wird. Das Bauteil wird zyklischen thermo-mechanischen Belastungen ausgesetzt, die sowohl durch Temperaturänderungen als auch durch mechanische Zyklen verursacht werden.

Folgende Randbedingungen liegen vor:

- Für die Aluminiumlegierung wurden die folgenden Werte ermittelt: $\epsilon'_f = 0,6$ und $b = -0,15$
- Bei einer Temperatur von 20 °C wird eine plastische Dehnung von 0,002(2mm/m) nach 5.000 Zyklen beobachtet. Bei einer Temperatur von 80 °C wird eine plastische Dehnung von 0,003 (3 mm/m) nach 3.000 Zyklen beobachtet.

Aufgabe:

(a) Berechnung der plastischen Dehnung $\Delta\epsilon_p$ für 10.000 Zyklen bei 20 °C.
(b) Bestimmung der Anzahl der Zyklen N_f, die erforderlich sind, um eine plastische Dehnung von 0,004 (4mm/m) bei 80 °C zu erreichen.
(c) Diskussion, wie sich die thermo-mechanische Belastung auf die Lebensdauer des Bauteils auswirken könnte und welche Maßnahmen ergriffen werden könnten, um die Lebensdauer zu verlängern.

7.6 Spannungs-Beschleunigungsgesetz

7.6.1 Einleitung

Neben den vorher beschrieben Beschleunigungsgesetzen mittels Temperatur oder auch in Kombination mit Feuchte besteht die Möglichkeit eine Belastung durch angelegte erhöhte elektrische Spannung zu erzeugen.

Typische Fehlermechanismen, die an Halbleiter-Bauelementen aufgedeckt werden können, sind z.B. Defekte oder Durchschläge im Oxid von Halbleiterstrukturen. Die Festlegung der Parameter erfordert allerdings besondere technologische Kenntnisse des Prüflings voraussetzen und üblicherweise allgemein nicht zur Verfügung stehen.

7.6.2 Gesetz

Beschleunigung mit angelegter erhöhter Spannung:

$$B_V = e^{\eta(V_t - V_b)} \quad .$$

(7.17)

Dabei gilt:

η = Faktor typisch zwischen 0,5 und 1,0 ist jedoch experimentell zu ermitteln

η = B/d: mit B = elektrische Feldkonstante in cm/V und d = Dicke des Gate Oxids

V_t = Spannung während des Tests

V_b = Spannung während des Betriebs.

7.6.3 Erläuterung zu den Parametern

Der Exponent „η" ist ein Technologie-abhängiger Faktor und durch Versuche am jeweiligen Prüfling zu ermitteln. Unterschiedliche Fehlermechanismen können zu unterschiedlichen Faktoren führen. Oft liegen bei Halbleiterherstellern auch entsprechender Kenntnisse vor, die zur Verfügung gestellt werden können.

Die Spannung während des Tests ist so zu wählen, dass keine besonders extremen Belastungen auftreten. Erfahrungsgemäß liegt diese etwa 5 % bis 20 % höher als die zulässige maximale Betriebsspannung.

7.6.4 Ergänzender Hinweis

Neben den reinen Ermittlungen der Beschleunigungsfaktoren B_T für Temperatur und B_V Spannung ist auch eine Kombination von beiden Beschleunigungsfaktoren möglich. Das Produkt aus beiden ergibt eine mehrfach erhöhte Beschleunigung B_{TV}. Im Fehlerfall ist die nachfolgende Analyse, die ohnehin erforderlich ist, besonders sorgfältig durchzuführen.

$$B_{TV} = B_T \cdot B_V \ . \tag{7.18}$$

7.6.5 Übungen

Übung 7.9 Transistor

Ein Ingenieur in der Halbleiterindustrie möchte die Lebensdauer eines neuen Transistors bewerten, der in einer Hochleistungsanwendung eingesetzt wird. Um die Zuverlässigkeit des Transistors unter verschiedenen Betriebsbedingungen zu testen, verwendet der Ingenieur das Spannungs-Beschleunigungsgesetz, das den Einfluss der Testspannung V_t im Vergleich zur Betriebsspannung V_b berücksichtigt.

Für den Transistor wurden die folgenden Werte ermittelt:

- $V_t = 15\ V$
- $V_b = 3\ V$
- $\eta = 0{,}8$

Aufgabe:

(a) Wie berechnet sich der Beschleunigungsfaktors B_V für diese Spannungserhöhung?
(b) Wie viele Schaltzyklen hält der Transistor unter Testbedingungen voraussichtlich aus, wenn die Lebensdauer unter normalen Betriebsbedingungen $N_b = 1 \cdot 10^6$ Zyklen beträgt.

Übung 7.10 Halbleiter-Bauelement

Ein Ingenieur untersucht die Lebensdauer eines Halbleiter-Bauelements, das in einer elektronischen Schaltung verwendet wird. Um die Lebensdauer des Bauelements unter verschiedenen Spannungsbedingungen zu bewerten, verwendet der Ingenieur das Spannungs-Beschleunigungsgesetz, das den Einfluss der Testspannung V_t im Vergleich zur Betriebsspannung V_b berücksichtigt.

Für das Halbleiter-Bauelement wurden die folgenden Werte ermittelt:

- $V_t = 12\ V$
- $V_b = 5\ V$
- $\eta = 0{,}7$

Aufgabe:

(a) Wie berechnet sich der Beschleunigungsfaktors B_V für diese Spannungserhöhung im Test?

(b) Wie wirkt sich eine Erhöhung der Testspannung V_t auf die Lebensdauer des Bauelements aus?

7.7 Wöhler-Gesetz und Inverse Power Law

7.7.1 Einleitung

Das Wöhler-Gesetz[4] besagt, dass die Lebensdauer eines Bauteils umgekehrt proportional zur Spannungsamplitude ist, wenn die Spannungsamplitude unterhalb der Materialermüdungsgrenze liegt. Das Inverse Power Law beschreibt dasselbe Phänomen, nämlich dass die Lebensdauer eines Bauteils umgekehrt proportional zur Belastungsamplitude ist. Beide Begriffe beziehen sich auf die Materialermüdung und werden in der Werkstofftechnik und der Materialermüdung verwendet.

7.7.2 Gesetze

Das Wöhler-Gesetz und das Inverse Power Law beschreiben beide die Beziehung zwischen der Lebensdauer eines Bauteils und der Belastungsamplitude. Die Gleichungen können wie folgt ausgedrückt werden:

$$\text{Wöhler} \qquad N_f \;=\; C \cdot \left(S_f\right)^{-m}, \qquad (7.19)$$

$$\text{Inverse Power Law} \quad N_f \;=\; C \cdot \left(S_f\right)^{-1/m}. \qquad (7.20)$$

Dabei gilt:

N_f = Anzahl der Lastwechsel bis zum Versagen bei einem bestimmten Beschleunigungsfaktor

C = Materialkonstante

m = Materialkennwert

S_f = Spannungsamplitude bei einem bestimmten Beschleunigungsfaktor.

In Bezug auf die Beschleunigungskonstante B_W beziehungsweise B_I:

---

[4] August Wöhler (*22. Juni 1819 - † 21. März 1914): Deutscher Materialwissenschaftler. Bekanntester Beitrag zum Thema Wöhlerlinie mit dem Zusammenhang zwischen Bruchlastspielzahl und Ausschlagspannung für die Werkstoffe Stahl und Eisen.

$$B_W = \frac{N}{N_f} = \left(\frac{S_f}{S}\right)^m , \qquad\qquad (7.21)$$

$$B_I = \frac{N}{N_f} = \left(\frac{S_f}{S}\right)^{(1/m)} . \qquad\qquad (7.22)$$

Dabei gilt:

B_W = Beschleunigungsfaktor Lastwechsel Wöhler (ohne Dimension)

B_I = Beschleunigungsfaktor Lastwechsel Inverse Power Law (ohne Dimension)

N = Anzahl der Lastwechsel bis zum Versagen unter realen Betriebsbedingungen

N_f = Anzahl der Lastwechsel bis zum Versagen bei einem bestimmten Beschleunigungsfaktor

m = Materialkennwert

S = Spannungsamplitude unter realen Betriebsbedingungen

S_f = Spannungsamplitude bei einem bestimmten Beschleunigungsfaktor.

7.7.3 Erläuterung zu den Parametern

Die Materialkonstante „C" in den Wöhler-Gesetz- und Inverse Power Law-Gleichungen ist eine Materialkenngröße, die die spezifischen Ermüdungseigenschaften des Materials widerspiegelt. Sie hängt von verschiedenen Faktoren ab, wie der Materialzusammensetzung, der Mikrostruktur, der Oberflächenbeschaffenheit und anderen Materialparametern. Die genaue Bestimmung der Materialkonstante erfordert in der Regel umfangreiche experimentelle Tests und Analysen.

Der Materialkennwert „m", auch bekannt als Steigung oder Exponent, ist ein wichtiger Parameter in einigen Materialmodellen. Diese Steigung bestimmt die Beziehung zwischen der Spannungsamplitude und der Anzahl der Lastwechsel, die das Material aushalten kann, bevor es versagt.

> **Achtung:**

In jedem Fall ist der Parameter „m" hinsichtlich ihrer Verwendbarkeit für den jeweils vorliegenden Fall zu verifizieren. Bewährt haben sich Erfahrungen aus ähnlichen Vorgängerprojekten. Wenn absolut nichts bekannt ist oder im Fall einer Pseudoschädigungsrechnung kann vorübergehend $m = 5$ eingesetzt werden bis belastbarere Erkenntnisse vorliegen.

7.7.4 Übungen

Übung 7.11 Wöhler Gesetz

Ein Material hat eine Streckgrenze S_f von 400 MPa. In einer experimentellen Untersuchung wurde festgestellt, dass das Material bei einer Spannung S von 200 MPa eine Lebensdauer N_f von 1.000.000 Zyklen erreicht. Der Exponent m für das Wöhler-Gesetz wurde als 10 bestimmt.

Aufgabe:

(a) Wie berechnet sich der Beschleunigungsfaktor B_W für ein Spannungsniveau von $S = 250$ MPa?
(b) Wie hoch ist die Lebensdauer N des Materials bei dieser Spannung?

Übung 7.12 Inverse Power Law

Ein Ingenieur untersucht die Ermüdungseigenschaften eines neuen Werkstoffs mit einer Streckgrenze S_f von 600 MPa. In seinen Tests stellte er fest, dass das Material bei einer Belastung von 300 MPa eine Lebensdauer N_f von 500.000 Zyklen aufweist. Der Exponent m für das Inverse-Power Law wurde auf 5 festgelegt.

Aufgabe:

(a) Wie berechnet sich der Beschleunigungsfaktor B_I für eine Belastung von $S = 400$ MPa?
(b) Wie ergibt sich die Lebensdauer N für diesen Werkstoff bei dieser Belastung?

7.8 Basquin-Gesetz

7.8.1 Einleitung

Das Basquin-Gesetz[5] wird hauptsächlich in der Materialwissenschaft und Ingenieurwissenschaft angewendet, insbesondere bei der Untersuchung von Materialermüdung unter dynamischer Belastung, wie Vibrationen. Es beschreibt die Beziehung zwischen der Anzahl der Belastungszyklen und der Ermüdungsfestigkeit eines Materials. Diese Informationen sind wichtig für die Entwicklung und Bewertung von Bauteilen und Strukturen, die wiederholten dynamischen Belastungen ausgesetzt sind.

7.8.2 Gesetz

Das Basquin-Gesetz beschreibt die Beziehung zwischen der Lebensdauer eines Materials und der aufgebrachten Spannung. Es wird oft in der Materialermüdung verwendet. Das Gesetz wird verwendet, um die Lebensdauer eines Materials unter zyklischer Belastung zu berechnen. Die Gleichung für das Basquin-Gesetz lautet:

---

[5] Olin Hanson Basquin (*30. Januar 1869 - † 30. März 1946): Materialwissenschaftler. Mit seinem Gesetz lieferte er grundlegende Kennwerte zur Ermüdung von Werkstoffen und Bauteilen.

$$N = \frac{C}{S^m} \ .$$ (7.23)

Dabei gilt:

N = Anzahl der Zyklen bis zum Versagen ist

C = Materialkonstante

m = Materialkennwert

S = Angewendete Spannung.

In Bezug auf die Beschleunigungskonstante B_B:

$$B_B = \left(\frac{N_f}{N_t}\right)^{(1/m)} \ .$$ (7.24)

Dabei gilt:

N_t = Lebensdauer des Materials unter Laborbedingungen

N_f = Lebensdauer des Materials unter Feldbedingungen

m = Materialkennwert.

7.8.3 Erläuterung zu den Parametern

Für einige Materialien und Belastungstypen können typische Standardwerte für m in der Literatur gefunden werden. Zum Beispiel können für einige Metalle, wie Stahl, Aluminium oder Kupfer, typische Werte für m in einem Bereich von 3 bis 10 liegen, abhängig von der spezifischen Legierung und den Belastungsbedingungen. Für andere Materialien wie Kunststoffe, Keramiken oder Verbundwerkstoffe können die Werte von m ebenfalls variieren.

Es ist jedoch wichtig zu beachten, dass die genauen Werte für m für ein bestimmtes Material und eine bestimmte Belastungssituation experimentell bestimmt werden sollten, da sie von vielen Faktoren abhängen. Daher ist es ratsam, die spezifischen Werte für m aus zuverlässigen Quellen oder experimentellen Studien zu beziehen, die für das konkrete Material und die spezifischen Belastungsbedingungen relevant sind.

7.8.4 Ergänzender Hinweis

Das Wöhler-Gesetz, auch bekannt als das S-N-Diagramm, beschreibt die Beziehung zwischen der Lebensdauer eines Materials und der aufgebrachten Spannung durch eine logarithmische Skala. Es wird oft in der Ermüdungsfestigkeit von Materialien verwendet.

Das Inverse Power Law ist ein weiteres Modell, das die Ermüdungseigenschaften von Materialien beschreibt. Es beschreibt die Beziehung zwischen der Lebensdauer eines Materials und der aufgebrachten Spannung durch eine umgekehrte Potenzfunktion.

Das Basquin-Gesetz kann als eine spezifische Anwendung des Wöhler Gesetzes betrachtet werden, die sich auf die Beziehung zwischen Spannung und Lebensdauer konzentriert. Beide Gesetze beschreiben, wie die Lebensdauer eines Materials unter zyklischer Belastung von der Höhe der Belastung abhängt.

> Zusammenfassend lässt sich sagen, dass das Wöhler-Gesetz, das Basquin-Gesetz und das Inverse Power Law eng miteinander verbunden sind und alle die empirische Beziehung zwischen zyklischer Belastung und der Lebensdauer von Materialien beschreiben. Sie sind wichtige Werkzeuge in der Materialwissenschaft und der Ingenieurtechnik, um die Ermüdungsfestigkeit von Materialien zu bewerten und vorherzusagen.

7.8.5 Übungen

Übung 7.13 Ermüdungslebensdauer eines Metallbauteils
Ein Ingenieur untersucht die Ermüdungslebensdauer eines Metallbauteils, das in einer Maschine verwendet wird. Er hat die folgenden Daten:

- Die Lebensdauer unter einer bestimmten Belastung $N_f = 1.000.000$ Zyklen,
- die Lebensdauer unter einer anderen Belastung $N_t = 100.000$ Zyklen und
- der Exponent $m = 3$.

Gesucht wird die Beschleunigungskonstante B_B für das Bauteil.

Übung 7.14 Ermüdungslebensdauer eines Kunststoffbauteils
Ein Ingenieur untersucht die Ermüdungslebensdauer eines Kunststoffbauteils, das in einem Haushaltsgerät verwendet wird. Er hat die folgenden Daten:

- Die Lebensdauer unter Laborbedingungen $N_t = 50.000$ Zyklen,
- der Beschleunigungsfaktor beträgt $B_B \approx 2{,}449$ und
- der Exponent $m = 2$.

Wie hoch ist die nachzuweisende Laufzeit im Feld unter diesen Betriebsbedingungen N_f?

7.9 Engelmaier

7.9.1 Einleitung

Das Engelmaier-Modell[6] ist ein Modell zur Lebensdauerberechnung von Lötverbindungen unter thermo-mechanischem Stress. Es ermöglicht die Vorhersage der Lebensdauer von Lötverbindungen, indem es verschiedene individuelle Anpassungen über einen Korrekturfaktor zulässt. Das Modell zielt darauf ab, Lebensdauerquantile ohne Referenz vorherzusagen, wobei seine Anwendung jedoch auf einfache Geometrien beschränkt ist und die Ergebnisse immer anhand von Testergebnissen überprüft werden sollten.

7.9.2 Gesetz

Die Gleichung des Engelmaier-Modells beschreibt die Lebensdauer einer Lötverbindung in Abhängigkeit von Temperatur, Verformungsgeschwindigkeit und Materialkonstanten. Sie berücksichtigt den Einfluss von Temperatur, Verformungsgeschwindigkeit und Aktivierungsenergie auf die Lebensdauer der Lötverbindung. Sie lautet:

$$t = A \cdot \left(\frac{1}{T}\right)^n \cdot e^{\left(\frac{E_A}{k \cdot T}\right)} \cdot \left(1 + C \cdot \ln\left(\frac{\dot{\varepsilon}}{\dot{\varepsilon}_0}\right)\right) . \tag{7.25}$$

Dabei gilt:

t = Lebensdauer der Lötverbindung
A = Materialkonstante
T = Temperatur
n = Temperatur-Exponent
E_A = Aktivierungsenergie
k = Boltzmann-Konstante
C = Konstante
$\dot{\varepsilon}$ = Verformungsgeschwindigkeit
$\dot{\varepsilon}_0$ = Referenzverformungsgeschwindigkeit.

Die Beschleunigungskonstante B_E im Engelmaier-Modell kann in Bezug auf die Verformungsgeschwindigkeiten oder der unterschiedlichen Lebensdauern im Feld und im Versuch umgeschrieben werden. Die Gleichung lautet dann:

---

[6] Werner Engelmaier (*7. Februar 1939 - † 15. April 2011): Zuverlässigkeitsingenieur im Bereich Elektronik Hardware. Wichtigster Beitrag zur Zuverlässigkeitsabsicherung von Lötstellen.

$$B_E = \cfrac{1}{\ln\left(\cfrac{\dot{\varepsilon}_{\text{Feld}}}{\dot{\varepsilon}_{\text{Test}}}\right)} \qquad\qquad (7.26)$$

$$B_E = \cfrac{1}{\ln\left(\cfrac{t_{\text{Feld}}}{t_{\text{Test}}}\right)} \cdot \qquad\qquad (7.27)$$

Dabei gilt:

$$
\begin{aligned}
\dot{\varepsilon}_{\text{Feld}} &= \text{Verformungsgeschwindigkeit im Feld} \\
\dot{\varepsilon}_{\text{Test}} &= \text{Verformungsgeschwindigkeit im Versuch} \\
t_{\text{Feld}} &= \text{Zeit im Feld} \\
t_{\text{Test}} &= \text{Zeit im Test.}
\end{aligned}
$$

Das Gesetz für die Lebensdauerberechnung von Lötverbindungen unter thermomechanischem Stress lautet:

$$N_f(x\%) = \frac{1}{2}\left(\frac{F_k \cdot \Delta\gamma}{2\epsilon^f}\right)^{\frac{1}{c}} \cdot \left(\frac{\ln(1-0{,}01x)}{\ln(0{,}5)}\right)^{\frac{1}{\beta}} \;, \qquad\qquad (7.28)$$

mit der Konstante c:

$$c = -0{,}442 - 6 \cdot 10^{(-4)} \cdot \bar{T}^S + 1{,}74 \cdot 10^{(-2)} \cdot \ln(1+f) \,. \qquad\qquad (7.29)$$

Dabei gilt:

$$
\begin{aligned}
\epsilon^f &= \text{Ermüdungsbelastungskoeffizient (0,325 für SN63Pb37)} \\
\Delta\gamma &= \text{Schädigungswinkel am Lot} \\
\bar{T}^S &= \text{mittlere Lottemperatur beim Löten in } ^\circ C \\
f &= \text{Zyklusfrequenz [Zyklen/Tag]} \\
F_k &= \text{Korrekturfaktor (0,7 bis 1,5)} \\
\beta &= \text{Weibull Formparameter (2 bis 4).}
\end{aligned}
$$

7.9.3 Ergänzender Hinweis

Das Engelmaier-Modell ermöglicht viele individuelle Anpassungen mittels des Korrekturfaktors, um ohne Referenz Lebensdauerquantile vorherzusagen, jedoch ist die Aussagekraft beschränkt auf einfache Geometrien und sollte immer anhand von Testergebnissen gespiegelt werden, insbesondere ist das Modell in seiner spezifischen Ausprägung lediglich für SnPb-Lot verwendbar.

> **Achtung:**

Das Engelmaier-Modell basiert nicht auf einem spezifischen Gesetz, sondern auf empirischen Daten und mathematischen Modellen, die zur Vorhersage der Lebensdauer von Lötverbindungen unter thermo-mechanischem Stress entwickelt wurden. Es beruht auf der Anpassung von Parametern und Korrekturfaktoren, um die Lebensdauerquantile vorherzusagen.

7.10 Norris-Landzberg

7.10.1 Einleitung

K.C. Norris und A. H. Landzberg publizierten 1969 im Artikel „Reliability of Controlled Collapse Interconnections" ein von ihnen entwickeltes empirisches Modell für eutektische SnPb Lötverbindungen.

Mithilfe des Modells kann ein Beschleunigungsfaktor ermittelt werden, der sowohl die Temperatur als auch dessen zyklisches Verhalten mit einbezieht.

7.10.2 Gesetz

Der Beschleunigungsfaktor B_N wird wie folgt ermittelt:

$$B_N = \left(\frac{f_0}{f_t}\right)^{(1/3)} \cdot \left(\frac{\Delta T_t}{\Delta T_0}\right)^2 \cdot e^{\left[1414\left(\frac{1}{T_{max_0}} - \frac{1}{T_{max_t}}\right)\right]}. \tag{7.30}$$

Dabei gilt:

$$\begin{aligned}
f_0 \quad &= \quad \text{Häufigkeit der Zyklen je 24 h unter Betriebsbedingungen} \\
f_f \quad &= \quad \text{Häufigkeit der Zyklen je 24 h unter Testbedingungen} \\
T_{max_0} \quad &= \quad \text{Temperatur unter Betriebsbedingungen (K)} \\
T_{max_t} \quad &= \quad \text{Temperatur unter Testbedingungen (K)} \\
\Delta T_0 \quad &= \quad \text{Temperaturhub unter Betriebsbedingungen (K)} \\
\Delta T_t \quad &= \quad \text{Temperaturhub unter Testbedingungen (K).}
\end{aligned}$$

7.10.3 Erläuterung zu den Parametern

Alle Exponenten sind Material- und Technologie-abhängig und vor Einsatz der Formel diesbezüglich auf Anwendbarkeit zu verifizieren. Der Exponent „1/3" wird oft auch als „0,3" dargestellt und der Exponent „2" als „1,9" dargestellt.

> **Hinweis:**

Andere Exponenten und Faktoren einzusetzen ist denkbar, jedoch stark abhängig von Technologie und Testbedingungen.

7.11 Eyring Modell

7.11.1 Einleitung

In diesem Modell von Henry Eyring[7] wird der Zusammenhang zwischen verschiedenen Belastungen wie Temperatur, Feuchte, Spannung und mechanischen Stress dargestellt. Es ist ein relativ komplexes Modell und erfordert die Kenntnisse über sehr viele Technologieparameter, die hierbei zu berücksichtigen sind. Die Anwendung dieses Models ist weniger häufig anzutreffen, als zum Beispiel Arrhenius, Lawson oder auch Coffin-Manson.

7.11.2 Modell

Das Modell erfährt in der Praxis viele Abwandlungen die die jeweiligen Belastungen und Technologien berücksichtigen. Hier eine beispielhafte Darstellung der Grundform:

$$\lambda = A \cdot e^{\left(\frac{A_E}{kT}\right)} \cdot e^{\left(\frac{B}{RH}\right)} \cdot e^{(C \cdot E)} \quad . \tag{7.31}$$

Dabei gilt:

---

[7] Henry Eyring (*20. Februar 1901 - † 26. Dezember 1981): US-amerikanischer Chemiker. Bedeutendste Arbeiten zur Theorie des Übergangszustandes.

$$
\begin{aligned}
A &= \text{Konstante}\\
A_E &= \text{Aktivierungsenergie Stress 1 Mechanismus}\\
B &= \text{Aktivierungsenergie Stress 2 Mechanismus}\\
C &= \text{Aktivierungsenergie Stress 3 Mechanismus}\\
T &= \text{Temperatur in K}\\
RH &= \text{relative Feuchte in \%}\\
E &= \text{elektrisches Feld}\\
k &= \text{Boltzmann Konstante}\\
\lambda &= \text{Charakteristik der Lebensdauer unter Berücksichtigung}\\
&\ \text{von Temperatur und anderen Belastungsparametern.}
\end{aligned}
$$

7.11.3 Erläuterung zu den Parametern

Wenige Parameter sind relativ „einfach" zu definieren. Viele andere erfordern sehr tiefgehendes Wissen zur Technologie. Die Praktikabilität der Anwendbarkeit in einem breiten Umfeld ist zu hinterfragen.

7.11.4 Hinweis

Die vielfältigen Parameter des Modells werden u.a. in der JEITA EDR-4704A, „Application guide of accelerated life test for semiconductor devices" beschrieben.

$$
K = A \cdot \left(\frac{kT}{h}\right) \cdot e^{\left(\frac{-E_A}{kT}\right)} \cdot e^{\left(f(s)\left(C+\frac{D}{kT}\right)\right)} .
\tag{7.32}
$$

Dabei gilt:

$$
\begin{aligned}
K &= \text{Reaktionsrate}\\
A, C \text{ und } D &= \text{Konstanten die bestimmt werden müssen}\\
E_A &= \text{Aktivierungsenergie}\\
T &= \text{absolute Temperatur in K}\\
h &= \text{Plancksche Konstante}\\
k &= \text{Boltzmann Konstante}\\
f(s) &= \text{nicht thermische Stress Term.}
\end{aligned}
$$

Beschleunigungsmodell und Beschleunigungsfaktor für die charakteristischen Parameter (Temperatur, Feuchte, Spannung und Temperaturunterschied) des Modells von Henry Eyring sind in den Kapiteln des Standards beschrieben.

7.12 Verständnisfragen

1. Wozu dienen Beschleunigungsgesetze?
2. Welches Beschleunigungsgesetz berücksichtigt Temperaturwechsel?
3. Was wird unter einer Aktivierungsenergie verstanden?
4. Welcher Einfluss hat eine geringe Aktivierungsenergie?
5. Was umfasst die Arrhenius-Gleichung?
6. Welche zwei Beschleunigungsgesetze berücksichtigen den Einfluss von Temperatur und Feuchte?
7. Worin liegt der Unterschied in deren Anwendung?
8. Welche drei mechanischen Belastungsgesetze werden im Allgemeinen eingesetzt?
9. Welches Beschleunigungsgesetz wird überwiegend zur dynamischen Beanspruchung angesetzt?
10. Wofür wird das Engelmaier, Eyring und Norris-Landzberg Gesetz angewandt?

Literaturverzeichnis

1. Gottschalk, A.: Qualitäts- und Zuverlässigkeitssicherung elektronischer Bauelemente und Systeme, 2. völlig neu bearbeitete Auflage. Expert Verlag, Esslingen (2010)
2. Hakim, B.: Microelectronic Reliability Volume I, Reliability, Test and Diagnostics, Artech House (1989)
3. Lawson, R.W.: The accelerated testing of plastic encapsulated semiconductor component reliability". British Telecom Journal (1984)
4. Livingston, H.: Guidelines for using Plastic Encapsulated Microcircuits and Semiconductors. Solid State Committee (2000)
5. Nelson, W. B.: Accelerated Testing, Statistical Models, Tetplans and Data Analysis. John Wiley & Sons, New York (2004)

Kapitel 8
Beschleunigte Testverfahren

Grundlegende und andere Beschleunigte Testmethoden

Effizienter zum Ziel: Beschleunigte Testverfahren für eine effiziente Produktentwicklung ohne Kompromisse bei der Qualität.

Zusammenfassung Beginnend mit einer Einführung in die Erprobung und Lebensdauerabsicherung von Produkten, wird die Bedeutung und die Ziele dieser Prozesse erläutert. Anschließend werden auf die Raffung und das Lebensdauerverhältnis eingegangen, wobei die Methoden zur Bestimmung der Lebensdauer und die Beziehung zwischen Zuverlässigkeit und Lebensdauer diskutiert werden. Das Konzept des Success Run, bei dem die Methode in Bezug auf Anzahl der erforderlichen Testzyklen oder Stichproben betrachtet wird, wird ebenfalls behandelt. Des Weiteren werden zensierte Tests erläutert, bei denen die Prüflinge aufgrund von Einschränkungen hinsichtlich Testzeit oder Stichprobenbegrenzungen nicht vollständig verfügbar sind. Abschließend wird die Methode der Degradation von Produkten als weiteres, beschleunigtes Testverfahren thematisiert.

8.1 Einführung

Es ist wichtig, die Tests zu beschleunigen, um Zeit und Kosten zu sparen. Im Idealfall sollte dies so oft wie möglich getan werden. Zum Beispiel kann ein Auto nicht 15 Jahre lang getestet werden, bevor es eingeführt wird. Normalerweise kann die 15-jährige Testdauer in den meisten Fällen auf etwa 6 Monate verkürzt werden. Es gibt jedoch Ausnahmen, wie die Kontamination von Abgassensoren durch verschiedene Abgasmoleküle, bei denen die Schadensmechanismen nicht beschleunigt werden können.

Bisher wurde über die Lastableitung anhand von Mission Profile, deren Wirkmechanismus, die Fehlerphysik sowie die Beschreibung der zugehörigen Gesetze zur Beschleunigung von Feld- zu Laborlasten in Kapitel 7 diskutiert. In diesem Kapitel steht die Anwendung dieser Beschleunigungsgesetze in Zusammenhang von gängigen Teststrategien im Fokus.

Prinzipiell lassen sich zwei Teststrategien nach ihren Zielen unterscheiden:

- Zuverlässigkeitsnachweis nach dem **Success Run** und
- Versuch zur Lebensdauerverteilung: **End-of-life Test**.

Der Lebensdauerendeversuch ist ein Test, der durchgeführt wird, um die Lebensdauer eines Produkts oder einer Komponente zu bestimmen, indem es unter den anliegenden Lastbedingungen betrieben wird, bis es versagt. Die Vorteile eines Lebensdauerendeversuchs sind, dass er dabei hilft, die tatsächliche Lebensdauer in Form einer Verteilungsfunktion zu bestimmen, die Zuverlässigkeit zu bewerten und potenzielle Schwachstellen zu identifizieren, um das Design zu verbessern. Zudem werden diese Verteilungsfunktionen benötigt, um die Beschleunigungsgesetze zu parametrisieren.

Der Success Run hingegen ist ein Test, siehe auch später in Kapitel 8.2.2, der durchgeführt wird, um sicherzustellen, dass ein Produkt oder eine Komponente die erforderliche Zuverlässigkeit erfüllt und die Funktion gegeben ist. Die Vorteile eines Success Runs sind, dass er dazu beiträgt, Fehler frühzeitig und rasch zu erkennen bei relativ geringem Versuchsaufwand. Er ist die bekannteste Testmethode für beschleunigte Testverfahren. Allerdings benötigt diese Methode, welche auf der Weibullstatistik besteht, den Formparameter b, den Stichprobenumfang n, das Lebensdauerverhältnis L_V (entspricht dem Beschleunigungsfaktor aus Kapitel 7) und den Zuverlässigkeitskennwerten aus dem Lastenheft (R und P_A), vergleiche Abb. 8.1. Sprich ein vorgelagerter Lebensdauerversuch oder Vorwissen sind hier notwendig.

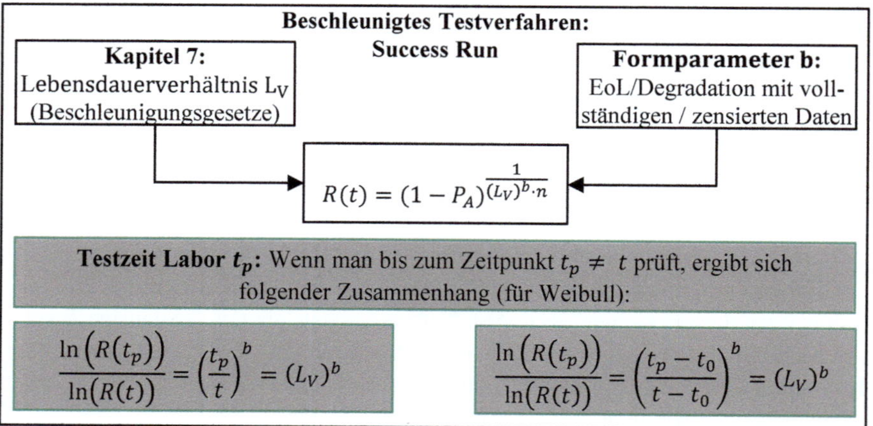

$$R(t) = (1 - P_A)^{\frac{1}{(L_V)^{b \cdot n}}}$$

$$\frac{\ln\left(R(t_p)\right)}{\ln\left(R(t)\right)} = \left(\frac{t_p}{t}\right)^b = (L_V)^b$$

$$\frac{\ln\left(R(t_p)\right)}{\ln\left(R(t)\right)} = \left(\frac{t_p - t_0}{t - t_0}\right)^b = (L_V)^b$$

Abb. 8.1 Übersicht und Zusammenschluss von Beschleunigungsgesetzen und beschleunigte Testverfahren mit Bezug auf die Weibull-Gleichung mit und ohne ausfallfreie Zeit t_0. Anmerkung: t_p entspricht der Prüfzeit und t der zum Beispiel geforderten Einsatzzeit, siehe dazu Kapitel 8.2.2.1.

8.1.1 Methoden zur Testzeitverkürzung

Um die Testdauer zu verringern, können verschiedene Methoden wie:

1. Zeitverkürzung,
2. zensierte Tests,
3. Degradationsextrapolation und
4. Laststeigerung

angewendet werden.

Die Idee der Testzeitverkürzung beinhaltet die Beschleunigung der Belastungsanwendung, beispielsweise durch eine Erhöhung der Umdrehungszahl pro Zeiteinheit oder eine Erhöhung der Frequenz. Dies ermöglicht es, die Testdauer zu verkürzen, indem die Belastung schneller auf das Produkt angewendet wird. Des Weiteren können bestimmte Zeiten, in denen das Produkt nicht in Betrieb ist, weggelassen werden, um die Testzeit zu verkürzen (Omission):

$$t_{\text{Raffung}} = t_{\text{Einsatz}} - t_n \ . \tag{8.1}$$

Ein Beispiel zeigt Abb. 8.2.

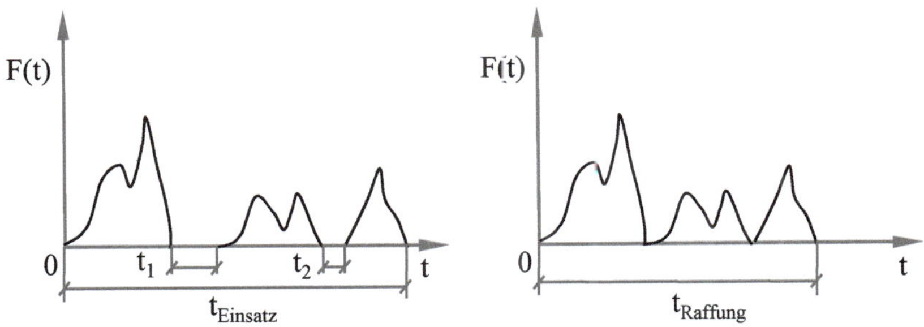

Abb. 8.2 Schematiche Darstellung zur Zeitverkürzung (Omission): tatsächlicher Kraftverlauf über der Einsatzzeit (links) und Raffung auf rein aktive Einsatzzeit (rechts)

Bei den zensierten Tests wird die Prüfzeit verkürzt, da nicht alle Teile bis zum Ausfall geprüft werden. Dies kann dazu führen, dass potenzielle Fehler oder Schwachstellen in einem Produkt nicht erkannt werden. Zudem kann es vorkommen, dass Tests nach einer vorgegebenen Dauer oder Anzahl von Fehlern zensiert werden, was dazu führen kann, dass wichtige Informationen über die Leistungsfähigkeit oder Zuverlässigkeit eines Produkts verloren gehen. Dennoch können mittels geeigneter Auswertemethoden, die Zuverlässigkeit anhand von zensierten Daten ermittelt werden, siehe später im Kapitel 8.2.3.

Degradation in Tests bezieht sich auf den allmählichen Funktionsabbau eines Materials (Verschleiß) oder Bauteils im Laufe der Zeit. Ein Ansatz zur Untersuchung der Degradation besteht darin, die Testzeit zu verkürzen, indem der Schadensfortschritt gemessen, nach einem physikalischen Gesetz beschrieben und extrapoliert wird. Diese Methode ermöglicht die Vorhersage, wie sich ein Material oder Bauteil über einen längeren Zeitraum abbauen wird, ohne langwierige Tests durchführen zu müssen. Bei diesem Ansatz wird das Versagen durch einen Grenzwert des Schadensfortschritts definiert, was dabei helfen kann, den

Zeitpunkt zu bestimmen, an dem ein Material oder Bauteil seine beabsichtigte Funktion nicht mehr erfüllen kann.

Bei der Laststeigerung ist es wichtig zu beachten, dass die Belastung im Test in der Regel höher ist als im tatsächlichen Einsatzfeld. Dies kann dazu führen, dass die Ausfälle im Test früher auftreten, da die schnelle Schadensakkumulation die Materialermüdung beschleunigt wird. Daher ist es von entscheidender Bedeutung, dass die Testbedingungen sorgfältig gestaltet werden, um eine realistische Abbildung der tatsächlichen Betriebsbedingungen zu gewährleisten. Bei dieser Methode ist es wichtig, dass bei der Erhöhung der Last immer das gleiche Fehlerbild auftritt.

Eine bereits bekannte Beziehung zur Definition des Beschleunigungsfaktors in Bezug auf die Raffungszeit lautet wie folgt:

$$B_F = \frac{t_{\text{feld}}}{t_{\text{test}}} = \frac{t}{t_{\text{raff}}} \tag{8.2}$$

Der Beschleunigungsfaktor wird aus dem Verhältnis der Lebensdauer unter normalen Betriebsbedingungen und der Lebensdauer im Beschleunigungstest berechnet. Beispielsweise kann die Raffungszeit t_{raff} durch die geraden Linien mit identischer Steigung im Weibull-Netz (Formparameter und somit Fehlerverhalten) bestimmt werden, siehe Abb. 8.3.

Es macht keinen Sinn, einen beschleunigten Test durchzuführen, wenn nicht bekannt ist, wie sich das Produkt im Feld verhält! Der Beschleunigungsfaktor beziehungsweise das Fehlerbild muss bekannt sein! Nur so kann die Lebensdauer für den Feldeinsatz auf Basis der im Test erreichten Lebensdauer sichergestellt werden.

8.1.2 Anmerkungen zur Auswertung von Tests

Die Durchführung von Tests oder Erprobungen mit Stichproben ist eine bewährte Methode, um effizient und kostengünstig wertvolle Erkenntnisse zu gewinnen. Anstatt die gesamte Population (Grundgesamtheit) zu testen, ermöglicht die Auswahl einer repräsentativen Stichprobe eine schnelle Analyse und Übertragung der Ergebnisse auf die Gesamtheit. Diese Vorgehensweise reduziert den Aufwand und die Kosten, während sie gleichzeitig die Anwendung statistischer Methoden zur Hypothesenprüfung und Fehlerreduktion erleichtert. Insgesamt bietet die Erprobung mit Stichproben eine flexible und effektive Strategie, um fundierte Entscheidungen in der technischen Entwicklung zu treffen.

Die Stichprobe aus der Grundgesamtheit ist eine Teilmenge, die repräsentativ für die Gesamtheit steht. Bei der Auswertung von Lebensdauerdaten werden Vertrauensbereiche eingeführt, um die Unsicherheit zu berücksichtigen, die mit der Verallgemeinerung von

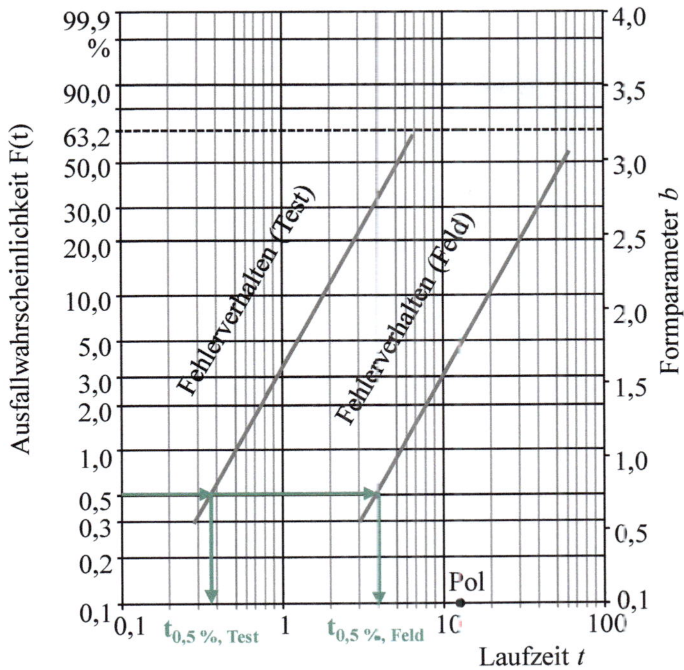

Abb. 8.3 Das Prinzip des Beschleunigungsfaktors in Bezug auf die Ausfallwahrscheinlichkeit im Weibull-Wahrscheinlichkeitsnetz nach [1]

Stichprobenergebnissen auf die Grundgesamtheit verbunden ist. Durch die Einführung von Vertrauensbereichen wird es möglich, Aussagen über die Grundgesamtheit zu treffen und die Genauigkeit der Schätzungen zu quantifizieren. Dies ermöglicht es, die Zuverlässigkeit der Schlussfolgerungen zu bewerten und sicherzustellen, dass die Stichprobe die Grundgesamtheit angemessen repräsentiert, vergleiche Abb. 8.4. Mehr zur Auswertung von Test siehe Kapitel 4.2.4 und Kapitel 4.2.2.

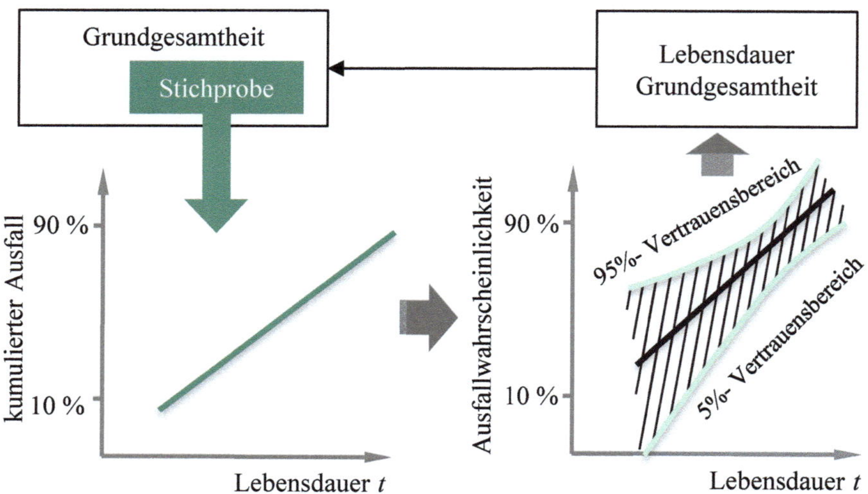

Abb. 8.4 Zusammenhang zwischen Stichprobe und Grundgesamtheit

8.2 Grundlegende, beschleunigte Testverfahren

Grundlegende, beschleunigte Testverfahren haben den Vorteil, die Lebensdauer von Produkten in kürzerer Zeit zu bewerten, indem Stressbedingungen angewendet werden, um Ausfälle zu beschleunigen. Success Run-Tests zielen darauf ab, die Zuverlässigkeit eines Produkts zu demonstrieren, indem es bis zu einem bestimmten Zeitpunkt ohne Ausfall funktioniert. Das Lebensdauerverhältnis ist dabei ein wesentlicher Faktor, der das Verhältnis der Lebensdauer unter normalen zu den beschleunigten Bedingungen beschreibt. Zensierte Tests werden eingesetzt, wenn Tests vor dem Ausfall eines Produkts beendet werden, entweder aus Zeitgründen oder weil Prüflinge ein vordefiniertes Ende erreicht haben, ohne zu versagen. Die Sudden Death-Tests ermöglichen eine schnelle Bewertung der Zuverlässigkeit, indem jeder Prüfling eines bestimmten Prüfloses nur bis zum ersten Anzeichen eines Fehlers geprüft wird, was eine effiziente Methode darstellt, um die Mindestzuverlässigkeit eines Produkts zu bestimmen.

8.2.1 Success Run

Das Hauptziel eines Success Run ist es, die Zuverlässigkeit oder die Funktionsfähigkeit eines Produkts für eine bestimmte Zeit unter vorgegebenen Bedingungen nachzuweisen, vergleiche Abb. 8.5.

Im Kontext beschleunigter Lebensdauertests kann ein Success Run dazu verwendet werden, die Mindestlebensdauer eines Produkts zu bestätigen. Beispielsweise könnte ein

Abb. 8.5 Das Prinzip des Success Run. Pfeile bedeuten, dass der Prüfling nach Entnahme noch intakt ist.

elektronisches Bauteil einem kontinuierlichen Betrieb unter erhöhten Temperaturen ausgesetzt werden, um die Auswirkungen langfristiger Belastung in einer verkürzten Zeit zu simulieren. Wenn das Bauteil die gesamte Dauer des Tests ohne Leistungsabfall oder Ausfall übersteht, gilt der Test als „Success Run".

Der Success Run ist ein Nachweistest zur Bestätigung der Mindestlebensdauer eines Produktes. Der Einsatz von Success Run ist sinnvoll wenn:

- die genaue Ausfallrate oder Lebensdauerverteilung eines Produkts nicht bekannt ist.
- eine schnelle Bestätigung der Produktzuverlässigkeit erforderlich ist.
- die Kosten oder logistischen Herausforderungen, eine große Anzahl von Ausfällen zu erzeugen, unpraktisch sind.

Es ist wichtig zu beachten, dass, obwohl ein Success Run wertvolle Daten über die Zuverlässigkeit eines Produkts liefern kann, die Ergebnisse sorgfältig interpretiert werden müssen.

> **Hinweis:**

Ein erfolgreicher Testlauf beweist, dass ein Produkt für die Dauer des Tests zuverlässig funktionieren kann, aber er bietet keine umfassenden Informationen über die gesamte Lebensdauerverteilung oder über Ausfallmechanismen, die nach der Testdauer auftreten könnten. Daher werden Success Runs oft in Kombination mit anderen Testmethoden verwendet, um ein vollständigeres Bild der Produktzuverlässigkeit zu erhalten.

8.2.1.1 Herleitung und Gleichung

Um die Success Run Formel herzuleiten, wird von der Annahme ausgegangen, dass n identische Proben vorliegen, deren Zuverlässigkeit $R(t)$ zu einem bestimmten Zeitpunkt t gegeben ist. Die Zuverlässigkeit (auch Überlebenswahrscheinlichkeit genannt) $R(t)$ wird definiert als die Wahrscheinlichkeit, dass eine Probe bis zum Zeitpunkt t überlebt, ohne auszufallen. Für die individuellen Testproben wird dann $R_1(t) = R_2(t) = R_3(t) = \cdots = R_n(t) = R(t)$ angenommen, da alle Proben identisch sind und unter denselben Bedingungen getestet werden.

Um die Wahrscheinlichkeit zu bestimmen, dass alle n Proben bis zum Zeitpunkt t überleben, wird das Produktgesetz der Wahrscheinlichkeiten angewendet. Das Produktgesetz besagt, dass die Wahrscheinlichkeit des gleichzeitigen Eintretens unabhängiger Ereignisse gleich dem Produkt ihrer Einzelwahrscheinlichkeiten ist.

Da die Überlebenswahrscheinlichkeit jeder Probe $R(t)$ beträgt und angenommen wird, dass die Überlebensereignisse der Proben unabhängig voneinander sind, wird die Wahrscheinlichkeit, dass alle n Proben bis zum Zeitpunkt t überleben, als das Produkt ihrer individuellen Überlebenswahrscheinlichkeiten ausgedrückt. Dies lässt sich mathematisch wie folgt darstellen:

$$R_{\text{gesamt}}(t) = R_1(t) \cdot R_2(t) \cdot R_3(t) \cdot \ldots \cdot R_n(t) \tag{8.3}$$

Da $R_1(t) = R_2(t) = R_3(t) = \cdots = R_n(t) = R(t)$ gilt, kann dies zu:

$$R_{\text{gesamt}}(t) = R(t) \cdot R(t) \cdot R(t) \cdot \ldots \cdot R(t) \tag{8.4}$$

vereinfacht werden. Da $R(t)$ n-mal multipliziert wird, wird die Potenzschreibweise (Produktregel der Wahrscheinlichkeit) verwendet, um dies darzustellen:

$$R_{\text{gesamt}}(t) = R(t)^n \, . \tag{8.5}$$

Somit wird $R_{\text{gesamt}}(t) = R(t)^n$ als die Wahrscheinlichkeit bestimmt, dass alle n identischen Proben bis zum Zeitpunkt t überleben. Die allgemeine Formel des Success Run in Abhängigkeit der Aussagewahrscheinlichkeit beziehungsweise der Zuverlässigkeit ergibt sich folglich zu:

$$P_A = 1 - R(t)^n \tag{8.6}$$

$$R(t) = (1 - P_A)^{\frac{1}{n}} \, . \tag{8.7}$$

Beispiel 8.1 Folgende Aufgabenstellung soll die erforderliche Stichprobengröße mittels Success Run Formel bestimmt werden:

Problem:	Bestimmung des erforderlichen Stichprobenumfangs für die Überprüfung von Anforderungen in der Anforderungsspezifikation
Gegeben:	Anforderungen im Lastenheft des Fahrzeuggetriebes: $B_{10} = 320.000$ km (entspricht $R(t) = 90\,\%$) und $P_A = 95\,\%$
Gesucht:	Erforderliche Anzahl von Getrieben n zur Prüfung ohne Ausfall
Lösung:	Basierend auf der Binomialverteilung:

$$n = \frac{\ln(1 - P_A)}{\ln(R)} = \frac{\ln(1 - 0,95)}{\ln 0,9} = 28,43 \approx 29$$

Somit werden mindestens 29 Fahrzeuggetriebe benötigt um die erforderliche B_{10}-Lebensdauer von 320.000 km bei einer Aussagewahrscheinlichkeit von $P_A = 95\,\%$ nachzuweisen.

Die Bestimmung der Mindest-Stichprobengröße kann auch grafisch, wie in Abb. 8.6, ermittelt werden.

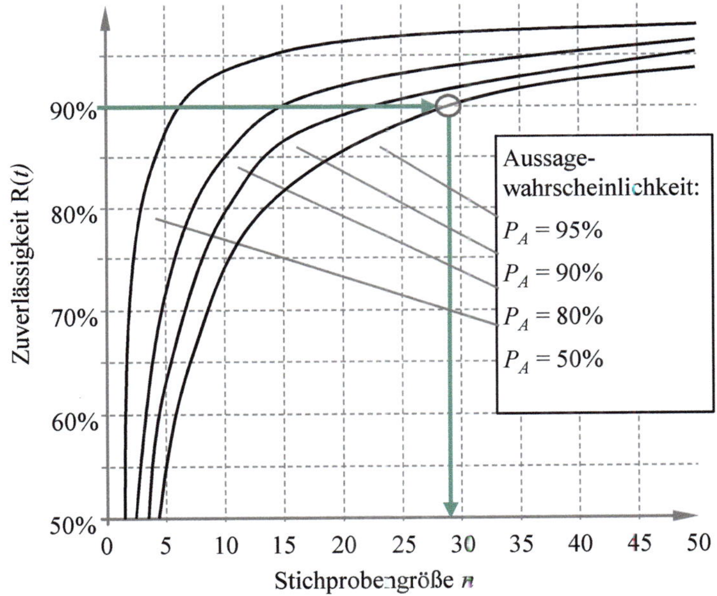

Abb. 8.6 Beispiel zur grafischen Ermittlung der erforderlichen Stichprobengröße mit der Success Run Methode: Je höher die Anforderungen an die Aussagewahrscheinlichkeit ist, also je schärfer diese sein muss, desto geringer ist die zu erwartende Zuverlässigkeit und vice versa.

Bei der mathematischen Berechnung der erforderlichen Mindest-Stichprobengröße wird stets aufgerundet!

8.2.1.2 Weibull und Success Run

Für den Zuverlässigkeitsnachweis ohne Fehler in Bezug auf die Prüfzeiten zwischen beispielsweise Feld und Test, kann die Success Run Formel umgeschrieben werden zu (Annahme Weibull-Gerade ist aus Felddaten oder Labortests bekannt):

$$R^{(n_1+1)\left(\frac{t_1}{t_2}\right)^b} = 1 - P_A \,, \tag{8.8}$$

aufgelöst nach der Prüfzeit t_1:

$$t_1 = t_2 \cdot \left(\frac{\ln(1 - P_A)}{(n_1 + 1)\ln R} \right)^{\frac{1}{b}} \,. \tag{8.9}$$

Dabei gilt:

t_1 = Zu bestimmende Prüfzeit (in h)

n_1 = Anzahl der Prüflinge, die die Zeit t_1 in der Prüfung fehlerfrei überstehen „sollen"

t_2 = Angabe der Lebensdauer (in h), z.B.: B_{10}-Punkt auf der Weibull-Geraden

R = Zuverlässigkeit, z. B.: B_5 Punkt auf der Weibull-Geraden, $R(t) = 1 - F(t) = 95 \% = 0{,}95$

P_A = Wahrscheinlichkeit / Konfidenzgrenze, festgelegter Wert im Unternehmen, z.B. 90 % = 0,9

b = Formparameter der Weibull-Verteilung, oft auch ein empirischer Wert aus Feldausfällen

Damit besteht der Zusammenhang zwischen der Stichprobengröße (n_1), der Testzeit (t_1), dem Vertrauensbereich und der Zuverlässigkeit (R), vorausgesetzt es liegt eine Weibull-Gerade (b) vor.

8.2.1.3 Beispiel zum Success Run

Beispiel 8.2 **Aufgabenstellung:**

- Es wurde ein neues Lager entwickelt. Das neue Lager muss eine B_{10} Lebensdauer von 1.000 h haben. Das Unternehmen hat für alle Entscheidungen ein Vertrauensniveau von 90 % festgelegt. Es stehen nur 10 Lager für die Prüfung zur Verfügung.
- Wie lange müssen 10 Lager ohne Ausfall laufen, um die oben genannte Zuverlässigkeitsanforderung (90 % Zuverlässigkeit bei 1.000 h mit 90 % Vertrauen) zu erfüllen?
- Die Weibull-Steigung liegt bei ähnlichen Lagern in der Vergangenheit zwischen 1,5 und 3, daher wird die Weibull-Steigung mit 1,5 angenommen (konservativ).

Lösung:

- Parameter: $n_1 = 10$, $t_2 = 1.000$, $b = 1,5$, $R = 0,9$ und $P_A = 0,9$
- Formel: $t_1 = t_2 \left(\frac{\ln(1 - P_A)}{(n_1 + 1)\ln R} \right)^{\frac{1}{b}} = 1.000 \left(\frac{\ln(1 - 0,9)}{(10 + 1)\ln 0,9} \right)^{\frac{1}{1,5}} = 1.580\ h$

Daher müssen 10 Lager jeweils 1.580 h (ohne Ausfall) getestet werden, ohne dass ein weiterer Ausfall auftritt, um die Anforderung von $R = 90\ \%$ und $P_A = 90\ \%$ bei 1.000 h zu erfüllen.

8.2.2 Lebensdauerverhältnis

Die Dauer eines Zuverlässigkeitstests steht in direktem Zusammenhang mit der Lebensdauer, die nachgewiesen werden soll. Eine Veränderung der Testdauer, sei es eine Erhöhung oder eine Reduktion, hat signifikante Auswirkungen auf die erforderliche Stichprobengröße, um statistisch valide Ergebnisse zu erzielen.

Bei einer Erhöhung der Testdauer, um eine längere Lebensdauer nachzuweisen, steigt in der Regel die erforderliche Stichprobengröße. Der Grund dafür ist, dass oft geringere Ausfallraten auftreten, was bedeutet, dass mehr Einheiten getestet werden müssen, um eine ausreichende Anzahl von Ausfällen zu beobachten, die eine zuverlässige Schätzung der Lebensdauer ermöglichen. Dies ist besonders relevant, wenn die Ausfallrate über die Zeit abnimmt, wie es bei vielen Produkten nach der anfänglichen „Kinderkrankheiten"-Phase der Fall ist.

Im Gegensatz dazu kann die Fokussierung auf den Nachweis einer kürzeren Lebensdauer zu einer Reduktion der erforderlichen Testdauer und Stichprobengröße führen. Bei Tests, die auf kürzere Lebensabschnitte abzielen, treten Ausfälle erwartungsgemäß schneller auf. Wenn der Test in einer Phase mit erhöhter Ausfallrate des Materials (z.B. Früh- oder Zufallsausfälle) durchgeführt wird, erfordert es weniger Prüflinge, um eine statistisch ausreichende Anzahl von Ausfällen zu erzielen und damit belastbare Aussagen über die Lebensdauer treffen zu können. Dies optimiert den Testaufwand, wenn das Ziel die Absicherung eines definierten Minimums an Lebensdauer ist.

Es ist jedoch wichtig zu beachten, dass die Anpassung der Testdauer auch die Relevanz und Anwendbarkeit der Testergebnisse auf die reale Nutzungssituation beeinflussen kann. Eine zu starke Reduktion der Testdauer könnte dazu führen, dass nicht alle relevanten Ausfallmechanismen erfasst werden, während eine zu lange Testdauer unnötig kosten- und zeitintensiv sein könnte.

> **Anmerkung zur Stress-Erhöhung:**

Ergeben sich aus der Ermittlung der Daten Bedingungen, die eine Durchführung der Tests nicht praktikabel erscheinen lassen, so muss die Prüfzeit durch eine zulässige Stress-Erhöhung reduziert werden. Beispiele sind: Coffin-Manson, Arrhenius, Lawson

Eine Empfehlung für ein Lebensdauerverhältnis liegt beispielsweise im Bereich von 10 bis 100, falls keine Vorinformationen über das Alterungsverhalten vorliegen. Ein zu geringer Beschleunigungsfaktor würde die Testzeit nicht ausreichend verkürzen, während ein zu hoher Beschleunigungsfaktor eine überhöhte Last im Test bedingen und gegebenenfalls neue, im Feld nicht relevante Fehlerbilder erzeugen könnte. Die Herausforderung besteht darin, einen optimalen Beschleunigungsfaktor zu finden, der eine praktikable Testdauer ermöglicht, ohne die Gültigkeit der Alterungsmechanismen zu kompromittieren.

8.2.2.1 Herleitung und Gleichung

Die Herleitung des Lebensdauerverhältnisses auf Basis der Weibullverteilung ermöglicht eine präzise und theoretisch fundierte Schätzung der Produktlebensdauer. Sie berücksichtigt die spezifischen Ausfallmechanismen und die Effekte von beschleunigten Testbedingungen, was zu einer realistischeren und zuverlässigeren Vorhersage der Produktzuverlässigkeit führt.

Die Herleitung des Lebensdauerverhältnisses auf Basis der Weibullverteilung erfolgt in mehreren Schritten:

1. **Bestimmung der Weibull-Parameter unter Normalbedingungen:**
   Zunächst werden die Weibull-Parameter (b, T) unter normalen Nutzungsbedingungen ermittelt. Dies geschieht durch die Analyse von Ausfalldaten, die unter diesen Bedingungen gesammelt wurden und die Anpassung einer Weibull-Verteilung an diese Daten.
2. **Bestimmung der Weibull-Parameter unter beschleunigten Bedingungen:**
   Analog dazu werden die Weibull-Parameter für die beschleunigten Testbedingungen bestimmt. Beschleunigte Tests werden durchgeführt, indem die Betriebsbedingungen (wie Temperatur, Feuchtigkeit, mechanische Belastung) verändert werden, um eine schnellere Ausfallrate zu induzieren.
3. **Berechnung des Lebensdauerverhältnisses (L_V):**
   Das Lebensdauerverhältnis ist das Verhältnis der Lebensdauern unter normalen und beschleunigten Bedingungen. Unter der Annahme, dass der Formparameter (b) unter beiden Bedingungen gleich bleibt (was eine ähnliche Ausfallmechanik impliziert),

kann das Lebensdauerverhältnis durch das Verhältnis der Skalenparameter (T) unter normalen (T_{normal}) und beschleunigten ($T_{\text{beschleunigt}}$) Bedingungen mit dem Verhältnis der Prüfzeit (t_p) zu der zum Beispiel geforderten Einsatzzeit (t) ausgedrückt werden:

$$L_V = \left(\frac{T_{\text{normal}}}{T_{\text{beschleunigt}}} \right) = \frac{t_p}{t} \qquad (8.10)$$

Dies bedeutet für die Herleitung der Formel (mit und ohne ausfallfreie Zeit t_0):

$$R(t) = e^{-\left(\frac{t}{T}\right)^b} \qquad\qquad R(t) = e^{-\left(\frac{t-t_0}{T-T_0}\right)^b} \qquad (8.11)$$

$$\frac{\ln R(t_p)}{\ln R(t)} = \left(\frac{t_p}{t}\right)^b = L_v^b \qquad\qquad \frac{\ln R(t_p)}{\ln R(t)} = \left(\frac{t_p - t_0}{t - t_0}\right)^b = L_v^b \qquad (8.12)$$

das Lebendauerverhältnis kann wie folgt beschrieben werden:

$$L_v = \frac{t_p}{t} \qquad L_v = \frac{t_p - t_0}{t - t_0} . \qquad (8.13)$$

Eingesetzt in die Success Run Gleichung:

$$R(t) = (1 - P_A)^{\frac{1}{(L_V)^{b} \cdot n}} , \qquad (8.14)$$

aufgelöst nach der Stichprobengröße:

$$n = \frac{\left(\frac{T}{t}\right)^b \ln(1 - P_A)}{\ln R(t)} . \qquad (8.15)$$

sowie nach dem Lebendauerverhältnis:

$$L_V = \left(\frac{\ln(1 - P_A)}{n \cdot \ln R(t)} \right)^{\frac{1}{b}} . \qquad (8.16)$$

> **Anmerkung:**

Der Formparameter b der Weibull-Verteilung muss bei normalen und bei beschleunigten Bedingungen der gleiche sein, da auch der gleiche Schaden- bzw. Fehlermechanismus vorliegen muss. Bei unterschiedlich auftretenden Mechanismen wird nicht der Einzelmechanismus betrachtet, sondern das ganze Aggregat oder das gesamte System.

Mit dem berechneten L_V kann nun die erwartete Lebensdauer unter normalen Bedingungen vorhergesagt werden, basierend auf den Ergebnissen der beschleunigten Tests. Dies ist besonders nützlich, um die Langzeitperformance von Produkten zu schätzen, ohne dass langwierige Tests unter normalen Bedingungen durchgeführt werden müssen.

Die zwei Diagramme in Abb. 8.7 zeigen den Zusammenhang des Lebensdauerverhältnisses mit der Anzahl der Stichprobe respektive:

- der Zuverlässigkeit und
- der Aussagesicherheit

auf Basis der Success Run Gleichung.

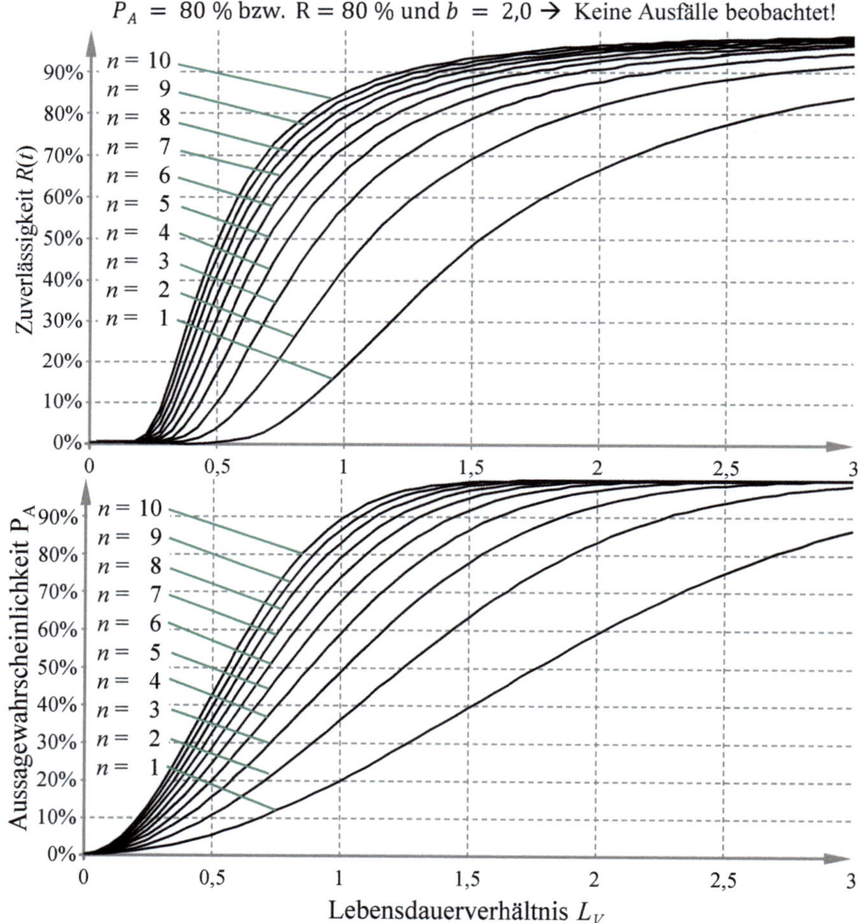

Abb. 8.7 Zusammenhang Lebensdauerverhältnis in Abhängigkeit der Zuverlässigkeit (oben) und der Aussagewahrscheinlichkeit beziehungsweise Aussagesicherheit (unten) jeweils bei 80 % bei unterschiedlichen Stichprobengrößen (nach [1]).

Eine Erhöhung der Prüfdauer t_P bei konstanter Zuverlässigkeit $R(t)$ und Aussage-wahrscheinlichkeit P_A führt zu einer Verringerung des erforderlichen Stichproben-umfangs n und umgekehrt.

Abschließend sei angemerkt, dass die notwendige Testzeit für Zuverlässigkeitsnachweise maßgeblich von Parametern wie der geforderten Zuverlässigkeit (R), der gewünschten statistischen Sicherheit (P_A), der Stichprobengröße (n) und dem Formparameter (β) der Lebensdauerverteilung beeinflusst wird.

Das Verhältnis der benötigten Testzeit ohne statistische Auswertung von Ausfällen (wie bei reinen Success Runs) zu der mit statistischer Auswertung (die auch Ausfälle einbezieht) sollte aus Erfahrung maximal 3:1 betragen. Das bedeutet, dass durch den gezielten Einsatz von Statistik die erforderliche Testzeit höchstens um den Faktor 3 reduziert werden kann, um eine vergleichbare Aussage zur Lebensdauer oder Zu-verlässigkeit zu treffen. Eine höhere angenommene „Zeitverkürzung" durch Statistik wäre aus praktischer Erfahrung oder konservativer Sicht zu optimistisch und könnte die Robustheit der Ergebnisse gefährden.

Zudem ist es nicht sinnvoll, bei Bauteilen oder Systemen, die einem Degradationspro-zess unterliegen, ausschließlich einen funktionalen Sicherheitsansatz zu verfolgen, der nur „geht" oder „geht nicht" kennt. Stattdessen sollten deren schleichender Verschleiß und Lebensdauermodelle berücksichtigt werden, da diese nicht über rein binäre Sicherheits-funktionen abgebildet werden können.

8.2.2.2 Beispiel zum Lebensdauerverhältnis

Beispiel 8.3 Bestimmung der Versuchsdauer und der Anzahl der Proben auf Basis folgen-der Bedingungen:

Gegeben:	Budget für Lebensdauerprüfung von $40.000\ km$ ohne Ausfall $b = 2{,}0$ (angenommen aus Erfahrung mit Vorgängerprojekten)
Gesucht:	Anzahl der Prüflinge n für den am besten geeigneten und wirt-schaftlichsten Test mit $R(t) = 80\ \%$ und $P_A = 80\ \%$
Lösung:	1. $b = 2{,}0$ und $R(t) = 80\ \%$ vergleiche Diagramm oben in Abb. 8.7 2. $b = 2{,}0$ und $P_A = 80\ \%$ vergleiche Diagramm unten in Abb. 8.7
Annahme:	Kostengünstigster Test mit $n = 1$, da nur 1 Probe, 1 Test und 1 Person erforderlich

Vorgehen zur Bestimmung des Lebensdauerverhältnisses (siehe auch Abb. 8.8):

1. Bei der Markierung R oder $P_A = 80\ \%$ nach rechts
2. Schnittpunkt beim gewünschten n-Wert
3. Senkrechte der Schnittpunkte zur Abszisse

4. Ablesen des Lebensdauerverhältnisses von $L_V = 2{,}7$

Somit kann die erforderliche Testdauer bestimmt werden:

$$t_p = 2{,}7 \cdot 40.000 \; km = 108.000 \; km \; .$$

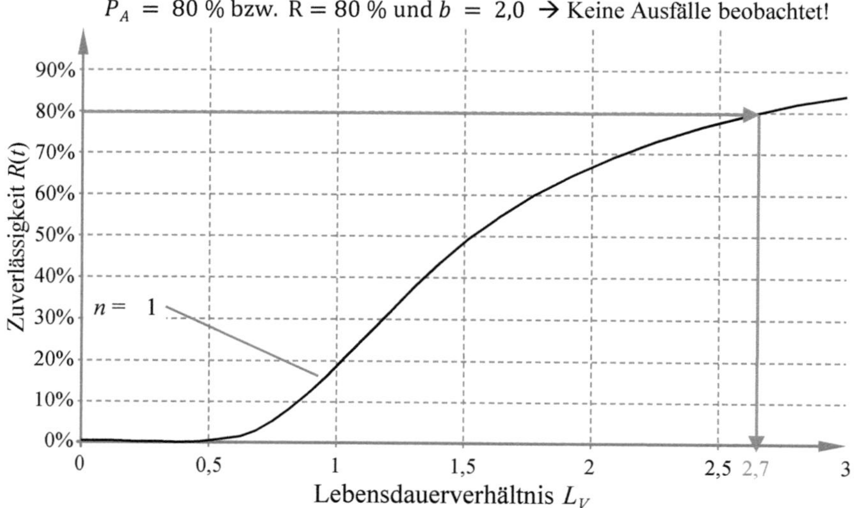

Abb. 8.8 Beispiel zur Bestimmung des Lebensdauerverhältnisses nach [1]

8.2.3 Zensierte Tests

Zensierte Lebensdauertests sind eine wichtige Methode zur Bewertung der Zuverlässigkeit, insbesondere wenn die genaue Lebensdauer nicht vollständig beobachtet werden kann. Es gibt verschiedene Arten von zensierten Lebensdauertests, die in verschiedenen Anwendungen eingesetzt werden. Hier sind einige der gängigsten zensierten Lebensdauertests und ihre Definitionen:

1. **Rechtszensierung:**
   Bei einem rechtszensierten Lebensdauertest wird die Beobachtungsdauer für einige Proben vorzeitig beendet, ohne dass ein Ausfall auftritt. Die genaue Lebensdauer dieser Proben ist unbekannt, da sie über das Ende der Beobachtungszeit hinaus weiter funktionieren könnten. Rechtszensur tritt häufig auf, wenn ein Test zu einem bestimmten Zeitpunkt endet, unabhängig davon, ob ein Ausfall aufgetreten ist.
2. **Linkszensierung:**
   Bei einem linkszensierten Lebensdauertest sind die genauen Ausfallzeiten einiger

Proben unbekannt, da sie vor Beginn des Tests bereits ausgefallen sind. Dies kann auftreten, wenn Proben bereits vor dem Testzeitraum ausfallen, und daher ihre tatsächliche Lebensdauer nicht vollständig beobachtet werden kann.

3. **Intervallzensierung:**
   Bei einem intervallzensierten Lebensdauertest ist die genaue Ausfallzeit einer Probe innerhalb eines bestimmten Intervalls bekannt, aber nicht auf den genauen Zeitpunkt festgelegt. Dies tritt auf, wenn die Beobachtung der Lebensdauer nur in diskreten Zeitintervallen erfolgt, anstatt kontinuierlich zu sein.

4. **Typ-I-Zensierung:**
   Bei einem Typ-I-zensierten Lebensdauertest wird die Beobachtung für alle Proben zum selben Zeitpunkt beendet, unabhängig davon, ob ein Ausfall aufgetreten ist. Dies ist typisch für Tests, die für eine festgelegte Zeitdauer durchgeführt werden.

5. **Typ-II-Zensierung:**
   Bei einem Typ-II-zensierten Lebensdauertest wird die Beobachtung für jede Probe beendet, sobald ein Ausfall auftritt. Dies bedeutet, dass die genaue Lebensdauer der Proben, die bis zum Testende überleben, unbekannt bleibt.

6. **Multiple Zensierung:**
   Multiple Zensierung weisen in der eine Lebensdauertests-Stichprobe gleichzeitig mehrere Arten von Zensierung auf. Das bedeutet, dass die Beobachtungen in der Stichprobe sowohl rechtszensiert, linkszensiert oder intervallzensiert sein können.

Im Folgenden werden Typ-I, Typ-II und Multiple Zensierung näher betrachtet, siehe Abb. 8.9 und Tab. 8.1. Abb. 8.9 zeigt die Unterschiede dieser drei Zensierungtypen schematisch, wie die Prüflingsentnahme erfolgt. Tab. 8.1 stellt die Zensierungstypen gegenüber. Für den Typ-I und Typ-II Zensierung ist die Grundvoraussetzung, dass die Laufzeit aller ausgefallenen Einheiten stets größer als die Laufzeit der letzten ausgefallenen Einheit ist. In diesem Fall kann bereits mit den ausgefallenen Laufzeiten mittels Medianrangformel die Weibull-Gerade für geringe Ausfallzeiten bestimmt werden, was meistens der interessante Bereich des Zuverlässigkeitsnachweises ist.

Bei der Multiplen Zensierung sind drei Fälle zu unterscheiden:

1. die Lebensdauermerkmale (Laufleistung) sind nicht bekannt,
2. die Lebensdauermerkmale (Laufleistung) sind bekannt und
3. die Einheiten liegen in Form einer „Kilometerverteilung" vor.

Im ersten Fall kann die Methode des Sudden Death herangezogen werden, siehe Kapitel 8.2.4. Im zweiten Fall dient die Methode zur Bewertung unter variablen Bedingungen. Im letzten Fall drei dient das Verfahren zur Berücksichtigung von noch nicht eingetretenen Ereignissen in der Routen-Verteilung.

8.2.4 Sudden Death

Beim Sudden Death-Verfahren handelt es sich um eine Methode zur Bestimmung der Mindestzuverlässigkeit eines Produkts oder Systems, bei der die Testeinheiten nur bis zum

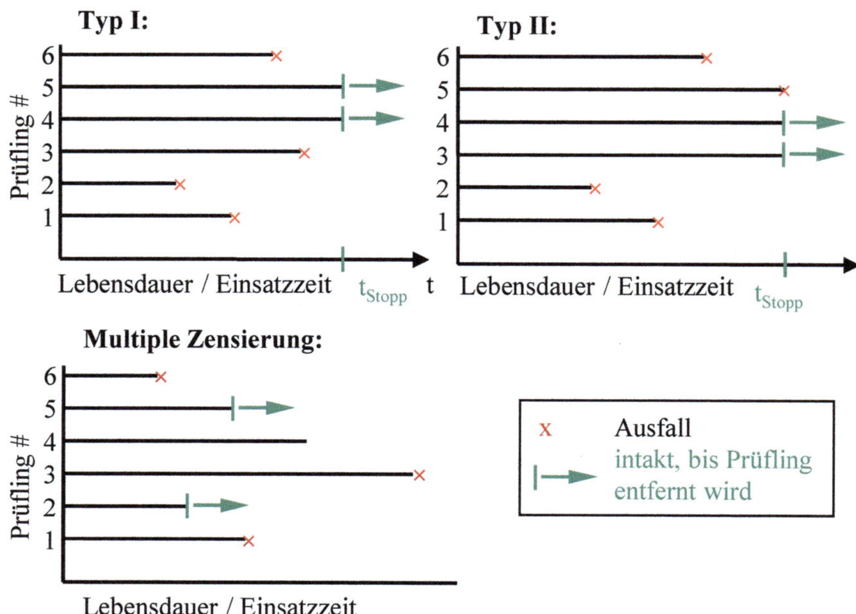

Abb. 8.9 Übersicht zur Unterscheidung zwischen Typ-I, Typ-II sowie Multiple Zensierung

Tab. 8.1 Übersicht Zensierungstyp I, II und Multiple Zensierung (unvollständige Ausfalldaten)

Zensierungstyp	Eigenschaft	Umsetzung
Typ-I und Typ-II Zensierung	Die Lebensdauermerkmale (z.B. Laufzeiten) aller nicht ausgefallenen Einheiten sind größer als die Lebensdauermerkmale der letzten ausgefallenen Einheit r	Medianrangformel
Multiple Zensierung	Die Lebensdauermerkmale (z.B. Laufzeiten) der nicht ausgefallenen Einheiten sind nicht bekannt.	Sudden Death
	Die Lebensdauermerkmale (z.B. Laufzeiten) der nicht ausgefallenen Einheiten sind bekannt	Methode zur Berücksichtigung von Ereignissen, die noch nicht eingetreten sind (Bewertung unter variablen Bedingungen)
	Informationen über die nicht ausgefallenen Einheiten sind in Form der „Kilometerverteilung" verfügbar	Verfahren zur Berücksichtigung von noch nicht eingetretenen Ereignissen in der Routenverteilung

ersten Anzeichen eines Fehlers geprüft werden. Dieses Verfahren wird oft in Situationen angewendet, in denen eine schnelle Bewertung der Zuverlässigkeit erforderlich ist, insbesondere wenn die genaue Lebensdauer der Produkte nicht vollständig beobachtet werden kann. Das prinzipielle Vorgehen kann wie folgt in vier Schritten ablaufen:

1. Auswahl der Testeinheit
2. Durchführung des Tests
3. Beobachtung des Verhaltens
4. Bewertung der Mindestzuverlässigkeit

Zunächst werden eine oder mehrere Testeinheiten aus der zu untersuchenden Stichprobe ausgewählt. Die Anzahl der Testeinheiten hängt von den Anforderungen der Zuverlässigkeitsbewertung und den verfügbaren Ressourcen ab. Die ausgewählten Testeinheiten werden unter den vorgesehenen Betriebsbedingungen oder Belastungen betrieben, um ihr Verhalten und ihre Zuverlässigkeit zu bewerten. Der Test kann unter beschleunigten Bedingungen durchgeführt werden, um die Ausfallrate zu erhöhen und somit schneller zu einer Bewertung zu gelangen. Die Testeinheiten werden kontinuierlich überwacht, um Anzeichen von Fehlern oder Ausfällen zu identifizieren. Beim Sudden Death-Verfahren wird der Test beendet, sobald bei einer der Testeinheiten ein Ausfall auftritt. Die Mindestzuverlässigkeit des Produkts wird anhand des ersten beobachteten Ausfalls bestimmt. Dieser Ausfall definiert die Mindestlebensdauer oder die Mindestzuverlässigkeit des Produkts unter den getesteten Bedingungen.

> Das Sudden Death Verfahren gilt ausschließlich für die Auswertung von Test- und nicht für Felddaten.

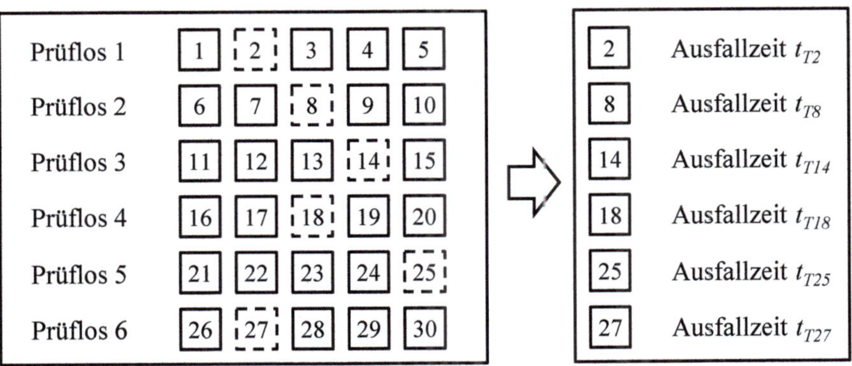

Abb. 8.10 Beispiel zur Auswertemethode Sudden Death anhand 30 Prüflingen zu 6 Prüflose mit je 5 Prüflinge nach [1]

Abb. 8.10 zeigt ein Beispiel zur Auswertung der Mindestzuverlässigkeit anhand 30 Prüflingen, die zu 6 Prüflosen mit je 5 Prüflingen zusammengesetzt wurden. Die Stichproben wurden zufällig gezogen. Die Idee ist nun, die ersten Ausfälle je Prüflos zu nehmen und deren Laufzeiten in eine Reihenfolge zu bringen:

$$t_{T8} < t_{T27} < t_{T14} < t_{T2} < t_{T18} < t_{T25} \, .$$

Die Versuche werden nicht weiter gefahren. Es gibt zwei Möglichkeiten die Auswertung mittels Sudden Death durchzuführen: graphisch und rechnerisch.

8.2.4.1 Grafische Auswertung mittels Sudden Death

Der Ablauf für die grafische Auswertung eines Tests mittels Sudden Death erfolgt wie folgt:

1. Lebensdauerwerte werden in aufsteigender Reihenfolge geordnet
2. Jedem dieser Ausfälle wird der Median des Rangwertes zugeordnet

$$F(t_i) \approx \frac{i - 0,3}{m + 0,4} \tag{8.17}$$

    mit m Anzahl der Prüflose, daraus ergibt sich **die Gerade der ersten Fehler**.
3. Steigung der Geraden (oder Formparameter b) der Erstausfälle entspricht dem Formparameter der Gesamtverteilung
   Verschiebung der Geraden der ersten Ausfälle nach rechts
4. Verschiebung der Geraden der ersten Ausfälle:

   - Ermittlung und Darstellung der Wahrscheinlichkeit F_1^* für den Erstausfall des Prüfloses

$$F_1^* \approx \frac{0,7}{k + 0,4} \tag{8.18}$$

    mit k als Anzahl der Prüflinge im Prüflos
   - Median als repräsentativer Wert für den Erstausfall: senkrechte Linie durch den Schnittpunkt der 50 %-Linie mit der Geraden der Erstausfälle
     Schnittpunkt ergibt einen Punkt der Gesamtverteilung
   - Parallelverschiebung der Geraden der Erstausfälle durch den Punkt
     Gerade der gesamten Stichprobe

Mit dieser Vorgehensweise zurück zum Beispiel mit:

$$m = 6, k = 5, F_1^* = 12,9\,\%$$

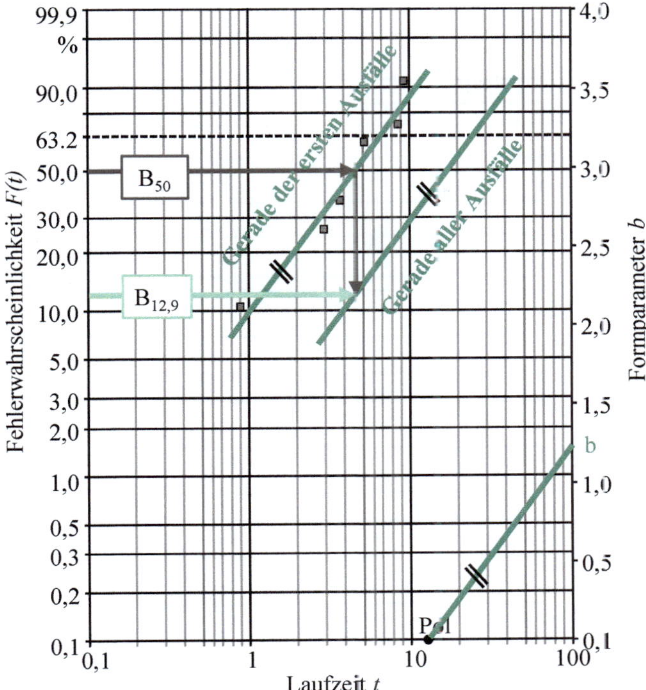

Abb. 8.11 Beispiel zur Auswertemethode Sudden Death anhand 30 Prüflingen zu 6 Prüflose mit je 5 Prüflinge - Fortführung (nach [1])

Mit den ersten Ausfällen kann jetzt der Formparameter b bestimmt werden, siehe Abb. 8.11. Im nächsten Schritt werden mit den ersten Ausfällen auf dem Niveau der ersten Fehlerwahrscheinlichkeit F_1^* mittels den Laufleistungen der ersten Ausfälle je Los die weiteren Ausfallgeraden bestimmt und eingezeichnet. Die nun letztendlich resultierende Mediankurve repräsentiert final die Ausfallkurve der gesamten Stichprobe, siehe Abb. 8.12.

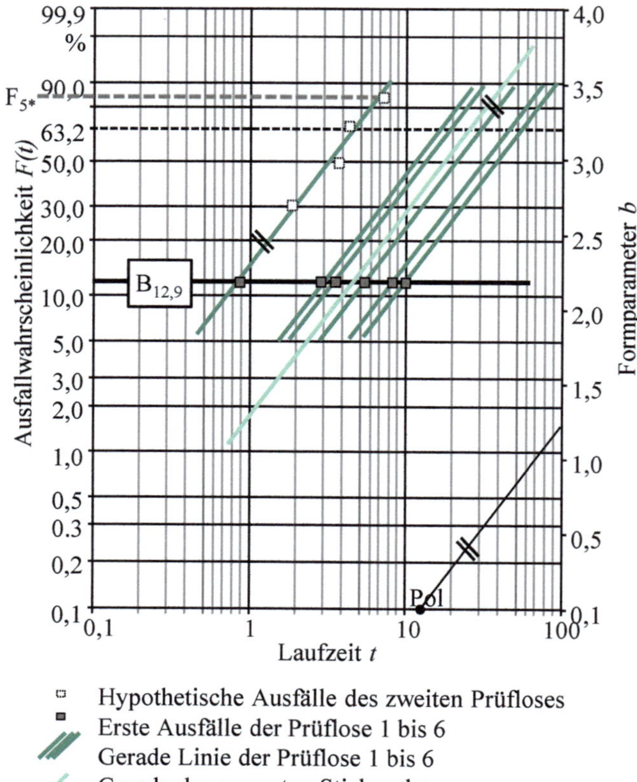

Abb. 8.12 Beispiel zur Auswertemethode Sudden Death anhand 30 Prüflingen zu 6 Prüflose mit je 5 Prüflinge - Fortführung (nach [1])

8.2.4.2 Rechnerische Auswertung mittels Sudden Death

Die Abfolge zur rechnerischen Auswertung ist wie folgt:

1. Die Ausfallzeiten nach ihrer Größe ordnen: $t_1 < t_2 < t_3 < t_4 < \dots$
2. Mittleren Rang $j(t_i)$ und Wachstum $N(t_i)$ bestimmen:

$$j(t_i) = j(t_{i-1}) + N(t_i) \tag{8.19}$$

mit $j(0) = 0$.
Vergrößern von $N(t_i)$ mithilfe der folgenden/vorhergehenden Teile: Anzahl der nachfolgenden Teile = n - Anzahl aller vorherigen Teile.

$$N(t_i) = \frac{n + 1 - j(t_{i-1})}{1 + \text{Anzahl nachfolgende Teile}} \text{ oder} \tag{8.20}$$

$$N(t_i) = \frac{n + 1 - j(t_{i-1})}{1 + (n - \text{Anzahl vorherige Teile})}. \tag{8.21}$$

3. Berechnung der Ausfallwahrscheinlichkeiten (nach der Medianrangmethode):

$$F(t_i) \approx \frac{j(t_i) - 0{,}3}{n + 0{,}4}. \tag{8.22}$$

4. Das weitere Vorgehen entspricht der Auswertung im Weibull- Wahrscheinlichkeitsnetz (vollständiger Test).

Nun zurück zum Beispiel:

1. Die Ausfallzeiten nach ihrer Größe ordnen:

$$t_{T8} < t_{T27} < t_{T14} < t_{T2} < t_{T18} < t_{25} \rightarrow t_1 < t_2 < t_3 < t_4 < t_5 < t_6 \tag{8.23}$$

2. Mittleren Rang $j(t_i)$ und Wachstum $N(t_i)$ bestimmen:

$$N(t_i) = \frac{n + 1 - j(t_{i-1})}{1 + \text{Anzahl nachfolgende Teile}}$$

$$N(t_1) = \frac{30 + 1 - 0}{1 + 30 - 5} = 1{,}0$$

$$N(t_2) = \frac{30 + 1 - 1{,}0}{1 + 30 - 5} = 1{,}15$$

$$N(t_3) = \frac{30 + 1 - 2{,}15}{1 + 30 - 10} = 1{,}37$$

$$N(t_4) = \ldots$$

ergibt:

$$j(t_i) = j(t_{i-1}) + N(t_i)$$

$$j_0 = 0$$

$$j_1 = 0 + 1{,}0 = 1{,}0$$

$$j_2 = 1{,}0 + 1{,}15 = 2{,}15$$

$$j_3 = 2{,}15 + 1{,}37 = 3{,}52$$

$$j_4 = \ldots$$

3. Berechnung der Ausfallwahrscheinlichkeiten (nach der Medianrangmethode):

$$F(t_i) \approx \frac{j(t_i) - 0,3}{n + 0,4}$$

$$F(t_1) = \frac{1 - 0,3}{5 + 0,4} = 0,1296 \approx 13,0\ \%$$

$$F(t_2) = \frac{2,15 - 0,3}{5,4} = 0,3426 \approx 34,3\ \%$$

$$F(t_3) = \frac{3,52 - 0,3}{5,4} = 0,5963 \approx 59,6\%$$

$$F(t_4) = \ldots$$

4. Das weitere Vorgehen entspricht der Auswertung im Weibull-Wahrscheinlichkeitsnetz
   (vollständiger Test).

8.2.5 Verallgemeinerung für Ausfälle während des Tests

Das Larson[1]-Nomogramm ist ein Diagramm, das verwendet wird, um die Wahrscheinlichkeit zu bestimmen, wenn ein Produkt oder ein System bei einem Success-Run-Test fehlschlägt oder besteht. Es basiert auf der Idee, dass die Wahrscheinlichkeit eines erfolgreichen Durchlaufs von n aufeinanderfolgenden Versuchen berechnet werden kann, wenn die Ausfallwahrscheinlichkeit pro Versuch bekannt ist. Die Grundidee liegt darin bei der Binomial-Verteilung mit der folgenden Wahrscheinlichkeit:

$$P_A = 1 - \sum_{i=0}^{x} \binom{n}{i} \cdot (1 - R(t))^i \cdot R(t)^{n-i}, \tag{8.24}$$

mit Anzahl der Fehler x und Anzahl der Stichprobengröße n. Beim ersten Ausfall $x = 1$ gilt somit:

$$P_A = 1 - (1 - R(t))^n \cdot R(t)^{n-1}. \tag{8.25}$$

Die Lösung dieser Gleichung kann anhand des Larson-Nomogramms erfolgen, vergleiche Abb. 8.13.

Anwendung des Larson-Nomogramms:

1. **Achsen und Skalen:** Das Nomogramm besteht aus verschiedenen Achsen und Skalen, die die relevanten Parameter darstellen. Typischerweise umfasst dies die Zuverlässigkeit (R), die Aussagesicherheit (P_A), die Anzahl der Ausfälle innerhalb der Stichprobe (n) und die Stichprobengröße (n). Eine Besonderheit ist die Berücksichtigung von Ausfällen innerhalb der Stichprobe (x).
2. **Ablesen der Zuverlässigkeit:** Durch die Kombination der bekannten Werte (zum Beispiel die Aussagewahrscheinlichkeit und die Anzahl der erforderlichen Stichproben)

---

[1] Harry R. Larson (*24. September 1910 - † 22. Januar 2004): Amerikanischer Ingenieur und Wissenschaftler. Mit seinen anwendungsorientierten Nomogrammen lieferte er grafische Hilfsmittel um komplexe, statistische Analysen durchzuführen.

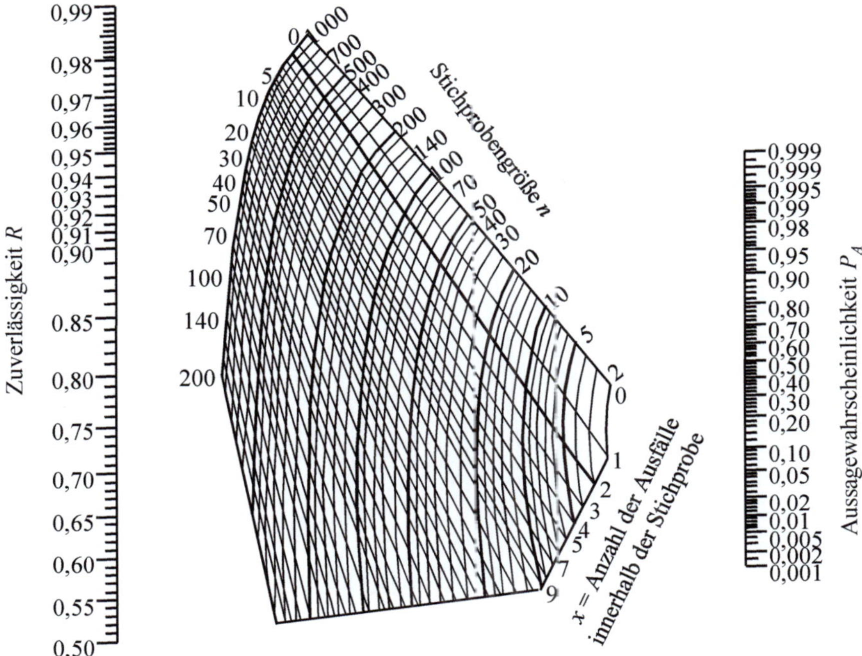

Abb. 8.13 Das Larson-Nomogramm zur Anwendung von Ausfällen bei einem geplanten Success Run Tests

kann die entsprechende Zuverlässigkeit abgelesen werden. Dies geschieht durch das Zeichnen von Linien, um die entsprechenden Punkte auf den Achsen zu verbinden.

3. **Berechnungen:** Die grafische Darstellung ermöglicht eine schnelle und einfache Auswertung ohne die Notwendigkeit komplexer mathematischer Formeln, wie zum Beispiel Gleichung 8.24.

Ein Beispiel dazu: Bei einer geforderten Aussagesicherheit von $P_A = 90\,\%$, einem Stichprobenumfang von $n = 20$ ist die noch zu erreichende Zuverlässigkeit nach bereits zwei Ausfällen ($x = 2$) zu bestimmen, vergleiche Abb. 8.14. Daraus ergibt sich eine Zuverlässigkeit von $R = 0,75$.

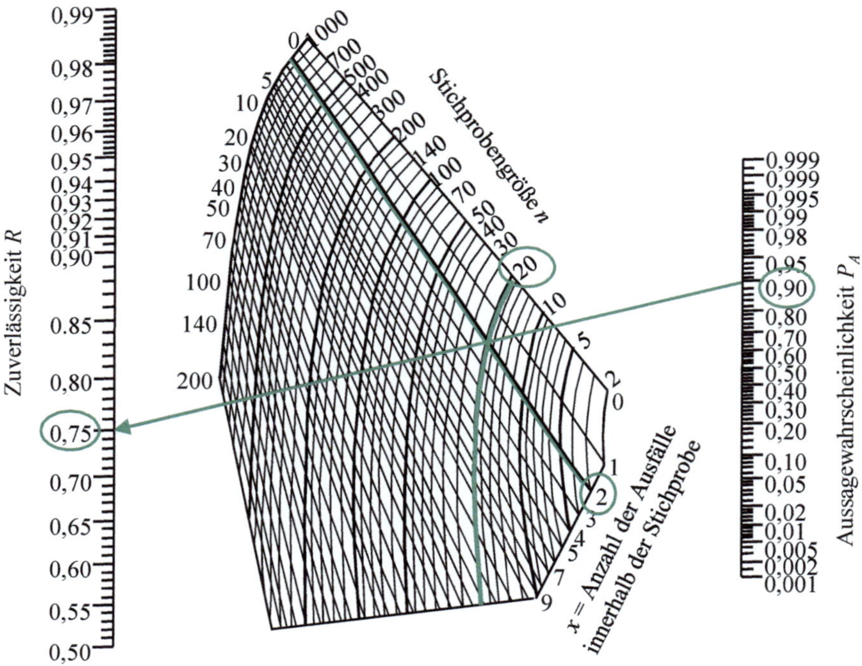

Abb. 8.14 Ein Beipsiel fü das Larson-Nomogramm zur Anwendung von Ausfällen bei einem geplanten Success Run Tests

8.3 Andere, beschleunigte Testverfahren

Andere, beschleunigte Testverfahren bieten fortschrittliche Möglichkeiten, die Zuverlässigkeit und Lebensdauer von Produkten unter simulierten extremen Bedingungen zu evaluieren. In Kapitel 2.4 wurde bereits eine Übersicht der durchzuführenden Tests und in Abb. 2.14 eine Einordnung der potenziellen Zuverlässigkeitstests zur jeweiligen Entwicklungsphase gegeben. Nun wird näher auf diese Tests eingegangen.

8.3.1 Step-Stress Methode

Die Methode wurde von Wayne Nelson[2] entwickelt. Bei dieser Methode wird die Belastung nach jedem Ausfall schrittweise erhöht, um die Prüfzeit zu verkürzen. Es ist wichtig, dass sich der Versagensmechanismus nicht ändert, damit die Steigung der Weibull-Kurve erhalten bleibt, vergleiche dazu Abb. 8.15. Nach der Auswertung der Versagensdaten wird

---

[2] Wayne Nelson (geboren 1936) studierte Physik und arbeite von 1965 bis 1989 bei General Electric in der Entwicklung. Aktuell arbeitet er als privater Berater und Rechtsexperte im Bereich der statistischen Analyse und Modellierung von Daten in vielen Branchen.

die ursprüngliche Verteilung neu berechnet. Die Methode ist vor allem für elektrische und elektronische Bauteile geeignet, manchmal auch für elektromechanische Bauteile, aber weniger für mechanische Bauteile. Sie kann jedoch in Fällen extremer Zeitknappheit und zum Vergleich von Varianten eingesetzt werden, vorausgesetzt der Zusammenhang zwischen Belastung und Lebensdauer ist bekannt.

Ziel: Signifikante Verkürzung der Prüfzeit bei Lebensdauertests durch beschleunigte Alterung und schnelle Provokation von Ausfällen.

Vorgehensweise: Die Belastung wird schrittweise erhöht, typischerweise nach jedem Ausfall eines Prüflings. Nach der Auswertung der Versagensdaten wird die ursprüngliche Lebensdauerverteilung (z.B. Weibull) neu berechnet.

Belastungsniveau: Wird stufenweise gesteigert.

Prüfungsart: Zerstörende Prüfung

Besonderheit:
- Der Versagensmechanismus darf sich unter erhöhter Belastung nicht ändern (Steigung der Weibull-Kurve muss erhalten bleiben).

- Vor allem elektrische und elektronische Bauteile, seltener für mechanische.

- Besonders bei extremer Zeitknappheit und zum Vergleich von Varianten.

- Der Zusammenhang zwischen Belastung und Lebensdauer muss bekannt sein.

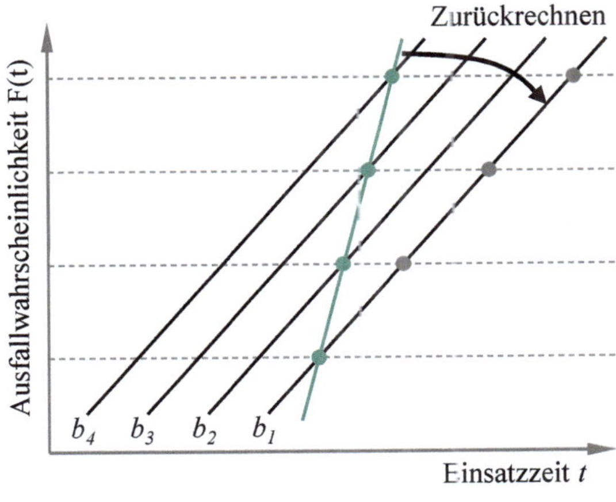

Abb. 8.15 Prinzip der Step-Stress Methode

8.3.2 Highly Accelerated Life Test (HALT)

Bei der Design Validierung wird diese Methode gerne angewandt. Wohingegen bei der Prozess Validierung die sogenannte Highly Accelerated Stress Screening (HASS) angewandt wird. Dies wird in Kapitel 11.4 näher besprochen. Bei HALT werden Produkte extremen Umweltbedingungen ausgesetzt, wie beispielsweise Temperaturen, Vibrationen und anderen Stressfaktoren. Im Gegensatz zur herkömmlichen Lebensdauerprüfung, die auf statistischen Annahmen basiert, konzentriert sich HALT darauf, die Grenzen eines Produkts zu finden, um es robuster und widerstandsfähiger zu machen. Abb. 8.16 zeigt den schematischen Ablauf dieser Methode.

Ziel:	Erhöhung der Produktzuverlässigkeit durch Erkennung und Beseitigung von Schwachstellen/Fehlertypen
Vorgehensweise:	Iteratives Verfahren (Test-Fix-Test); extrem hohe Belastungen provozieren Produktausfälle, um Schwachstellen zu erkennen und zu beseitigen
Belastungsniveau:	Deutlich über den normalen Betriebsbedingungen, die Intensität der Belastung wird schrittweise bis zum Ausfall erhöht
Prüfungsart:	Zerstörende Prüfung
Besonderheit:	- Keine quantitative Zuverlässigkeitsaussage möglich! - Belastungsarten sind hauptsächlich Temperatur und Vibration

Die Ergebnisse von HALT müssen in die konstruktiven Entwürfe für Nachfolger, die Fertigungsprozesse und die Ermittlung von Prüflastprofilen einfließen.

HALT wird als eine hoch-effektive Methode verstanden, mit der Konstruktions- und Fertigungsfehler aufgedeckt werden, Konstruktionsgrenzen ermittelt und erweitert werden, die Produktzuverlässigkeit erhöht wird, Entwicklungszeit verkürzt und die Auswirkungen von Änderungen bewertet werden sollen.

> **Nachteil**

Es ist nicht möglich, Zuverlässigkeitswerte im Rahmen von HALT auf der Basis von Statistiken zu prognostizieren.

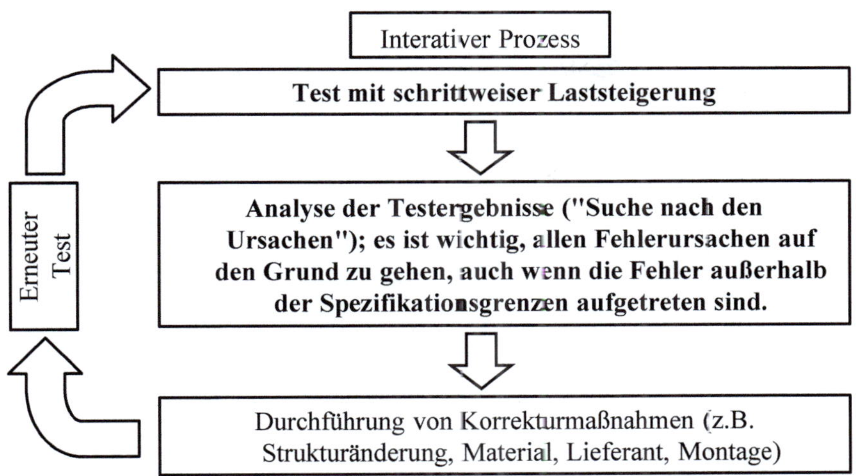

Abb. 8.16 Prinzip der HALT Methode

8.3.3 Lifetime Test (LT)

Der Lifetime Test ist eine Methode, bei der Produkte oder Materialien unter verschiedenen Belastungen und Umweltbedingungen über einen längeren Zeitraum getestet werden, um ihre Lebensdauer zu bewerten. Dieser Test kann unter realen Bedingungen oder in beschleunigten Testumgebungen durchgeführt werden, um die Reaktion des Produkts auf verschiedene Stressfaktoren zu beobachten. Während des Tests werden Daten über die Leistung und den Zustand des Produkts gesammelt, um die Zeit bis zum Versagen oder die Abnahme der Leistungsfähigkeit zu bestimmen. Den Zusammenhang zwischen Stresslevel und Einsatzzeit beschreibt Abb. 8.17.

Ziel:	- Bestimmung der Versagensverteilung
	- Bestimmung der Versagensmechanismen
	- Bestimmung optimaler Entwurfsalternativen
	- Bestätigung einer Entwurfsänderung
Vorgehensweise:	Test bis zum Versagen
Belastungsniveau:	Belastung unter Betriebsbedingungen
Prüfungsart:	Zerstörende Prüfung
Besonderheit:	-

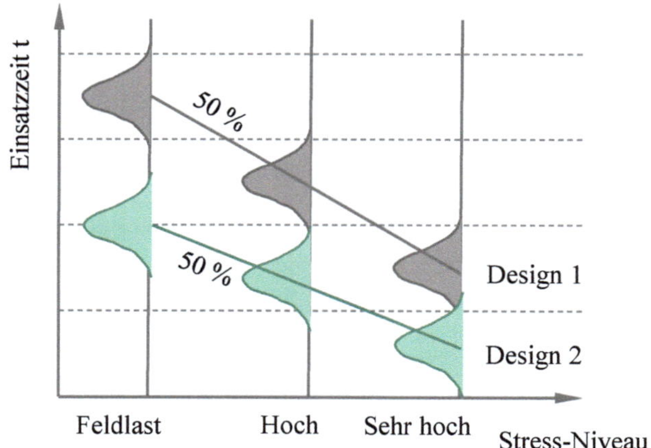

Abb. 8.17 Prinzip des Lifetime Tests

8.3.4 Accelerated Lifetime Test (ALT)

Der Accelerated Lifetime Test ist eine Methode, bei der Produkte oder Materialien unter extremen Bedingungen getestet werden, um ihre Lebensdauer unter beschleunigten Bedingungen zu bewerten. Im Gegensatz dazu bezieht sich der Lifetime Test auf die Bewertung der Lebensdauer unter normalen oder realen Bedingungen. Während der Accelerated Lifetime Test darauf abzielt, die Reaktion des Produkts auf extreme Stressfaktoren zu beobachten und die Lebensdauer unter beschleunigten Bedingungen zu bewerten, konzentriert sich der Lifetime Test auf die Bewertung der Lebensdauer unter normalen Betriebsbedingungen.

Ziel:	siehe Life Test nur Verkürzung der Testzeit
Vorgehensweise:	Zensur: Typ 1 / Typ 2 / Multiple Zensierung, siehe auch Sudden Death Test
	- Ereigniskompression: Erhöhung der Testfrequenz
	- Zeitkompression: Inbetriebnahme von nicht schädigenden Lebensdauer-Komponenten
	- Belastungserhöhung (Lebensdauer-Modell erforderlich)
Belastungsniveau:	Je nach Ansatz; auf Betriebsniveau, allmählich erhöht oder ständig erhöht
Prüfungsart:	Zerstörende Prüfung
Besonderheit:	-

8.3.5 Reliability Demonstration Test (RDT)

Der Reliability Demonstration Test (RDT) ist ein Testverfahren, das verwendet wird, um die Zuverlässigkeit eines Produkts zu demonstrieren. Dieser Test wird typischerweise durchgeführt, um sicherzustellen, dass ein Produkt die spezifizierten Zuverlässigkeitsanforderungen erfüllt, bevor es auf den Markt gebracht wird. Während des RDT werden Produkte unter realen oder beschleunigten Bedingungen getestet, um ihre Leistung und Zuverlässigkeit zu bewerten. Der Zweck des RDT besteht darin, das Vertrauen in die Zuverlässigkeit und Leistungsfähigkeit des Produkts zu stärken, indem nachgewiesen wird, dass es den Anforderungen und Erwartungen der Kunden entspricht.

Ziel:	Nachweis, dass das Produkt mindestens die geforderte Zuverlässigkeit erreicht
Vorgehensweise:	- Erfolgsprüfung (Success Run); eine definierte Anzahl von Prüflingen wird über einen festgelegten Zeitraum geprüft, ohne dass ein Fehler auftreten darf. Falls ein Fehler auftritt, ist eine Risikobewertung erforderlich.
	- Variante: Prüfungen mit vorgegebener Anzahl von zulässigen Ausfällen.
Belastungsniveau:	Je nach Ansatz; auf Betriebsniveau, schrittweise erhöht oder ständig erhöht
Prüfungsart:	Zerstörungsfreie Prüfung
Besonderheit:	- Beschleunigung durch Zeit
	- Ereigniskompression oder Laststeigerung möglich.

8.3.6 Degradation

Das Ziel der Degradation ist es, die Zuverlässigkeit und die Leistung von Produkten oder Materialien im Laufe der Zeit zu bewerten. Degradationstests werden durchgeführt, um festzustellen, wie sich ein Produkt oder Material unter verschiedenen Belastungen und Umweltbedingungen verhält, um potenzielle Schwachstellen, Verschleißerscheinungen oder Leistungsabnahmen zu identifizieren.

Das Ziel der Degradation in Bezug auf Prognose ist es, anhand von Degradationsdaten und -modellen Vorhersagen über die zukünftige Leistung und Lebensdauer von Produkten oder Materialien zu treffen. Durch die Analyse von Degradationsdaten können Prognosen über den Zeitpunkt des Versagens oder die Abnahme der Leistungsfähigkeit getroffen werden, rechtzeitig Maßnahmen zur Wartung, Reparatur oder Erneuerung zu ergreifen, um Ausfälle zu vermeiden und die Zuverlässigkeit zu verbessern.

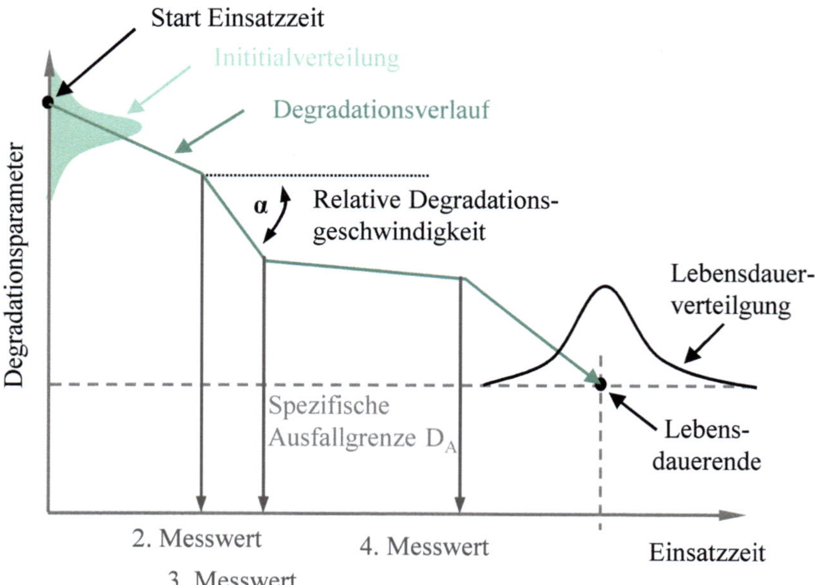

Abb. 8.18 Degradation Methode

Abb. 8.18 zeigt schematisch die Übersicht einer Degradation mit den wichtigsten Parametern:

- **Initialverteilung:**
  beschreibt die Verteilung der Ausgangswerte der Grundgesamtheit und kann je nach Streuung einen großen Einfluss auf die Lebensdauerverteilung haben
- **Degradationspfad:**
  beschreibt die Degradation eines Bauteils über die Nutzungsdauer und wird durch die Zeitdauer und die Abfolge der momentanen Degradationsgeschwindigkeiten definiert.
- **Degradationsgeschwindigkeit:**
  beschreibt die Abnahme/Zunahme der beobachteten Größe und ist abhängig von Betriebsprofilen sowie ist selbst bei identischen Betriebsprofilen nicht über alle Elemente hinweg konstant, da es (produktions- und alterungsbedingte) Schwankungen von Einheit zu Einheit gibt.
- **Lebensdauerende:**
  beschreibt die verstrichene Betriebszeit bei Erreichen des End-of-Life-Kriteriums und bei der Betrachtung mehrerer Elemente stochastisch verteilt ist (basierend auf der Anfangsverteilung und stochastisch verteilten Degradationsgeschwindigkeiten).

8.3.6.1 Degradationsmodellierung

Zur Modellierung eines Degradationsverhaltens können drei grundlegende Gradiententypen angenommen werden:

- Lineare Degradation,
- Progressive Degradation und
- Degressive Degradation.

Des Weiteren sind folgende fünf Degradationsmodelle in der Praxis üblich:

- Lineares Modell:

$$y = a \cdot x + b \tag{8.26}$$

- Exponentiales Modell:

$$y = b \cdot e^{a \cdot x} \tag{8.27}$$

- Power/Potenz Modell:

$$y = b \cdot x^{a} \tag{8.28}$$

- Logarithmisches Modell:

$$y = a \cdot \ln x + b \tag{8.29}$$

- Gompertz Modell:

$$y = a \cdot b^{e^{x}} \tag{8.30}$$

mit y als Degradationsmerkmal, x als Zeiteinheit und a,b sowie c als Modellparameter, die bestimmt werden müssen.

Die grundlegende Vorgehensweise ist dabei wie folgt:

1. Definition des End-of-Life-Kriteriums
2. Definition und stochastische Beschreibung der Anfangsverteilung
3. Bestimmung des Betriebsprofils (kann als Streuung angenommen werden)
4. Durchführung von Experimenten:

    - Bestimmung des Degradationsprozesses (z.B. linear) und
    - Analyse der Streuung des Verlaufs, d.h. insbesondere Abhängigkeitsanalyse Anfangswerte zu Abbaugeschwindigkeiten

5. Stochastische Beschreibung der Abbaugeschwindigkeiten
6. Modellierung der Degradationsgeschwindigkeit in Abhängigkeit von den verfügbaren Betriebsparametern (von entscheidender Bedeutung für die Lebensdaueranalyse)
7. Beschreibung der Lebensdauerverteilung

> Notwendige Voraussetzung für die Degradationsmodellierung: Alterungsfortschritt, d.h. die Degradation muss messbar sein.

Die Messung der Degradation kann entweder direkt oder indirekt erfolgen. Bei der direkten Messung wird die tatsächliche Alterungsmenge (physikalische Größe). Beispiele sind die Abnutzung von Bremsbelägen über die Bremsbelagstärke oder die zerstörungsfreie Prüfung des Rissfortschritts im Bereich von Nietverbindungen mithilfe von Ultraschall. Der übergeordnete Parameter wird gemessen, wenn eine direkte Messung zu aufwendig oder technisch nicht möglich ist. Die Anwendbarkeit dieser Methode setzt voraus, dass ein bekannter Zusammenhang zwischen dem gemessenen Merkmal und der Verschlechterung besteht. Beispiele hierfür sind die Veränderung eines Systems oder Betriebsparameters im Rahmen des „Condition Monitorings", die Schwingungsanalyse an Getrieben, Schallmessungen zur Überwachung des Rissfortschritts und die Temperaturänderung und Ölablagerungen zur Überwachung der Schmierfilmbildung an Motoren.

8.3.6.2 Unterscheidung auf Basis des Fehlermechanismus

Je nach Schadens-/Fehlermechanismus muss zwischen spontane und beobachtbare Mechanismen unterschieden werden. Abb. 8.19 beschreibt die Unterschiede und Gemeinsamkeiten.

> **Spontane Mechanismen**

Wenn von „spontanen Mechanismen" die Rede ist, sind damit in der Regel plötzliche, unerwartete und nicht direkt vorhersehbare Ausfälle gemeint, die oft nicht auf einer fortschreitenden Degradation basieren, sondern auf einem einmaligen, möglicherweise zufälligen Ereignis oder einem latenten Fehler, der plötzlich manifest wird

> **Beobachtbare Mechanismen**

„Beobachtbare Mechanismen" beziehen sich auf Ausfälle, die das Ergebnis eines fortschreitenden Verschleiß- oder Alterungsprozesses (Degradation) sind. Diese Mechanismen zeigen typischerweise Vorläufersymptome oder eine messbare Verschlechterung der Leistung über die Zeit, bevor der eigentliche Ausfall eintritt.

Angemerkt sei, dass ein funktionaler Sicherheitsansatz zielt primär auf die Absicherung gegen spontane/zufällige Ausfälle ab. Wenn ein Bauteil aber durch einen beobachtbaren Degradationsmechanismus altert, braucht man eine andere Strategie (z.B. Überwachung, Austauschplanung basierend auf Lebensdauermodellen), um seinen Ausfall zu managen, da die reine „Funktionalität ist da oder nicht"-Betrachtung des Sicherheitssystems nicht ausreichend ist, um den schleichenden Verschleiß zu erfassen und zu managen.

Spontane Ausfallmechanismen		Beobachtbare Ausfallmechanismen
Der Prozess des Versagensmechanismus kann nicht beobachtet/gemessen werden. Versagenszeit kann nicht vorhergesagt werden.	**Beschreibung**	Versagensmechanismus beobachtbar/messbar Der Ausfallzeitpunkt kann auf der Grundlage der beobachtbaren (messbaren) Verschlechterung vorhergesagt werden.
Keramischer Sprödbruch	**Beispiel**	Reibbelagverschleiß
Zur Bestimmung der Lebensdauerverteilung müssen Ausfalldaten vorliegen. Wenn es keine Ausfälle gibt (z.B. Erfolgslauf), kann ein Zuverlässigkeitsnachweis erbracht werden (liefert keine Lebensdauerverteilung)	**Einfluss auf die Zuverlässigkeitsbewertung**	Wenn das Degradationsmodell bekannt ist, ist eine Prüfung bis zum Ausfall nicht zwingend erforderlich. Zuverlässigkeitsvorhersagen durch Extrapolation der Prüfergebnisse bis zu einem definierten End-of-Life-Kriterium möglich.
Lebensdauertests Messung von Lebensdauerdaten Bestimmung der Lebensdauerverteilung	**Versuchstechnische Umsetzung**	**Degradation tests** Messung der Alterung. Beschreibung des Alterungsprozesses im Zeitverlauf Modellierung / Extrapolation bis zum Ende der Lebensdauer / Bestimmung der Lebensdauerverteilung
Geringer messtechnischer Aufwand Lange Prüfdauer für hochzuverlässige Produkte Im Falle von beschleunigten Tests: Das Last-Lebensdauer-Verhältnis muss bekannt sein und eine Laststeigerung muss möglich sein.	**Benefits**	Keine Prüfung bis zum Ausfall erforderlich. Direkte Verbindung zwischen Zuverlässigkeit und Fehlerphysik. Bestimmung der Korrelation zwischen Feld und Test ohne Ausfälle möglich. Genauere Ergebnisse als bei Lebensdauertests, insbesondere bei stark zensierten Tests
	Nachteile	Erhöhter rechnerischer Aufwand

Abb. 8.19 Degradation Methode im Vergleich spontane zu beobachtbare Ausfallmechanismen

8.3.6.3 Grenzen der Anwendbarkeit

Es gibt verschiedene Gründe, warum Degradationsuntersuchungen nicht durchführbar sein können. Zum einen kann es sein, dass das Degradationsmerkmal nicht direkt gemessen werden kann, entweder weil das Merkmal selbst nicht direkt messbar ist oder weil die indirekten Daten aufgrund mangelnder Kenntnisse keine Rückschlüsse zulassen. Darüber hinaus können Prüf- oder Messverfahren die Einflussparameter der untersuchten Einheit direkt beeinflussen, was bedeutet, dass die Messung der Degradationsdaten Aus- und Einbau erfordert und unkontrollierte Veränderungen der Einflussparameter nicht verhindert werden können. Zudem kann die Weiterverwendung des Prüflings nach der ersten Messung nicht möglich sein. Ein weiterer Grund kann sein, dass die Schwankungen und Streuungen der Produktion, der Belastungen oder des Messverfahrens zu hoch sind, was bedeutet, dass ein reproduzierbares und aussagekräftiges Ergebnis nur mit großem Aufwand zu erhalten ist, beispielsweise durch die Verwendung großer Stichproben.

8.3.6.4 Zusammenfassung:

Die Degradationsmodellierung erfordert die Möglichkeit, den Fortschritt des Alterungsprozesses zu messen. Wenn eine direkte Messung des Alterungsfortschritts nicht möglich ist, kann die Degradation über einen messbaren Betriebsparameter erfasst werden, wobei die Übertragbarkeit auf den tatsächlichen Alterungsfortschritt gewährleistet sein muss. Es gibt verschiedene Degradationsmodelle, darunter lineare, exponentielle, Potenz-, logarithmische und Gompertz-Modelle. Bei der Auswahl des Modells müssen sowohl die physikalischen Prozesse als auch die Qualität der Anpassung berücksichtigt werden. Insbesondere bei der Anwendung der Näherungsmethode ist es wichtig, dass der Verlauf der Degradation bis zur angegebenen Versagensgrenze bekannt ist, um plötzliche, unvorhersehbare Kurvenbrüche zu vermeiden und Extrapolationsfehler zu minimieren.

8.4 Übungen

Übung 8.1 Lebensdauerverhältnis - Zuverlässigkeitstest
Bestimmung der Versuchsdauer und der Anzahl der Proben auf Basis folgender Bedingungen:

Gegeben: Budget für Lebensdauerprüfung von 40.000 km ohne Ausfall
$b = 2{,}0$ (angenommen)

Gesucht: Anzahl der Prüflinge n für den am besten geeigneten und wirtschaftlichsten Test mit $R(t) = 80\,\%$ und $P_A = 80\,\%$

Übung 8.2 Degradationsmodellierung - Tankfüllung
Der Verbrauch eines Fahrzeugs soll diskutiert werden. Folgende Bedingungen sollen berücksichtigt werden:

Gegeben: Tankfüllung zu Beginn: 50 Liter

Betriebsmodi des Fahrzeugs:

- Innerstädtisch mit 30 % und Momentan-Verbrauch mit 9 $l/100\ km$
- Landstraße mit 50 % und Momentan-Verbrauch mit 7 $l/100\ km$
- Autobahn mit 20 % und Momentan-Verbrauch mit 6 $l/100\ km$

Annahme: Linearer Degradationsverlauf

Gesucht: Nach wie vielen Kilometern bleibt das Fahrzeug stehen?

8.5 Verständnisfragen

1. Welche Methoden zu beschleunigten Test gibt es?
2. Wie ist das Lebensdauerverhältnis definiert und was ist dabei zu beachten?
3. Welche grundlegende, beschleunigte Testverfahren gibt es?
4. Was wird unter dem Begriff Lebensdauerverhältnis verstanden?
5. Wie lautet die Success Run Form in Abhängigkeit des Lebensdauerverhältnisses?
6. Welche drei Zensierungstypen gibt es?
7. Wann wird das Sudden Death Verfahren angewandt?
8. Was wird unter dem Larson-Nomogramm verstanden? Wozu dient es?
9. Welche anderen, beschleunigten Testverfahren gibt es?
10. Wofür wird die Degradationsmethode angewandt?
11. Worin unterscheidet sich die Degradation Methode im Vergleich spontane zu beobachtbare Ausfallmechanismen?

Literaturverzeichnis

1. Bertsche, B., Dazer, M.: Zuverlässigkeit im Fahrzeug- und Maschinenbau. Springer, Berlin (2022)
2. Gottschalk, A.: Qualitäts- und Zuverlässigkeitssicherung elektronischer Bauelemente und Systeme, 2. völlig neu bearbeitete Auflage. Expert Verlag, Esslingen (2010)
3. Hakim, B.: Microelectronic Reliability Volume I, Reliability, Test and Diagnostics, Artech House (1989)
4. Lipson, C. and Sheth, N.J.: Statistical Design and Analysis of Engineering Experiments. New York: McGraw-Hill (1973)
5. Nelson, W. B.: Accelerated Testing, Statistical Models, Tetplans and Data Analysis. John Wiley & Sons, New York (2004)

Kapitel 9
Umweltsimulation

Umweltsimulation: Darstellen, Erproben und Analyse von Umweltbedingungen

*Umweltsimulation: Testen und Analysieren realer
Umweltbedingungen für zuverlässige Feldabsicherung*

Zusammenfassung Umweltsimulation ist ein wichtiger Bestandteil der Analyse realer Umweltbedingungen. Durch das feldrelevante Erproben können präzise und zuverlässige Absicherungen von Produkten und Systemen durchgeführt werden. Dies ermöglicht eine fundierte Bewertung von Umweltauswirkungen und die Entwicklung von Lösungen. In diesem Kapitel werden die verschiedenen Anwendungen und Methoden der Umweltsimulation sowie deren Bedeutung für die praxisnahe Entwicklung beleuchtet.

9.1 Einführung

Umwelttests sind Verfahren, bei denen Produkte oder Komponenten verschiedenen Umweltbedingungen wie Temperatur, Luftfeuchtigkeit, Vibration und Druck ausgesetzt werden, um ihre Leistung und Funktionalität unter realen oder extremen Bedingungen zu bewerten.

9.1.1 Auswirkungen von Belastungen

Bei der Entwicklung eines Umweltsimulationstest sind verschiedene Informationen zusammenzuführen. Diese sind u.a.:

Für das zu prüfende System:

- Kundenanforderung
- Mission Profile
- Gerätepark
- Manpower
- etc.

Für Prüfmöglichkeiten im Unternehmen

- Geräte
- Klimakammern
- Aufnahmen für die Prüflinge
- Datenaufzeichnung
- Überwachung der Testanlage
- Prüfprogramme
- Standards
- Beschaltung
- Ansteuerung
- Ausgangsdaten
- Stressbedingungen
- etc.

Für das vorhandene Know-How:

- Geschulte Mitarbeiter
- Analytik
- Verfahrensanweisungen
- Arbeitsanweisungen
- Standards
- etc.

Voran steht jedoch die Überlegung nach möglich auftretenden Belastungen und daraus resultierenden Fehlermechanismen. Von beiden gibt es sehr viele. Dahingehend ist auch der Prüfling mit seinen Funktionen und dem dazugehörige Einbauort zu beurteilen. **Oft eine Herausforderung!**

Ein praktikabler Leitfaden, der keinen Anspruch auf Vollständigkeit erheben kann, wird in nachfolgenden Tabellen 9.1-9.6 dargestellt.

Tab. 9.1 Umwelteinflüsse und deren Auswirkungen

Zeile	Einfluss	Wirkung	Typische Schäden
1	Hohe Temperatur	Wärmealterung: Oxidation, Rissbildung Chemische Reaktion, Erweichen, Schmelzen, Sublimation Viskositätsminderung, Verdampfen Ausdehnung	Versagen der Isolation Mechanisches Versagen Verstärkte mechanische Beanspruchung
2	Niedrige Temperatur	Versprödung, Schrumpfung, Minderung der mechanischen Widerstandsfähigkeit Viskositätserhöhung und Erstarren	Versagen der Isolation Rissbildung Mechanisches Versagen Versagen von Dichtungen
3	Rascher Temperaturwechsel	Temperaturschock Auswirkungen unterschiedlicher Erwärmung	Mechanisches Versagen, Rissbildung Schädigung von Abdichtungen
4	Sonneneinstrahlung	Chemische, physikalische und photo-chemische Reaktionen: Versprödung, Verfärbung, Ozonbildung, unterschiedliche Erwärmung und mechanische Beanspruchung	Versagen der Isolation Mechanisches Versagen, Verstärkte mechanische Beanspruchung
5	Hohe relative Luftfeuchte	Feuchte-Absorption, Quellung, Minderung der mechanischen Festigkeit Chemische Reaktionen: Korrosion, Elektrolyse Minderung der Isolationsfähigkeit	Werkstoffzerstörung Versagen der Isolation
6	Niedrige relative Luftfeuchte	Austrocknung, Versprödung, Minderung der mechanischen Widerstandsfähigkeit, Schrumpfung, Verschleißerhöhung zwischen bewegten Kontakten	Mechanisches Versagen Rissbildung

Tab. 9.2 Verursacher auf Bauelemente

Zeile	Bauelement	Fehlermechanismus	Verursacher
1		Chipbruch	Temperaturzyklen
2		Delamination an den Grenzflächen Chip zu Gehäuse	Temperaturzyklen
3		Bruch des Gehäuses	Temperaturzyklen
4	IC	Die Bond, nicht angepasste Ausdehnungskoeffizienten der Materialien	Temperaturzyklen, Temperaturschock
5		Metallisierungsdefekte	Hochtemperatur
6		Korrosion	Lagerung bei hoher r. F.
7		Elektromigration	Hohe Temperatur, hohe Stromdichte
8		Leckströme, Hot Electrons	Niedrige Temperatur
9	Widerstände	Verfärbung, Änderung des R-Wertes, Unterbrechung	Temperaturzyklen, Temperaturschock, hohe Temperatur in der Applikation
10	Kondensatoren	Änderung des C-Wertes, Bruch im Gehäuse, Änderung des dielektrischen Verhaltens	Lebensdauertest bei erhöhter Temperatur
11	Elektrolytkondensatoren	Undichtheit, Austrocknung, Leckage des Elektrolyten	Temperaturschock, hohe Temperatur während Lagerung, Einsatz oder während des Lötens
12	Keramik Kondensatoren	Bruch im Gehäuse, Bruch der Verbindungsstellen	Temperaturzyklen, hohe Temperaturen beim Löten
13	Spulen und Transformatoren	Unterbrechung	Temperaturzyklen, Temperaturschock, hohe Temperatur im Einsatz
14	Generell elektronische Bauelemente	Verringerung des Isolationswiderstandes, Korrosion von Metallteilen	Hohe relative Feuchte (r.F.)
15	Leiterplatte / Baugruppe (PCB)	Delamination, Verwindungen, Verfärbungen, Fleckenbildung	hohe Temperatur, durch Lötprozess oder Einsatzbedingungen; Thermischer Schock
16		Verminderung des elektrischen Widerstandes, Korrosion der Metallisierung, Kurzschluss zwischen Leitbahnen	Hohe relative Feuchte (r.F.)

Tab. 9.3 Auswirkung der Vibration auf Bauelemente

Zeile	Bauelement	Auswirkung
1	PCB	Lockerung von Verbindungen
2	Halbleiter	Drahtbond Defekte, Die Bond Defekte, sporadische Unterbrechungen von Verbindungen, sporadisch auftretende Kurzschlüsse, Substratbrüche, aufbrechen von Dichtungen, Fehler in Lötverbindungen, Bruch der Anschlussverbindungen
3	Stecker	Lose Kontakte, sporadische Unterbrechungen
4	Kabel	Lose Kontakte, sporadische Unterbrechungen, ESD aufgrund von Triboelektrizität
5	Sicherungen, Schalter	Lose Kontakt
6	Heat Sink und Zubehör	Stabilität der Montage
7	Spulen und Transformatioren	Laienhafte Konstruktion, Stabilität der Montage, Mikrorisse
8	Widerstände, Kondensatoren	Lose Anschlüsse
9	Sockel	Lose Kontakte, Stabilität der Halte-/Klemmvorrichtung
10	Lötstellen	Risse, Aufbrechen der Lötverbindungen, Lösen von Partikeln

Tab. 9.4 Auswirkung von Feuchte auf Materialien

Zeile	Material	Auswirkung
1	Material	Korrosion, Zunahme des Kontaktwiderstandes, chemische Einwirkungen
2	Plastik	Feuchteaufnahme führt zu elektrischer Leitfähigkeit
3	Elektronische Bauelemente	Verminderung des Isolationswiderstandes, Korrosion von metallischen Teilen, Kurzschluss aufgrund von Feuchtepfaden, Popcorn Effekt
4	PCB	Verminderung des Dielektrika, Schimmelwachstum, Kurzschlüsse zwischen Leitbahnen, Korrosion der Metallisierung
5	Papier (Dielektrika bei Kondensatoren)	Verminderung des Dielektrika
6	Gummi	Eindringen der Feucht in Poren führt zur Verminderung der Isolation

Tab. 9.5 Auswirkung von Feuchte auf Materialien

Zeile	Test	Effekt
1	Beständigkeit gegen Lötwärme (Resistance to Soldering Heat)	Thermischer Degradation, Veränderung der elektrischen Eigenschaften, mechanische Belastung durch Wärmeeinwirkung
2	Burn-In bei erhöhter Temperatur (Burn-In at elevated Temperature)	Drahtbondfehler, Metallisierungsfehler
3	Dichtheitstest (Seal Leak Test)	Undichtheiten am Gehäuse
4	Elektrische Tests (Electrical Test)	Kennwerte, elektrische Fehler, Überspannung, -strom, Übertemperatur durch Eigenerwärmung
5	Elektrischer Überlastungstest (Electrical Overstress Test)	Tests mit höheren Spannungswerten, die über den im Betrieb erwarteten Werten liegen. Erkennung von Frühausfällen
6	Feuchtetest (Humidity Test)	Korrosion der Metallisierung, chemische Einwirkung von Schadstoffen in Gegenwart von Feuchtigkeit, Absorption von Feuchtigkeit, elektrolytische Korrosion von Verbindungen unterschiedlicher Metalle
7	Feuchtigkeitsbeständigkeitstest (Moisture Resistance Test)	Eindringen von Feuchtigkeit, Korrosionsbeständigkeit von Kontakten und Drähten
8	Hochtemperatur-Lebensdauertest HTOL (High Temperature Operating Life Test HTOL)	Lebensdauer
9	Intermittierender Betrieb (Intermittent Operating Life, IOL)	Anzahl Einschaltzyklen, Degradation von Bondung oder Chiplötung
10	Lagerung bei hohen Temperaturen (High Temperature storage)	Kontaktfehler, Eindringen von Feuchtigkeit, Oxidation, Metallisierungsfehler, thermische Alterung, Erweichung, physikalische Veränderungen
11	Lagerung bei hoher Temperatur/hoher Luftfeuchtigkeit (High Temperature/High Humidity Storage Test)	Simuliert die Betriebsbedingungen.
12	Mechanischer Schock, Falltest, konstante Beschleunigung (Mechanical Shock, Drop Test, Constant Acceleration)	Mechanische Schäden, Austreten von Elektrolyten aufgrund von Undichtigkeiten, Veränderung der elektrischen Eigenschaften, , Verbindungsfehler, Risse im Substrat, mechanische Festigkeit
13	Parametrische Messungen (nach dem Burn-In) (Parametric Measurements (after Burn-In))	Änderungen der elektrischen Eigenschaften

Fortsetzung auf nächster Seite

Zeile	Test	Effekt
14	Parametrische Messungen (vor dem Burn-In) (Parametric Measurements (before Burn-In))	Ionische Verunreinigung, Oberflächendefekte, Bonddrahtdefekte, Metallisierungsfehler
15	Salznebeltest (Salt Spray Test)	Simuliert das Küsten-/Automobilklima und testet die Korrosionsbeständigkeit von Metallteilen und Beschichtungen
16	Stabilisierungsbacken (Stabilization Bake)	Metallisierungsfehler, Defekte im Silizium
17	Temperaturzyklen unter angelegter Spannung (Power Temperature Cycling PTC)	Aktive Erwärmung, Auswirkung des Temperaturgradienten, Temperaturdifferenz der Lastzyklen
18	Temperaturzyklus (Temperature Cycle)	Passive Erwärmung, Thermisches Gleichgewicht, Bondverbindungen, Rückseitenlötung Halbleiter, Lötung Baseplate Fehler im Substrat, Dichtungsfehler, Risse im Substrat
19	Test bei hoher Temperatur und hoher Luftfeuchte bei angelegter Spannung (High Temperature/High Humidity Bias Test)	Simuliert die tatsächlichen Betriebsbedingungen im Feld unter angelegter Spannung
20	Thermischer Schock (Thermal Shock)	Durch thermomechanische Beanspruchung verursachte Schäden an Dichtungen und Strukturelementen, Auslaufen von Füllmaterialien, Delamination, Veränderung der elektrischen Eigenschaften
21	Vibration (Vibration Test)	Lose Teile, Verschleiß, Lötstellen, Ermüdung, Verbindungsfehler, mechanische Fehler im Gerät, Geräusche, Risse, Delamination
22	Wasserimmersionstest (Water Immersion Test)	Dichtungsfehler, Korrosion von Metall
23	Zyklen unter angelegter Spannung (Power Cycling PC)	Anzahl Schaltzyklen, Degradation von Bondung oder Chiplötung, Temperaturdifferenz der Lastzyklen

Weitere Hinweise zu Schädigungsmechanismen bei Halbleitern können z.B. der Norm DIN EN IEC 61163-2 *Zuverlässigkeitsvorbehandlung durch Beanspruchung – Teil 2: Bauelemente* oder auch DIN EN IEC 62435-2 *Elektronische Bauteile - Langzeitlagerung elektronischer Halbleiterbauelemente - Teil 2: Schädigungsmechanismen* nachgeschlagen werden.

Siehe auch: JEP122H Failure Mechanisms and Models for Semiconductor Devices unter www.jedec.org.

Die im Automobilbereich angewendeten Standards des AEC stellen in Matrixtabellen de Wirkung unterschiedlicher Test auf Materialien, Prozesse und Verarbeitung dar. Daraus lassen sich relativ einfach die erforderlichen Prüfungen selektieren. Wenn auch die gegen-

Tab. 9.6 Fehlermechanismen mechanischer Ausfälle

Zeile	Verformung	Ermüdung & Riss, Bruch	Verschleiß	Korrosion
1	Knicken	Deduktile Fraktur	Abrasiver Verschleiß (erosiv, schleifend, lehrend)	Korrosionsermüdung
2	Deformierung	Sprödbruch	Adhäsiver Verschleiß (Fressen)	Spannungskorrosion
3	Kriechen	Ermüdungsbruch	Untergrundermüdung	Galvanische Korrosion
4	Kriechknicken	Ermüdung bei hohen Zyklen	Oberflächenermüdung (Lochfraß)	Spaltkorrosion
5	Wölbung	Ermüdung durch langsame Zyklen	Subcase-Ursprungsermüdung (Abplatzen)	Lochfraß
6	Plastische Verformung (permanent)	Restspannungsbruch	Hohlraumbildung	Biologische Korrosion
7	Elastische Verformung (zeitweise)	Versprödungsbruch	Versschleis durch Reibung	Chemische Beeinflussung
8	Thermische Relaxation	Bruch durch thermische Ermüdung		
9	Brinelling ?	Ermüdung durch Torsions		Reibkorrosion
10		Ermüdung durch Fretting-		

wärtige Anwendung nicht im Automotiven Bereich liegt, so ist es doch lehrreich sich mit diesen Tabellen auseinanderzusetzen, siehe www.AECouncil.com:

- AEC-Q100   Integrated Circuits
- AEC-Q101   Discrete Seminconductors
- AEC-Q102   Optoelectronic Semiconductors
- AEC-Q103-002   MEMS Pressure Sensor Devices
- AEC-Q103-003   MEMS Microphone Devices
- AEC-Q104   Multichip Modules
- AEC-Q200   Passive Components

9.1.2 Typische Vorgehensweise

Bei der Durchführung aller Tests ist immer auf Datensicherheit zu achten. Das bedeutet:

- Daten definieren, messen, dokumentieren und auswerten
- Prüflinge serialisieren, d.h. eindeutig zuordenbar kennzeichnen
- gemessene Werte der jeweiligen Parameter den Prüflingen (DUT) zuordnen
- Sofern eine Vorbehandlung (Temperaturzyklen, Burn-In, etc.) durchgeführt wurde, ist diese mit anzugeben

Nach dieser Vorbereitungsphase der Prüflinge (DUT: Device Under Test) folgt die sogenannt 0-Stunden-Prüfung (0 h) für die individuell festgelegten Parameter. Beispiel eines Ablaufes siehe Abb. 9.1.

9.1.3 Ungenügende Anzahl der Prüflinge und / oder Testzeiten

Typisches Szenario ist oft wie nachstehend beschrieben:

> Nach durchgeführter Ermittlung von Testzeit mit der dazu erforderlichen Anzahl der Prüflinge ist u.U. festzustellen, dass weder die ermittelte Anzahl der Prüflinge zur Verfügung steht, noch die erforderliche Testzeit gewährt werden kann.

Was und wie könnte man es tun? Hier muss den vorgegebenen Rahmenbedingen, kaum Prüflinge verfügbar, kurze realisierbare Testzeit, Folge geleistet werden. Eine neue Vorgehensweise ist zu entwickeln.

Ein vernünftiger und praktikabler Weg ist der „Nachweis grundsätzlicher Eignung". Dieser entsteht durch:

- Mindest-Nachweisziele definieren d.h. welche Parameter sind extrem wichtig und sind zu untersuchen?
- Mit welchen Tests und mit welchen Parametern ist eine Aussage zur grundsätzlichen Eignung möglich?
- Welche Erkenntnisse sind daraus abzuleiten?
- Durchführung eines definierten Tests an wenigen Exemplaren mit Beobachtung der kritischen Parameter.
- Test mit höherer, quasi unzulässiger Belastung / Beschleunigung des Prüflings. Hierbei können jedoch Verletzungen der Grenzparameter auftreten.
  ACHTUNG: sobald Grenzparameter überschritten sind und dadurch bedingt Fehler und Fehlermechanismen auftreten, sind diese einer gesonderten Beurteilung zu unterziehen.
  VORTEIL: die Grenzen der Robustheit werden dadurch offensichtlich.
- Verwendung und Rückschluss früherer Felddaten ähnlicher und zeitnaher Projekte

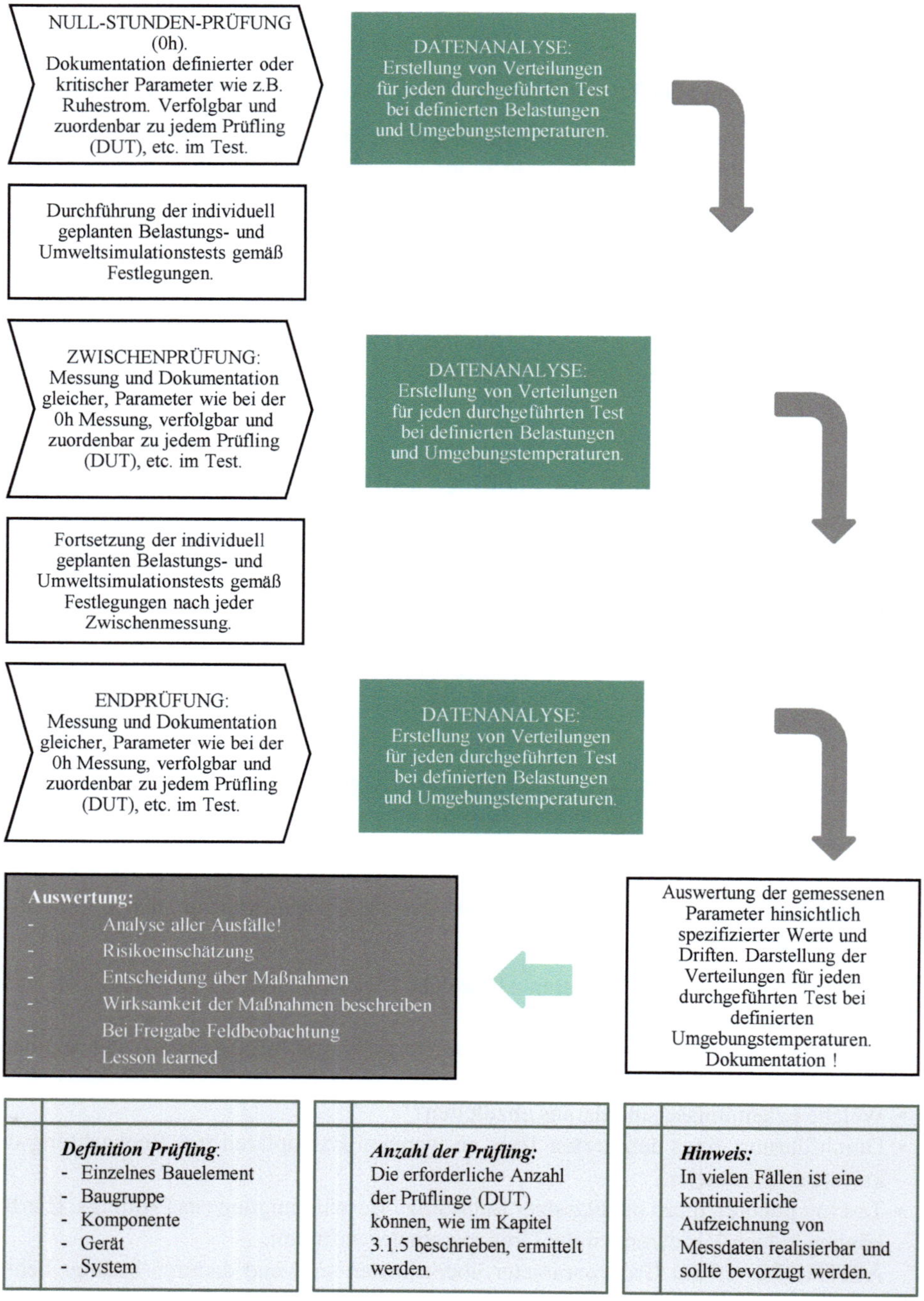

Abb. 9.1 Typische Vorgehensweise

- Berücksichtigung von Vorwissen und Ergebnissen aus anderen im Hause üblichen Methoden wie z.B. FMEA, FMEDA, FTA etc. sowie Felderfahrung.
- Risikoeinschätzung durchführen.
- Maßnahmen mit Wirksamkeitsnachweisen definieren.
- Stringente Feldbeobachtung.

9.1.4 Kombinierte Prüfungen (serielles oder paralleles Prüfen)

Bei der Festlegung von Testsequenzen ist die Kombination der Belastungstests mit den erforderlichen Prüfungen und Zeitabläufen oft eine Herausforderung der besonderen Art. Fragestellungen, wie welche Belastung zuerst, welche sollen folgen und wann ist eine Analyse durchzuführen etc. In Normen und Standards sind entsprechende Vorgaben zu finden.

Grundsätzlich ist die Entscheidung zu treffen, ob die Tests sequentiell oder parallel durchzuführen sind. Beides hat Vor- und Nachteile. Die Entscheidungen werden auch durch die Verfügbarkeit von Prüflingen, Zeitrahmen und Kosten bestimmt.

> **Serielles vs. paralleles Prüfen**

Serielle Durchführung:
    Vorteil: geringere Anzahl von Prüflingen
    Nachteil: längere Durchlaufzeit
Parallele Durchführung:
    Vorteil: kürzere Durchlaufzeit
    Nachteil: größere Anzahl von Prüflingen

Zur Bewertung sind dann die Ausprägungen einzelner Parameter und technologischer Charakteristiken heranzuziehen.

Es versteht sich von selbst, dass die Analytik der Ausfälle sehr sorgfältig erfolgen muss. Zu beachten ist, dass bei der sequentiellen Durchführung eine besondere Fragestellung zu beantworten ist:

Kernfrage:
Ist der Ausfall durch den Test erfolgt oder bereits durch die davorliegende Belastung ursprünglich verursacht worden?

In der Abb. 9.2 ist je ein Beispiel dargestellt. Die darin ausgewiesenen Referenzmuster, auch als „Golden Devices" bezeichnet, durchlaufen alle Kennzeichnungen und Null-Stundenmessungen. Danach sind sie sicher und unverwechselbar für eventuell später erforderliche Referenzmessungen aufzubewahren.

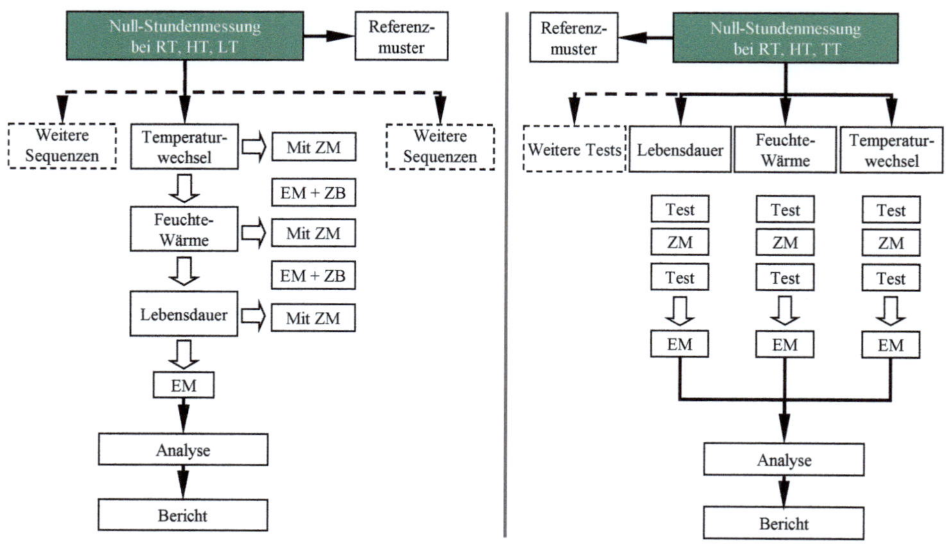

Legende:

HT   Hochtemperatur
RT   Raumtemperatur
TT   Tieftemperatur
ZM   Zwischenmessung
ZB   Zwischenbeurteilung
EM   Endmessung

Abb. 9.2 Serielle (links) und parallele (rechts) Durchführung

9.1.5 Verfahrens und Arbeitsanweisungen

Entsprechende Verfahrens- und Arbeitsanweisungen zur Sicherstellung der Einhaltung von Anforderungen sind zu erstellen.

- **Verfahrensanweisung (oder ähnliches):**
  Grundsätzliche Festlegung, wie der jeweilige Test, z.B. Lebensdauertest durchzuführen ist.
- **Arbeitsanweisung (oder ähnliches):**
  Beschreibung aller relevanten Arbeitsschritte zur Durchführung für ein definiertes Testsystem und den Prüfling (DUT) z.B. für einen Lebensdauertest unter Berücksichtigung der Festlegungen in der Verfahrensanweisung.

In den Anweisungen ist u.a. auch die Art und Weise der Berichtsdarstellung vorzugeben. Inhalte eines Berichts können sein:

- Management Information,
- Einführung,

- Vorgehensweise,
- Spezifikationen,
- Prüfbedingungen,
- Prüfablauf,
- Ergebnisdarstellung,
- Datenanalyse,
- Technologische Analyse,
- Applikationsbezug,
- Risikoeinschätzung,
- Schlussfolgerung,
- Empfehlung,
- Würdigung der Team-Leistung
- etc.

9.1.6 Normen und Standards

Die bisher aufgeführten Normen und Standards etc. können nur Beispiele darstellen und Anhaltspunkte geben. Die Aktualität der einzelnen Dokumente und ebenso mögliche Neuerscheinungen weiterer Dokumente sind stets zu überprüfen.

Ferner sind die vom Kunden vorgegeben Eckpunkte zu berücksichtigen die erfahrungsgemäß größtenteils auch branchenspezifischer Art sind. Demzufolge sind unterschiedliche Normen und Standards für den jeweils vorliegenden Fall zu prüfen und zu berücksichtigen.

Sehr weit verbreitet sind u.a.:

AEC	Automotive Electronics Council	www.aecouncil.com
DIN	Deutsches Institut für Normung	www.beuth.de
		www.dinmedia.de
IEC	International Electrotechnical Commission	www.IEC.ch
JEDEC	Joint Electron Device Engineering Council	www.jedec.org
VDA	Verband der Automobilindustrie	www.vda-qmc.de

> **Anmerkung zu IEC, DIN EN, DIN EN IEC:**

Der Ursprung ist mit sehr wenigen Ausnahmen immer die IEC-Norm. Die in Deutschland erschienenen DIN sind daraus hervorgehende Übersetzungen. Die Präfixe DIN, EN, IEC weisen auf den Ursprung und die Zuordnungsgruppe hin. Die nachfolgenden Ziffern bilden bei gleichen Zahlen den gleichen Inhalt der Norm ab. In einigen Fällen kann dieser durch nationale Anmerkungen ergänzt sein.

Dokumente der IEC-Reihe mit den Zusätzen TR für Technical Report bzw. TS für Technical Specification sind keine Normen.

9.2 Lebensdauer-Test

Lebensdauer-Tests sind Testverfahren, bei denen Produkte oder Komponenten unter realen oder beschleunigten Bedingungen getestet werden, um ihre Funktionalität und Zuverlässigkeit über einen längeren Zeitraum zu bewerten.

9.2.1 Einleitung

Ziel eines Lebensdauertests, d.h. Betrieb bei erhöhter konstanter Umgebungstemperatur, ist es, die Eignung einer Einheit für definierte Einsatzbedingungen im Feld für einen bestimmten Zeitraum abzuprüfen. Die Bedingungen können unterschiedlicher Art und Belastungen wie z.B. Aufrechterhaltung der Funktionalität bei einem definierten Temperaturverlauf unter definierten Betriebsbedingungen, also dem Mission Profile, sein.

Ein typischer Lebensdauertest wird bei erhöhter Umgebungstemperatur und wo zulässig, unter maximalen Betriebsbedingungen durchgeführt. Damit kann die Brauchbarkeitsdauer simuliert und entsprechend nachgewiesen werden. Ferner kann aus den Ergebnissen das Ausfallverhalten abgeleitet, die Zuverlässigkeit abgeschätzt und ein mögliches Risiko bewertet werden.

9.2.2 Auftretende Belastungen

Belastungen, die im Feld unter Applikationsbedingungen auftreten können, sind dabei zu berücksichtigen. Im Wesentlichen sind es die Zeiten des Betriebes unter Volllast, Teillast, Stand-by oder auch im ausgeschalteten Zustand über die gesamte Mission Profile. Dem überlagert sind sowohl die Temperatureinflüsse zu berücksichtigen als auch die geforderten Funktionen.

Die erforderlichen Kriterien und Parameter sind üblicherweise einem Lasten- bzw. Pflichtenheft sowie der Funktionsbeschreibung für den Einsatz zu entnehmen.

9.2.3 Erwartbare Ausfallmechanismen

Mögliche Ausfallmechanismen zu kennen ist von essenzieller Bedeutung für die Entwicklung des Lebensdauertests. In mehreren Tabellen, wie in Tab. 5.1 sowie in Tab. 9.1 bis Tab. 9.3, werden die Umwelteinflüsse und deren Auswirkung beschrieben.

Im Wesentlichen sind dies u.a. (alphabetisch):

- Längenausdehnungen, gleichgerichtet und gegenläufig
- Materialerweichungen
- Mikrorisse
- Mechanische Spannungen
- Oxidation
- Reibung
- Thermische Alterung
- Verringerung der Festigkeit
- Verringerung der Isolation
- Verringerung der Lebensdauer

Diese sind nun für das vorliegende Produkt hinsichtlich deren zukünftiger Betriebsbedingungen zu betrachten. Die dabei erkannten Umwelteinflüsse geben Hinweise auf die möglicherweise zu erwartenden Ausfallmechanismen.

Bevorzugt sollten jedoch Kenntnisse und Daten aus dem Feld von Vorgängerprojekten und/oder vergleichbaren Geräten mit einfließen.

Es ist Aufgabe des Zuverlässigkeitsingenieurs mit diesen Informationen einen entsprechenden Lebensdauertest zu entwickeln. Maximal zulässige Parameter, wie z.B. Temperaturen, dürfen dabei nicht überschritten werden. Da es aber im Allgemeinen auch hier keine Schwarz-Weiß-Lösungen gibt, können nach Rücksprache bei der Entwicklung moderat stringentere Bedingungen angesetzt werden. Allerdings erzwingt dies eine besondere Beurteilung der Ausfallmechanismen d.h. inwiefern dieser Ausfall ausschließlich durch die erweiterten Parameter entstanden sein könnten. Sofern dies der Fall ist, sind sie von der Bewertung für die Zielfunktion auszuschließen. Jedoch gibt diese Spezies von Ausfällen Hinweise auf eine unzureichende Robustheit des Produktes. Inwieweit dann im Feld diesbezüglich Ausfälle zu erwarten sind muss eine nachfolgende Risikoanalyse ergeben.

9.2.4 Testdauer

In Abhängigkeit der festgelegten Vorgaben in Normen, Standards etc. sind die entsprechenden Testzeiten einzuhalten. Gibt es keine Vorgaben, so ist allgemein gültig:

$$\text{Testdauer} = \frac{\text{Betriebszeit}}{\text{Beschleunigungsfaktor}}. \tag{9.1}$$

Zu beachten ist, dass die Betriebszeit entsprechend dem Mission Profile zu erarbeiten ist. Dabei sind Betriebszeiten unter Volllast oder auch bei geringere Belastungen, wie z.B. im Stand-By, zu berücksichtigen. Siehe hierzu auch Kapitel 5.

9.2.5 Anzahl der Prüflinge

In vielen Standards und Normen wird die Anzahl der Prüflinge in Abhängigkeit der Branche festgelegt. Für den Fall, dass die Anzahl der Prüflinge differenzierter zu bestimmen ist, wird hierzu auf das Kapitel 3.1.5 oder Kapitel 8.2 verwiesen.

9.2.6 Ermittlung der Ausfallrate basierend auf dem Lebensdauertests

Zur Ermittlung der Ausfallrate nach durchgeführten Lebensdauertest können verschiedene Möglichkeiten in Betracht kommen. Welcher Weg beschritten wird ist immer abhängig von:

- Unternehmensinternen Festlegungen
- Kundenanforderungen
- Referenzierten Standards
- Vorgeschriebenen Normen
- Festlegungen in der Branche
- u.U. auch andere

Grundsätzlich ist zu befürworten, dass im Unternehmen eine einheitliche Vorgehensweise vorgeschrieben wird. Typischerweise sind dies übergeordnete Festlegungen in Verfahrensanweisungen zur Durchführung eines Lebensdauertests.

9.2.6.1 Fall 1 zur Ermittlung der Ausfallrate

Zur einfachen und praktikablen Abschätzung, die Ausfallzeitpunkte werden nicht berücksichtigt, folgendes Szenario:

$$\lambda_t = \text{Ausfallrate im Test,}$$

$$f = \text{Anzahl der Ausfälle im Test,}$$

$$n = \text{Anzahl der Prüflinge im Test und}$$

$$t = \text{Dauer der Testzeit in Stunden, ergibt sich zu}$$

$$\lambda_t = \frac{f}{n \cdot t} \, . \tag{9.2}$$

Das Produkt „$n \cdot t$" wird auch als Prüflingsstunden bezeichnet. Die Ausfallrate wird, wie im Kapitel 3.2.2 beschrieben, immer in Stunden angeben. Dort, wo die Ausfallraten sehr klein sind, können weitere Einheiten wie FPMh oder FIT verwendet werden.

Ist die im Test ermittelte Ausfallrate auf die Einsatzbedingungen abzubilden, so muss der Beschleunigungsfaktor B_F mit berücksichtigt werden.

Zur Erinnerung: durch erhöhte Temperatur in der Prüfkammer werden alle chemisch-physikalischen Vorgänge beschleunigt. Daraus resultieren kürzere Testzeiten. Siehe hierzu auch Kapitel 7.2 „Arrhenius".

Ausfallrate ermittelt aus den Testergebnissen und mittels Beschleunigungsfaktor auf die Betriebsbedingungen im Feld umgerechnet:

$$\lambda_F = \text{Ausfallrate im Feld,}$$

$$f = \text{Anzahl der Ausfälle im Test,}$$

$$n = \text{Anzahl der Prüflinge im Test,}$$

$$t = \text{Dauer der Testzeit in Stunden und}$$

$$B_F = \text{Beschleunigungsfaktor, ergibt sich zu}$$

$$\lambda_F = \frac{f}{n \cdot t \cdot B_F} \, . \tag{9.3}$$

9.2.6.2 Fall 2 zur Ermittlung der Ausfallrate unter Berücksichtigung der Ausfallzeitpunkte

Prüflinge, die ausfallen, erleben nur eine bestimmte Betriebszeit im Test. Diese haben folglich eine kürzere Lebensdauer der Rechnung getragen werden soll. Die gesamten Prüflingsstunden können folglich somit präziser ermittelt werden.

λ_t = Ausfallrate im Test,

f = Anzahl der Ausfälle im Test,

n = Anzahl der Prüflinge im Test,

t_i = Testzeit der individuellen Ausfälle in Stunden,

t_g = Gesamte Testzeit in Stunden und

P_h = Prüflingsstunden (Gesamtstunden aller Prüflinge im Test bis zum Ausfall).

Ermittlung der Prüflingsstunden P_h:

$$P_h = (n - f) \cdot t_g + \sum_{i=1}^{f} t_i \, . \tag{9.4}$$

Ermittlung der Ausfallrate:

$$\lambda_t = \frac{f}{P_h} \, . \tag{9.5}$$

Ausfallrate im Feld unter Berücksichtigung des Beschleunigungsfaktors:

$$\lambda_F = \frac{f}{P_h \cdot B_F} \, , \tag{9.6}$$

mit

λ_F = Ausfallrate im Feld,

P_h = Prüflingsstunden (Gesamtstunden aller Prüflinge im Test bis zum Ausfall) und

B_F = Beschleunigungsfaktor.

9.2.6.3 Fall 3 zur Ermittlung der Ausfallrate, wenn keine Ausfälle aufgetreten sind

In vielen Fällen werden im Test keine Ausfälle auftreten und dennoch ist eine Ausfallrate zu ermitteln. Die in Kapitel 9.2.6.1 und 9.2.6.2 gezeigten Formeln zur Ermittlung der Ausfallrate können bei null Ausfällen nicht verwendet werden. Anstelle dessen findet die Chi-Quadrat-Tabelle 9.7, kurz χ^2 ihre Anwendung. Sie ist in der Elektronik für derartige Aufgabenstellungen bewährt und verlässlich eingeführt.

Ermittlung der Ausfallrate mittels χ^2-Tabelle 9.7:

$$\lambda \leq \frac{\chi^2 \, (CL, 2r + 2)}{2 \cdot n \cdot t} \tag{9.7}$$

beziehungsweise

$$\lambda \le \frac{1}{2} \cdot \frac{\chi^2\,(CL, 2r + 2)}{n \cdot t}\,.$$

(9.8)

Wobei:

$\chi^2\,(CL, 2r + 2)$ =   die Ablesevorschrift für die χ^2-Tabelle darstellt,

λ_t =   Ausfallrate im Test

CL =   der Confidence Level bzw. Quantile des Vertrauensbereiches

                der χ^2-Tabelle 9.7,

r =   Anzahl der Ausfälle im Test,

n =   Anzahl der Prüflinge im Test und

t =   Dauer der Testzeit in Stunden.

Diese Formel kann sowohl für Tests mit Ausfällen, als auch für Tests ohne Ausfälle angewendet werden. Der Vorteil hierbei gegenüber den bereits beschriebenen Formeln liegt darin, dass ein Vertrauensbereich berücksichtigt werden kann, wohingegen die vorher beschriebenen Formeln zur Ausfallratenermittlungen nur Punktschätzungen liefern.

Zur weiteren Erläuterung der Formel wird aus pragmatischen Gründen ein relativ kleiner Ausschnitt der χ^2-Tabelle 9.7 abgebildet, wobei:

υ =   die Freiheitsgrade sind,

                oft auch als df „Degree of Freedom" bezeichnet und

60 %, 90 %, 95 %, 99 % =   die Vertrauensbereiche darstellen.

Der Zähler, die Ablesevorschrift für die χ^2-Tabelle 9.7, schreibt folgende Schritte vor:

Schritt 1:   In der χ^2-Tabelle ist die Spalte mit der entsprechenden Vorgabe des Vertrauensbereiches (CL) auszuwählen.

Schritt 2:   Ermittlung des Freiheitsgrades υ aus (2r+2). Im Fall von Ausfällen, z.B. $r = 3$ ergibt der Klammerausdruck 5. Im Fall von null Ausfällen ergibt der Klammerausdruck die Ziffer „2".

Schritt 3:   Der Wert des ermittelten Klammerausdrucks ist in der Zeile Freiheitsgrade υ auszuwählen.

Schritt 4:   Der in Schritt 1 festgelegte Vertrauensbereich (Spalte Quantile) und der in Schritt 2 ermittelte Freiheitsgrad (Zeile) ergeben somit den Wert für den Zähler und ersetzen die Ablesevorschrift in der Formel.

Tab. 9.7 Ausschnitt der Chi^2-Tabelle

| Freitheitsgrade | Quantile der χ^2-Verteilung | | | |
υ	60 %	90 %	95 %	99 %
1	0,71	2,71	3,84	6,64
2	1,83	4,61	5,99	9,21
3	2,95	6,25	7,82	11,3
4	4,04	7,78	9,49	13,3
5	5,13	9,24	11,1	5,1
6	6,12	10,6	12,6	16,8
7	7,28	12,0	14,1	18,5
8	8,35	13,4	15,5	20,1
9	9,41	14,7	16,9	21,7
10	10,5	16,0	18,3	23,2
11	11,5	17,3	19,7	24,7
12	12,6	18,5	21,0	26,2
13	13,6	19,8	22,4	27,7
14	14,7	21,1	23,7	29,1
15	15,7	22,3	25,0	30,6
16	16,8	23,5	26,3	32,0
17	17,8	24,8	27,6	33,4
18	18,9	26,0	28,9	34,8
19	19,9	27,2	30,1	36,2
20	21,0	28,4	31,4	37,6

Beispiel 9.1 **Beispiel ohne Ausfälle im Test:**
38 Prüflinge wurden einem Test über 1.500 h unterzogen. Dabei traten keine Ausfälle auf. Zu ermitteln ist die Ausfallrate bei einem Vertrauensbereich von 90 %.

$$\lambda \leq \frac{\chi^2\,(CL, 2r + 2)}{2 \cdot n \cdot t}$$

$$\lambda \leq \frac{\chi^2\,(90\,\%, 2 \cdot 0 + 2)}{2 \cdot 38 \cdot 1.500}$$

$$\lambda \leq \frac{\chi^2\,(90\,\%, 2)}{2 \cdot 38 \cdot 1.500}$$

$$\lambda \leq \frac{4,61}{114.000}$$

$$\lambda \leq 4,04 \cdot 10^{-5} h^{-1}$$

Beispiel 9.2 **Beispiel mit Ausfällen im Text:**
45 Prüflinge wurden einem Test über 3.000 h unterzogen. Dabei traten drei Ausfälle auf. Zu ermitteln ist die Ausfallrate bei einem Vertrauensbereich von 95 %.

$$\lambda \le \frac{\chi^2\,(CL,2r+2)}{2\cdot n\cdot t}$$

$$\lambda \le \frac{\chi^2\,(95\,\%,2\cdot 3+2)}{2\cdot 45\cdot 3.000}$$

$$\lambda \le \frac{\chi^2\,(95\,\%,3)}{2\cdot 45\cdot 3.000}$$

$$\lambda \le \frac{15,5}{270.000}$$

$$\lambda \le 5,74\cdot 10^{-5}\,h^{-1}$$

Ist der Beschleunigungsfaktor B_F zu berücksichtigen, dann wird die Formel wie folgt ergänzt:

$$\lambda \le \frac{\chi^2\,(CL,2r+2)}{2\cdot n\cdot t}\cdot\frac{1}{B_F}\cdot \tag{9.9}$$

> **Hinweis**

In Excel (xlsx) kann mit dem Befehl CHIQU.INV der Wert des Zählers bestimmt werden, ohne dass in einer Tabelle nachgeschlagen werden muss. Abgefragt werden die Wahrscheinlichkeit und die Freiheitsgrade mit:

CHIQU.INV(Wahrsch;Freiheitsgrade)

Bei Eingabe von „0,95" für „Wahrsch" und „8" für „Freiheitsgrade" ergibt sich der Zählerwert von 15,51 der darauffolgend, wie weiter oben beschrieben, in der Formel eingesetzt wird.

9.2.7 Durchführung

Da Lastenhefte und andere Dokumente oft sehr umfangreich sein können, empfiehlt es sich bei der Entwicklung des Lebensdauertests die abzuprüfenden Kernfähigkeiten aus den Beschreibungen zu extrahieren und für das spezifische Produkt zu komprimieren und tabellarisch zu dokumentieren. Es ist quasi eine Arbeitsanweisung für den Lebensdauertest. Dies ist im Normalfall ein gemeinsames Ergebnis von Entwicklung, Projektleitung und Zuverlässigkeits-Engineering. Konstruktive Beiträge anderer Fachrichtungen sind stets willkommen.

Die auf diese Weise ausgearbeitete Tabelle dient als Basis zur Entwicklung des Lebensdauertests. Festzuschreiben sind u.a.:

- Abzudeckende Betriebszeit auf Basis des Mission Profile
- Vorgehensweise der Umrechnung von Betriebszeit auf Testzeit

- Beschaltung der Prüflinge während des Tests, d.h. Betriebs Spannung, Eingangssignale, Ausgangssignale bzw. Lasten
- Ermittlung der Eigenerwärmung der Prüflinge
- Umgebungstemperatur in der Prüfkammer
- Zeit- und Messpunkte für Nullstunden-, Zwischen- und Endmessung
- Parameter, die zu beobachten, zu messen und zu überwachen sind
- Ermittlung der Ausfallrate bzw. der Zuverlässigkeit bei vorgegeben Vertrauensbereich
- Ergebnisse vergleichen mit den Anforderungen
- Maßnahmen, sofern erforderlich und Wirkungsnachweise
- etc.

Die Belastung der Prüflinge während des Lebensdauertests sollte den späteren Betriebsbedingungen nachgebildet werden. Die dabei entstehende Eigenerwärmung ist zu berücksichtigen und ist ein kritischer Parameter bei der Festlegung der Temperatur in der Prüfkammer. Siehe hierzu auch Abb. 9.3.

Beispiel 9.3 **Beispieldaten:**

T_U	22 °C	Temperatur in der Umgebung des Einsatzgebietes
T_E	8 °C	Eigenerwärmung des Prüflings
T_{MZT}	135 °C	Maximal zulässige Temperatur des Prüflings
T_K	gesucht	Einzustellende Kammertemperatur während der Prüfung

Für die Beispieldaten gilt:

$$T_K = T_{MZT} - T_E$$
$$T_K = 135\,°C - 8\,°C$$
$$T_K = 127\,°C$$

Somit muss die Temperatur der Prüfkammer unter Berücksichtigung der Eigenerwärmung des Prüflings auf 127 °C eingestellt werden, damit keine unzulässigen Belastungen auftreten können. Die Beschleunigung ergibt sich aus $T_U + T_E$ zu T_{MZT}, demzufolge von 30 °C zu 135 °C.

> Hinweise:

- Die Parameter T_E und T_{MZT} sind immer abhängig vom jeweiligen Prüfling und vor Testbeginn zu messen bzw. dem Datenblatt zu entnehmen.
- Hierbei wird gleiches Verhalten der Eigenerwärmung sowohl bei Raumtemperatur als auch bei erhöhter Temperatur vorausgesetzt!
- Richtig betrachtet erfolgt die Beschleunigung von $T_U + T_E$ nach T_{MZT}, obwohl rechnerisch von T_U nach $T_{MZT} - T_E$ der gleiche Wert ermittelt werden könnte.

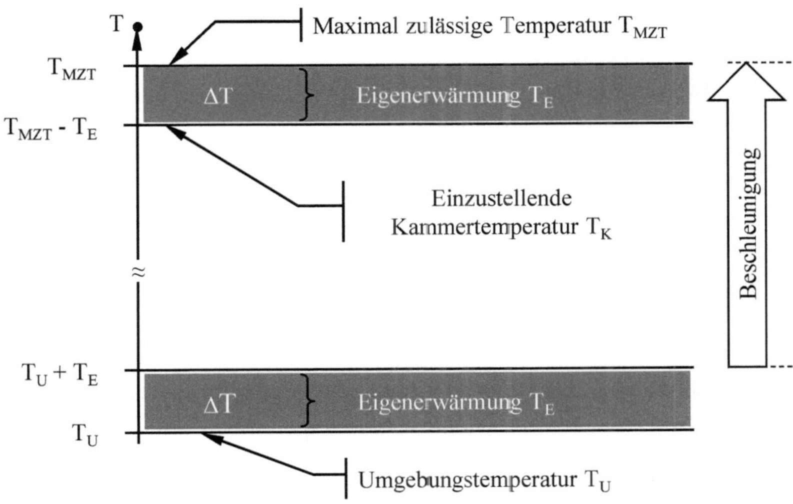

Abb. 9.3 Grafische Darstellung: Ermittlung der Kammertemperatur

Trotz aller Genauigkeit bei der Entwicklung und Durchführung eines Lebensdauertests sollte nicht vergessen werden, dass bestimmte Toleranzen vorhanden sind, jedoch völlig unberücksichtigt bleiben.

Beispiele sind (alphabetisch):

- Angelegte Versorgungsspannung → toleranzbehaftet
- Bauart der Kammer, nicht jede ist gleich
- Kammerheizung
- Kammertemperatur Messsystem
- Strömungsgeschwindigkeit der Luftzirkulation
- Temperaturgenauigkeit
- Temperaturverteilung in der Kammer aufgrund der Bestückung
- Testdauer
- Thermisches Verhalten der Prüflinge
- Überwachungseinrichtungen
- Wartung
- Zeitpunkte der Zwischen- und Endmessung

9.2.8 Auswertung und Schlussfolgerung

Nach Ende des Lebensdauertests sind eine Reihe von wichtigen Dingen zu erledigen. Ziel muss es sein, die Ergebnisse mit den Anforderungen abzugleichen, wenn dies nicht umgesetzt wird, dann sollte hinterfragt werden, warum der ganze Aufwand für den Test notwendig wurde.

- Analyse aller Ausfälle
- Beurteilung der Fehlermechanismen
- Berechnung der aktuellen Ausfallrate unter Einbeziehung des geforderten Vertrauensbereiches
- Umrechnung auf Real Life
- Vergleich der Werte mit den Anforderungen
- Abschätzung des Risikos
- Festlegen eines Aktionsplanes, sofern erforderlich, mit Wirksamkeitsmaßnahmen
- Verwendung aller Erkenntnisse für eine neue Konzeption

In einem Abschlussbericht sind alle Informationen zu dokumentieren. Grundsätzlich besteht dieser aus zwei wesentlichen Teilen:

Teil A   Management Information,

Teil B   Detailinformationen.

Zum Teil A Management Information

Hier gilt es kurz, aber präzise, nach Möglichkeit auf einer halben bis ganzen A4 Seite, zusammen gefasst das Projekt in vier Punkten mit folgenden Aspekten darzustellen:

- Betroffene System und Zielsetzung
- Was wurde getan?
- Was ist das Ergebnis?
- Welche Maßnahmen sind zu treffen?

Zum Teil B Detailinformationen

Dieser Teil enthält alle nur denkbaren und relevanten Punkte wie Aktionen, Vorkommnisse, Ergebnisse, Ausführungen, Spezifikationen etc. die im Verlauf der Durchführung zu beachten waren oder auch aufgetreten sind. Beispiele (alphabetisch):

- Applikationsbezug
- Äußere Sichtprüfung
- Beschaltung der Prüflinge
- Bezug zu Spezifikationen
- Datenanalyse
- Elektrische Charakterisierung
- Empfehlung
- Ergebnisdarstellung
- Klimatische Untersuchungen
- Langzeituntersuchungen
- Mechanische Beanspruchung
- Messungen an Vergleichsmustern
- Prüfablauf
- Prüfbedingungen
- Prüfplan
- Risiko Einschätzung

- Schlussfolgerung
- Sonstige Tests
- Technologie Charakterisierung
- Technologische Analyse
- Voralterung
- Vorgehensweise

In vielen Unternehmen gibt es bereits strukturiert festgelegte Vorgehensweisen zur Berichtserstellung und Ergebnisbewertung, an die sich zu halten ist.

9.2.9 Normen und Standards

DIN EN IEC 60068-2-2	Prüfverfahren – Prüfung B Trockene Wärme
DIN EN 61163-1	Zuverlässigkeitsvorbehandlung durch Beanspruchung – Teil 1: Instandsetzbare Baugruppen, losweise gefertigt
DIN EN 61163-2	Zuverlässigkeitsvorbehandlung durch Beanspruchung – Teil 2: Bauelemente
DIN EN IEC 60068-3-1	Umgebungseinflüsse – Teil 3-1: Unterstützende Dokumentation und Leitfaden - Prüfungen Kälte und trockene Wärme
DIN EN IEC 63287-1	Halbleiterbauelemente- Allgemeine Leitlinien für die Qualifikation von Halbleitern - Teil.1: Leitlinien für die IC-Zuverlässigkeitsqualifikation
IEC 60749-23	Semiconductor devices - Mechanical and climatic test methods - Part 23: High temperature operating life
IEC 61163-2	Reliability stress screening – Part 2: Electronic components
JEP163A	Selection of Burn-In / Life Test Conditions and Critical Parameters for QML Microcircuits
JESD22-A103E.01	High Temperature Storage Life
JESD22-A108	Temperature, Bias, and Operating Life

> **Hinweis:**

Die Informationen unter Kapitel 9.1.6 „Normen und Standards" sind immer zu berücksichtigen.

9.2.10 Beispiel Lebendauertest und Mission Profile

Beispiel 9.4 zur Entwicklung eines Lebensdauertest auf Basis eines Mission Profile. Folgende Daten sind bekannt:

System:	Elektronische Steuerung
Einbauort:	Fabrikhalle mit großen Türen
Geforderter Temperaturbereich	
(T_{Umin}, T_{Umax}):	$-20\,°C$ bis $70\,°C$
Betriebszeit:	6 Jahre
Maximal zul. Erwärmung des Systems:	$95\,°C$

Aufgrund des angegebenen Temperaturbereiches und der erwarteten Betriebszeit kann zunächst noch keine äquivalente Dauer, ausgenommen unter den maximalen Bedingungen (6 Jahre/70 °C), für einen Lebensdauertest ermittelt werden. Hierzu ist eine Einschätzung des zeitlichen Temperaturverlaufes erforderlich.

Zur Festlegung der erforderlichen Verteilung von Umgebungstemperatur zu Dauer, für eine möglichst realitätsnahen Abbildung einerseits und einen nicht übertriebenen und praktikabel durchführbaren Lebensdauertest andererseits, sind weitere Abschätzungen erforderlich. Dies ist, sofern nicht anders festgelegt, in einem Fachteam, bestehend aus z.B. Entwickler, Projektleiter, Zuverlässigkeits- bzw. Qualitäts-Ingenieur, Prozessingenieur und/oder Kundenbetreuer, festzulegen.

Die Einschätzung sollte nicht zu feinteilig erfolgen, da der dabei entstehende und auch nachfolgende Aufwand in keinem Verhältnis zum erzielbaren Ergebnis steht. Bewährt haben sich Stufen von 5 % bis 20 %. Werte von kleiner 5 % sind ohnehin nicht zu empfehlen, es sei denn, es gibt extrem gute und realistische Begründungen dafür. Diese sind dann gesondert zu dokumentieren.

In folgenden Schritten kann verfahren werden:

- Einschätzung des Betriebsverlaufes am Einbauort, siehe Tab. 9.9
- Einschätzung des prozentualen und zeitlichen Betriebsverlaufes am Einbauort, siehe Tab. 9.10
- Einschätzung der Belastung durch den elektrischen Betrieb am Einbauort, siehe Tab. 9.11
- Einschätzung von Temperaturbereichen am Einbauort mit Beschleunigungsfaktor, siehe Tab. 9.12.
- Ermittlung von Beschleunigungsfaktoren und Lebensdauertestzeit. siehe Tab. 9.13.

Mittels dieser Vorgehensweise ist die „virtuelle" Betriebszeit im Feld von 52.560 *h* in sechs Jahren über den Zwischenschritt der Berücksichtigung der Arbeitszeiten auf 27.024 *h* und unter der Bedingung der tatsächlich vorliegenden elektrischen Belastung im Feld auf 15.167 *h* für die Auslegung des Lebensdauertests begrenzt worden. Für die Betriebszeit

Tab. 9.9 Ermittlung: Betriebsverlauf

Betriebsverlauf	Jahre	Arbeitstage	Betriebszeit	Stunden/Tag	Stunden in 6 Jahren
Arbeitstage (AT)	6	248	06:00 bis 21:00 Uhr	15	AT: 22.320
Samstage (SA)	6	52	06:00 bis 17:00 Uhr	11	SA: 3.432
Sonntag (SO)	6	53	16:00 bis 20:00 Uhr	4	SO: 1.272
Gesetzliche Feiertage (GF)	6	12	0	0	GF: 0
Summen		365			27.024

Tab. 9.10 Ermittlung: prozentualer und zeitlicher Betriebsverlauf

Stunden in 6 Jahren	Anteil im Betriebsverlauf [%]			Resultierender Anteil im Betrieb [h]		
	Volllast	Stand-by	Ausgeschaltet	Volllast	Stand-by	Ausgeschaltet
AT: 22.320	40 %	60 %	0 %	8.928	13.392	0
SA: 3.432	30 %	70 %	0 %	1.030	2.402	0
SO: 1.272	10 %	90 %	0 %	127	1.145	0
GF: 0	0 %	0 %	0 %	0	0	0
Summen				10.085	16.939	0
Gesamt h						27.024

Tab. 9.11 Ermittlung: Belastung durch den elektrischen Betrieb

Stunden in 6 Jahren	Anteil im Betriebsverlauf [%]			Resultierender Anteil im Betrieb [h]		
	Volllast	Stand-by	Ausgeschaltet	Volllast	Stand-by	Ausgeschaltet
AT: 13.392	100 %	30 %	0 %	8.928	4.018	0
SA: 2.402	100 %	30 %	0 %	1.030	721	0
SO: 1.145	100 %	30 %	0 %	127	343	0
GF: 0	0 %	0 %	0 %	0	0	0
Summen				10.085	5.082	0
Gesamt h						15.167

von 15.167 *h* ist zur Demonstration der Zuverlässigkeit ein Lebensdauertest zu entwickeln.
Hierzu werden weitere Parameter wie folgt benötigt:

Tab. 9.12 Ermittlung: Einschätzung von Temperaturbereichen am Einbauort

Temperatur-profil	Prozentuale Aufteilung	Aufteilung bei Volllast		Aufteilung bei Stand-by	
°C	%	h (gerundet)		h (gerundet)	
10	10	10.085 h	1.008,5	5.085h	508,2
25	45		4.538,3		2.286,9
40	30		3.025,5		1.524,6
55	10	(aus Tabelle	1.008,5	(aus Tabelle	508,2
70	5	9.11)	504,3	9.11)	254,1
Gesamt h			10.085		5.082

Tab. 9.13 Ermittlung: Beschleunigungsfaktoren und gesamten Testzeit

Temperatur-profil	T_{Umax} im Test	Beschl. Faktor	Aufteilung bei Volllast		Aufteilung bei Stand-by		Zeit des Lebens-dauertests
°C	°C	B_F	h (gerundet)	Testdauer h (gerundet)	h (gerundet)	Testdauer h (gerundet)	
10		70,7	1.008,5	14,3	508,2	7,2	48,5
25		27,9	4.538,5	162,7	2.286,9	82,0	550,4
40	95	12,1	3.025,5	250,1	1.524,6	126,0	85,85
55		5,6	1.008,5	180,2	508,2	90,7	606,7
70		2,8	504,3	180,0	245,1	90,7	632,0
Gesamt h			**10.085**	**787,2**	**5.082**	**396,6**	**2.696,0**

Aktivierungsenergie:

- im vorliegenden Fall wird aufgrund vorhergehender Projekte und Felderfahrung 0,45 eV festgelegt

Maximal zulässige Umgebungstemperatur

- entsprechend Spezifikation oder ein anderer Wert, der dem Prüfling entspricht
- aus dem Datenblatt ist $T_{Umax} = 70\ °C$ zu entnehmen, entspricht jedoch dem Worst Case am Einbauort. Da diese Temperatur nicht über die gesamte Betriebszeit von 15.167 h konstant vorherrscht, ist eine prozentuale Einschätzung von Temperaturbereichen erforderlich. Siehe hierzu Tab. 9.12.
- da angedacht war, das System für einen anderen Kundenkreis und in deutlich wärmeren Einbauorten zu installieren und die Entwicklung des Steuergerätes durch die wesentlich erhöhten Temperaturanforderungen die Kosten nicht übermäßig in die Höhe trieben,

kann von einem Wert $T_{Umax} = 95\,°C$ ausgegangen werden.

Beschleunigungsfaktor und Testdauer

- Hierzu wird die Arrhenius-Formel angewendet, wie sie in Kapitel 7.2 beschrieben ist.
- Dadurch ergeben sich die jeweiligen Beschleunigungsfaktoren, wie in Tab. 9.13 dargestellt.
- Die einzelnen Testzeiten und die gesamte Testzeit ist zu ermitteln.
- Ergebnis: der Lebensdauertest ist über 2.696 h durchzuführen.

Im Abb. 9.4 sind die erarbeiteten Werte in einer Zusammenfassung noch einmal schematisch zusammengestellt.

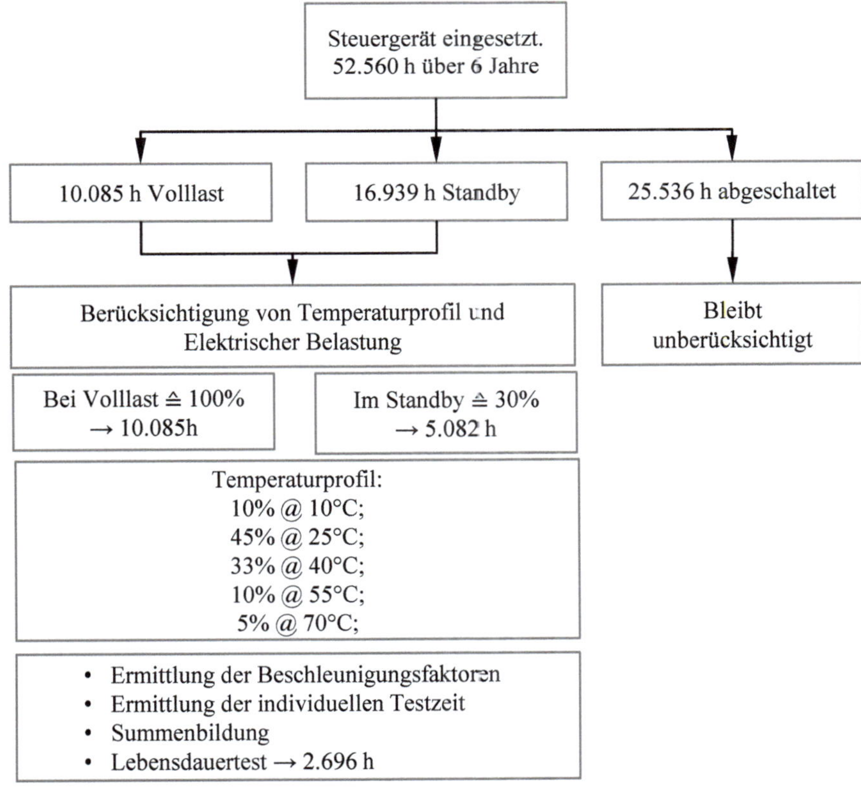

Abb. 9.4 Zusammenfassung

9.3 Feuchte-Wärme-Test

Ein Feuchte-Wärme-Test ist ein Testverfahren, bei dem elektronische Bauteile oder Geräte extremen Feuchtigkeits- und Temperaturbedingungen ausgesetzt werden, um ihre Leistungsfähigkeit und Zuverlässigkeit unter solchen Bedingungen zu bewerten.

9.3.1 Einleitung

Um die Widerstandsfähigkeit gegenüber Feuchte abzuprüfen existieren unterschiedliche Belastungstests. Diese unterliegen je nach Art des Prüflings und der Zielanwendung im verbauten System und Umfeld durchaus unterschiedlichen Anforderungen.

Grundsätzlich kann folgende typisch Einteilung, wie in Tab. 9.14 dargestellt, getroffen werden:

Tab. 9.14 Belastungen im Feuchte-Wärmetest

	Feuchte	Wärme	Druck	Betriebs-spannung	Eingangs-spannung	Ausgangs-lasten
	Konstant	Konstant	Nein	Ja	Ja	Nach Erfordernis
Art der	Konstant	Konstant	Nein	Nein	Nein	Nein
Belastung	Zyklisch	Zyklisch	Nein	Ja	Ja	Nach Erfordernis
	Zyklisch	Zyklisch	Ja	Ja	Ja	Nach Erfordernis
	Konstant	Konstant	Ja	Nein	Nein	Nein

Varianten sind möglich, werden auch praktiziert. Sie richten sich nach den Gegebenheiten im betrieblichen Umfeld in Abhängigkeit von Funktionalität und Klima unter definierten Bedingungen, dem Mission Profile. Typische Feuchte-Wärmeprüfungen werden nachstehend beschrieben.

9.3.2 Auftretende Belastungen

Die Belastungen, welche im Feld vorhanden sein können, sollten bestmöglich berücksichtigt werden. Zu beachten ist bei der Testdurchführung, dass nicht durch unzulässige Beschaltung die Eigenerwärmung des Prüflings derart ansteigt, dass im Kern eine Zone sehr hoher

Wärme entsteht, welche eine Penetration der Feuchte von außen nicht mehr zulässt. Somit wäre das Ziel des Tests und der Test hinfällig.

9.3.3 Erwartbare Ausfallmechanismen

Feuchte sucht sich typischerweise einen Träger, welcher als Pfad zum Kriechen dient. Folgerichtig wandert Feuchte in den Prüfling über Anschlüsse, Drähte, Durchführungen etc.. Ziel der Prüfung ist es festzustellen, inwieweit Feuchte eindringt, Korrosion erzeugt und damit den Prüfling zu Fehlfunktionen oder zum totalen Ausfall bringt. Für mögliche Ausfallmechanismen siehe auch die Tabellen zu Auswirkungen in Kapitel 9.1 bis 9.5.

9.3.4 Anzahl der Prüflinge

Eine gesonderte Ermittlung der Prüflingszahl ist bei Feuchte-Wärmetests nicht üblich. Es wird im Normalfall auf Standards und Normen der zugehörigen Branchen Bezug genommen. Ebenso wird in vielen Unternehmen die eigene Erfahrung als Referenz definiert.

9.3.5 Durchführung

9.3.5.1 Feuchte-Wärme konstant

Es ist eine Prüfung, bei der die Testbedingungen Feuchte und Wärme in der Prüfkammer über die Testzeit konstant gehalten werden. Typische Bedingungen sind $40\,°C/60\,\%\,rF$, $40\,°C/93\,\%\,rF$ oder auch $85\,°C/85\,\%\,rF$, was im Bereich der Umweltsimulationsprüfung für Elektronik sehr häufig anzutreffen ist.

Im Normalfall wird nominale Betriebsspannung angelegt und die Eingänge werden mit Signalen oder konstanten Spannungspegeln beschaltet. Zur Vermeidung von hoher Eigenerwärmung bleiben die Ausgänge unbeschaltet.

Die Testdauer bewegt sich im Bereich von ca. 500 bis 2000 Stunden. Andere Zeiten sind je nach Erfordernis zulässig und zu folgen.

Als Nachbehandlung sollten die Prüflinge einige Zeit, etwa zwei bis vier Stunden bei $25\,°C$ bis maximal $35\,°C$ spannungsfrei gelagert werden. Dadurch kann die Feuchtigkeit an der Oberfläche verdunsten. Andernfalls können durch Kriechströme Fehlmessungen entstehen.

Die Anwendung der Beschleunigungsformeln, wie in Kapitel 7.3 Lawson und Kapitel 7.4 Peck beschrieben, sind ausführbar. Voraussetzung ist allerdings, dass das Klimaverhalten über die gesamte geforderte Lebensdauer im Feld abgeschätzt wird. Klimakarten von öffentlichen Wetterstationen können dabei sehr dienlich sein.

Bei der Durchführung des Tests ist ferner darauf zu achten:

- Geringe Eigenerwärmung
- Sichere Kontaktgabe
- Keine Fremdmaterialien, wie Salze, Fette, Verschmutzungen, etc., auf Prüfling und in der Prüfkammer
- Geringe Leitfähigkeit des Wassers (typisch: 500 Ωm)
- etc.

9.3.5.2 Feuchte-Wärme zyklisch

Grundsätzlich gelten hier die gleichen Vorgehensweisen und Bedingungen, wie diese im Kapitel 9.3.5.1 beschrieben sind. Der gravierende Unterschied besteht darin, dass Temperatur und Feuchte nur über eine kurze Zeitdauer der gesamten Prüfungsdauer je Extrem konstant gehalten wird. Feuchte und Temperatur werden systematisch wiederholend variiert.

Die dadurch entstehenden Zyklen sind abhängig von:

- der Masse des Prüflings, Temperaturdurchdringung ist erforderlich
- den Anstiegs- und Abfallzeiten für Temperatur und Feuchte, die die Kammer leisten kann, damit der Prüfling eine bedingungsgerechte Belastung erfährt
- Verweilzeiten bei jedem Extremwert d.h. Temperatur und Feuchte

Testdauer: ca. 200 bis 1500 Stunden. Andere Zeiten, entsprechend der Forderung.

9.3.5.3 HAST

HAST steht für Highly Accelerated Stress Test und ist ein hoch beschleunigender Test zur Überprüfung der Widerstandsfähigkeit gegenüber feuchter Wärme. Ähnlich wie im Test mit zyklischer Feuchte/Wärme wird der Prüfling belastet, jedoch mit der Zusatzbedingung: Druck.

Somit ergibt sich gegenüber den unter Kapitel 9.3.5.1 und Kapitel 9.3.5.2 beschriebenen Prüfungen eine wesentlich erhöhte Beschleunigung. Die Testzeit wird dadurch wesentlich kürzer. Des Weiteren ist es eminent wichtig, auf extrem geringen Verschmutzungsgrad von Prüflingen und Zuführungen, Halterungen etc. in der Kammer zu achten. Andernfalls entstehen Ausfälle aufgrund der Verschmutzungseffekte, welche bei der nachfolgenden Analytik zu Fehlinterpretationen führen können.

Testdauer: meist als Vielfaches von 24 h, dies bedeutet 96 bis 240 Stunden.

9.3.5.4 Pressure Cooker-Test (Autoclav)

Diese Prüfung wird völlig ohne irgendeine Beschaltung der Prüflinge durchgeführt. In einen mit geringer Menge Wasser gefüllten Behälter werden die Prüflinge eingebracht. Nach Schließen des Behälters wird das Wasser erhitzt, wodurch im Inneren Dampf und Druck entsteht.

Durch diese Beaufschlagung (typ.: 121 °C bei ca. 127 kPa), dringt der Dampf weitaus tiefer und auch aggressiver in die Prüflinge ein und erzeugt die später zu bewertenden Korrosionseffekte. Diese Prüfung dient vorzugsweise zur Prüfung von Baugruppen, welche im Feld unter Atmosphären mit hohem Druck verbaut werden. Ein anderes Anwendungsgebiet ist der Vergleich von mehreren Prüflingen unterschiedlicher Hersteller, die alle zur gleichen Zeit in der gleichen Kammer sind. Sehr „schnelle" sind dann die „besseren" von den „weniger guten" Prüflingen zu unterscheiden. Übliche Dauer der Beaufschlagung liegt zwischen 4 und 24 Stunden.

Die Korrosionsmechanismen können durch einen nachfolgenden Lebensdauertest von 24 bis 48 Stunden weiter beschleunigt werden.

9.3.6 Auswertung und Schlussfolgerung

Nach Abschluss der Feuchte-Wärme-Test sind sorgfältig Analysen der Ausfälle, aber auch der guten Einheiten durchzuführen.

Ausgefallene Einheiten:	zeigen die Schwachstellen
Gute Einheiten:	zeigen beginnende Effekte und sind ein Indikator für die Grenzen der Robustheit

9.3.7 Normen und Standards

> **Hinweis:**

Die Informationen unter Kapitel 9.1.6 „Normen und Standards" sind immer zu berücksichtigen.

DIN EN IEC 60068-2-30	Umgebungseinflüsse – Teil 2-30: Prüfverfahren – Prüfung Db: Feuchte Wärme, zyklisch (12 + 12 Stunden)
DIN EN IEC 60068-2-66	Umweltprüfungen – Teil 2: Prüfverfahren – Prüfung Cx: Feuchte Wärme, konstant
DIN EN IEC 60068-2-78	Umgebungseinflüsse – Teil 2-78: Prüfverfahren - Prüfung Cab: Feuchte Wärme, konstant
DIN EN IEC 60068-3-4	Umweltprüfungen – Teil 3-4: Unterstützende Dokumentation und Leitfaden; Prüfungen mit feuchter Wärme
DIN EN IEC 60068-2-38	Umgebungseinflüsse – Teil 2-38: Prüfverfahren - Prüfung Z/AD: Zusammengesetzte Prüfung, Temperatur/Feuchte, zyklisch
IEC 60749-5	Semiconductor devices - Mechanical and climatic test methods - Part 5: Steady-state temperature humidity bias life test
IEC 62059-31-1	Electricity metering equipment - Dependability - Part 31-1: Accelerated reliability testing - Elevated temperature and humidity
JESD22-A101	Steady State Temperature Humidity Bias Life Test
JESD22-A102	Accelerated Moisture Resistance - Unbiased Autoclave
JESD22-A110	Highly-Accelerated Temperature and Humidity Stress Test (HAST)
JESD22-A118	Accelerated Moisture Resistance - Unbiased Autoclave

9.3.8 Beispiel Feuchte-Wärme-Test und Misson Profile

Beispiel 9.5 zur Entwicklung eines Feuchte-Wärmetests auf Basis eines Mission Profile. Folgende Informationen liegen vor:

System:	Elektronische Steuerung
Einbauort:	auf einem ca. 50 *m* hohen Mast verbaut, nicht hermetisch gekapselt
Geforderter Bereich relativer Feuchte:	-10 % bis 80 %
Betriebszeit:	10 Jahre, Dauerbetrieb

Ein Fachteam (Entwickler, Projektleiter, Zuverlässigkeitsingenieur, Testlabor-Ingenieur) befragte den Kunden sowie Wetterämter und analysierte die am Einsatzort verfügbaren Wetterdaten. Nach eingehender Diskussion und Abwägung von möglicherweise auftretenden Risiken wurden die in Tab. 9.16 dargestellten drei Klimabereiche, festgeschrieben, welche ferner zur Entwicklung des Feuchte-Wärmetests dienen sollten.

Tab. 9.16 Ermittlung: Klimabereiche

Bereich 1	Bereich 2	Bereich 3
Dezember	März	Juni
Januar	April	Juli
Februar	Mai	August
	September	
	Oktober	
	November	
90 Tage	183 Tage	92 Tage
	Im Mittel:	
$10\,°C/20\,\%\,rF$	$20\,°C/60\,\%\,rF$	$27\,°C/50\,\%\,rF$

> **Anmerkungen:**

- Für einen anders gearteten Einsatz kann die getroffene Einteilung durchaus ungleich aussehen.
- Eine detailliertere Aufteilung der Klimabereiche ist denkbar, jedoch sollte hinterfragt werden, inwieweit damit das Ergebnis exakter wird und ob dies wirklich für den Nachweis der Robustheit gegenüber Korrosion erforderlich und zielführend ist.
- Zu bedenken ist: Langzeit-Klimadaten sind meist sehr Toleranz-behaftet.

Vorgesehen ist ein Feuchte-Wärme-Test in einer zur Verfügung stehenden Prüfkammer bei 40 °C mit 93 % r.F. Durch Anwendung der Formel von Lawson, siehe auch Kapitel 7.3.4, werden die Ergebnisse, wie in Tab. 9.17 gezeigt, ermittelt. Die zugehörigen Parameter sind

- die Aktivierungsenergie, die aufgrund vorhergehender Projekte und Felderfahrung auf den Wert 0,43 eV festgelegt wurde
- und die dimensionslose Konstante mit $5,57 \cdot 10^{-4}$.

Somit ist der Feuchte-Wärme-Test über 1.290 Stunden bei 40 °C und 93 % r.F. durchzuführen.

> **Anmerkungen:**

- es ist durchaus förderlich, den Test einige Stunden länger laufen zu lassen, um die Robustheit hinsichtlich Korrosion zu erfahren.
- die Beschaltung der Prüflinge im Test sollte immer so gewählt werden, dass eine möglichst geringe Eigenerwärmung entsteht.

Tab. 9.17 Ermittlung: Beschleunigungsfaktor B_F und resultierend Testzeit

Bereich	Tage	$°C$	$\% \, r.F.$	h in 10 Jahren	B_F	Resultierende Testzeit
1	90	10	20	21.600	535,4	40,3
2	183	20	60	43.920	49,4	889,1
3	92	27	50	22.080	61,3	360,2
Summen	**365**			**87.600**		**1.289,6**

9.4 Temperatur Zyklen-Test

Ein Temperatur Zyklen-Test für die Elektronik ist ein Verfahren, bei dem elektronische Bauteile oder Geräte wiederholt extremen Temperaturwechseln ausgesetzt werden, um ihre Leistungsfähigkeit und Zuverlässigkeit unter verschiedenen Temperaturbedingungen zu bewerten.

9.4.1 Einleitung

Ein Bauelement, Baugruppe, Gerät, etc. werden immer aus verschiedenartigen Materialien gefertigt. All diese Materialien besitzen als Eigenschaft bei Temperaturveränderungen spezifische Ausdehnungskoeffizienten, die einmal zur Schrumpfung oder zur Ausdehnung führen können. Im besonderen Fall können diese dabei auch gegeneinander wirken. Der Begriff Mismatch, also Fehlanpassung beschreibt die Diskrepanz beim Prozess der Materialausdehnung.

Die Bedingungen sind unterschiedlich wobei die Funktionalität immer erhalten bleiben muss. Details sind einem vorher erarbeitet Mission Profile zu entnehmen.

9.4.2 Auftretende Belastungen

Beispiele von Belastungen, die im Feld auftreten können (alphabetisch):

- Elektrische Belastung durch Eingangssignale
- Extreme, wie Grenztemperaturen
- Schwankungen der Versorgungsspannung
- Temperaturschwankungen
- Vibrationen
- Wartungen
- Winddruck

- Zu- und Abschalten von Lasten
- etc.

9.4.3 Erwartbare Ausfallmechanismen

Bei starken Temperaturwechseln kommt es aufgrund begrenzter Wärmeleitfähigkeit zu Temperaturdifferenzen in Materialien und Systemen. Als Folge ergeben sich bedingt durch die Ausdehnungskoeffizienten unterschiedliche Wärmeausdehnungen und mechanische Spannungen.

Typische Mechanismen, die zum Fehlerbild führen sind (alphabetisch):

- Abhebungen von Bauelementen
- Ablösungen von Verbindungen
- Materialwanderungen
- Mikrorisse etwelcher Art
- Risse in Durchkontaktierungen
- Risse in Lötstellen
- Risse oder Anrisse in Leitbahnen
- Verwerfungen von Leitbahnen
- etc.

Weitere Ausfallmechanismen sind den Kapiteln 9.1 bis 9.5 zu entnehmen.

9.4.4 Testdauer

Je nach Branche, Normen oder Standards sind Anzahl und Dauer von Zyklen sowie Verweildauer je maximaler Temperatur vorgegeben. Ist keine Referenz vorgeschrieben, so besteht die Notwendigkeit mithilfe der Beschleunigungsformel von Coffin-Manson einen entsprechenden Test zu entwickeln. Siehe hierzu auch Kapitel 7.5 Coffin-Manson. Bevor jedoch diese angewendet werden kann, ist dem Mission Profile die Dauer und der Temperaturverlauf unter Einsatzbedingungen zu entnehmen. Alternativ dienen auch die verfügbaren weltweiten Wetterkarten für das betroffene Einsatzgebiet quasi als Datenlieferant.

Bei der Festlegung der Testdauer gilt auch hier:

$$\text{Testdauer} = \frac{\text{Betriebszeit}}{\text{Beschleunigungsfaktor}}. \tag{9.10}$$

Zur Bestimmung der Anzahl der Zyklen und daraus resultierend die gesamte Testdauer kann, wie folgt, verfahren werden:

- Anzahl der Zyklen unter Feldbedingungen über den gesamten Betriebsverlauf ermitteln.

- Verweilzeit, in Abhängigkeit der Masse des Prüflings je Extremtemperatur in der Kammer bestimmen. Hier hilft oft eine Messung im Kern des Prüflings nach genügend langer Lagerungszeit bei geforderter Temperatur. Experimentieren!
- Überprüfen, inwieweit quasi eine Sicherheitszeitspanne zur Zeit der angenommenen Durchtemperierung von wenigen Minuten zu addieren ist.
- Ein- und Ausschaltsequenzen des Prüflings während des Temperaturzyklus festlegen.
- Bei der Festlegung der Dauer eines Zyklus ist ebenso die Zeit des Temperaturanstiegs bzw. -abfalls der Prüfkammer in K/min zu beachten.
- Die Anzahl der Zyklen ist mithilfe von Coffin-Manson zu ermitteln.

Beispiel 9.6 Eine elektronische Steuerung ist an einem Gittermast in ca. 50 Meter Höhe verbaut und den wetterbedingten Temperaturschwankungen ausgesetzt. Die Betriebszeit ist mit 6 Jahren festgelegt, bevor die Einheit routinemäßig ausgetauscht werden soll. Aufgrund von bekannt vorkommenden Verzögerungen bei den Austauschaktionen und zusätzlicher Berücksichtigung von Erfahrungswerten für Robustheit ist mit einer Betriebszeit von bis zu 7 Jahren zu rechnen.

Unter Berücksichtigung von vorliegenden Daten aus Wetterkarten, dem Betriebsprofil und dem gekapselten Verbau der Steuerung wurden die Grenzen für die Temperaturen festgelegt.

Die im Labor verfügbare Temperaturwechselkammer ist ein Einkammersystem mit einem Temperaturgradienten von 10 K/min. Die Kammer bewältigt einen Temperaturhub von $-45\,°C$ bis $+165\,°C$. Maximal zulässig für die Steuerung ist jedoch nur $-30\,°C$ bis $+115\,°C$.

Messungen am Steuergerät (Prüfling) haben ergeben, dass die völlige Temperaturdurchdringung nach ca. 18 Minuten erreicht ist. Die Verweilzeit bei den jeweiligen Temperaturen wurde mit 20 Minuten festgelegt.

Tab. 9.18 Ermittlung: Anzahl der Temperaturwechsel

Zeile	Vorgehen	Parameter	Werte	Anmerkungen
1	Ermittlung: Temperaturwechsel im Feld	Anzahl der Jahre	7	Aus Mission Profile
2		Anzahl der Tage/Jahr	365	Schaltjahre werden nicht berücksichtigt
3		Temperaturwechsel je Tag	2	Aus Wetterkarte und Mission Profile bestimmt
4		Gesamtzahl der Temperaturwechsel	5110	Multiplikation der Zeilen 1 mit 2 und 3
5	Ermittlung: Temperaturhub und Beschleunigungsfaktor	Mögliche Temperaturdifferenz in der Kammer ($T_U = -30\,°C$/ $T_O = +115\,°C$):	$145\ K$	Spezifikation der Prüfkammer und maximal zulässig für den Prüfling
6		Mögliche Temperaturdifferenz in der Anwendung ($T_U = -15\,°C$/ $T_O = +80\,°C$):	$95\ K$	Aus Mission Profile
7		Festlegung Coffin-Manson	2,35	Erfahrungswert, mit Technologiebezug
8		Resultierender Beschleunigungsfaktor	2,7	Ermittelt mit Coffin-Manson Formel
9	Ermittlung: Testzyklen	Temperaturgradient der Kammer:	$10\ K/min$	Spezifikation der Prüfkammer
10		Kammertemperatur Anstiegszeit:	$14,5\ min$	Ermittelt aus Zeile 5 und Zeile 9
11		Kammertemperatur Abfallzeit:	$14,5\ min$	Ermittelt aus Zeile 5 und Zeile 9
12		Verweilzeit bei hoher Temperatur:	$20\ min$	Dauer der Temperaturdurchdringung des Prüflings
13		Verweilzeit bei niedriger Temperatur:	$20\ min$	Dauer der Temperaturdurchdringung des Prüflings
14		Dauer eines Testzyklus:	$69\ min$	Addition Zeile 10 bis 13
15		Anzahl der Testzyklen:	1893	Zeile 4 dividiert durch Zeile 8
16		Resultierende Testzeit in Stunden:	$2177\ h$	Multiplikation Zeile 15 mit Zeile 14
17		Resultierende Testzeit in Tagen:	$91\ d$	Zeile 16 dividiert durch 24 h

Ergebnis:

Es sind 1.893 Temperaturwechsel mit einer Zyklendauer von je 69 Minuten bei $T_U = -30\,°C$ bis $T_O = +115\,°C$ durchzuführen.

9.4.5 Anzahl der Prüflinge

In vielen Standards und Normen wird die Anzahl der Prüflinge in Abhängigkeit der Branche festgelegt. Für den Fall, dass die Anzahl der Prüflinge differenzierter zu bestimmen ist, wird hierzu auf das Kapitel 3.1.5 verwiesen.

9.4.6 Durchführung

Der Temperaturzyklentest, auch Temperaturwechseltest genannt, beschleunigt die thermischen Expansionen und wird typischerweise bei minimalen und maximalen Temperaturen in gasförmigen Medien durchgeführt. Oft wird hierbei auch der Begriff des „Rapid Change of Temperature" verwendet.

Wird der Test nicht in gasförmigen, sondern in flüssigen Medien ausgeführt, dann handelt es sich um einen Temperaturschocktest. Flüssige Medien können Wasser oder inerte Flüssigkeiten, sein die je nach geforderten Temperaturgrenzen einzusetzen sind.

> **Hinweis zum Sprachgebrauch:**

Sofern es sich um Systeme etc. handelt, wird für den Zyklentest in gasförmigen Medien auch der Begriff Temperaturschock verwendet. Wohingegen bei Halbleiter-Bauelementen der Begriff Temperaturschock auf flüssige Medien beschränkt ist.

Vor Einbringen des Prüflings in die Testkammer ist festzulegen:

- Prüfling ohne Betriebsspannung
- oder mit Betriebsspannung dann Ein- und Ausschaltphasen des Prüflings (AN bzw. AUS)
- Transferbeginn in den Tief- oder Hochtemperaturbereich
- Trocknungszeit bei Entnahme des Prüflings aus der Kammer, sofern der Transfer vom Tieftemperaturbereich her endet. Dies dient zur Vermeidung von störenden Kriechströmen bei der nachfolgenden Messung aufgrund der Oberflächenfeuchtigkeit.
- Bei Einbringung mehrerer Prüflinge ist auf genügenden Abstand zur gleichförmigen Umspülung mit dem Medium zu achten, damit keine Wärmenester entstehen.

Die Prüfung beginnt mit dem Transfer von RT nach TT. Der Abfall von Raumtemperatur auf Tieftemperatur, die Verweilzeit bei Tieftemperatur, die Transferzeit von tiefer Temperatur zu hoher Temperatur, die Verweilzeit bei hoher Temperatur und der Abfall auf Raumtemperatur stellen einen kompletten Zyklus dar.

Vorgehen zur Bestimmung der Temperaturdurchdringungszeit bei Prüflingen mit hoher Masse und/ oder großem Volumen:

- Ein oder mehrere Temperaturfühler im Kern des Prüflings verbauen

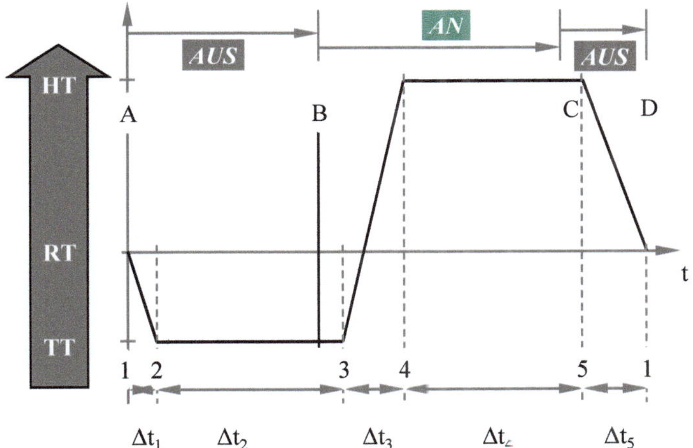

Abb. 9.5 Verlauf eines Temperaturzyklus

- Temperatur in der Kammer bis zum definierten Maximalwert erhöhen
- Einbringen des Prüflings in die Testkammer, dabei Temperatur in der Kammer und Zeitpunkt dokumentieren
- Sofern gefordert, Prüfling beschalten
- Anzeige der Temperaturfühler beobachten
- Dokumentation von Zeit und Temperatur, sobald im Kern des Prüflings die maximale Temperatur erreicht ist
- Sequenz bei Tieftemperatur für Minimalwerte wiederholen
- Bewertung hinsichtlich Tauglichkeit

> **Anmerkung:**

Der Temperaturwechseltest kann, je nach Verfügbarkeit der Gerätschaften, sowohl im Einkammersystem als auch im Zweikammersystem erfolgen.

9.4.7 Auswertung und Schlussfolgerung

Wie bei allen Prüfungen, so auch hier ist nach Abschluss des Temperaturwechseltests sorgfältige Analysen der Ausfälle durchzuführen.

Ebenso:

- Beurteilung der Fehlermechanismen
- Vergleich der Werte mit den Anforderungen

- Abschätzung des Risikos
- Festlegen eines Aktionsplanes sofern erforderlich, mit Wirksamkeitsmaßnahmen
- Verwendung aller Erkenntnisse für eine neue Konzeption

9.4.8 Normen und Standards

> **Hinweis:**

Die Informationen unter Kapitel 9.1.6 „Normen und Standards" sind immer zu berücksichtigen.

DIN EN IEC 60068-2-14-34	Umgebungseinflüsse – Teil 2-14: Prüfverfahren – Prüfung. N: Temperaturwechsel
IEC 60749-34	Semiconductor devices - Mechanical and climatic test methods - Part 34: Power cycling
JESD22-A104	Temperature Cycling
JESD22-A105	Power and Temperature Cycling
JESD22-A106	Temperature Shock
JESD22-A122	Power Cycling

9.4.9 Beispiel Temperatur-Zyklen-Test und Misson Profile

Beispiel 9.7 Eine größere Anlage ist geplant, in der bestückte Leiterkarten verbaut werden, die teilweise im äußeren Bereich als auswechselbare Einheiten vorgesehen sind.

Folgende Informationen liegen vor:

System:	Elektronische Steuerung
Einbauort:	Gebäude mit Außenbereich
Temperaturbereich entsprechend Spezifikation	$-15\,°C$ bis $70\,°C$, Mindestanforderung
Temperaturbereich, Fähigkeit der Leiterkarte	$-25\,°C$ bis $85\,°C$ Zielentwicklung, u.a. wg. Robustheit
Betriebszeit:	8 Jahre
Schaltzyklen:	3 je Tag

Das Fachteam beurteilte den Temperaturverlauf am Einbauort und ordnete die Daten für diesen Fall, wie in Tab. 9.19 dargestellt, zu.

Tab. 9.19 Ermittlung: Temperaturverlauf

Bereich 1	Bereich 2	Bereich 3
WINTER	FRÜHJAHR/ HERBST	SOMMER
Dezember	März	Juni
Januar	April	Juli
Februar	Mai	August
Dezember	September	
	Oktober	
	November	
120 Tage	153 Tage	92 Tage
	Bei 3 Schaltzyklen pro Tag ergeben sich:	
360 Zyklen	459 Zyklen	276 Zyklen

> **Anmerkungen:**

- Diskutiert wurde, inwieweit eine Gliederung in Wochen statt in Monaten präziser und sinnfälliger wäre, jedoch war die für diesen Fall vorliegende Datenbasis nicht detailliert genug.
- Ebenso wurde aus dem gleichen Grund die Aufteilung in vier bzw. fünf Bereiche verworfen. Allerdings wurde festgeschrieben, dass bei vorliegen von neueren Daten, diese wurden in Jahresfrist erwartet, die Vorgehensweise neu zu überdenken ist.

Zur Bestimmung der Anzahl der Temperaturzyklen im Test wird die Gleichung von Coffin-Manson angewendet. Siehe hierzu auch Kapitel 7.5 Coffin-Manson. Aufgrund der Fähigkeit der Leiterkarte ($-25\,°C$ bis $85\,°C$) wurde für den Temperaturtest in der Prüfkammer ein Delta von $110\,K$ ermittelt. Ferner wurde für den Exponent $k = 2{,}3$ festgeschrieben. Dieser resultiert aus Erfahrungen mit Vorgängerprojekten.

Tab. 9.20 Ermittlung: Beschleunigungsfaktor B_F und resultierenden Anzahl der Testzyklen

Bereich	Zyklen / Jahr	T_U in $°C$	T_O in $°C$	ΔT in K	Zyklen in 8 Jahren	B_F bei $110\,K$ und $k = 2{,}3$	Resultierende Zyklenzahl
1	360	-15	10	25	2.880	30,2	95,4
2	459	10	25	15	3.672	97,8	37,6
3	276	15	35	20	2.208	50,4	43,8
Summen	**1.095**				**8.760**		**176,7**

Daraus folgt, siehe Tab. 9.20, der Temperaturwechseltest mit 177 Zyklen von $-25\,°C$ bis $85\,°C$ durchzuführen.

Die Zyklendauer richtet sich nach der Temperaturdurchdringung, also der Verweilzeit je extremer Temperatur und dem Temperaturanstieg bzw. -abfall den die Prüfkammer leisten kann. Die Ermittlung hierzu erfolgt, wie in Tab. 9.18 Zeile 9 bis 17 beschrieben.

> **Anmerkung:**

Auf Beschaltung des Prüflings wurde in diesem Fall (Grund: erweiterter Temperaturbereich) bewusst verzichtet.

9.5 Schwingprüfung

Schwingprüfungen sind Tests, bei denen Produkte oder Komponenten Vibrationen ausgesetzt werden, um ihre Reaktion auf diese Belastungen zu bewerten. Diese Tests werden durchgeführt, um die Leistungs-, Funktionfähigkeit und Zuverlässigkeit von Produkten unter realen oder simulierten Betriebsbedingungen zu bewerten.

9.5.1 Einleitung

Bei Schwingprüfungen ist es wichtig, die spezifizierten Anforderungen und Standards zu beachten und die Prüfbedingungen, wie Frequenz, Amplitude und Dauer, entsprechend den Anforderungen des zu testenden Produkts festzulegen. Zudem muss das zu testende Produkt sicher und korrekt an der Prüfvorrichtung befestigt werden, um eine genaue und zuverlässige Prüfung zu gewährleisten. Während der Prüfung sollten relevante Daten, wie Schwingungsamplitude, Frequenz und eventuelle Schäden, erfasst werden. Die Ergebnisse müssen sorgfältig interpretiert werden, um festzustellen, ob das Produkt den Anforderungen entspricht oder ob Anpassungen erforderlich sind. Es ist auch wichtig zu beachten, ob die Prüfung aktiv (bestromt) oder passiv (unbestromt) durchgeführt wird, da dies die Testergebnisse beeinflussen kann.

Die Schwingungen können in drei verschiedenen, physikalischen Einheiten ausgedrückt werden:

Auslenkung:

$$x(t) = x_0 \cdot sin(\omega t), \tag{9.11}$$

mit

$$x(t) = \text{Auslenkung zur Zeit } t,$$
$$x_0 = \text{Scheitelwert der Auslenkung und}$$
$$\omega = 2 \cdot f = \text{Kreisfrequenz.}$$

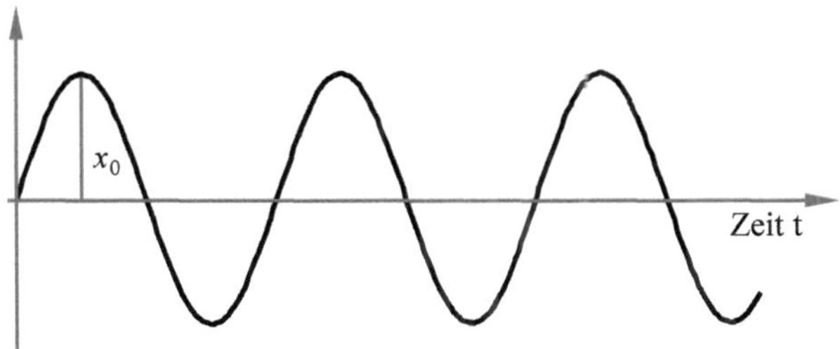

Abb. 9.6 Verlauf einer konstanten Schwingung im Frequenzbereich

Geschwindigkeit:

$$v(t) = \frac{\mathrm{d}x(t)}{\mathrm{d}t} = x_0 \cdot \omega \cdot cos(\omega t)$$
$$= x_0 \cdot \omega \cdot sin(\omega t + \pi/2) = v_0 \cdot sin(\omega t + \pi/2), \tag{9.12}$$

mit

$$v(t) = \text{Geschwindigkeit zur Zeit } t \text{ und}$$
$$v_0 = \text{Scheitelwert der Geschwindigkeit.}$$

Die Geschwindigkeit hat den Scheitelwert $v_0 = x_0 \cdot \omega$ und ist gegenüber der Auslenkung von 90° phasenverschoben.

Beschleunigung:

$$a(t) = \frac{\mathrm{d}v(t)}{\mathrm{d}t} = \frac{\partial^2 x(t)}{\partial t^2} = -x_0 \cdot \omega^2 \cdot sir(\omega t)$$
$$- x_0 \cdot \omega^2 \cdot cos(\omega t + \pi/2) = -x_0 \cdot \omega^2 \cdot sin(\omega t + \pi)$$
$$a_0 \cdot sin(\omega t + \pi), \tag{9.13}$$

mit

$$a(t) = \text{Beschleunigung zur Zeit } t \text{ und}$$
$$a_0 = \text{Scheitelwert der Beschleunigung.}$$

Die Beschleunigung hat den Scheitelwert $a_0 = x_0 \cdot \omega^2 = v_0 \cdot \omega$ und ist gegenüber der Geschwindigkeit um 90° und gegenüber der Auslenkung um 180° phasenverschoben.

Beispiel 9.8 Eine Schwingung mit einer Auslenkung $= 1$ *mm* und einer Frequenz von 55 *Hz*, was einer Kreisfrequenz von $\omega = 2\pi f = 345{,}6$ $1/s$ entspricht, hat eine maximale Geschwindigkeit von $x_0\omega = 1$ *mm* $\cdot\ 345{,}6$ $1/s = 0{,}35$ m/s und eine maximale Beschleunigung von $x_0\omega^2 = 119{,}3$ $m/s^2 \approx 12$ g.

Es gibt verschiedene Schwingformen, die bei Schwingprüfungen verwendet werden. Einige der häufigsten Schwingformen sind, vergleiche auch Abb. 9.7:

- **Sinusförmige Schwingungen:**
  Diese Schwingform folgt dem Sinusverlauf und wird häufig zur Simulation von periodischen Vibrationen verwendet.
- **Zufällige Schwingungen:**
  Diese Schwingformen haben keine periodische Struktur und werden verwendet, um die zufälligen Vibrationen zu simulieren, die in realen Umgebungen auftreten.
- **Stoßartige Schwingungen:**
  Diese Schwingformen sind kurzzeitig und impulsartig und werden verwendet, um die Auswirkungen von Stößen auf Produkte zu testen.
- **Resonanzschwingungen:**
  Diese Schwingformen treten auf, wenn ein System seine natürliche Frequenz erreicht, und werden verwendet, um die Reaktion von Produkten auf Resonanzbedingungen zu bewerten.

Diese Schwingformen werden, je nach den spezifischen Anforderungen des zu testenden Produkts und den Testzielen, ausgewählt.

9.5.2 Auftretende Belastungen

9.5.2.1 Prüfungen mit sinusförmiger Anregung

Frequenzdurchlauf

Bei dieser Prüfung wird der festgelegte Frequenzbereich kontinuierlich durchlaufen (soweit man bei digitalen Regelsystemen von kontinuierlich sprechen kann).

Die Frequenz wird logarithmisch (oft auch exponentiell bezeichnet) mit der Zeit geändert. Gründe für einen logarithmischen Frequenzdurchlauf sind:

- Beim linearen Frequenzdurchlauf wird für alle Frequenzintervalle die gleiche Prüfzeit aufgewendet. Das bedeutet aber auch, dass die Lastwechsel nicht konstant sind, sondern mit zunehmender Frequenz größer werden.

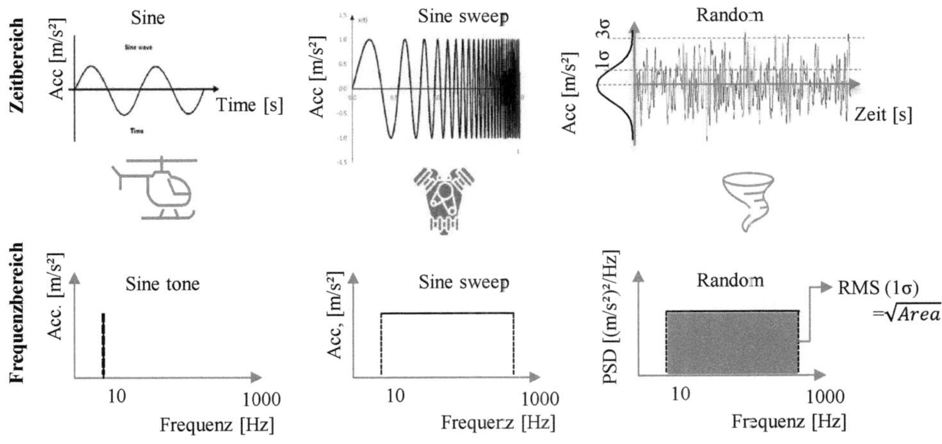

Abb. 9.7 Schwingarten: Sinus tone, Sine sweep und Rauschen (PSD)

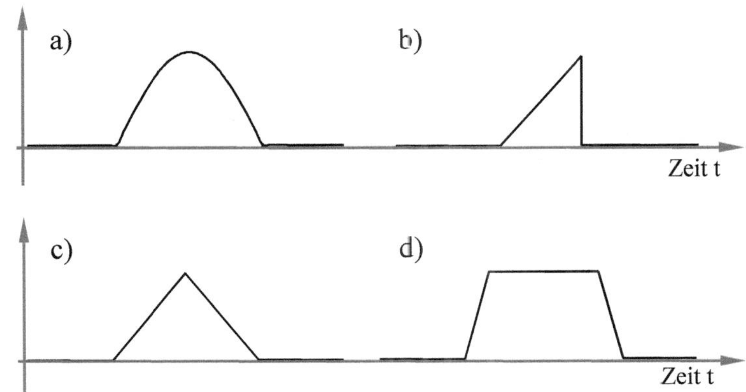

Abb. 9.8 Stoßformen: (a) Halbsinus, (b) Sägezahn, (c) Dreieck, (d) Trapez bzw. Rechteck

- Beim exponentiellen Frequenzdurchlauf erhöht sich die Frequenz exponentiell mit der Zeit. Bei dieser häufig angewendeten und in der Norm vorgeschriebenen Versuchsart bleiben die Lastwechsel in allen Frequenzintervallen konstant.

Die Maßeinheit für den logarithmischen Frequenzdurchlauf ist $Oktave/min$. Wie aus der Musik bekannt, wird bei einer Oktave die Frequenz verdoppelt:

$$f_2 = 2^N \, f_1. \tag{9.14}$$

d.h. die Frequenz f_2 liegt N Oktaven höher als die Frequenz f_1. Bei gegebenen unteren und oberen Frequenzen f_1 und f_2 berechnet sich die Anzahl der Oktaven zu:

Tab. 9.21 Empfohlene Frequenzbereiche for Frequenzdurchläufe

Von [Hz]	bis [Hz]
1	35
1	100
10	55
10	150
10	500
10	2000
10	5000
55	500
55	2000
55	5000
100	2000

$$N = \frac{1}{\log_2} \log\left(\frac{f_2}{f_1}\right). \qquad (9.15)$$

Nach Arbeitskreis-Lastenheft (AK-LH 1) wird zur Berechnung der Oktaven der natürliche Logarithmus festgelegt. In einschlägiger Literatur hingegen wird der dyadische (binäre) Logarithmus angewandt. Der Unterschied liegt bei:

$$\log_2(x) = \ln(x) \cdot 0{,}6931. \qquad (9.16)$$

Entsprechend sind die Verweildauer in der Resonanz beim binären Logarithmus länger (siehe Kapitel 9.5.4)!

Beispiel 9.9

$$f_1 = 5\,Hz;\ f_2 = 2\,Hz \qquad \rightarrow N = 8{,}68$$

$N(t)$ ist die Durchstimmgeschwindigkeit in $Oktaven/min$. Bei einer gegebenen Startfrequenz f_{start} und der Durchstimmgeschwindigkeit $N(t)$ ist die Frequenz zum Zeitpunkt t:

$$f(t) = 2^{N(t)\cdot t} \cdot f_{start}. \qquad (9.17)$$

Beispiel 9.10

$$t = 5\,min;\ N(t) = 1\,Oktave/min;\ f_{start} = 5\,Hz \rightarrow f(5\,min) = 5\,Hz \cdot 2^5 = 160\,Hz$$

Nach Norm DIN EN IEC 60068-2-6 sind für den Frequenzdurchlauf die Frequenzbereiche in Tab. 9.21 empfohlen.

Schwingungsamplitude

Für die Festlegung der Schwingamplitude wird der Frequenzbereich durch die Übergangsfrequenz in zwei Teile geteilt. Unterhalb der Übergangsfrequenz hat die Schwingungs-
anregung eine konstante Amplitude, oberhalb der Übergangsfrequenz eine konstante Beschleunigung.

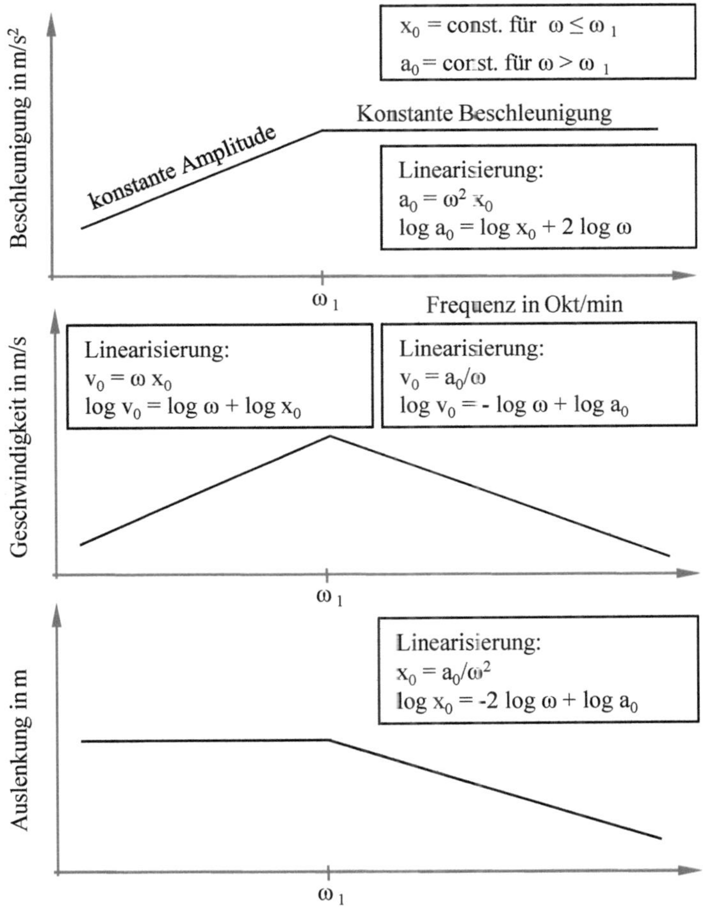

Abb. 9.9 Schwingamplitude für Beschleunigung, Geschwindigkeit und Auslenkung mit konstanter
Amplitude und Beschleunigung

Beispiel 9.11 Die Amplitude der Auslenkung unterhalb der Übergangsfrequenz beträgt
1,5 *mm* und die Amplitude der Beschleunigung oberhalb der Übergangsfrequenz ist 5 m/s^2.
Daraus folgt:

$$\omega = \sqrt{\frac{a}{x}} = \sqrt{\frac{5\ m/s^2}{1,5\ mm}} = 57,7\ Hz = 2\,\pi f \rightarrow f = 9,81\frac{1}{s}. \qquad (9.18)$$

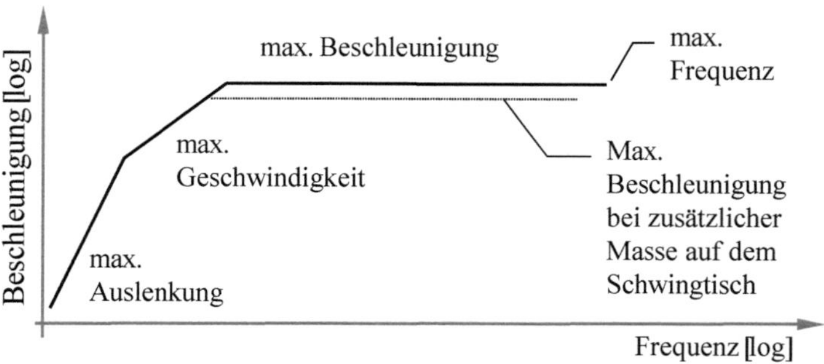

Abb. 9.10 Beispiel von Grenzen einer elektrodynamischen Schwingprüfanlage

9.5.2.2 Prüfungen mit einer Festfrequenz

Der Prüfling wird in einem festgelegten Zeitraum einer sinusförmigen Beschleunigung mit einer festen Frequenz ausgesetzt. Diese Prüfung wird vor allem dann angewendet, wenn das Schwingungsverhalten des Prüflings bekannt ist und er in (einer) seiner Resonanzfrequenz(en) geprüft werden soll oder wenn im Einsatzfall eine sinusförmige Beanspruchung (z.B. in der Nähe eines Motors) besteht.

Die Resonanzen eines Geräts sind in der Regel temperaturabhängig d.h. die Prüffrequenz muss nachgeführt werden. Dafür werden von den Herstellern von Schwingprüfeinrichtungen spezielle Softwaremodule angeboten, die die Prüffrequenz automatisch an die Resonanzfrequenz legen.

Resonanzfrequenz

Wenn ein Gerät durch ein von außen wirkende periodisch veränderliche Kraft zum Schwingen angeregt wird, dann gilt:

- In der Nähe der Eigenfrequenz des Geräts steigt die Schwingungsamplitude stark an. Sie erreicht ihr Maximum etwas unterhalb der Eigenfrequenz.
- Die Resonanzüberhöhung, d.h. das Verhältnis von Antwortamplitude zu Erregeramplitude ist um so größer, je geringer die Dämpfung ist.
- Die Schwingung des Geräts ist gegenüber der Schwingungserregung phasenverschoben. Bei der Resonanzfrequenz ist die Phasenverschiebung 90°.

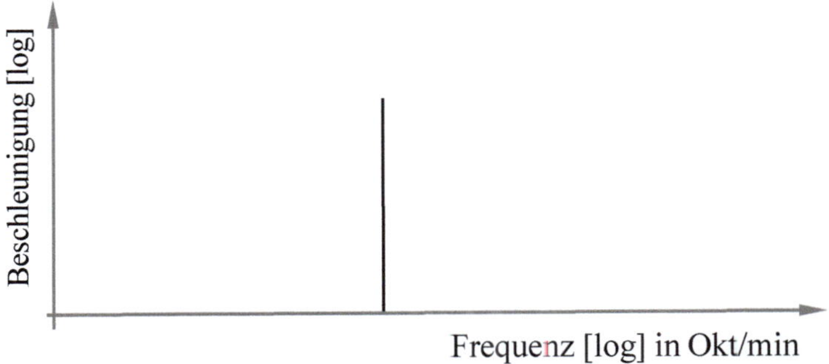

Abb. 9.11 Prüfung mit einer Festfrequenz

Die Amplitude und Phase der Reaktion eines viskos gedämpften Systems bei Resonanz ist abhängig vom Dämpfungsverhältnis ζ des Systems. Das einfachste Modell, das bei der theoretischen Behandlung mechanischer Schwingungen verwendet wird, ist das in Abb. 9.12 dargestellte Kugel-Feder-Modell. Es handelt sich um eine Kugel der Masse m, die über eine Feder an einer festen Fläche mit enormer Masse aufgehängt ist. Die Pendelbewegungen wird zunächst außer Acht gelassen und ein System mit nur einem Freiheitsgrad in vertikaler Richtung betrachtet.

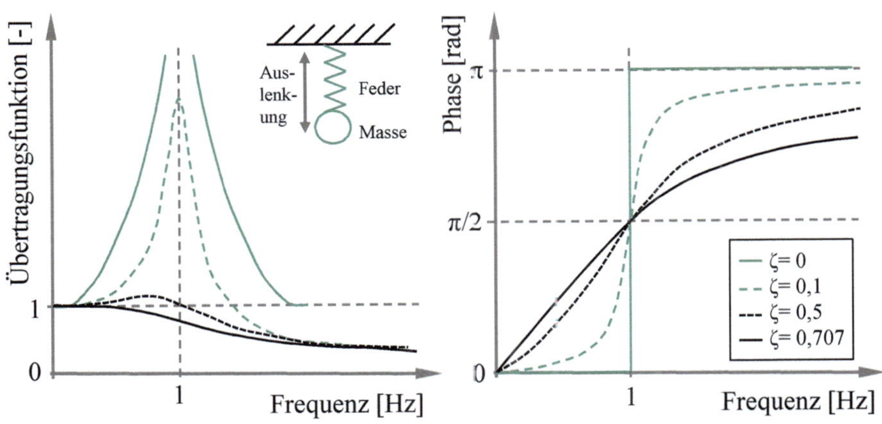

Abb. 9.12 Beispiel einer Resonanzfrequenz mit Phasenverschiebung am Beispiel eines Feder-Masse Systems

In Abwesenheit von Schwingungsimpulsen bleibt die Kugel in Abb. 9.12 in ihrer Ruhelage stehen. Angenommen, der Gegenstand, an dem die Kugel aufgehängt ist, ist nicht unendlich groß oder nicht unendlich steif, sodass der Punkt, an dem die Feder verankert ist, zu schwingen beginnt. Ein Teil dieser Schwingungsenergie kann auf die Kugel übertragen werden, weswegen diese mit der gleichen Frequenz schwingt. Die Frequenz dieser Bewegung ist gegeben durch:

$$f_n = \sqrt{\frac{k}{m}}. \tag{9.19}$$

Dabei ist f_n die Resonanzfrequenz der Schwingung, m ist die Masse, die sich während der Schwingung bewegt, und k ist die Federkonstante (bezogen auf die Steifigkeit der Feder).

Übertragungsfunktion

Eine Übertragungsfunktion ist eine Methode, um zu quantifizieren, wie effizient eine erzwungene Schwingung eine angeregte Schwingung erzeugen kann.

Der Fluss der Schwingungsenergie wird in Form einer Übertragungsfunktion ausgedrückt. Die hier am besten anwendbare Übertragungsfunktion wird als Transmissibilität bezeichnet und ist definiert als das Verhältnis zwischen dem dynamischen Ausgang und dem dynamischen Eingang (d.h. das Verhältnis zwischen der Amplitude der übertragenen Schwingung und der erregenden Schwingung).

In dem soeben beschriebenen Beispiel ist die Übertragbarkeit der Feder von der Frequenz der erzwungenen Schwingung abhängig. Die idealisierte Übertragung (Transmissibilität (T)) dieses Systems ist gegeben durch:

$$T = \sqrt{\frac{1 + \left(2\zeta\frac{f}{f_n}\right)^2}{\left(1 - \left(\frac{f}{f_n}\right)^2\right)^2 + \left(2\zeta\frac{f}{f_n}\right)^2}}, \tag{9.20}$$

wobei das Dämpfungsverhältnis ζ definiert ist als

$$\zeta = \frac{c}{2\sqrt{km}}. \tag{9.21}$$

Dabei ist f die Frequenz der Antriebsfunktion und c ein Parameter, der die Dämpfungseigenschaften des Systems beschreibt. Abb. 9.12 zeigt eine Darstellung dieser idealisierten Übertragungsfähigkeit als Funktion der Frequenz.

Bei niedrigen Frequenzen bewegt sich die Kugel synchron mit der Masse, an der die Feder aufgehängt ist, und mit der gleichen Amplitude (d.h. die Transmissibilität ist gemäß Gleichung 9.20 gleich eins). Das System verhält sich so, als ob die Feder starr wäre, und folglich ist die Kugel nicht von der großen Masse isoliert.

Mit zunehmender Frequenz der treibenden Kraft verhindert der Impuls der Kugel, dass sich die Kugel in Phase mit der treibenden Kraft bewegt (d.h. eine Änderung der Richtung der treibenden Kraft führt nicht sofort zu einer Änderung der Richtung, in die sich die Kugel aufgrund des Impulses der Kugel bewegt). Wenn die Phasenverschiebung zwischen der treibenden Kraft und der Schwingung der Kugel genau 90° beträgt, schwingt das System mit seiner natürlichen (Resonanz-)Frequenz f_n.

Wenn die Frequenz der treibenden Kraft viel größer ist als die Resonanzfrequenz des Feder-Kugel-Systems, wird die Reaktion der Kugel allein durch die Masse der Kugel bestimmt. Mit anderen Worten, die Feder ist relativ weich und die Schwingungskraft breitet sich langsam als Druckwelle aus. Durch diese langsame Übertragung wird der oszillatorische Charakter der erzwungenen Schwingung effektiv gestreckt. Im Wesentlichen erfährt die Kugel aufgrund ihrer langsamen Reaktion auf die sich schnell bewegenden Schwingungen eine zeitlich gemittelte Kraft, und sofern die Schwingung keine Nettoverschiebung bewirkt, tendiert die Größe der zeitlich gemittelten Kraft mit zunehmender Schwingungsfrequenz gegen null. Wenn sich die Transmissibilität dem Wert Null nähert, wird die Position der Kugel durch die Schwingung der großen Masse nicht beeinflusst. An diesem Punkt ist die Kugel seismisch gelagert.

Dämpfung

Unter Dämpfung versteht man jeden Vorgang, der bewirkt, dass eine Schwingung in einem System auf eine Amplitude von Null abklingt. Sie ist ein sehr wichtiges Phänomen bei der Unterdrückung oder Isolierung von Schwingungen. Die Dämpfung bewirkt, dass die Energie von der Schwingung auf andere Senken umgeleitet wird. Die Dämpfung in einem System wird in der Regel als das Verhältnis der tatsächlichen Dämpfung zur kritischen Dämpfung definiert. Die kritische Dämpfung ist der Mindestbetrag der Dämpfung in einem System, der erforderlich ist, um eine Resonanzschwingung nach Einwirkung einer Stoßkraft zu verhindern.

Die Dämpfung ist ein Resonanzeffekt, da sie in erster Linie die Übertragungsfunktion bei oder nahe der Resonanz beeinflusst. Bei der Resonanz:

$$\frac{f}{f_n} = 1. \tag{9.22}$$

Unter Verwendung dieser Beziehung kann Gleichung 9.20, wie folgt vereinfacht werden

$$T = \frac{1}{2\zeta}. \tag{9.23}$$

Die Höhe der Transmissibilitätsspitze bei Resonanz wird hauptsächlich durch die Dämpfung bestimmt. Ohne Dämpfung wäre die Spitze unendlich hoch. Auch ein System ohne Dämpfung würde nicht aufhören zu schwingen, selbst wenn die treibende Kraft entfernt wird. Alle realen Systeme sind bis zu einem gewissen Grad gedämpft sind.

9.5.2.3 Prüfungen mit rauschförmiger Anregung

Diese Prüfung wird für Geräte verwendet, die stochastischen Schwingungen ausgesetzt sind, d.h. Schwingungen, bei denen gleichzeitig ein kontinuierliches Frequenzspektrum angeregt ist.

Die charakteristische Größe für Prüfungen mit stochastischer Anregung ist die spektrale Beschleunigungsdichte (acceleration spectral density). Sie ist definiert als der quadratische Mittelwert eines Beschleunigungssignals, das ein Schmalbandfilter bestimmter Frequenz passiert hat, dividiert durch die Bandbreite des Filters.

In der Norm DIN EN IEC 60068-2-64 ist die Rauschprüfung als konstante spektrale Leistungsdichte $G(g^2/Hz)$ oder $PSD((m/s^2)^2/Hz)$ in einem festgelegten Frequenzbereich f_1 bis f_2.

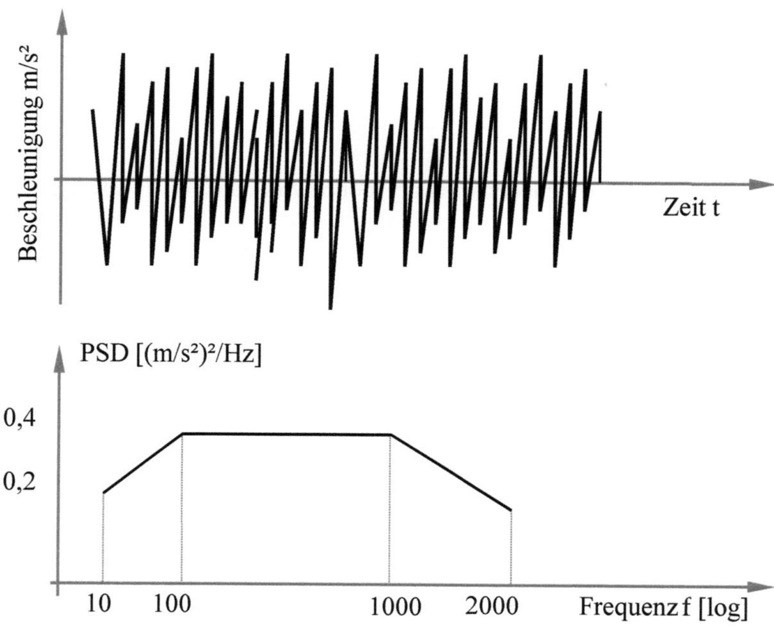

Abb. 9.13 Zusammenhang Rauschen im Zeitsignal und Frequenzband

Die Umrechnung von $G[g^2/Hz]$ in $PSD[(m/s^2)^2/Hz]$ erfolgt:

$$1(m/s^2)^2/Hz = 1\frac{g^2/Hz}{(9{,}81m/s^2)^2}. \tag{9.24}$$

Berechnung des RMS der Leistungsdichte im Frequenzbereich

Zur Berechnung der Leistungsdichte (PSD) soll das PSD-Beispiel in Abb. 9.13 dienen. Der Doppel-Logarithmische Maßstab hilft dabei, den RMS über die Integration der Fläche unterhalb der Kurve zu bestimmen.

> **Merke:**

Eine Spezifikation der Leistungsspektraldichte wird in der Regel, wie folgt dargestellt:

- Die Spezifikation wird als eine Reihe von stückweise kontinuierlichen Segmenten dargestellt.
- Jedes Segment ist eine gerade Linie in einer log-logarithmischen Darstellung.

Es gilt nun für jedes Segment:

$$y(f) = \left(\frac{y_1}{f_1^r}\right) f^n. \tag{9.25}$$

Ausgangspunkt der Berechnung ist: (f_1, y_1). Der Exponent n ist eine reelle Zahl, die die Steigung angibt. Die Steigung zwischen zwei Koordinaten (f_1, y_1) und (f_2, y_2) ist:

$$n = \frac{\log\left(\frac{y_2}{y_1}\right)}{\log\left(\frac{f_2}{f_1}\right)}. \tag{9.26}$$

Die Fläche A_1 (Energiedichte) ergibt sich dann über das Integral zu:

$$A_1 = \int_{f_1}^{f_2} \left(\frac{y_1}{f_1^n}\right) f^n df. \tag{9.27}$$

Es gibt zwei Fälle, die vom Exponenten n abhängen:

$$A_i = \begin{cases} \left(\frac{y_i}{f_i^n}\right)\left(\frac{1}{n+1}\right)\left(f_{i+1}^{n+1} - f_i^{n+1}\right), \text{ für } n \neq -1 \\ (y_i \cdot f_i)\left(\ln\left(\frac{f_{i+1}}{f_i}\right)\right), \text{ für } n = -1. \end{cases} \tag{9.28}$$

Die gesamte Energiefläche lässt sich dann zusammen erfassen:

$$RMS_{PSD} = \sqrt{\sum_{i=1}^{m} A_i}, \tag{9.29}$$

wobei m die Anzahl der Segmente ist.

Beispiel 9.12 Für das Rauschsignal in Abb. 9.13 soll der RMS berechnet werden, die Werte sind in Tab. 9.22 gegeben. Das Signal kann nun in drei Flächenabschnitt eingeteilt

Tab. 9.22 PSD Signal aus Diagramm 9.13

Frequenz Hz	PSD $(m/s^2)^2/Hz$
10	0,2
100	0,4
1000	0,4
2000	0,2

werden. Wichtig für jeden Abschnitt ist die Fallunterscheidung nach der Steigung $n \neq 1$. Für das erste Segment gilt für die Steigung:

$$n = \frac{\log\left(\frac{0,4}{0,2}\right)}{\log\left(\frac{100}{10}\right)} \approx 0,3. \tag{9.30}$$

Somit lässt sich die Fläche berechnen zu:

$$A_1 = \left(\frac{0,2}{10^{0,3}}\right)\left(\frac{1}{0,3+1}\right)\left(100^{0,3+1} - 10^{0,3+1}\right) = 29{,}21 \left(m/s^2\right)/Hz\right)^2. \tag{9.31}$$

Für das zweite Segment gilt:

$$n = \frac{\log\left(\frac{0,4}{0,4}\right)}{\log\left(\frac{1000}{100}\right)} = 0. \tag{9.32}$$

Somit gilt für die Flächenberechnung:

$$A_2 = \left(\frac{0,4}{100^0}\right)\left(\frac{1}{0+1}\right)\left(1000^{0+1} - 100^{0+1}\right) = 360 \left(m/s^2\right)/Hz\right)^2. \tag{9.33}$$

Für das dritte Segment gilt:

$$n = \frac{\log\left(\frac{0,2}{0,4}\right)}{\log\left(\frac{2000}{1000}\right)} = -1. \tag{9.34}$$

Somit gilt für die Flächenberechnung:

$$A_3 = (0{,}4 \cdot 1000)\left(\ln\left(\frac{2000}{1000}\right)\right) = 277{,}26 \left(m/s^2\right)/Hz\right)^2. \tag{9.35}$$

Für den RMS der Leistungsdichte gilt nun:

$$RMS_{PSD} = \sqrt{\sum_{i=1}^{m} A_i} = \sqrt{A_1 + A_2 + A3} = 25{,}82(m/s^2)^2/Hz. \tag{9.36}$$

Berechnung des Effektivwertes (RMS) bei harmonischer Schwingung

Für die Vergleichbarkeit zwischen Amplituden- und Leistungsdichtespektrum wird analog der Gleich- und Wechselspannung der Effektivwert (RMS-Wert) verwendet. Dieser Wert gibt einen ersten Eindruck, wie sich ein PSD-Spektrum einordnen lässt. Für eine reine Sinusschwingung gilt:

$$RMS_{sinus} = \frac{\text{Amplitude (Spitzenwert)}}{\sqrt{2}}. \tag{9.37}$$

Bei zufälligen Schwingungen gibt es kein festes Verhältnis zwischen Spitzen- und Effektivwert.

> **Merke:**

Man beachte, dass der RMS-Wert gleich dem Wert der Standardabweichung ist, wenn der Mittelwert Null ist. Die Standardabweichung wird häufig durch σ dargestellt. Eine typische Annahme ist, dass zufällige Schwingungen einen Spitzenwert von $3\,\sigma$ für die Auslegung haben.

Beispiel 9.13 Ein synthetisches Anregungszeitsignal hat eine maximale Beschleunigung von $a_{max} = 2{,}3\ m/s^2$ und einen Effektivwert von $RMS = 0{,}59\ m/s^2$. Nun gilt für den Spitzenwert:

$$a_{peak} = \frac{2{,}3\ m/s^2}{0{,}59\ m/s^2} = 3{,}9\ \sigma. \tag{9.38}$$

Eine andere Messung des gleichen Signals könnte einen höheren oder niedrigeren Spitzenwert in Bezug auf sein σ haben.

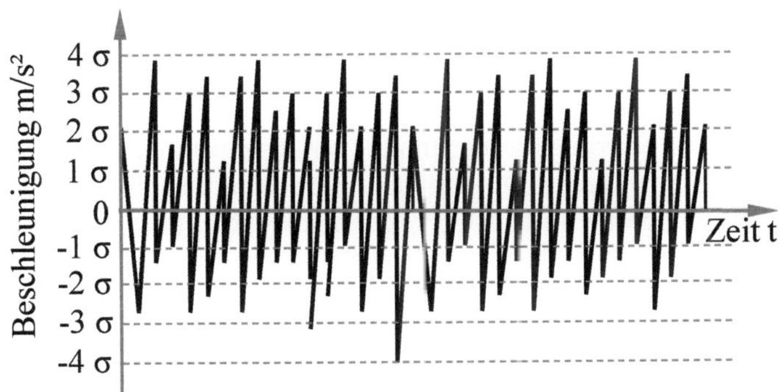

Abb. 9.14 Rausch-Signal mit Einteilung der sigma-Klassen

Bei einem zufälligen Schwingungsverlauf $a(t)$ kann die Amplitude a nicht für eine bestimmte Zeit berechnet werden. Dennoch kann die Wahrscheinlichkeit, dass $a(t)$ innerhalb oder außerhalb bestimmter Grenzen liegt, mithilfe der statistischen Theorie ausgedrückt werden. Die Wahrscheinlichkeitswerte für die Amplitude sind in Tab. 9.23 für ausgewählte Pegel in Form der Standardabweichung oder des σ-Wertes angegeben.

Tab. 9.23 Wahrscheinlichkeit für ein Zufallssignal mit Normalverteilung und Mittelwert Null

Bereich	Wahrscheinlichkeitsverhältnis	Prozent
$-\sigma < a < +\sigma$	0,6827	68,27 %
$-2\sigma < a < +2\sigma$	0,9545	95,45 %
$-3\sigma < a < +3\sigma$	0,9973	99,73 %

Die Wahrscheinlichkeitstabelle kann wie folgt verwendet werden. Angenommen, ein zufälliger Schwingungszeitverlauf hat eine Gesamtdauer von 60 Sekunden. Die Zeitspanne t_{cross} mit der Amplitude 1 σ in Bezug auf den absoluten Wert ergibt sich zu:

$$t_{cross} = 60\ s \cdot (1 - 0{,}6827) = 18{,}22\ s. \tag{9.39}$$

Angenommen, der gleiche Zeitverlauf wird so digitalisiert, dass er aus 200.000 Punkten besteht. In Bezug auf den absoluten Wert überschreiten folgende Punkteanzahl 2 σ:

$$n = 200.000 \cdot (1 - 0{,}9545) = 9.100\ . \tag{9.40}$$

9.5.2.4 Prüfungen mit stoßförmiger Anregung (Schock und Dauerschocken)

Schocks oder Stöße sind mechanische Impulse, die dadurch gekennzeichnet sind, dass sie zeitlich begrenzt und kurzzeitig ($10^{-4}\ s$ bis 1 s) und meistens einseitig gerichtet sind. Ein besonderer Fall des Schocks ist das Dauerschocken. In den Normen werden folgende Schockprüfungen unterschieden: Schocken, Dauerschocken, Kippfallen / Umstürzen, Frei Fallen und Prellen, vergleiche Tab. 9.24 und Abb. 9.8.

Dem Schock muss ein nacheilender Impuls (ein sog. post pulse) und ein Vorimpuls (pre pulse) hinzugeführt werden. Die Amplituden des Vor- und Nachimpulses dürfen nach IEC 60068-2-27 nicht größer sein als 20 % der nominellen Spitzenbeschleunigung A und auch die Höhe der Spitzenbeschleunigung darf nicht mehr als ± 20 % des nominellen Werts abweichen, vergleiche Abb. 9.15.

Anzahl der Schocks:
Wenn in der Einzelbestimmung nicht anders angegeben in jeder der drei Hauptrichtungen drei Schocks in positiver und drei in negativer Richtung, also insgesamt 18 Schocks.

Tab. 9.24 Übersicht von Schockarten aus der Norm und deren Wirkung

Schockart	Norm	Dient zur Nachbildung der Wirkung
Schocken	IEC 60068-2-27	von Schocks, die sich nicht in zeitlichen Abständen wiederholen
Dauerschocken	IEC 60068-2-29	von sich häufig wiederholenden Schocks
Kippfallen, Umstürzen	IEC 60068-2-31	von Schlägen oder Stößen, wie sie bei grober Handhabung auf der Werkbank oder auftreten können
Frei Fallen	IEC 60068-2-32	eines Aufpralls
Prellen	In Vorbereitung	von unregelmäßigen Stößen, wie sie z.B. bei lose verladenen Geräten auf Fahrzeugen während

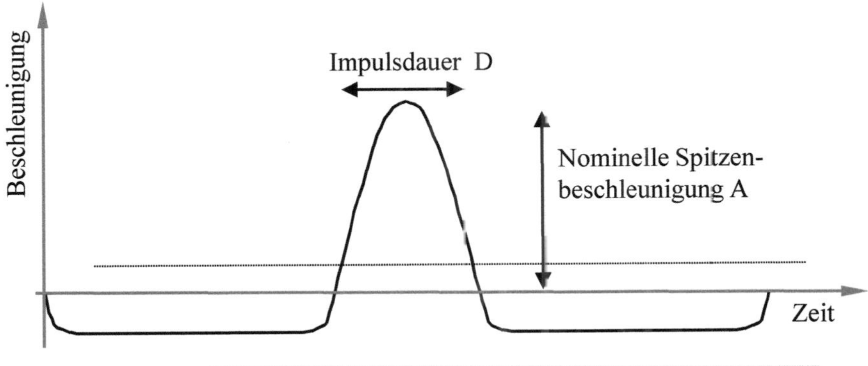

Abb. 9.15 Prüfungen mit stoßförmiger Anregung (halbsinusförmig)

9.5.3 Erwartbare Ausfallmechanism

Typische Fehlerbilder können sein:

- Lockerung von Verbindungen: Vibrationen können dazu führen, dass Steckverbindungen, Kabel oder Lötstellen sich lockern, was zu intermittierenden Verbindungsproblemen oder Ausfällen führen kann.
- Beschädigung von Bauteilen: Vibrationen können dazu führen, dass empfindliche elektronische Bauteile wie Kondensatoren, Widerstände oder Halbleiter beschädigt werden, was zu Funktionsstörungen oder Ausfällen führen kann.
- Störungen von Sensoren: Vibrationen können die Genauigkeit von Sensoren wie Beschleunigungsmessern oder Gyroskopen beeinträchtigen, was zu fehlerhaften Messungen oder Steuerungen führen kann.
- Elektromagnetische Interferenz (EMI): Vibrationen können dazu führen, dass Kabel oder Leiter in der Nähe von elektronischen Baugruppen sich bewegen und dadurch unerwünschte elektromagnetische Interferenzen verursachen.

Generell gilt: Wenn die Frequenz der Vibration mit der natürlichen Frequenz eines Bauteils oder einer Struktur übereinstimmt, kann dies zu Resonanz und erhöhten Vibrationen führen.

Häufige Fehlerbilder in Steuergeräten sind auf elektrische Komponenten auf der Leiterplatte (PCB) zurückzuführen:

- Kondensatoren (SMD und THT)[1]
- Induktivitäten/Stabspulen (SMD und THT)
- BGA (Ball Grid Array)

und außerhalb der PCB sind folgende Komponenten betroffen:

- Gehäusedeckel
- Dämpfungselement
- TIM (Thermal impedance material)
- Steckerstifte
- Abdichtung
- Elektromagnetische Spulen

9.5.4 Testdauer

Bei der Testdauer gibt es mehrere Möglichkeiten. Entweder wird je nach Applikation von Kundenseite oder von der Norm ein Erprobungsprofil und Zeit vorgegeben. Klassische Prüfzeiten in der Automobilbranche sind bei einem reinen Rauschprofil für:

- PKW: 8 h (je Raumrichtung) oder
- LKW: 32 h (je Raumrichtung).

Die Herleitung zu dieser Prüfzeiten basiert auf der bestehenden Feldanforderung von PKW mit 6.000 h und LKW mit 25.000 h. Bei repräsentativen Testfahrten wird davon ausgegangen, dass 10 % davon Schlechtweg-(PSD-)Anteile sind. Dies wiederum bedeutet somit, dass eine PKW-Applikation 600 h und eine LKW-Applikation 2.500 h geschüttelt werden müsste. Nun wird bei dieser Lastableitung von einem Beschleunigungsfaktor von 25 ausgegangen. Dies bedeutet bei einem PKW nun 24 h gesamt, also 8 h je Raumrichtung und bei einem LKW 96 h gesamt, also 32 h je Raumrichtung.

Bei einer harmonischen Anregung, z.B. von einem Elektro- oder Verbrennungsmotor, ist die Prüfzeit je nach Schadenakkumulation abhängig, man spricht von einem sogenannten Gleitsinusverfahren. Meistens werden als Referenz die Dauerfestigkeit von

---

[1] SMD ist die Abkürzung für den englischen Begriff „surface mounted device" und heißt übersetzt „oberflächenmontiertes Bauteil". THT kommt ebenfalls aus der Leiterplattenbestückung, bedeutet aber „through hole technology" und steht für die Durchsteckmontage.

$$N_{\text{Stahl}} = 2 \cdot 10^6 \tag{9.41}$$

$$N_{\text{Stahlschweißkonstruktion}} = 1 \cdot 10^7 \tag{9.42}$$

$$N_{\text{Aluminium}} = 3 \cdot 10^7 \tag{9.43}$$

angesetzt. Mit einem Überlastungsfaktor von 10 % auf die Amplitude kann diese Schwingspielzahl in Abhängigkeit des Werkstoffs reduziert werden zu:

$$N_{10\,\%\ \text{Überlast, Stahl}} = 1 \cdot 10^6 \tag{9.44}$$

$$N_{10\,\%\ \text{Überlast, Alu- und Stahlschweißkonstruktion}} = 2 \cdot 10^6 \tag{9.45}$$

Wichtig ist jetzt, bei welcher Frequenz die erste kritische Resonanz auftritt. Ist diese bekannt, vergleiche Abb. 9.16, wird die Resonanz so lange geprüft bis die notwendige Schwingspielzahl erreicht wird.

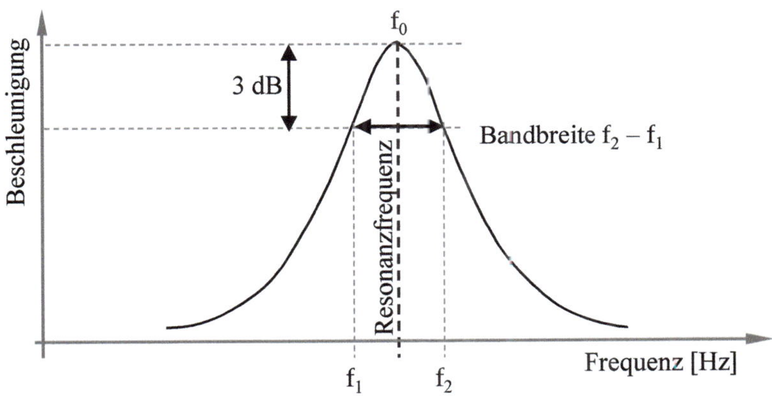

Abb. 9.16 Zusammenhang Resonanz und Bandbreite sowie Q-Faktor

Dabei kommt der sogenannte Gütefaktor (Q-Faktor) ins Spiel, dessen Kehrwert den Verlustfaktor ζ (Dämpfung) wiedergibt.

Nach IEC 801-24-12 ist der Q-Faktor ein Maß für die Schärfe der Resonanz eines Systems, das das 2π-fache des Verhältnisses zwischen der maximal gespeicherten Energie und der während eines Zyklus abgeleiteten Energie beträgt.

Zudem wird noch die Bandbreite betrachtet, was fälschlicherweise gerne als Q-Faktor bezeichnet wird. Der Zusammenhang zwischen (Resonanz)-Bandbreite B und Q-Faktor ist:

$$B = f_2 - f_1 = \frac{f_0}{Q_0}\ [Hz], \tag{9.46}$$

für die Einheit *Oktave* gilt:

$$B_{\text{Oktave}} = \Delta f_{0,3dB} = \ln(f_2) - \ln(f_1) = \ln\left(\frac{f_2}{f_1}\right) \; [Oktave] \qquad (9.47)$$

Merke: 3 *dB* ist der Punkt, an dem die Energie/Leistung auf den halben Wert gesunken ist:

$$(-)3 \; dB = 10 \cdot \log(0{,}5) \; . \qquad (9.48)$$

Der Q-Faktor zur Dämpfung berechnet sich zu:

$$\zeta = \frac{1}{2 \cdot Q_0} = \frac{\Delta f_{0,3dB}}{2 \cdot f_0} \; . \qquad (9.49)$$

Die Bestimmung der Grenzfrequenz (auch Eckfrequenz oder Übergangsfrequenz genannt) erfolgt durch:

$$\Delta f_{0,3dB} = \frac{f_0}{Q_0} = 2 \cdot f_0 \cdot \zeta, \qquad (9.50)$$

wobei f_0 das geometrische Mittel von den Grenzfrequenzen darstellt.

Als letzte Information zur Berechnung der Prüfzeit wird noch die Prüfgeschwindigkeit, also der Prüfablauf auf einem Shaker, bei der der Anstieg der Prüffrequenz der Funktion:

$$f(t) = f_0 \cdot 2^{\frac{t}{T}} \qquad (9.51)$$

gehorcht. T ist dabei die Zeit, die zum Überstreichen einer Oktave benötigt wird, $f_{1\text{Prüfung}}$ ist die Startfrequenz der Prüfung. Der Standardwert der Steigung ist $N(t) = 1 \; Oktave/Minute$ ($T = 60 \; s$). Der logarithmische Sweep bringt in jedem Frequenzintervall gleicher Breite $\Delta f_{0,3dB}$ gleichviel Lastspiele auf, unabhängig von der Frequenz. Für eine gegebene Ziellastwechselzahl in der Resonanzbreite $\Delta f_{0,3dB}$ kann in dem Frequenzintervall $[f_{1\text{Prüfung}}, f_{2\text{Prüfung}}]$ die notwendige Prüfzeit nach folgender Formel errechnet werden:

$$t_{\text{Prüfung}} = \frac{N}{3600} \cdot \frac{\ln\left(f_{2\text{Prüfung}}\right) - \ln\left(f_{1\text{Prüfung}}\right)}{\Delta f_{0,3dB}} \; [h] \; . \qquad (9.52)$$

Falls die Resonanz bzw. der Gütefaktor nicht bekannt ist, wird die gesamte Prüffrequenz angenommen. Dabei sind typische Resonanzbreiten von $\Delta f_{0,3dB} = 10 \; Hz$ oder $\Delta f_{0,3dB} = 20 \; Hz$ gängig.

Ist die Resonanz und der Gütefaktor hingegen bekannt, kann die Prüfzeit in Abhängigkeit der Resonanzbreite B_{Oktave} definiert werden zu:

$$t_{\text{Prüfung}} = \frac{N}{3600 \cdot f_0} \cdot \frac{\ln\left(f_{2\text{Prüfung}}\right) - \ln\left(f_{1\text{Prüfung}}\right)}{\ln(f_2) - \ln(f_1)} \; [h] \; , \qquad (9.53)$$

mit

$$f_{1,2} = f_0 \pm \left(\frac{f_0}{2 \cdot Q_0} \right)$$ (9.54)

Der Q-Faktor wird idealerweise aus der Messung bestimmt.

> **Merke:**

- Falls die Resonanz bekannt ist, hat die Anwendung des dyadischen (binären) oder natürlichen Logarithmus keinen Einfluss auf die Prüfzeit. Wohingegen bei einer angenommenen Resonanzbandbreite der Faktor 0.6931 bestehen bleibt!
- Ist die erste Strukturresonanz je Raumachse des Systems bekannt, kann die Prüfzeit erheblich verkürzt werden.

9.5.5 Durchführung

Eine elektrodynamische Schwingprüfanlage besteht aus folgenden Elementen:

- Schwingerreger (Shaker)
- Regelgenerator
- Verstärker
- Beschleunigungsaufnehmer

Ein elektrodynamisches Schwingsystem arbeitet nach dem Lautsprecher-Prinzip, vergleiche Abb. 9.17. Die Kühlung für kleine Anlagen erfolgt luftgekühlt und bei großen Anlagen wassergekühlt. Die Lagerung erfolgt durch ein separates Fundament vom Gebäude abgekoppelter Schwingerreger.

> **Merke:**

Schwingerreger, der mit Luftkissen vom Gebäude abgekoppelt ist hat den Nachteil, dass die „Luftkissen" selbst eine Eigenresonanz haben, die im Bereich bis 5 Hz liegt, sodass beim Einsatz dieser Luftisolatoren, Schwingprüfungen unterhalb dieser Eigenresonanz nicht mehr möglich sind.

Die meisten Prüflinge müssen in mehrere Richtungen geprüft werden. In der Regel werden die Vibrationstests in die drei zueinander senkrecht stehenden Hauptachsen ausgeführt. Bei einem Shaker, der in nur einer Richtung schwingt, muss der Prüfling dazu gedreht werden. Aber nicht jeder Prüfling ist dazu geeignet. Für Anwendungen, bei denen der Prüfling nur in einer bestimmten vertikalen Lage betrieben werden kann, wurden die Schwingerreger so konstruiert, dass sie um 90° gedreht werden können. Dabei werden sie mit einem Gleittisch gekoppelt. Ein Gleittisch muss mehrere zum Teil sich widersprechende Aufgaben erfüllen. Er muss:

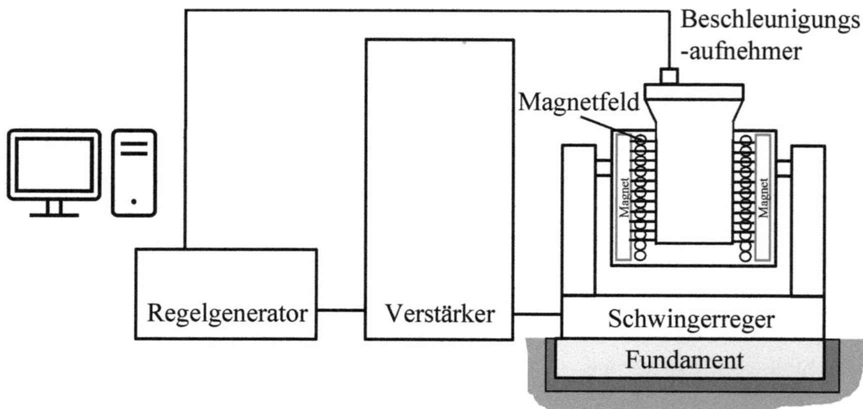

Abb. 9.17 Schematischer Aufbau eines elektrodynamischen Schwingsystems

- hohe Gewichte aufnehmen können
- Vibrationen mit Frequenzen bis über 100 Hz bei gleichzeitig großen zu bewegenden Massen erzeugen können
- dabei nur geringe Schwingungen senkrecht zur Bewegungsrichtung aufweisen

Zusätzlich werden Vibrationserprobungen kombiniert mit Temperatur. Das Verhalten eines Geräts bei mechanischen Schwingungen oder Stößen hängt in der Regel von der Temperatur ab. Die Resonanzen verschieben sich bei Temperaturänderung und die Belastbarkeit bei Vibrationen oder Schocks ist bei verschiedenen Temperaturen unterschiedlich hoch. Deshalb werden Schwingungsprüfungen häufig mit Klimaprüfungen kombiniert, d.h. der Prüfling wird während der Vibrationsprüfung erwärmt, abgekühlt oder sogar einem feuchten Klima ausgesetzt.

> **Ergänzung:**

Eine aktive Vibrationserprobung ist stets einer passiven vorzuziehen. Die aktiven Lasten können während der Erprobung zu zusätzlichen Einflüssen führen. Zudem ist damit ein Condition Monitoring gegeben. Falls keine aktive Erprobung möglich ist, sollte stets über ein Messmerkmal nachgedacht werden, damit ein Funktionsausfall sofort erkennbar wird, wie beispielsweise ein Elektrolytkondensatorausfall messbar durch die Impedanz im Zwischenkreis einer ECU.

9.5.6 Auswertung und Schlussfolgerung

Nach einer Vibrationserprobung ist es wichtig, die folgenden konkreten Schritte zu beachten:

1. **Identifizierung von Abweichungen:** Die gesammelten Daten sollten auf Abweichungen von den erwarteten Ergebnissen überprüft werden, wobei auf ungewöhnliche Muster oder Ausreißer geachtet wird.
2. **Vergleich mit Spezifikationen:** Es sollte sichergestellt werden, dass die gemessenen Vibrationen mit den vorgegebenen Spezifikationen und Standards übereinstimmen. Bereiche, in denen die Vibrationen die zulässigen Grenzwerte überschreiten, sollten identifiziert werden.
3. **Erkennung von Schwachstellen:** Muster oder wiederkehrende Problembereiche, die während der Vibrationserprobung aufgetreten sind, sollten bestimmt werden. Die Komponenten oder Bereiche, die besonders anfällig für Vibrationsschäden sind, sollten ebenfalls identifiziert werden.
4. **Schlussfolgerungen ziehen:** Basierend auf den analysierten Daten und ermittelten Schwachstellen sollten Schlussfolgerungen gezogen werden. Die wahrscheinlichen Ursachen für Probleme sollten bestimmt und mögliche Lösungsansätze betrachtet werden.
5. **Empfehlungen:** Basierend auf den Schlussfolgerungen sollten klare Empfehlungen für Maßnahmen zur Verbesserung der Produktqualität oder zur Behebung von Problemen abgeleitet werden. Dies könnte die Anpassung von Konstruktionsmerkmalen, die Verwendung anderer Materialien oder die Implementierung von Dämpfungssystemen umfassen.
6. **Berichterstattung:** Die Ergebnisse der Vibrationserprobung und die daraus gezogenen Schlussfolgerungen sollten in einem ausführlichen Bericht dokumentiert werden. Dieser Bericht sollte für alle relevanten Stakeholder zugänglich sein und klare Handlungsempfehlungen enthalten.

Durch die sorgfältige Durchführung dieser Schritte kann sichergestellt werden, dass die Auswertung und Schlussfolgerung nach einer Vibrationserprobung fundiert ist und konkrete Maßnahmen zur Verbesserung der Produktqualität ermöglicht.

9.5.7 Normen und Standards

> **Hinweis:**

Die Informationen unter Kapitel 9.1.6 „Normen und Standards" sind immer zu berücksichtigen.

DIN EN IEC 60068-2-6	Prüfverfahren – Prüfung Fc: Schwingen (sinusförmig)
DIN EN IEC 60068-2-7	gleichförmiges Beschleunigen
DIN EN IEC 60068-2-27	Schocken
DIN EN IEC 60068-2-29	Dauerschocken
DIN EN IEC 60068-2-31	Kippfallen, Umstürzen vornehmlich für Geräte

DIN EN IEC 60068-2-32	Frei Fallen
DIN EN IEC 60068-2-47	Befestigung von Bauelementen, Geräten und anderen technischen Erzeugnissen für dynamische Prüfungen ...
DIN EN IEC 60068-2-50	Kombinierte Prüfung Kälte/Schwingen
DIN EN IEC 60068-2-51	Kombinierte Prüfung Trockene Wärme/Schwingen
DIN EN IEC 60068-2-55	Prellen
DIN EN IEC 60068-2-57	Schwingen, Zeitverlaufverfahren
DIN EN IEC 60068-2-59	Schwingen, Sinusimpulse
DIN EN IEC 60068-2-62	Stoßen, Pendelhammer
DIN EN IEC 60068-2-63	Stoßen, Federhammer
DIN EN IEC 60068-2-64	Schwingen, Breitbandrauschen
DIN EN IEC 60068-2-65	Schwingen, akustisch angeregt
ISO 16750-3	Straßenfahrzeuge - Umgebungsbedingungen und Prüfung für elektrische und elektronische Ausrüstung - Teil 3: Mechanische Beanspruchungen

9.5.8 Beispiel

Beispiel 9.14 Gegeben sei ein Invertersystem, das nahe dem elektrifizierten Antriebsstrangs eines Batterie-elektrischen Fahrzeugs montiert ist. Es soll innerhalb des Frequenzbereiches $f_1 = 80\,Hz$ und $f_2 = 2000\,Hz$ hinsichtlich seiner Funktion dauerfest ausgelegt sein. Bekannt ist die erste Systemresonanz, wobei der Gütefaktor Q nicht bekannt ist. Entsprechend soll von einer Resonanzbandbreite von $\Delta f_{0,3dB} = 10\,Hz$ ausgenommen werden. Gesucht sei nun die Erprobungszeit des Prüflings in alle drei Raumachsen. Der Prüfling besteht aus einem Aluminiumdruckgussgehäuse.

Bei dieser Gleitsinuserprobung kann vereinfacht als Referenz die Dauerfestigkeit von Aluminium

$$N_{\text{Aluminium}} = 3 \cdot 10^7$$

angesetzt werden. Mit einem Überlastungsfaktor von 10 % auf die Amplitude kann diese Schwingspielzahl reduziert werden zu:

$$N_{10\,\%\ \text{Überlast, Alu- und Stahlschweißkonstruktion}} = 2 \cdot 10^6 \,.$$

Es soll eine Sweeprate von $N(t) = 1\,Oktave/Minute$ gelten. Somit ergibt sich für diese Aufgabe eine Prüfzeit von:

$$t_{\text{Prüfung}} = \frac{3 \cdot 10^7}{3600} \cdot \frac{\ln(2000\,Hz) - \ln(80\,Hz)}{\Delta 10\,Hz} = 178{,}83\,[h] \,. \tag{9.55}$$

9.6 Weitere Testverfahren

9.6.1 Trockene Wärme

Es ist die Lagerung von Prüflingen bei erhöhter Temperatur ohne elektrische Beschaltung und ist eine relativ einfach und kostengünstigere Umweltsimulationsprüfung bei konstant gleich hoher Temperatur.

Sie kann sowohl für Bauelemente als auch für Baugruppen und Geräte angewendet werden.

Die einzustellende Temperatur sollte immer die maximal zulässige Umgebungstemperatur sein, welche zwangsläufig bei einzelnen Bauelemente deutlich höher als bei verbauten Bauelementen auf z.B. einer Leiterplatte sein kann.

Ziel:
Dieses Testverfahren dient neben der thermischen Relaxation der Materialspannungen, welche bei der Produktion durch die Bearbeitung erfahren wurde somit auch zur Stabilisierung des thermischen Gleichgewichtes.

Dieser Test wird als Vorbehandlung über typisch 8 bis 12 Stunden zu anderen Umweltsimulationsprüfungen eingesetzt. In diesem Fall kann auch ein Durchlaufofen genutzt werden. Dabei sind die Temperaturen und Zeiten so einzustellen, dass der Prüfling in jedem Fall eine genügend gute Temperaturdurchdringung über die spezifizierte Zeitspanne erfährt.

> Hinweis:

Die Informationen unter Kapitel 9.1.6 „Normen und Standards" sind immer zu berücksichtigen.

DIN EN IEC 60068-2-2	Prüfverfahren – Prüfung B: Trockene Wärme
DIN EN IEC 60068-3-1	Umgebungseinflüsse – Teil 3-1: Unterstützende Dokumentation und Leitfaden - Prüfungen Kälte und trockene Wärme
JESD22-A103	High Temperature Storage Life

9.6.2 Kälte-Lebensdauertests

9.6.2.1 Durchführung bei Halbleiterbauelementen

Dieser Test wird in erster Linie durchgeführt, um HCI-Effekte (Hot Carrier Injection) in Halbleiterbauelementen zu beschleunigen, indem sie bei Raumtemperatur oder tieferen Temperaturen unter angelegter Spannung betrieben werden.

Schwellenwertverschiebungen oder parametrische Änderungen sind in der Regel die Ursache für Ausfälle.

Die Dauer dieser Prüfung hängt von der Temperatur und den Betriebsbedingungen ab.

Dieser sehr spezielle Test wird typischerweise dann ausgeführt, wenn technologische, proprietäre Parameter, die in der Waferfabrikation vorliegen, entsprechende Auffälligkeiten zeigen.

Im Grunde genommen ist es keine Prüfung, die der Anwender von Halbleiterbauelementen vornimmt. Vielmehr werden die Daten vom Bauelementehersteller durch den Anwender abgefragt.

9.6.2.2 Durchführung bei Baugruppen und Geräten

Weniger verbreitet ist der Lebensdauertest ausschließlich bei tiefer Temperatur. Die dafür erforderliche Gerätschaft bedarf besonderer Wartung, wenn der Test z.B. -40 °C über einen Zeitraum von 500 Stunden durchgeführt wird. Daneben sind die Kosten für die Einhaltung der Temperatur doch erheblich. Dies ist umso bedeutender, wenn die Eigenerwärmung der Prüflinge sehr hoch ist und das Kühlaggregat dagegen ansteuert, um den vorgegebenen Zielwert einzuregeln.

Ungeachtet dessen sind Vorgaben und Zusagen für eine derartige Prüfung einzuhalten.

! Hinweis:

Bei den Prüflingen wird unterschieden nach

- wärmegebenden Prüflingen und
- nicht wärmegebenden Prüflingen sowie
- mit oder ohne Funktionsüberwachung.

Je nach Kategorie sind die geforderten Umgebungstemperaturen, Prüfkammertemperaturen und Eigenerwärmungen zu berücksichtigen.

Auswirkungen, die je nach Art der Prüfung in unterschiedlicher Ausprägung auftreten können sind z.B.

- Versprödung
- Rissbildung
- Mechanischen Spannungen
- Längenkontraktion
- Erhöhung der Viskosität
- etc.

Die nachfolgende elektrische Prüfung sollte die gleichen Parameter abfragen wie bei der 0-h Prüfung.

Bei geplanten Zwischenmessungen ist bei der Entnahme des Prüflings zu beachten, dass dieser aufgrund der Kälte und des ablaufende Betauungsprozesses von einem Feuchtefilm überzogen wird. Bei der nachfolgenden elektrischen Prüfung kommt es dann zu Fehlmessungen bedingt durch Kriechströme aufgrund der Leitfähigkeit der Feuchte. Abhilfe ist eine Lagerung bei z.B. 35 °C über ca. zwei Stunden. Andere Parameter sind denkbar, sofern diese in Experimenten erprobt wurden.

9.6.2.3 Normen und Standards

! Hinweis:

Die Informationen unter Kapitel 9.1.6 „Normen und Standards" sind immer zu berücksichtigen.

DIN EN IEC 60068-2-1	Prüfverfahren – Prüfung A: Kälte
DIN EN IEC 60068-3-1	Umgebungseinflüsse – Teil 3-1: Unterstützende Dokumentation und Leitfaden - Prüfungen Kälte und trockene Wärme

9.7 Übungen

Übung 9.1 ENV an einem Oszilloskop
Für ein Oszilloskop, vergleiche das Beispiel in Abb. 9.18, sollen geeignete Umweltsimulationen hinsichtlich Feldeinsatz definiert werden. Dazu ist ein geeignetes Mission Profile mit Hilfe der nachfolgenden Schritten zu erarbeiten und daraus die notwendigen Umweltsimulationen zu definieren:

1. Einordnung in ein statistisches Klimamodell (Einsatzort und Anforderung)
2. Festlegung einer sinnvollen Schutzart

3. Festlegung der mechanischen Anforderungen
4. Festlegung der klimatischen Anforderungen
5. Festlegung der thermischen Anforderungen
6. Festlegung der Lebensdaueranforderungen für den Einsatz im Hobby-Bereich
7. Festlegung der Sonderanforderungen
8. Festlegung des elektrischen Betriebs während der Prüfungen
9. Festlegung des Prüfablaufplans

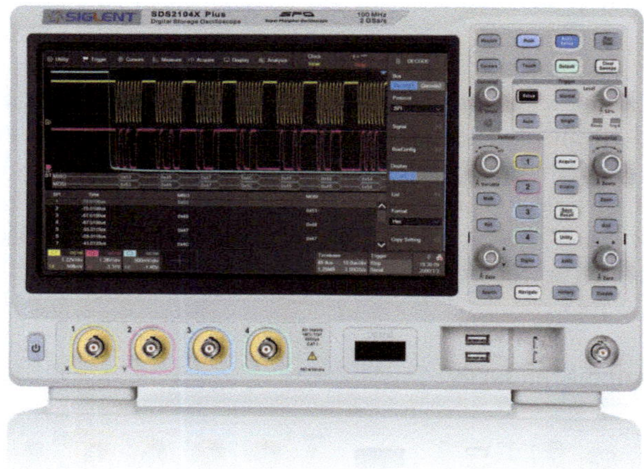

Abb. 9.18 Beispiel eines Oszilloskop der Firma Siglent

Übung 9.2 ENV an einem Zündsteuergerät eines Motorrades

Ein elektronisches Zündsteuergerät, vergleiche Abb. 9.19, soll an einem Motorrad mit einem 4-Zylinder-4-Takt-Motor eingesetzt werden. Anbauort ist am Rahmen unter dem Tank, direkt über dem Zylinderkopf. Zur Bestimmung des Mission Profiles und den daraus abgeleiteten Umweltsimulationen, soll analog wie in Übung 9.1 vorgegangen werden.

Abb. 9.19 Beispiel eines Zündsteuergerätes

9.8 Verständnisfragen

1. Was wird unter dem Begriff „Umweltsimulation" verstanden?
2. Welche wesentliche Umwelteinflüsse gibt es?
3. Wie ist deren Wirkung und welche typischen Schäden resultieren daraus?
4. Wozu dienen kombinierte Prüfungen? Was ist der Vorteil gegenüber einzelnen Einflussprüfungen?
5. Wozu dienen Feuchte-Wärme Tests?
6. Welches Verhalten sollen Temperatur-Zyklen-Tests abbilden?
7. Wie können die Anzahl der Temperaturwechsel-Zyklen bestimmt werden?
8. Welche drei Schwingprüfungen werden häufig zur Umweltsimulation verwendet?
9. Was wird unter Resonanz, Übertragungsfunktion und Dämpfung verstanden?
10. Was ist das Ziel einer trockenen Wärmeprüfung?

Literaturverzeichnis

1. Gottschalk, A.: Qualitäts- und Zuverlässigkeitssicherung elektronischer Bauelemente und Systeme, 2. völlig neu bearbeitete Auflage. Expert Verlag, Esslingen (2010)
2. Hakim, B.: Microelectronic Reliability Volume I, Reliability, Test and Diagnostics, Artech House (1989)
3. Lawson, R.W.: The accelerated testing of plastic encapsulated semiconductor component reliability". British Telecom Journal (1984)
4. Livingston, H.: Guidelines for using Plastic Encapsulated Microcircuits and Semiconductors. Solid State Committee (2000)
5. Vogel, G.: Umweltsimulation für Produkte. Zuverlässigkeit steigern, Qualität sichern. Vogel Buchverlag, Würzburg (1999)

Kapitel 10
Elektromagnetische Verträglichkeit und Elektrostatische Entladung

Konzepte und praktische Umsetzung

Harmonie in der Elektromagnetischen Welt Verstehen und Beherrschen von EMV und Elektrostatischer Entladung

Zusammenfassung Dieses Kapitel bietet einen Überblick über die Grundlagen der Elektromagnetischen Verträglichkeit (EMV) und der Elektrostatischen Entladung. Es behandelt die theoretischen Konzepte, die diesen beiden wichtigen Aspekten der Elektrotechnik zugrunde liegen, sowie deren praktische Anwendungen in verschiedenen technischen Bereichen. Der Fokus liegt auf der Vermittlung des Verständnisses für die Wechselwirkungen von elektromagnetischen Feldern und elektrischen Ladungen, sowie auf der Bedeutung der EMV und der Vermeidung von elektrostatischen Entladungen in elektronischen Systemen. Bei der Herstellung und der Handhabung elektronischer Bauelemente und Systeme ist darauf zu achten, dass durch diese keine zerstörende elektrostatische Entladung über die betroffenen Einheiten erfolgen kann. Die Einhaltung der elektromagnetischen Verträglichkeit ist besonders wichtig überall dort, wo Elektronik zum steuern und regeln verbaut wird. Das Kapitel bietet zudem Einblicke in bewährte Methoden und Techniken zur Gewährleistung der EMV und zur Minimierung von Risiken durch elektrostatische Entladungen in der Praxis.

10.1 Einführung

Zwei wichtige Arten von Tests sind während oder nach der Fertigung von Bauelementen und Systemen durchzuführen, um die Robustheit gegenüber EMV und/oder ESD im Feldeinsatz nachzuweisen.

- Elektrische, elektromagnetische Effekte können ungewollt die Funktionsfähigkeit von Baugruppen und Systemen beeinflussen bzw. auch solche aussenden. Dies wird allgemein unter dem Begriff EMV, elektromagnetische Verträglichkeit, beschrieben.
- Elektrostatische Entladungen werden als ESD, Electro Static Discharge, bezeichnet, die Bauelemente oder Systeme schädigen können.

Eine Übersicht und die weitere Ausführung im vorliegenden Buch sind in Abb. 10.1 gezeigt:

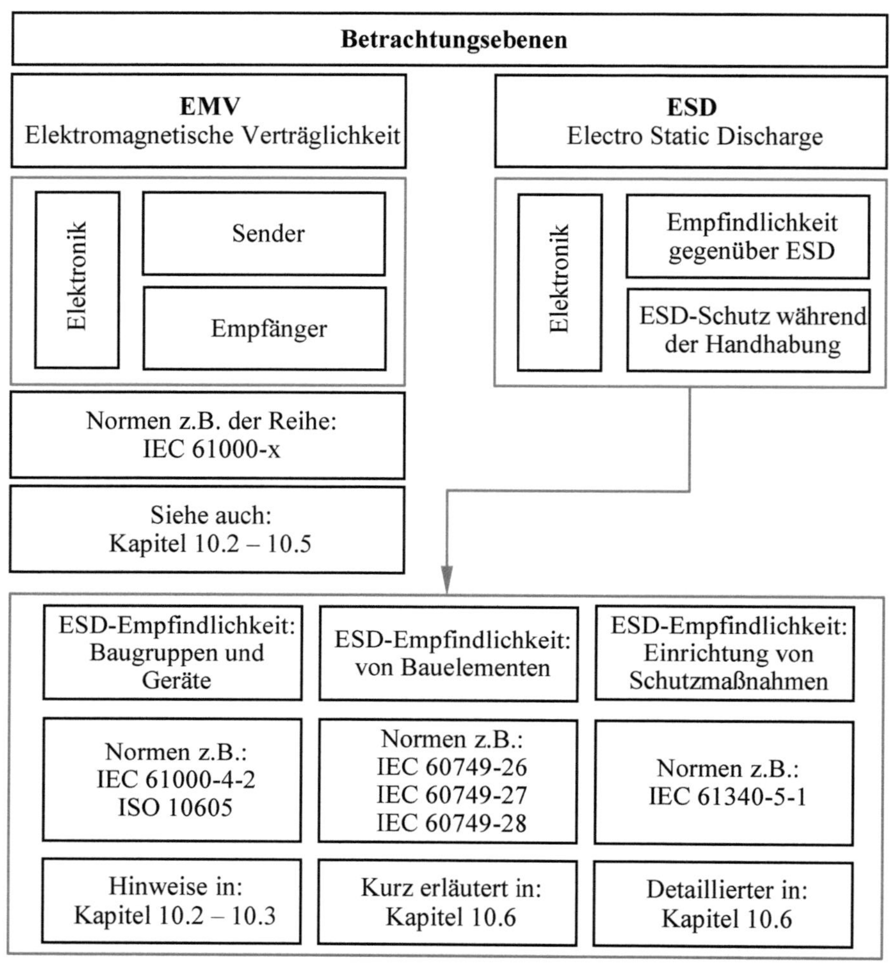

Abb. 10.1 Typische Zuordnung

EMV Betrachtungsebene: Elektronik als Sender

- Elektronik ist produziert
- Erfüllt die Funktion am Einbauort
- Wirkt unmotiviert als Sender elektromagnetischer Wellen

EMV Betrachtungsebene: Elektronik als Empfänger

- Elektronik ist produziert
- Erfüllt die Funktion am Einbauort
- Wirkt als Empfänger elektromagnetischer Wellen und erfüllt damit nicht mehr die geforderte Funktion

ESD Betrachtungsebene: Bauelemente, Baugruppen, Systeme

- Einheiten sind produziert
- Aufgeladen durch Reibung und/oder Felder
- Zerstörung durch Entladung bei Handhabung durch Menschen und Maschine

⊃ EMV

steht für „Elektromagnetische Verträglichkeit" und beschreibt die Eigenschaft eines technischen Systems, störungsfrei mit seiner elektromagnetischen Umgebung zu funktionieren. Das bedeutet, dass es weder durch von ihm selbst erzeugte elektromagnetische Felder andere Geräte beeinträchtigt, noch durch von außen einwirkende elektromagnetische Felder in seiner Funktion gestört wird.

⊃ EMI

steht für „Electromagnetic Interference" und bedeutet übersetzt „elektromagnetische Störung", Erklärung siehe EMV.

⊃ EMC

steht für „Electromagnetic Compatibility" und bedeutet übersetzt „elektromagenetische Kompatibilität", Erklärung siehe EMV.

Jedes elektronische Gerät muss den Anforderungen der elektromagnetischen Verträglichkeit (EMV) genügen, was u. a. vom Hersteller durch das gesetzlich vorgeschriebene Anbringen des CE-Kennzeichens zum Ausdruck gebracht wird.

Anforderungen zur Einhaltung der EMV

Um die EMV zu gewährleisten, müssen drei zentrale Aspekte berücksichtigt werden:

- **Minimierung der Abstrahlung:**
  Geräte dürfen keine unzulässigen elektromagnetischen Störungen aussenden, die andere Geräte beeinträchtigen könnten.
- **Immunität gegenüber Störungen:**
  Geräte müssen robust gegenüber elektromagnetischen Störungen aus ihrer Umgebung sein, sowohl externen (von anderen Geräten) als auch internen (von eigenen Schaltungsteilen). Ihre Funktion darf durch diese Störungen nicht beeinträchtigt werden.
- **Reduzierung der Störübertragung:**
  Störungen, die von einer Quelle ausgehen, gelangen über verschiedene Kopplungs-

mechanismen zu einem empfindlichen Gerät. Die Kenntnis dieser Mechanismen ist entscheidend, um wirksame Maßnahmen zur Unterdrückung der Störübertragung zu ergreifen, wie beispielsweise Schirmung, Filterung oder Anpassung der Leiterbahnführung. Nur so können die gesetzlich vorgeschriebenen Grenzwerte für Störaussendung und Störfestigkeit eingehalten werden.

10.2 Bezugspotenziale

Bezugspotenziale in elektrischen Systemen sind Bezugspunkte oder Bezugsebenen, die als Referenz für die Messung von elektrischen Spannungen dienen. Sie dienen dazu, die Spannung an einem Punkt in einem Stromkreis oder elektrischen System zu bestimmen, indem sie als Bezugsniveau für die Messung verwendet werden. Bezugspotenziale können beispielsweise die Masse eines Systems, ein bestimmter Punkt in einem Schaltkreis oder ein definiertes elektrisches Potenzial sein.

10.2.1 Bedeutung von Erde und Masse

Die Eingangs-, Ausgangs- und Betriebsspannungen in elektrischen Systemen werden auf ein bestimmtes Nullpotenzial bezogen. Ohne ein solches Bezugspotenzial wäre eine eindeutige Definition und Messung von Spannungen innerhalb der Schaltung nicht möglich. Obwohl die Begriffe „Erde" und „Masse" oft synonym verwendet werden, bezeichnen sie unterschiedliche Konzepte mit unterschiedlichen Funktionen.

> **Masse (Ground)**

„Masse" bezieht sich im Allgemeinen auf einen Punkt oder eine Ebene in einer Schaltung, der als gemeinsamer Rückleiter für Stromkreise dient und als Bezugspunkt für Spannungen definiert wird. Sie ist der lokale Nullpunkt innerhalb des Systems. Die Masse kann, muss aber nicht, mit der tatsächlichen Erde verbunden sein. Auf Leiterplatten wird oft eine großflächige Masseebene verwendet, um eine niederimpedante Rückleitung für Ströme zu gewährleisten und die Bildung von Störschleifen zu minimieren. Eine gute Masseverbindung ist entscheidend für die Signalintegrität, da sie einen stabilen Bezugspunkt für Signale bietet und Störungen reduziert.

„Erde" bezieht sich auf eine leitfähige Verbindung zur Erde selbst, typischerweise durch einen Erdungsstab oder eine andere Erdungselektrode. Die Erdung dient primär der Sicherheit. Sie stellt einen niederohmigen Pfad für Fehlerströme zur Verfügung, sodass bei einem Isolationsfehler in einem Gerät ein hoher Strom fließt, der die Schutzvorrichtungen (z.B. Sicherungen oder Fehlerstrom-Schutzschalter) auslöst und das Gerät spannungsfrei schaltet. Dies verhindert gefährliche Berührungsspannungen und schützt Personen vor Stromschlägen. Die Erdung kann auch dazu beitragen, elektrostatische Aufladung abzuleiten und somit Schäden an empfindlichen elektronischen Bauelementen zu verhindern.

In vielen Systemen sind Masse und Erde miteinander verbunden, um sowohl die Funktionalität der Schaltung als auch die Sicherheit zu gewährleisten. Beispielsweise kann das Gehäuse eines Geräts geerdet sein, um es auf das Erdpotenzial zu bringen und gleichzeitig als Schirm gegen elektromagnetische Störungen zu dienen. Allerdings ist es wichtig zu beachten, dass Masse und Erde nicht immer direkt verbunden sein müssen. In bestimmten Anwendungen, insbesondere in empfindlichen Messschaltungen, kann eine galvanische Trennung zwischen Masse und Erde erforderlich sein, um Erdschleifen und damit verbundene Störungen zu vermeiden.

- Eine gute Masseverbindung reduziert die Störaussendung und erhöht die Störfestigkeit, während die Erdung dazu beiträgt, Störströme abzuleiten und das Gerät vor Schäden durch elektrostatische Entladungen zu schützen. Die sorgfältige Planung und Implementierung eines geeigneten Erdungs- und Massekonzepts ist daher ein wesentlicher Bestandteil der EMV-gerechten Entwicklung.
- Es ist wichtig, induktiv in die Bezugsleitung eingekoppelte Störspannungen zu vermeiden, ebenso wie die durch galvanische Kopplungen genannten Störungen. Dazu sollten die bei induktiven Kopplungen vorgeschlagenen Maßnahmen genutzt werden.

10.2.2 Aufbau geeigneter Bezugssysteme

Bei der sternförmigen Masseverbindung werden die verschiedenen Massebereiche eines Geräts separat zu einem zentralen Punkt, einer Potenzialausgleichsschiene, geführt. Dieser Punkt wird auch als Gerätemasse oder Betriebserde bezeichnet. Im Gegensatz dazu werden bei der Massefläche die Massepunkte eines Gerätes über eine größere Fläche verteilt, um eine gleichmäßige Verteilung des elektrischen Potenzials zu gewährleisten. Dies kann dazu beitragen, Störungen und Interferenzen zu reduzieren und die elektrische Sicherheit zu verbessern. Beide Methoden haben ihre Vor- und Nachteile und sollten je nach Anwendung sorgfältig ausgewählt werden.

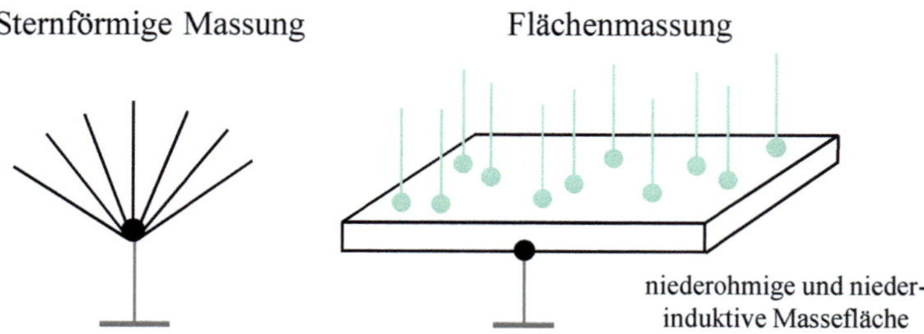

Abb. 10.2 Vergleich Stern- und Flächenmasse (nach [9])

Die wichtigsten Masseklassen sind:

- Strukturmasse (STM): alle elektrisch leitfähigen Teile von Baugruppen und Geräten;
  bei Geräten der Schutzklasse I wird die Strukturmasse mit dem Schutzleiter PE (engl.:
  Protective earth) verbunden,
- Signalmasse (SIM): alle Signalrückleiter,
- Stromversorgungsmasse (SVM): alle Stromversorgungsrückleiter (auch als Neutrallei-
  ter N bezeichnet),
- Kabelschirmungsmasse (KSM): alle Schirme.

In großen Gerätesystemen kann ein hierarchischer Masseaufbau implementiert werden,
um den Leitungsaufwand zu reduzieren. Dabei ist es wichtig, den Leitungsquerschnitt in
Richtung des Massepunktes zu vergrößern, um die Impedanz zu verringern. Dieser Ansatz
ermöglicht eine effiziente und zuverlässige Masseverbindung in komplexen Systemen. Es
ist jedoch wichtig, die Hierarchie sorgfältig zu planen und zu implementieren, um potenzielle Störungen und Interferenzen zu minimieren.

Kontaktstellen sind in der Regel niederohmig, weshalb der Einsatz von flächigen Kon-
takten empfohlen wird, um die Bildung von Oxid- und Lackschichten zu vermeiden. Durch
die Flächenmassung ist es möglich, eine vollständige Entkopplung der Streukapazitäten zu
erreichen und ein einheitliches Bezugspotenzial zu gewährleisten, siehe Abb. 10.3 rechts.

Insbesondere bei Frequenzen ab ca. 100 kHz ist die Flächenmassung sinnvoll, da das
Massepotenzial einer Schaltung nicht mehr nur vom zentralen Massepunkt bestimmt wird,
sondern auch durch verschiedene andere Punkte einer Schaltung aufgrund des Einflusses
von Streukapazitäten, siehe Abb. 10.3 links.

Durch die Streukapazitäten können ungewollte Schleifen und entsprechende Schlei-
fenströme auftreten, wodurch die Wirkung der sternförmigen Massung praktisch völlig

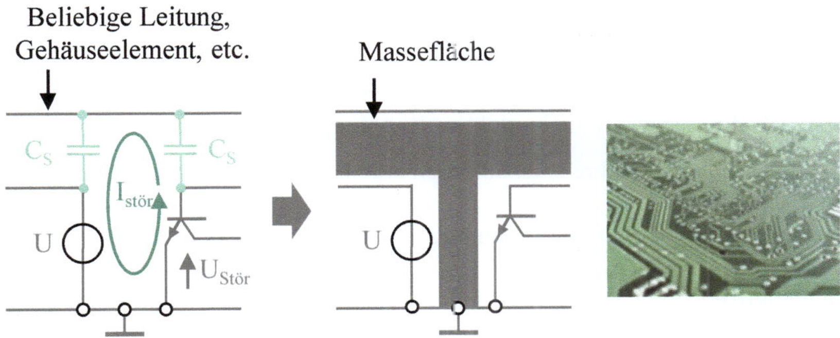

Abb. 10.3 Einzelpunkt- und Flächenmassung (nach [9])

aufgehoben wird. Daher ist es wichtig, die Flächenmassung bei der Gestaltung von Schaltungen und Gerätesystemen zu berücksichtigen, um unerwünschte Effekte zu minimieren.

> **Hinweis zur Führung des Rückleiters zum Bezugspunkt bei digitalen Signalen**

- **Getrennte Rückstrompfade:**
  Bei der Ansteuerung von Bauelementen mit höherem Stromverbrauch, wie Relais, ist sicherzustellen, dass der Rückstrom nicht über die Masseleitung empfindlicher Schaltungsteile (z.B. Logik) fließt. Dies kann durch separate Masseverbindungen erreicht werden.
- **Funktionsbezogene Stromversorgung:**
  Für Geräte mit unterschiedlichen Funktionseinheiten empfiehlt sich die Verwendung separater Netzteile je Funktionseinheit. Dies reduziert gegenseitige Beeinflussungen. Minimierung magnetischer Felder: Die Zuleitungen zu Verbrauchern mit hohem Strombedarf sollten verdrillt werden, um die Abstrahlung magnetischer Felder zu reduzieren.
- **Sternförmige Masseverbindung für analoge Eingänge:**
  Um Störungen in analogen Eingangsschaltungen zu minimieren, sollten die Masseleiter dieser Schaltungen sternförmig zu einem zentralen Bezugspunkt (Massepunkt) geführt werden. Dadurch werden unerwünschte Kopplungen reduziert.

10.3 Kopplungsmechanismen mit Abhilfebeispielen

In elektronischen Systemen können verschiedene Kopplungsmechanismen auftreten, vergleiche Abb. 10.4, die die Funktionen der Systeme negativ beeinflussen können. Diese Kopplungsmechanismen lassen sich in vier Kategorien einteilen, wie in der Abbildung dargestellt.

Bei kleinen elektrischen Systemen, bei denen die Welleneigenschaften vernachlässigt werden können:

$$l \ll \lambda = c/f \,, \tag{10.1}$$

treten galvanische, kapazitive und induktive Kopplungen sowie Strahlungskopplungen auf.

- Die galvanische Kopplung entsteht durch eine leitende Verbindung zwischen den verkoppelten Leitern.
- Die kapazitive Kopplung hingegen entsteht durch das elektrische Feld zwischen den Leitern.
- Die induktive Kopplung entsteht durch ein zeitveränderliches magnetisches Feld infolge zeitveränderlicher Ströme auf den Leitern.
- Die Strahlungskopplung, auch elektromagnetische Strahlung genannt, entsteht bei der Abstrahlung und Aufnehmen von elektromagnetischen Wellen von Quelle und Empfänger.

Bei elektrisch großen Systemen, wie längeren Kabeln oder bei hohen Frequenzen, tritt zusätzlich die elektromagnetische Kopplung auf. Diese kann sowohl an Leitern, wie Kabel oder Hohlleiter, gebunden als auch leitungsungebunden, also gestrahlt, erfolgen. Bei größeren Aufbauten lassen sich induktive und kapazitive Kopplungseffekte nicht mehr separieren, und die elektromagnetische Kopplung muss beachtet werden.

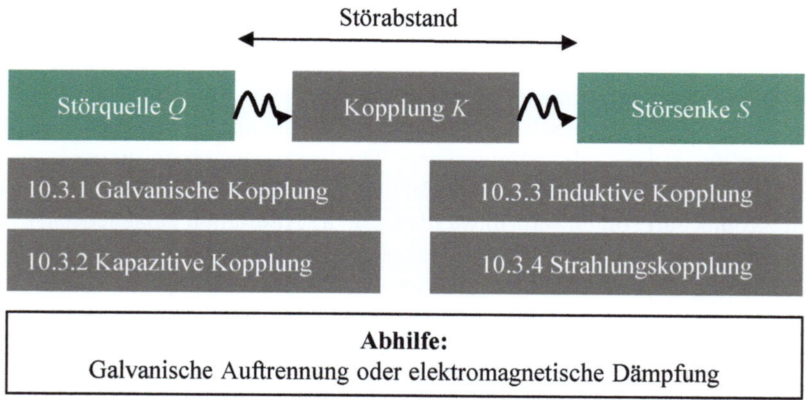

Abb. 10.4 Übersicht und Einordnung der vier Kupplungsarten, die zwischen Störquelle und Störquelle auftreten können.

10.3.1 Galvanische Kopplung

Kopplung durch eine gemeinsame Impedanz kann ebenfalls zu Störungen in elektronischen Systemen führen. Wenn der gemeinsame Bezugsleiter, wie beispielsweise der Hinleiter oder die gemeinsam genutzte Masse auf Leiterplatten, nicht ideal ist, können verschiedene Probleme auftreten.

Zu den Problemen gehören ohm'sche Verluste R_K sowie die Induktivität L_K. Die Kopplungsimpedanz Z_K, die als:

$$Z_K = R_K + j \cdot \omega \cdot L_K \tag{10.2}$$

berechnet wird, ist ebenfalls ein wichtiger Faktor.

Als Folge dieser Impedanzkopplung verursacht der Störer (1) einen Spannungsabfall an der gemeinsam genutzten Impedanz. Ein Beispiel hierfür ist das 50 Hz-Netzbrummen mehrerer Verbraucher am gleichen Netz.

> **Abhilfe:**

Um diese Probleme zu beheben, können Maßnahmen ergriffen werden, wie die Verringerung der Kopplungsimpedanz durch eine größere Massefläche, die Verringerung der ohmschen Verluste und die Verringerung der Induktivität. Durch diese Maßnahmen kann die Störung durch die gemeinsame Impedanz minimiert werden.

Induktivitäten von Leitungen

Bei der Induktivität von Leitungen sind folgende drei Punkte zu beachten, vergleiche dazu auch Abb. 10.5:

1. Die Induktivität ist ein Maß für die im Feld gespeicherte magnetische Energie bei einem vorgegebenen Strom I.
2. Das magnetische Feld eines Linienleiters ist wie folgt definiert:

$$\mathbf{H} = \frac{I}{2 \cdot \pi \cdot R} \cdot \mathbf{e} \cdot \phi \tag{10.3}$$

Es ist offensichtlich, dass wenn der Radius (R) gegen Null geht, das magnetische Feld in der Nähe des Leiters ansteigt, ebenso wie die Feldenergie und somit auch die Induktivität. Ein dünner Leiter führt zu einer großen Induktivität.
3. Beim magnetischen Feld eines ausgedehnten zylindrischen Leiters ($R \neq 0$) ist es offensichtlich, dass je ausgedehnter der Leiter ist, desto kleiner das Integral über das magnetische Feld ist. Ein dicker Leiter führt zu einer kleinen Induktivität.
Übertragung auf Zweidrahtleitungen:

$$L = \mu_0 \cdot \ln\left(\frac{2d}{D}\right) \tag{10.4}$$

Bei einer Doppelleitung in Luft mit dem Leiterabstand d und dem Leiterdurchmesser D ergibt sich eine geringe Induktivität bei großem Leiterdurchmesser und geringem Abstand.

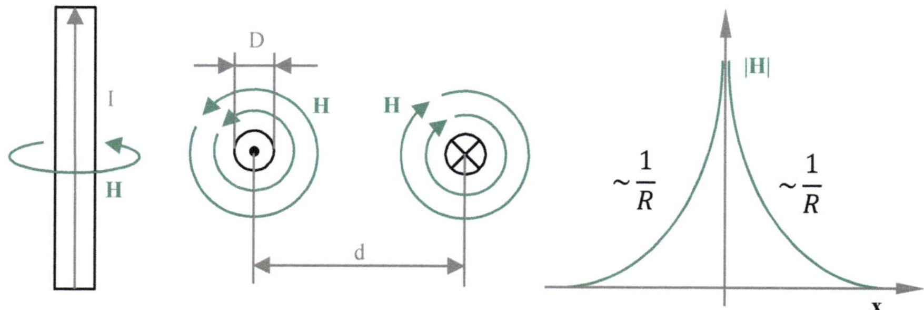

Abb. 10.5 Galvansiche Impedanz-Induktivitäten von Leitungen

Beispiel 10.1 **Abblockkondensator**
Als Beispiel für galvanische Kopplung wird die Spannungsversorgung mehrerer Verbraucher mit einer Gleichspannungsquelle betrachtet. Die Folge der Kopplungsimpedanz ist die

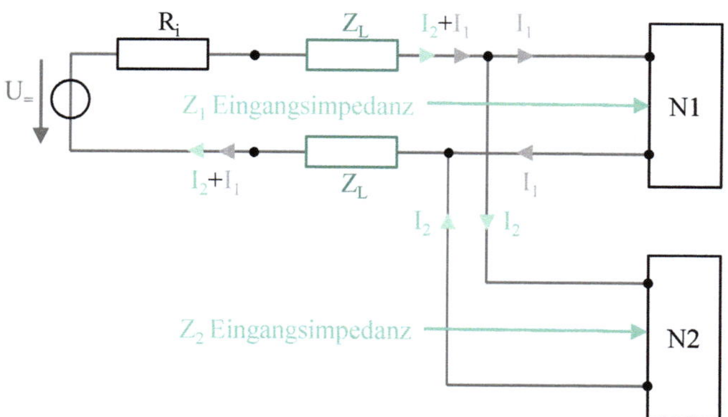

Abb. 10.6 Beispiel zur galvanischen Kopplung mit einem Abblockkondensator (nach [8])

gegenseitige Beeinflussung der Verbraucher $N1$ und $N2$. Wenn sich die Stromaufnahme in Kreis 1 ändert (zum Beispiel aufgrund von Betriebszustandsänderungen), führt dies zu einer Spannungsänderung an Z_2, was wiederum zu einer gegenseitigen Beeinflussung der Verbraucher führt.

> **Abhilfe:**

Folgende drei Abhilfen können zur einer Verbesserung der Kopplungseffekte führen:

1. Eine Möglichkeit zur Verringerung der Kopplungsimpedanz ist die Umsetzung der oben beschriebenen Maßnahmen, wie beispielsweise die Verwendung eines großen Leiterquerschnitts und die Reduzierung des Abstands zwischen Hin- und Rückleiter.
2. Eine weitere Option ist die Verwendung getrennter Versorgungsleitungen für jeden Schaltungsteil, obwohl dies mit einem erhöhten Aufwand verbunden ist. Durch diese Maßnahme kann die Kopplungsimpedanz verringert werden.
3. Eine weitere Möglichkeit zur Reduzierung von Kopplungseffekten ist der Einsatz von Abblockkondensatoren (auch als Stützkondensatoren bekannt). Diese können entweder an der Quelle oder vorzugsweise direkt vor jeder Teilschaltung platziert werden. Die Kondensatoren bewirken einen Kurzschluss der hochfrequenten Störungen oder stabilisieren die Gleichspannung.

10.3.2 Kapazitive Kopplung

Kapazitive Kopplung tritt zwischen Leitern auf, die sich auf unterschiedlichem Potenzial befinden. Zwischen den Leitern entsteht ein elektrisches Feld. Im Ersatzschaltbild kann dies durch eine Streukapazität berücksichtigt werden.

Um die Kapazität zu verringern, ist es ratsam, die Überlappung der Leiterflächen zu minimieren und einen möglichst großen Abstand zwischen den Leitern zu gewährleisten, entsprechend der Formel zur Berechnung der Kapazität eines Plattenkondensators:

$$C = \epsilon_0 \cdot \epsilon_r \cdot \frac{A}{d} \,. \tag{10.5}$$

Wenn der Schirm nicht geerdet ist, kann der Strom nicht zur Masse abfließen, sondern gelangt über die Streukapazität zwischen Schirm und Innenleiter zum zweiten Kreis. In diesem Fall fungiert der Schirm lediglich als eine zwischengeschaltete Äquipotenzialfläche.

> **Abhilfe:**

Um die Auswirkungen der Streukapazität zu minimieren, kann ein geerdeter Schirm als Lösung dienen. Durch die Streukapazität fließt der Strom über den Schirm zur Masse ab, wodurch kein Spannungsabfall am Empfänger im zweiten Kreis entsteht.

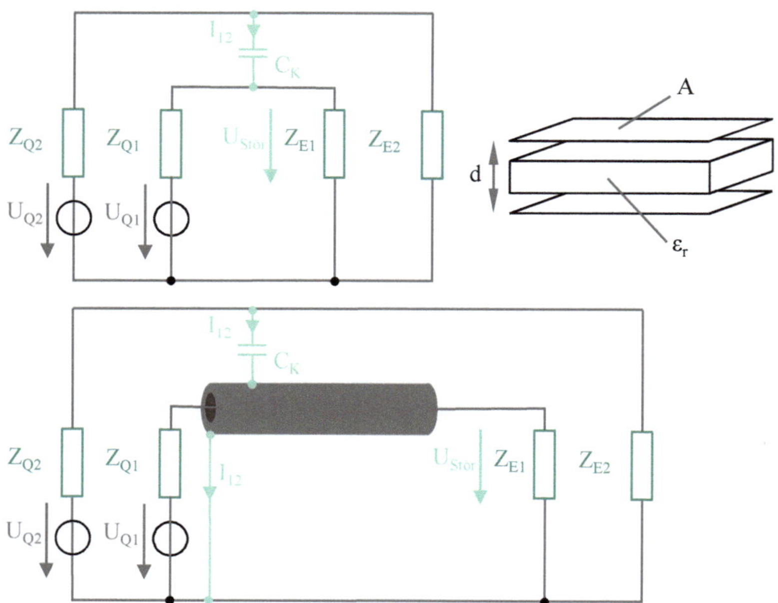

Abb. 10.7 Beispiel zur kapazitiven Kopplung (oben) mit Lösungsvorschlag mit Hilfe eines geerdeten Schirms (unten), nach [8]

10.3.3 Induktive Kopplung

Die induktive Kopplung, auch magnetische Kopplung genannt, tritt zwischen zwei stromdurchflossenen Leiterschleifen auf. Jeder Strom in einem Leiter erzeugt ein ihn umschließendes magnetisches Feld. Die Einkopplung erfolgt mittels des magnetischen Feldes. Die induzierte Spannung kann als eine ideale Spannungsquelle modelliert werden.

Beispiel 10.2 **Induktive Kopplung:**

- Störungen in Audiogeräten durch die Nähe zu Stromleitungen oder elektrischen Motoren, die ein magnetisches Feld erzeugen, das in die Audiogeräte einkoppelt und unerwünschte Geräusche verursacht.
- Störungen in Sensoren oder Messgeräten durch die Nähe zu Hochspannungsleitungen, die ein starkes magnetisches Feld erzeugen und die Genauigkeit der Messungen beeinträchtigen.
- Störungen in Kommunikationssystemen durch die Nähe zu elektrischen Geräten, die starke magnetische Felder erzeugen und die Übertragung von Signalen beeinflussen.

In all diesen Fällen kann die induktive Kopplung zu unerwünschten Störungen und Beeinträchtigungen der Funktion elektronischer Geräte führen. Daher ist es wichtig, Maßnahmen zur Minimierung der induktiven Kopplung zu ergreifen, um eine ordnungsgemäße

Funktion und EMV zu gewährleisten.

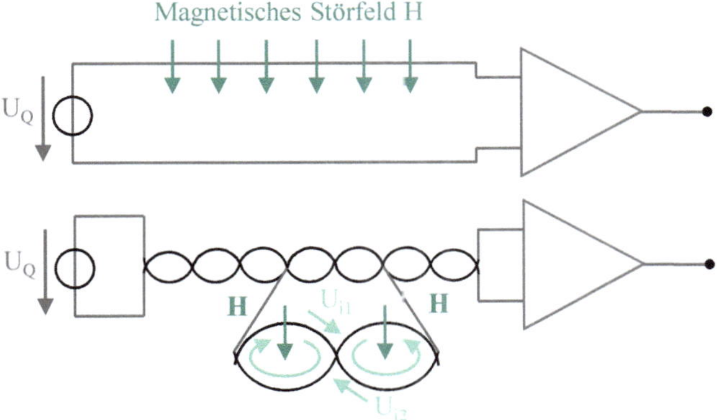

Abb. 10.8 Elektromagnetische Kopplung mit Lösungsvorschlag mittels Verdrillung: Induktive Kopplung mit ausgedehnten Störfeldern (oben) und Kompensation der induzierten Störspannungen durch Verdrillung (unten), nach [9]

> **Abhilfe:**

- **Verdrillte Leitungen** reduzieren die induktive Einkopplung erheblich. Durch die Verdrillung ändert sich die Richtung der Flächennormalen fortlaufend, wodurch die effektive Fläche für magnetische Felder minimiert wird. Dies führt dazu, dass die induzierte Spannung in den Leitungen nahezu aufgehoben wird und die Leitung somit weitgehend unempfindlich gegenüber magnetischen Störfeldern ist.
- **Kurzschlussringe** können durch den Einsatz von Kurzschlussringen reduziert werden. Diese Ringe, die die Schaltung umgeben, bilden bei Einwirkung eines magnetischen Feldes einen hohen Strom, der aufgrund der Lenz'schen Regel ein entgegengesetztes Magnetfeld erzeugt. Dieses Gegenfeld schwächt das ursprüngliche Störfeld ab und minimiert so die induktive Kopplung zur Schaltung, siehe Abb. 10.8.

10.3.4 Strahlungskopplung

Bisher wurde die Kopplung von Stromkreisen über elektrische und magnetische Felder getrennt betrachtet. Nunmehr tritt jedoch eine gleichzeitige Kopplung auf, die als Strahlungskopplung bezeichnet wird.

Die Strahlungskopplung bezieht sich auf die gleichzeitige Übertragung von Energie und Signalen zwischen elektrischen Systemen über elektromagnetische Wellen. Dies kann zu unerwünschten Störungen und Beeinträchtigungen der Funktion elektronischer Geräte führen.

Bei der Strahlungskopplung wirkt eine von einer Störquelle erzeugte elektromagnetische Welle mit ihrer elektrischen Feldstärke E und magnetischen Feldstärke $\mathbf{H}$ als Störquelle. Diese Felder stehen senkrecht zueinander und breiten sich im Raum aus. Eine Störung tritt auf, wenn diese Welle auf ein anderes System oder Gerät trifft und dort eine Spannung oder einen Strom induziert.

Im Nahfeldbereich, definiert als ein Abstand r deutlich kleiner als die reduzierte Wellenlänge $\lambda/2\pi$, ist das Verhältnis zwischen elektrischem und magnetischem Feld stark von der Art der Störquelle abhängig. Bei Quellen mit hohen Spannungen und geringen Strömen dominiert das elektrische Feld E, während bei Quellen mit hohen Strömen und geringen Spannungen das magnetische Feld $\mathbf{H}$ überwiegt. In größerer Entfernung, im Fernfeldbereich, ist das Verhältnis der Feldstärken E und $\mathbf{H}$ konstant und entspricht der Impedanz des freien Raums.

> **Abhilfe:**

- Um die Strahlungskopplung zu minimieren, ist es wichtig, die Abstrahlung von Störquellen zu reduzieren und die Empfindlichkeit der betroffenen Geräte zu verringern. Dies kann durch Schirmung, Filterung, Optimierung des Leiterplattenlayouts und die Verwendung geeigneter Kabelschirmungen erreicht werden.
- Zur Unterdrückung von leitungsgebundener und strahlungsbasierter Störbeeinflussung dienen Schirme.

10.4 Entstörkomponenten

Um die EMV zu gewährleisten, werden verschiedene Entstörkomponenten und -maßnahmen eingesetzt. Sie können elektromagnetische Störungen reduzieren oder unterdrücken. Deren Einteilung erfolgt in aktive, passive und sonstige Maßnahmen.

10.4.1 Aktive Komponenten

Aktive Entstörkomponenten zeichnen sich dadurch aus, dass sie aktiv in den Schaltkreis eingreifen, um Störungen zu unterdrücken oder zu begrenzen.

- **Transient Voltage Suppressors (TVS-Dioden):**
  Diese Bauelemente werden zum Schutz empfindlicher Schaltungen vor transienten Überspannungen eingesetzt. Durch das Ansprechen auf eine definierte Spannung und das Ableiten des überschüssigen Stroms werden die nachgeschalteten Komponenten vor Schäden bewahrt. Sie werden typischerweise parallel zur zu schützenden Schaltung platziert und bieten einen schnellen und effektiven Schutz vor Überspannungen.
- **Suppressordioden:**
  Ähnlich den TVS-Dioden, werden Suppressordioden in Anwendungen verwendet, die einen spezifischen Schutz vor Überspannungen benötigen. Sie werden oft in spezialisierten Schaltungen eingesetzt, um empfindliche Komponenten vor transienten Störungen zu schützen.

10.4.2 Passive Komponenten

Passive Entstörkomponenten benötigen keine externe Stromversorgung, um ihre Funktion zu erfüllen. Sie wirken auf elektromagnetische Störungen, indem sie diese blockieren, ableiten oder absorbieren.

Kondensatoren
Kondensatoren werden in vielfältigen Anwendungen eingesetzt, um Störungen zu reduzieren.

- **Keramikkondensatoren:**
  Aufgrund ihrer geringen ESR (Equivalent Series Resistance) sind sie besonders für Hochfrequenzanwendungen geeignet. Sie werden oft als Abblockkondensatoren verwendet, um Störspannungen zu unterdrücken.
- **Folienkondensatoren:**
  Sie zeichnen sich durch eine hohe Spannungsfestigkeit und gute Stabilität aus. Sie werden in Anwendungen eingesetzt, in denen eine hohe Zuverlässigkeit gefordert ist.
- **Elektrolykondensatoren:**
  Aufgrund ihrer hohen Kapazität werden sie zur Glättung von Spannungen eingesetzt. Ihre Frequenzanwendung ist jedoch begrenzt.

Induktivitäten (Spulen, Drosseln)
Induktivitäten sperren hochfrequente Störströme.

- **Luftspulen: :**
  Sie zeichnen sich durch geringe Verluste aus, ihre Induktivität ist jedoch begrenzt.
- **Ferritkernspulen: :**
  Dank ihres Ferritkerns erreichen sie eine hohe Induktivität auf kleinem Raum und bieten eine gute Entstörwirkung.
- **Gleichtaktdrosseln: :**
  Sie werden zur Unterdrückung von Gleichtaktstörungen eingesetzt, die auf beiden Lei-

tungen eines Kabels gleichphasig auftreten.

Ferrite

Ferrite werden zur Absorption hochfrequenter Störungen eingesetzt.

- **Ferritkerne:**
  Sie werden um Kabel oder Leitungen geklemmt, um hochfrequente Störungen zu absorbieren.
- **Ferritperlen:**
  Diese kleinen SMD-Bauelemente werden zur Entstörung von Leitungen eingesetzt.

Widerstände

Widerstände werden zur Dämpfung von Schwingungen und Reflexionen eingesetzt.

EMV-Filter

EMV-Filter kombinieren Kondensatoren, Induktivitäten und Widerstände, um Störungen in bestimmten Frequenzbereichen zu unterdrücken.

- **Netzfilter:**
  Sie filtern Störungen, die über die Stromversorgung in Geräte gelangen oder von diesen abgestrahlt werden.
- **Signalfilter:**
  Sie filtern Störungen auf Signal- und Datenleitungen.

Schirmungen

Schirmungen werden eingesetzt, um Geräte gegen elektromagnetische Strahlung zu schützen.

- **Metallgehäuse:**
  Sie schirmen Geräte gegen elektromagnetische Strahlung ab.
- **Geschirmte Kabel:**
  Sie reduzieren die Abstrahlung von Störungen und die Aufnahme von Störungen

10.4.3 Weitere Maßnahmen

Neben den aktiven und passiven Komponenten gibt es weitere Maßnahmen, die zur Verbesserung der EMV beitragen.

- **Erdung:**
  Eine korrekte Erdung von Geräten und Schaltungen ist essentiell, um Störströme abzuleiten. Sie dient als Referenzpotenzial und trägt zur Minimierung von Störwirkungen bei.

- **Leiterplattenlayout:**
  Ein sorgfältiges Layout der Leiterplatte ist entscheidend, um Störquellen und empfindliche Schaltungen voneinander zu trennen und Schleifenflächen zu minimieren. Dies wird erreicht durch die Verwendung von Masseflächen und kurzen Leitungen.

Die Auswahl der geeigneten Entstörkomponenten und -maßnahmen hängt von der Art der Störung, der Frequenz, der Impedanz der Schaltung und den geltenden EMV-Normen ab. Oft wird eine Kombination verschiedener Maßnahmen benötigt, um ein zufriedenstellendes Ergebnis zu erzielen.

10.5 Hinweise für ein EMV-gerechtes Design

Dieses Teilkapitel fasst die Regeln zur EMV-gerechten Gerätegestaltung nach [9] zusammen, kategorisiert und verallgemeinert diese. Die EMV-Gestaltungsrichtlinien lassen sich hierarchisch wie eine Pyramide darstellen. Die Basis der Pyramide repräsentiert die grundlegenden und wichtigsten Maßnahmen, die mit vergleichsweise geringem Aufwand umzusetzen sind, während die oberen Schichten komplexere und aufwendigere Techniken darstellen. Der Aufbau von unten nach oben symbolisiert dabei die chronologische Reihenfolge der Implementierung, wobei die grundlegenden Maßnahmen zuerst ergriffen werden sollten, vergleich Abb. 10.9.

Abb. 10.9 Regel-Pyramide zur EMV-fachgerechten Gerätegestaltung nach [9]

Die folgenden Gestaltungsprinzipien bieten einen Rahmen für die Implementierung effektiver EMV-Maßnahmen von der Konzeptphase bis zur finalen Produktrealisierung. Durch die Berücksichtigung dieser Prinzipien können Entwickler die Wahrscheinlichkeit von EMV-Problemen erheblich reduzieren und sicherstellen, dass ihre Produkte die relevanten Normen und Vorschriften erfüllen.

Allgemeine Gestaltungsprinzipien:

1. *Organisierte Funktion:*
   Funktionseinheiten sollten klar voneinander abgegrenzt und in logischen Gruppen angeordnet werden.
2. *Gefilterte Eingänge:*
   Externe Zuleitungen sollten frühzeitig gefiltert werden, um Störungen zu minimieren.
3. *Getrennte Bereiche:*
   Unterschiedliche Schaltungsteile (z.B. analog, digital, Leistung) sollten elektrische Pfade getrennt handhaben, besonders für Rückströme. Mehrschichtige Strukturen sind oft hilfreich.
4. *Minimale Schleifen:*
   Stromkreise sollten so gestaltet sein, dass die Fläche der Stromschleifen minimiert wird.
5. *Definierte Rückwege:*
   Für jeden Stromfluss muss ein klar definierter Rückweg existieren, der sich möglichst nah am Hinstrom befindet.
6. *Lokale Energiespeicher:*
   Nahe an Verbrauchern sollten Energiespeicher (z.B. Kondensatoren) platziert werden, um kurzzeitige Stromspitzen lokal bereitstellen zu können.
7. *Kontinuität bewahren:*
   Unterbrechungen in Bezugsflächen (Masse, etc.) sollten vermieden oder Hinstromleiterbahnen angepasst werden, um den Stromfluss nicht zu unterbrechen.
8. *Störung reduzieren:*
   Die ungewollte kapazitive Kopplung kann durch Schirmleiter reduziert werden.

Signalintegrität und Takte:

9. *Abstand halten:*
   Signalleitungen mit schnellen Schaltvorgängen sollten von empfindlichen Leitungen ferngehalten werden.
10. *Takte minimieren:*
    Taktsignale sollten kurz sein und empfindliche Bereiche möglichst rechtwinklig kreuzen.
11. *Störung unterdrücken:*
    Störquellen sollten mit Filtern (z.B. RC, LC, RLC) entkoppelt werden.
12. *Impedanz anpassen:*
    Bei hohen Frequenzen sollten Verbindungen als Übertragungsleitungen mit definierter Impedanz ausgelegt werden, um Reflexionen zu vermeiden.
13. *Kurze Verbindungen:*
    Verbindungen, die einen signifikanten Teil der Wellenlänge darstellen, sollten angepasst oder vermieden werden.

14. *Kleine Bauformen:*
    Kleine Bauformen minimieren ungewollte Induktivitäten und Kapazitäten.
15. *Symmetrische Signale:*
    Symmetrische Signalführung verbessert die Signalintegrität und reduziert Störaussendung.
16. *Sternförmige Verteilung:*
    Signale, die an mehrere Stellen verteilt werden, sollten erst kurz vor den Zielen aufgeteilt werden.
17. *Geringe Kapazitäten:*
    Minimieren Sie Eingangs- und Lastkapazitäten zur Reduzierung von Strömen beim Umschalten.

Systemebene und Schirmung:

19. *Demodulation verhindern:*
    In analogen Schaltungen sind Maßnahmen zur Verhinderung von Demodulation hochfrequenter Störungen erforderlich (z.B. Eingangsfilter, Rückkopplung).
20. *Kategorisierung der Leitungen:*
    Leitungen sollten nach ihrer Empfindlichkeit/Störpotenzial kategorisiert und entsprechend räumlich getrennt verlegt werden.
21. *Nahe Bezugspotenzial:*
    Kabel sollten in Bezug zum Bezugspotenzial verlegt werden. Keine passiven Leitungen: Jede Leitung im System hat potenzielles Störverhalten.
22. *Integrierte Schalter:*
    Netzschalter sollten in das Netzfilter integriert sein.
23. *Schirmung beachten:*
    Beachten Sie die Regeln für die Schirmung, wie z.B. Materialstärke, Lochgröße und Anordnung. Kleine Löcher sind besser als wenige große und runde Löcher besser als eckige.
24. *Systemertüchtigung:*
    Das Ziel sollte sein, die Systemelektronik so zu gestalten, dass sie ohne zusätzliche Schirmgehäuse die EMV-Anforderungen erfüllt.

Die dargelegten Gestaltungsprinzipien zur EMV-gerechten Entwicklung bilden ein umfassendes Fundament für die Entwicklung robuster und störungsfreier elektronischer Systeme. Diese Prinzipien betonen die Bedeutung der klaren Strukturierung von Funktionseinheiten, der Minimierung von Stromschleifen, der Bereitstellung definierter Rückstrompfade und der sorgfältigen Behandlung von Signalleitungen. Durch die Beachtung dieser Richtlinien lassen sich Abstrahlungen reduzieren, die Störfestigkeit erhöhen und ungewollte Kopplungen minimieren. Letztendlich führen diese Gestaltungsprinzipien zu Produkten, die die EMV-Anforderungen erfüllen und zuverlässig in ihrer elektromagnetischen Umgebung funktionieren. Die konsequente Anwendung dieser Prinzipien ist ein wesentlicher Bestandteil der Entwicklung hochwertiger und zukunftssicherer Elektronik.

10.6 Elektrostatische Entladung (ESD)

10.6.1 Elektrostatische Grundlagen

Elektrostatik ist ein sehr weites Fachgebiet in der Physik und ist allgegenwärtig. Aus dem Physikunterricht ist bekannt, dass 577 vor Christus Thales von Milet die Anziehung zwischen Bernstein mit anderen Materialien beschreibt. Im Selbstverständnis moderner Technologien finden wir die Elektrostatik als Schädiger genauso wie auch als Nutzenbringer.

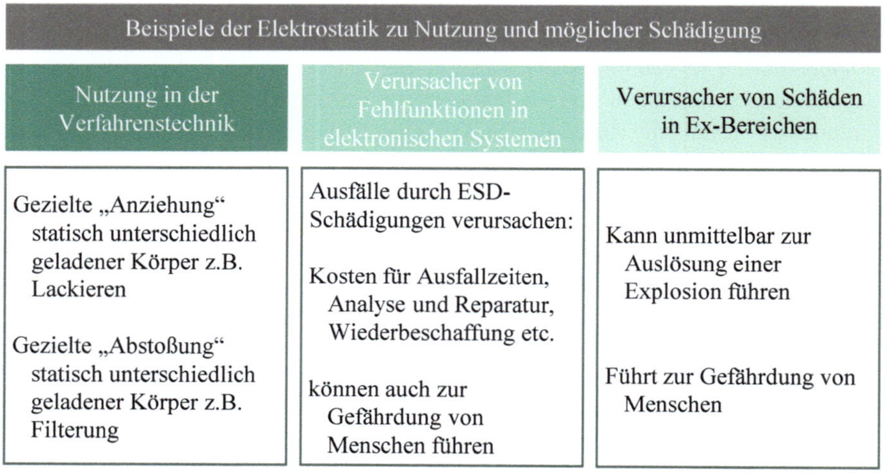

Beispiele der Elektrostatik zu Nutzung und möglicher Schädigung		
Nutzung in der Verfahrenstechnik	Verursacher von Fehlfunktionen in elektronischen Systemen	Verursacher von Schäden in Ex-Bereichen
Gezielte „Anziehung" statisch unterschiedlich geladener Körper z.B. Lackieren Gezielte „Abstoßung" statisch unterschiedlich geladener Körper z.B. Filterung	Ausfälle durch ESD-Schädigungen verursachen: Kosten für Ausfallzeiten, Analyse und Reparatur, Wiederbeschaffung etc. können auch zur Gefährdung von Menschen führen	Kann unmittelbar zur Auslösung einer Explosion führen Führt zur Gefährdung von Menschen

Abb. 10.10 Nutzung und Schädigung durch ESD

> **Anmerkung:**

In diesem Unterkapitel und den folgenden stehen ausschließlich die Auswirkungen von ESD auf elektronische Systeme im Fokus. Die Themen Verfahrenstechnik und Ex-Bereich wurden hier nur der Vollständigkeit halber kurz erwähnt.

10.6.1.1 Begriffserläuterung und Motivation

ESD steht für „Electro Static Discharge", also für die Elektrostatische Entladung. Es ist die Art der Entladung, die im normalen Lebensumfeld immer wieder zu beobachten ist, z.B. durch Aufladung beim Gehen über einen Teppich und Entladung durch Berührung einer Türklinke (siehe beispielhafte Abb. 10.11). Zu fühlen ist es, wie extrem kurz andauernde Nadelstiche in den Fingern.

Abb. 10.11 Auf- und Entladung

Somit ist schon die zentrale Problematik von ESD erkennbar. Die Aufladung an sich kann erst einmal als unkritisch eingestuft werden. Jedoch die Entladung, die immer wieder auftreten wird, erzeugt die Defekte.

Die Entladevorgänge wie z.B. an der Türklinke, können ungewollt entstehen und unkontrolliert ablaufen. Diese Entladevorgänge können zu Zerstörungen im berührten Objekt herbeiführen.

Allgemein bekannt ist, dass Entladevorgänge ab etwa 3.000 V spürbar sind, ab 5.000 V durch Knistern auch noch zu hören sind und über 10.000 V auch noch in Form kurzer Blitze noch zu sehen sind. Das wurde bestimmt von vielen beim Ausziehen eines Pullovers beobachtet. Es sind immer sehr kurze Entladungen die in ganz kleinen Bruchteilen von Sekunden ablaufen. Sie schaden den Menschen typischerweise erst einmal nicht. So empfindlich ist er typischerweise nicht.

Völlig anders verhält sich dagegen ein elektronisches System. Die darin verbauten elektronischen Komponenten, insbesondere Halbleiterbauelemente oder auch passive Bauelemente sind deutlich empfindlicher gegenüber elektrostatischer Entladung. Oft reichen nur wenige 100 V aus, um die Funktionsfähigkeit einer kompletten Schaltung zu stören.

Aus diesem Grunde sind zwei prinzipielle Wege zu beschreiten.

- **Interner ESD-Schutz:** Erhöhen der Robustheit von ESDS (ESD sensitiven Bauelementen) gegenüber von ESD durch z.B. Schutzschaltungen auf den Bauelementen oder bestückten Leiterplatten. Zu berücksichtigen ist hierbei, dass Einflüsse auf Funktion, Chipfläche etc. immer die Folgen sein werden.
- **Externer ESD-Schutz:** Vermeidung von ESD-Belastungen von außen bei Verarbeitung und Handhabung elektronischer Bauelemente und Systeme

10.6.1.2 Definition

Die elektrostatische Entladung ist der plötzliche Transfer elektrostatischer Ladung zwischen Punkten mit unterschiedlichen Potenzialen. Dieser Transfer kann ungewollt und unkontrolliert, typischer Vorgang, oder aber auch exakt definiert und spezifiziert wie beim Prüfen von Komponenten, erfolgen.

Dieser Ladungsausgleich (Potenzialausgleich) kann bei großen Spannungswerten durch Funkenüberschlag vor dem direkten Kontakt dieser Körper erfolgen.

Der Begriff elektrostatisch bezieht sich auf ortsfeste Ladungen einer isolierenden Oberfläche.

Eine Ladung ist positiv, wenn weniger Elektronen vorhanden sind. Sie ist negativ, wenn es einen Elektronenüberschuss gibt, sie ist neutral, wenn positive und negative Ladungen in gleicher Anzahl in einem Körper vorhanden sind. Siehe auch Abb. 10.12 Bohrsches Atommodell.

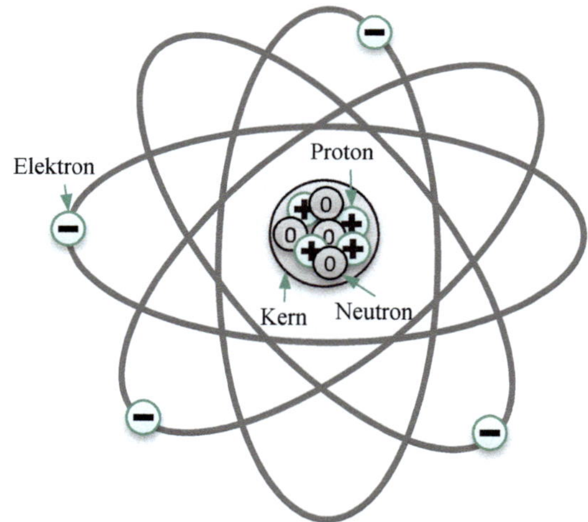

Abb. 10.12 Bohrsches Atommodel

- Körper mit Elektronen = Protonen → neutral
- Körper mit Elektronen > Protonen → negativ
- Körper mit Elektronen < Protonen → positiv
- Neutrales Atom + Elektron → negativ geladenes Ion (Anion)
- Neutrales Atom → positiv geladenes Ion (Kation) + Elektron
- Ladung ist eine Erhaltungsgröße, d.h. die gesamte elektrische Ladung in einem System bleibt konstant

- Ladung eines Systems in Ruhe $\rightarrow$ statische Elektrizität
- Ladung kann beweglich sein, z. B. Elektronen in Leitern, Elektronen und Löcher in Halbleitern und führt zum Stromfluss
- Ladung kann auch räumlich fixiert sein, z. B. Ionen in Halbleitern, Ladungen in Isolatoren

Die Ladung hat das Formelzeichen Q mit der Einheit C (1 Coulomb = Ampere · Sekunde):

$$Q = I \cdot t \tag{10.6}$$

oder auch allgemein

$$Q = \int_0^\infty I dt \,. \tag{10.7}$$

Ebenso ist

$$Q = C \cdot V \tag{10.8}$$

mit C, der Kapazität

$$C = \frac{As}{V} \,. \tag{10.9}$$

Von einer Ladung Q erzeugtes elektrisches Feld E

$$E = \frac{F}{Q} \tag{10.10}$$

und den Einheiten

$$E = \frac{N}{As} = \frac{VAs}{mAs} = \frac{V}{m} \,. \tag{10.11}$$

Basis ist das Gesetz von Coulomb welches die Kraft zwischen zwei Ladungen Q_1 und Q_2 für einen definierten Abstand „r" beschreibt.

$$F = \frac{Q_1 Q_2}{4\pi\epsilon_0\epsilon_r} \cdot \frac{1}{r^2} \,, \tag{10.12}$$

wobei ϵ_0 die elektrische Feldkonstante und ϵ_r die relative Permeabilität ist.

Elektrische Felder:

Ladungen erzeugen elektrische Felder. Elektrische Felder zeigen radial von der Ladung weg, wenn diese positiv ist und radial zur Ladung hin, wenn diese negativ ist, siehe Abb. 10.13.

Elektrische Felder können sich auch überlagern, siehe Abb. 10.14 und Abb. 10.15, dann gilt folgende Vektor Addition:

$$\vec{E} = \vec{E_1} \cdot \vec{E_2} \tag{10.13}$$

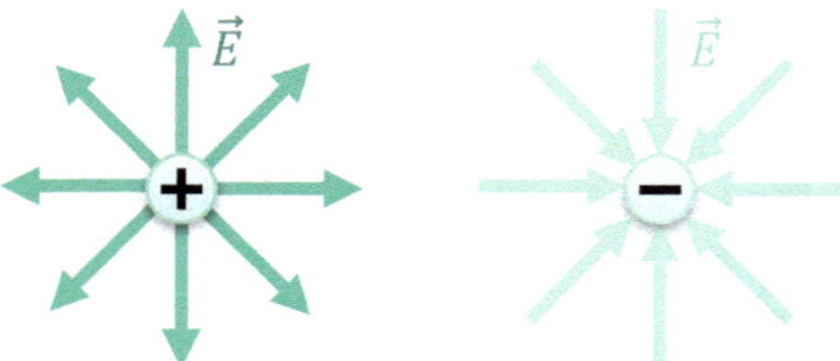

Abb. 10.13 Ausrichtung elektrischer Felder

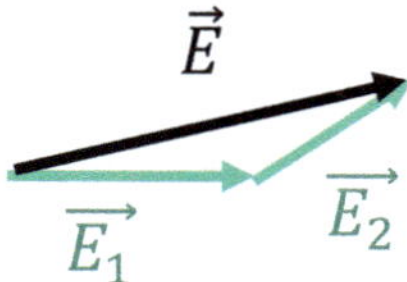

Abb. 10.14 Überlagerung elektrischer Felder

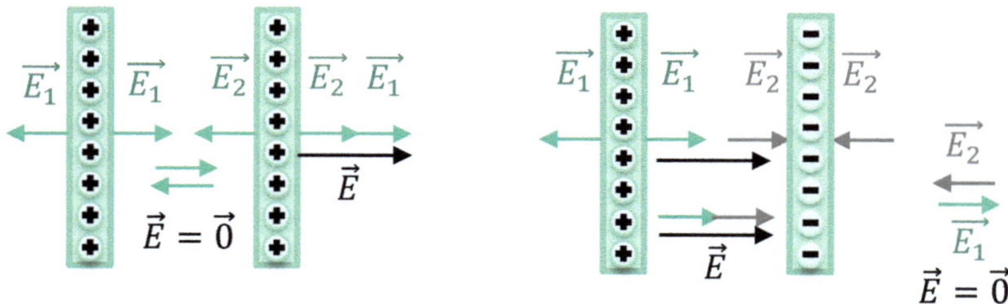

Abb. 10.15 Beispiel geladener Platten mit gleicher und entgegengesetzter Polarität

Potenzial:

Zur Bewegung einer Ladung im elektrischen Feld wird Energie benötigt. Das elektrische Feld übt also eine Kraft auf die Ladung aus. Die Energie die erforderlich ist, um eine positive Ladung Q über eine Strecke „s" zu einem Punkt A zu bringen ist das Potenzial ϕ von A, siehe Abb. 10.16.

$$\phi = \frac{Q}{4\pi\epsilon_0\epsilon_r} \cdot \frac{1}{r}[V] \,. \tag{10.14}$$

Die Potenzialdifferenz, gleich Spannung ist als

$$V = \bullet\, \phi = \phi_A - \phi_B \tag{10.15}$$

definiert.

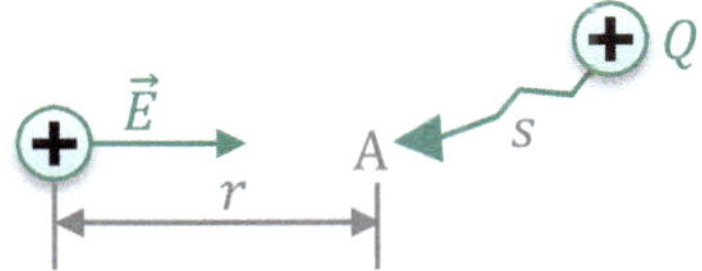

Abb. 10.16 Beispiel: elektrisches Potenzial einer Punktladung

10.6.1.3 Entstehung von ESD

Die Hauptursachen für elektrostatische Ladung sind:

- Triboelektrische Aufladung (auch Reibungselektrizität genannt)
  Reibung/Trennung von Körpern
- Influenz
  „Verschiebungen" von Ladungen durch starke Felder
- Ladung durch Berührung mit anderen Körpern
  z.B. Ionen aus einem Ionisator
- Ladung durch Kontakt mit leitenden oder dissipativen Materialien welche selbst geladen sind → Vorgang eines Ladungsausgleiches
  z.B. Kontakt eines geladenen Teils mit einem nicht geladene Bauelement

Triboelektrische Aufladung:

Vorhandenes Kontaktpotenzial durch dynamischen Austausch von Valenzelektroen an der Grenzfläche zweier Körper mit unterschiedlichen Elektronenaustrittsarbeiten. Nach Trennung dieser Körper (Material A und Material B) entstehen in Abhängigkeit der Trenngeschwindigkeit, der Austrittsarbeiten, der Oberflächenleitfähigkeiten, der Oberflächenrauhigkeiten, Luftfeuchtigkeit und den wirkenden Flächen unterschiedlich „geladene" Körper.

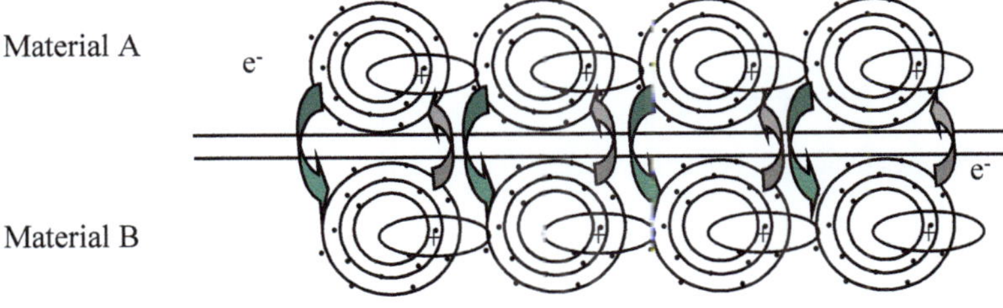

Abb. 10.17 Kontakt und Trennung

Berühren sich zwei Materialien und werden wieder getrennt, so wandern die Elektronen von einem Material zum anderen und bleiben dort erhalten. Wird eines dieser Materialien leitfähig z.B. mit Masse verbunden so fließen die Elektronen ab. Treffen zwei unterschiedlich geladene Körper aufeinander kommt es durch eine elektrostatische Entladung zu einem Ladungsausgleich.

Influenz:

Es erfolgt die Ladungstrennung durch ein elektrostatisches Feld in dem sich die Komponenten befinden, siehe Abb. 10.18. Hierbei ist kein direkter Kontakt der Komponenten nötig. Ist der Abstand vom Störer, also dem Felderzeuger, zum betroffenen Bauelement genügend groß, so ist keine Schädigung des Bauelementes zu erwarten.

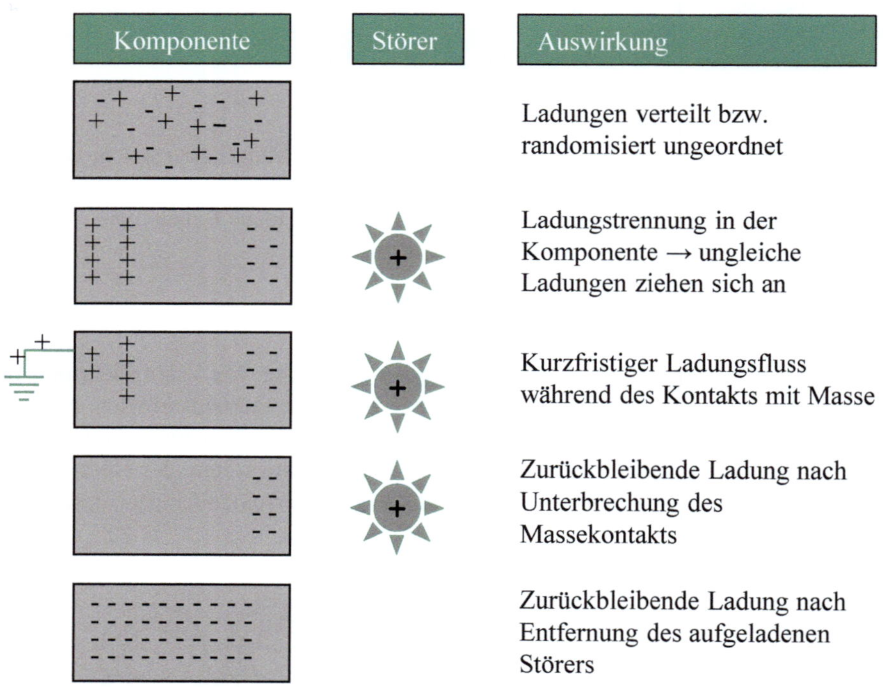

Abb. 10.18 Ladungstrennung im elektrostatischen Feld

Zusammengefasst:

- Statische Elektrizität ist ruhende elektrische Ladung verursacht durch Reibung und Trennung von Materialien.
- Ein durch Mangel oder Überschuss von Elektronen erzeugtes elektrisches Feld wird als statische Elektrizität bezeichnet.

- Abziehen eines Bandes von einer Rolle kann ein statisches Feld erzeugen (z.B. Klebe-film, Trennung von Stoffen).
- Die Größe des Feldes ist abhängig von den kontaktierenden Materialien der Trenn-geschwindigkeit, der Oberfläche, der Kontaminierung, der relativen Luftfeuchte z.B. trockene Luft im Winter → gefährlicher.
- Auch schneller Elektronenabfluss über „harte Erdung, d.h. direkte Erdung ohne Ab-leitwiderstand" kann Bauelemente zerstören.
- Für den ESD-Schutz muss der Elektronenabfluss langsam und in einem definierten Bereich erfolgen.
- Der resultierende Strom kann z.B. Halbleiterstrukturen wie Oxide, PN-Übergänge und Metallisierungen latent oder dauerhaft schädigen.

10.6.1.4 Human Body Model - HBM

Das HBM ist eine Nachbildung einer Entladung über einen Menschen mit der Kapazität von $100 \, pF$ und dem Hautaustrittswiderstandes $1{,}5 \, k\Omega$ in ein elektronisches Bauelement, insbesondere in eine Integrierte Schaltung, wobei mindestens ein Anschluss mit einem unterschiedlichen Potenzial verbunden sein muss, siehe Abb. 10.19 und Abb. 10.20.

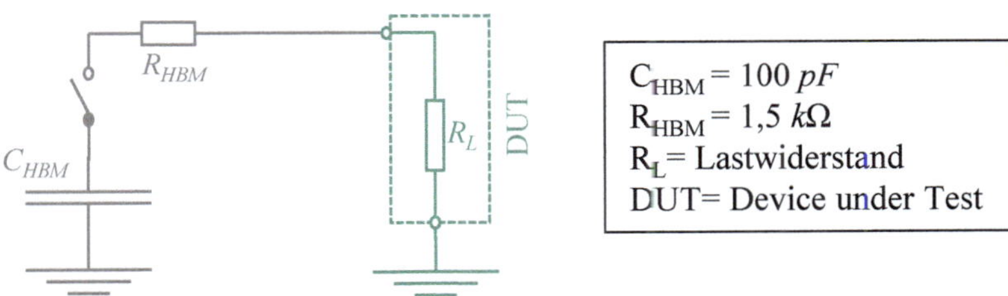

Abb. 10.19 HBM-Model

Zielwerte:

- $2 \, kV$ ist ein „historisches Ziel" – Zielwerte sind in Standards nicht definiert (außer AEC Q100)
- Industry Council: $1 \, kV$ als „neues" Ziel, aber auch 500 V ist absolut ausreichend, um Probleme bei Handhabung und Fertigung zu vermeiden (Referenz: Industry Council WP1, 2010)

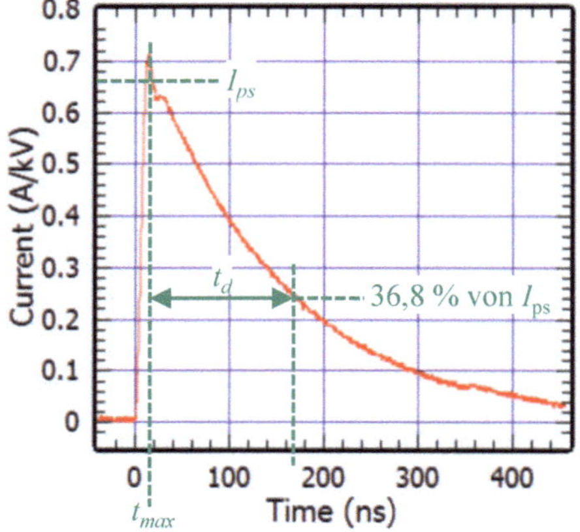

Abb. 10.20 HBM Kurvenform

HBM bei elektronischen Bauelementen entspricht in keinster Weise dem HBM bei Systemen. Die R-C Kombination ist eine andere.

- Bauelemente HBM: z.B. bei IEC 60749 beträgt $R = 1{,}5\ k\Omega$ und $C = 100\ pF$
- System HBM: z.B. bei IEC 61000-4-2 beträgt $R = 300\ \Omega$ und $C = 150\ pF$

10.6.1.5 Charged Device Model - CDM

Das CDM ist die Nachbildung der Aufladung eines Bauelementes durch Reibung oder
Gleitvorgänge und Entladung über Kontaktgabe zu einem unterschiedlichen Potenzial,
siehe Abb. 10.21 und Abb. 10.22.

Zielwerte:

- Typische geforderte CDM-Festigkeit (Ziel): 500 V
- Technologie und Funktions-anforderungen an IC beeinträchtigen CDM-Festigkeit
- Industry Council: 250 V CDM-Festigkeit ist aus-reichend um Probleme bei Handha-
  bung und Verarbeitung zu verhindern. (Referenz: Industry Council WP2, 2010)

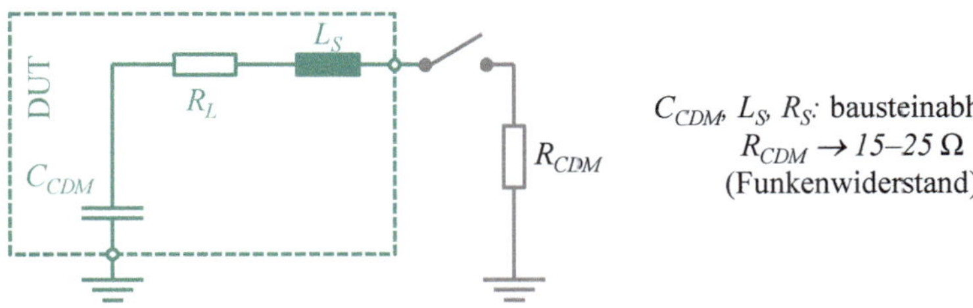

Abb. 10.21 CDM-Model

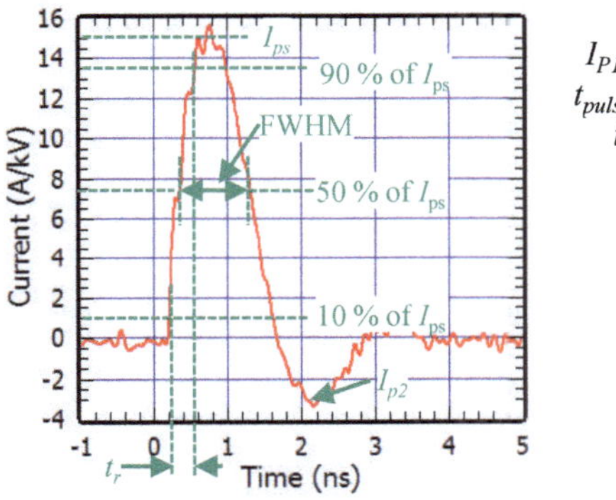

$I_{P1}/V_{CDM} = 5{-}15\ A/kV$
$t_{pulse}\ (FWHM) = 1{-}2\ ns$
$t_{rise} = 250{-}500\ ps$

Abb. 10.22 CDM Kurvenform

! Hinweis:

Neben den beiden wichtigsten, hier beschriebenen Entlademodellen bestehen noch weitere unterschiedlichster Art. Die Beschreibung dieser Modelle würde den Rahmen der vorliegenden Publikation übersteigen. Hierzu sind die einschlägigen Normen und Standards bzw. die Fachliteratur zu Rate zu ziehen.

10.6.2 Messtechnik

10.6.2.1 Einleitung

Mit dem Verständnis der Mess- und Prüftechnik im ESD-Umfeld wird schnell festzustellen sein, dass es bei der Messgenauigkeit nicht auf mehrere Nachkommastellen ankommt. Vielmehr handelt es sich hierbei um eine messtechnische Einschätzung von Größenordnungen. Dies hat verschiedene Gründe die u.a.:

- in z.B. den Mischungsverhältnissen von Materialien begründet ist
- elektrische Felder im Arbeitsumfeld nicht exakt abgrenzbar sind
- Maschinen auch aus beweglichen Teilen bestehen
- Personen nicht „ortsfest" sind

Bei der Durchführung von Messungen ist zu beachten:

- nur Messergebnissen vertrauen, die selbst durchgeführt, verifiziert und bewertet, protokolliert wurden
- nur Messgeräte verwenden, die beherrscht werden und deren „Unzulänglichkeiten" bekannt sind
- das zu messende Objekt nicht aufbereiten, die Messungen sind am vorliegenden unbehandelten Objekt durchzuführen
- trotz Verwendung kalibrierter Messgeräte sind vor jedem Beginn einer Mess- und Prüfphase z.B. am Tagesbeginn die Messgeräte hinsichtlich ihrer Funktionalität und Genauigkeit zu verifizieren

! Hinweis:

Im Rahmen dieser Publikation kann nicht auf alle ESD-Mess- und Prüfgerätegeräte bzw. Messtechniken eingegangen werden. Es werden nur die wichtigsten Methoden kurz beschrieben. Viele hier gezeigten Bilder sind aus den Unterlagen des „ESD FORUM e.V., Skript, ESD-Technikerausbildung" entnommen. Andere sind aufgrund beruflicher Erfahrung des Autors, der diese selber erstellt hat, eingefügt.

Für weitere Informationen zur Messtechnik ist u.a. in folgende Normen nachzuschlagen:

DIN EN IEC 61340 Elektrostatik - Teil 5-1:	Schutz von elektronischen Bauelementen gegen elektrostatische Phänomene - Allgemeine Anforderungen
DIN IEC/TR 61340-1 Elektrostatik – Teil 1:	Elektrostatische Vorgänge - Grundlagen und Messungen
DIN EN 61340 Elektrostatik – Teil 2-1:	Messverfahren - Fähigkeit von Materialien und Erzeugnissen, elektrostatische Ladungen abzuleiten
DIN EN 61340 Elektrostatik – Teil 2-3:	Prüfverfahren zur Bestimmung des Widerstandes und des spezifischen Widerstandes von festen Werkstoffen, die zur Vermeidung elektrostatischer Aufladung verwendet werden
DIN EN 61340 Elektrostatik – Teil 4-5:	Standard-Prüfverfahren für spezielle Anwendungen - Verfahren zur Charakterisierung der elektrostatischen Schutzwirkung von Schuhwerk und Boden in Kombination mit einer Person

10.6.2.2 Widerstandsmessung

Messungen des Widerstandes im ESD-Bereich, der ESD-Schutzzone, werden mit dafür speziell entwickelten Hochohmmetern (Messbereich: $10^3 - 10^{12}$ Ω) und Prüfspitzen, den Proben durchgeführt. Siehe Beispiel Abb. 10.23. Die erforderlichen Prüfspannungen sind in der Norm vorgegeben und betragen typischerweise 100 Volt. Die Proben haben ein Gewicht von ca. 2,27 kg und besitzen an ihrer Auflagefläche, um einen guten Kontakt zum Prüfling sicherzustellen, einen leitfähigen Gummi mit einem Durchmesser von 63,5 mm.

Viele dieser Messgeräte schalten in Abhängigkeit des zu messenden Widerstandes automatisch die Messpannung um. Dabei ergibt sich auch eine andere Stabilisierungszeit für den Messwert.

- 10 V @ R < $1 \cdot 10^6$ Ω Stabilisierungszeit während der Messung > 5 s
- 100 V @ $R \leq 1 \cdot 10^6$ Ω Stabilisierungszeit während der Messung > 15 s

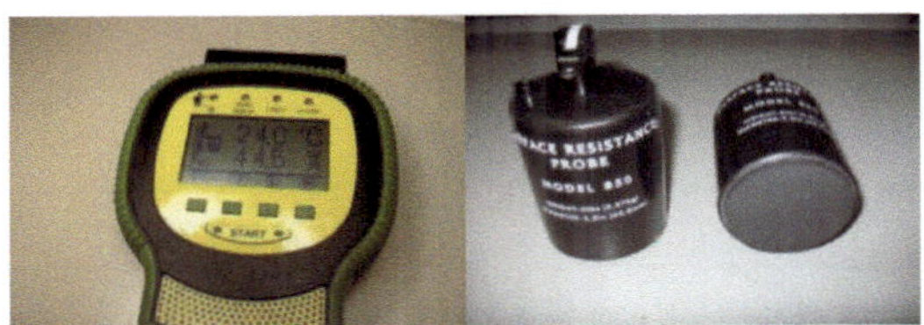

Abb. 10.23 Beispiel eines Hochohmwiderstandsmessgerätes mit zugehörigen Proben

Durchgeführt werden Messungen von Punkt zu Punkt bzw. vom Prüfling zur Erde, der Masseverbindung.

In Abb. 10.24 ist die Messung von Punkt zu Punkt dargestellt. Die beiden Proben stehen vollflächig auf dem Prüfling, in diesem Fall eine leitfähige ESD-Matte auf dem Arbeitstisch. In Abb. 10.25 ist die Messung von einer ESD-Matte (ESD-Arbeitsplatte)

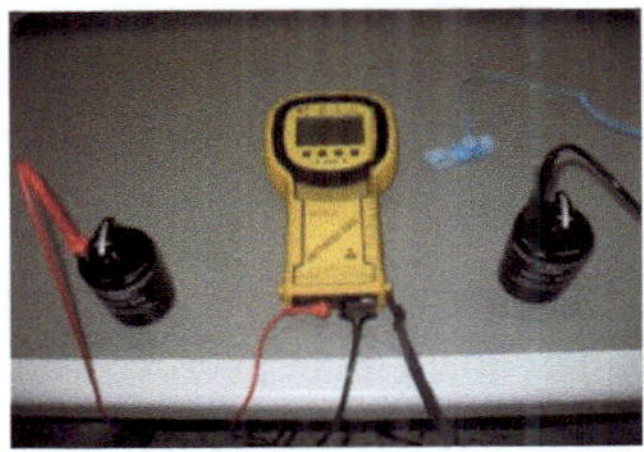

Abb. 10.24 Beispiel einer Punkt zu Punktmessung

zu einem erdungsfähigen Punkt schematisch dargestellt, auch als Resistance to Ground-Messung (RTG) bezeichnet. Entscheidend bei jeder Messung von Materialien oder auch

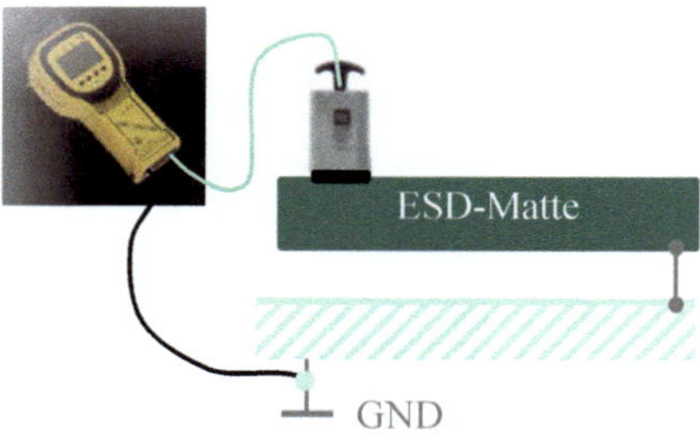

Abb. 10.25 Beispiel einer Punkt zu Erdungsmessung, RTG

Bekleidung ist darauf zu achten, dass die Flächen unter dem Prüfling nicht leitfähig sind. Andernfalls würden parallele Pfade entstehen, welche wie eine parallele Schaltung von Widerständen wirken und somit die Messergebnisse deutlich verfälschen, siehe Abb. 10.26.

Abb. 10.26 Entstehung von parallelen Pfaden bei leitender Unterlage

❗ Hinweis:

Sind jedoch Widerstandsmessungen in einem Bereich von $\approx 0{,}1 - 10\ \Omega$ durchzuführen, so ist ein Multimeter zu verwenden wie z.B. bei der Überprüfung von Erdungsverbindungen.

10.6.2.3 Messung elektrischer Felder

Neben der Widerstandsmessung ist die Überprüfung auf vorhandene elektrische Felder ein wichtiger Bereich der ESD-Schutzmaßnahmen, denn

- elektrische Felder werden durch aufgeladene Isolatoren erzeugt.
- aufgeladene Isolatoren können quasi nicht geerdet werden. Ausnahme: Ionisation.

Zur Messung von Feldern werden Messinstrumente verwendet, die als Feldmühlen bezeichnet werden. Beispiel siehe Abb. 10.27. Die Messung zum Prüfling erfolgt kontaktlos.

Das dabei gemessene Feld ergibt sich aus der Aufladespannung und dem Abstand zum Prüfling in einem definierten Abstand:

Abb. 10.27 Beispiel einer Feldmühle im Messablauf

$$E = \frac{U}{d}\,, \tag{10.16}$$

mit U in Volt und d in Meter. Für die abzulesenden Werte in Abb. 10.27 lässt sich das Feld ermitteln. Abgelesener Messwert ist 295 V bei einem Abstand von 1 cm, daraus ergibt sich das Feld mit

$$E = \frac{295\ V}{0{,}01\ m} = 29{,}5\ \frac{kV}{m}\,. \tag{10.17}$$

> **Wichtig zur Interpretation:**

Inwieweit der Wert von 29.500 V/m akzeptabel oder hoch schädigend ist, kann hier nicht beurteilt werden denn es fehlt

- der vorgegebene Grenzwert
  und
- die Angaben zum Prüfling.

Diese Angaben müssen zwingend vorliegen.

Ferner ist zu beachten, dass je größer der Abstand der Feldmühle zum Prüfling, je weiter wird das Umfeld mit seinem elektrischen Feld erfasst. Das kann durchaus einmal notwendig sein, kann aber im Gegensatz auch zur Verfälschung von Ergebnissen führen, wenn das Objekt deutlich kleiner ist als das erfasste Feld.

Zur Vermeidung weiterer verfälschter Messergebnisse ist die Feldmühle, also das Messgerät bei der Messung immer mit Erde (Masse oder Ground) zu verbinden.

10.6.2.4 Walking Test - Begehtest

Mit dem Begehtest kann sehr plausibel demonstriert werden wie sich eine Person beim Gehen über verschiedene Böden elektrostatisch auflädt. Hierbei umfasst der Proband eine Handelektrode welche mit dem Elektrometer, dem Walking Test Gerät verbunden ist und läuft definiert über die vorgegebenen Flächen. Das Elektrometer zeigt zeitgleich die erzeugte Aufladespannung der Person an. Für eine eindeutigere Darstellung der Aufladespannung der Person kann auch ein PC mit dementsprechender Software genutzt werden, siehe Abb. 10.28. Die zeitgleich resultierenden Messergebnisse, also die Aufladung (elek-

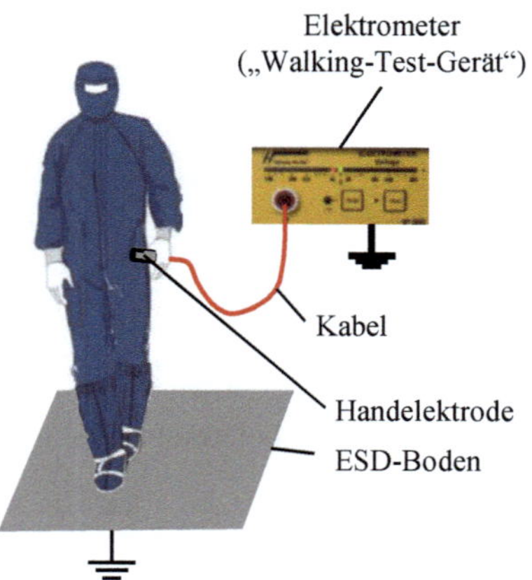

Abb. 10.28 Beispiel eines Begehtests

trostatisches Potenzial) der Person sind beispielhaft in Abb. 10.29 gezeigt. Es ist eine Abbildung der Darstellung am PC. Bei Vergleich mit den festgelegten Grenzwerten ist

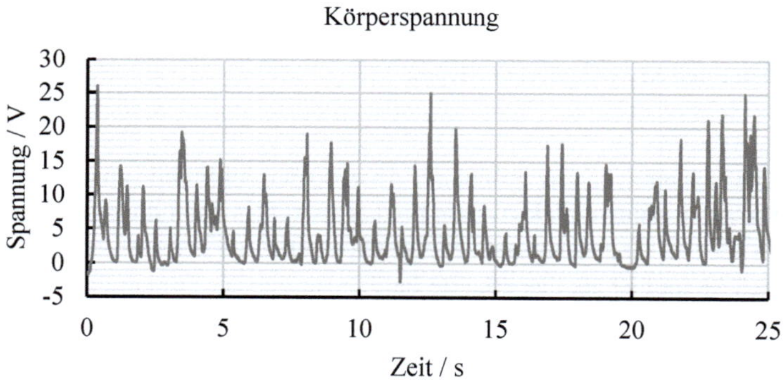

Abb. 10.29 Beispiel einer Messung zum Begehtest

zu erkennen, ob die Aufladung der Person beim Gehen über den Fußboden unterhalb des maximal zulässigen Wertes liegt und somit akzeptabel ist.

> **Zur Erinnerung:**

Nicht die Aufladung ist das Problem, sondern die Entladung in eine elektronische Einheit. Mitarbeiter berühren zwangsläufig bei ihrer Tätigkeit diese elektronischen Systeme und folglich entladen sie sich über diese. Daher ist immer die unzulässige Aufladung zu vermeiden.

10.6.3 Schutzkonzept

10.6.3.1 Einleitung

Alle erforderlichen Maßnahmen die dem ESD-Schutz bzw. dem Schutz elektronischer Einheiten gegenüber elektrostatischer Entladung dienen, werden grundlegend in der Norm „DIN EN IEC 61340 Elektrostatik - Teil 5-1: Schutz von elektronischen Bauelementen gegen elektrostatische Phänomene - Allgemeine Anforderungen" beschrieben. Normen werden angepasst, wenn aus dem Feld entsprechende Erfahrungen vorliegen und das bestehende Experten-Wissen um die Vorgänge erweitert wurde.

> **Anmerkung:**

Die DIN EN IEC 61340-5-1 ist die deutsche Ausgabe der „IEC 61340-5-1: Electrostatics – Part 5-1: Protection of electronic devices from electrostatic phenomena – General requirements"

10.6.3.2 Grundsätzlich

Die Grundlagen des externen ESD-Schutzes ist die Vermeidung von Aufladung, die Verhinderung von Ladungsspeicherung sowie die Vermeidung unkontrollierter Entladung. Kennzeichnende Maßnahmen des externen ESD-Schutzes sind die Einrichtung einer ESD-Schutzzone („ESD protected area", EPA) und die ESD-Schutzverpackung (abschirmend) für den Transport der elektronischen Einheiten. Ziel ist es die Schädigung von ESD-empfindlichen z.B. Bauteilen durch ESD auszuschließen. Das bedeutet u.a.:

- Aufladung auf $< 100\ V$ begrenzen
- elektrische Felder am Ort, an dem ESD gehandhabt werden, auf $< 10^4\ V/m$ begrenzen
- dissipative Materialien verwenden z.B. für Arbeitsoberflächen: Ableitwiderstand $<$ 1 $G\Omega$ ist ableitfähig/dissipativ)
- Vermeidung von (harten) Entladungen z.B. durch Begrenzung von Entladeströmen auf $< 100\ mA$ (Ableitwiderstand $> 10\ k\Omega$: dissipativ)

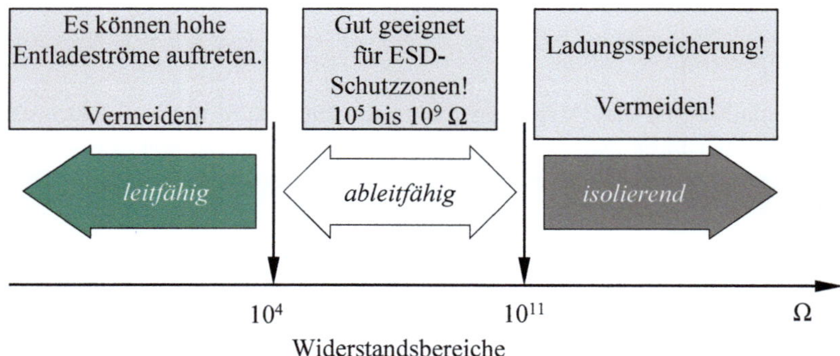

Abb. 10.30 Widerstandsbereiche: leitfähig – ableitfähig - isolierend

Ferner gestattet die Norm eine Anpassung an die im Unternehmen jeweils vorliegenden Gegebenheiten. Jedoch ist absolut darauf zu achten, dass dieses, auch genannte Tailoring, immer mit Nachweisen erfolgen muss.

Die Norm oder Teile davon passen möglicherweise nicht auf alle Anwendungen. Tailoring ist eine Anpassung die vollzogen wird, indem die Anwendbarkeit jeder Anforderung auf die jeweilige Applikation bewertet wird. Nach Fertigstellung der Untersuchung können Anforderungen hinzugefügt, verändert oder gestrichen werden. Anpassungsentscheidungen, inklusive Begründung müssen dokumentiert werden.

> **❗ Ergänzender Hinweis:**

Begründungen sind in Abständen zu überprüfen und Wirksamkeitsnachweise zu etablieren.

10.6.3.3 ESD-Schutzkonzept

Die Norm „DIN EN IEC 61340 Elektrostatik - Teil 5-1" legt alle Elemente fest, die einem ESD-Schutzkonzept entsprechen müssen. Die sind unter anderem:

- Anwendungsbereich
- Personensicherheit
- ESD-Kontrollprogramm mit
    - Anforderungen
        - Programm beschreiben entsprechend Kapitel 5
        - Inhalte in einer z.B. Verfahrensanweisung dokumentieren
        - Ziel: Vermeidung von Auf- und Entladungen
    - Kontrollprogrammplan muss
        - muss alle Elemente enthalten
        - abgestimmt sein auf die im Unternehmen ablaufenden Fertigungsprozesse

  - eingebunden sein in das Qualitäts-Management-System „Top Down Approach" !
- Schulungsplan
  - Die Schulungspläne sind Zielgruppengerecht aufzubereiten für Mitarbeiter in der Linie, Lageristen, Warenein- bzw. Warenausgang, Mitarbeiter aus der Verwaltung, Arbeitsvorbereitung, Kommissionierung, Techniker, Ingenieure, Management
  - In kleineren Unternehmen werden Gruppen bei der Schulung „gebündelt"
  - Grundsätzlich sind alle Mitarbeiter betroffen, die in ESD sensitiven Bereichen arbeiten. Oder diese aus organisatorischen Zwecken besuchen
  - Schulungsinhalte und geschulte Mitarbeiter sind zu dokumentieren.
- Plan zur Verifizierung der Einhaltungen
  - Beschaffung von Mess- und Prüfgeräten nach Priorität und verfügbarem Budget wie Widerstandsmessgerät, Prüfsystem zur Überprüfung des Handgelenkbanderdungssystems, Feldmühle, weitere nur wenn tatsächlich erforderlich z.B. Walking Test Kit
  - festlegen der Plätze die zu überprüfen sind
  - festlegen der Zeitabstände
  - Entwicklung Protokoll mit SOLL- und IST-Vorgaben
  - Beschreibung in der ESD-Verfahrensanweisung
- Erdungssystem
  - in vielen Unternehmen erfolgt die Erdung über den Schutzleiter und einem Widerstand von 1 $G\Omega$, Abb. 10.31, alternativ von 1 $G\Omega$ an eine gesondert installierte Funktionserde
  - der Hauselektriker muss davon in Kenntnis gesetzt sein
  - Menschenschutz geht vor ESD-Schutz!

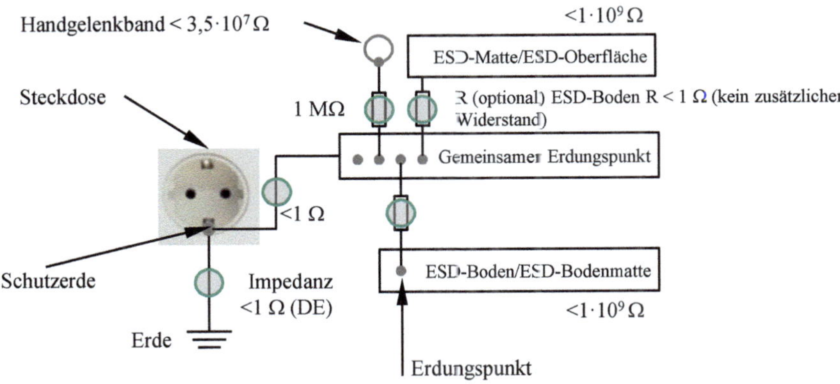

Abb. 10.31 Beispiel eines Erdungskonzeptes

– Personenerdung
  · Mitarbeiter die mit ESD sensitiven Bauelementen oder Baugruppen etc. um-
    gehen sind zu erden mittels Handgelenkbanderdung, Abb. 10.32 (stehen und
    sitzen) oder falls machbar, Person / Fersenerdungsband / Schuhwerk / Boden
    System (stehen) / ESD-Bekleidung
  · festlegen der Überprüfungshäufigkeit/ -zyklen z.B. täglich

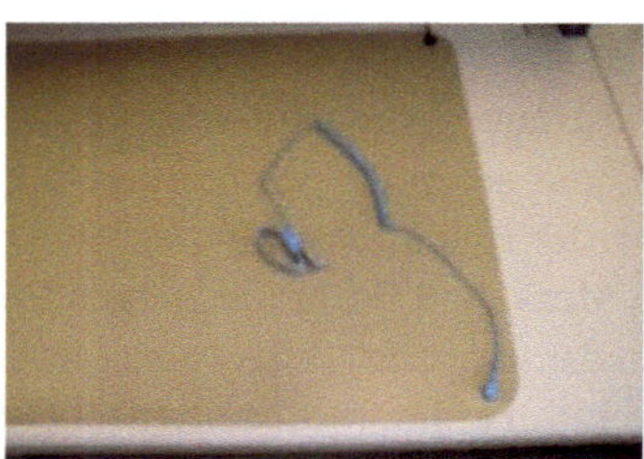

Abb. 10.32 Beispiel eines Arbeitstisches mit ESD-Matte und Handgelenkerdungsband

– ESD-Schutzzone (EPA – ESD Protected Area)
  · Typischerweise sind in kleineren Unternehmen keine durchgehenden ESD-
    Böden installiert
  · Es sind ESD-Arbeitsplätze einzurichten, welche nur von Mitarbeitern mit
    ESD-Schutzausrüstung über einen definierten Zugang betreten und bedient
    werden dürfen, Abb. 10.33

Abb. 10.33 Beispiel: Zugangsbereich einer ESD-Schutzzone

  · in einer ESD-Verfahrensanweisung die Messpunkte und Häufigkeiten der
    Überprüfung festlegen sowie die Art der Protokollierung während der Durch-
    führung
  · festlegen, welche isolierenden bzw. aufladbaren Materialien nicht in der ESD-
    Schutzzone sein dürfen
  · entscheiden, inwieweit eine Ionisierung des Arbeitsplatzes erforderlich ist falls
    die etablierten ESD-Schutzmaßnahmen nicht genügen

· deutliche Kennzeichnung der ESD-Schutzzone z.B. mittels Schilde, Abb. 10.34, Klebebändern am Boden, Absperreinrichtungen
· Mitarbeiter die nicht in den ESD-Schutzzonen arbeiten darauf hinweisen, dass sie diese nicht betreten dürfen

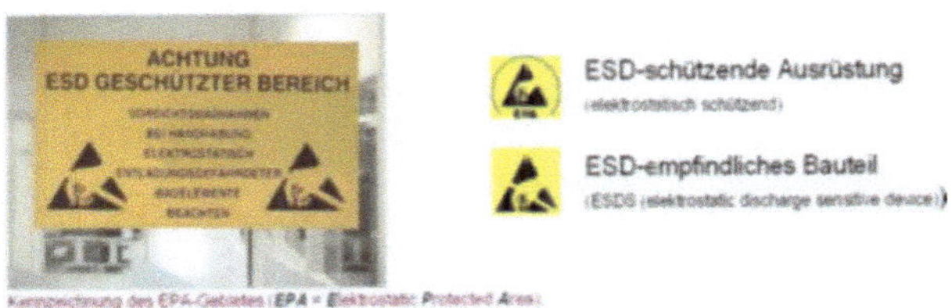

Abb. 10.34 Beispiel: Kennzeichnung einer ESD-Schutzzone

– Verpackung
  · Die ESD-Schutzverpackung und die ESD-Symbole müssen den Anforderungen der DIN EN 61340-5-3 entsprechen
  · Dies gilt sowohl für ESD sensitive Produkte die versandt werden als auch für Produkte von Lieferanten
  · dürfen keine Ladung auf ihrer Innenseite generieren und einen kontrollierten Ladungsabbau auf der Außenseite sicherstellen, ferner abschirmen gegen elektrostatische Entladung
– Kennzeichnung
  · Ist eine Kennzeichnung der ESD-Schutzverpackung nicht vorgegeben, so sind die Erfordernisse einer solchen durch den ESD-Verantwortlichen zu prüfen und entsprechend im ESD-Kontrollprogrammplan festzulegen.
  · Dies erfolgt üblicherweise in der ESD-Verfahrensanweisung die den ESD-Kontrollprogrammplan beschreibt.

10.6.4 Compliance Verification

Compliance Verification ist die Überprüfung der ESD-Schutzmaßnahmen die in der Norm DIN EN 61340-5-1 gefordert ist. Diese Überprüfung muss regelmäßig erfolgen und zwar in Übereinstimmung mit den Elementen die das Unternehmen für seine eigenen Prozesse festgelegt hat.

Es wird überprüft, ob die im Kontrollprogramm beschriebenen technischen Grenzwerte nach Erfordernissen kontinuierlich eingehalten werden. Es ist eine Sicherstellung, dass die technischen Anforderungen des ESD-Kontrollprogramms erfüllt werden. Der dabei zu Grunde liegende „Compliance-Verification-Plan" hat u.U. andere Grenzwerte und Messmethoden für die einzelnen Schutzelemente als z.B. die eines Qualifikationsplanes.

Dokumentationen, die Ergebnisse, Bewertung und Wirksamkeitsnachweise enthalten, dienen als Nachweis des Erfüllungsgrades der technischen Anforderungen. So sind in den Berichten, die auch in tabellarischer Form erstellt werden können, folgende Punkte zu dokumentieren:

- Datum
- Bereich
- Verantwortlicher MA
- Aussagen zum Tailoring im Falle abweichender Messmethoden
- Zugrunde liegende interne Spezifikationen
- Überprüfungsfrequenz
- Messmethoden
- Messgeräte
- Objekte, Einrichtungen etc.
- Parameter
- Grenzwerte
- Messwerte
- Soll-/Ist-Vergleich
- Bewertung
- Korrigierende Maßnahmen
- Sofort-Lösungen
- Wiederholprüfungen sofern erforderlich
- Reporting im Unternehmen

❗ Hinweis:

- Eine Compliance Verification ist kein Audit!
- In Audits werden die organisatorischen und technischen Inhalte eines ESD-Programms überprüft und verifiziert, inwieweit das Unternehmen das eigene Programm lebt
- Bei einer Compliance Verification wird überprüft, ob die technischen Maßnahmen eines ESD-Programms den Anforderungen des Programms entsprechen
- Jedoch der Compliance-Verification-Plan und die letzte dokumentierte Durchführung der Compliance Verification werden regelmäßig in einem Audit überprüft!

Verantwortlichkeit:

Die DIN EN 61340-5-1 gibt vor: „Eine Person muss durch die Organisation benannt werden, mit der Verantwortung die Anforderung dieser Norm einzuführen, inklusive Herstellung, Dokumentation, Pflege und Überprüfung der Einhaltung des Programms"

Gut zu wissen: Die Einhaltung sämtlicher geforderter Maßnahmen zum ESD-Schutz ist ein wichtiger Baustein zur Zuverlässigkeit von elektronischen Baugruppen und Systemen.

10.7 Verständnisfragen

1. Was ist unter EMV zu verstehen?
2. Was ist unter ESD zu verstehen?
3. Worin besteht der Unterschied zwischen EMV und ESD?
4. Welche vier grundsätzlichen Kopplungsarten gibt es und wie sind diese zu unterscheiden?
5. Wozu dienen Schirmungen und wie werden diese realisiert?
6. Welche Störfelder gibt es?
7. Wie kann die Regel-Pyramide gelesen werden?
8. Welche zwei ESD-Schutzarten sind zu unterscheiden?
9. Was wird unter einem elektrischen Feld, einem Potenzial und einer triboelektrische Aufladung zu verstehen?
10. Was muss bei einem ESD-Schutzkonzept beachtet werden?

Literaturverzeichnis

1. Bornkessel, C.: EMV/EMVU – Vorlesungsunterlagen Teil EMV2. IMST-RWTH Aachen (2010)
2. DIN IEC/TR 61340-1 VDE 0300-1:2021-08: Elektrostatik – Teil 1: Elektrostatische Vorgänge - Grundlagen und Messungen. VDE Verlag, Berlin (2021)
3. DIN EN 61340-2-1 VDE 0300-2-1:2023-12: Elektrostatik – Teil 2-1: Messverfahren - Fähigkeit von Materialien und Erzeugnissen, elektrostatische Ladungen abzuleiten. VDE Verlag, Berlin (2023)
4. DIN EN 61340-2-3 VDE 0300-2-3:2017-05: Elektrostatik – Teil 2-3: Prüfverfahren zur Bestimmung des Widerstandes und des spezifischen Widerstandes von festen Werkstoffen, die zur Vermeidung elektrostatischer Aufladung verwendet werden. VDE Verlag, Berlin (2017)
5. DIN EN IEC 61340-4-5 VDE 0300-4-5:2019-04: Elektrostatik – Teil 4-5: Standard-Prüfverfahren für spezielle Anwendungen - Verfahren zur Charakterisierung der elektrostatischen Schutzwirkung von Schuhwerk und Boden in Kombination mit einer Person. VDE Verlag, Berlin (2019)
6. DIN EN 61340-5-1 VDE 0300-5-1:2017-07: Elektrostatik - Teil 5-1: Schutz von elektronischen Bauelementen gegen elektrostatische Phänomene - Allgemeine Anforderungen. VDE Verlag, Berlin (2017)
7. ESD Forum e.V.: Ausbildung zum ESD Techniker. Nördlingen (2024)
8. Gustrau, F.: Hochfrequenztechnik. Grundlagen der mobilen Kommunikationstechnik. Auflage: 3., aktualisierte Auflage. Hanser Verlag, München (2019)
9. Lienig, J., Brümmer, H.: Elektronische Gerätetechnik. Grundlagen für das Entwickeln elektronischer Baugruppen und Geräte. Springer-Verlag, Berlin (2014)
10. Rebholz, H.: Elektromagnetische Verträglichkeit – Skript zur Vorlesung. HTWG Konstanz (2021)

Kapitel 11
Screening

Optimierung von Leistung und Zuverlässigkeit durch Screeningtests

Frühzeitige Erkennung, Zuverlässigkeit gewährleisten:
Screeningtests im Elektrotechnik- und Maschinenbau.

Zusammenfassung Im Bereich der Elektrotechnik und des Maschinenbaus spielen Screeningtests eine wichtige Rolle bei der Identifizierung potenzieller Defekte oder Schwachstellen in elektronischen Bauteilen oder mechanischen Systemen. Durch den Einsatz von Screeningtests können frühzeitig Anomalien oder Abweichungen von den Spezifikationswerten erkannt werden, was dazu beiträgt, die Zuverlässigkeit und Leistungsfähigkeit von Geräten und Anlagen zu gewährleisten. Allerdings sind bei der Durchführung von Screeningtests in diesen Bereichen auch Herausforderungen zu berücksichtigen, wie beispielsweise die Auswahl geeigneter Testverfahren oder die Berücksichtigung von Umgebungsbedingungen. Zudem ist die sorgfältige Abwägung von Kosten, Nutzen und potenziellen Ausfallzeiten von entscheidender Bedeutung, um effektive Screeningstrategien zu entwickeln und umzusetzen.

11.1 Einführung

Der Begriff Screening wird in vielen Branchen im Sinne von Trennung von Einheiten mit unterschiedlicher Merkmalsausprägung verwendet. Es sind demzufolge Auswahlverfahren oder Aussortierverfahren. Grundsätzlich sind, wie in Abbildung 11.1 dargestellt, zwei Zielrichtungen zu unterscheiden.

In der vorliegenden Abhandlung wird der Fall 1 beschrieben. Screening ist daher in diesem Sinne eine Maßnahme um potenzielle Frühausfälle eines Kollektivs vor Auslieferung an den Kunden zu eliminieren.

- Screening ist eine Maßnahme bei der das gesamte, gefertigte Kollektiv einer definierten Belastung mit nachfolgender Prüfung unterzogen wird.
- Es dient dem Aufdecken von zu erwartenden Frühausfällen bedingt durch potenzielle Schwachstellen.
- Die verbleibende Menge guter Einheiten, die somit der geforderten Spezifikation entsprechen, wird in Geräten bzw. Systeme weiter verbaut.

© Der/die Autor(en), exklusiv lizenziert an
Springer Fachmedien Wiesbaden GmbH, ein Teil von Springer Nature 2025
S. Kemmler und A. Gottschalk, *Design for Reliability und Lebensdauerabsicherung*,
https://doi.org/10.1007/978-3-658-48949-6_11

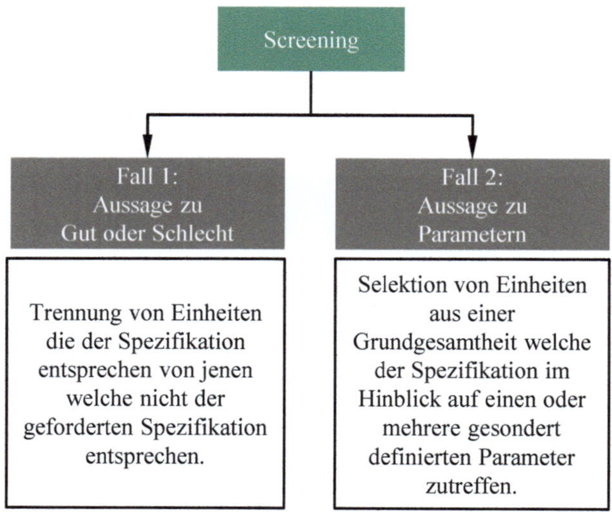

Abb. 11.1 Zielrichtung

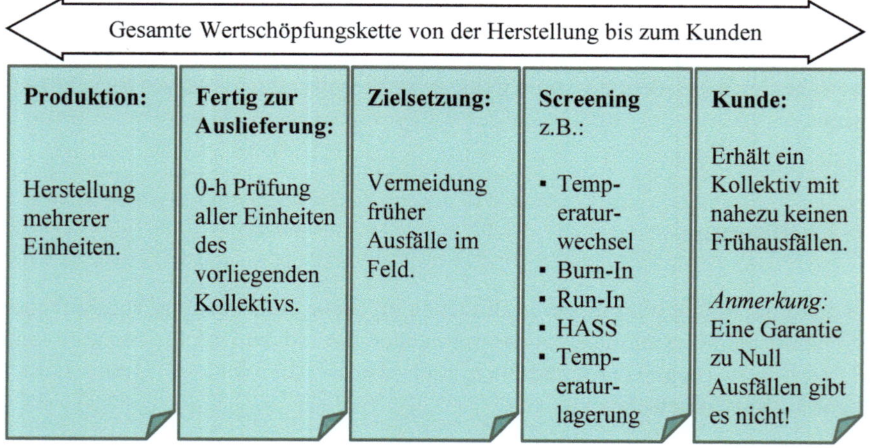

Abb. 11.2 Prinzipieller Screening-Ablauf

- Der Screening-Prozess ist so auszulegen, dass zwar die potenziell fehlerhaften Einheiten aussortiert werden können, jedoch die guten Einheiten nicht vorgeschädigt werden und somit für den weiteren Einsatz über die Gebrauchsdauer tauglich bleiben.
- Typische Screening sind Temperaturwechsel, Burn-In, Run-In etc.

11.2 Burn-in

Der Begriff „Burn-In" definiert den elektrischen Betrieb elektronischer Bauelemente der typischerweise bei Integrierten Schaltungen und Einzelhalbleitern angewendet wird. In gesonderten Fällen wird ein Burn-In auch bei passiven oder elektromechanischen Bauelementen durchgeführt. Der oft verwendet Begriff „Voralterung" ist in seiner Bedeutung als identisch einzuordnen.

Die Prüflinge werden unter angelegter Betriebsspannung, beschalteten Eingangssignalen und erhöhter Umgebungstemperatur über einen definierten Zeitraum betrieben.

Zweck ist die Beschleunigung von elektrisch und technologisch bedingten Mechanismen, welche als Frühausfälle im Feld auftreten könnten.

Beispiel sind:

- Elektrische Fehler
- Schaltverhalten, Signallaufzeiten
- Metallisierungsfehler
- Unterbrechungen
- Kurzschlüsse
- Temperaturfenster
- Isolationsfehler
- Brüche
- etc.

Es ist quasi die Simulation der Betriebsdauer eines elektronischen Bauteils. Die angelegten elektrischen Spannungen stellen die Worstcase Bedingungen dar, unter der die Prüflinge während ihrer normalen Gebrauchsdauer eingesetzt werden.

Zusammengefasst:

Burn-In ...

- ... ist keine Technik zur Verbesserung einzelner Bauelemente.
- ... verbessert die Zuverlässigkeit des gesamten Kollektivs.
- ... funktioniert damit nur bei abnehmender Ausfallrate ($b < 1$).
- ... gibt Aufschluss über verschiedenartig vorliegenden Fehlermechanismen.
- ... ist die Simulation der Applikationsbedingungen während der ersten Betriebsstunden.
- ... ist ein Alterungsverfahren zur Trennung von guten und schlechten Bauelementen mit nachfolgender Sortierprüfung.

> Die Zielsetzung des Burn-In muss immer sein: Absetzen! Denn es entstehen dabei unnötige Kosten, welche sinnreicher zu Beginn der Entwicklung bzw. Herstellung einer Komponente eingesetzt werden können. Diese Absetzung muss immer sehr strukturiert und so bald wie möglich erfolgen.

Vorgehensweise:

Schritt 1: **100 % Burn-In**

Durchführung des Burn-In an allen Bauelementen des an den Kunden auszuliefernden Kollektivs. Analysieren der Ausfälle, auswerten und bewerten der Daten.

Schritt 2: **Stichproben Burn-In**

Sofern die Datenlage aus Schritt 1 es zulässt, wird von jedem Los, welches an den Kunden auszuliefern ist, eine Stichprobe genommen und diese dem Burn-In unterzogen. Ausfälle sind zu analysieren und bewerten.

Schritt 3: **Monitoring Burn-In**

Basierend auf der Datenlage aus Schritt 2, d.h. die Anzahl der Ausfälle ist stetig fallend, kann ein Burn-In an einer Stichprobe aus z.B. jedem dritten Los gezogen und der Burn-In durchgeführt werden. Ausfälle sind zu analysieren und bewerten. Bei sinkenden Ausfallzahlen kann auf Basis der Datenlage auch jede fünfte oder jede zehnte Stichprobe einem Burn-In unterzogen werden.

Schritt 4: **Burn-In absetzen**

Das Ziel ist dann erreicht, wenn der Burn-In abgesetzt werden kann, da die Anzahl der Ausfälle drastisch gesunken ist und die zwingend im Hintergrund permanent laufend Produktverbesserung nachweislich wirksam wurde.

Schritt 5: **Feldbeobachtung**

Ohne Feldbeobachtung darf keine Auslieferung erfolgen. Dies ist erforderlich um frühzeitig auf unvorhergesehene Ereignisse oder auch beim Burn-In auf unbedachte, unerwartete Einflüsse mit korrigierenden Maßnahmen reagieren zu können.

Die Dauer eines Burn-In wird oft aus Erfahrung (Lessons Learned) von analysierten Feldrückläufern, mit der Fragestellung wann und in welchem Umfang sind Feldausfälle aufgetreten, festgelegt. Sind diese Daten nicht verfügbar, so gibt es mehrere Möglichkeiten:

1. Es werden feste Dauern von z.B. 12 h bis 96 h definiert. Nach Auswertung der zwingend folgenden Ausfallanalysen können neue Dauern festgelegt werden.
2. Übernahme von Werten aus Normen oder Standards auch anderer Branchen.

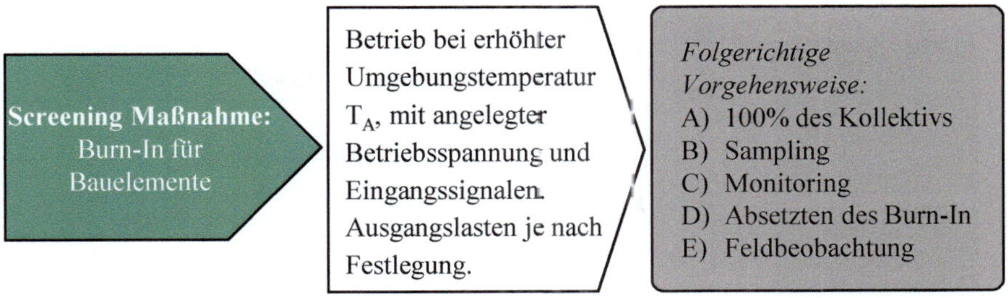

Abb. 11.3 Prinzipieller Ablauf beim Burn-In

3. Beobachtung des Wettbewerbers
4. Anwendung des Gesetzes von Arrhenius, wie dies in Kapitel „9.2 Lebensdauertest"
   beschrieben ist:

$$t_{B/I} = \frac{\text{Zeit des zu erwartenden Frühausfalls im Feld}}{\text{Beschleunigungsfaktor}} = \frac{t_{EF}}{B_F} \, . \tag{11.1}$$

mit:

$t_{B/I}$ = Dauer des Burn-In

t_{EF} = Zeit des zu erwartenden Frühausfalls im Feld

B_F = Beschleunigungsfaktor

Neben der Dauer, der Beschaltung und des Ablaufs des Burn-In ist auch ein PDA festzulegen. Der Begriff PDA steht für Percent Defectives Allowance und gibt den maximal
zulässigen Teil von Ausfällen durch einen Burn-In an.

Intension ist es, dass vor Beginn des Burn-In eine Abschätzung der zu erwartenden
Ausfälle erfolgt und damit indirekt eine Einschätzung der Fertigungsqualität und Zuverlässigkeit des produzierten Kollektivs. Ferner dient es dazu, dem Kunden in hohem Grad
zuverlässige Kollektive auszuliefern. Darüber hinaus ist die Minimierung von Garantie-
und Kulanzkosten ein weiteres Motiv.

Sollte wider Erwarten doch der Prozentanteil höher sein als das gesetzte PDA, dann ist
wie in Abb. 11.4 dargestellt zu verfahren.

> **Hinweis:**

Ausfälle sind ein „Schatz", denn sie bilden ab, wo die Schwachstellen sind und in welcher
Art und Weise die zielführende Verbesserung stattfinden muss.

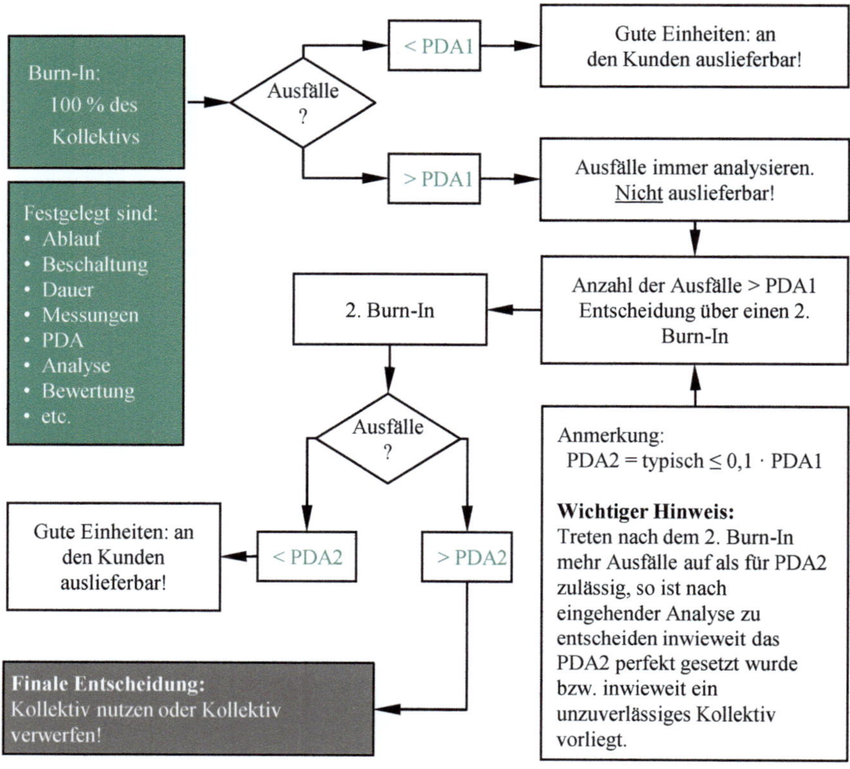

Abb. 11.4 Prinzipieller Ablauf für einen zweiten, folgenden Burn-In

> **Achtung:**

 Wird nach dem zweiten Burn-In der Grenzwert des PDA2 überschritten, so ist zu untersuchen inwieweit ein unzuverlässiges Kollektiv vorliegt. Ist dies der Fall, so ist es richtig und auch wirtschaftlicher das Kollektiv zu verschrotten anstatt permanent Feldrückläufer zu erhalten.

 Ebenso ist der dabei möglicherweise entstehende Imageschaden in Betracht zu ziehen.

11.3 Run-in

In Analogie zum Burn-In ist der Run-In durchzuführen. Es gelten hier die gleichen prinzipiellen und strategischen Überlegungen und Vorgehensweisen. Die wesentlichen Unterschiede sind:

- Mehrere elektronische, elektromechanische und mechanische Bauelemente sind auf einer Baugruppe montiert.
- Jedes Bauelement kann einem andern Temperaturbereich zugeordnet sein.
- Die Aufbau- und Verbindungstechnik (AVT) ist meist sehr unterschiedlich.
- Das Trägermaterial der Baugruppe ist hinsichtlich seiner Eigenschaften speziell zu berücksichtigen.
- Elektrische Beschaltung ist immer individuell anzupassen.
- Volumen der Prüfkammern ist zu beachten.
- Gerätepark zur Spannungsversorgung und Überwachung muss verfügbar sein.
- etc.

Die Ziele bleiben:

- Entdecken von Frühausfällen und somit die möglicherweise vorhandenen Schwachstellen
- Auslieferung von bestmöglich zuverlässige Baugruppen an den Kunden
- Ergebnisse nutzen zur Produktverbesserung
- Absetzen des Run-In

> **Anmerkung:**

Ein Run-In muss nicht zwangsläufig in einer definierten Kammer stattfinden. Dieser kann für größere Geräte und Stückzahlen in beheizten Räumen mit konstanter Temperatur z.B. bei $40\,°C$ bis $55\,°C$ durchgeführt werden.

Ferner kann der Run-In auch zyklisch bezüglich Temperaturverhalten und Spannungsversorgung durchgeführt werden. Dies erfordert neben einem deutlich höheren Aufwand auch die Kenntnisse über Effekte bei möglicherweise zusätzlich auftretenden Ausfallmechanismen.

11.4 Highly Accelerated Stress Screening (HASS)

HASS, was für „Highly Accelerated Stress Screening" steht, ist ein Auswahlverfahren, das begleitend zur Produktionsphase durchgeführt wird. Es dient dazu, die Produktzuverlässigkeit, die durch die HALT (Highly Accelerated Life Testing), siehe Kapitel 8.3.2, erreicht wurde, während der gesamten Produktionsphase aufrechtzuerhalten. HASS umfasst Tests, die darauf abzielen, sowohl versteckte Produktionsfehler zu finden (Precipitation Screening) als auch bekannte Fehler zu erkennen (Detection Screening). Durch die Kombination von HALT und HASS wird die Zuverlässigkeit des Produkts oder des Produktkollektivs gesteigert (Reliability Growth).

Die Testbedingungen bei HASS müssen unterhalb der durch HALT ermittelten Produktkennwerte liegen, aber gleichzeitig ausreichend hoch sein, um möglichst viele Produktionsfehler zu erkennen. Es ist von entscheidender Bedeutung, dass HASS das ausgelieferte Produkt nicht schädigt.

Während des HASS werden die Produkte unter extremen Bedingungen, wie Vibrationen, Temperaturschwankungen und anderen Stressfaktoren getestet, um versteckte Produktionsfehler zu identifizieren und sicherzustellen, dass die Produkte den spezifizierten Anforderungen standhalten.

Beim HASS müssen mehrere wichtige Aspekte beachtet werden, um sicherzustellen, dass die Tests effektiv und sicher durchgeführt werden:

> **Beachte:**

1. Testbedingungen: Die Testbedingungen müssen sorgfältig festgelegt werden, um sicherzustellen, dass sie unterhalb der durch HALT ermittelten Produktkennwerte liegen, aber gleichzeitig ausreichend hoch sind, um möglichst viele Produktionsfehler zu erkennen.
2. Schadensvermeidung: Es ist von entscheidender Bedeutung, dass die HASS-Tests das ausgelieferte Produkt nicht schädigen. Daher müssen die Testparameter so gewählt werden, dass sie die Produkte nicht übermäßig belasten.
3. Identifizierung von Produktionsfehlern: HASS zielt darauf ab, versteckte Produktionsfehler zu identifizieren. Daher müssen die Tests so gestaltet sein, dass sie eine breite Palette von potenziellen Schwachstellen abdecken.
4. Integration mit HALT: HASS sollte nahtlos in den Produktionsprozess integriert werden, um sicherzustellen, dass die während des HALT identifizierten Schwachstellen behoben wurden und um die Produktzuverlässigkeit während der gesamten Produktionsphase aufrechtzuerhalten.

Durch die Berücksichtigung dieser Aspekte können Hersteller sicherstellen, dass HASS effektiv dazu beiträgt, die Produktzuverlässigkeit zu steigern und versteckte Produktionsfehler zu identifizieren, ohne dabei die Produkte zu beschädigen.

11.5 Temperaturwechsel

Temperaturwechsel als Screening Maßnahme wird häufig dann eingesetzt, wenn die begründete Annahme besteht, dass

- Aufbau- und Verbindungstechniken (AVT) sind nicht ordnungsgemäß ausgeführt worden wie z.B.

- Lötstellen bei Bauelementen und Drähten
- Durchgangshülsen bei mehrlagigen Leiterplatten
- Durchkontaktierungen
- Mit unzureichendem Wärmeleitkleber aufgebrachte Bauelemente

- Montageprobleme
- Gehäuseverwerfungen
- Bauelement mit unzureichendem Temperaturverhalten z.B. bei Grenzwerten oder Temperaturfenstern
- etc.

Bei dieser Maßnahme wird ganz speziell auf die Ausdehnung der unterschiedlichen Materialien und ihre gegenseitige Auswirkung abgezielt.

Die Durchführung eines Temperaturwechsels als Screening-Maßnahme ist in Art und Weise ähnlich dem im Kapitel 9.4 „Temperaturzyklentest" beschrieben durchzuführen.

Die dominierenden Ziele sind auch hier, wie bereits in den vorhergehenden Kapiteln dargestellt, die Trennung möglicher Frühausfälle von guten Einheiten mit begleitenden Maßnahmen zur Produktverbesserung, damit der Test abgesetzt werden kann.

11.6 Temperaturlagerung

Hierbei handelt es sich quasi um eine Temperierung der Prüflinge bzw. des gesamten Kollektivs zur Relaxation von Materialspannungen die während eins Fertigungsverlaufes von den Produkten als Stress erfahren wurde, siehe auch Kapitel 9.6.1 "Trockene Wärme".

Die Einheiten werden typischerweise über einen Zeitraum von 8 bis 48 Stunden bei maximal zulässiger Temperatur gelagert. Spannungsversorgung oder eine Beschaltung von Eingangssignalen wird nicht durchgeführt. Zwangsläufig damit auch keine Lasten angeschlossen. Die nachfolgende elektrische Funktionsprüfung muss jener entsprechen, welche auch bei der 0-Stundenprüfung durchgeführt wurde. Die dabei erkannten Ausfälle sind zu analysieren und daraus resultierend entsprechende Maßnahmen zur Verbesserung umzusetzen.

Als Screening-Maßnahme ist dieser Test, wenn auch öfters angewendet, weniger effektiv.

11.7 Normen und Standards

Die Informationen unter Kapitel 9.1.6 „Normen und Standards" sind immer zu berücksichtigen.

DIN EN 61163-1	Zuverlässigkeitsvorbehandlung durch Beanspruchung – Teil 1: Instandsetzbare Baugruppen, losweise gefertigt
DIN EN 61163-2	Zuverlässigkeitsvorbehandlung durch Beanspruchung – Teil 2: Bauelemente
DIN EN IEC 63287-1	Halbleiterbauelemente - Allgemeine Leitlinien für die Qualifikation von Halbleitern - Teil.1: Leitlinien für die IC-Zuverlässigkeitsqualifikation
IEC 61163-1	Reliability stress screening – Part 1: Repairable assemblies manufactured in lots
IEC 61163-2	Reliability stress screening – Part 2: Electronic components
JEP121	Requirements for Microelectronic Screening and Test Optimization
JEP163	Selection of Burn-In / Life Test Conditions and Critical Parameters for QML Microcircuits
JESD22-A103	High Temperature Storage Life
JESD22-A119	Low Temperature Storage Life
MIL-HDBK-344	Environmental Stress Screening of Electronic Equipment
MIL-STD-2164	Environment Stress Screening Process for Electronic Equipment
MIL-STD-2164	Task 401 „Environmental Stress Screening"
MIL-STD-785	Task 301 „Environmental Stress Screening"
MIL-STD-883	Method 5004 Screening Procedure

11.8 Verständnisfragen

1. Was ist unter Screeningtests zu verstehen? Welche zwei Fälle sind dabei zu beachten?
2. Welche Schritte beinhaltet ein prinzipieller Screening-Ablauf?
3. Welche fünf Screeningtests kommen zur Absicherung der Produktqualität in Betracht?
4. Was ist unter dem Begriff „Burn-In" zu verstehen?
5. Was ist das Ziel des „Burn-In"?
6. Welche fünf Schritte sollen bei der Durchführung des Burn-In beachtet werden?
7. Was wird unter dem „Run-In" verstanden?

8. Worin liegt der Unterschied zum Burn-In?
9. Wofür steht „HASS" und welche Testbedingungen müssen eingehalten werden?
10. Wozu werden Temperaturwechsel beim Screening eingesetzt?

Kapitel 12
Methoden zur Freigabe und Überwachung in der Praxis

Freigabeprozeduren - Re-Qualifikaton - Reliability Monitoring - Feldbeobachtung

> *„Qualität ist kein Zufall, sondern das Ergebnis bewusster Handlungen." - John Ruskin*

Zusammenfassung Dieses Kapitel beleuchtet die verschiedenen Methoden zur Qualitätssicherung und Überwachung in der Praxis, darunter Freigabeprozeduren, Re-Qualifikation, Reliability Monitoring und Feldbeobachtung. Diese Instrumente sind entscheidend, um die Qualität von Produkten und Prozessen zu gewährleisten und kontinuierlich zu verbessern. Anhand von Fallstudien und praktischen Beispielen werden die Anwendung und Bedeutung dieser Methoden verdeutlicht.

12.1 Einführung

Ausführlich wurden bereits in den vorhergehenden Kapiteln die Aufgabenstellungen im Zuverlässigkeits-Engineering sowie viele Tests beschrieben. Ergänzend wird in diesem Kapitel noch auf einige zentrale und immer wieder diskutierte Fragestellungen hingewiesen.

Geeignete Zuverlässigkeitsdaten von gefertigten und in Verkehr gebrachten Systemen darzustellen ist eine eminent wichtige, aber auch eine herausfordernde Aufgabenstellung. Dies gilt gleichermaßen für geordnete Freigaben für Prozesse und Produkte, genauso wie für erforderliche Re-Qualifikationen. Wichtig insofern, dass daraus Erkenntnisse gewonnen werden, die als Lessons learned wieder für neue Prozesse und Produkte verwendet werden können und auch müssen. Herausfordernd deswegen, da einerseits verifizierte Felddaten mühevoll zu erheben sind und andererseits diese oft in verklausulierter Form vorliegen. Die Aufbereitung dieser Daten hinsichtlich ihrer Verwertbarkeit muss häufig hinterfragt werden und ist ohnehin eine sehr spezielle Aufgabenstellung. Ferner kann ein strukturierter Prozess des Reliability Monitoring bei der Datensammlung und der Zuverlässigkeitsbewertung ergänzend unterstützen und wichtige Informationen liefern.

© Der/die Autor(en), exklusiv lizenziert an
Springer Fachmedien Wiesbaden GmbH, ein Teil von Springer Nature 2025
S. Kemmler und A. Gottschalk, *Design for Reliability und Lebensdauerabsicherung*,
https://doi.org/10.1007/978-3-658-48949-6_12

Tab. 12.1 Übersicht zu Freigabebeispielen

Zeile	Art (alphabetisch)	Inhalte (einige Beispiele)
1	Anweisungen	Eindeutig erstellt, umsetzbar und anwendbar
2	Berichte	Vollständig und richtig
3	Beschaffung	Wer kümmert sich um was, Anforderungen definiert
4	Dokumente	Kann damit das Produkt erstellt werden
5	Funktion	Wird damit die Aufgabenstellung erfüllt
6	Hilfsmittel	Sind diese erprobt
7	Lieferant	Erfahren, fähig, qualifiziert
8	Mitarbeiter	Kenntnisse, trainiert, Fähigkeit
9	Prozesse	Etabliert, geändert, eingefahren
10	Termine	Abgestimmt, publiziert
11	Testgeräte	Überwacht, kalibriert
12	Übernahmeteile	Erprobt, passend, Schwachstellen erkannt und behoben
13	Verbaubarkeit	Kann die Einheit in den vorgesehenen Bauraum eingebracht werden
14	Werkzeuge	Vorbereitet, tauglich, beherrscht
15	etc.	

12.2 Freigabe

Unter Freigabe wird die Bestätigung einer Tauglichkeit z.B. die einer Komponente zur Weiterverarbeitung in nachfolgenden Prozessen verstanden und zwar unter der Bedingung, dass diese Einheit den vorher festgelegten Anforderungen in vollem Umfang entspricht.

Neben Komponenten können unter diesem Aspekt auch

- Abläufe
- Ausbildungen von Mitarbeitern
- Einkauf von Materialien
- Zulieferprodukte
- Werkzeuge
- etc.

z.B. durch das Qualitätswesen, betrachtet werden. Es steht also eine Forderung den Fähigkeiten gegenüber. Wenn beide deckungsgleich sind, dann können die Folgeprozesse gestartet werden. Andernfalls sind entweder die Forderungen einzuschränken oder die Fähigkeiten weiter zu entwickeln.

Ist der erforderliche Zeitbedarf für eine Freigabe erheblich höher als die verbleibende Zeitspanne bis zum Zieltermin, so kann unter Umständen eine vorläufige beziehungsweise bedingte Freigabe erteilt werden. Diese setzt jedoch voraus, dass

- alle im Team die Verantwortung mittragen
- die Kriterien eineindeutig definiert sind
- mehrere Zwischenmessungen definiert sind
- gesonderte Beobachtungsparameter eingeführt werden
- Aus- und Bewertung der speziellen Parameter durchgeführt wird
- Aktionen nach dem ursprünglichen Zieltermin definiert sind
- Korrekturmaßnahmen für den Fall der Grenzverletzung definiert sind
- der Kunde vom gesamten Verfahren in Kenntnis gesetzt wurde

Das Projektmanagement muss ferner u.a. bei Freigaben, siehe auch Tab. 12.1, Informationen bezüglich Einleitung von Abhilfemaßnahmen, anfallende Kosten, Bedarf finanzieller Mittel Kenntnis haben.

12.3 Re-Qualifikation

Ist ein Produkt validiert, können aus verschiedenen Gründen wie z. B. Kostenreduzierung, Teilebeschaffung, Prozessabläufe Änderungen vorgenommen werden. Wenn die Änderungen im Wesentlichen als nicht gravierend eingeschätzt werden ist eine Requalifizierung möglich. Das Prozedere besteht darin, dass das Requalifizierungsverfahren für das Produkt auf die tatsächlichen Änderungen zu konzentrieren ist.

Re-Qualifikation steht für eine wiederholte Qualifikation für ein Produkt oder in besonderen auch für eine Person und kann aus mehreren wichtigen Aspekten heraus durchgeführt werden:

- wenn bei der vorhergehenden Qualifikation nicht das geforderte Ergebnis erzielt werden konnte
  oder
- die vorhergehende Qualifikation nicht mehr als zeitnah tauglich eingeordnet werden kann
  oder
- wenn sich Funktionsanforderung oder Umfeldbedingungen für ein bereits erfolgreich qualifiziertes Produkt verändert wurden
  oder
- Re-Qualifikation auf Basis struktureller Ähnlichkeit. d.h. ein ähnliches Produkt wurde bereits erfolgreich qualifiziert, wobei die neue Einheit „nur" einen definierten Test mit neuem Parameterraum unterzogen werden muss
  oder
- Durchführung einer Deltaqualifikation wenn sich einzelne Parameter zusätzlich ergeben haben
  oder

- Ein beauftragtes Labor bietet eine neue Leistung an oder die bestehende Leistung unter veränderten Bedingungen

  oder
- Formulierung, die immer wieder zu finden ist: der Auftragnehmer soll Requalifikationsprüfungen in der Serienproduktion durchführen, was einem Monitoring entspricht, siehe hierzu auch Kapitel 12.4 „Reliability Monitoring".

Wie bei einer Qualifikation sind die gleichen Fragestellungen zu beantworten. Inwieweit nun alle Tests wiederholt werden müssen ist von Fall zu Fall von den Projektverantwortlichen zu definieren. Darüber hinaus gehört die Rückkopplung der Ergebnisse zu den verantwortlichen Stellen dazu. Nicht zu unterschätzen sind dabei die Fragestellungen zur Risikoeinschätzung z.B.

- Sind Abweichungen zur Vorgabe entdeckt worden?
- Sind Defizite im Handling vorhanden?
- Wer kümmert sich um die Verfolgung der Maßnahmen?
- Welche Wirksamkeitsnachweise sind implementiert

12.4 Reliability Monitoring

Unter Reliability Monitoring werden Zuverlässigkeitstests verstanden, welche am fertigen Produkt und nach der Freigabe zum Verkauf, also Einheiten die der Serie entnommen wurden, immer wieder fertigungsbegleitend und regelmäßig durchgeführt werden. Es ist auch zulässig, diese Tests strenger auszulegen als die Anforderungen im Feld zu erwarten sind. Der Vorteil liegt in der Feststellung und Bestätigung der Robustheit des getesteten Systems. Dieses Verständnis wird durch sorgfältige Analyse von möglichen Ausfällen, der Auswertung und Bewertung elektrischer Parameter vor, während und nach dem Test gewonnen.

Durch zielführendes Monitoring und Bewertung der gewonnenen Ergebnisse können potentielle Schwachstellen frühzeitig erkannt werden und beinhaltet die Chance rechtzeitig und Kosten reduzierend gegenüber Feldthemen zu reagieren.

Der Umfang eines Monitorings wird in Abhängigkeit vom Einsatzgebiet definiert und ist abhängig von den internen Zielsetzungen, den verfügbaren Ressourcen an Prüflingen, Personal, Gerätepark und Zeitbedarf.

Die Tests müssen in festgelegten, praktikablen und wirtschaftlichen Umfängen erfolgen. Es ist also konsequenter Weise nicht jeder in der Qualifikation geforderte Zuverlässigkeitstest im Monitoring an jedem Typ durchzuführen. Ferner ist es durchaus praktikabel den Prüfling mit anderen, neuen Tests zu beaufschlagen.

Die Vorgaben für das Monitoring können in einer Verfahrensanweisung beschrieben werden. Abb. 12.1 stellt die wesentlichen Elemente dar.

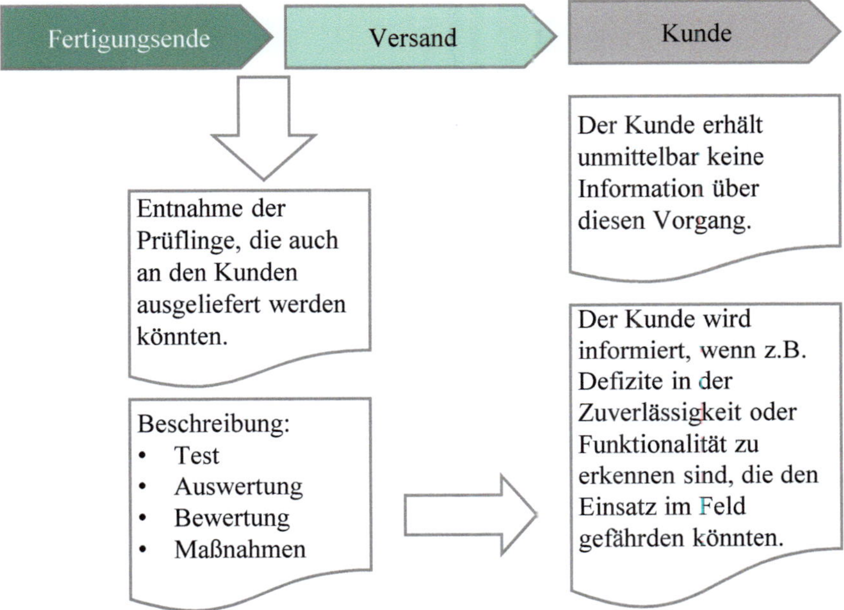

Abb. 12.1 Wesentliche Elemente

Die Anzahl der Prüflinge richtet sich immer nach den Gegebenheiten vor Ort. Dazu gehören:

• Vorhandenes Expertenwissen
• Kosten der Prüflinge
• Verfügbarkeit von Personal
• Prüfeinrichtungen
• Testmöglichkeiten
• Analytische Fähigkeit
• Zielsetzung
• etc.

Typischerweise werden drei bis fünf Prüflinge einem Monitoring unterworfen. Das ist jedoch die Entscheidung der Zuverlässigkeitsabteilung die später die Daten auswertet, interpretiert und bewertet.

> **Merke:**

In jedem Fall sind alle die Parameter zu untersuchen, die im Feld für den Kunden von fundamentaler Bedeutung sind. Es müssen nicht alle Parameter einer Spezifikation beobachtet werden!

Wird ein Prüfling während des Monitorings auffällig, so ist z.B. zu hinterfragen:

- Hat der Prüfling die Endprüfung der Fertigung einwandfrei durchlaufen?
- War die Testschaltung in Ordnung?
- Waren die äußeren Umgebungsbedingungen in der Prüfkammer in Ordnung?
- War der Testaufbau in Ordnung?
- Liegt ein Handhabungsfehler vor?
- Sind die Ergebnisse kritisch für die Applikation des Kunden?
- Müssen korrigierende Maßnahmen eingeleitet werden?
- Was lernen wir daraus?

Die Vorgaben für eine Planungsmatrix könnten ähnliche der in Tab. 12.2 sein. Festgelegt ist die Stückzahl und ebenso Zeitabstände und Tests mit der Beobachtung von kritischen Parametern.

Tab. 12.2 Matrix

Kalenderwoche		x	x+1	x+2	x+3	x+4	x+5	x+6	...	x+n
System	**Test**									
A	Zyklen									
	Lebensdauer									
	Feuchte									
B	Lebensdauer									
	Feuchte / Wärme									
...	...									
X+1	Zyklen									
	Mech. Belastung									
	Salznebel									

12.5 Feldbeobachtung - Daten sammeln und interpretieren

Neben dem Reliability Monitoring liefert die Feldbeobachtung Indikatoren zur Verbesserung der Zuverlässigkeit. Sie weist die Gebrauchstauglichkeit der hergestellten Produkte bzw. Systeme unter Beweis. Im aufbereiteten Zustand dienen sie als Kundeninformation die Fähigkeit und das Know-How des Unternehmens vertrauensbildend fördern.

Die Abfrage von gut verwertbaren Felddaten ist und bleibt eine Herausforderung. Werden zu viele einzelne Parameter abgefragt, dann werden diese oft nicht sorgfältig genug in die Abfragetabelle eingetragen. Derjenige der die Daten eintragen soll hat entweder zu wenig Informationen, ist zu bequem diese zu formulieren oder hat einfach nicht das Wissen diese auch zu verarbeiten.

Und dennoch, ohne Tabelle geht es nicht. Die sehr übliche Aussage „geht nicht" oder „ist nicht gut" sind keine Formulierungen mit denen ein Analytiker wegweisende Aussagen treffen kann. In Abb. 12.2 ein Beispiel eines Abfrageprozesses und die Tab. 12.3 zeigt die zugehörigen Abfrageparameter beispielhaft.

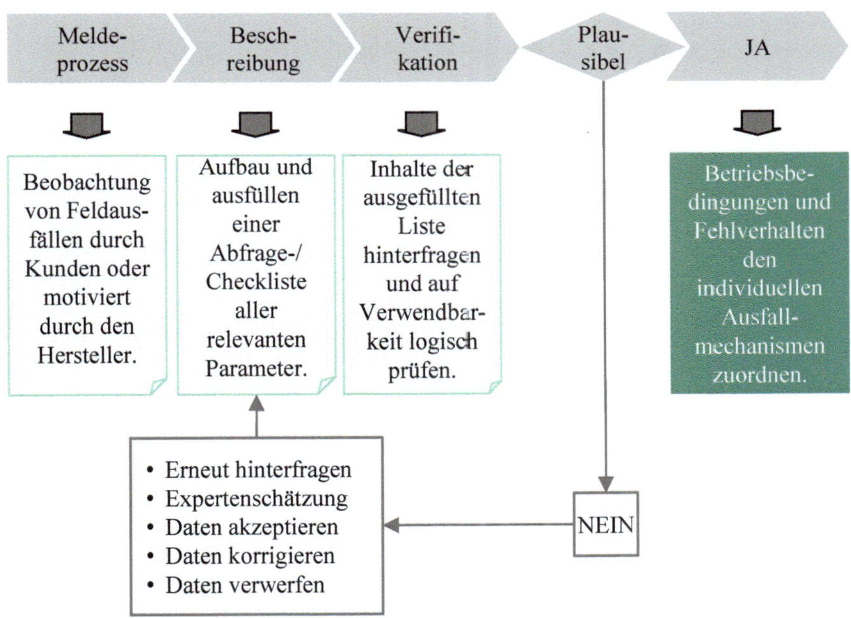

Abb. 12.2 Beispielhafter Prozess der Abfrage

Sehr hilfreich können auch Flussdiagramme mit vorbereiteten Fragestellungen sein. So kann der betroffene Mitarbeiter sich verständlicher orientieren und die dadurch erhaltenen Aussagen können präzise und strukturiert in ein Auswertesystem übertragen werden. Es versteht sich von selbst, dass der Mitarbeiter auch dafür entsprechend trainiert werden muss.

Nahezu überflüssig zu erwähnen ist, dass jede Abfragetabelle auch praktikabel handhabbar, für den jeweiligen Fall im Feld passend und auch auswertbar sein muss.

Tab. 12.3 Typische Erfassung von Daten aus dem Feld

Nr.	Abfrageparameter	Angabe/Ermittlung	Bewertung	Aktion
1	Herstelldatum			
2	Auslieferzustand			
3	Auslieferungsstückzahl			
4	Lagerzeit (Dauer)			
5	Einbauzeitpunkt			
6	Inbetriebnahme-Zeitpunkt			
7	Ein-/Aus-Zyklen			
8	Belastung / -Zyklen			
9	Bewertung der Belastung / -Zyklen			
10	Ermittlung der Betriebsdauer bis zum Ausfallzeitpunkt			
11	Symptome / Fehlfunktion / Ausfallgrund / Fehlerbild			
12	Analysierte Fehlerursache			
13	Betriebsdauer aller installierter Einheiten aus dem Feld			
14	etc.			

Anhang A
Tabellen

S. Kemmler und A. Gottschalk, *Design for Reliability und Lebensdauerabsicherung*,
https://doi.org/10.1007/978-3-658-48949-6

A.1 Medianwerte

Tab. A.1 Medianwerte in % bei einem Stichprobenumfang von $n(1 \leq n \leq 20)$ und der Ranggröße i

	n = 1	2	3	4	5	6	7	8	9	10
i = 1	50,0000	29,2893	20,6299	15,9104	12,9449	10,9101	9,4276	8,2996	7,4125	6,6967
2		70,7107	50,0000	38,5728	31,3810	26,4450	22,8490	20,1131	17,9620	16,2263
3			79,3700	61,4272	50,0000	42,1407	36,4116	32,0519	28,6237	25,8575
4				84,0896	68,6190	57,8593	50,0000	44,0155	39,3085	35,5100
5					87,0550	73,5550	63,5884	55,9845	50,0000	45,1694
6						89,0899	77,1510	67,9481	60,6915	54,8306
7							90,5724	79,8869	71,3763	64,4900
8								91,7004	82,0380	74,1425
9									92,5875	83,7737
10										93,3033

	n = 11	12	13	14	15	16	17	18	19	20
i = 1	6,1069	5,6126	5,1922	4,8305	4,5158	4,2397	3,9953	3,7776	3,5824	3,4064
2	14,7963	13,5979	12,5791	11,7022	10,9396	10,2703	9,6782	9,1506	8,6775	8,2510
3	23,5785	21,6686	20,0449	18,6474	17,4321	16,3654	15,4218	14,5810	13,8271	13,1474
4	32,3804	29,7576	27,5276	25,6084	23,9393	22,4745	21,1785	20,0238	18,9885	18,0550
5	41,1890	37,8529	35,0163	32,5751	30,4520	28,5886	26,9400	25,4712	24,1543	22,9668
6	50,0000	45,9507	42,5077	39,5443	36,9671	34,7050	32,7038	30,9207	29,3220	27,8805
7	58,8110	54,0493	50,0000	46,5147	43,4833	40,8227	38,4687	36,3714	34,4909	32,7952
8	67,6195	62,1471	57,4923	53,4853	50,0000	46,9408	44,2342	41,8226	39,6603	37,7105
9	76,4215	70,2424	64,9837	60,4557	56,5167	53,0592	50,0000	47,2742	44,8301	42,6262
10	85,2037	78,3314	72,4724	67,4249	63,0330	59,1774	55,7658	52,7258	50,0000	47,5421
11	93,8931	86,4021	79,9551	74,3916	69,5480	65,2950	61,5313	58,1774	55,1699	52,4580
12		94,3874	87,4209	81,3526	76,0607	71,4114	67,2962	63,6286	60,3397	57,3738
13			94,8078	88,2978	82,5679	77,5255	73,0600	69,0793	65,5091	62,2895
14				95,1695	89,0604	83,6346	78,8215	74,5288	70,6780	67,2048
15					95,4842	89,7297	84,5782	79,9762	75,8457	72,1195
16						95,7603	90,3218	85,4190	81,0115	77,0332
17							96,0047	90,8494	86,1729	81,9450
18								96,2224	91,3225	86,8526
19									96,4176	91,7490
20										96,5936

A.2 Vertrauensgrenzen

A.2.1 5 %-Vertrauensgrenze

Tab. A.2 Ausfallwahrscheinlichkeiten in % für die 5 %-Vertrauensgrenze bei einem Stichprobenumfang von $n(1 \leq n \leq 20)$ und der Ranggröße i

	n = 1	2	3	4	5	6	7	8	9	10
$i = 1$	5,0000	2,5321	1,6952	1,2742	1,0206	0,8512	0,7301	0,6391	0,5683	0,5116
2		22,3607	13,5350	9,7611	7,6441	6,2850	5,3376	4,6389	4,1023	3,6771
3			36,8403	24,8604	18,9256	15,3161	12,8757	11,1113	9,7747	8,7264
4				47,2871	34,2592	27,1338	22,5321	19,2903	16,8750	15,0028
5					54,9281	41,8197	34,1261	28,9241	25,1367	22,2441
6						60,6962	47,9298	40,0311	34,4941	30,3537
7							65,1836	52,9321	45,0358	39,3376
8								68,7656	57,0864	49,3099
9									71,6871	60,5836
10										74,1134

	n = 11	12	13	14	15	16	17	18	19	20
$i = 1$	0,4652	0,4265	0,3938	0,3657	0,3414	0,3201	0,3013	0,2846	0,2696	0,2561
2	3,3319	3,0460	2,8053	2,5999	2,4226	2,2679	2,1318	2,0111	1,9033	1,8065
3	7,8820	7,1870	6,6050	6,1103	5,6847	5,3146	4,9898	4,7025	4,4465	4,2169
4	13,5075	12,2851	11,2666	10,4047	9,6658	9,0252	8,4645	7,9695	7,5294	7,1354
5	19,9576	18,1025	16,5659	15,2718	14,1664	13,2111	12,3771	11,6426	10,9906	10,4081
6	27,1250	24,5300	22,3955	20,6073	19,0865	17,7766	16,6363	15,6344	14,7469	13,9554
7	34,9811	31,5238	28,7049	26,3585	24,3727	22,6692	21,1908	19,8953	18,7504	17,7311
8	43,5626	39,0862	35,4799	32,5028	29,9986	27,8602	26,0114	24,3961	22,9721	21,7069
9	52,9913	47,2674	42,7381	39,0415	35,9566	33,3374	31,0829	29,1201	27,3946	25,8651
10	63,5641	56,1894	50,5350	45,9995	42,2556	39,1011	36,4009	34,0598	32,0087	30,1954
11	76,1596	66,1320	58,9902	53,4343	48,9248	45,1653	41,9705	39,2155	36,8115	34,6931
12		77,9078	68,3660	61,4610	56,0216	51,5604	47,8083	44,5955	41,8064	39,3585
13			79,4184	70,3266	63,6558	58,3428	53,9451	50,2172	47,0033	44,1966
14				80,7364	72,0604	65,6175	60,4358	56,1118	52,4203	49,2182
15					81,8964	73,6042	67,3807	62,3321	58,0880	54,4417
16						82,9251	74,9876	68,9738	64,0574	59,8972
17							83,8434	76,2339	70,4198	65,6336
18								84,6683	77,3626	71,7382
19									85,4131	78,3894
20										86,0891

A.2.2 95 %-Vertrauensgrenze

Tab. A.3 Ausfallwahrscheinlichkeiten in % für die 95 %-Vertrauensgrenze bei einem Stichprobenumfang von $n(1 \leq n \leq 20)$ und der Ranggröße i

	n = 1	2	3	4	5	6	7	8	9	10
i = 1	95,0000	77,6393	63,1597	52,7129	45,0720	39,3038	34,8164	31,2344	28,3129	25,8866
2		97,4679	86,4650	75,1395	65,7408	58,1803	52,0703	47,0679	42,9136	39,4163
3			98,3047	90,2389	81,0744	72,8662	65,8738	59,9689	54,9642	50,6901
4				98,7259	92,3560	84,6839	77,4679	71,0760	65,5058	60,6624
5					98,9794	93,7150	87,1244	80,7097	74,8633	69,6463
6						99,1488	94,6624	88,8887	83,1250	77,7559
7							99,2699	95,3611	90,2253	84,9972
8								99,3609	95,8977	91,2736
9									99,4317	96,3229
10										99,4884

	n = 11	12	13	14	15	16	17	18	19	20
i = 1	23,8404	22,0922	20,5817	19,2636	18,1036	17,0750	16,1566	15,3318	14,5868	13,9108
2	36,4359	33,8681	31,6339	29,6734	27,9396	26,3957	25,0125	23,7661	22,6375	21,6106
3	47,0087	43,8105	41,0099	38,5389	36,3442	34,3825	32,6193	31,0263	29,5802	28,2619
4	56,4374	52,7326	49,4650	46,5656	43,9785	41,6572	39,5641	37,6679	35,9425	34,3664
5	65,0188	60,9137	57,2620	54,0005	51,0752	48,4397	46,0550	43,8883	41,9120	40,1028
6	72,8750	68,4763	64,5201	60,9585	57,7444	54,8347	52,1918	49,7828	47,5797	45,5582
7	80,0424	75,4700	71,2951	67,4972	64,0435	60,8989	58,0295	55,4046	52,9967	50,7818
8	86,4925	81,8975	77,6045	73,6415	70,0013	66,6626	63,5991	60,7845	58,1935	55,8034
9	92,1180	87,7149	83,4341	79,3926	75,6273	72,1397	68,9171	65,9402	63,1885	60,6415
10	96,6681	92,8130	88,7334	84,7282	80,9135	77,3308	73,9886	70,8799	67,9913	65,3069
11	99,5348	96,9540	93,3950	89,5953	85,8336	82,2234	78,8092	75,6039	72,6054	69,8046
12		99,5735	97,1947	93,8897	90,3342	86,7889	83,3638	80,1047	77,0279	74,1349
13			99,6062	97,4001	94,3153	90,9748	87,6229	84,3656	81,2496	78,2931
14				99,6343	97,5774	94,6854	91,5355	88,3574	85,2530	82,2689
15					99,6586	97,7321	95,0102	92,0305	89,0093	86,0446
16						99,6799	97,8682	95,2975	92,4706	89,5919
17							99,6987	97,9889	95,5535	92,8646
18								99,7154	98,0967	95,7831
19									99,7304	98,1935
20										99,7439

A.3 Standardnormalverteilung

Beispiele:

- $P(\leq 0{,}08) = 0{,}5319$
- $P(\leq 1{,}00) = 0{,}8413$

Tab. A.4 t-Verteilungen

z	,00	,01	,02	,03	,04	,05	,06	,07	,08	,09
-3,0	0,0013	0,0013	0,0013	0,0012	0,0012	0,0011	0,0011	0,0011	0,0010	0,0010
-2,9	0,0019	0,0018	0,0018	0,0017	0,0016	0,0016	0,0015	0,0015	0,0014	0,0014
-2,8	0,0026	0,0025	0,0024	0,0023	0,0023	0,0022	0,0021	0,0021	0,0020	0,0019
-2,7	0,0035	0,0034	0,0033	0,0032	0,0031	0,0030	0,0029	0,0028	0,0027	0,0026
-2,6	0,0047	0,0045	0,0044	0,0043	0,0041	0,0040	0,0039	0,0038	0,0037	0,0036
-2,5	0,0062	0,0060	0,0059	0,0057	0,0055	0,0054	0,0052	0,0051	0,0049	0,0048
-2,4	0,0082	0,0080	0,0078	0,0075	0,0073	0,0071	0,0069	0,0068	0,0066	0,0064
-2,3	0,0107	0,0104	0,0102	0,0099	0,0096	0,0094	0,0091	0,0089	0,0087	0,0084
-2,2	0,0139	0,0136	0,0132	0,0129	0,0125	0,0122	0,0119	0,0116	0,0113	0,0110
-2,1	0,0179	0,0174	0,0170	0,0166	0,0162	0,0158	0,0154	0,0150	0,0146	0,0143
-2,0	0,0228	0,0222	0,0217	0,0212	0,0207	0,0202	0,0197	0,0192	0,0188	0,0183
-1,9	0,0287	0,0281	0,0274	0,0268	0,0262	0,0256	0,0250	0,0244	0,0239	0,0233
-1,8	0,0359	0,0351	0,0344	0,0336	0,0329	0,0322	0,0314	0,0307	0,0301	0,0294
-1,7	0,0446	0,0436	0,0427	0,0418	0,0409	0,0401	0,0392	0,0384	0,0375	0,0367
-1,6	0,0548	0,0537	0,0526	0,0516	0,0505	0,0495	0,0485	0,0475	0,0465	0,0455
-1,5	0,0668	0,0655	0,0643	0,0630	0,0618	0,0606	0,0594	0,0582	0,0571	0,0559
-1,4	0,0808	0,0793	0,0778	0,0764	0,0749	0,0735	0,0721	0,0708	0,0694	0,0681
-1,3	0,0968	0,0951	0,0934	0,0918	0,0901	0,0885	0,0869	0,0853	0,0838	0,0823
-1,2	0,1151	0,1131	0,1112	0,1093	0,1075	0,1056	0,1038	0,1020	0,1003	0,0985
-1,1	0,1357	0,1335	0,1314	0,1292	0,1271	0,1251	0,1230	0,1210	0,1190	0,1170
-1,0	0,1587	0,1562	0,1539	0,1515	0,1492	0,1469	0,1446	0,1423	0,1401	0,1379
-0,9	0,1841	0,1814	0,1788	0,1762	0,1736	0,1711	0,1685	0,1660	0,1635	0,1611
-0,8	0,2119	0,2090	0,2061	0,2033	0,2005	0,1977	0,1949	0,1922	0,1894	0,1867
-0,7	0,2420	0,2389	0,2358	0,2327	0,2296	0,2266	0,2236	0,2206	0,2177	0,2148
-0,6	0,2743	0,2709	0,2676	0,2643	0,2611	0,2578	0,2546	0,2514	0,2483	0,2451
-0,5	0,3085	0,3050	0,3015	0,2981	0,2946	0,2912	0,2877	0,2843	0,2810	0,2776
-0,4	0,3446	0,3409	0,3372	0,3336	0,3300	0,3264	0,3228	0,3192	0,3156	0,3121
-0,3	0,3821	0,3783	0,3745	0,3707	0,3669	0,3632	0,3594	0,3557	0,3520	0,3483
-0,2	0,4207	0,4168	0,4129	0,4090	0,4052	0,4013	0,3974	0,3936	0,3897	0,3859
-0,1	0,4602	0,4562	0,4522	0,4483	0,4443	0,4404	0,4364	0,4325	0,4286	0,4247
-0,0	0,5000	0,4960	0,4920	0,4880	0,4840	0,4801	0,4761	0,4721	0,4681	0,4641
0,0	0,5000	0,5040	0,5080	0,5120	0,5160	0,5199	0,5239	0,5279	0,5319	0,5359
0,1	0,5398	0,5438	0,5478	0,5517	0,5557	0,5596	0,5636	0,5675	0,5714	0,5753

Fortsetzung auf nächster Seite

z	,00	,01	,02	,03	,04	,05	,06	,07	,08	,09
0,2	0,5793	0,5832	0,5871	0,5910	0,5948	0,5987	0,6026	0,6064	0,6103	0,6141
0,3	0,6179	0,6217	0,6255	0,6293	0,6331	0,6368	0,6406	0,6443	0,6480	0,6517
0,4	0,6554	0,6591	0,6628	0,6664	0,6700	0,6736	0,6772	0,6808	0,6844	0,6879
0,5	0,6915	0,6950	0,6985	0,7019	0,7054	0,7088	0,7123	0,7157	0,7190	0,7224
0,6	0,7257	0,7291	0,7324	0,7357	0,7389	0,7422	0,7454	0,7486	0,7517	0,7549
0,7	0,7580	0,7611	0,7642	0,7673	0,7704	0,7734	0,7764	0,7794	0,7823	0,7852
0,8	0,7881	0,7910	0,7939	0,7967	0,7995	0,8023	0,8051	0,8078	0,8106	0,8133
0,9	0,8159	0,8186	0,8212	0,8238	0,8264	0,8289	0,8315	0,8340	0,8365	0,8389
1,0	0,8413	0,8438	0,8461	0,8485	0,8508	0,8531	0,8554	0,8577	0,8599	0,8621
1,1	0,8643	0,8665	0,8686	0,8708	0,8729	0,8749	0,8770	0,8790	0,8810	0,8830
1,2	0,8849	0,8869	0,8888	0,8907	0,8925	0,8944	0,8962	0,8980	0,8997	0,9015
1,3	0,9032	0,9049	0,9066	0,9082	0,9099	0,9115	0,9131	0,9147	0,9162	0,9177
1,4	0,9192	0,9207	0,9222	0,9236	0,9251	0,9265	0,9279	0,9292	0,9306	0,9319
1,5	0,9332	0,9345	0,9357	0,9370	0,9382	0,9394	0,9406	0,9418	0,9429	0,9441
1,6	0,9452	0,9463	0,9474	0,9484	0,9495	0,9505	0,9515	0,9525	0,9535	0,9545
1,7	0,9554	0,9564	0,9573	0,9582	0,9591	0,9599	0,9608	0,9616	0,9625	0,9633
1,8	0,9641	0,9649	0,9656	0,9664	0,9671	0,9678	0,9686	0,9693	0,9699	0,9706
1,9	0,9713	0,9719	0,9726	0,9732	0,9738	0,9744	0,9750	0,9756	0,9761	0,9767
2,0	0,9772	0,9778	0,9783	0,9788	0,9793	0,9798	0,9803	0,9808	0,9812	0,9817
2,1	0,9821	0,9826	0,9830	0,9834	0,9838	0,9842	0,9846	0,9850	0,9854	0,9857
2,2	0,9861	0,9864	0,9868	0,9871	0,9875	0,9878	0,9881	0,9884	0,9887	0,9890
2,3	0,9893	0,9896	0,9898	0,9901	0,9904	0,9906	0,9909	0,9911	0,9913	0,9916
2,4	0,9918	0,9920	0,9922	0,9925	0,9927	0,9929	0,9931	0,9932	0,9934	0,9936
2,5	0,9938	0,9940	0,9941	0,9943	0,9945	0,9946	0,9948	0,9949	0,9951	0,9952
2,6	0,9953	0,9955	0,9956	0,9957	0,9959	0,9960	0,9961	0,9962	0,9963	0,9964
2,7	0,9965	0,9966	0,9967	0,9968	0,9969	0,9970	0,9971	0,9972	0,9973	0,9974
2,8	0,9974	0,9975	0,9976	0,9977	0,9977	0,9978	0,9979	0,9979	0,9980	0,9981
2,9	0,9981	0,9982	0,9982	0,9983	0,9984	0,9984	0,9985	0,9985	0,9986	0,9986
3,0	0,9987	0,9987	0,9987	0,9988	0,9988	0,9989	0,9989	0,9989	0,9990	0,9990

A.4 t-Verteilungen

Beispiele:

- für $df = 8$: $t_{0,05} = -1,860$
- für $df = 20$: $t_{0,995} = 2,845$

Tab. A.5 t-Verteilungen

df	0,005	0,010	0,025	0,050	0,100	0,900	0,950	0,975	0,990	0,995
1	-63,656	-31,821	-12,706	-6,314	-3,078	3,078	6,314	12,706	31,821	63,656
2	-9,925	-6,965	-4,303	-2,920	-1,886	1,886	2,920	4,303	6,965	9,925
3	-5,841	-4,541	-3,182	-2,353	-1,638	1,638	2,353	3,182	4,541	5,841
4	-4,604	-3,747	-2,776	-2,132	-1,533	1,533	2,132	2,776	3,747	4,604
5	-4,032	-3,365	-2,571	-2,015	-1,476	1,476	2,015	2,571	3,365	4,032
6	-3,707	-3,143	-2,447	-1,943	-1,440	1,440	1,943	2,447	3,143	3,707
7	-3,499	-2,998	-2,365	-1,895	-1,415	1,415	1,895	2,365	2,998	3,499
8	-3,355	-2,896	-2,306	-1,860	-1,397	1,397	1,860	2,306	2,896	3,355
9	-3,250	-2,821	-2,262	-1,833	-1,383	1,383	1,833	2,262	2,821	3,250
10	-3,169	-2,764	-2,228	-1,812	-1,372	1,372	1,812	2,228	2,764	3,169
11	-3,106	-2,718	-2,201	-1,796	-1,363	1,363	1,796	2,201	2,718	3,106
12	-3,055	-2,681	-2,179	-1,782	-1,356	1,356	1,782	2,179	2,681	3,055
13	-3,012	-2,650	-2,160	-1,771	-1,350	1,350	1,771	2,160	2,650	3,012
14	-2,977	-2,624	-2,145	-1,761	-1,345	1,345	1,761	2,145	2,624	2,977
15	-2,947	-2,602	-2,131	-1,753	-1,341	1,341	1,753	2,131	2,602	2,947
16	-2,921	-2,583	-2,120	-1,746	-1,337	1,337	1,746	2,120	2,583	2,921
17	-2,898	-2,567	-2,110	-1,740	-1,333	1,333	1,740	2,110	2,567	2,898
18	-2,878	-2,552	-2,101	-1,734	-1,330	1,330	1,734	2,101	2,552	2,878
19	-2,861	-2,539	-2,093	-1,729	-1,328	1,328	1,729	2,093	2,539	2,861
20	-2,845	-2,528	-2,086	-1,725	-1,325	1,325	1,725	2,086	2,528	2,845
21	-2,831	-2,518	-2,080	-1,721	-1,323	1,323	1,721	2,080	2,518	2,831
22	-2,819	-2,508	-2,074	-1,717	-1,321	1,321	1,717	2,074	2,508	2,819
23	-2,807	-2,500	-2,069	-1,714	-1,319	1,319	1,714	2,069	2,500	2,807
24	-2,797	-2,492	-2,064	-1,711	-1,318	1,318	1,711	2,064	2,492	2,797
25	-2,787	-2,485	-2,060	-1,708	-1,316	1,316	1,708	2,060	2,485	2,787
26	-2,779	-2,479	-2,056	-1,706	-1,315	1,315	1,706	2,056	2,479	2,779
27	-2,771	-2,473	-2,052	-1,703	-1,314	1,314	1,703	2,052	2,473	2,771
28	-2,763	-2,467	-2,048	-1,701	-1,313	1,313	1,701	2,048	2,467	2,763
29	-2,756	-2,462	-2,045	-1,699	-1,311	1,311	1,699	2,045	2,462	2,756
30	-2,750	-2,457	-2,042	-1,697	-1,310	1,310	1,697	2,042	2,457	2,750
31	-2,744	-2,453	-2,040	-1,696	-1,309	1,309	1,696	2,040	2,453	2,744
32	-2,738	-2,449	-2,037	-1,694	-1,309	1,309	1,694	2,037	2,449	2,738
33	-2,733	-2,445	-2,035	-1,692	-1,308	1,308	1,692	2,035	2,445	2,733

Fortsetzung auf nächster Seite

df	0,005	0,010	0,025	0,050	0,100	0,900	0,950	0,975	0,990	0,995
34	-2,728	-2,441	-2,032	-1,691	-1,307	1,307	1,691	2,032	2,441	2,728
35	-2,724	-2,438	-2,030	-1,690	-1,306	1,306	1,690	2,030	2,438	2,724
36	-2,719	-2,434	-2,028	-1,688	-1,306	1,306	1,688	2,028	2,434	2,719
37	-2,715	-2,431	-2,026	-1,687	-1,305	1,305	1,687	2,026	2,431	2,715
38	-2,712	-2,429	-2,024	-1,686	-1,304	1,304	1,686	2,024	2,429	2,712
39	-2,708	-2,426	-2,023	-1,685	-1,304	1,304	1,685	2,023	2,426	2,708
40	-2,704	-2,423	-2,021	-1,684	-1,303	1,303	1,684	2,021	2,423	2,704
41	-2,701	-2,421	-2,020	-1,683	-1,303	1,303	1,683	2,020	2,421	2,701
42	-2,698	-2,418	-2,018	-1,682	-1,302	1,302	1,682	2,018	2,418	2,698
43	-2,695	-2,416	-2,017	-1,681	-1,302	1,302	1,681	2,017	2,416	2,695
44	-2,692	-2,414	-2,015	-1,680	-1,301	1,301	1,680	2,015	2,414	2,692
45	-2,690	-2,412	-2,014	-1,679	-1,301	1,301	1,679	2,014	2,412	2,690
46	-2,687	-2,410	-2,013	-1,679	-1,300	1,300	1,679	2,013	2,410	2,687
47	-2,685	-2,408	-2,012	-1,678	-1,300	1,300	1,678	2,012	2,408	2,685
48	-2,682	-2,407	-2,011	-1,677	-1,299	1,299	1,677	2,011	2,407	2,682
49	-2,680	-2,405	-2,010	-1,677	-1,299	1,299	1,677	2,010	2,405	2,680
50	-2,678	-2,403	-2,009	-1,676	-1,299	1,299	1,676	2,009	2,403	2,678
55	-2,668	-2,396	-2,004	-1,673	-1,297	1,297	1,673	2,004	2,396	2,668
60	-2,660	-2,390	-2,000	-1,671	-1,296	1,296	1,671	2,000	2,390	2,660
65	-2,654	-2,385	-1,997	-1,669	-1,295	1,295	1,669	1,997	2,385	2,654
70	-2,648	-2,381	-1,994	-1,667	-1,294	1,294	1,667	1,994	2,381	2,648
75	-2,643	-2,377	-1,992	-1,665	-1,293	1,293	1,665	1,992	2,377	2,643
80	-2,639	-2,374	-1,990	-1,664	-1,292	1,292	1,664	1,990	2,374	2,639
85	-2,635	-2,371	-1,988	-1,663	-1,292	1,292	1,663	1,988	2,371	2,635
90	-2,632	-2,368	-1,987	-1,662	-1,291	1,291	1,662	1,987	2,368	2,632
95	-2,629	-2,366	-1,985	-1,661	-1,291	1,291	1,661	1,985	2,366	2,629
100	-2,626	-2,364	-1,984	-1,660	-1,290	1,290	1,660	1,984	2,364	2,626
110	-2,621	-2,361	-1,982	-1,659	-1,289	1,289	1,659	1,982	2,361	2,621
120	-2,617	-2,358	-1,980	-1,658	-1,289	1,289	1,658	1,980	2,358	2,617
130	-2,614	-2,355	-1,978	-1,657	-1,288	1,288	1,657	1,978	2,355	2,614
140	-2,611	-2,353	-1,977	-1,656	-1,288	1,288	1,656	1,977	2,353	2,611
150	-2,609	-2,351	-1,976	-1,655	-1,287	1,287	1,655	1,976	2,351	2,609
160	-2,607	-2,350	-1,975	-1,654	-1,287	1,287	1,654	1,975	2,350	2,607
170	-2,605	-2,348	-1,974	-1,654	-1,287	1,287	1,654	1,974	2,348	2,605
180	-2,603	-2,347	-1,973	-1,653	-1,286	1,286	1,653	1,973	2,347	2,603
190	-2,602	-2,346	-1,973	-1,653	-1,286	1,286	1,653	1,973	2,346	2,602
200	-2,601	-2,345	-1,972	-1,653	-1,286	1,286	1,653	1,972	2,345	2,601
∞	-2,576	-2,326	-1,960	-1,645	-1,282	1,282	1,645	1,960	2,326	2,576

A.5 χ^2-Verteilungen

Beispiele:

- für $df = 10$: $\chi^2_{0,01} = 2{,}558$
- für $df = 15$: $\chi^2_{0,95} = 24{,}996$

Tab. A.6 χ^2-Verteilungen

df	0,005	0,010	0,025	0,050	0,100	0,900	0,950	0,975	0,990	0,995
1	0,000	0,000	0,001	0,004	0,016	2,706	3,841	5,024	6,635	7,879
2	0,010	0,020	0,051	0,103	0,211	4,605	5,991	7,378	9,210	10,597
3	0,072	0,115	0,216	0,352	0,584	6,251	7,815	9,348	11,345	12,838
4	0,207	0,297	0,484	0,711	1,064	7,779	9,488	11,143	13,277	14,860
5	0,412	0,554	0,831	1,145	1,610	9,236	11,070	12,832	15,086	16,750
6	0,676	0,872	1,237	1,635	2,204	10,645	12,592	14,449	16,812	18,548
7	0,989	1,239	1,690	2,167	2,833	12,017	14,067	16,013	18,475	20,278
8	1,344	1,647	2,180	2,733	3,490	13,362	15,507	17,535	20,090	21,955
9	1,735	2,088	2,700	3,325	4,168	14,684	16,919	19,023	21,666	23,589
10	2,156	2,558	3,247	3,940	4,865	15,987	18,307	20,483	23,209	25,188
11	2,603	3,053	3,816	4,575	5,578	17,275	19,675	21,920	24,725	26,757
12	3,074	3,571	4,404	5,226	6,304	18,549	21,026	23,337	26,217	28,300
13	3,565	4,107	5,009	5,892	7,041	19,812	22,362	24,736	27,688	29,819
14	4,075	4,660	5,629	6,571	7,790	21,064	23,685	26,119	29,141	31,319
15	4,601	5,229	6,262	7,261	8,547	22,307	24,996	27,488	30,578	32,801
16	5,142	5,812	6,908	7,962	9,312	23,542	25,296	28,845	32,000	34,267
17	5,697	6,408	7,564	8,672	10,085	24,769	27,587	30,191	33,409	35,718
18	6,265	7,015	8,231	9,390	10,865	25,989	28,869	31,526	34,805	37,156
19	6,844	7,633	8,907	10,117	11,651	27,204	30,144	32,852	36,191	38,582
20	7,434	8,260	9,591	10,851	12,443	28,412	31,410	34,170	37,566	39,997
21	8,034	8,897	10,283	11,591	13,240	29,615	32,671	35,479	38,932	41,401
22	8,643	9,542	10,982	12,338	14,041	30,813	33,924	36,781	40,289	42,796
23	9,260	10,196	11,689	13,091	14,848	32,007	35,172	38,076	41,638	44,181
24	9,886	10,856	12,401	13,848	15,659	33,196	36,415	39,364	42,980	45,558
25	10,520	11,524	13,120	14,611	16,473	34,382	37,652	40,646	44,314	46,928
26	11,160	12,198	13,844	15,379	17,292	35,563	38,885	41,923	45,642	48,290
27	11,808	12,878	14,573	16,151	18,114	36,741	40,113	43,195	46,963	49,645
28	12,461	13,565	15,308	16,928	18,939	37,916	41,337	44,461	48,278	50,994
29	13,121	14,256	16,047	17,708	19,768	39,087	42,557	45,722	49,588	52,335
30	13,787	14,953	16,791	18,493	20,599	40,256	43,773	46,979	50,892	53,672
31	14,458	15,655	17,539	19,281	21,434	41,422	44,985	48,232	52,191	55,002
32	15,134	16,362	18,291	20,072	22,271	42,585	46,194	49,480	53,486	56,328

Fortsetzung auf nächster Seite

df	0,005	0,010	0,025	0,050	0,100	0,900	0,950	0,975	0,990	0,995
33	15,815	17,073	19,047	20,867	23,110	43,745	47,400	50,725	54,775	57,648
34	16,501	17,789	19,806	21,664	23,952	44,903	48,602	51,966	56,061	58,964
35	17,192	18,509	20,569	22,465	24,797	46,059	49,802	53,203	57,342	60,275
36	17,887	19,233	21,336	23,269	25,643	47,212	50,998	54,437	58,619	61,581
37	18,586	19,960	22,106	24,075	26,492	48,363	52,192	55,668	59,893	62,883
38	19,289	20,691	22,878	24,884	27,343	49,513	53,384	56,895	61,162	64,181
39	19,996	21,426	23,654	25,695	28,196	50,660	54,572	58,120	62,428	65,475
40	20,707	22,164	24,433	26,509	29,051	51,805	55,758	59,342	63,691	66,766
41	21,421	22,906	25,215	27,326	29,907	52,949	56,942	60,561	64,950	68,053
42	22,138	23,650	25,999	28,144	30,765	54,090	58,124	61,777	66,206	69,336
43	22,860	24,398	26,785	28,965	31,625	55,230	59,304	62,990	67,459	70,616
44	23,584	25,148	27,575	29,787	32,487	56,369	60,481	64,201	68,710	71,892
45	24,311	25,901	28,366	30,612	33,350	57,505	61,656	65,410	69,957	73,166
46	25,041	26,657	29,160	31,439	34,215	58,641	62,830	66,616	71,201	74,437
47	25,775	27,416	29,956	32,268	35,081	59,774	64,001	67,821	72,443	75,704
48	26,511	28,177	30,754	33,098	35,949	60,907	65,171	69,023	73,683	76,969
49	27,249	28,941	31,555	33,930	36,818	62,038	66,339	70,222	74,919	78,231
50	27,991	29,707	32,357	34,764	37,689	63,167	67,505	71,420	76,154	79,490
55	31,735	33,571	36,398	38,958	42,060	68,796	73,311	77,380	82,292	85,749
60	35,534	37,485	40,482	43,188	46,459	74,397	79,082	83,298	88,379	91,952
65	39,383	41,444	44,603	47,450	50,883	79,973	84,821	89,177	94,422	98,105
70	43,275	45,442	48,758	51,739	55,329	85,527	90,531	95,023	100,425	104,215
75	47,206	49,475	52,942	56,054	59,795	91,061	96,217	100,839	106,393	110,285
80	51,172	53,540	57,153	60,391	64,278	96,578	101,879	106,629	112,329	116,321
85	55,170	57,634	61,389	64,749	68,777	102,079	107,522	112,393	118,236	122,324
90	59,196	61,754	65,647	69,126	73,291	107,565	113,145	118,136	124,116	128,299
95	63,250	65,898	69,925	73,520	77,818	113,038	118,752	123,858	129,973	134,247
100	67,328	70,065	74,222	77,929	82,358	118,498	124,342	129,561	135,807	140,170
110	75,550	78,458	82,867	86,792	91,471	129,385	135,480	140,916	147,414	151,948
120	83,852	86,923	91,573	95,705	100,624	140,233	146,567	152,211	158,950	163,648
130	92,223	95,451	100,331	104,662	109,811	151,045	157,610	163,453	170,423	175,278
140	100,655	104,034	109,137	113,659	119,029	161,827	168,613	174,648	181,841	186,847
150	109,142	112,668	117,985	122,692	128,275	172,581	179,581	185,800	193,207	198,360
160	117,679	121,346	126,870	131,756	137,546	183,311	190,516	196,915	204,530	209,824
170	126,261	130,064	135,790	140,849	146,839	194,017	201,423	207,995	215,812	221,242
180	134,884	138,821	144,741	149,969	156,153	204,704	212,304	219,044	227,056	232,620
190	143,545	147,610	153,721	159,112	165,485	215,371	223,160	230,064	238,266	243,959
200	152,241	156,432	162,728	168,279	174,835	226,021	233,994	241,058	249,445	255,264

A.6 F-Verteilungen

Beispiel:

- für $df_1 = 5$ (Zähler) und $df_2 = 10$ (Nenner): $F_{0,90} = 2{,}522$

A.6.1 Kumulierte Wahrscheinlichkeit: 0,90

Tab. A.7 F-Verteilungen für kumulierte Wahrscheinlichkeit: 0,90

df_2	df_1									
	1	2	3	4	5	6	7	8	9	10
1	39,864	49,500	53,593	55,833	57,240	58,204	58,906	59,439	59,857	60,195
2	8,526	9,000	9,162	9,243	9,293	9,326	9,349	9,367	9,381	9,392
3	5,538	5,462	5,391	5,343	5,309	5,285	5,266	5,252	5,240	5,230
4	4,545	4,325	4,191	4,107	4,051	4,010	3,979	3,955	3,936	3,920
5	4,060	3,780	3,619	3,520	3,453	3,405	3,368	3,339	3,316	3,297
6	3,776	3,463	3,289	3,181	3,108	3,055	3,014	2,983	2,958	2,937
7	3,589	3,257	3,074	2,961	2,883	2,827	2,785	2,752	2,725	2,7
8	3,458	3,113	2,924	2,806	2,726	2,668	2,624	2,589	2,561	2,538
9	3,360	3,006	2,813	2,693	2,611	2,551	2,505	2,469	2,440	2,416
10	3,285	2,924	2,728	2,605	2,522	2,461	2,414	2,377	2,347	2,323
11	3,225	2,860	2,660	2,536	2,451	2,389	2,342	2,304	2,274	2,248
12	3,177	2,807	2,606	2,480	2,394	2,331	2,283	2,245	2,214	2,188
13	3,136	2,763	2,560	2,434	2,347	2,283	2,234	2,195	2,164	2,138
14	3,102	2,726	2,522	2,395	2,307	2,243	2,193	2,154	2,122	2,095
15	3,073	2,695	2,490	2,361	2,273	2,208	2,158	2,119	2,086	2,059
16	3,048	2,668	2,462	2,333	2,244	2,178	2,128	2,088	2,055	2,028
17	3,026	2,645	2,437	2,308	2,218	2,152	2,102	2,061	2,028	2,001
18	3,007	2,624	2,416	2,286	2,196	2,130	2,079	2,038	2,005	1,977
19	2,990	2,606	2,397	2,266	2,176	2,109	2,058	2,017	1,984	1,956
20	2,975	2,589	2,380	2,249	2,158	2,091	2,040	1,999	1,965	1,937
21	2,961	2,575	2,365	2,233	2,142	2,075	2,023	1,982	1,948	1,920
22	2,949	2,561	2,351	2,219	2,128	2,060	2,008	1,967	1,933	1,904
23	2,937	2,549	2,339	2,207	2,115	2,047	1,995	1,953	1,919	1,890
24	2,927	2,538	2,327	2,195	2,103	2,035	1,983	1,941	1,906	1,877
25	2,918	2,528	2,317	2,184	2,092	2,024	1,971	1,929	1,895	1,866
26	2,909	2,519	2,307	2,174	2,082	2,014	1,961	1,919	1,884	1,855
27	2,901	2,511	2,299	2,165	2,073	2,005	1,952	1,909	1,874	1,845
28	2,894	2,503	2,291	2,157	2,064	1,996	1,943	1,900	1,865	1,836

Fortsetzung auf nächster Seite

df_2	df_1									
	1	2	3	4	5	6	7	8	9	10
9	2,887	2,495	2,283	2,149	2,057	1,988	1,935	1,892	1,857	1,827
30	2,881	2,489	2,276	2,142	2,049	1,980	1,927	1,884	1,849	1,819
40	2,835	2,440	2,226	2,091	1,997	1,927	1,873	1,829	1,793	1,763
50	2,809	2,412	2,197	2,061	1,966	1,895	1,840	1,796	1,760	1,729
100	2,756	2,356	2,139	2,002	1,906	1,834	1,778	1,732	1,695	1,663
∞	2,706	2,303	2,084	1,945	1,847	1,774	1,717	1,670	1,632	1,599

Tab. A.8 F-Verteilungen für kumulierte Wahrscheinlichkeit: 0,90 - Fortsetzung

df_2	df_1									
	12	15	20	24	30	40	50	60	100	∞
1	60,705	61,220	61,740	62,002	62,265	62,529	62,688	62,794	63,007	63,328
2	9,408	9,425	9,441	9,450	9,458	9,466	9,471	9,475	9,481	9,491
3	5,216	5,200	5,184	5,176	5,168	5,160	5,155	5,151	5,144	5,134
4	3,896	3,870	3,844	3,831	3,817	3,804	3,795	3,790	3,778	3,761
5	3,268	3,238	3,207	3,191	3,174	3,157	3,147	3,140	3,126	3,105
6	2,905	2,871	2,836	2,818	2,800	2,781	2,770	2,762	2,746	2,722
7	2,668	2,632	2,595	2,575	2,555	2,535	2,523	2,514	2,497	2,471
8	2,502	2,464	2,425	2,404	2,383	2,361	2,348	2,339	2,321	2,293
9	2,379	2,340	2,298	2,277	2,255	2,232	2,218	2,208	2,189	2,159
10	2,284	2,244	2,201	2,178	2,155	2,132	2,117	2,107	2,087	2,055
11	2,209	2,167	2,123	2,100	2,076	2,052	2,036	2,026	2,005	1,972
12	2,147	2,105	2,060	2,036	2,011	1,986	1,970	1,960	1,938	1,904
13	2,097	2,053	2,007	1,983	1,958	1,931	1,915	1,904	1,882	1,846
14	2,054	2,010	1,962	1,938	1,912	1,885	1,869	1,857	1,834	1,797
15	2,017	1,972	1,924	1,899	1,873	1,845	1,828	1,817	1,793	1,755
16	1,985	1,940	1,891	1,866	1,839	1,811	1,793	1,782	1,757	1,718
17	1,958	1,912	1,862	1,836	1,809	1,781	1,763	1,751	1,726	1,686
18	1,933	1,887	1,837	1,810	1,783	1,754	1,736	1,723	1,698	1,657
19	1,912	1,865	1,814	1,787	1,759	1,730	1,711	1,699	1,673	1,631
20	1,892	1,845	1,794	1,767	1,738	1,708	1,690	1,677	1,650	1,607
21	1,875	1,827	1,776	1,748	1,719	1,689	1,670	1,657	1,630	1,586
22	1,859	1,811	1,759	1,731	1,702	1,671	1,652	1,639	1,611	1,567
23	1,845	1,796	1,744	1,716	1,686	1,655	1,636	1,622	1,594	1,549
24	1,832	1,783	1,730	1,702	1,672	1,641	1,621	1,607	1,579	1,533
25	1,820	1,771	1,718	1,689	1,659	1,627	1,607	1,593	1,565	1,518
26	1,809	1,760	1,706	1,677	1,647	1,615	1,594	1,581	1,551	1,504
27	1,799	1,749	1,695	1,666	1,636	1,603	1,583	1,569	1,539	1,491
28	1,790	1,740	1,685	1,656	1,625	1,592	1,572	1,558	1,528	1,478

Fortsetzung auf nächster Seite

df_2	12	15	20	24	30	40	50	60	100	∞
29	1,781	1,731	1,676	1,647	1,616	1,583	1,562	1,547	1,517	1,467
30	1,773	1,722	1,667	1,638	1,606	1,573	1,552	1,538	1,507	1,456
40	1,715	1,662	1,605	1,574	1,541	1,506	1,483	1,467	1,434	1,377
50	1,680	1,627	1,568	1,536	1,502	1,465	1,441	1,424	1,388	1,327
100	1,612	1,557	1,494	1,460	1,423	1,382	1,355	1,336	1,293	1,214
∞	1,546	1,487	1,421	1,383	1,342	1,295	1,263	1,240	1,185	1,000

A.6.2 Kumulierte Wahrscheinlichkeit: 0,95

Tab. A.9 F-Verteilungen für Kumulierte Wahrscheinlichkeit: 0,95

df_2	1	2	3	4	5	6	7	8	9	10
1	161,446	199,499	215,707	224,583	230,160	233,988	236,767	238,884	240,543	241,882
2	18,513	19,000	19,164	19,247	19,296	19,329	19,353	19,371	19,385	19,396
3	10,128	9,552	9,277	9,117	9,013	8,941	8,887	8,845	8,812	8,785
4	7,709	6,944	6,591	6,388	6,256	6,163	6,094	6,041	5,999	5,964
5	6,608	5,786	5,409	5,192	5,050	4,950	4,876	4,818	4,772	4,735
6	5,987	5,143	4,757	4,534	4,387	4,284	4,207	4,147	4,099	4,060
7	5,591	4,737	4,347	4,120	3,972	3,866	3,787	3,726	3,677	3,637
8	5,318	4,459	4,066	3,838	3,688	3,581	3,500	3,438	3,388	3,347
9	5,117	4,256	3,863	3,633	3,482	3,374	3,293	3,230	3,179	3,137
10	4,965	4,103	3,708	3,478	3,326	3,217	3,135	3,072	3,020	2,978
11	4,844	3,982	3,587	3,357	3,204	3,095	3,012	2,948	2,896	2,854
12	4,747	3,885	3,490	3,259	3,106	2,996	2,913	2,849	2,796	2,753
13	4,667	3,806	3,411	3,179	3,025	2,915	2,832	2,767	2,714	2,671
14	4,600	3,739	3,344	3,112	2,958	2,848	2,764	2,699	2,646	2,602
15	4,543	3,682	3,287	3,056	2,901	2,790	2,707	2,641	2,588	2,544
16	4,494	3,634	3,239	3,007	2,852	2,741	2,657	2,591	2,538	2,494
17	4,451	3,592	3,197	2,965	2,810	2,699	2,614	2,548	2,494	2,450
18	4,414	3,555	3,160	2,928	2,773	2,661	2,577	2,510	2,456	2,412
19	4,381	3,522	3,127	2,895	2,740	2,628	2,544	2,477	2,423	2,378
20	4,351	3,493	3,098	2,866	2,711	2,599	2,514	2,447	2,393	2,348
21	4,325	3,467	3,072	2,840	2,685	2,573	2,488	2,420	2,366	2,321
22	4,301	3,443	3,049	2,817	2,661	2,549	2,464	2,397	2,342	2,297
23	4,279	3,422	3,028	2,796	2,640	2,528	2,442	2,375	2,320	2,275
24	4,260	3,403	3,009	2,776	2,621	2,508	2,423	2,355	2,300	2,255
25	4,242	3,385	2,991	2,759	2,603	2,490	2,405	2,337	2,282	2,236

Fortsetzung auf nächster Seite

df_2	df_1									
	1	2	3	4	5	6	7	8	9	10
26	4,225	3,369	2,975	2,743	2,587	2,474	2,388	2,321	2,265	2,220
27	4,210	3,354	2,960	2,728	2,572	2,459	2,373	2,305	2,250	2,204
28	4,196	3,340	2,947	2,714	2,558	2,445	2,359	2,291	2,236	2,190
29	4,183	3,328	2,934	2,701	2,545	2,432	2,346	2,278	2,223	2,177
30	4,171	3,316	2,922	2,690	2,534	2,421	2,334	2,266	2,211	2,165
40	4,085	3,232	2,839	2,606	2,449	2,336	2,249	2,180	2,124	2,077
50	4,034	3,183	2,790	2,557	2,400	2,286	2,199	2,130	2,073	2,026
100	3,936	3,087	2,696	2,463	2,305	2,191	2,103	2,032	1,975	1,927
∞	3,841	2,996	2,605	2,372	2,214	2,099	2,010	1,938	1,880	1,831

Tab. A.10 F-Verteilungen Kumulierte Wahrscheinlichkeit: 0,95 - Fortsetzung

df_2	df_1									
	12	15	20	24	30	40	50	60	100	∞
1	243,905	245,949	248,016	249,052	250,096	251,144	251,774	252,196	253,043	254,317
2	19,412	19,429	19,446	19,454	19,463	19,471	19,476	19,479	19,486	19,496
3	8,745	8,703	8,660	8,638	8,617	8,594	8,581	8,572	8,554	8,526
4	5,912	5,858	5,803	5,774	5,746	5,717	5,699	5,688	5,664	5,628
5	4,678	4,619	4,558	4,527	4,496	4,464	4,444	4,431	4,405	4,365
6	4,000	3,938	3,874	3,841	3,808	3,774	3,754	3,740	3,712	3,669
7	3,575	3,511	3,445	3,410	3,376	3,340	3,319	3,304	3,275	3,230
8	3,284	3,218	3,150	3,115	3,079	3,043	3,020	3,005	2,975	2,928
9	3,073	3,006	2,936	2,900	2,864	2,826	2,803	2,787	2,756	2,707
10	2,913	2,845	2,774	2,737	2,700	2,661	2,637	2,621	2,588	2,538
11	2,788	2,719	2,646	2,609	2,570	2,531	2,507	2,490	2,457	2,404
12	2,687	2,617	2,544	2,505	2,466	2,426	2,401	2,384	2,350	2,296
13	2,604	2,533	2,459	2,420	2,380	2,339	2,314	2,297	2,261	2,206
14	2,534	2,463	2,388	2,349	2,308	2,266	2,241	2,223	2,187	2,131
15	2,475	2,403	2,328	2,288	2,247	2,204	2,178	2,160	2,123	2,066
16	2,425	2,352	2,276	2,235	2,194	2,151	2,124	2,106	2,068	2,010
17	2,381	2,308	2,230	2,190	2,148	2,104	2,077	2,058	2,020	1,960
18	2,342	2,269	2,191	2,150	2,107	2,063	2,035	2,017	1,978	1,917
19	2,308	2,234	2,155	2,114	2,071	2,026	1,999	1,980	1,940	1,878
20	2,278	2,203	2,124	2,082	2,039	1,994	1,966	1,946	1,907	1,843
21	2,250	2,176	2,096	2,054	2,010	1,965	1,936	1,916	1,876	1,812
22	2,226	2,151	2,071	2,028	1,984	1,938	1,909	1,889	1,849	1,783
23	2,204	2,128	2,048	2,005	1,961	1,914	1,885	1,865	1,823	1,757
24	2,183	2,108	2,027	1,984	1,939	1,892	1,863	1,842	1,800	1,733
25	2,165	2,089	2,007	1,964	1,919	1,872	1,842	1,822	1,779	1,711

Fortsetzung auf nächster Seite

df_2	df_1									
	12	15	20	24	30	40	50	60	100	∞
26	2,148	2,072	1,990	1,946	1,901	1,853	1,823	1,803	1,760	1,691
27	2,132	2,056	1,974	1,930	1,884	1,836	1,806	1,785	1,742	1,672
28	2,118	2,041	1,959	1,915	1,869	1,820	1,790	1,769	1,725	1,654
29	2,104	2,027	1,945	1,901	1,854	1,806	1,775	1,754	1,710	1,638
30	2,092	2,015	1,932	1,887	1,841	1,792	1,761	1,740	1,695	1,622
40	2,003	1,924	1,839	1,793	1,744	1,693	1,660	1,637	1,589	1,509
50	1,952	1,871	1,784	1,737	1,687	1,634	1,599	1,576	1,525	1,438
100	1,850	1,768	1,676	1,627	1,573	1,515	1,477	1,450	1,392	1,283
∞	1,752	1,666	1,571	1,517	1,459	1,394	1,350	1,318	1,243	1,000

A.6.3 Kumulierte Wahrscheinlichkeit: 0,975

Tab. A.11 F-Verteilungen für Kumulierte Wahrscheinlichkeit: 0,975

df_2	df_1									
	1	2	3	4	5	6	7	8	9	10
1	647,793	799,482	864,151	899,599	921,835	937,114	948,203	956,643	963,279	968,634
2	38,506	39,000	39,166	39,248	39,298	39,331	39,356	39,373	39,387	39,398
3	17,443	16,044	15,439	15,101	14,885	14,735	14,624	14,540	14,473	14,419
4	12,218	10,649	9,979	9,604	9,364	9,197	9,074	8,980	8,905	8,844
5	10,007	8,434	7,764	7,388	7,146	6,978	6,853	6,757	6,681	6,619
6	8,813	7,260	6,599	6,227	5,988	5,820	5,695	5,600	5,523	5,461
7	8,073	6,542	5,890	5,523	5,285	5,119	4,995	4,899	4,823	4,761
8	7,571	6,059	5,416	5,053	4,817	4,652	4,529	4,433	4,357	4,295
9	7,209	5,715	5,078	4,718	4,484	4,320	4,197	4,102	4,026	3,964
10	6,937	5,456	4,826	4,468	4,236	4,072	3,950	3,855	3,779	3,717
11	6,724	5,256	4,630	4,275	4,044	3,881	3,759	3,664	3,588	3,526
12	6,554	5,096	4,474	4,121	3,891	3,728	3,607	3,512	3,436	3,374
13	6,414	4,965	4,347	3,996	3,767	3,604	3,483	3,388	3,312	3,250
14	6,298	4,857	4,242	3,892	3,663	3,501	3,380	3,285	3,209	3,147
15	6,200	4,765	4,153	3,804	3,576	3,415	3,293	3,199	3,123	3,060
16	6,115	4,687	4,077	3,729	3,502	3,341	3,219	3,125	3,049	2,986
17	6,042	4,619	4,011	3,665	3,438	3,277	3,156	3,061	2,985	2,922
18	5,978	4,560	3,954	3,608	3,382	3,221	3,100	3,005	2,929	2,866
19	5,922	4,508	3,903	3,559	3,333	3,172	3,051	2,956	2,880	2,817
20	5,871	4,461	3,859	3,515	3,289	3,128	3,007	2,913	2,837	2,774
21	5,827	4,420	3,819	3,475	3,250	3,090	2,969	2,874	2,798	2,735
22	5,786	4,383	3,783	3,440	3,215	3,055	2,934	2,839	2,763	2,700

Fortsetzung auf nächster Seite

df_2	df_1									
	1	2	3	4	5	6	7	8	9	10
23	5,750	4,349	3,750	3,408	3,183	3,023	2,902	2,808	2,731	2,668
24	5,717	4,319	3,721	3,379	3,155	2,995	2,874	2,779	2,703	2,640
25	5,686	4,291	3,694	3,353	3,129	2,969	2,848	2,753	2,677	2,613
26	5,659	4,265	3,670	3,329	3,105	2,945	2,824	2,729	2,653	2,590
27	5,633	4,242	3,647	3,307	3,083	2,923	2,802	2,707	2,631	2,568
28	5,610	4,221	3,626	3,286	3,063	2,903	2,782	2,687	2,611	2,547
29	5,588	4,201	3,607	3,267	3,044	2,884	2,763	2,669	2,592	2,529
30	5,568	4,182	3,589	3,250	3,026	2,867	2,746	2,651	2,575	2,511
40	5,424	4,051	3,463	3,126	2,904	2,744	2,624	2,529	2,452	2,388
50	5,340	3,975	3,390	3,054	2,833	2,674	2,553	2,458	2,381	2,317
100	5,179	3,828	3,250	2,917	2,696	2,537	2,417	2,321	2,244	2,179
∞	5,024	3,689	3,116	2,786	2,567	2,408	2,288	2,192	2,114	2,048

Tab. A.12 F-Verteilungen Kumulierte Wahrscheinlichkeit: 0,975 - Fortsetzung

df_2	df_1									
	12	15	20	24	30	40	50	60	100	∞
1	976,73	984,87	993,08	997,27	1001,41	1005,60	1008,10	1009,79	1013,16	1018,26
2	39,415	39,431	39,448	39,457	39,465	39,473	39,478	39,481	39,488	39,498
3	14,337	14,253	14,167	14,124	14,081	14,036	14,010	13,992	13,956	13,902
4	8,751	8,657	8,560	8,511	8,461	8,411	8,381	8,360	8,319	8,257
5	6,525	6,428	6,329	6,278	6,227	6,175	6,144	6,123	6,080	6,015
6	5,366	5,269	5,168	5,117	5,065	5,012	4,980	4,959	4,915	4,849
7	4,666	4,568	4,467	4,415	4,362	4,309	4,276	4,254	4,210	4,142
8	4,200	4,101	3,999	3,947	3,894	3,840	3,807	3,784	3,739	3,670
9	3,868	3,769	3,667	3,614	3,560	3,505	3,472	3,449	3,403	3,333
10	3,621	3,522	3,419	3,365	3,311	3,255	3,221	3,198	3,152	3,080
11	3,430	3,330	3,226	3,173	3,118	3,061	3,027	3,004	2,956	2,883
12	3,277	3,177	3,073	3,019	2,963	2,906	2,871	2,848	2,800	2,725
13	3,153	3,053	2,948	2,893	2,837	2,780	2,744	2,720	2,671	2,595
14	3,050	2,949	2,844	2,789	2,732	2,674	2,638	2,614	2,565	2,487
15	2,963	2,862	2,756	2,701	2,644	2,585	2,549	2,524	2,474	2,395
16	2,889	2,788	2,681	2,625	2,568	2,509	2,472	2,447	2,396	2,316
17	2,825	2,723	2,616	2,560	2,502	2,442	2,405	2,380	2,329	2,247
18	2,769	2,667	2,559	2,503	2,445	2,384	2,347	2,321	2,269	2,187
19	2,720	2,617	2,509	2,452	2,394	2,333	2,295	2,270	2,217	2,133
20	2,676	2,573	2,464	2,408	2,349	2,287	2,249	2,223	2,170	2,085
21	2,637	2,534	2,425	2,368	2,308	2,246	2,208	2,182	2,128	2,042
22	2,602	2,498	2,389	2,332	2,272	2,210	2,171	2,145	2,090	2,003

Fortsetzung auf nächster Seite

df_2	12	15	20	24	30	40	50	60	100	∞
23	2,570	2,466	2,357	2,299	2,239	2,176	2,137	2,111	2,056	1,968
24	2,541	2,437	2,327	2,269	2,209	2,146	2,107	2,080	2,024	1,935
25	2,515	2,411	2,300	2,242	2,182	2,118	2,079	2,052	1,996	1,906
26	2,491	2,387	2,276	2,217	2,157	2,093	2,053	2,026	1,969	1,878
27	2,469	2,364	2,253	2,195	2,133	2,069	2,029	2,002	1,945	1,853
28	2,448	2,344	2,232	2,174	2,112	2,048	2,007	1,980	1,922	1,829
29	2,430	2,325	2,213	2,154	2,092	2,028	1,987	1,959	1,901	1,807
30	2,412	2,307	2,195	2,136	2,074	2,009	1,968	1,940	1,882	1,787
40	2,288	2,182	2,068	2,007	1,943	1,875	1,832	1,803	1,741	1,637
50	2,216	2,109	1,993	1,931	1,866	1,796	1,752	1,721	1,656	1,545
100	2,077	1,968	1,849	1,784	1,715	1,640	1,592	1,558	1,483	1,347
∞	1,945	1,833	1,708	1,640	1,566	1,484	1,428	1,388	1,296	1,000

A.6.4 Kumulierte Wahrscheinlichkeit: 0,99

Tab. A.13 F-Verteilungen für Kumulierte Wahrscheinlichkeit: 0,99

df_2	1	2	3	4	5	6	7	8	9	10
1	4052,19	4999,34	5403,53	5624,26	5763,96	5858,95	5928,33	5980,95	6022,40	6055,93
2	98,502	99,000	99,164	99,251	99,302	99,331	99,357	99,375	99,390	99,397
3	34,116	30,816	29,457	28,710	28,237	27,911	27,671	27,489	27,345	27,228
4	21,198	18,000	16,694	15,977	15,522	15,207	14,976	14,799	14,659	14,546
5	16,258	13,274	12,060	11,392	10,967	10,672	10,456	10,289	10,158	10,051
6	13,745	10,925	9,780	9,148	8,746	8,466	8,260	8,102	7,976	7,874
7	12,246	9,547	8,451	7,847	7,460	7,191	6,993	6,840	6,719	6,620
8	11,259	8,649	7,591	7,006	6,632	6,371	6,178	6,029	5,911	5,814
9	10,562	8,022	6,992	6,422	6,057	5,802	5,613	5,467	5,351	5,257
10	10,044	7,559	6,552	5,994	5,636	5,386	5,200	5,057	4,942	4,849
11	9,646	7,206	6,217	5,668	5,316	5,069	4,886	4,744	4,632	4,539
12	9,330	6,927	5,953	5,412	5,064	4,821	4,640	4,499	4,388	4,296
13	9,074	6,701	5,739	5,205	4,862	4,620	4,441	4,302	4,191	4,100
14	8,862	6,515	5,564	5,035	4,695	4,456	4,278	4,140	4,030	3,939
15	8,683	6,359	5,417	4,893	4,556	4,318	4,142	4,004	3,895	3,805
16	8,531	6,226	5,292	4,773	4,437	4,202	4,026	3,890	3,780	3,691
17	8,400	6,112	5,185	4,669	4,336	4,101	3,927	3,791	3,682	3,593
18	8,285	6,013	5,092	4,579	4,248	4,015	3,841	3,705	3,597	3,508
19	8,185	5,926	5,010	4,500	4,171	3,939	3,765	3,631	3,523	3,434

Fortsetzung auf nächster Seite

df_2	\multicolumn{10}{c}{df_1}									
	1	2	3	4	5	6	7	8	9	10
20	8,096	5,849	4,938	4,431	4,103	3,871	3,699	3,564	3,457	3,368
21	8,017	5,780	4,874	4,369	4,042	3,812	3,640	3,506	3,398	3,310
22	7,945	5,719	4,817	4,313	3,988	3,758	3,587	3,453	3,346	3,258
23	7,881	5,664	4,765	4,264	3,939	3,710	3,539	3,406	3,299	3,211
24	7,823	5,614	4,718	4,218	3,895	3,667	3,496	3,363	3,256	3,168
25	7,770	5,568	4,675	4,177	3,855	3,627	3,457	3,324	3,217	3,129
26	7,721	5,526	4,637	4,140	3,818	3,591	3,421	3,288	3,182	3,094
27	7,677	5,488	4,601	4,106	3,785	3,558	3,388	3,256	3,149	3,062
28	7,636	5,453	4,568	4,074	3,754	3,528	3,358	3,226	3,120	3,032
29	7,598	5,420	4,538	4,045	3,725	3,499	3,330	3,198	3,092	3,005
30	7,562	5,390	4,510	4,018	3,699	3,473	3,305	3,173	3,067	2,979
40	7,314	5,178	4,313	3,828	3,514	3,291	3,124	2,993	2,888	2,801
50	7,171	5,057	4,199	3,720	3,408	3,186	3,020	2,890	2,785	2,698
100	6,895	4,824	3,984	3,513	3,206	2,988	2,823	2,694	2,590	2,503
∞	6,635	4,605	3,782	3,319	3,017	2,802	2,639	2,511	2,407	2,321

Tab. A.14 F-Verteilungen Kumulierte Wahrscheinlichkeit: 0,99 - Fortsetzung

df_2	\multicolumn{10}{c}{df_1}									
	12	15	20	24	30	40	50	60	100	∞
1	6106,68	6156,97	6208,66	6234,27	6260,35	6286,43	6302,26	6312,97	6333,93	6365,59
2	99,419	99,433	99,448	99,455	99,466	99,477	99,477	99,484	99,491	99,499
3	27,052	26,872	26,690	26,597	26,504	26,411	26,354	26,316	26,241	26,125
4	14,374	14,198	14,019	13,929	13,838	13,745	13,690	13,652	13,577	13,463
5	9,888	9,722	9,553	9,466	9,379	9,291	9,238	9,202	9,130	9,020
6	7,718	7,559	7,396	7,313	7,229	7,143	7,091	7,057	6,987	6,880
7	6,469	6,314	6,155	6,074	5,992	5,908	5,858	5,824	5,755	5,650
8	5,667	5,515	5,359	5,279	5,198	5,116	5,065	5,032	4,963	4,859
9	5,111	4,962	4,808	4,729	4,649	4,567	4,517	4,483	4,415	4,311
10	4,706	4,558	4,405	4,327	4,247	4,165	4,115	4,082	4,014	3,909
11	4,397	4,251	4,099	4,021	3,941	3,860	3,810	3,776	3,708	3,602
12	4,155	4,010	3,858	3,780	3,701	3,619	3,569	3,535	3,467	3,361
13	3,960	3,815	3,665	3,587	3,507	3,425	3,375	3,341	3,272	3,165
14	3,800	3,656	3,505	3,427	3,348	3,266	3,215	3,181	3,112	3,004
15	3,666	3,522	3,372	3,294	3,214	3,132	3,081	3,047	2,977	2,868
16	3,553	3,409	3,259	3,181	3,101	3,018	2,967	2,933	2,863	2,753
17	3,455	3,312	3,162	3,083	3,003	2,920	2,869	2,835	2,764	2,653
18	3,371	3,227	3,077	2,999	2,919	2,835	2,784	2,749	2,678	2,566
19	3,297	3,153	3,003	2,925	2,844	2,761	2,709	2,674	2,602	2,489

Fortsetzung auf nächster Seite

	df_1									
df_2	12	15	20	24	30	40	50	60	100	∞
20	3,231	3,088	2,938	2,859	2,778	2,695	2,643	2,608	2,535	2,421
21	3,173	3,030	2,880	2,801	2,720	2,636	2,584	2,548	2,476	2,360
22	3,121	2,978	2,827	2,749	2,667	2,583	2,531	2,495	2,422	2,305
23	3,074	2,931	2,780	2,702	2,620	2,536	2,483	2,447	2,373	2,256
24	3,032	2,889	2,738	2,659	2,577	2,492	2,440	2,403	2,329	2,211
25	2,993	2,850	2,699	2,620	2,538	2,453	2,400	2,364	2,289	2,169
26	2,958	2,815	2,664	2,585	2,503	2,417	2,364	2,327	2,252	2,131
27	2,926	2,783	2,632	2,552	2,470	2,384	2,330	2,294	2,218	2,097
28	2,896	2,753	2,602	2,522	2,440	2,354	2,300	2,263	2,187	2,064
29	2,868	2,726	2,574	2,495	2,412	2,325	2,271	2,234	2,158	2,034
30	2,843	2,700	2,549	2,469	2,386	2,299	2,245	2,208	2,131	2,006
40	2,665	2,522	2,369	2,288	2,203	2,114	2,058	2,019	1,938	1,805
50	2,563	2,419	2,265	2,183	2,098	2,007	1,949	1,909	1,825	1,683
100	2,368	2,223	2,067	1,983	1,893	1,797	1,735	1,692	1,598	1,427
∞	2,185	2,039	1,878	1,791	1,696	1,592	1,523	1,473	1,358	1,000

Anhang B
Diagramme

B.1 Weibullpapier

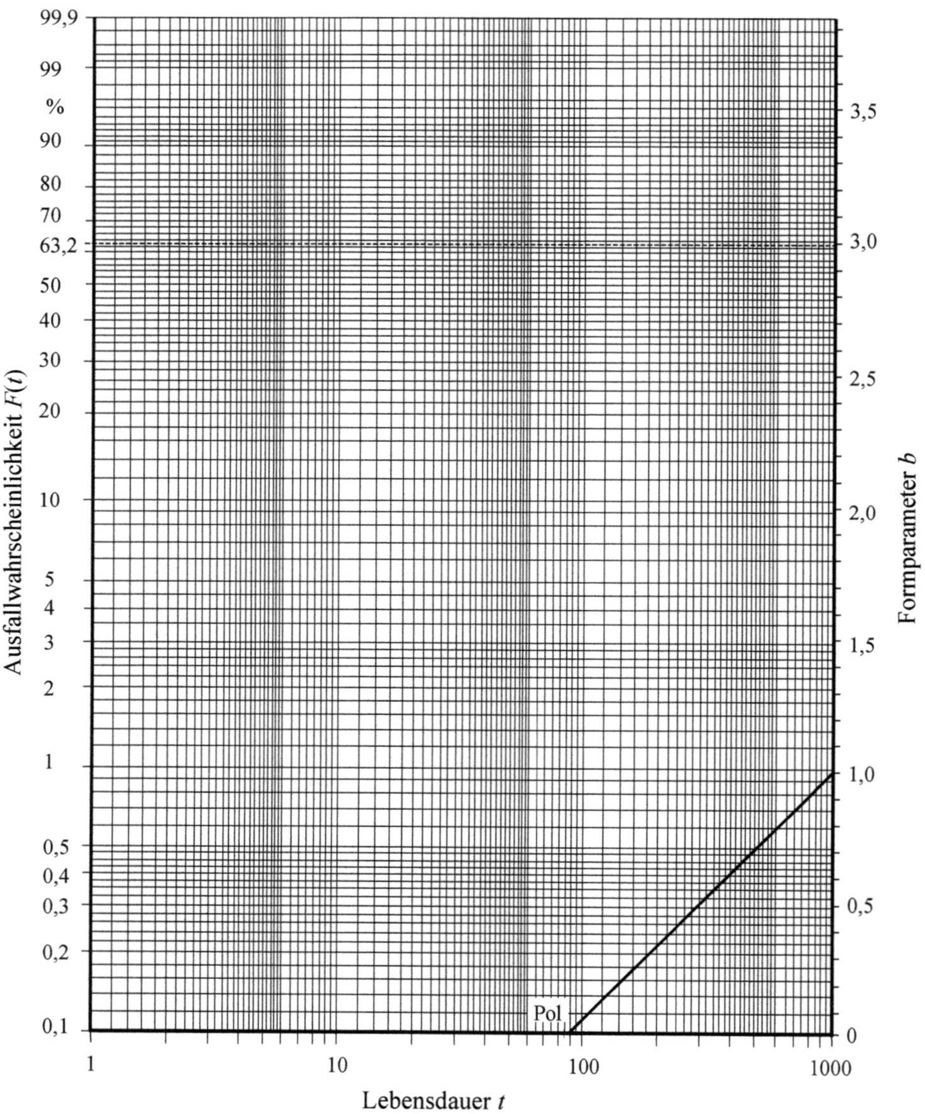

Abb. B.1 Weibullpapier

B.2 Normalwahrscheinlichkeitspapier

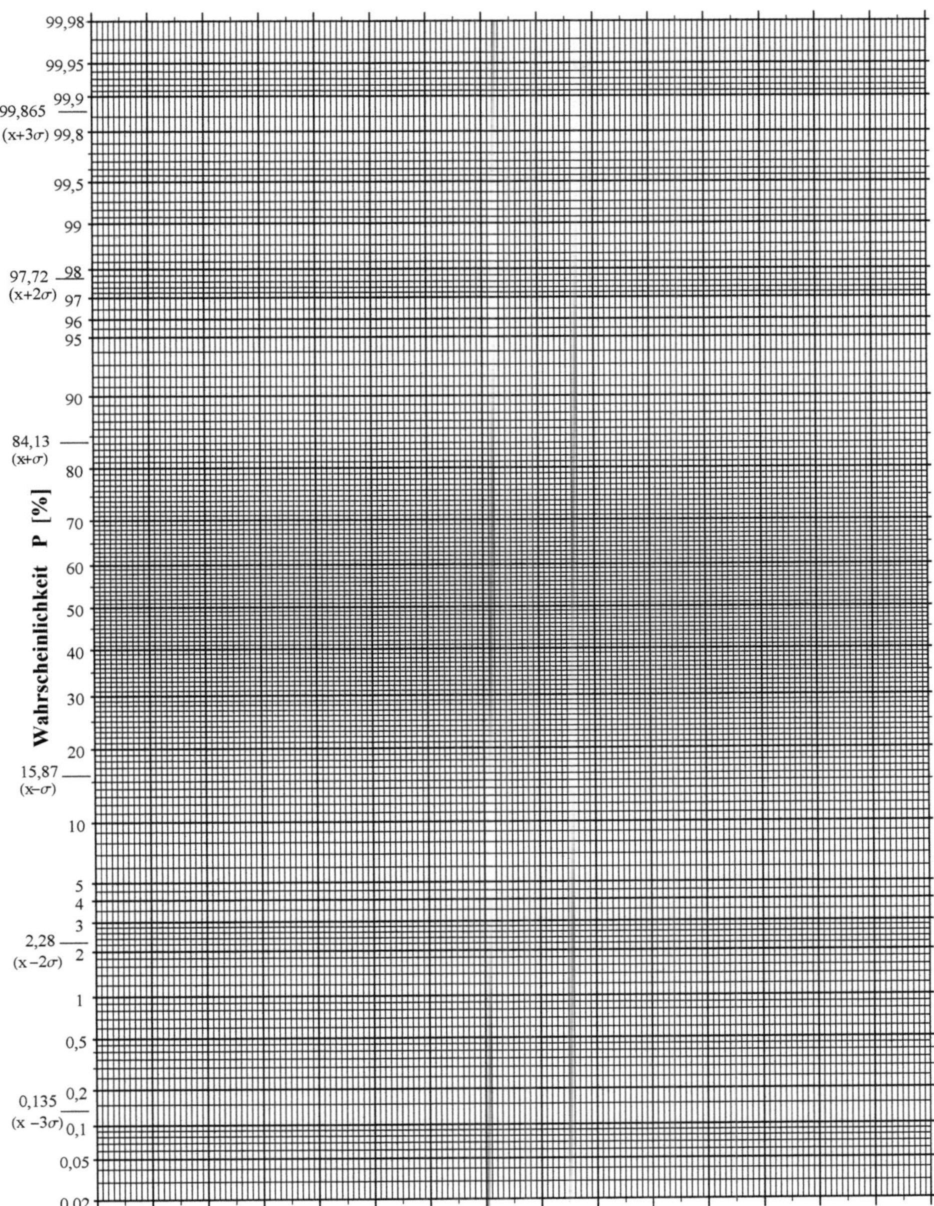

Abb. B.2 Normalwahrscheinlichkeitspapier

Normen und Standards

Die Anzahl der Normen und Standards wächst ständig und erfahren durch Überarbeitung veränderte Ausgabestände. Normen und Standards werden aus verschiedenen Anlässen auch wieder zurückgezogen. Aus diesem Grunde ist es wichtig, vor Anwendung die jeweils gültige Ausgabe auf Anwendbarkeit zu überprüfen. In diesem Buch kann demzufolge keine allumfassende Liste abgebildet sein.

Die nachfolgende Liste beinhaltet keine Präferenz oder Priorisierung und dient ausschließlich als Hilfestellung und Hinweis zu möglichen Normen, Standards, Richtlinien, Publikationen u.ä.

Organisationen

AEC	Automotive Electronics Council
AIAG	Automotive Industry Action Group
ANSI	American National Standard Institute
ASA	American Standard Association
ASQ	American Society for Quality
ASQC	American Society for Quality Control
ASTM	American Society for Testing and Materials
CECC	Cenelec Electronic Components Committee
CSA	Canadian Standards Association
DATech	Deutsche Akkreditierungsstelle Technik e.V.
DESC	Defense Eectronic Supply Center (USA)
DGQ	Deutsche Gesellschaft für Qualität e.V.

S. Kemmler und A. Gottschalk, *Design for Reliability und Lebensdauerabsicherung*, https://doi.org/10.1007/978-3-658-48949-6

DKD	Deutscher Kalibrierdienst
DKE	Deutsche Elektrotechnische Kommission im DIN/VDE
DQS	Deutsche Gesellschaft für Zertifizierung von QM-Systemen
EAC	European Accreditation of Certification
EFQM	European Foundation for Quality Management
EOQ	European Organization for Quality
EOQC	European Organization for Quality Control
EOTC	European Organisation for Testing and Certification
EQNet	European Network for Quality System Assessment and Certification
EQS	European Committee for Quality System Assessment and Certific.
ESA	European Space Agency
FED	Fachverband Elektronik-Design
FQS	Forschungsgemeinschaft Qualitätssicherung e.V.
GAZ	Gesellschaft für Akkreditierung und Zertifizierung mbH
IATF	International Automotive Task Force
IAQ	International Academy for Quality
IEC	International Electrotechnical Commission
IECQ	IEC-Gütebestätigungssystem
IEEE	Institute of Electrical and Electronics Engineers
ISO	International Organization for Standardization
JEDEC	Joint Electron Device Engineering Council
STANAG	Standardization Agreement
TGA	Trägergemeinschaft für Akkreditierung
VDA	Verband der Automobilindustrie
VDMA	Verband Deutscher Maschinen- und Anlagenbau
ZVEI	Zentralverband Elektrotechnik- und Elektronikindustrie e.V.

Standards und Normen

Allgemein

IEC - 61709	Electronic Components – Reliability - Reference Conditions for Failure Rates and Stress Models for Conversion
SN 29500	Berechnung von Ausfallraten elektronischer Geräte
MIL-HDBK 217	Reliability Prediction of Electronic Equipment - Bellcore/Telcordia - Reliability Prediction for Tele communication

IRPH 93	Italtel Reliability Prediction Handbook 93
RDF 2000	Reliability Prediction CNET
RDF 2003	Reliability Prediction CNET
PRISM	Reliability Analysis Center
EPRD	Electronic Parts Reliability Data
NPRD-95	Non Electronic Parts Reliability Data
NSWC-2011	Handbook of Reliability Prediction - Procedures for Mechanical Equipment

Normen aus der Reihe 60300 – Zuverlässigkeitsmanagement

DIN EN 60300-1	Zuverlässigkeitsmanagement - Teil 1: Leitfaden für Management und Anwendung
DIN EN 60300-3-1	Zuverlässigkeitsmanagement - Teil 3-1: Anwendungsleitfaden - Verfahren zur Analyse der Zuverlässigkeit - Leitfaden zur Methodik
DIN EN 60300-3-2	Zuverlässigkeitsmanagement - Teil 3-2: Anwendungsleitfaden - Erfassung von Zuverlässigkeitsdaten im Betrieb
DIN EN 60300-3-3	Zuverlässigkeitsmanagement - Teil 3-3: Anwendungsleitfaden – Lebenszykluskosten
DIN EN 60300-3-4	Zuverlässigkeitsmanagement - Teil 3-4: Anwendungsleitfaden - Anleitung zum Festlegen von Zuverlässigkeitsforderungen
DIN IEC 60300-3-10	Zuverlässigkeitsmanagement - Teil 3-10: Anwendungsleitfaden Instandhaltbarkeit und Unterstützbarkeit
DIN IEC 60300-3-11	Zuverlässigkeitsmanagement - Teil 3-11: Anwendungsleitfaden - Auf die Funktionsfähigkeit bezogene Instandhaltung
DIN EN 60300-3-12	Zuverlässigkeitsmanagement - Teil 3-12: Anwendungsleitfaden - Integrierte logistische Unterstützung
DIN EN 60300-3-14	Zuverlässigkeitsmanagement - Teil 3-14: Anwendungsleitfaden - Instandhaltung und Instandhaltungsunterstützung

| DIN EN 60300-3-15 | Zuverlässigkeitsmanagement - Teil 3-15: Anwendungsleitfaden - Technische Realisierung der Systemzuverlässigkeit |
| DIN EN 60300-3-16 | Zuverlässigkeitsmanagement - Teil 3-16: Anwendungsleitfaden - Anleitung zur Spezifikation der Dienstleistungen für die Instandhaltungsunterstützung |

Normen aus der Reihe 60605

DIN IEC 60605-3-1	Elektrotechnik; Prüfung der Zuverlässigkeit von Geräten; Empfohlene Prüfbedingungen; Tragbare Geräte in Innenräumen; Niedriger Simulationsgrad
DIN IEC 60605-3-4	Prüfung der Zuverlässigkeit von Geräten; Empfohlene Prüfbedingungen; Nicht ortsfest betriebene Geräte; Niedriger Simulationsgrad
DIN IEC 60605-4	Prüfung der Zuverlässigkeit von Geräten - Teil 4: Statistische Verfahren für Exponentialverteilungen - Schätzwerte, Vertrauensbereiche, Vorhersageintervalle und Toleranzintervalle
DIN IEC 60605-6	Prüfungen der Zuverlässigkeit von Geräten - Teil 6: Test auf Gültigkeit zeitlich konstanter Ausfallrate und Ausfalldichte sowie deren Schätzung

Verschiedene Zuverlässigkeitsthemen

DIN 13 303	Stochastik
DIN 40041	Zuverlässigkeit; Begriffe
DIN 40081-11	Leitfäden zur Zuverlässigkeit; Bauelemente der Elektronik, Losweise und periodische Prüfungen
DIN 45804	Leitfaden: Anwendung von ÉN ISO 9000:1994 Kriterien für die Zuverlässigkeit von elektronischen Bauelementen
DIN 55350	Begriffe zur Qualitätssicherung und Statistik (mehrere Teile)
DIN EN 50126	Bahnanwendungen - Spezifikation und Nachweis der Zuverlässigkeit, Verfügbarkeit, Instandhaltbarkeit und Sicherheit (RAMS)
DIN EN 50126	Berichtigung 1: Bahnanwendungen - Spezifikation und Nachweis der Zuverlässigkeit, Verfügbarkeit, Instandhaltbarkeit und Sicherheit (RAMS); Deutsche Fassung EN 50126:1999: Berichtigungen zu DIN EN 50126 (VDE 0115-103)
DIN EN 61014	Programme für das Zuverlässigkeitswachstum

DIN EN 61078	Techniken für die Analyse der Zuverlässigkeit - Zuverlässigkeitsblockdiagramm und Boole'sche Verfahren
DIN EN 61124	Prüfung der Funktionsfähigkeit – Prüfpläne für konstante Ausfallrate und konstante Ausfalldichte
DIN EN 61163-1	Zuverlässigkeitsvorbehandlung durch Beanspruchung - Teil 1: Instandsetzbare Baugruppen, losweise gefertigt
DIN EN 61164	Zuverlässigkeitswachstum - Statistische Prüf- und Schätzverfahren
DIN EN 61709	Bauelemente der Elektronik; Zuverlässigkeit; Referenzbedingungen für Ausfallraten und Beanspruchungsmodelle zur Umrechnung
DIN EN 61751	Lasermodule für Telekommunikationsanwendungen; Zuverlässigkeitsbewertung
DIN EN 62005-1	Zuverlässigkeit von LWL-Verbindungselementen und passiven Bauelementen - Teil 1: Einführender Leitfaden und Begriffe
DIN EN 62005-2	Zuverlässigkeit von LWL-Verbindungselementen und passiven Bauelementen - Teil 2: Quantitative Beurteilung der Zuverlässigkeit auf der Basis von beschleunigten Alterungsprüfungen - Temperatur und Feuchte; konstant
DIN EN 62005-3	Zuverlässigkeit von LWL-Verbindungselementen und passiven Bauelementen - Teil 3: Geeignete Prüfverfahren zur Ermittlung von Ausfallmoden und Ausfallmechanismen von passiven Bauteilen
DIN EN 62005-7	Zuverlässigkeit von LWL-Verbindungselementen und passiven LWL-Bauteilen - Teil 7: Beanspruchungsmodelle
DIN EN 62211	Induktive Bauelemente – Zuverlässigkeitsmanagement
DIN EN 62308	Zuverlässigkeit von Geräten - Verfahren zur Zuverlässigkeitsbewertung
DIN EN 62309	Zuverlässigkeit von Produkten mit wieder verwendeten Teilen - Anforderungen an Funktionalität und Prüfungen
DIN EN 62347	Anleitung zur Spezifikation der Zuverlässigkeit von Systemen
DIN EN 62429	Zuverlässigkeitswachstum - Beanspruchungsprüfung auf Frühausfälle in einzelnen komplexen Systemen
DIN IEC 60319	Darstellung und Angabe von Zuverlässigkeitsdaten elektronischer Bauelemente
DIN ISO 21747	Statistische Verfahren - Prozessleistungs- und Prozessfähigkeitskenngrößen für kontinuierliche Qualitätsmerkmale
IEC 60812	Analysis Techniques for System Reliability – FMEA
IEC 61025	Fault Tree Analyses
IEC 61078	Reliability Block Diagram, Availability Modeling

IEC 61163-1	Reliability stress screening - Part 1: Repairable assemblies manufactured in lots
IEC 61163-2	Reliability stress screening – Part 2: Electronic components
IEC 61165	Application of Markov Techniques
IEC 61508-1	Functional safety of electrical/electronic/programmable electronic safety-related systems - Part 1: General requirements
IEC 61508-2	Functional safety of electrical/electronic/programmable electronic safety-related systems - Part 2: Requirements for electrical/electronic/programmable electronic safety-related systems
IEC 61508-3	Functional safety of electrical/electronic/programmable electronic safety-related systems - Part 3: Software Requirements
IEC 61508-4	Functional safety of electrical/electronic/programmable electronic safety-related systems - Part 4: Definitions and abbreviations
IEC 61508-5	Functional safety of electrical/electronic/programmable electronic safety-related systems - Part 5: Examples of methods for the determination of safety integrity levels
IEC 61508-6	Functional safety of electrical/electronic/programmable electronic safety-related systems - Part 6: Guidelines on the application of IEC 61508-2 and IEC 61508-3
IEC 61508-7	Functional safety of electrical/electronic/programmable electronic safety-related systems Part 7: Overview of techniques and measures
IEC 61649	Goodness-of-fit Tests and Confidence Intervals for Weibull distributed Data
IEC 61710	Power Law Model – Goodness- of-fit Test and estimation Methods
IEC 61713	Software Dependability through the Software Life-cycle process – Application Guide
IEC 61882	Hazard and Operability Studies (HAZOP) studies – Application Guide, Safety Assessment
IEC 62059-31-1	Electricity metering equipment – Dependability – Part 31-1: Accelerated reliability testing – Elevated temperature and humidity
IEC 62308	Equipment Reliability – Reliability assessment methods IEC TR 62380 Reliability Data Handbook – Universal model for reliability prediction of electronic components, PCBs and equipment
IEC/PAS 61810-2-1	Electromechanical elementary relays - Part 2-1: Reliability - Procedure for the verification of $B_1 0$ values

JEITA EDR - 4704A	Application Guide of the Accelerated Life Test for Semiconductor Devices
SAE J 1211	Recommended environmental practices for electronic equipment
ZVEI	Handbook for Robustness Validation of Semiconductor Devices in Automotive Applications
ZVEI	Handbook for Robustness Validation of Automotive Electrical/Electronic Modules

IEC Normen (teilweise auch als DIN EN bzw. DIN EN IEC erschienen)

Allgemein

> **Achtung:**

Seit Mitte 2018 wird die Bezeichnung der Normen teilweise umgestellt. Von DIN EN xxxxx - auf DIN EN IEC xxxxx.

IEC 60810	Lampen, Lichtquellen und LED-Packages für Straßenfahrzeuge
IEC 60812	Analysis Techniques for System Reliability – FMEA
IEC 61025	Fault Tree Analyses
IEC 61078	Reliability Block Diagram, Availability Modeling
IEC 61163-1	Reliability stress screening - Part 1: Repairable assemblies manufactured in lots
IEC 61163-2	Reliability stress screening – Part 2: Electronic components
IEC 61713	Software Dependability through the Software Life-cycle process – Application Guide
DIN EN 60749-43	Halbleiterbauelemente – Mechanische und klimatische Prüfverfahren – Teil 43: Leitfaden zur Zuverlässigkeitsqualifikation von integrierten Schaltungen
DIN 55350-Teil 15	Begriffe der Qualitätssicherung und Statistik; Begriffe zu Mustern
ISO/TS 16949	Qualitätsmanagementsysteme - Besondere Anforderungen bei Anwendung von ISO 9001 für die Serien- und Ersatzteil-Produktion in der Automobilindustrie

Functional safety of electrical/electronic/programmable electronic safety-related systems

> **Beachte:**

Äquivalent für den Automobilbereich siehe auch ISO 26262 Teil 1 bis Teil 12.

IEC 61508-1	Part 1: General requirements
IEC 61508-2	Part 2: Requirements for electrical / electronic / programmable electronic safety-related systems
IEC 61508-3	Part 3: Software Requirements
IEC 61508-4	Part 4: Definitions and abbreviations
IEC 61508-5	Part 5: Examples of methods for the determination of safety integrity levels
IEC 61508-6	Part 6: Guidelines on the application of IEC 61508-2 and IEC 61508-3
IEC 61508-7	Part 7: Overview of techniques and measures

Normen des MIL-STD

MIL-HDBK (Handbuch) zur Zuverlässigkeit (Beispiele):

MIL-HDBK-189	Reliability Growth Management
MIL-HDBK-217F	Reliability Prediction of Electronic Equipment
MIL-HDBK-251	Reliability/Design Thermal Applications
MIL-HDBK-338	Electronic Reliability Design Handbook
MIL-HDBK-344	Environmental Stress Screening of Electronic Equipment
MIL-HDBK-781	Reliability Test Methods, Plans and Environments for Engineering Development, Qualification and Production
MIL-HDBK-H 108	Sampling Procedures and Tables for Life and Reliability Testing (Based on Exponential Distribution)

MIL-STD (Standard) zur Zuverlässigkeit (Beispiele):

MIL-STD-1543B	Reliability Program Requirements for Space and Missile Systems

MIL-STD-1629A	Procedures for Performing a Failure Mode, Effects, and Criticality Analysis
MIL-STD-2074	Failure Classification for Reliability Testing
MIL-STD-2155	Failure Reporting, Analysis and Corrective Action System (FRACAS)
MIL-STD-2164	Environment Stress Screening Process for Electronic Equipment
MIL-STD-690C	Failure Rate Sampling Plans and Procedures
MIL-STD-721C	Definition of Terms for Reliability and Maintainability
MIL-STD-756B	Reliability Modeling and Prediction
MIL-STD-781D	Reliability Design Qualification and Production Acceptance Tests: Exponential/ Distribution
MIL-STD-785B	Reliability Program for Systems and Equipment, Development and Production
MIL-STD-790E	Reliability Assurance Program for Electronic Parts Specifications

Richtlinien aus der VDI Reihe zum Themenfeld Zuverlässigkeit

VDI-Handbuch Zuverlässigkeit

VDI 4001 Blatt 1	Allgemeine Hinweise zum VDI-Handbuch Technische Zuverlässigkeit
VDI 4001 Blatt 2	Terminologie der Zuverlässigkeit
VDI 4003	Zuverlässigkeitsmanagement
VDI 4004 Blatt 1	Zuverlässigkeitskenngrößen; Übersicht
VDI 4004 Blatt 2	Zuverlässigkeitskenngrößen; Überlebenskenngrößen
VDI 4004 Blatt 3	Kenngrößen der Instandhaltbarkeit
VDI 4004 Blatt 4	Zuverlässigkeitskenngrößen; Verfügbarkeitskenngrößen
VDI 4005 Blatt 1	Einflüsse von Umweltbedingungen auf die Zuverlässigkeit technischer Erzeugnisse; Grundlagen
VDI 4005 Blatt 2	Einflüsse von Umweltbedingungen auf die Zuverlässigkeit technischer Erzeugnisse; Mechanische Einflüsse der Umwelt
VDI 4005 Blatt 3	Einflüsse von Umweltbedingungen auf die Zuverlässigkeit technischer Erzeugnisse; Thermisch-klimatische Einflüsse der Umwelt
VDI 4005 Blatt 4	Einflüsse von Umweltbedingungen auf die Zuverlässigkeit technischer Erzeugnisse; Chemisch-biologische Einflüsse der Umwelt

VDI 4005 Blatt 5	Einflüsse von Umweltbedingungen auf die Zuverlässigkeit technischer Erzeugnisse; Elektromagnetische Einflüsse der Umwelt
VDI 4006 Blatt 1	Menschliche Zuverlässigkeit - Ergonomische Forderungen und Methoden der Bewertung
VDI 4006 Blatt 2	Menschliche Zuverlässigkeit - Methoden zur quantitativen Bewertung menschlicher Zuverlässigkeit
VDI 4008 Blatt 1	Voraussetzungen und Anwendungsschwerpunkte von Zuverlässigkeitsanalysen
VDI 4008 Blatt 2	Boolesches Modell
VDI 4008 Blatt 3	Markoff-Zustandsänderungsmodelle mit endlich vielen Zuständen
VDI 4008 Blatt 4	Methoden der Zuverlässigkeit - Petri-Netze
VDI 4008 Blatt 5	Zustandsflussgraphen
VDI 4008 Blatt 6	Monte-Carlo-Simulation
VDI 4008 Blatt 7	Strukturfunktion und ihre Anwendung
VDI 4008 Blatt 8	Erneuerungsprozesse
VDI 4008 Blatt 9	Mathematische Modelle für Redundanz
VDI 4009 Blatt 1	Überblick über Zuverlässigkeits-Tests
VDI 4009 Blatt 2	Prüfverteilungen und ihre Anwendungen auf Vertrauensbereiche und statistische Tests
VDI 4009 Blatt 3	Qualitätsregelkarten
VDI 4009 Blatt 4	Stichprobenpläne im Rahmen der Zuverlässigkeitssicherung
VDI 4009 Blatt 5	Weibull-Verteilung und andere Extremwertverteilungen
VDI 4009 Blatt 7	Numerische Verfahren zur Bestimmung von Verteilungsparametern in der Zuverlässigkeitsrechnung
VDI 4009 Blatt 8	Zuverlässigkeitswachstum bei Systemen
VDI 4009 Blatt 9	Methoden der Punkt- und Bereichsschätzung von Zuverlässigkeitskenngrößen und Testen von Hypothesen
VDI 4009 Blatt 10	Analytische Methoden der Fehlererkennung zur Zuverlässigkeitssicherung
VDI 4010 Blatt 1	Überblick über Zuverlässigkeits-Daten-Systeme (ZDS)
VDI 4010 Blatt 2	Datenarten und Datenverwendung in Zuverlässigkeits-Daten-Systemen (ZDS)
VDI 4010 Blatt 3	Planung eines Zuverlässigkeits-Daten-Systems (ZDS)

Automotive Standards (einige)

AEC Q100	Failure Mechanism Based Stress Test Qualification for Integrated Circuits
AEC Q101	Failure Mechanism Based Stress Test Qualification for Discrete Semiconductors in Automotive Applications
AEC - Q102	Failure Mechanism Based Stress Test Qualification for Discrete Optoelectronic Semiconductors in Automotive Applications
AEC - Q103	Failure Mechanism Based Stress Test Qualification for Sensors in Automotive Applications
AEC - Q104	Failure Mechanism Based Stress Test Qualification for Mulitchip Modules (MCM) IN in Automotive Applications
AEC - Q200	Stress Test Qualification for Passive Components
SAE J 1211	Recommended environmental practices for electronic equipment
ISO 16750	Road vehicles — Environmental conditions and testing for electrical and electronic equipment
IATF 16949	Anforderungen an Qualitätsmanagementsysteme für die Serien- und Ersatzteilproduktion in der Automobilindustrie
ZVEI	Handbook for Robustness Validation of Semiconductor Devices in Automotive Applications
ZVEI	Handbook for Robustness Validation of Automotive Electrical/Electronic Modules

IPC Standards für Design, Fertigung von Leiterplatten und elektronischen Baugruppen

IPC Manuals

IPC-TM-650	**Test Methods Manual:** 2.4.36: Rework Simulation, Plated-Through Holes for Leaded Components 2.6.26: DC Current Induced Thermal Cycling Test 2.6.3: Moisture and Insulation Resistance, Printed Boards 2.6.6: Temperature Cycling, Printed Wiring Board 2.6.7: Thermal Shock & Continuity, Printed Board

	2.6.7.2: Thermal Shock, Continutity and Microsection, Printed BoardLeiterplattenfertigung
IPC-6011	Allgemeine Leistungsspezifikation für Leiterplatten
IPC-6012B	Qualifikation und Leistungsspezifikation für starre Leiterplatten
IPC-6013A	Qualifikation und Leistungsspezifikation für flexible Leiterplatten (inklusive Ergänzung 2)
IPC-A-600G	Abnahmekriterien für Leiterplatten

Baugruppenfertigung

IPC-J-STD-001D	Anforderungen an gelötete elektrische und elektronische Baugruppen
IPC-J-STD-020D	Klassifizierung nicht-hermetischer SMD-Halbleiterbauelemente bezüglich ihrer Feuchtigkeits-/Reflow-Empfindlichkeit (MSL-Level) (auch für bleifreie Prozesse)

Für weitere IPC siehe www.FED.de.

Grundausstattung mit IPC-Richtlinien für das Design, die Fertigung von Leiterplatten und elektronischen Baugruppen:

Baugruppenfertigung

IPC-4101B	Spezifikation für Basismaterialien für starre Leiterplatten und Multilayer Leiterplatten
IPC-4202	Flexible Base Dielectrics for Use in Flexible Printed Circuitry
IPC-4203	Adhesive Coated Dielectric Films for Use as Cover Sheets in Flexible Printed Circuitry and Flexible Adhesive Bonding Films
IPC-4204	Flexible Metal-Clad Dielectrics for Use in Flexible Printed Circuitry
IPC-4552	Spezifikation für chemisch Nickel/Gold (ENIG) für Oberflächen von Leiterplatten
IPC-4554	Spezifikation für chemisch Zinn-Oberflächen von Leiterplatten
IPC-4562A	Metal Foil for Printed Wiring Applications

Design

IPC-2221A*	Allgemeine Richtlinie für das Design von Leiterplatten
IPC-2222*	Fachbereichsrichtlinie für das Design starrer Leiterplatten
IPC-2223A*	Fachbereichsrichtlinie für das Design flexibler Leiterplatten
IPC-7525A	Richtlinie zum Design von Schablonen
IPC-7351A	Basisanforderungen an das SMT-Design und SMD-Anschlussflächen-Richtlinie

Anmerkung:
* Diese Richtlinien sind in deutscher Übersetzung in der FED-Designrichtlinie FED-22-02A enthalten.

Leiterplattenfertigung

IPC-6011	Allgemeine Leistungsspezifikation für Leiterplatten
IPC-6012B	Qualifikation und Leistungsspezifikation für starre Leiterplatten
IPC-6013A	Qualifikation und Leistungsspezifikation für flexible Leiterplatten (inklusive Ergänzung 2)
IPC-A-600G	Abnahmekriterien für Leiterplatten

Baugruppenfertigung

IPC-J-STD-001D	Anforderungen an gelötete elektrische und elektronische Baugruppen
IPC-J-STD-020D	Klassifizierung nicht-hermetischer SMD-Halbleiterbauelemente bezüglich ihrer Feuchtigkeits-/Reflow-Empfindlichkeit (MSL-Level) (auch für bleifreie Prozesse)
IPC-J-STD-033B.1	Handhabung, Verpackung, Versand und Einsatz von feuchtigkeits-/reflowempfindlicher Bauelemente für Oberflächenmontage
IPC-J-STD-075	Klassifizierung von Nicht-IC-Elektronikbauelementen für Bestückungsprozesse
IPC-A-610D	Abnahmekriterien für Baugruppen
IPC/WHMA-A-620A	Abnahmekriterien für Kabel- und Kabelbaum-Baugruppen

Reparatur und Nacharbeit

IPC-7711/7721B   Reparatur und Nacharbeit

Begriffe und Definitionen

IPC-T-50G *   Begriffe,   Definitionen,   Deutsch-Englisches/Englisch-
                          Deutsches Fachwortverzeichnis.

JEDEC (Joint Electron Device Engineering Council)

Publikations-Beispiele:

JEP122H   Failure Mechanisms and Models for Semiconductor Devices
                          JESD85 Methods for Calculating Failure Rates in Units of
                          FITs
JESD22-A101   Steady State Temperature Humidity Bias Life Test
JESD22-A102   Accelerated Moisture Resistance - Unbiased Autoclave
JESD22-A103   High Temperature Storage Life
JESD22-A104   Temperature Cycling
JESD22-A105   Power and Temperature Cycling
JESD22-A108   Temperature, Bias, and Operating Life
JESD22-A110   Highly-Accelerated Temperature and Humidity Stress Test
                          (HAST)
JESD22-A113   Preconditioning of Nonhermetic Surface Mount Devices Prior
                          to Reliability Testing
JESD22-A118   Accelerated Moisture Resistance - Unbiased Autoclave
JESD22-B100   Physical Dimensions
JESD22-B102   Solderability Test Method
JESD22-B103   Vibration, Variable Frequency
JESD22-B104   Mechanical Shock
JESD22-B105   Lead Integrity
JESD22-B108   Coplanarity Test for Surface-Mount Semiconductor Devices

Ferner interessant:

DIN EN 60749-43 Halbleiterbauelemente – Mechanische und klimatische Prüfverfahren – Teil 43: Leitfaden zur Zuverlässigkeitsqualifikati-
on von integrierten Schaltungen

VDA Regelwerke (Übersicht)

- In Zusammenarbeit mit Mitarbeitern der Zuliefererindustrie und der OEM's hat der
  VDA – Verband der Automobilindustrie Regelwerke erstellt, die weit verbreitet als
  Basis für Automotive Prozesse Anwendung finden.
- Diese Regelwerke sind inzwischen Bestandteil von Lastenheften oder auch Liefe-
  rantenanforderungen. Sie beschreiben die Vorgehensweisen und Umsetzungen in den
  Prozessen der Automobilindustrie.
- Die Regelwerke, VDA-Bände, sind nachfolgend gelistet. Die jeweilige aktuelle Aus-
  gabe ist unter www.vda-qmc.de einzusehen.

Band 1 Dokumentierte Information und Aufbewahrung

Band 2 Sicherung der Qualität von Lieferungen - Produktionsprozess-
und Produktfreigabe PPF

Band 3 Teil 01 Zuverlässigkeitssicherung bei Automobilherstellern und Lieferanten - Zuverlässigkeitsmanagement

Band 3 Teil 02 Zuverlässigkeitssicherung bei Automobilherstellern und
Lieferanten- Zuverlässigkeits- Methoden und -Hilfsmittel

Band 3 Teil 03 Zuverlässigkeitssicherung bei Automobilherstellern und
Lieferanten- Case Studies im ZUV-Regelkreis

Band 4 Sicherung der Qualität in der Prozesslandschaft. Abschnitt 1:
Allgemeines. Methodenübersicht, Grundlegende Hilfsmittel,
Entwicklungsabläufe

Band 4 Sicherung der Qualität in der Prozesslandschaft. Abschnitt 2:
Risikoanalysen. Fehlzustandsbaumanalyse (Fault Tree Ana-
lysis - FTA), Failure Mode and Effects Analysis (FMEA),
SWOT-Analyse (Strengths - Weaknesses - Opportunities -
Threats)

Band 4	Sicherung der Qualität in der Prozesslandschaft. Abschnitt 3: Methoden. Design for Manufacturing and Assembly (DFMA), Digital Mock-Up (DMU), Design of Experiments (DoE) - Versuchsmethodik, Herstellbarkeitsanalyse, POKA YOKE, Quality Function Deployment QFD), TRIZ, Wirtschaftliche Prozessgestaltung und Prozesssicherheit, 8D-Methode, 5 Why-Methode, Auswahl präventiver Qualitätsmethoden
Band 4	Sicherung der Qualität in der Prozesslandschaft. Abschnitt 4: Vorgehensmodelle. Six Sigma, Design for Six Sigma (DFSS), Wirtschaftlicher Tolerierungsprozess
Band 5	Prüfprozesseignung, Eignung von Messsystemen, Mess- und Prüfprozessen, Erweiterte Messunsicherheit, Konformitätsbewertung
Band 5.1	Rückführbare Inline-Messtechnik im Karosseriebau, Ergänzungsband zu VDA Band 5, Prüfprozesseignung
Band 5.2	Prüfprozesseignung für das Drehmoment von Schraubenverbindungen
Band 6	Zertifizierungsvorgaben für VDA 6.1, VDA 6.2 und VDA 6.4
Band 6 Teil 01	OM-Systemaudit – Serienproduktion
Band 6 Teil 02	QM-Systemaudit - Dienstleistung
Band 6 Teil 03	Prozessaudit
Band 6 Teil 04	QM-Systemaudit - Produktionsmittel - Besondere Anforderungen an Hersteller von Produktionsmitteln für die Automobilindustrie
Band 6 Teil 05	Produktaudit
Band 6 Teil 07	Prozessaudit – Produktionsmittel
Band 7	Austausch von Qualitätsdaten - QDX - Quality Data eXchange
Band 9	Qualitätssicherung - Emissionen und Verbrauch -CoP - Prüfungen an PKW und leichten Nutzfahrzeugen
Band 16	Dekorative Oberflächen von Anbau- und Funktionsteilen im Außen- und Innenbereich von Automobilen
Band 19 Teil 1	Prüfung der Technischen Sauberkeit - Partikelverunreinigung funktionsrelevanter Automobilteile
Band 19 Teil 2	Technische Sauberkeit in der Montage - Umgebung, Logistik, Personal und Montageeinrichtungen

Weitere VDA - Bände

- 8D - Problemlösung in 8 Disziplinen Methode, Prozess, Bericht

- AIAG & VDA FMEA-Handbuch Design-FMEA, Prozess-FMEA, FMEA-Ergänzung
  - Monitoring & Systemreaktion, Vermarktung und Kundenbetreuungen - Schadteil-
  analyse Feld
- Automotive Cybersecurity Managementsystem Audit
- Automotive VDA Standardstruktur Komponentenlastenheft
- Besondere Merkmale (BM) / Prozessbeschreibung
- EOS-Electrical Overstress in der Automobilindustrie, Behandlung von Halbleiterbau-
  elementen, die Zeichen von elektrischer Überlastung zeigen
- Erstellung kundenspezifischer QM-Systemanforderungen auf Basis der IATF 16949
- Leitfaden zur Situations- und Risikoanalyse beim Einsatz von Komponenten aus der
  Consumer Electronic (CE) im Fahrzeug
- Lessons Learned - Definition von Lessons Learned in der Automobilindustrie, Pro-
  zessbeschreibung, Anwendungstipps und Praxisbeispiele
- Produktintegrität. Handlungsempfehlung für Unternehmen zu Produktsicherheit und -
  konformität. Rückrufmanagement mit Over the Air Updates VDA Standard - Erstellung
  kundenspezifischer QM-Systemanforderungen auf Basis der ISO/TS 16949 - Inhalte,
  Dokumente und Erläuterungen
- Produktentstehung - Reifegradabsicherung für Neuteile
- Robuster Produktionsprozess - Produktherstellung und -lieferung, Voraussetzungen,
  Standards, Controlling, Beispiele
- Schadteilanalyse Feld + Auditstandard
- Standardisierter Reklamationsprozess. Inhalte, Dokumentation und Erläuterung

Anmerkung:
Der jeweilige Stand der Ausgaben sind unter www.vda-qmc.de einzusehen.

Glossary

8D Bericht Bericht zur Abarbeitung und Verfolgung von Prozess- und Produktproblemen

Änderungsdienst Organisatorische und personelle Maßnahme zur kontinuierlichen Pflege, Prüfung, Dokumentation und Verteilung aller qualitätsrelevanten Aufzeichnungen, wie z.B. Zeichnungen, Arbeitsanweisungen, Verfahrensanweisungen, Rückverfolgbarkeit, Vertragsüberprüfung, Auditergebnisse, Produkt- und Prozessfreigaben.

Arithmetischer Mittelwert Mittelwert ist die Summe der Messwerte, geteilt durch die Anzahl der Messwerte.

Audit Regelmäßige Überprüfung qualitäts- und zuverlässigkeitsrelevanter Dokumente oder qualitäts- und zuverlässigkeitsbezogener Tätigkeiten und Abläufe, die zur Erreichung von Vorgaben notwendig sind.

Ausfall Verletzung mindestens eines Ausfallkriteriums bei einer, zu Beginn als fehlerfrei angesehenen Betrachtungseinheit. Die Definition eines Ausfalls hängt davon ab, was als Fehler festlegt wird und welcher Grenzwert als Ausfallkriterium vereinbart ist.

Ausfallkriterium Nach Erfahrung festgelegter Grenzwert einer für die Zuverlässigkeitsbetrachtung herangezogenen Kenngröße, bei deren Überschreitung es mit Sicherheit zum Ausfall kommt.

Bauelement (BE) Das Bauelement ist die kleinste handhabbare physikalische Einheit, die zuverlässigkeitstechnisch nicht weiter unterteilt wird. Bauelemente sind z.B. Widerstände, Kondensatoren, ICs, LEDs.

Baugruppe Die Baugruppe ist eine Schaltungs- bzw. Funktionseinheit, die durch Arbeitsprozesse wie Montage aus Bauelementen zusammengesetzt wird. Burn-In Voralterung von Bauelementen unter angelegter Betriebsspannung und bei erhöhter Umgebungstemperatur zur Erkennung potenzieller Schwachstellen von Prozessen und Produkten.

CPM Critical Parts Management, Umgang mit Einheiten die technisch oder technologisch kritisch sind oder z.B. durch Allocation oder Abkündigung am Markt nicht verfügbar sind.

Design-Review Formeller, dokumentierter, systematischer und kritischer Überprüfungsvorgang der auf jeden einzelnen Produktentwicklungsschritt (Reviewobjekt) angewendet werden kann. Ziel ist, frühzeitig Fehler und Mängel zu identifizieren und durch geeigneten Maßnahmen Fehler zu verhindern.

Destructive Zerstörend, d.h. Prüfungen, denen ein Proband unterworfen wird, führen zur Zerstörung des Prüflings.

Diskrete Werte Einzelwerte (z.B. beim Würfelspiel).

Diskretes Merkmal Quantitatives Merkmal, dessen Wertebereich endlich oder abzählbar unendlich ist. Vereinfacht: zählbares Merkmal.

DUT Device Under Test, Proband der den Test unterworfen ist.

Erstmusterprüfung Erstmuster sind die ersten Erzeugnisse, die unter serienmäßigen Fertigungsbedingungen entstanden. Sie werden vor Beginn der Serienlieferung einer Maß-, Werkstoff- und Funktionsprüfung unterzogen. Die Prüfergebnisse werden im sog. Erstmusterprüfbericht festgehalten. Mit ihm teilt der Lieferant die SOLL- und IST-Werte mit den tatsächlichen Abweichungen der von ihm produzierten Teile dem Abnehmer mit. Der Abnehmer nimmt nach eigenem Ermessen die Nachprüfung der Ergebnisse und weitere Prüfungen (z.B. Einbauversuche) an den Erstmustern vor.

Erwartungswert Erwartete Wert als Ergebnis eines Tests oder einer Ermittlung.

Failure Truncated Der Test wurde nach einer bestimmten, aber vorher festgelegten Anzahl von Fehlern abgebrochen.

Fehler Die unzulässige Abweichung eines Parameters. Nichterfüllung einer Forderung.

Feld Generelle Beschreibung für das Umfeld einer Einheit, eines Systems, in dem es betrieben wird, auch Applikationsumgebung.

FMEA Fehler-Möglichkeits- und Einfluss-Analyse ist eine Risiko-Analyse zur systematischen Untersuchung von potenziellen Funktionsausfällen und Defekten an Produkten oder mögliche Ablauf- und Fertigungsfehler hinsichtlich Ausfallursachen und -folgen.

Freiheitsgrad (Degrees of Freedom, df) Die Anzahl unabhängiger Werte in einer statistischen Berechnung, die frei variieren können. Sie ergibt sich aus der Gesamtzahl der Beobachtungen abzüglich der Anzahl der aus diesen Beobachtungen geschätzten oder festgelegten Parameter.

Gerät Aus mehreren Komponenten bestehend

Grundgesamtheit Menge aller Einheiten oder Ereignisse, die der statistischen Betrachtung zugrunde liegt.

Guardband Sicherheitsabstand. Abstand zwischen der Fähigkeit einer Einheit und den Einsatzbedingungen. Die Fähigkeit muss immer ausgeprägter sein.

Hauptfehler Unkritischer Fehler, der voraussichtlich zu einem Ausfall führt oder die Brauchbarkeit für den vorgesehenen Verwendungszweck wesentlich herabsetzt.

Interimstests Prüfung die zu einem definierten Zeitpunkt während eines Prüfablaufes oder einer Prüfdauer an belasteten Probanden durchgeführt wird.

IST-Wert Beobachtungswert einer Größe, d.h. tatsächlicher Wert/ Messwert.

k-v-n Anzahl k funktionierender Systeme von n verfügbaren und funktionierenden Systemen

Komponente Baugruppe

Kontinuierliche Werte liegen innerhalb eines definierten begrenzten Bereiches jeder beliebige Zwischenwert.

Korrelationsmessungen Diese Messungen werden häufig zur Feststellung durchgeführt, inwieweit sich ein Parameter unter veränderten Temperaturbedingungen verhält.

Kritischer Fehler Es ist der Fehler von dem anzunehmen oder bekannt ist, dass er voraussichtlich für Personen, welche die betroffene Einheit benutzen, instand halten oder auf sie angewiesen sind, gefährliche oder unsichere Situationen schafft; oder ein Fehler, von dem anzunehmen oder bekannt ist, dass er voraussichtlich die Erfüllung der Funktion einer größeren Anlage verhindert.

Lastenheft Kundenorientierte Aufstellung aller Forderungen, die an ein Produkt oder Dienstleistung vom Kunden gestellt werden. Das Lastenheft dient als Basis für das technisch orientierte Pflichtenheft.

Lessons learned Erfahrungen aus Vorgängerprojekten anzuwenden auf neue Projekte.

m-v-n Anzahl m funktionierender Systeme von n verfügbaren und funktionierenden Systemen

Median Median ist derjenige Punkt auf der Messwertskala, unterhalb und oberhalb dessen jeweils die Hälfte der Messwerte liegen.

Merkmal Eigenschaft eines Produktes oder einer Einheit zum Erkennen oder zum Unterscheiden.

Messen Es ist die tatsächliche Ermittlung einer Größe, einschließlich Protokollierung sowie nachfolgender Auswertung dedizierter oder aller Parameter in Histogrammen, Verteilungen, Part Average Analysen, SPC etc.

Mission Profile Applikative und funktionale Bedingungen im Verlauf des Betriebes einer Einheit.

Mission Time Betriebszeit, Gebrauchsdauer.

Mittelwert Der Mittelwert wird auch weitläufig als Durchschnitt oder arithmetisches Mittel bezeichnet. Er wird berechnet, indem alle Daten aufsummiert und durch die Datenanzahl geteilt werden.

Mittelwert Lage der Verteilung.

Mittlere Lebensdauer Bei der mittleren Lebensdauer handelt es sich um eine statistische Kenngröße, welche die Überlebenswahrscheinlichkeit oder den Bestand einer Betrachtungseinheit in Abhängigkeit von der Zeit beschreibt.

Modalwert Modalwert ist der in einer Verteilung am häufigsten vorkommende Messwert (Mehrgipflige Häufigkeitsverteilungen können durch Ihre Modalwerte beschrieben werden).

MooN M out of N, Anzahl M funktionierender Systeme von N verfügbaren und funktionierenden Systemen

Mutungsbereich Konfidenzbereich, Konfidenzschluss. Durch Veränderung der Größe des Vertrauensbereiches mithilfe des entsprechenden Faktors lässt sich festlegen, wie sicher die Aussage ist, dass das Vertrauensbereichsintervall den Parameter der Grundgesamtheit enthält.

Nebenfehler Fehler, der voraussichtlich die Brauchbarkeit für den vorgesehenen Verwendungszweck nicht wesentlich herabsetzt, oder ein Fehler, der Gebrauch oder Betrieb der Einheit nur geringfügig beeinflusst.

Non-Destructive Nicht zerstörend, d.h. Prüfungen, denen ein Proband unterworfen wird, führen nicht zur Zerstörung desselben.

Normalverteilung Normalverteilung ist die im Qualitätswesen meistverwendete statistische Verteilung. Sie tritt in der Natur und der Technik derartig häufig auf, dass sie zurecht als normale Verteilung bezeichnet wird.

Null-Stundentest Prüfung, die zu Beginn eines jeden Tests an noch nicht belasteten Einheiten, also den Probanden durchgeführt wird.

One Digit Defect Rate Defektanteil, der im einstelligen PPM-Bereich liegt.

Outlier Einheiten deren Messwerte außerhalb einer vorgegebenen spezifizierten Grenze liegen. Siehe auch PAA, Parts Average Analysis.

Pareto Analyse Analyse, die auf dem Pareto-Prinzip beruht welches besagt, dass unter vielen Einflussgrößen nur wenige einen dominanten Einfluss haben. Bekannt ist dieses Prinzip auch als 80 zu 20 Regel. Es bedeutet, dass 80 % der Auswirkungen von 20 % der Ursachen eines Problems hervorgerufen werden, während die verbleibenden 20 % an Auswirkungen den unbedeutenden übrigen 80 % der Ursachen zugeordnet werden können.

Poka Yoke Vermeidung zufälliger Fehler

Produkt – Audit Regelmäßige Überprüfung von Produkten z.B. Teile, Baugruppen, Dienstleistungen hinsichtlich der Einhaltung von Produkteigenschaften z.B. Maße, Werkstoffe und Produktbeschreibungen z.B. Zeichnungen, Lieferbedingungen. Beurteilung der Wirksamkeit von QM-Elementen anhand von Produkten.

Prozess-Audit Regelmäßige Überprüfung von Prozessen z.B. Fertigungs-, Montage- oder Dienstleistungsvorgänge hinsichtlich der Einhaltung der Vorgaben von Prozesseigenschaften z.B. Parameter, Abläufe oder Organisationen und Prozessbeschreibungen z.B. Fertigungs-, Prüf- und Wartungspläne.

Prüfen Es ist der Vergleich eines Wertes gegenüber vorgegebener Grenzen. Beispiele für eine Auswertung sind i.O./n.i.O, rot/grün oder Go/Nogo mit nachfolgender Histogrammerstellung und Paretoanalyse.

Qualifikation Überprüfung eines Bauelementes, Gerätes oder Systems hinsichtlich der Tauglichkeit für einen bestimmten Einsatz mit dem Ziel potenzielle Schwachstellen unter Einfluss spezifischer Anforderungen aufzuzeigen.

Qualität Beschaffenheit einer Einheit bezüglich ihrer Eignung, die Qualitätsforderung zu erfüllen. In der Umgangssprache existiert keine einheitliche Definition für den Qualitätsbegriff. Entsprechend der DIN 55 350, Teil 11 ist Qualität die „Gesamtheit von Eigenschaften und Merkmalen eines Produkts oder einer Tätigkeit, die sich auf deren Eignung zur Erfüllung gegebener Erfordernisse beziehen". Die Qualitätsforderungen entsprechen den Ansprüchen und Erwartungen der Kunden für die Einheit. Somit lässt sich der Ausgangspunkt für alle Qualitäts-Aktivitäten finden.

Qualitatives Merkmal Werte, die einer Skala zugeordnet sind.

Qualitätsaufzeichnungen Alle qualitätsrelevanten Dokumente und Aufzeichnungen, die eine Bestätigung über die Erfüllung der Qualitätsforderungen beinhalten.

Qualitätskosten Alle Kosten, die zur Sicherstellung der Qualitätsforderungen und der Verluste, die aus der Nichterfüllung der Forderungen entstehen. Zu berücksichtigen sind alle Kosten, die vorwiegend durch Qualitätsforderungen verursacht werden, d.h. Kosten, die durch Tätigkeiten der Fehlerverhütung, durch planmäßige Qualitätsprüfungen sowie durch intern oder extern festgestellte Fehler verursacht sind.

Qualitätsplanung Auswählen, Klassifizieren und Gewichten der Qualitätsmerkmale sowie schrittweise konkretisieren aller Einzelforderungen an die Beschaffenheit zu Rationalisierungsspezifikationen, und zwar im Hinblick auf die durch den Zweck der Einheit gegebenen Erfordernisse, auf das Anspruchsniveau und unter Berücksichtigung der Realisierungsmöglichkeiten.

Qualitätsprüfung Feststellen, inwieweit eine Einheit die Qualitätsforderungen erfüllt.

Risiko Eintrittswahrscheinlichkeit eines Schadens in Abhängigkeit des Schadensausmaßes.

Risikoanalyse Identifizierung von Gefährdung.

Risikobewertung Darlegung inwieweit Risiko vorhanden ist und wie Maßnahmen zu Risikominderung wirksam werden.

Run-In Voralterung von bestückten Boards, Geräten oder Systemen unter angelegter Betriebsspannung und bei erhöhter Umgebungstemperatur zur Erkennung potenzieller Schwachstellen von Prozessen und Produkten.

Rückverfolgbarkeit Identifizierungssystem zur jederzeitigen Bestimmung von Herkunft, Einsatz bzw. Rückverfolgbarkeit von Produkten oder Dienstleistungen.

Screening Auswahlverfahren, Aussortierverfahren.

Schiefe (Skewness) Linksschiefe oder rechtsschiefe Lage der Verteilung.

Selbstprüfung Prüfung der Arbeitsergebnisse durch den Ausführenden selbst gemäß festgelegter Regeln.

Spannweite Definiert als Differenz zwischen größtem und kleinstem Wert einer Stichprobe.

Standardabweichung Die Standardabweichung wird in der Praxis häufiger als die Varianz verwendet, da sie die gleiche Dimension wie die Messwerte hat.

Standardabweichung Streuung der Werte um den Mittelwert.

Statistische Methoden Sozusagen als Handwerkszeuge der Qualitätssicherung existieren eine Reihe von Methoden, Techniken und Prinzipien, die zur Unterstützung bei der systematischen Produktentwicklung, Fehlervermeidung und Problemlösung herangezogen werden können.

Stichprobe Menge von Einheiten, die aus einer Grundgesamtheit entnommen wird.

Streumaß, Varianz Eine weitere charakteristische Größe neben dem Mittelwert ist das Streumaß (Standardabweichung bzw. die Varianz). Die Varianz ist ein Maß dafür, wie die einzelnen Daten um den Mittelwert verteilt sind d.h. wie stark die Daten um den Mittelwert streuen.

System Das System ist die Gesamtbetrachtungseinheit, die funktionell aus Geräten zusammengesetzt ist. In manchen Betrachtungsweisen besteht ein System auch aus nur einer einzelnen Baugruppe die systemisch die Funktionen ganzheitlich erfüllt.

Time Truncated Der Test wurde nach einer bestimmten, vorher festgelegten Zeit beendet.

Umweltsimulationstest Prüfung eines Bauelementes oder Gerätes in definierten Umgebungsbedingungen die der Umwelt bestmöglich entsprechen.

Validieren Bestätigen aufgrund einer Untersuchung/Prüfung und durch Führen eines Nachweises, dass die besonderen Forderungen für einen speziellen, vorgesehenen Gebrauch erfüllt sind. Tun wir die richtigen Dinge?

Variationskoeffizient Der Variationskoeffizient ist ein Maß für die Streubreite und gibt den Abstand zwischen kleinstem und größtem Wert, auch Spannweite genannt, an.

Verifikation Die Bestätigung (Verifizierung) der Erfüllung von definierten Forderungen durch Analyse und dokumentiertem Nachweis. Tun wir die Dinge richtig?

Verteilung Verteilung ist der Zusammenhang zwischen einer messbaren oder einer zählbaren Veränderlichen und der Wahrscheinlichkeit oder der Häufigkeit ihres Auftretens.

Vertrauensbereich Man versteht unter dem Begriff Vertrauensbereich (VB) ein aus Stichprobenwerten berechnetes Intervall, welches den wahren, aber unbekannten Parameter der Grundgesamtheit mit einer vorgegebenen Wahrscheinlichkeit überdeckt.

Wahrer Wert Der wahre Wert (einer Menge) ist theoretisch und kann normalerweise nie exakt bekannt sein. Es ist der Wert, den man in einer perfekten Messung erhalten würde. Wahre Werte sind naturgemäß unbestimmt.

Zufallsstichprobe Probenentnahme nach einem Zufallsverfahren, bei dem jeder möglichen Kombination von Auswahlmöglichkeiten eine vorgegebene Auswahlwahrscheinlichkeit zugeordnet ist.

Zufallsvariable Ist der numerische Wert eines Messwertes oder eines Ergebnisses. Merkmal, dessen konkrete Ausprägungen sich von Untersuchungsobjekt zu Untersuchungsobjekt unterscheiden.

Zuverlässigkeit Die DIN 40041 definiert die Zuverlässigkeit als die Fähigkeit einer Betrachtungseinheit, innerhalb der vorgegebenen Grenzen denjenigen, durch den Verwendungszweck bedingten Anforderungen zu genügen, die an das Verhalten ihrer Eigenschaft während einer gegebenen Zeitdauer gestellt wird. Nach DIN 55 350 Teil 11 ist es ein Teil der Qualität im Hinblick auf das Verhalten der Einheit während oder nach vorgegebenen Zeitspannen bei vorgegebenen Anwendungsbedingungen.

Zuverlässigkeitsanalyse Die Bezeichnung Zuverlässigkeitsanalyse bildet den Oberbegriff für alle Verfahren, in denen vorgegebene Informationen unter Einsatz von mathematischen bzw. funktionslogischen Modellen zu Aussagen über Zuverlässigkeitskenngrößen bzw. Verbesserungsbedürfnisse verarbeitet werden (Definition nach VDI 4008, Blatt 1).

Weitere Begriffe u.a. siehe auch:

- Interantionales Elektrotechnisches Wörterbuch IEC 60050 z.B. TEIL 192: ZUVERLÄSSIGKEIT
- IPC-T-50G: Begriffe, Definitionen, Deutsch-Englisches/Englisch-Deutsches Fachwortverzeichnis.

Lösungen zu den Übungen

zu Kapitel 3

3.1 Statistische Maßzahlen: Mittelwert/Median
(a) $x_{median} = 5$; $x_m = 4{,}6$
(b) $x_{median} = 5$; $x_m = 13{,}86$

3.2 Statistische Maßzahlen zur Lage und Streuung
(a) Lage: $x_m = 617$; $x_{median} = 625$
(b) Streuung: $v = 77106{,}32$; $s = 277{,}68$

3.3 Wiederholung Begriffe
(a) qualitativ nominal
(b) quantitativ stetig
(c) qualitativ nominal
(d) quantitativ diskret
(e) qualitativ ordinal
(f) quantitativ stetig

3.4 Histogramm
(a) Äquidistante Intervalle, z.B. der Breite 10
(b) siehe Abbildung Lösung 3.4

3.5 Ausfallrate
(a) $\lambda_{System} = 0{,}04 \cdot \frac{1}{1.000\,h}$
(b) $\lambda_{System} = 6{,}814 \cdot \frac{1}{10^6\,h}$

Ausprägungs-klasse	Mann		Frau	
	absolute Häufigkeit	relative Häufigkeit	absolute Häufigkeit	relative Häufigkeit
[48;58)	0	0,000	6	0,171
[58;68)	1	0,018	17	0,486
[68;78)	15	0,263	9	0,257
[78;88)	25	0,439	3	0,086
[88;98)	10	0,175	0	0,000
[98;108)	5	0,088	0	0,000
[108;118)	1	0,018	0	0,000
Summe	**57**	**1**	**35**	**1**

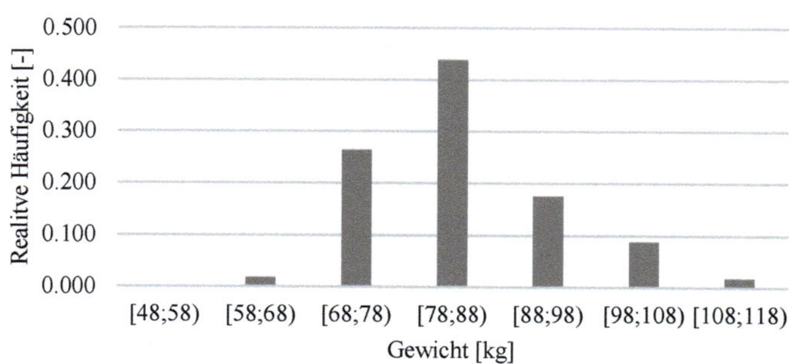
Histogramm Männer

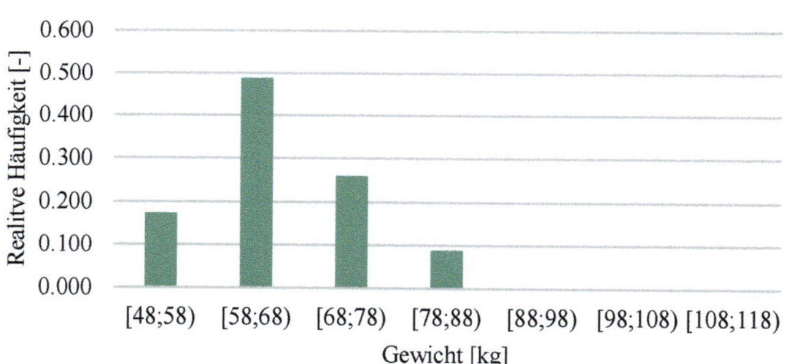
Histogramm Frauen

Abb.: Lösung 3.4

3.6 *MTBF*

(a) $MTBF = 3{,}3$ Jahre

(b) $MTBF = 150 \cdot 10^6$ h

(c) $MTBF = 48{,}8 \cdot 10^6$ h

(d) $MTBF = 2.500$ h - minimale garantierte Lebensdauer (das Gerät kann schon nach 1 h ausfallen!)

(e) $MTBF = 200.000$ h

(f) $R(t) = 0{,}8465$
(g) $R(t) = 0{,}368$

3.7 Verfügbarkeit
(a) $MTTR = 50{,}51h$
(b) $MTTR = 53{,}62h$
(c) $V_{\text{System}} = 0{,}9$
(d) $MTTR = 411{,}91h$

3.8 Hypergeometrische Verteilung
$P(X = 0) = 0{,}6251$

3.9 Binomialverteilung
(a) $p = 0{,}25$
(b) Anzahl Richtige bei 10 geratenen Fragen
(c) $X \sim B(n = 10; p = 0{,}25)$
(d) $E(X) = 2{,}5$
(e) $P(X = 6) = 0{,}0162$

3.10 Poisson-Verteilung
(a) 1 Stunde
(b) (tatsächliche) Anzahl Kunden pro Stunde
(c) 30 Kunden/Stunde
(d) $X \sim Po(30)$
(e) $P(29 \leq X \leq 31) = P(X = 29) + P(X = 30) + P(X = 31) = 0{,}2156$

3.11 Ausfallrate mit Exponentialverteilung
$R(t) = 0{,}777$

3.12 Exponentialverteilung
(a) $P(t \geq t_1) = 0{,}6703$
(b) $P(t \leq t_2) = 0{,}1813$
(c) $P(t_3 \leq t \leq t_4) = 0{,}1215$
(d) $t_5 = 52{,}68\ h$
(e) $\lambda = 0{,}0021072\ 1/h$

3.13 Vertrauensbereich bei bekannter Varianz
$[38{,}54; 40{,}66]$

3.14 Vertrauensbereich bei unbekannter Varianz
(a) $[5{,}893; \infty)$

(b) Das Unternehmen darf nicht mit der Aussage werben. Es kann nicht ausgeschlossen werden ,dass der mittlere Gewichtsverlust unter 5 kg liegt.

3.15 Vertrauensbereich für Wahrscheinlichkeiten
[0; 0,5146]

3.16 Weibullanalyse
(a) $b = 1,95$; $T = 120.000$
(b) $b(5\,\%) = 0,65$; $b(95\,\%) = 4.0$ // $T(5\,\%) = 65.000$; $T(95\,\%) = 150.000$
(c) $F_{0,95}(100.000) = 82\,\%$; $R(100.000) = 18\,\%$

3.17 Zuverlässigkeitsbewertung einer Flugzeugbremse
$R(t = 10\ h) \approx 0,999969335$

3.18 Bewertung einer Systempartitionierung
(a) Die rechte Struktur ist die zuverlässigere, da Komponenten 1 und 4 parallel geschaltet sind.
(b) $R_{\text{System 1}} = R_1 \cdot (1 - (1 - R_2 \cdot R_3)(1 - R_4))$
$R_{\text{System 2}} = 1 - (1 - R_2 \cdot R_3)(1 - (1 - R_1)(1 - R_4)))$
(c) $R_{\text{System 1}}(5000\ h) = 58,63$; 82 Systeme sind ausgefallen.

3.19 Zuverlässigkeitsbewertung eines Kamerasystems
(a) $R_1(t = 180.000\ h) \approx 0,9885$
$R_2(t = 180.000\ h) \approx 0,9922$
(b) $R_1(t = 400.000\ h) \approx 0,9747$
$R_2(t = 400.000\ h) \approx 0,9602$

3.20 FMECA
$RPZ = 0,4$

3.21 FMEDA
$DC = 0,09$

3.22 Fehlerbaum
(a) $F_{\text{System}} = (1 - (1 - F_1) \cdot (1 - F_2)) \cdot (1 - (1 - F_3) \cdot (1 - F_4))$
(b) $F_{\text{System}} = 0,0016$

zu Kapitel 4

4.1 Kovarianz
Der Regressionskoeffizient zwischen X und Y beträgt 1,39.

4.2 Kovarianz
Die Kovarianz zwischen X und Y beträgt 5.

4.3 Kovarianz
Die lineare Regression für diese Daten ist $y = 1,6x + 0,2$.

4.4 Data-Mining
Die lineare Regression für diese Daten ist $y = 6,3x + 44,5$.

zu Kapitel 5

5.1 Verweildauerzählung
Für die Temperaturklasse 15-20 °C: Verweildauer: 4 Stunden
Für die Temperaturklasse 21-25 °C: Verweildauer: 6 Stunden
Für die Temperaturklasse 26-30 °C: Verweildauer: 0 Stunden

5.2 Rainflowzählung
Die Rainflow-Zählung für diese Zeitreihe ergibt 4 Lastwechsel mit den entsprechenden Amplituden von 140, -50, -80 und -30 MPa.

5.3 Kumulierte Häufigkeit
Um das kumulierte Histogramm zu erstellen, wird mit der Erstellung eines normalen Histogramms begonnen, das die Häufigkeit jeder Fehleranzahl darstellt und anschließend das kumulierte Histogramm:

Fehleranzahl	Häufigkeit	Kumulierte Häufigkeit
2	1	1
3	2	3
4	2	4
5	4	9
6	4	13
7	2	15
8	1	16

5.4 Lastkollektiv

Zur Berechnung der Schadenssumme je Profil ergeben sich folgende Werte:

Benutzer	Use Case	Last $\Delta T[K]$	Dauer n_i	Ertragbare Dauer N_i	Schadens-summe D_i	Gesamte $D_{\text{Profil,k}}$
	Laden	20	240	100.000	0,00	
A	Pendeln	30	480	10.000	0,05	0,13
	Volllast	70	80	1.000	0,08	
	Laden	20	150	100.000	0,00	
B	Pendeln	40	200	5.500	0,04	0,25
	Volllast	80	150	700	0,21	
	Laden	20	40	100.000	0,00	
C	Pendeln	40	20	5.500	0,00	0,35
	Volllast	100	140	400	0,35	

Nach Einzeichnen der einzelnen Schadenssummen je Benutzer $D_{\text{Profil,k}}$ in das Normal-wahrscheinlichkeitspapier, ergibt sich eine Gesamtschadensumme des 95 %-Quantils von $D_{\text{Profil,95 \%}} \approx 0,5$.

zu Kapitel 7

7.1 Temperaturabhängigkeit der Leitfähigkeit eines Halbleiters

- Halbleiter A: $B_T \approx 15,8$
- Halbleiter B: $B_T \approx = 258,0$

7.2 Aktivierungsenergie in einer elektrochemischen Zelle
Aktivierungsenergie $E_A \approx 0,747\ eV$

7.3 Kühlschrankdichtung
Die relative Verdunstungsbeschleunigung B_F beträgt in etwa 0,175.

7.4 Elektronische Platine
Die relative Verdunstungsbeschleunigung B_F beträgt in etwa 1,0009.

7.5 Verdunstung von Kühlflüssigkeit auf einer elektronischen Platine
Die relative Verdunstungsbeschleunigung B_F beträgt in etwa 0,458.

7.6 Wärmetrockner
Die relative Verdunstungsbeschleunigung B_F beträgt in etwa 1,45.

7.7 Testraffung
$n_{Lab} = 468$ Zyklen

7.8 Aluminiumlegierung
(a) $\Delta\epsilon_p = 0,6 \cdot 0,72478 \approx 0,4349$

(b) $N_f \approx \frac{1,5 \cdot 10^5}{2} \approx 7,5 \cdot 10^4$

(c) Diskussion:

Die thermo-mechanische Belastung kann die Ermüdungslebensdauer eines Materials erheblich beeinflussen. Höhere Temperaturen können die plastische Verformung unter zyklischen Belastungen erhöhen, was zu einer schnelleren Ermüdung führt. Dies geschieht, weil die Materialfestigkeit bei höheren Temperaturen abnimmt und die thermischen Zyklen zusätzliche Spannungen erzeugen können. Um die Lebensdauer des Bauteils zu verlängern, könnten folgende Maßnahmen ergriffen werden:

- Verwendung von hitzebeständigeren Materialien oder Legierungen, die besser mit thermischen Zyklen umgehen können.
- Verbesserung der Oberflächenbehandlung, um Spannungen zu reduzieren und die Ermüdungsbeständigkeit zu erhöhen.
- Implementierung von Temperaturkontrollsystemen, um die Betriebstemperatur zu regulieren und extreme Temperaturwechsel zu vermeiden.
- Durchführung von regelmäßigen Inspektionen und Wartungen, um frühzeitig Anzeichen von Ermüdung zu erkennen.

7.9 Transistor
(a) Die Lebensdauer des Transistors nimmt unter Testbedingungen etwa 14,888-mal schneller ab als unter normalen Betriebsbedingungen.

(b) Der Transistor hält voraussichtlich etwa 67,073 Zyklen unter Testbedingungen aus.

7.10 Halbleiterbauelement

(a) Die Lebensdauer des Halbleiterbauelements unter Testbedingungen etwa $B_V \approx 132,9$ mal schneller abnimmt als unter normalen Betriebsbedingungen.

(b) Eine Erhöhung der Testspannung V_t führt zu einem höheren Beschleunigungsfaktor B_V, was bedeutet, dass die Lebensdauer des Bauelements unter Testbedingungen schneller abnimmt. Dies kann zu einem schnelleren Versagen des Bauelements führen, da höhere Spannungen zusätzliche thermische und elektrische Belastungen erzeugen.

7.11 Wöhler Gesetz

(a) $B_W \approx 107,374$
(b) $N \approx 107.374.000$ Zyklen

7.12 Inverse Power Law

(a) $B_W \approx 1,107$
(b) $N \approx 553.390$ Zyklen

7.13 Ermüdungslebensdauer eines Metallbauteils

Die Beschleunigungskonstante B_B beträgt etwa 2,154.

7.14 Ermüdungslebensdauer eines Kunststoffbauteils

Die nachzuweisende Laufzeit für die Feldlast ist $N_f = 300.000$ Zyklen.

zu Kapitel 8

8.1 Lebensdauerverhältnis - Zuverlässigkeitstest

Lösung: 1. $b = 2,0$ und $R(t) = 80\%$ vergleiche Diagramm oben in Abbildung 8.7

     2. $b = 2,0$ und $P_A = 80\,\%$ vergleiche Diagramm unten in Abbildung 8.7

Annahme: Kostengünstigster Test mit $n = 1$, da nur 1 Probe, 1 Test und 1 Person erforderlich

Vorgehen zur Bestimmung des Lebensdauerverhältnisses (siehe auch Abbildung **??**):

1. Bei der Markierung R oder $P_A = 80\%$ nach rechts
2. Schnittpunkt beim gewünschten n-Wert
3. Senkrechte der Schnittpunkte zur Abszisse
4. Ablesen des Lebensdauerverhältnises von $L_V = 2,7$

Somit kann die erforderliche Testdauer bestimmt werden:

$$t_p = 2,7 \cdot 40.000 km = 108.000 km \, .$$

$P_A = 80\ \%$ bzw. $\mathrm{R} = 80\ \%$ und $b = 2{,}0$ → Keine Ausfälle beobachtet!

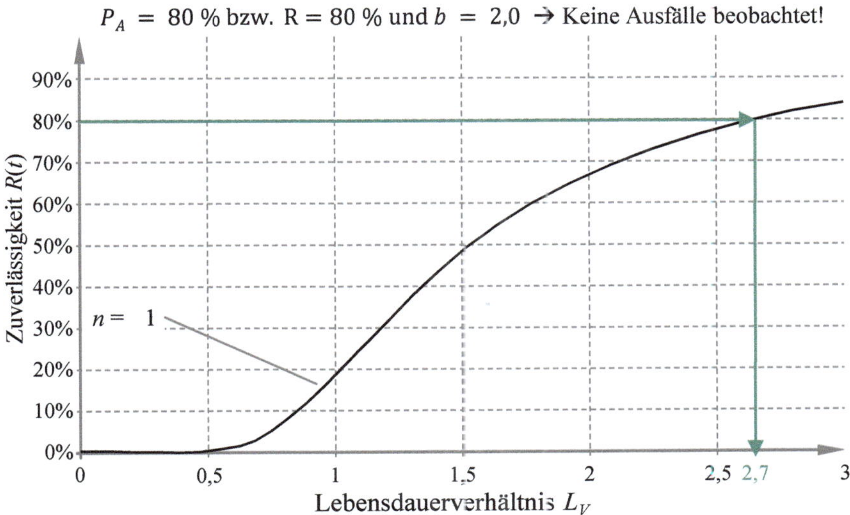

Abb.: Beispiel zur Bestimmung des Lebensdauerverhältnisses

8.2 Degradationsmodellierung - Tankfüllung

Ermittlung der Degradationsgeschwindigkeit über die gegebenen Betriebsmodi. Durchschnittliche Degradationsgeschwindigkeit: 7,4 $l/100\ km$

zu Kapitel 9

9.1 ENV an einem Oszilloskop

1. Einordnung in eine statistisches Klimamodell (Einsatzort und Anforderung):

   - Einsatzort: Innenräume, nicht klimatisiert
   - Anforderung: Funktional im breiteren Temperatur- und Feuchtebereich; Statistisches Klimamodell R14 nach DIN 50 019 / Temperaturbereich: $0\ ^\circ C \ldots 40\ ^\circ C$ / Rel. Feuchte: $25 \ldots 95\ \%$

2. Festlegung einer sinnvollen Schutzart:

   - Wasserschutz ist nicht nötig: IPX0
   - Fremdkörperschutz: IP5X (allerdings nicht realisierbar)

3. Festlegung der mechanischen Anforderungen:

   - Vibration: Ortsfest, da es mit Netzspannung betrieben wird / Nur Transport: Rauschprofil nach MIL-STD-810 - 3 h je Raumrichtung bei Raumtemperatur
   - Mechanischer Schock: Transport und Absetzen auf dem Boden / 25 g, 6 ms, halbsinusförmig, 1000-mal / Verpacktes Gerät

- Falltest: nicht notwendig

4. Festlegung der klimatischen Anforderungen:

- Nach R14: 95 % rel. Luftfeuchte und max. 40 °C
- Feuchte Wärme, zyklisch: Basis: ISO 60 068, 2-30 Db / Zwei Varianten: 40 °C und 40 °C als obere Prüftemperatur - 40 °C ausreichend mit 6 Zyklen
- Sonstige Klimaprüfungen: Feuchte Wärme, konstant: Keine Relation, da Gerät offen - Feuchtediffusion in das Gehäuseinnere nicht möglich. / Kondenswasserklima sowie Betauung nicht sinnvoll, da Gerät offen – Feuchte kommt mit spannungsführenden Teilen in Berührung / Innenraumanwendung: Keine Anforderungen an Korrosionsbeständigkeit - Keine Salznebelprüfung erforderlich.

5. Festlegung der thermischen Anforderungen:

- Betriebstemperatur: Minimaltemperatur 0 °C / Maximaltemperatur 40 °C
- Temperaturwechselprüfung: ISO 60 068, 2-14 Nb: 20 Zyklen / 0 °C - 40 °C mit Verweildauer 2 h / Temperaturänderungsgeschwindigkeit 1 K/min / Kein Temperaturschocktest (im Betrieb nicht vorkommend)
- Temperaturlagerung: Passiv und seriell min./max. Lagerung: Minimale Lagertemperatur: -25 °C (nach Freiluftklima Ö22") mit 48 h und / Maximale Lagertemperatur: 60 °C (nach Klimamodell „O34") mit 48 h.

6. Festlegung der Lebensdaueranforderungen für den Einsatz im Hobby-Bereich:

- Einsatzzeit: 4 h pro Woche / 10 Jahre, somit 2080 h
- Temperaturbedingungen: Nach Klimamodell "R14": Durchschnittstemperatur 20 °C (293 K)
- Raffungsannahme: Lebensdauerprüfung als Hochtemperaturdauerlauf bei max. Betriebstemperatur von 40 °C (313 K):

$$TF = \frac{1}{k} \cdot \left[\left(\frac{1}{T_1} \right) - \left(\frac{1}{T_2} \right) \right]$$

$$= 11.604{,}8 \frac{K}{eV} \cdot \left[\left(\frac{1}{293K} \right) - \left(\frac{1}{313K} \right) \right] = 2{,}53 \frac{1}{eV}$$

$$RF = e^{(E_A \cdot TF)} = e^{(0{,}44eV \cdot 2{,}53 \frac{1}{eV})} = 3{,}04$$

$$t = \frac{2080h}{3{,}04} = 684 \ h$$

7. Festlegung der Sonderanforderungen

- Tastaturbetrieb: Tastaturprüfung mit synthetischem Handschweiß (Abriebsfestigkeit)
- Schalterlebensdauer: Herstellerverantwortung - Anforderungen überprüfen und Nachweis einholen.
- Schadgasbeständigkeit: Ozontest und Schadgastest nicht erforderlich, kein Einsatz in sehr schadstoffhaltiger Industrieluft
- Sonnensimulation: Nicht notwendig, da Betrieb im Innenraum
- Sonstiges: EMV-Prüfungen (ohne Voralterung)

8. Festlegung des elektrischen Betriebs während der Prüfungen:
   Folgende Prüfungen sind im elektrischen Betriebs (aktiv) durchzuführen:

   - Temperaturwechselprüfung
   - Lebensdauerprüfung
   - Feuchte Wärme, zyklisch

   Alle anderen Tests werden passiv durchgeführt.

9. Festlegung des Prüfablaufplans
   Zur Überprüfung von Wechselwirkungen zwischen den einzelnen Umwelteinflüssen
   (mit Voralterung) – Ablauf siehe Abbildung unten – Funktionsprüfungen zwischen
   den einzelnen Tests notwendig:

   - Temperaturlagerung: Erster Stress direkt nach der Auslieferung
   - Temperaturwechsel / Vibration / Schock / FWZ: Vorschädigung im Hinblick auf
     später folgende Belastungen / Zunehmende Schädigung durch mech. Belastung /
     FWZ als Indikatorprüfung zur Aufzeichnung der Schädigung
   - Lebensdauerprüfung (nur für BTs innerhalb des Geräts): Nachweis, dass unter
     Betriebsbedingungen kein Ausfall eintritt / Keine Wechselwirkung mit anderen
     Umweltbelastungen
   - Tastaturabrieb: Keine Wechselwirkung mit den anderen Tests - Einzelprüfung

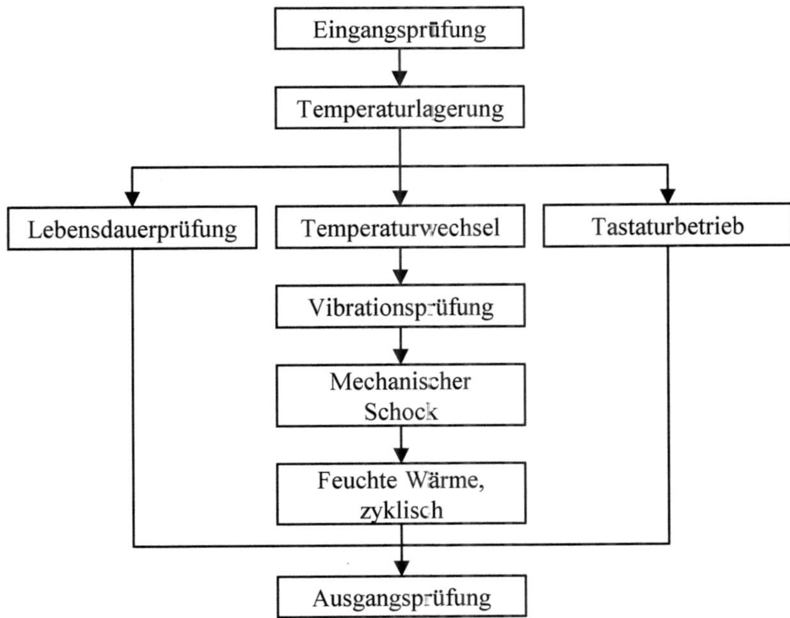

Abb.: Prüfplan für ein Oszilloskop

9.2 ENV an einem Zündsteuergerät eines Motorrades

1. Einordnung in eine statistisches Klimamodell (Einsatzort und Anforderung):

   - Keine Einordnung nötig, da Belastungen im Einsatz deutlich höher als beim Transport oder dort genannten Betriebsbedingungen. Motorabwärme ist wesentlich höher als in der extremsten Klimazone.

2. Festlegung einer sinnvollen Schutzart:

   - Wasserschutz: DIN 40050 - 9: Empfehlung IPX4K - Allerdings ist diese Prüfung ist nicht realitätsnah (nur 10 min bei max. 5 K Unterschied zwischen Wasser/Gerät) / Prüflingstemperatur 75 $°C$ (Betriebstemperatur) vor jedem Zyklus / Wassertemperatur unveränderlich – 10 Zyklen
   - Fremdkörperschutz: IP64K (Wasser- und Staubprüfung)

3. Festlegung der mechanischen Anforderungen:

   - Vibration: Rahmenanbau (ausschließlich Rauschanforderung) / Rauschförmige Schwinganregung zu je 8 h/Raumrichtung / Wechselwirkungsprüfung mit Temperatur nach ISO 60068, 2-14 Nb (gleiche Temperaturen, Verweildauern und Parameter, gleich wie in der Norm angegeben.)
   - Mechanischer Schock: Nicht notwendig, da Belastungen im Betrieb (wie Schlaglöcher) mit Rauschanforderung abgedeckt und sonstige Transportbelastungen sind wesentlich geringer.
   - Falltest (aufgrund Fertigung / Handling): Fallhöhe 1 m / Untergrund: Beton

4. Festlegung der klimatischen Anforderungen:

   - Klimamodell: Nicht möglich (s. oben) – z.B. entsteht feuchtwarmes Klima unter dem Tank, wenn nach einer Regenfahrt das Motorrad mit heißem und trotzdem noch nassem Motor abgestellt wird.
   - Feuchte Wärme / zyklisch: ISO 0068, 2-38 Z/AD (härteste Prüfung) mit 10 Zyklen
   - Feuchte Wärme / konstant: Diffusion von Feuchte ins Gerät über warmfeuchtes Mikroklima unter dem Tank über längere Zeit / ISO 60068, 2-56 mit 21 Tagen
   - Korrosion: ISO 60068, 2-52 – Salznebelprüfung mit Schärfegrad 3

5. Festlegung der thermischen Anforderungen:

   - Betriebstemperatur (gemessen): Bestimmung der max. Betriebstemperatur unter sehr hohen Außentemperaturen am Einbauort des Steuergeräts (Worst-Case-Klimazone) / 110 $°C$ inklusive Stauwärme / 10 K Eigenerwärmung / 75 $°C$ exklusive Stauwärme im Normalbetrieb / -30 $°C$ als untere Betriebstemperatur angenommen (auf Fahrzeuganforderungen referenziert)
   - Temperaturwechsel (aktiv) zusätzl. Temperaturschock: ISO 60068, 2-14 Nb mit 20 Zyklen von -30 $°C$ bis 110 $°C$ / Verweildauer 40 min (Durchwärmung der therm. Masse) / Temperaturgradient 3 K/min Aufgrund schneller Temperaturwechsel durch Motorwärme - Temperaturschock / Durchlauf eines hohen Temperaturbereichs (Warmfahren und Abstellen bei heißem Motor) / Lebensdauer: 10 Jahre mit

9 Monate Nutzungsdauer zu je einem Kaltstart pro Tag (2738) Temperaturzyklen. Bei Testzyklus von 2 h (ca. 9 Monate Testzeit) - nicht möglich, deshalb Berechnung mittels beschleunigte Prüfung via Coffin-Manson-Formel:

- 2738 Zyklen
- 65 K Temperaturhub in der Praxis
- 140 K Temperaturhub im Labor
- 3 CM-Exponent

$$\frac{N_1}{N_2} = \left(\frac{\Delta T_2}{\Delta T_1}\right)^k$$

$$N_2 = \frac{N_1}{\left(\frac{\Delta T_2}{\Delta T_1}\right)^k} = \frac{2738}{\left(\frac{140\ K}{65\ K}\right)^3} = 284$$

- Laborzyklen: 284

Durchführung nach ISO 60068, 2-14 Na mit 40 min Verweildauer / Umlagerung innerhalb 10 s (Temperaturschockkammer)

- Temperaturlagerung (passiv): 48 h bei -30 $°C$ und 48 h bei +120 $°C$ / 120 $°C$ aufgrund passiver Prüfung - somit max. Betriebstemperatur plus 10 K Eigenerwärmung

6. Festlegung der Lebensdaueranforderungen für den Einsatz im Hobby-Bereich:

- Einsatzzeit: 100.000 km - 50 km/h Durchschnittsgeschwindigkeit - 2.000 Betriebsstunden
- Raffungsannahme: Lebensdauerprüfung als Hochtemperaturdauerlauf bei max. Betriebstemperatur von 110 $°C$ (383 K) und 75 $°C$ (348 K) als Durchschnittstemperatur Normalbetrieb:

$$TF = \frac{1}{k} \cdot \left[\left(\frac{1}{T_1}\right) - \left(\frac{1}{T_2}\right)\right]$$

$$= 11.604,8 \frac{K}{eV} \cdot \left[\left(\frac{1}{348K}\right) - \left(\frac{1}{383K}\right)\right] = 3,05 \frac{1}{eV}$$

$$RF = e^{(E_A \cdot TF)} = e^{(0,44eV \cdot 3,05 \frac{1}{eV})} = 3,83$$

$$t = \frac{2000h}{3,83} = 522\ h$$

7. Festlegung der Sonderanforderungen

- Schadgasbeständigkeit: Mischgasprüfung nach ISO 60 068, Teil2-60 (da Abgase) - Methode 4 mit 10 Tagen / Annahme: Wird vom Steckerhersteller gewährleistet
- Sonnensimulation: Nicht notwendig, da Einbaulage unter dem Tank
- Chemische Einflüsse: Flüssigkeiten vom Motorrad können auftreten (falls nicht bereits durch Werkstoff-Wahl ausgeschlossen) - Superkraftstoff, Bremsflüssigkeit, Batteriesäure, Motorenöl, Getriebeöl, Kaltreiniger und Gabelöl

- Sonstiges: Nagetiere (Marder) ist zu diskutieren / EMV Prüfung

8. Festlegung des elektrischen Betriebs während der Prüfungen:
Aktive Prüfung bei folgenden Prüfungen:

- Vibration
- Temperaturwechselprüfung
- Lebensdauerprüfung
- Feuchte Wärme, zyklisch
- Feuchte Wärme, konstant
- Salznebeltest

9. Festlegung des Prüfablaufplans:
Zur Überprüfung von Wechselwirkungen zwischen den einzelnen Umwelteinflüssen (mit Voralterung) - Ablauf siehe Abbildung - Funktionsprüfungen zwischen den einzelnen Tests notwendig.

- Temperaturlagerung: Erster Stress direkt nach der Auslieferung
- Temperaturschock / Vibration / Schock / FWZ: Aufgrund härteren Bedingung Schock anstatt Wechsel zum Stress von Rissen / Zunehmende Schädigung durch mech. Belastung / Salznebel, Feuchte-Wärme zyklisch und konstant seriell als Indikatorprüfung zur Aufzeichnung der Schädigung
- Temperaturwechsel / Lebensdauerprüfung: Nachweis, dass unter Betriebsbedingungen kein Ausfall eintritt / Keine Wechselwirkung mit anderen Umweltbelastungen
- Schutzartprüfungen: Wasserschutz ist verschärft gegenüber der Norm
- Falltest: Keine Wechselwirkung zu den anderen Prüfungen

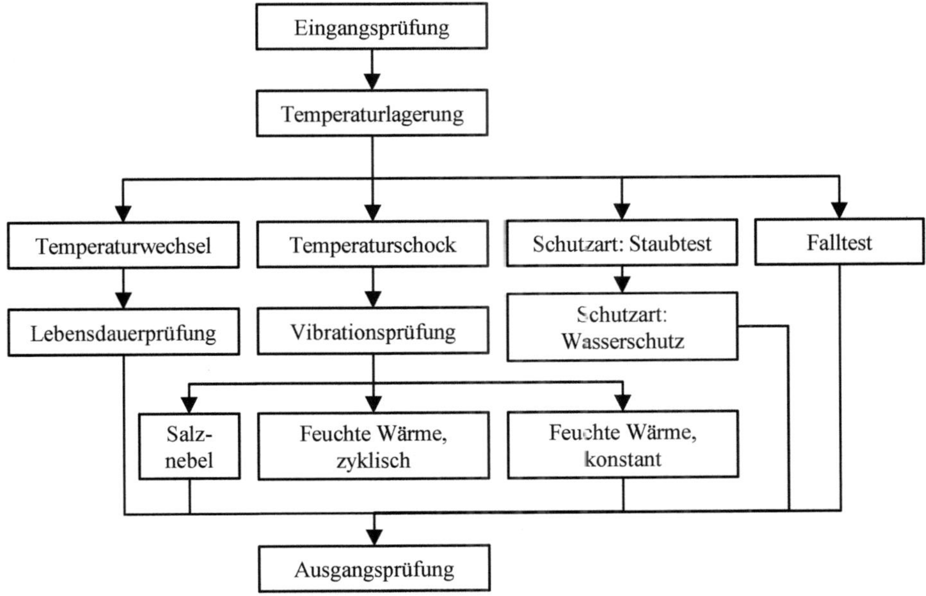

Abb.: Prüfplan für ein Zündsteuergerät eines Motorrades

Leitfaden zur Erstellung einer Formelsammlung

Empfehlungen zu Aufbau und Handhabung einer praktikablen Formelsammlung

Einführung

Formeln beschreiben gesetzmäßige Zusammenhänge unterschiedlicher und einander zugehöriger Parameter. Der Umgang mit Formeln wurde während der Ausbildung gelehrt, geübt, gelernt und auch beherrscht. Es steht also außer Frage, dass damit auch jeder umgehen kann. Nun, es mag ein paar Einschränkungen bei sehr komplexen Konstrukten geben, die jedoch hier nicht im Fokus stehen.

Je nach Aufgabengebiet werden Formeln mehr oder weniger angewendet. Einen Parameter einmalig in einem „stressfreien Umfeld" zu ermitteln stellt auch nicht die Herausforderung dar. Etwas anders ist die Situation in einer Besprechung mit mehreren Teilnehmern, in der verschiedene Parameter unmittelbar und schnell zu ermitteln sind und auf deren Basis dann weitere Entscheidungen sofort zu treffen sind. Hier ist es entscheidend, wenn der anwesende Experte schnell und vor allen Dingen sicher die Parameter nennen kann. Dies gelingt mit einer praktikablen Formelsammlung.

Beispiel einer Situation

Mit der Anwendung des Ohm'schen Gesetz sei dies kurz beschrieben. Zur Erinnerung:

$$R = \frac{U}{I} \quad .$$

Es wird der Schutzwiderstand an einer Spannungsversorgung diskutiert die einen noch zu bestimmenden Strom zu liefern hat. Die Spannung wird in diesem Fall als Konstante gesetzt. Somit können der Widerstand „R" und der Strom „I" in Abhängigkeit unterschiedliche Größen annehmen.

Randbedingungen in einer Ad Hoc Besprechung:

- Der Wert des Stromes kann in Grenzen zwischen Minimalwert und zulässigem Maximalwert variieren
- Nur bestimmte Widerstandswerte sind qualifiziert und im Lager verfügbar
- Neue Idee: Änderung des Spannungswertes

Der Experte ist aufgefordert, die einzelnen Werte schnell und sicher zu ermitteln. Um dies sicherzustellen ist eine, für alle Parameter vorbereitete Formelsammlung unverzichtbar. Folglich müssen die Inhalte der Formelsammlung folgende sein:

- Formel umgestellt nach R mit den Eingabefeldern für U und I
- Formel umgestellt nach U mit den Eingabefeldern für R und I
- Formel umgestellt nach I mit den Eingabefeldern für U und R

- Nachdem auch Abstufungen von Werten möglich ist, muss die gleiche Formel mehrfach darstellt sein. Somit sind Ergebnisse für die Entscheidungsfindung auch schnell vergleichbar.

- Wichtig zur sicheren Überprüfung: Zelle- / Formeltext der programmierten Formel angeben

Aufbau der Formelsammlung in Excel

Der praktische Aufbau einer Formelsammlung gelingt mit Excel. Die vorgebende Struktur eines neuen Arbeitsblattes mit den Tabellen (Registern, Sheets etc.) ist wie folgt zu nutzen:

Inhalte der Formelsammlung

Vorgabe durch Excel	Umbenennen in:	Inhalte
Tabelle 1	Deckblatt	<ul><li>Autor</li><li>Stand / Datum</li><li>Bezeichnung der Tabellen</li><li>Hinweise für den Anwender</li></ul>
Tabelle2	Formel Inhalt A	<ul><li>Formel in mathematischer Darstellung</li><li>Formel in Excel programmiert</li><li>Zelle- / Formeltext der programmierten Formel</li><li>Kurze Beschreibung der Zelleninhalte</li><li>Mehrere gleiche Formeln zur Beurteilung von Varianten</li><li>Grundform nicht verändern</li><li>Auf Fehlersicherheit achten</li></ul>
	Formel Inhalt B	<ul><li>Umstellen der Formel nach jeder Variablen / Kenngröße</li><li>Formeln in mathematischer Darstellung</li></ul>
Tabelle 3 bis n	Formel xyz	<ul><li>Weitere Formeln</li></ul>

Tabelle 2 umsetzen

Am Beispiel des Ohm'schen Gesetzes ist die Tabelle 2, siehe Abbildung, mit den Inhalten A und B zur Verdeutlichung einmal umgesetzt. Es wohl trivial, dass das Ohm'sche Gesetz mit drei Parametern keine besonderen Herausforderungen stellt. Jedoch gelingt zur Demonstration somit eine schnelle und sicher Ermittlung der diskutierten Parameter. In Besprechungen ist das Zeitfenster zur Ablieferung von Ergebnissen ohnehin immer sehr eng. Ein weiterer Benefit liegt in der Umsetzung mit mehreren Variablen und Anwendung verschiedenster Formeln.

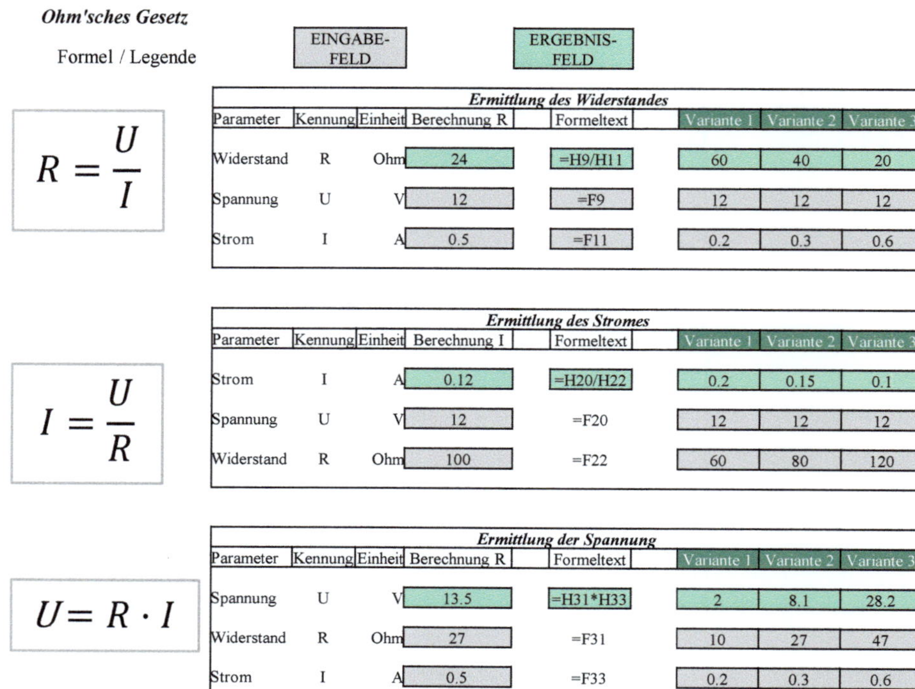

$$R = \frac{U}{I}$$

| | Ermittlung des Widerstandes | | | | | | |
Parameter	Kennung	Einheit	Berechnung R	Formeltext	Variante 1	Variante 2	Variante 3
Widerstand	R	Ohm	24	=H9/H11	60	40	20
Spannung	U	V	12	=F9	12	12	12
Strom	I	A	0.5	=F11	0.2	0.3	0.6

$$I = \frac{U}{R}$$

| | Ermittlung des Stromes | | | | | | |
Parameter	Kennung	Einheit	Berechnung I	Formeltext	Variante 1	Variante 2	Variante 3
Strom	I	A	0.12	=H20/H22	0.2	0.15	0.1
Spannung	U	V	12	=F20	12	12	12
Widerstand	R	Ohm	100	=F22	60	80	120

$$U = R \cdot I$$

| | Ermittlung der Spannung | | | | | | |
Parameter	Kennung	Einheit	Berechnung R	Formeltext	Variante 1	Variante 2	Variante 3
Spannung	U	V	13.5	=H31*H33	2	8.1	28.2
Widerstand	R	Ohm	27	=F31	10	27	47
Strom	I	A	0.5	=F33	0.2	0.3	0.6

Abb. Tabelle 2 umgesetzt

Anmerkung:
Die Spalte „Formeltext" dient quasi als „Gedächtnis" falls während der Eingabe von Parametern versehentlich falsche Werte getippt oder falsch Zellen belegt wurden.